表面及特种表面加工

BIAOMIAN JI TEZHONG BIAOMIAN JIAGONG

冯拉俊　沈文宁　编著

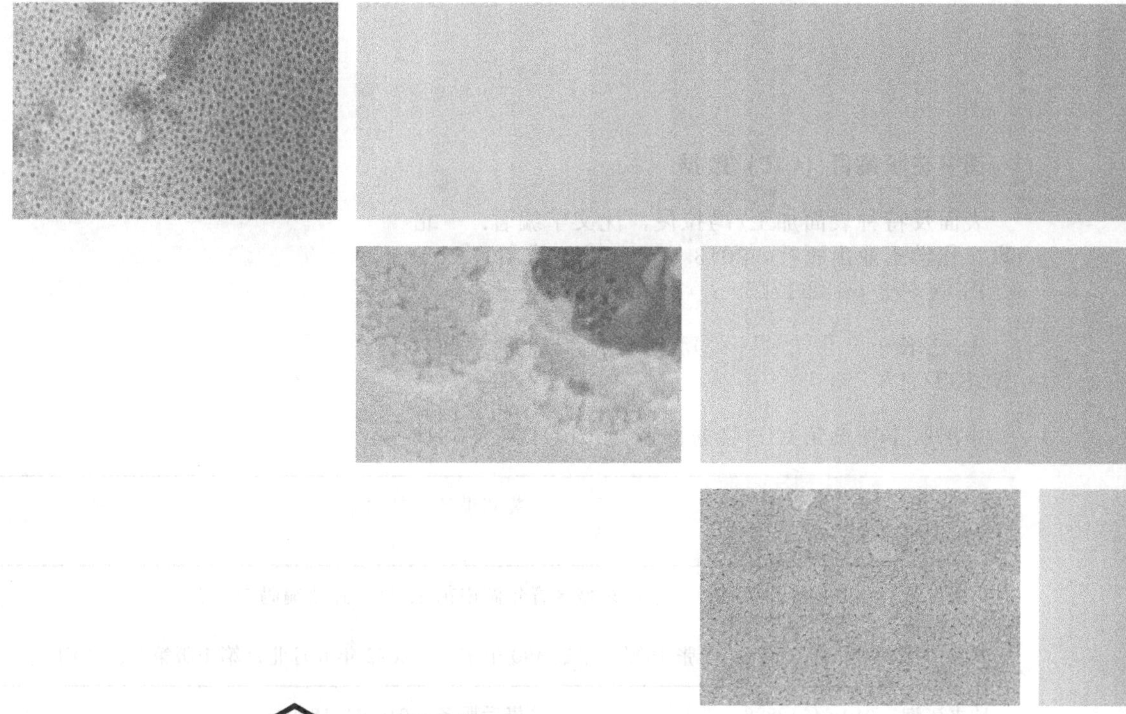

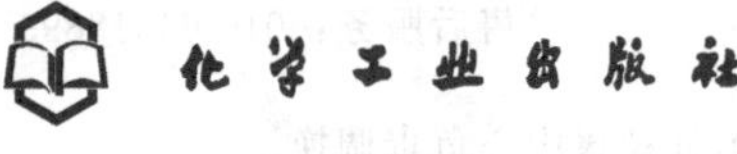
化学工业出版社
·北京·

本书系统地阐述了表面工程技术的基础理论，各种实用表面工程技术的基本原理、特点、工艺和应用，以及表面分析和检测技术的内容与方法。阐述了表面工程基础、电镀技术及特种电镀加工、表面化学处理技术、热喷涂及其喷涂加工技术、表面沉积技术、金属电化学加工和表面形变强化等基本理论，特别对纳米复合电镀，铬的电刷镀，化学表面处理中的合金比控制，热喷涂制备纳米粉末、梯度涂层、非晶涂层及惰性气体对电弧喷涂氧化的影响，磁控溅射的原理、设备和闭合场非平衡磁控溅射离子镀技术，电化学氧化的环保型封孔剂制备及封孔机理，微弧氧化表面颜色控制和有色金属的环保型抛光机理及环保型抛光液等表面工程技术的发展趋势和最新成果进行了重点论述，对表面工程技术的发展趋势和最新成果进行了必要说明。

本书涉及多学科领域，内容丰富，知识面广，既可作为高等院校相关专业的本科生和研究生的教材，又可供从事表面工程技术研究与应用的科研人员、工程技术人员参考。

图书在版编目（CIP）数据

表面及特种表面加工/冯拉俊，沈文宁编著．—北京：化学工业出版社，2013.6（2022.6重印）
ISBN 978-7-122-17159-7

Ⅰ．①表… Ⅱ．①冯…②沈… Ⅲ．①金属表面处理 Ⅳ．①TG17

中国版本图书馆CIP数据核字（2013）第085816号

责任编辑：吴　昊　仇志刚　　装帧设计：刘丽华
责任校对：李　军

出版发行：化学工业出版社（北京市东城区青年湖南街13号　邮政编码100011）
印　　装：北京天宇星印刷厂
787mm×1092mm　1/16　印张 18¾　字数490千字　2022年6月北京第1版第2次印刷

购书咨询：010-64518888　　售后服务：010-64518899
网　　址：http://www.cip.com.cn
凡购买本书，如有缺损质量问题，本社销售中心负责调换。

定　　价：98.00元

前　言

随着科学技术的发展，不仅对材料基体的性能不断提出新的要求，也对材料的表面性能提出了更高的要求，这使得传统的材料加工工艺难以达到和实现，这也推动了近年来表面工程成为新材料研发的热门课题。根据近几十年的研究发现，普通的电镀、涂装、金属材料热处理等已不能满足现代技术的要求，特种表面加工对传统石油化工设备、机械、电子等产品的升级换代起着决定性的作用。例如我国的炼油设备大多数是不耐酸、S^{2-}腐蚀的，随着原油的国际化和我国低硫油开发的枯竭，现在进口原油和我国部分地方开采的原油中的S^{2-}含量较高，可达到3%，甚至更高，属高硫原油。高硫原油对我国现有的炼油设备腐蚀极其严重，轻者每年腐蚀0.2mm，重者达2mm左右，若要对现有的炼油设备进行表面处理，普通的表面涂装技术已无法实现。对于每年有1000多万辆生产能力的汽车行业，铝制活塞有重量轻的优势，但防止活塞工作室顶部烧蚀，使活塞与缸体间耐磨性好、不划伤、不漏气等已成为铝制活塞使用的瓶颈。在电子行业，要求在钢板上钻1mm以下的微孔，若微钻材料较硬，容易使钻杆脆断，钻杆太软，又不能加工，既要使钻杆保持良好的韧性，又要保证钻杆的硬度，就必须对微钻杆材料的表面进行特殊的处理。类似这些特种表面加工在航天、机械、石油、电子、轻工、军工产品中都有应用。根据以上实际和材料科学与工程学科发展以及研究生教育之需要，笔者将近几年来特种表面制备的研究成果进行总结整理，特别是在传统的表面工程理论的基础上，补充了近年来最新的研究成果。例如，在基础理论部分增加了表面厚度的叙述，用表面厚度概念分析了纳米材料有较高活性的原因；在电镀加工中，特别增加了纳米复合镀，电刷镀铬内容；在热喷涂中增加了热喷涂梯度涂层，热喷涂制备纳米材料，惰性气体雾化的内容；在化学表面处理一章增加了不锈钢表面清洗；在电化学表面处理中增加了环保型封孔剂，微弧氧化黑色膜等内容。这些内容在其他的表面工程教程里是很少有的，本书可满足本科生、研究生教学使用，也可以作为表面制备技术人员的参考资料。

由于特种表面制备没有一个确定的定义，本书主要从近几年研究比较热门的化学镀、合金电镀、复合镀、热喷涂、电化学氧化与微弧氧化、磁控溅射、功能薄膜等几方面进行编写。内容涉及化学、冶金、材料、机械、电化学、等离子体技术和腐蚀与防护等知识，而限于作者的知识水平，书中疏漏与不当之处，敬请读者批评指正。

在本书编写过程中，雷阿利教授对编写的内容提出了很多建议，并进行了审定，李光照、王官充绘制了书中的插图，本书得到了国家基金（51174160），陕西省重点实验室项目（2011HBSZS011）的资助，这里一并表示感谢！

编者

于2012年冬

目　录

第一章　表面工程基础　1

第二章　电镀技术及特种电镀加工　32

第三章　表面化学处理技术　75

第四章　热喷涂及其喷涂加工技术　115

第一章 表面工程基础

什么是表面？表面有厚度吗？表面性能与材料性能有差别吗？材料的表面改性能提高力学性能吗？如何制备清洁表面？这些问题是本章要回答的问题。本章通过对这一类问题的解答，建立起表面工程的基本概念，为后续的材料表面改性及特种表面的加工奠定基础。

第一节 表面热力学基础

热力学方法是研究表面问题的重要工具，本节重点学习热力学的基本概念及规律。鉴于热力学方法的普遍适用性及为后续的表面改性、表面加工提供基础，本节仅讨论纯液体表面的部分性质和固体表面的部分表面热力学性质。

一、物理界面

从晶体几何学的观点看，界面是三维晶体周期性排列从一种规律转变为另一种规律的几何界面。在物理学中，考虑到原子势场的转变只能在一定的空间内完成，因而将界面定义为两个块体之间的过渡区。在过渡区以外原子排列和体内的差别小于 0.01mm，可以忽略不计。因此，物理界面是不同于两块体相的第三相。

通常把凝聚相和气相之间的分界面称为表面，把凝聚相之间的分界面称为界面。又可细分为不同凝聚相之间的分界面称为相界面，同一相的晶体之间的分界面称为晶粒间界，简称晶界。晶粒度小到微米级以下的晶粒，称为微晶；小到 1nm 数量级时则远程有序消失，物质属于非晶态。

从表面物理的角度，对界面提出了几个简化概念。

1. 理想表面

理想表面是在无限晶体中插进一个平面后将其分成两部分所形成的。在这个过程中，除了对晶体附加的一组边界条件外，系统不发生任何变化，即在半无限晶体中原子位置和电子密度都和原来的无限晶体一样。显然，这种理想表面是不存在的。

2. 清洁表面

清洁表面是相对于受环境气氛污染的表面而言的，表面有吸附物，其吸附物的表面浓度，应低于单分子覆盖层的百分之几。清洁表面只能用特殊的方法，例如，高温热处理、离子轰击加退火、真空解离、真空沉积、场致蒸发等才能得到，同时，它还必须保持在 133×10^{-3}MPa 的超高真空下。清洁表面是不能靠化学清洁的方法来制备的，例如酸洗，丙酮擦洗等。

在原子清洁的表面上，可以发生多种与体内不同的结构和成分变化，如弛豫、重构、台阶、偏析和吸附（如图 1-1 所示）。所谓弛豫就是表面附近的点阵常数发生明显的变化，这通常发生在离子晶体中，特别是正负离子半径差别较大的情况下。所谓重构就是表面原子重新排列，形成不同于体内的晶面。至于偏析，则是指化学组分在表面区的变化。这里，要注意区别偏析和析出，虽然这两种情况都是化学组分在界面区的变化，但前者结构不变化，而后者则伴随有新相的形成。

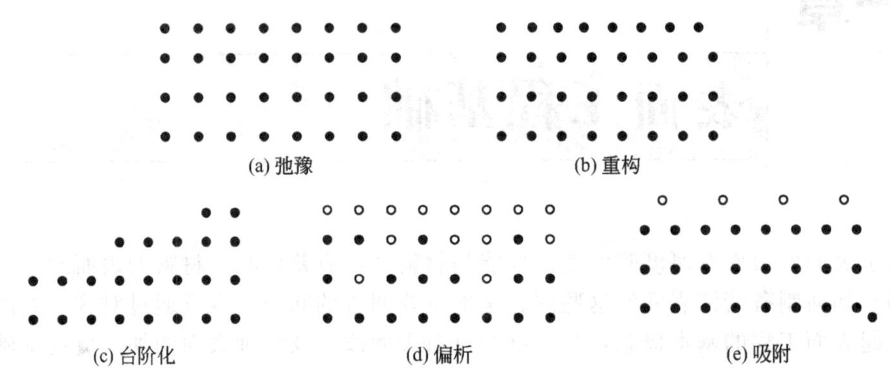

图 1-1 固体材料表面上的结构变化和成分变化

通过上面的分析可知，理想表面是不存在的，清洁表面是难以得到的，即使制备了清洁表面，也是难以保存的。

3. 吸附表面

外来原子在固体表面构成吸附层。如果吸附作用由范德华力引起，则此吸附称为物理吸附，其特点是吸附热低，约为 4.2kJ/mol，一般在较低温度下才可能发生，无激活能，对物质无选择性。如果吸附作用由表面化学键引起，则该吸附称为化学吸附，其特点是吸附热较高，通常 21～42kJ/mol，有激活能，对不同物质有选择性。

吸附原子可以形成无序的和有序的覆盖层。覆盖层可以具有和基底相同的结构，也可以形成重构表面层。当吸附原子和基体原子之间相互作用很强时，则能形成表面合金或表面化合物。覆盖层结构中也存在缺陷，如空位、杂质原子为点缺陷、原子台阶或畴边界为线缺陷。覆盖层的结构随温度变化而发生变化。

二、表面自由能

表面自由能是很抽象的概念。对于固体表面，由于化学键与金属键的作用力较强，往往使分子间的相对位移受到限制，物质失去流动性。在讨论固体自由能时不直观，因此以液体表面来讨论表面自由能，在此基础上进一步理解固体表面自由能。液体表面自由能存在表面张力，Laplace 指出，表面张力取决于两个事实：①分子在一定距离内有相互作用；②气相分子的密度显著小于液相的密度。一个世纪以来，表面张力和表面自由能的研究虽有了长足的进步，但这两个论点仍不失其基础意义。图 1-2 示出了处于液体内部和表面分子受到的不同分子间作用力。处于液体内部的分子，由于分子间作用力只在较短的距离内起作用，四周分子对它的作用力是等同的，合力为零，故分子在液体内部运动无需做功。处于液体表面的分子则不同，由于气相分子密度远小于液相的分子密度，表面分子所受到的引力不完全对称，合力指向液体内部，所以，能从内部移至表面的分子必须有较高的能量，以克服此力的作用。显然，同量液体中处于表面的分子越多，体系的能量就越高。增加液体表面积必然增加处于表面的分子数，体

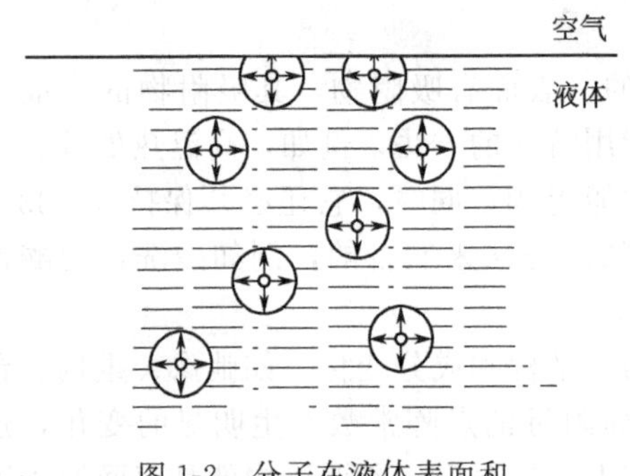

图 1-2 分子在液体表面和内部受力示意

系能量亦相应增加。此能量增量来自外界对体系所做的有用功，故称为表面自由能。由此可见，表面自由能即构成单位面积液体表面的分子比处于液体内部时高出的自由能值。

随物质组成及状态不同，产生表面自由能与表面张力的作用力本质也不同，其中有化学的，也有物理的。各种作用力中化学键与金属键的强度较大，往往使分子间的相对位移也受到限制，物质失去流动性而处于固态。这些键常对固体表面能作出贡献，使表面能也相应地较高，一般在几百到一千多毫牛/米的范围。对于常见液体，主要是物理的相互作用，即范德华力；少数有金属键的作用，如汞及金属在汞溶液中的情形；另一部分液体，如水、醇等缔合液体，氢键对它们的表面张力和表面自由能有重要贡献，使缔合液体的表面自由能比一般液体的高。

三、表面厚度

数学上讲表面是没有厚度的。从表面工程的意义来讲，表面是有厚度的，而且厚度是表面工程的一个重要指标。

1. 热力学表面相

一般热力学讨论中往往忽略体系表面部分的特殊贡献，因为它在体系中所占比例很小。对于表面高度发展的体系（如胶体分散系数、薄膜等）或只在表面上发生的现象（如吸附等）则不可如此。这时必须考虑表面对广度数量 y 的贡献。y 通常写作表面和内部两部分之和，即

$$y=y^{b}+y^{s} \tag{1-1}$$

上标 s 和 b 分别指示表面的和内部的。随着划分表面与内部的方法不同，y^{s} 和 y^{b} 的意义和数值亦不同。惯用的划分表面和内部的方法有两种：界（表）面相法和相界面法。

（1）界面相法　相与相之间的物理边界并不是截然的，总有或大或小的过渡区。这个性质不均匀的过渡区被称为界面相（或表面相）。于是整个体系由两个体相 α，β 和一个界面相 s 组成［如图 1-3 中（a）所示］，式（1-1）变为

$$y=y^{\alpha}+y^{\beta}+y^{s} \tag{1-2}$$

$$y=n^{\alpha}\overline{y^{\alpha}}+n^{\beta}\overline{y^{\beta}}+y^{s} \tag{1-3}$$

其中 n^{α} 和 n^{β} 分别为相应各相中物质的摩尔数；$\overline{y^{\alpha}}$，$\overline{y^{\beta}}$则为相应相中广度数量 y 的摩尔平均值。

（2）相界面法(Gibbs 表面)　Gibbs 采用了另一种巧妙的办法来划分表面部分，即在两体相间的过渡区域选定 SS'面作为两体相的分界面 σ，并设 α 相性质直到 SS'都是均匀的，β 相性质也直到 SS'面都是均匀的。体系的广度性质 y 有下列关系

$$y=y^{\alpha}+y^{\beta}+y^{\sigma} \tag{1-4}$$

显然，y^{α}、y^{β}、y^{σ} 皆因 SS'面的位置而异。故必须有一个统一的划面方法。Gibbs 划面法是按使其中一个组分的实际含量与所划出的 α，β 两相含量的总和相同来划定 SS'的位置。图 1-3 中（b）和（c）示意出这种划面方法。此法用于一组分体系就是使划定的 α 相和 β 相中物质的总量与实际体系中的量相同。图 1-3 中（c）示意出体系密度随高度之分布实线，曲线与坐标轴所包围的面积代表体系中物质的量。因此，Gibbs 表面 SS'应位于使面积 $A'CS'$与 $S'DB'$相等之处。Gibbs 表面是假想的几何分界面，它没有厚度和体积，对于一组分体系，没有归属于它的物质量，故

$$V=V^{\alpha}+V^{\beta},V^{\sigma}=0 \tag{1-5}$$

$$n=n^{\alpha}+n^{\beta},n^{\sigma}=0 \tag{1-6}$$

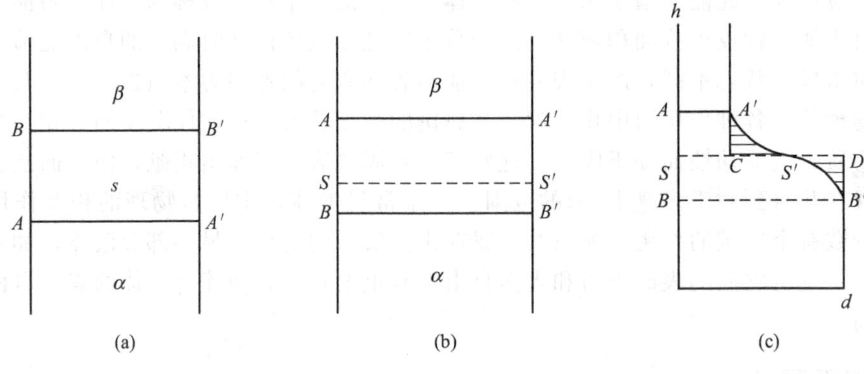

图 1-3 界面相与相界面示意

由此可见，式（1-4）中的 y^{σ} 并非表面上物质所具有的 y 量，而是体系因具有表面而额外具有的 y 量，具有过剩量的意义。

2. 表面厚度

通过Gibbs相界面法的学习，可以理解表面是有厚度的。表面的厚度就是图1-3(b) 中的 AA'-BB'两截面之间的厚度，当然这一厚度对于不同的物质、不同的组分是不同的，也是可以求取的。

讨论题：

纳米材料为什么比相同的块体材料有优异的特性?

纳米材料有较大的表面积，由第一节已知能量是高于体相内的能量的。对于纳米粉体材料，材料表面的厚度等于粉体材料的半径，那么粉体材料表面全部属于表面。而块体材料表面是有限的，表面对材料性能的贡献是可以忽略的。这样同一材料，纳米粉体材料性能是材料表面性能的综合。因此，同种材料粉体的性能显然优异于块体材料。

表面厚度一般由于研究和使用的环境不同，其厚度是变化的。物理学研究的表面厚度一般为两三个原子的厚度。材料学研究的表面厚度是各种界面作用和过程中所涉及的区域。常见几种材料的表面及厚度有以下几种。

（1）机械作用的界面　机械作用的界面是固体材料表面受其他固体或流体的机械作用而形成的界面。常见的机械作用有切削、磨削、研磨、抛光、喷丸、变形、磨蚀、磨损等。如图1-4所示为抛光金属的表面组织。在距离表面1μm的范围内，其显微组织有较大的变化。根据研究的需要进一步确定表面的厚度，在1μm的范围内，材料的组织与基体明显不同。可以说材料的厚度为1～2μm的范围内，厚度包括了过渡层，也有人确定表面厚度为2μm。表面厚度之所以不能确定为统一的厚度，主要取决于研究的对象不同。就表面研究而言，表面组织的不同，又可分为微晶层，塑变层等。

微晶层（或称比尔比层）　比尔比（Beilby）曾指出，经研磨、抛光的金属，在离表面约为5nm的区域内，点阵强烈畸变，会形成厚度约1～100nm的特殊结构表面层（被称为比尔比层)，它具有黏性液体膜似的非晶态外观，不仅能将表面覆盖得很平滑，而且能流入裂缝或划痕等表面不规则处。通过晶体表面电子衍射证明，这一层是晶粒极微小的微晶层。

塑变层　在比尔比层的下面为塑变层，塑变程度与深度有关，如图1-5所示为用600号SiC砂纸研磨黄铜时，塑变量与深度的关系。

塑变层深度一般可达到1～10μm，单晶体的塑变层比多晶体的塑变层深，大致与材料的硬度成反比。钢的塑变层内珠光体中的碳化物破碎成微细组织。

其他变质层　在机械加工中高应力、高温度的作用下还可产生下列变质层。

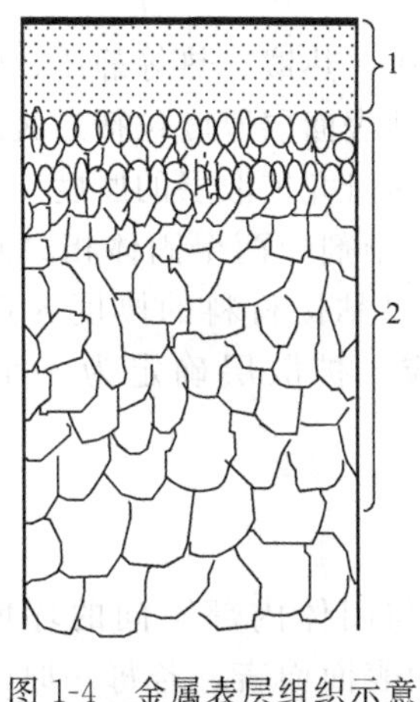

图 1-4 金属表层组织示意
1—微晶层；2—塑性变形层

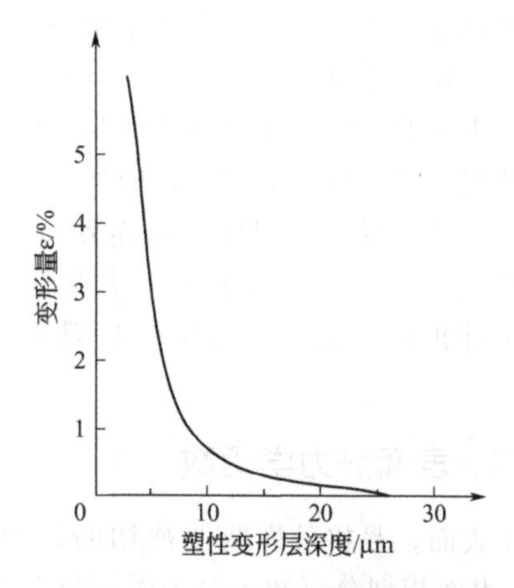

图 1-5 经研磨的黄铜表面塑变量与深度的关系

① 形成孪晶 对非立方结构的金属（如 Zn 等）可产生孪晶。

② 相变 具有亚稳定相的合金（如 18-8 不锈钢、β 黄铜、钢中的残余奥氏体等）可形成相变层。

③ 再结晶 低熔点金属（Sn、Pb、Zn 等）能形成再结晶层。

此外还可产生失效及表面裂纹等。由以上的分析进一步确定，表面层的厚度由研究对象而决定。同一材料表面，由于研究的内容不同，表面厚度是不同的。

（2）化学作用界面 由于表面反应、粘连、氧化、腐蚀等化学作用而形成的界面。如图 1-6 所示为不同温度下铁表面氧化层的结构。由图 1-6 可见，在 570℃以下，Fe 表面氧化时，Fe 的内部没有 FeO 层，而在 570℃以上，Fe 表面氧化时，Fe 的内部有 FeO 层。

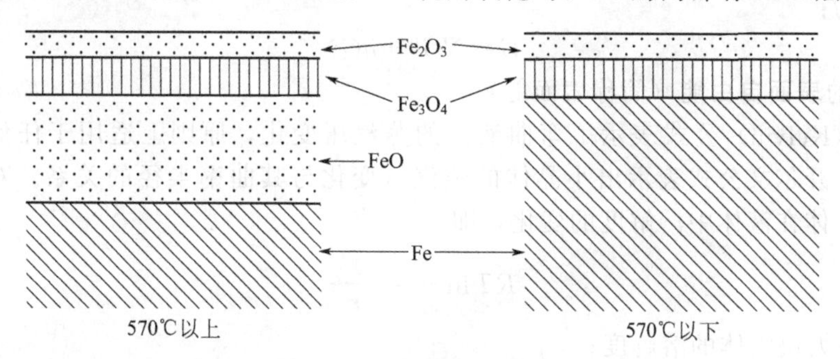

图 1-6 铁表面氧化膜构造

（3）熔焊界面及厚度 熔焊界面的特点是在固体表面造成熔体相，两者在凝固过程中形成冶金结合。其厚度一般包括焊接的材料，热影响区域。

（4）固态结合界面及厚度 固态结合界面是指两个固体相直接接触，通过真空、加热、加压、界面扩散和反应等途径所形成的结合界面。厚度为扩散物质的厚度。

（5）液相和气相沉积界面及厚度 物质以原子尺寸形态从液相或气相析出，在固体表面成核和生长，形成膜层或块体。膜层的厚度为这种材料的表面厚度。根据研究的对象，将物质呈梯度变化的扩散层一般也是划归表面层厚度中。

（6）凝固共生界面及厚度 凝固共生界面是指两个固相同时从液相中凝固析出，并且共同生长所形成的界面。由于多数材料是多晶多相的，因而这种界面相当普遍。这种析出一般尺寸较小，因此整个析出物确定为一个表面层的厚度。大多数情况下，这种析出物不再确定表面的厚度，而是以粒径的大小来表示更为方便。

（7）粉末冶金界面及厚度　粉末冶金界面是指通过热压、热锻、热等静压、烧结、热喷涂等粉末工艺，将粉末材料转变为块体所形成的界面。这种表面层厚度包括过渡层，即材料的扩散层。对于特殊研究时，例如研究结合强度时才单独的研究扩散层的厚度。

（8）粘连界面及厚度　粘连界面是指用无机或有机黏结剂使两个固体相之间结合而形成的界面，其特点是分子键起主要作用。这种粘连层，以粘接材料的厚度为连接表面厚度，不计扩散、化学作用层的特殊研究时，将表面反应，扩散层确定为一个独立的反应面。

四、表面热力学函数

在表面，晶格的周期性被切断，因此表面原子处于与固体内部不同的环境之中。由Gibbs表面相划分可知，对于周围包含 N 个原子的固体的表面而言，若每一原子的体能量为 E^0，熵为 S^0，则每单位面积的表面能 E^S 与总能量 E 之间有下述关系：

$$E=NE^0+aE^S \tag{1-7}$$

式中，a 为表面积。

其他的热力学函数如取每单位面积的表面熵为 S^S，则固体的总熵为 S：

$$S=NS^0+aS^S \tag{1-8}$$

表面的每单位面积的功 A^S 为：

$$A^S=E^S-TS^S \tag{1-9}$$

同样，表面的吉布斯自由能为：

$$G^S=H^S-TS^S \tag{1-10}$$

式中，H^S 是为建立新的表面所需要的单位面积的表面焓，是被系统吸收的热量。系统的总自由能为：

$$G=NG^0+aG^S \tag{1-11}$$

1. 晶体的表面自由能（简称表面能）

开尔文（Kelvin）公式表示了弯曲液面的蒸汽压变化，原则上适用于任何体系。对于固—气界面，开尔文公式表示出小晶体的蒸汽压变化与其曲率半径的关系。对于固—液界面，则表示晶体在液体中溶解度的变化，即

$$RT\ln\frac{s}{s_0}=\frac{2\gamma V}{r} \tag{1-12}$$

式中　s_0——大块固体的溶解度；

s——小晶体的溶解度；

r——小晶体曲率半径；

V——小晶体的体积；

γ——小晶体表面能。

对于液体，γ 值只是温度、压力、组分的函数，当这些参数都不变时，某种液体的 γ 值是唯一的。

因此，若不考虑重力，一定体积的液体平衡时总取圆球状，因为这样表面积最小，表面能最低。但是固体则不然，即便把一小块晶体处理成球体，在高温下加热或浸在某种腐蚀液中时，会发现此晶体又能自发地变成一定几何形状的多面体。这是因为固体原子的活动性相对较小，每个晶面的表面自由能大小与该晶面上原子的排列有关。图1-7所示为一个面心立方晶体的几个不同晶面的原子排列，显然各个晶面的表面自由能各不相等。一般认为，较密

实堆积的晶面表面自由能较低，因此晶体的外表面倾向于取此种类型的晶型数目较多一些，而其他表面自由能较高的晶面较少一些。一个多面体的外表面总是由若干种原子排列不同的晶面组成的。

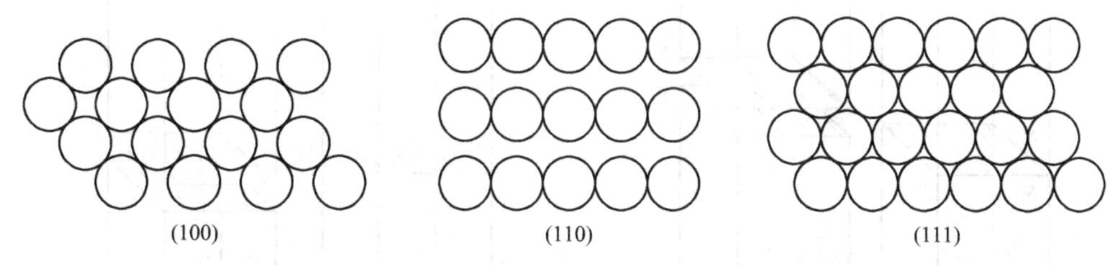

图 1-7　面心立方体结构中三个面上的原子排列

对于晶体，使用开尔文公式时，γ 值和曲率半径 r 的确定可以利用沃尔夫（Wuiff）提出的关于晶体平衡形状的半经验规律。沃尔夫认为，虽然各晶面的表面自由能各不相同，但是根据能量最低原则，一定体积的固体必然要构成总的表面自由能最低的形状。因此他提出：各晶面总的表面自由能应与该晶面的内接圆半径成正比。这可用图 1-8 中假设的二维晶体来说明。如果晶体全部取（10）二维空间的话，因为 γ_{10} 为 2.5×10^{-5}J/cm，所以总的表面自由能为 $4\times1\times2.5\times10^{-5}=10^{-4}$J［见图 1-8(a)］。如果全部取（11）二维空间的话，因为（11）面的自由能 γ_{11} 为 2.25×10^{-5}J/cm，所以总的表面自由能为 $4\times1\times2.25\times10^{-5}=9\times10^{-5}$J［见图 1-8 中(b)］。图 1-8 中(c) 表示晶体由（10）及（11）两种晶面构成，总的表面能为 $4\times0.32\times2.5\times10^{-5}+4\times0.59\times2.25\times10^{-5}=8.51\times10^{-5}$J，显然此种组合自由能较低。图 1-8 中（d）说明了（c）图形状的确定方法：由中心点引出一组矢量，方向与各晶面垂直，矢量的长度与各晶面的表面自由能成正比，在各矢量的端点作垂直于该矢量的平面，各平面相交则得到该晶体的形状。如果晶体的形状确实按沃尔夫的半经验规律确定，则 γ_i/r_i 为一常数，这一比值可用于开尔文公式。

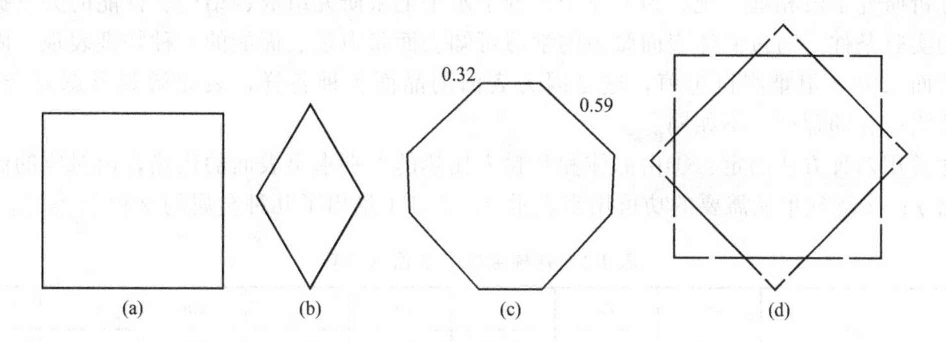

图 1-8　假设二维晶体的构造

(a)（10）晶面边长 1cm；(b)（11）晶面边长 1cm；

(c) 由（10）和（11）组成边长 0.32cm，0.59cm；(d)（c）的确定方法

固体的表面能也是指产生 $1cm^2$ 新表面所需消耗的等温可逆功。如图 1-9 所示，将一截面积为 $1cm^2$ 的固体柱体拉开，若在真空中进行，则所需的能量为 $2\gamma_s$（即表面自由能，称为内聚功）。相反，如果这两个固体柱完全黏合恢复原状，所需能量为 $2\gamma_{so}$。但如果这一试验是在某种蒸汽存在的情况下进行，在固体表面上形成了该蒸汽的吸附膜，则所需能量为 γ_{sv}。表面能 $2\gamma_{sv}$ 必小于 $2\gamma_{so}$。这可定性地解释为：当固体表面有了一层吸附膜后，两固体表面间的吸引力实际已被两个吸附膜的吸力所取代，而吸附膜由挥发物质组成，其范德华力比近似不挥发的固体本身要小些。测定吸附引起的表面能的降低（$\gamma_{so}-\gamma_{sv}$）是通常研究固

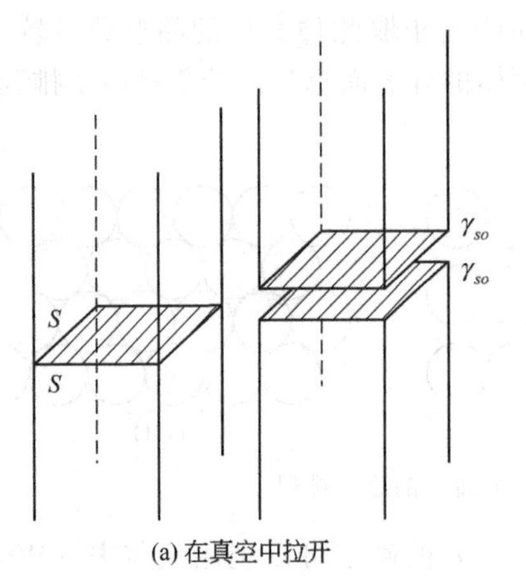

(a) 在真空中拉开

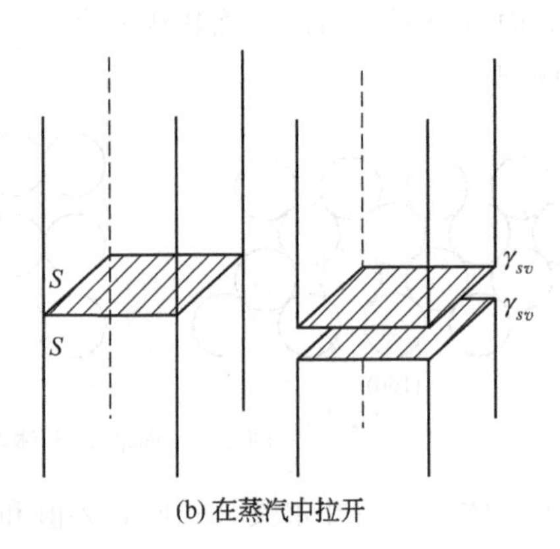

(b) 在蒸汽中拉开

图 1-9 固体表面自由能

体表面能的重要途径。

2. 表面张力

流体的表面张力，人们研究的比较成熟，而固体的表面张力人们的认识还不够完善。这是由于，在通常情况下，固体的非流动性使固体表面比流体表面更复杂。首先，固体表面通常是各向异性的，通常是热力学的非平衡状态，趋向热力学的平衡速率是很慢的。正是这种动力学上的原因，固体材料被加工成各种形状。在人们设想的时间间隔内，一般不容易发生自发的明显变化。其次，固体表面与其体相内的组成和结构是有所不同的，同时还存在各类缺陷及弹性变形等。这些对固体表面性质产生很大的影响。

固体表面能是描述和决定固体表面性质的重要物理量，但到目前为止，还没有一个能直接测量固体表面能或表面张力的方法。随着近年来高真空技术和电子技术的迅速发展，各种表面分析研究手段相继出现，为从原子、分子水平上来研究组成、结构、性能的关系提供了必要的实验条件。通过液体表面张力的学习可知表面张力是表面能的一种物理表现。固体材料的表面张力 γ 很难测得定值，这是因为表面的晶面各种各样，表面微观形态复杂多变，晶格缺陷存在的程度也不相同。

通常用两种方法测定：①由晶体和其粉末比热的差别求出表面的比热，由对应的温度变化算出 γ；②解理单晶需要的功可用来表示 γ。表 1-1 给出了几种金属的 γ 值。

表 1-1 几种金属的 γ 值（25℃）

金属	Si	Zn	Fe	Sn	Ag	Cu	Fe	Sn
晶面	(111)	(0001)	(100)	平均	平均	平均	(100)	平均
$\gamma/[\times 10^{-2}(N/cm)]$	1.24	0.105	1.35	0.685	1.14	1.37	1.35	0.685

表面张力是由于原子间的相互作用以及在表面和内部排列状态的差别引起的。根据力的种类，有人尝试以下式来表示：

$$\gamma=\gamma^d+\gamma^m+\gamma^e+\Lambda \qquad (1\text{-}13)$$

式中 γ^d——范德华力；

γ^m——金属结合力；

γ^e——库仑力。

这样，物质 1 对物质 2 的界面张力 γ_{12} 可表示为：

$$\gamma_{12}=\gamma_1+\gamma_2-2(\gamma_1^d\gamma_2^d)^{1/2}-I'_{12} \tag{1-14}$$

式中　I'_{12}——范德华力以外的力引起的界面相互作用的势能。

如果把物质 2 取为碳氢化合物，其分子间的力只是范德华力，即 $\gamma_2=\gamma_2^d$，$I'_{12}=0$，只要测出 γ_{12} 和 γ_1，就可通过式（1-14）求出 γ_1^d。水银在 20℃时，$\gamma=4.85\times10^{-3}$ N/cm，其中 $\gamma^d=2.00\times10^{-3}$ N/cm，$\gamma^m=2.85\times10^{-3}$ N/cm。γ^d 有多种求法，表 1-2 给出部分金属的 γ^d 值。金属的表面不仅有氧化薄膜覆盖，加工缺陷程度也不一样，范德华力 γ^d 是个不定的因子，故有必要采用合适的方法进行测定。

表 1-2　几种金属的 γ^d 值（25℃）

金属	Cu	Ag	Pb	Sn	Fe	Cd	Al	Hg
γ^d/[$\times10^{-3}$(N/cm)]	0.6	0.74	0.99	1.01	1.08	3.13	4.49	2.00

3. 表面能和表面张力之间的关系

对于液体，由于分子易于移动，表面被张拉时，液体分子之间的距离并不改变，只是液相某些分子迁移到液面上来，因此液体的表面自由能和表面张力在数学上是相等的。但是对于固体，原子几乎是不可移动的，其表面不像液体那样易于伸缩或变形，其表面原子的结构基本上取决于材料的制造加工过程。

单种原子组成的某物质，表面的形成过程可想象为按如下两步进行：第一步，将固体切开，分割面垂直于固体表面，于是新表面暴露出来，但是新表面上的原子仍留在原来晶体结点的位置上。显然，当原子处于本体相时，其与周围原子间的作用力是平衡的，当它变为新表面上的一个原子时，则处于受力的不平衡状态。第二步，新表面上的原子将排列到各自的受力平衡位置上去。对于液体，第二步是很快的，实际上这两步并作一步进行。对于固体则不然，由于原子难于移动，第二步要慢慢进行。显然，在原子未排列到新的平衡位置之前，新产生表面上的原子必定受一个应力的作用，在这个应力的作用下，经过较长时间，原子达到新的平衡位置后，应力便消除，平面的原子间距将会产生一定程度的改变。

因此，对于固体，我们拉伸或压缩其表面时，仅仅改变原子的间距，而不改变表面原子的数目。

为了讨论的方便，设新表面上的原子停留在原来的位置上，必须对该原子施加一外力，每单位长度上应施加的这种外力定义为表面应力 τ，沿着相互垂直的两个新表面上的两个表面应力之和的一半等于表面张力，即

$$\gamma=\frac{\tau_1+\tau_2}{2} \tag{1-15}$$

液体或各向同性固体的两个表面应力相等，即 $\tau_1=\tau_2=\gamma$；各向异性固体的两个表面应力不等。

对于各向异性的固体，设在两个方向上的面积增量分别为 dA_1 及 dA_2（图 1-10），总的表面自由能增加可用抵抗表面应力的可逆功来表示：

$$\mathrm{d}(A_1G^S)=\tau_1\mathrm{d}A_1$$
$$\mathrm{d}(A_2G^S)=\tau_2\mathrm{d}A_2 \tag{1-16}$$

全微分

$$A_1\mathrm{d}G^S+G^S\mathrm{d}A_1=\tau_1\mathrm{d}A_1$$
$$A_2\mathrm{d}G^S+G^S\mathrm{d}A_2=\tau_2\mathrm{d}A_2$$

即

$$\tau_1=G^S+A_1\left(\frac{\mathrm{d}G^S}{\mathrm{d}A_1}\right) \tag{1-17}$$

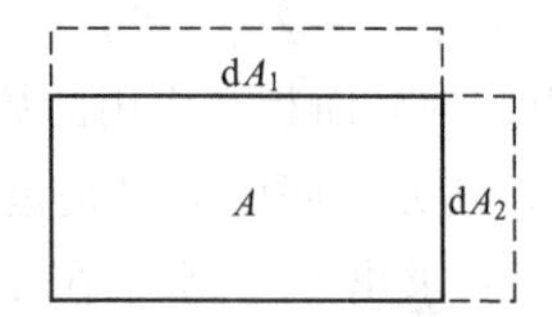

图 1-10　面积增量

$$\tau_2 = G^S + A_2\left(\frac{dG^S}{dA_2}\right) \tag{1-18}$$

式中，G^S 为单位面积自由能。

对于各向同性的固体，$\tau_1=\tau_2$，则式（1-17）、(1-18）可简化为

$$\tau = G^S + A\left(\frac{dG^S}{dA}\right) \tag{1-19}$$

对于液体，$dG^S/dA=0$，所以 $\tau=G^S$，即 $\tau=G^S=\gamma$。也就是说表面张力就是单位面积上的自由能。

假如某种固体在发生面积变化时，始终保持着平衡的表面构型，则也可认为与液体的情况一样。

五、金属的力学性能与表面自由能

1. 莱宾杰尔效应的表现形式

金属的力学性能（如强度、塑性、耐磨性等），都可能受其表面接触的气体和液体的影响而产生显著变化。在许多情况下，由于环境介质的作用，金属强度大大降低。介质对固体力学性能的影响效应在自然界和工程上十分普遍，而且有各式各样的表现形式。这些效应是在固体表面或其体积内进行的物理、化学、物理-化学过程所引起的。与此相关，观察固体和环境介质相互作用时，根据哪一过程起主要作用，可以分为两类效应。

第一类效应主要是由不可逆相互作用引起的。这里主要指各种形式的腐蚀，它与化学、电化学过程及反应有关。通常，腐蚀并不改变材料的力学性能，而是逐渐均匀地减少受载件的尺寸。结果使危险截面上的应力增大，当它超过允许值时便发生断裂。

第二类效应主要是可逆物理过程和可逆物理-化学过程引起的，这些过程降低固体表面自由能。此类效应或多或少地显著改变材料本身的力学性能。因环境介质物理-化学的影响及表面自由能减少导致固体强度、塑性降低的现象，称为莱宾杰尔（РеσИНДер，Ⅱ. А.）效应。莱宾杰尔在 1928 年第一个发现并研究了这种效应。任何固体-晶体的和非晶体的、连续的和多孔的、金属和半导体、离子晶体和共价晶体、玻璃和聚合物都有莱宾杰尔效应。玻璃和石膏吸附水蒸气后，其强度明显下降；铜表面覆盖熔融薄膜后，会使其固有的高塑性丧失，这些都是莱宾杰尔效应的例子。

有几种方法可以降低固体表面的自由能。对于表现莱宾杰尔效应意义最大的是下面两种方法：固体和在分子性能上接近该固体的液体接触；固体从环境介质中或从自身的体积中吸收所谓表面活性物质。因吸附作用降低表面自由能，使力学性能发生变化的现象，称为强度吸附性降低。

莱宾杰尔效应可能有几种表现形式，这和许多因素（固体和环境介质的成分、固体的结构、温度及应力状态等）有关。莱宾杰尔效应最普遍而且实际上最主要的表现形式如下。

(1) 增塑　降低屈服强度和恒速变形时的强化系数，或增加蠕变速率，锡、铝、铅在有机表面活性物质溶液中变形时，其力学性能变化就是如此。图 1-11 是单晶锡在混脂酸、凡士林油溶液中的拉伸曲线，由图 1-11 可见，单晶锡在不同的溶液中的拉伸曲线是不同的，在纯凡士林油中，应力与应变曲线最高，在 0.2%的混脂酸中，由一段斜线和水平线组成。

(2) 出现脆性　塑性和强度急剧降低。这种效应往往是由性质与固体相近的液体所引起的。对于金属来说，一定的液体金属就是这种介质。如黄铜和锌在有水银时就变脆，铜在有液体铋时会变脆。

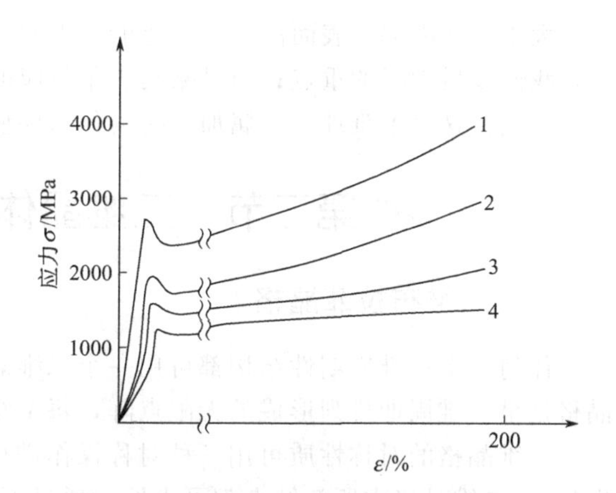

图 1-11　单晶锡在混脂酸、凡士林油溶液中的拉伸

1—纯凡士林油；2—0.1%混脂酸；3—0.5%混脂酸；4—0.2%混脂酸

2. 莱宾杰尔效应最明显的特点

(1) 环境介质的影响有很明显的化学特征。例如，并不是所有液体金属都能改变某一固体金属的力学性能，降低它的强度和塑性，只有对该金属为表面活性的液体金属才有上述效果。如，水银急剧降低锌的强度和塑性，但对镉的力学性能没有影响，虽然后者和锌在周期表中同属一族，且晶体点阵也相同（密排六方）。

(2) 和溶解或其他腐蚀形式不同，只要有很少量的表面活性物质就产生莱宾杰尔效应。在固体金属（钢或锌）表面微米数量级的液体金属薄膜就可以导致脆性破坏。在个别情况下，试样表面湿润几滴表面活性的熔融金属，就会引起低应力解理脆性断裂。

(3) 表面活性熔融物的作用十分迅速。在大多数情况下，金属表面浸润一定的熔融金属，或其他表面活性物质后，其力学性能实际上很快就发生变化。

(4) 表面活性物质的影响是可逆的，即从固体表面去除活性物质后，它的力学性能一般会完全恢复。

(5) 为了引起莱宾杰尔效应，需要拉应力和表面活性物质同时起作用。在大多数情况下，介质对无应力试样以及无应力试样随后受载时的作用并不显著改变力学性能，只有熔融物在无应力试样中沿晶界扩散的情况例外。

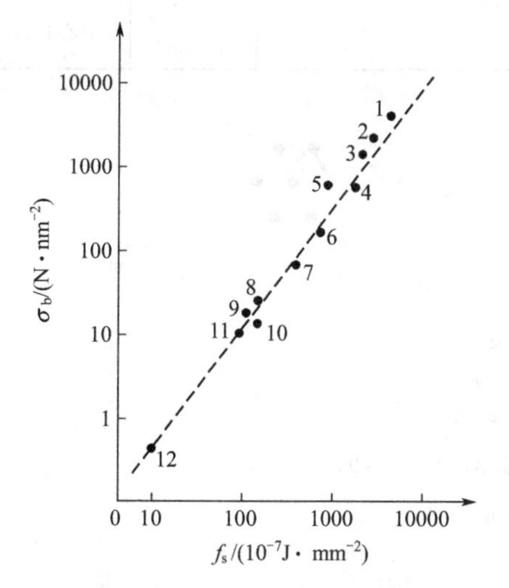

图 1-12　固体表面能 f_s 与强度 σ_b 间的关系

1—金刚石；2—W；3—Mo；4—Fe；5—Al_2O_3；6—Cr；7—Zn；8—云母；9—冰；10—NaCl；11—萘；12—氩

3. 莱宾杰尔效应的本质

材料的力学性能与表面力学性能间有密切的关系，而表面强度与表面能又密切相关，它们都是由共同的物理本质所决定的。它们都是原子间结合力的宏观特性。图 1-12 为固体表面能 f_S 与强度 σ_b 间的关系。金属表面对活性介质的吸附，使表面原子的不饱和键得到补偿，使表面能降低，改变了表面原子间的相互作用，使金属的表面强度降低，这是出现莱宾杰尔效应的主要因素。

在生产中，莱宾杰尔效应具有重要的实际意义。一方面可利用此效应提高金属加工（压力加工、切削、磨削、破碎等）效率，大量节省能源。另一方面，应注意避免因此效应所造成的材料的早期破坏。

通过本节的学习可知，表面是有厚度的，表面能量大于体相内部，表面能量的变化能够引起材料的性能变化。如何改变表面能、利用表面能是我们今后学习的重点；通过莱宾杰尔效应的学习，明白表面能的变化会引起材料的力学性能变化，这就不难理解金属加工时为什么要使用润滑油。

第二节 二维晶体结构及表面缺陷

一、二维布拉菲晶格

任何一个二维周期性结构都可用一个二维晶格（点阵）加上结点（阵点）来描述。这种晶格是呈二维周期排列形成的无限点阵，每个结点周围的情况是一样的。

二维晶格的对称性质可用三种对称操作进行讨论（即平移、旋转、反映以及它们的复合操作）。二维晶格中所有结点都可由原点通过下列平移来达到：

$$T=n_1a+n_2b \tag{1-20}$$

a，b 是二维晶格晶胞的基矢量，n_1、n_2 是任意整数。由 a、b 构成的平行四边形称为晶胞。在平移操作时，整个二维周期结构保持不变，所有的平移操作形成了表面结构的平移群，平移群确定了表面结构的二维周期性，可归纳为五种二维布拉菲晶格，见表 1-3 及图 1-13。

表 1-3 五种二维布拉菲晶格

晶胞形状	晶格符号	选择轴的习惯规则	轴和角度	晶系名称
一般的平行四边形(斜方形)	P	无	$\|a\|\neq\|b\|$ $\gamma\neq90°$	斜方
长方形	P C	两个最短的，互相垂直的矢量	$\|a\|\neq\|b\|$ $\gamma=90°$	长方
正方形	P	两个最短的，互相垂直的矢量	$\|a\|=\|b\|$ $\gamma=90°$	正方
60°角的菱形		两个最短的，互成120°角的矢量	$\|a\|=\|b\|$ $\gamma=120°$	六角
中心长方形(中心有原子)			$\|a\|\neq\|b\|$ $\gamma=90°$	中心长方

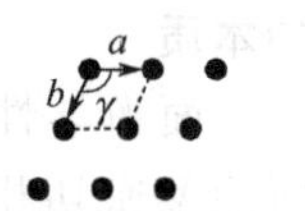

(a) 斜方晶格$|a|\neq|b|$，$\gamma\neq90°$

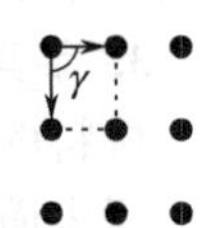

(b) 正方晶格$|a|=|b|$，$\gamma=90°$

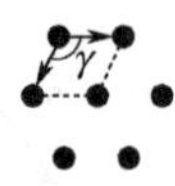

(c) 六角晶格$|a|=|b|$，$\gamma=120°$

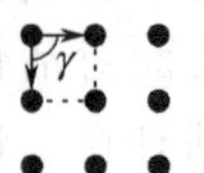

(d) 长方晶格$|a|\neq|b|$，$\gamma=90°$

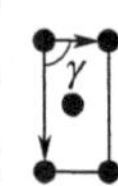

(e) 中心长方晶格$|a|\neq|b|$，$\gamma=90°$

图 1-13 五种二维布拉菲晶格

二、二维晶列指数

二维晶格中排在平行直线上的结点形成二维晶格中的平行晶列。为表示这些平行晶列，可在平面上取一坐标系，其坐标轴与基矢量 a、b 平行。设晶列在 a、b 轴上交点的坐标为

s_1a、s_2b，取 $1/s_1:1/s_2=h_1:h_2$ 为一组互质的整数，(h_1h_2) 就是该晶列的指数，表示互相平行的一个晶系。

三、TLK 模型（表面台阶结构）

在理想状态下，表面原子结构是静态结构。表面原子层都是一个理想平面，其中的原子作完整二维周期性排列，且不存在缺陷和杂质。这种平面称完整突变光滑平面。当温度从 0K 升到 TK 时，由于原子热运动，可以出现如图 1-14 所示的表面晶体缺陷，即著名的 TLK（Terrace-Ledge-Kink）模型。这个模型由考塞尔（Kossel）及斯特朗斯基（Stranski）提出的，其基本思想是，晶体表面是低指数晶面的平台和一定密度的单原子台阶所构成，这些台阶自身又包含了一定密度的扭折，这些扭折对于形成表面缺陷或体积缺陷有着重要的作用。

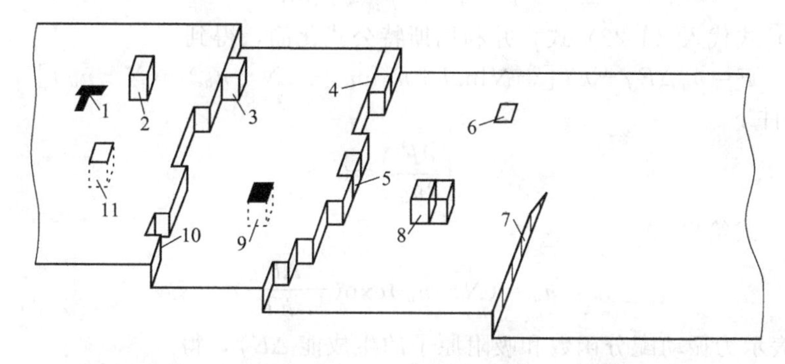

图 1-14　按照 TLK 模型得到的面心立方 {111} 晶面的表面原子结构

1—刃型位错露头；2—吸附原子，$N=3$；3—台阶上的吸附原子，$N=5$；4—扭折处的原子，$N=6$；5—台阶内的原子，$N=7$；6—平台中的原子，$N=9$；7—螺型位错露头；8—吸附原子对，$N=4$；9—杂质原子；10—台阶中的空位；11—平台中的空位或表面空位

表面区的每个原子都可以用其最近邻数 N 来描述。如果平台为面心立方的 {111} 面，则平台上吸附原子的 N 为 3，吸附原子对所具有的 N 为 4，台阶上的吸附原子数 N 为 5，台阶扭折处的 N 为 6，台阶内原子的 N 为 7，处于平台内原子的 N 为 9。

根据 TLK 模型，台阶一般是比较光滑的。随着温度的升高，其中的扭折数会增加（如图 1-15 所示）。扭折间距 λ_0 和温度 T 及晶体指数 k 有关，它可由以下关系来描述：

$$\lambda_0=\frac{a}{2}\exp\left(\frac{E_L}{kT}\right) \tag{1-21}$$

式中　a——原子间距；

E_L——台阶的生成能。

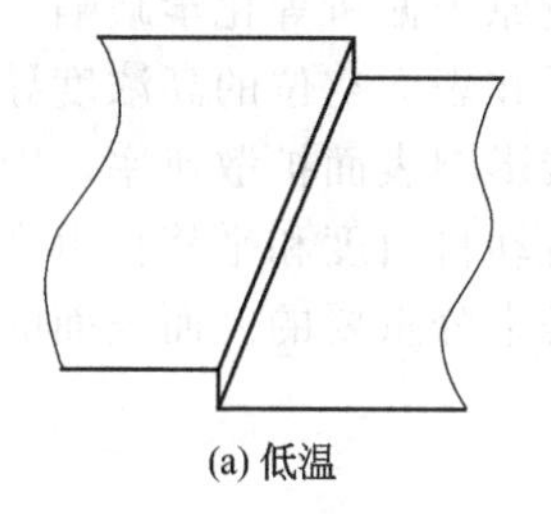

(a) 低温

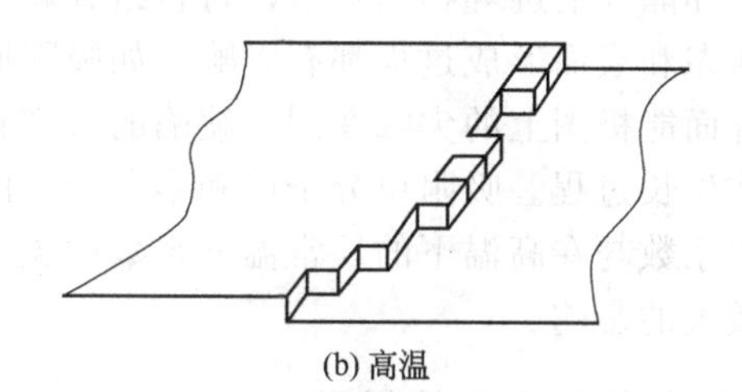

(b) 高温

图 1-15　台阶结构

格古津得到面心立方体（111）面上台阶［11］的 λ_0 约为 $4a$，而简单的立方晶体（100）晶体台阶［10］的 λ_0 约为 $30a$。

考虑低指数晶面平台上的吸附原子时，在低温下，这些吸附原子将会局域化，其生成自由能 ΔF_f 包括键能和熵两部分，后者同弛豫频率有关。由于吸附原子的局域化，它在阵点上分布的混合熵遵守费米—狄拉克统计。n_a 个吸附原子在 N 个表面位置上分布方式的数目为

$$W=\exp\left(\frac{S}{k}\right)=\frac{N!}{n_a!\ (N-n_a)} \tag{1-22}$$

式中　S——体系的熵。

形成 n_a 个吸附原子时，令 $W=\exp\left(\frac{S}{k}\right)$，体系的总自由能变化为

$$F=n_a\Delta F_f-kT\ln W \tag{1-23}$$

将（1-23）式代入（1-22）式，并利用斯特公式化简，得到

$$F=n_a\Delta F_f+kT[-N\ln N+n_a\ln n_a+(N-n_a)\ln(N-n_a)] \tag{1-24}$$

在平衡条件下

$$\left(\frac{\partial F}{\partial n_a}\right)=0$$

故（1-24）式给出

$$n_a=(N-n_a)\exp(-\frac{\Delta F_f}{kT}) \tag{1-25}$$

将 ΔF_f 表示为振动配分函数和吸附原子的生成能 ΔE_f，得

$$\frac{n_a}{N-n_a}=\prod_i\left\{\frac{\exp\left(-\frac{\Delta F_f}{kT}\right)\left[1-\exp\left(-\frac{hv_i}{kT}\right)\right]}{1-\exp\left(-\frac{hv_i{}^*}{kT}\right)}\right\} \tag{1-26}$$

式中，v 和 v^* 分别为吸附原子的弛豫振动频率和正常的晶格振动频率。

在高温下，非局域化的吸收原子成为二维气体，（1-22）式简化为

$$W=\frac{1}{n_a} \tag{1-27}$$

并且吸附原子的两个振动自由度为两个平移自由度所取代，得到

$$n_a=\frac{\frac{2\pi mkT}{h^2}A\prod_i\left[1-\exp\left(-\frac{hv_i}{kT}\right)\right]\exp-\left(\frac{\Delta E_f}{kT}\right)}{\prod_i\left[1-\exp\left(-\frac{hv_i{}^*}{kT}\right)\right]} \tag{1-28}$$

在中等温度范围内，局域化和非局域化的两种吸附原子将会并存。

除了台阶、扭折和吸附原子之外，实际表面上还存在大量各种类型的缺陷，如原子空位、位错露头和晶界痕迹等物理缺陷；材料组分和杂质原子偏析等化学缺陷。它们对于固体材料的表面状态和表面形成过程都有影响，如吸附原子和表面空位的高浓度导致表面的粗糙化，从而使界面能极图上的尖峰变圆。缺陷的浓度直接影响表面扩散速率，因而也影响了二维成核和晶体生长过程。吸附单分子层和多分子层的转动自由度和平移自由度的活化，对于解释表面扩散系数与在高温下的反常温度系数的关系是十分重要的。而表面的化学缺陷对金属的氧化有较大的影响。

四、表面结构中的晶格缺陷

我们把具有二维平移对称性结构的晶体表面称为理想表面，而把对理想表面结构的偏离

称之为表面缺陷。表面缺陷主要包括表面点缺陷、非化学比、位错与晶界等。

1. 表面点缺陷

与晶体体相中的点缺陷类同，晶体表面层中的点缺陷有表面空位、间隙离子（原子）及杂质原子（离子）。

（1）表面空位　空位的产生可以设想为表面层晶格上的一个离子（或原子）运动到表面上，重新在扭折位置处结合，而在表面层原来的晶格位置上留下一个空位。这种点缺陷又称为 Schottky 缺陷。因为表面上有足够的位置接受从表面层迁移来的离子（原子），因此，表面层中 Schottky 缺陷的形成相对更容易。

（2）间隙离子　间隙离子（原子）是由于热运动，原来处于正常晶格位置上的离子迁移到晶格间隙位置处而形成的，结果在原来的晶格位置上留下一个空位。在离子晶体中，一个间隙离子与相应的空位一起构成一个 Frenkel 缺陷。表面层的情况与体相内不完全相同，一般认为表面层中的间隙离子可能通过下述方式产生：

$$M^{+}_{扭折} \rightleftharpoons M^{+}_{间隙} + A^{-}_{扭折} \tag{1-29}$$

式中，$M^{+}_{扭折}$ 和 $A^{-}_{扭折}$ 表示表面上处于扭折位置处的正和负离子，$M^{+}_{间隙}$ 表示间隙正离子。处于表面上扭折位置处的离子由于受到周围带相反符号电荷的离子的吸引力较弱，因而比内部离子更容易进入晶格间隙位置。所以表面层中的间隙离子浓度一般都比体相内要高。实验发现许多离子晶体其多晶的离子电导率比大块单晶的离子电导率要高。例如压紧的 AgBr 粉末比大块 AgBr 单晶的离子电导率要高约 500 倍。Schottky 缺陷和 Frenkel 缺陷如图 1-16 所示。

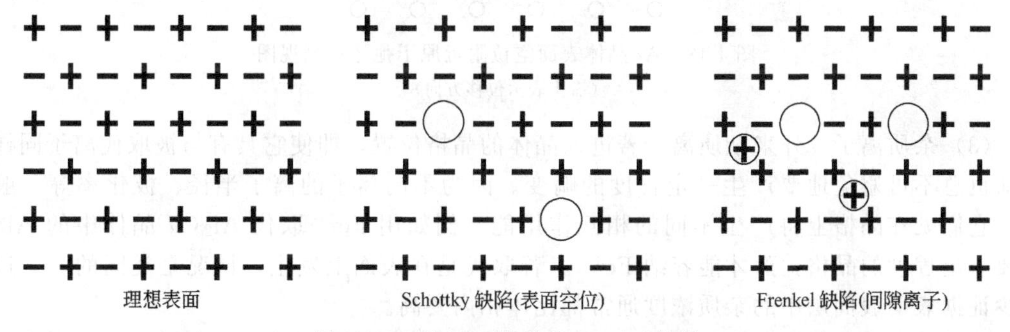

图 1-16　Schottky 缺陷和 Frenkel 缺陷

原则上空位和间隙离子这两类缺陷在任何一种离子晶体中都可能出现，但实际上由于离子半径、离子的电价及其周围的配位情况不同等因素的影响，使空位和间隙离子的生成自由能不同。因此，实际晶体中总是某一类缺陷占优势。若离子电价相同，配位情况类似，则离子半径就是主要因素。当正、负离子半径相近时，一般是 Schottky 缺陷占优势，如卤化碱金属晶体。当正离子比负离子小很多时，则正离子 Frenkel 缺陷占优势，因为小离子更容易进入间隙位置，如 AgCl，AgBr，AgI 等。空位和间隙离子形成以后，由于力场的改变，缺陷周围的离子接着要发生弛豫作用，使体系的能量尽可能降低。

在金属和单质元素晶体的表面，除了空位以外还可以有增原子，即在表面上的单个孤立原子。Jura 等曾研究过氩晶体的表面点缺陷及其弛豫作用，他们用由他们自己测定的氩晶体的表面弛豫结构为基本结构，在此基础上计算了表面空位和增原子引起周围原子的位移和相应的能量变化。得出的结论是，在任何一种缺陷的周围明显的畸变虽然很小，但它仍然明显地改变结合能。因此，在表面性质的计算中不能忽略。顶部具有一个 Ar 增原子的 Ar 晶体表面如图 1-17 所示，Ar 晶体表面空位附近原子弛豫如图 1-18 所示。

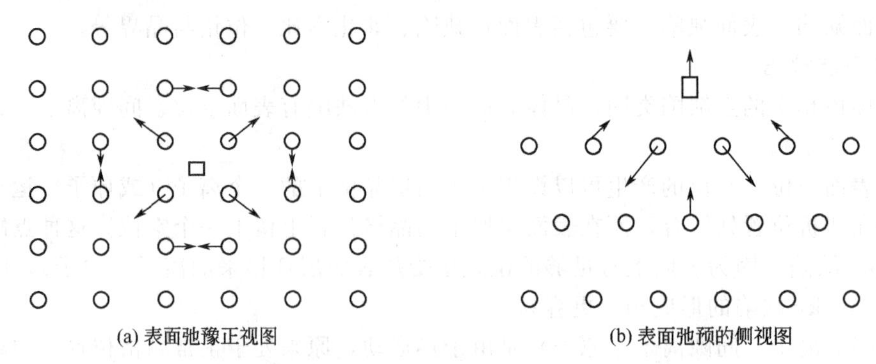

图 1-17　顶部具有一个 Ar 增原子的 Ar 晶体的表面

（箭头表示离开正常位置的位移方向，增原子用正方形表示）

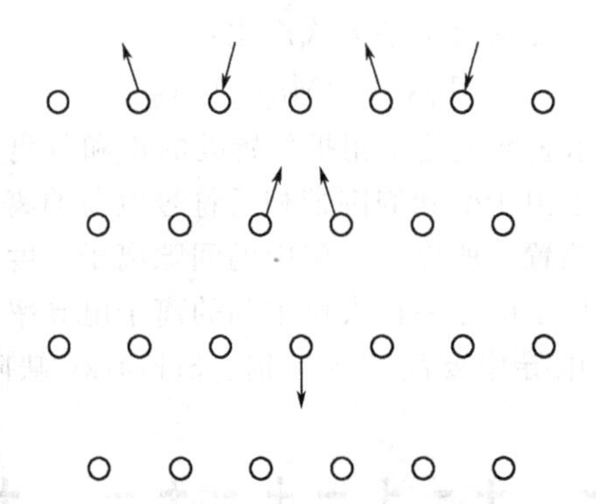

图 1-18　Ar 晶体表面空位附近原子弛豫的侧视图

（箭头表示位移方向）

(3) 杂质离子　外来杂质离子若进入晶体的晶格位置，即使它具有与被取代离子同样的电荷也总不可避免地要产生一定程度的畸变。因为不同离子的离子半径、极化率等一般不同，它们处在晶格上将产生不同的相互作用能。例如用 Fe^{3+} 取代 Al_2O_3 晶体中的 Al^{3+}，需要一定程度的晶格弛豫才能容纳 Fe^{3+}。若取代是在表面上发生，情况是类同的。不过有不少证据表明表面层中的杂质浓度通常都比体相内要高。

若外来杂质离子的原子价与原晶格离子不同，为维持电荷平衡，将相应产生空位或离子变价。例如，将一价和三价金属的氧化物 L_2O 与 R_2O_3 分别加到二价氧化物 MO 中，结果会分别产生负离子空位和正离子空位，如图 1-19 所示。

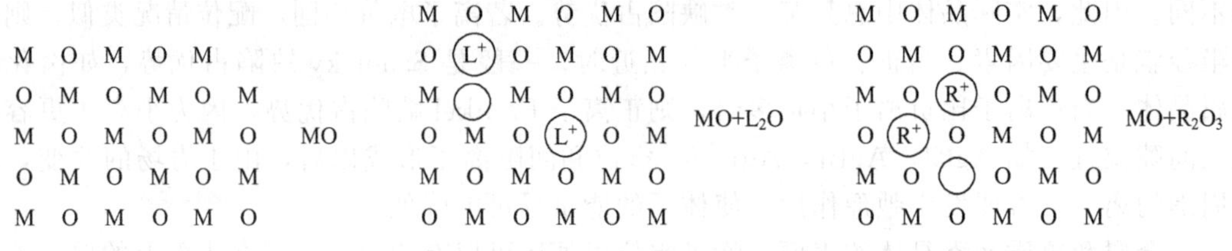

图 1-19　杂质离子产生的缺陷

若正离子 M^{2+} 可以变价，以较高的氧化态 M^{3+} 存在，那么在加入 L_2O 情况下，两个 M^{2+} 变成两个 M^{3+}（正空穴），则可在不产生负离子空位的情况下使电中性条件得到满足。类似地，若 M^{2+} 可以较低的氧化态 M^{+} 存在，在加入 R_2O_3 的场合下，两个 M^{2+} 变成两个 M^{+}，在不产生正离子空位情况下使电中性条件得到满足。因此，较低价金属离子的取代结果将使正空穴数目增加。杂质离子不仅可以是正离子，也可以是负离子。例如，AgBr 中的 Br^- 离子可以被 I^-，S^{2-} 离子等取代。

杂质离子的引入使晶体的性质，尤其是表面性质发生很大变化。例如 AgBr 微晶晶格中掺入适量 Cd^{2+} 离子后，其离子电导率下降，掺入 I^- 离子后，其离子电导率明显增加。

2. 非化学比

非化学比化合物只有在不含分立分子的固态化合物中才能存在。在金属的氧化物、卤化物中，非化学比是很普遍的现象。例如，四价 Ti 的氧化物常发现其中缺氧。金红石和锐钛矿的分子式可写为 $TiO_{1.9\to2.0}$，这表明在该晶体中有负离子的 Schottky 缺陷存在，而在表面层中这种缺陷的浓度更高，从而会局部改变表面能。

低价的 Ti（Ⅱ）氧化物显示出显著的非化学比效应。这种化合物具有简单立方结构，但却有非常奇特的组成范围 $TiO_{0.69\to1.33}$，该化合物具有很高的 Schottky 缺陷浓度。TiO 本身只具有离子导电性，其中有约 15%的正离子和负离子位置空缺。$TiO_{1.33}$ 中负离子位置的占据率为 98%，而正离子位置的占据率只有 74%，因此，它是一种 p 型半导体。在 $TiO_{0.69}$ 中，96%的金属离子位置被占据，而氧离子位置只占据 66%，这种材料属于 n 型半导体。

由于非化学比而产生的缺陷类型按结构区分大致可以归纳为四类，如图 1-20 所示。

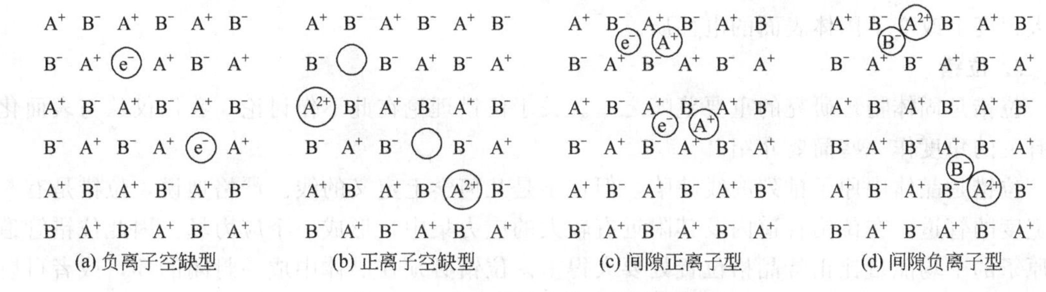

图 1-20　非化学比晶体中的缺陷类型

(1) 负离子空缺型　这类化合物中，由于负离子空缺，产生金属正离子过量，电中性由负离子空位处俘获的电子来维持。最典型的实例是 NaCl 在 Na 蒸汽中加热后变成黄色，KCl 在 K 蒸汽中加热后变成蓝紫色。这是因为吸附于表面上的 Na 或 K 原子向晶体内部扩散，占据正离子晶格位置（因为 Na^+，K^+ 离子半径较大，故不易形成间隙离子），而负离子空位处由于周围很强的 Coulomb 场而束缚由金属原子电离释放的电子。这种由电子占据的负离子空位称为色中心（也称为 F 中心）。色中心电子受热可以被激发到导带，从而使这类化合物的电导率大大提高。碱金属卤化物属于这一类型。

(2) 正离子空缺型　这类化合物中由于金属离子空缺而产生正离子空位，电中性由一部分金属离子被氧化成较高氧化态来维持。一些易变价金属的氧化物、硫化物，如 Cu_2O，FeO，NiO，FeS 及 CuI 等化合物中容易形成正离子空缺型缺陷。

(3) 间隙正离子型　由于存在间隙金属离子而产生金属离子过量，电中性由金属离子附近处俘获的电子来维持。这种缺陷有些类似于 Frenkel 缺陷，但不存在金属离子空位。一些结构较为空旷的高价离子化合物容易形成此种类型缺陷，例如 ZnO，Cr_2O_3，Fe_2O_3 等。这些化合物中金属离子半径相对较小，因而较易进入间隙位置。CdO 虽属 NaCl 型结构，但当温度高于 650℃时，也可产生此类缺陷。

(4) 间隙负离子型　由于存在间隙负离子而形成负离子过量，电中性条件由附近的金属离子被氧化成较高氧化态来维持。因为负离子半径一般较大，所以这种类型缺陷较少。

若表面层中存在上述任何一种缺陷都会引起表面能的局部改变。前两类缺陷的周围将产生局部弛豫，这是比较容易想象的。后两类缺陷中，预计弛豫过程会把间隙离子推到外平面上（如图 1-21 所示），形成“增离子”，而与这些表面上的“增离子”紧邻的位置处必然发生弛豫（图中未表示出来），导致体系的能量降低。

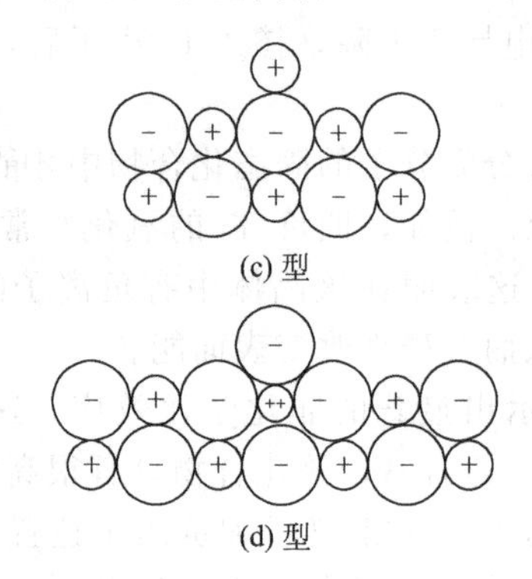

图 1-21　图 1-20 中（c）和（d）型表面缺陷重排的可能方式

表面层中这些非化学比缺陷的存在与吸附和多相催化有密切关系，因为这些缺陷的存在很大程度上改变了固体表面的电性质。

3. 位错

位错是固体物理研究的重要范畴之一。关于位错理论在此不作讨论，我们仅从与表面化学有关的角度作一些简要介绍。

位错是晶体中原子排列的线缺陷，但这不是几何学上定义的线。严格地说，位错是有一定宽度的管道。在位错管道内及其附近有较大的应力集中，形成一个应力场。因此位错管道内原子的平均能量比正常晶格位置处要大得多。位错必须在晶体中成一封闭的环，或者可以终止在晶体的表面或晶粒间界上，但不能在晶体内部终止。

位错可以用 Burgers 回路做定量描述。在晶体中取三个不相重合的基矢 a，b，c，从晶体中某一点出发，以基矢的长度为单位步长，沿着基矢方向逐步行进，最后回到原来的出发点，构成一个闭合回路，这个回路称为 Burgers 回路。设在 Burgers 回路中在 α 方向走了 n 步，在 β 方向走了 m 步，在 γ 方向走了 l 步。若回路所围绕的区域中没有线缺陷，则

$$n\alpha+m\beta+l\gamma=0 \tag{1-30}$$

式中，n，m，l 都为整数（在同一基矢方向所走的步长应相同，但允许有弹性形变的差异）。若回路所围绕的区域中包含有线缺陷，则

$$n\alpha+m\beta+l\gamma=b \tag{1-31}$$

矢量 b 必定是晶体中某个方向上两个原子间的距离或其整数倍，称之为 Burgers 矢量。

现在普遍采用 Frank 处理 Burgers 回路和 Burgers 矢量的方法。如图 1-22 所示。即取两个结构相同的晶体，一个是作为参考的完整晶体，另一个是存在位错的非完整晶体。图1-22 以简单立方晶体为例，其中（a）为非完整晶体，（b）为参考晶体，图中箭头所示回路即为 Burgers 回路。在（a）中从 M 开始至 Q 终止成一闭路，而在（b）中，经过相同的路径之后，M 与 Q 并不重合，从 Q 至 M 的矢量即为非完整晶体内位错的 Burgers 矢量。

简单的位错分为两类：刃型位错（又称棱位错）和螺型位错。

（1）刃型位错　刃型位错的位错线与它的 Burgers 矢量垂直。位错线与 Burgers 矢量构成的面叫做滑移面。刃型位错有正、负之分。正刃型位错是晶体的上半部中多了半片原子层，因此，上半部晶体受到压缩，下半部晶体受到张力作用。负刃型位错是晶体的下半部中

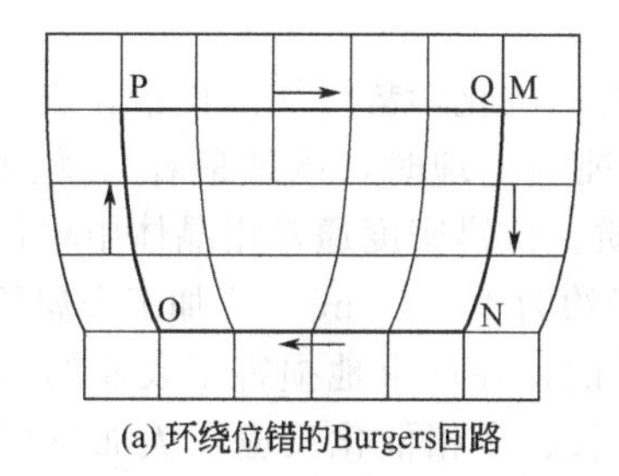

(a) 环绕位错的Burgers回路

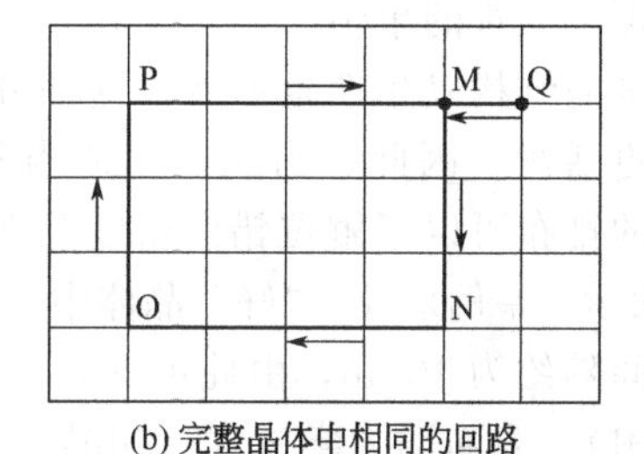

(b) 完整晶体中相同的回路

图 1-22 Burgers 回路

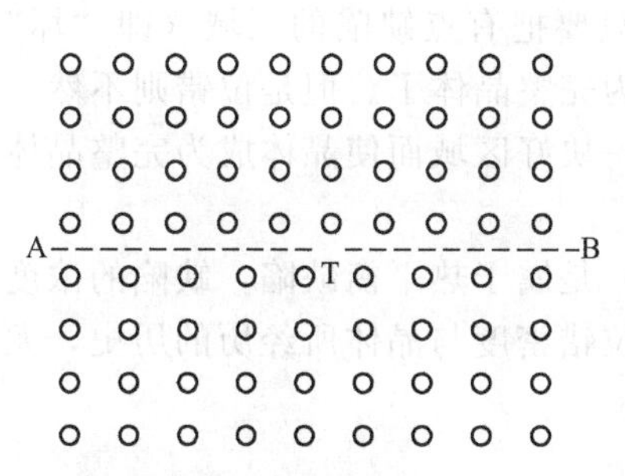

图 1-23 刃型位错（位错线方向垂直离开纸面）

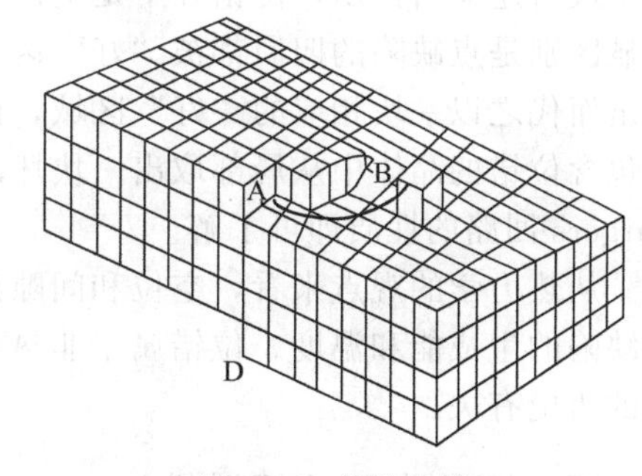

图 1-24 螺旋位错

多了半片原子层，因此，晶体的上半部受张力，下半部受压缩力。如图 1-23 所示为的是正刃型位错。

（2）螺旋位错 螺旋位错的位错线与它的 Burgers 矢量相平行。螺旋位错的形成如图 1-24所示。前半部晶体在 AD 处沿 AD 方向受到一个切应力，左右两部分原子上下相对位移一个原子间距。B 为螺旋位错位错线的露头处，位错线方向与 AD 平行，在螺旋位错线处原子间的联系呈螺旋形，在晶体表面上则形成台阶。

螺旋位错产生的表面台阶是晶体在较低过饱和度下即具有较高面生长速率的主要原因。

按照理想晶体的生长理论，在一完善的晶面上，晶体生长首先必须形成一个二维的核心，然后原子（离子）围绕核心在其周围的台阶处逐排凝结，当铺满整个晶面时，台阶即消失，生长即停止。若要进一步生长，必须重新形成二维的核。根据 Kelvin 公式，很小的晶核是不稳定的，容易蒸发或溶解。在一定温度及一定的过饱和度下，二维晶核必须达到某一临界尺寸以上才可能生长。理论计算表明，在通常晶体生长条件下，形成一个足以能继续生长的二维核心所需的过饱和度 $[(P-P_0)/P_0$ 或 $(C-C_0)/C_0]$ 在 25%～50%之间。但实际情况是蒸汽过饱和度不到 1%时晶体就可能生长。这表明实际晶体生长与理想晶体的生长之间存在很大差异。

Frank 等指出，螺旋位错在晶体表面的露头处形成一个台阶，原子可以沿台阶逐排凝结的方式生长。在晶体生长过程中，台阶将围绕位错露头处旋转而永不消失。这样，螺旋位错使晶体在低过饱度下可以连续生长。如果 Frank 的这种解释是正确的，预期在晶面上应可以看见生长螺蜷线。Griffin 用金相显微镜首先在天然绿柱石上观察到生长螺蜷线。接着 Verma 和 Amelinckx 在碳化硅和碘化镉上也见到了螺旋线。Dawson 和 Vand 用电子显微镜亦观察到了石蜡晶体上的螺蜷线。至此，Frank 提出的想法得到了实验上的验证。同时，晶体生长蜷线亦成为证明晶体中存在位错的一个重要实验依据。

一般晶体生长蜷线台阶的高度很小，只有 0.1～1nm，所以在一般光学显微镜下观察不到，需用金相显微镜或电子显微镜才有可能观察到。现代扫描电子显微镜技术的发展，对于这种观察已不再是困难的事情。

位错线周围的结构发生严重形变，这部分物质的化学势增加。位错在表面露头处比其他正常处的性质更活泼。因此，当晶体用适当侵蚀剂处理时，该处最容易受到侵蚀，形成蚀坑。根据蚀坑的排布可以了解位错的密度等性质。位错密度通常用晶体中单位横截面积上位错线的数目来表示。举例来说，“好”晶体中一般约为 10^{12}个/m^2。冷加工金属约为 10^{16}个/m^2，这意味着位错间隔约为 10nm，由此可见，位错的存在严重地损害了表面的均匀性，这对表面现象（如吸附）、表面动力学过程（如晶体生长、多相催化反应及表面反应等）将产生一定影响。

最后还应当指出，位错并不是空位或间隙原子（离子）呈线性的排列。他们之间的一个明显区别是点缺陷的四周都被“好”区域所围绕，只要把有点缺陷的区域（即“坏”区域）取出而代之以一块相应的“好”区域，该晶体就成为完整晶体了。但是位错则不然，不可能在包含位错的晶体中从局部取出一块坏区域代之以一块好区域而使晶体成为完整晶体。这从 Burgers 回路的性质即可了解。

从热力学的观点来看，空位和间隙离子（原子）是属于热平衡缺陷，缺陷的浓度取决于该缺陷的生成能和温度。位错属于非热平衡缺陷，位错密度与晶体所经历的历史，尤其是最近的历史有关。

五、固体表面的粗糙性

所谓粗糙是相对平滑而言。什么叫粗糙？什么叫平滑？人们无法下一个普遍的定义，因为这与人们观察固体表面的尺度有关。例如，从原子尺度上，相对于理想的平滑表面，晶体表面上的台阶和扭折就是粗糙的。这种在原子、分子尺度上的粗糙性比所有固体表面上的机械皱纹是小到可以忽略不计了。在本节中所讨论的粗糙性是指亚微观水平上，所用尺度的数量级是 μm。

图 1-25 中的 XY 表示固体表面的剖面轮廓线（放大约 10^3 倍）。若将全部“山丘”削平填入“谷地”，得到一个完全平滑的界面 AB。AB 称为样品的主平面或主表面。

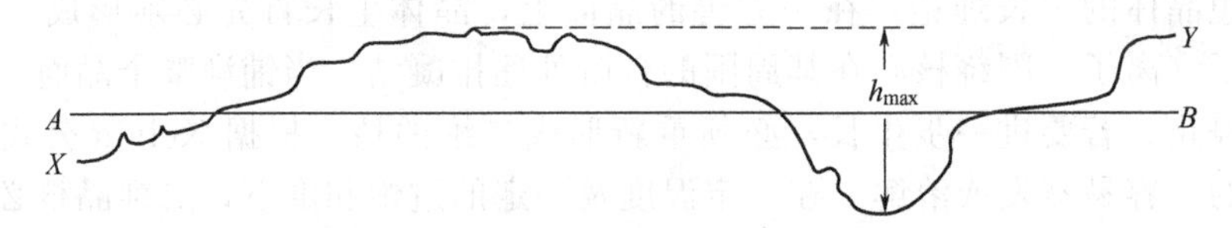

图 1-25　固体表面（剖面）的轮廓线（示意图）

XY 上最高点与最低点之间的垂直距离为 h_{max}。显然对一个无序的皱纹来说，h_{max}随所探测的轮廓线的长度而增加，但这种增加通常也是适度的。因此，一般只有测量几厘米长度时就可以得到一个合理的 h_{max}值。此时最高点与主平面之间的距离与主平面与最低谷之间的距离都近似等于 $1/2h_{max}$，若测定 XY 和 AB 之间很多点的垂直距离，取其绝对值，分别为 h_1，h_2，h_3，…，h_n。那么主平面以上的平均高度与主平面以下的平均深度应相等，用 $h_{平均}$表示

$$h_{平均}=\frac{1}{n}(h_1+h_2+\Lambda+h_n) \tag{1-32}$$

当 n 足够大时，在一个较为均匀的表面上，$h_{平均}$与 n 无关。当表面是各向异性时，$h_{平均}$与样品剖面的方向有关。也可以用均方根高度 h_{rms}来表示表面的粗糙性。

$$h_{rms}=\left[\frac{1}{n}(h_1^2+h_2^2+\Lambda+h_n^2)\right]^{1/2} \tag{1-33}$$

若沿 l 连续测量 h^2，那么

$$h_{\rm rms}=\left[\frac{1}{l}\int_0^l h^2 \mathrm{d}l\right]^{1/2} \tag{1-34}$$

当某一样品的表面轮廓线可以近似用正弦曲线来表示时，

$$h_{\rm rms}=1.11h_{平均} \tag{1-35}$$

显然无规线 XY 比直线 AB 要长。令二者长度之比为$\sqrt{r}$。若表面各向同性，则固体表面的真实面积（$A_{\rm r}$）是其几何面积（$A_{\rm g}$）（即主平面面积）的 r 倍。r 称为样品的粗糙性因子。$h_{\max}$，$h_{平均}$，$h_{\rm rms}$和 r 等从不同角度表征了固体样品表面的粗糙性，统称为粗糙度参数。显然每个固体样品表面都有它自己的一组粗糙度参数。不同样品的粗糙度参数可以相差很大，但经过一定的表面加工处理以后，粗糙度参数可以处于一定范围之内。表 1-4 中列出一些常用的机械加工处理表面的方法及相应的 $h_{平均}$值，对一般金属都适用。美国标准协会制作了一套共 26 个不同类型和粗糙度的标准金属样品作为粗糙度测量的标准。

表 1-4 不同机械加工处理的金属表面的 $h_{平均}$ 值

处理方式	$h_{平均}$/μm
研磨或抛光	0.02～0.25
珩磨	0.10～0.50
冷轧或挤压	0.25～4
铸模铸造	0.40～4
镞、铣、镗、钻	3～6

改变金属表面的粗糙度不仅可以用机械处理方法，而且也可以用化学和电化学方法，如化学抛光、电解抛光。为了得到最佳抛光效果，对于不同的金属材料，有各自合适的抛光液配方。经化学抛光和电解抛光后，样品的 $h_{平均}$一般来说会有所降低。关于电化学抛光将在表面加工章节进行讨论。

六、固体表面的多孔性

固体表面总是凹凸不平的，这样就很难为固体的表面积下一个确切的定义。例如对于一个貌似平滑的方桌面，假定桌面的表面积为 $1\mathrm{m}^2$。但在光学显微镜下观察时，就可发现原来貌似平滑的桌面其实并不平滑，而是有许多沟、坑、脊、峰等，因此，桌面的表面积就大于 $1\mathrm{m}^2$。但若在电子显微镜下观察，又可以发现原来的沟、坑、脊、峰处还有许多更细的沟、坑、脊、峰等缺陷，结果桌面的表面积又增大了。由此可见，固体的表面积是一种与测定方法有关的相对性质。利用气体吸附法测定固体的比表面积，就是用吸附分子作为一种“尺”来量固体的表面积。显然，这种测量的结果也会因所选用的吸附分子的大小形状不同而异。其实，无论用什么方法测定，其结果都不可避免地带有一定的相对性。认识到这一点也许可以避免许多有关固体比表面测定准确性的争论。

在实践中常利用多孔固体做吸附剂。固体表面存在许多微孔。多孔结构不仅增大了固体的比表面积，同时还提供了吸附物凝聚所需要的空间。在研究活性炭的孔结构的基础上，Dubinin 将孔按尺寸分为微孔（孔半径＜15Å，1Å＝0.1nm）、中孔（孔半径在 15～1000Å 之间）和大孔（孔半径＞1000Å）。图 1-26 所示是一种活性炭的孔分布的典型曲线。一般活性炭的大孔体积在 0.2～0.8cm^3/g 之间，比表面积约为 0.5～2m^2/g；中孔体积约为 0.02～0.10cm^3/g，比表面积为 20～70m^2/g；微孔体积约为 0.2～0.6cm^3/g，比表面积为 400～

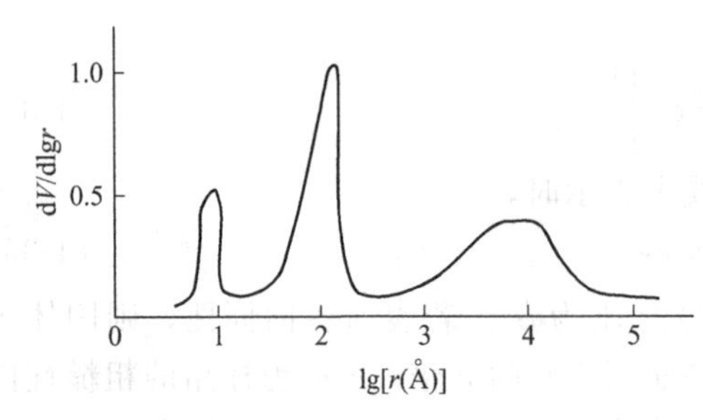

图 1-26 活性炭的微分孔体积分布曲线

$1200m^2/g$。可见活性炭的巨大表面主要来自微孔。但对于中孔发达的活性炭，中孔体积可达 $0.7cm^3/g$，比表面积为 $200\sim450m^2/g$，不容忽视。

活性炭的原料有木屑、果壳、煤、骨等，近年来也有用合成高分子经热降解而制得的。活性炭由于其原料、制备方法和活性条件的不同，其表面成分、结构、比表面积和孔隙结构可以有很大的差别，这恐怕是最复杂的一类吸附剂。近年来在研究中常用一种叫 Graphon 的炭，它是用 Spheron6 的炭黑经 2700℃处理得到的一种石墨化炭黑，其特点是表面比较均匀，而且是非孔性的，比表面积在 $85\sim90m^2/g$ 之间。其他常遇到的多孔吸附有硅胶、氧化铝、氧化钛和各种天然和人工合成的泡沸石。

第三节 固体表面的吸附

将固体与气体接触，气体的分子就会不断地撞上固体的表面，其中有的分子立时弹回气相，有的则会在表面滞留一段时间后才返回气相。吸附就是这种滞留的结果。分子在表面上的滞留是固体表面与吸附分子之间的吸引力所造成的。这种吸引力大致可分为两类。一类是 van der Waals 力，主要是色散力，它存在于任何分子之间，是气体成为液体的原因。若分子是通过 van der Waals 力吸附在表面上的，这种吸附作用叫物理吸附。因为分子可以通过 van der Waals 力吸附在已被吸附的分子上面，故物理吸附一般可以是多分子层的。这种吸附的多少主要决定于温度、压力和表面的大小，而与表面微观结构的关系不大。另一类是化学键力，吸附的分子、原子或原子团是通过化学键与表面原子相结合的，这种吸附作用叫化学吸附。显然，化学吸附只限于与固体表面直接接触的单分子层。化学吸附的多少不仅取决于温度、压力和表面的大小，而且还与固体表面的微观结构密切相关。与传统的习惯相反，化学吸附是表面化学的一个重要部分，也是许多应用科学的基础课题，例如材料科学、冶金学、电子学、复相催化、超高真空技术等。特别是作为近代化学工业中心的复相催化，与化学吸附有密切的关系。

一、物理吸附与化学吸附的区别

1. 吸附热

这是判别物理吸附和化学吸附最常用的依据。因为吸附是一个自发过程，故伴随自由能的降低，即 $\Delta G<0$。另一方面，吸附时分子由三度空间转移到二度空间的表面将失去一定的自由度，故熵降低，即 $\Delta S<0$。由

$$\Delta G=\Delta H-T\Delta S \tag{1-36}$$

可知，焓变 ΔH 必是负的。也就是说，吸附是放热过程。物理吸附的吸附热和液化热相近，化学吸附热则与反应热相近。但应指出，物理吸附总是放热的，而化学吸附却有个别例外，因为上面的热力学推论是根据吸附剂呈惰性的假设而得出的。对于物理吸附，这个假设近似正确。但对化学吸附却不然，由于化学吸附类似于化学反应，吸附剂表面可能引起严重扰动，由此引起的熵变不能忽略。如果总的 ΔS（吸附分子的加表面的）大于零，则 ΔH 就有可能是正的，即吸附是吸热的。例如氢在玻璃上的解离吸附和氧以 O_2^- 离子形式在银上的吸附。

2. 吸附速率

因化学吸附与化学反应相似，故有时需要活化能。这时化学吸附只有在较高的温度下才能以显著的速率进行。而物理吸附就像气体的液化，不需要活化能，故吸附速率一般很快。但近代的研究证明，甚至在液氮的低温下化学吸附有时也可以瞬间完成，也就是说化学吸附有时不需要活化能。另一方面，倘若吸附剂是细孔的，分子通过孔的扩散很慢，故即使是物理吸附，表观的吸附速率也可以很慢。有时气体会在毛细孔中凝结或溶入固体体相，这些过程也常是慢过程。

3. 选择性

因为 van der Waals 力是分子间普遍存在的，故物理吸附没有选择性，只是条件合适，可以发生于任何固气组合。化学吸附时要形成化学键，显然这并非任何固气之间都能发生的。也就是说，化学吸附是有选择性的。但是对于细孔型吸附剂，只有尺寸小于孔口的分子才能进入孔中被吸附，而尺寸大于孔口的分子则不被吸附。在这种情况下，物理吸附也会显示出选择性。

4. 吸附温度

因物理吸附与液化相似，故温度在吸附物沸点附近时即已十分显著；化学吸附则常需在高很多的温度下才以显著速率进行。但上面曾指出过，有时化学吸附可以在低温下迅速完成，而物理吸附也可以在高温下发生。例如二甲醚的沸点是－23.7℃，临界温度是 127℃，但在 136℃时氧化铝吸附二甲醚仍可得到多层吸附的结果。

5. 吸附的压力范围

对于物理吸附，相对压力 P/P_0（P_0 是吸附温度下的饱和蒸汽压）一般要超过 0.01 时才有较显著的吸附，形成单分子层饱和吸附的 P/P_0 约在 0.1 左右；而化学吸附时相应的压力要低得多。但是对于细孔吸附剂，由于壁力重叠的结果，物理吸附也可以在 P/P_0 远低于 0.1（甚至低达 10^{-8}）时发生。而对于弱化学吸附，吸附的压力范围往往与平常的物理吸附相近。

6. 吸附层数

化学吸附总是限于单分子层，而物理吸附一般是多分子层的。故若吸附超过一分子层，则至少第二层及以后各层是物理吸附。但具有单分子层吸附特征的并不一定是化学吸附，例如活性炭对许多气体的吸附是物理的，但 Langmuir 单分子层的吸附公式往往可以很好应用。

7. 可逆性

物理吸附是可逆的，但化学吸附因形成的化学键很强，致使吸附实际上成为不可逆的，只有在高温低压的条件下才能脱附，但往往脱附物已和原来的分子不同了。即便如此，也常不能使吸附物完全脱附。例如在低温下活性炭化学吸附的氧，只能在高温下脱附，但脱附出来的是一氧化碳和二氧化碳。甚至在 1000℃的高温下长时间通氢也不能完全除去化学吸附的氧。对多孔固体上的物理吸附，由于毛细凝聚的结果，吸附线和脱附线常不相重合，不过这种不可逆的本质仍是物理的。

通过以上的学习可知，为物理吸附和化学吸附下一个定义虽然并不困难，但欲自实验结果来判别，有时却并不容易。

二、活化吸附理论

早期用粉末吸附剂吸附气体的研究显示：(1) 温度不同时，吸附热的数量级可以不同，例如以活性炭吸附氧，在液体空气的温度下吸附热为 15.7kJ/mol，而在 0℃时为 333kJ/mol；

(2) 固定压力时，吸附量随温度的变化（即等压线）有最低点和最高点，如图 1-27 所示。Langmuir 首先指出，这是存在两种不同类型吸附的结果。低温时发生的是物理吸附，吸附热较低；高温时发生的是化学吸附，吸附热很高。Taylor 进一步指出，化学吸附只在某一温度以上才能以显著的速率进行，这暗示吸附需要活化能。他将这种吸附叫做活化吸附。图 1-27 中的虚线随测量时间而异，因此不是平衡结果。

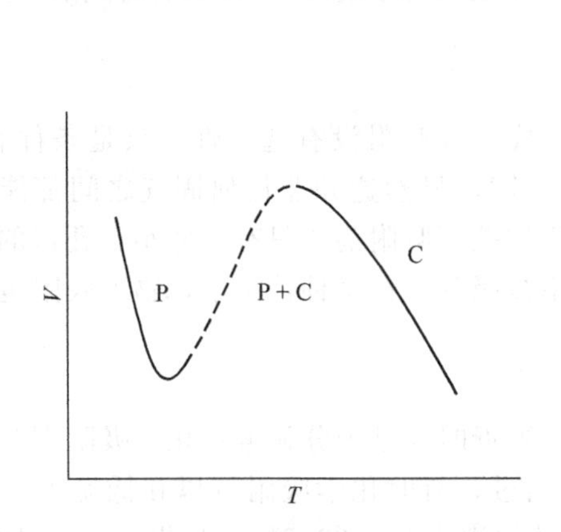

图 1-27　吸附等压线

P—物理吸附；C—化学吸附

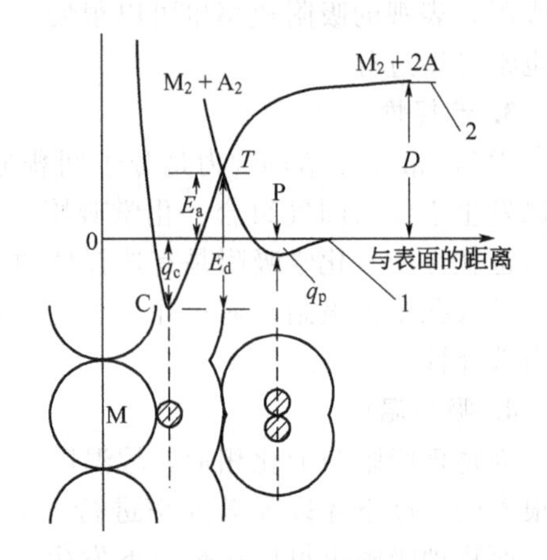

图 1-28　物理吸附和化学吸附的势能关系

----活化吸附的说明

为了说明活化吸附的理论，可引用 Lennard-Jones 的势能图，如图 1-28 所示。图中曲线 1 代表固体表面（M）物理吸附 A_2 分子时势能与距离的关系，曲线 2 代表分子发生解离吸附时势能与距离的关系，D 是分子的解离能。由图可见：化学吸附热 q_c 比物理吸附热 q_p 大得多；化学吸附时表面与吸附质点的距离比物理吸附时的近。当分子 A_2 接近表面时，首先被吸附于 P 点，分子进一步接近表面由于电子云的互斥使势能急剧上升。只有能量达到 T 点的分子才有可能由物理吸附转变为化学吸附。化学吸附时，势能进一步降至 C 点，此点的势能远低于 P 点的。图中的 E_a 为活化能，E_d 为脱附活化能。对于非活化的化学吸附，T 点的势能将是零或负值。由此可见，物理吸附是化学吸附的前奏，而且很可能是使化学吸附得以进行的重要原因。有时在等压线上出现两个最低点和两个最高点（如图 1-29 所示），这可能是存在两种不同类型的活化吸附所致。

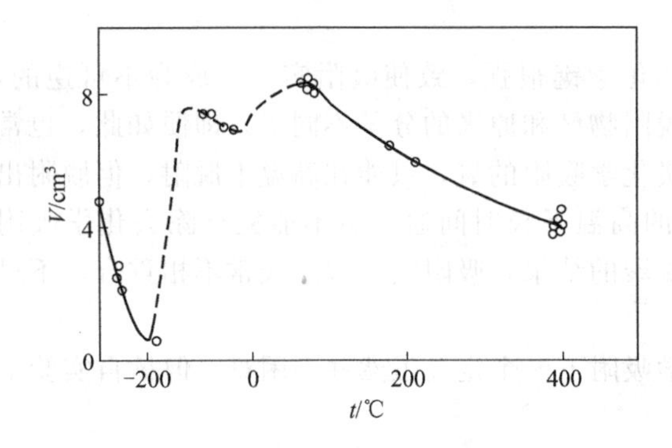

图 1-29　氢在铁粉上吸附等压线

($P=1.01\times10^5$ Pa)

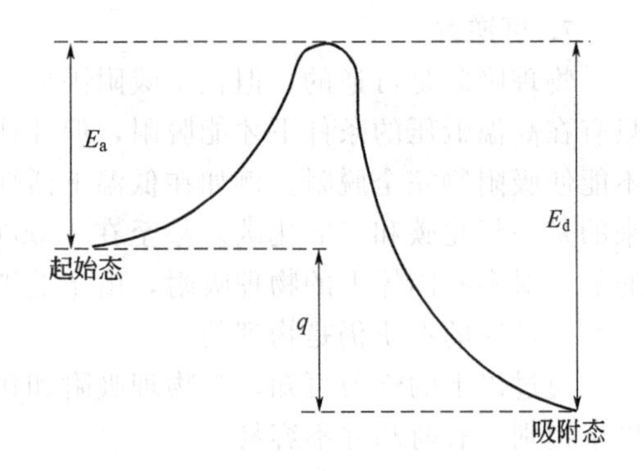

图 1-30　吸附活化能（E_a）、脱附活化能（E_d）和吸收热（q）的关系

图 1-30 表示吸附活化能 E_a 和脱附活化能 E_d 的关系，两者之差就是吸附热 q，即

$$E_d - E_a = q \tag{1-37}$$

因通常吸附是放热的（即 q 为正值），故即使化学吸附极快（即 $E_a=0$），脱附时仍需活化能。

对不同温度但吸附量相同时的吸附速率，即可根据 Arrhenius 公式近似地求得表观吸附活化能 E'_a

$$\ln \frac{K_2}{K_1} = \frac{E'_a}{R}\left(\frac{1}{T_1} - \frac{1}{T_2}\right) \tag{1-38}$$

式中，K_1 和 K_2 分别是 T_1 和 T_2 时的吸附速率常数。但应注意：(1) 只有在这两个温度下气体分子是吸附在同样的吸附位上，并且吸附键型相同时才能应用此式；(2) E'_a与实验条件有关。倘若实验是在低温下进行的，这时表面覆盖度（θ）常近于 1，在这种情况下 $E'_a=E_a$，即表观活化能等于真实活化能。但若实验是在高温下进行的，这时表面覆盖度常远小于 1，在这种情况下 $E'_a \neq E_a$，因这时 θ 本身也是温度的函数，在恒压下，θ 将随温度升高而下降，结果 E'_a实际上是两项的综合结果。因此，只有将 E'_a加上一项适当的吸附热才等于 E_a。

对于简单的体系，可以通过理论计算活化能，根据原子间力的计算，表明分子自远离表面到与表面原子化合的过程的能量变化要越过一个能峰，能峰的高度就是活化能。例如氢在碳上的吸附，这个体系可看成是四中心的，氢分子接近到表面上一对碳原子旁发生解离，并形成表面化学键：

$$\begin{matrix} H^1 - H^2 & & H^1 \quad H^2 \\ & \longrightarrow & | \qquad | \\ C^1 - C^2 & & C^1 - C^2 \end{matrix}$$

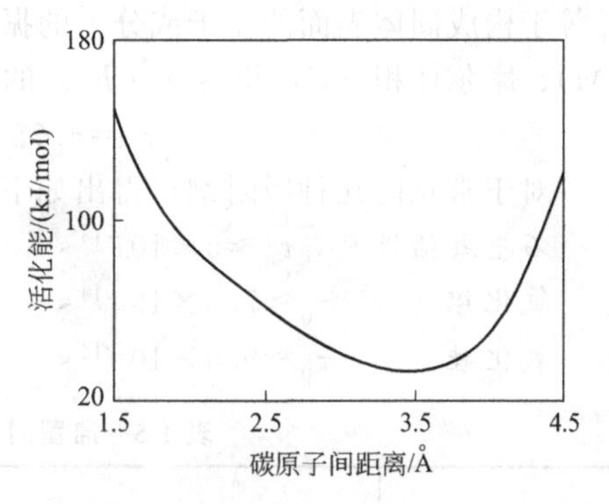

图 1-31　氢在碳上化学吸附时活化能与 C—C 距离的关系

Serman 和 Eyring 根据这个模型算得活化能与 C—C 距离的关系（如图 1-31 所示），在距离为 3.5Å 时活化能最小，约为 30kJ/mol。最低点的定性解释如下：当 C—C 距离大时，H_2 在吸附前首先要解离，故活化能较大；当 C—C 距离小时，上述反应中的 C^1 和 H^2，C^2 和 H^1 之间的斥力变得重要了，结果也使活化能变大。金刚石和石墨中相邻碳原子的距离分别为 1.54Å 和 1.42Å，活化能较大，因此，吸附可能不是发生在相邻碳原子上。对于石墨，可能是吸附在六方形结构对顶角的一对碳原子上，其距离为 2.84Å，计算的活化能为 58kJ/mol，而实验测得的值是 92kJ/mol。在金刚石上，最适宜的碳原子间距离为 2.8Å，活化能的计算值和实验值分别为 63kJ/mol 和 58kJ/mol，基本相符合。但氢在镍上的吸附活化能的计算值和实际值却相差很远。活化能的理论计算涉及近代的化学键理论和量子力学方法，这方面还有许多困难没有解决。

三、分子在表面上的滞留时间

如果气体分子与表面的碰撞是弹性的，就不发生吸附。但若碰撞是非线弹性的，则分子就将在表面滞留一定时间，然后再返回气相（即发生脱附）。表面上分子的密度就取决于分子碰撞表面的速率和分子在表面上的滞留时间。设单位时间内有 n_v 个分子碰撞到单位表面上，而分子的平均滞留时间是 τ，则单位表面吸附的分子数（即密度）n_a 为

$$n_a = n_v \tau \tag{1-39}$$

其中 n_v 正比于 p。τ 随分子与表面作用的强弱和温度可以有很大差别，其值可在 10^{-13}

s（相当于吸附键的一次振动时间）到无限长时间之间。因此，即使将表面置于超高真空环境下，n_a 仍可能远远大于气相分子的密度。这就是为获得干净表面而必须在超高真空下高温处理的原因。

设分子撞上表面被吸附的概率是 1，即碰撞都是有效的，平衡时 $U_d=U_a$，故单位表面上的脱附速率是

$$U_d=n_v=n_a/\tau \tag{1-40}$$

另一方面，倘若吸附是一维的，则 $f'(\theta)=n_a$，于是脱附速率可表示成

$$U_d=Kn_a e^{-E_d/RT} \tag{1-41}$$

比较可得

$$\tau=\frac{1}{K}e^{E_d/RT} \tag{1-42}$$

令 $1/K=\tau_0$，上式即成

$$\tau=\tau_0 e^{E_d/RT} \tag{1-43}$$

这就是 Frenkel 公式，其中 τ_0 是吸附分子垂直于表面的振动周期。我们可以近似地假定 τ_0 等于构成固体表面的原子或分子的振动周期。Lindemann 曾得出振动周期与固体的分子量（M）、摩尔体积（V）和熔点（T_s）的关系

$$\tau_0=4.75\times10^{-13}(MV^{2/3}/T_s)^{1/2}\,\mathrm{s} \tag{1-44}$$

对于常见的几种吸附剂可得出如下数据。

石墨或活性炭　$\tau_0\approx5\times10^{-14}$ s

氧化铝　$\tau_0\approx7.5\times10^{-14}$ s

氧化硅　$\tau_0\approx9.5\times10^{-14}$ s

表 1-5　滞留时间 τ 与温度和脱附活化能的关系

E_d/(kJ/mol)	τ				
	−196℃	25℃	500℃	1000℃	2000℃
0.4	1.9×10^{-13}s	1.2×10^{-13}s	—	—	—
4.0	6.9×10^{-2}s	5.4×10^{-13}s	1.9×10^{-13}s	1.5×10^{-13}s	—
40	8×10^5 世纪	2×10^{-6}s	6.7×10^{-11}s	5.2×10^{-12}s	9.2×10^{-13}s
200	∞	9×10^{13}世纪	14s	4×10^{-5}s	3.4×10^{-9}s
400	∞	∞	6×10^5 世纪	4.2h	4.2×10^{-4}s
600	∞	∞	∞	2×10^3 世纪	27s

对于熔点较低，摩尔体积较大的吸附剂，τ_0 要大一些，约为 10^{-13}s 数量级。表 1-5 是假定 $\tau_0=10^{-13}$s，用 Frenkel 公式（1-43）算出的结果。由表可知，室温下，$E_d<40$kJ/mol 的吸附，分子的 τ 极短；而 $E_d>200$kJ/mol 的吸附，分子的 τ 极长，实际上可看作是永不脱附的。E_d 在 40～200kJ/mol 范围的吸附分子，当温度升到 500℃时，τ 就很小了。这可以说明为了获得超高真空，并防止表面脱附对维持超高真空的不良影响，通常需要将系统在 400～500℃烘烤去气的原因。表中数据还指示欲得完全干净的表面有时会遇到困难。例如氧在钨和钼上的化学吸附热约为 800kJ/mol，为使吸附的氧较快地脱附需加热到 2000℃以上。虽然钨、钼等高熔点材料可行，但多数材料因不能耐高温而必须采用其他技术，如离子溅射、激光脉冲轰击、化学还原、在超高真空环境下蒸发成膜、研磨或晶体剖裂等以得到裸露的干净表面。

第四节 金属表面的钝化及活化

一、金属表面钝化现象

金属表面钝化是指由于金属表面状态的改变引起金属表面活性的突然变化，使表面反应（如金属在酸中的溶解或在空气中的腐蚀）速率急剧降低的现象。金属钝化后所处的状态叫钝态，钝态金属所具有的性质称为钝性。

图 1-32 为工业纯铁在硝酸中的溶解速率与硝酸浓度的关系。当硝酸的质量分数 $\omega_{HNO_3}=30\%\sim40\%$时，溶解速率达到最大值，其后突然下降，即金属表面变为钝化状态。如再将其移到硫酸中去也不会受到浸蚀。

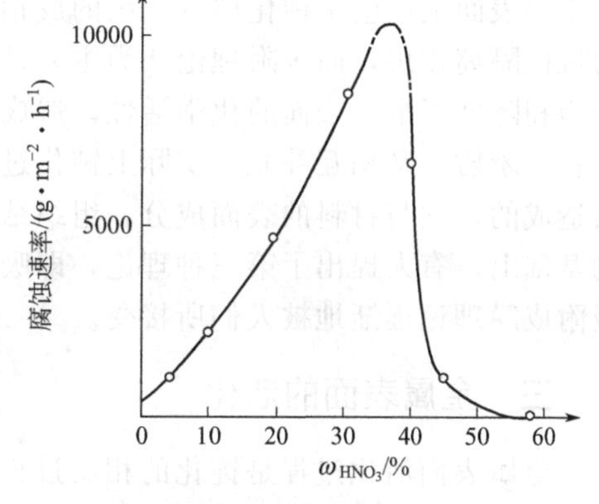

图 1-32 工业纯铁的溶解度速率与硝酸浓度的关系

金属的钝化往往与氧化有关，如含有强氧化性物质（硝酸、硝酸银、氯酸、重铬酸钾、高锰酸钾和氧）的介质都能使金属钝化。它们统称为钝化剂。金属与钝化剂间自然作用而产生钝化现象，称为自然钝化或化学钝化。如铬、铝、钛等金属在空气中与氧作用而形成钝态。

如果在金属表面上沉积出盐层时，将对进一步的表面反应产生机械阻隔作用，使表面反应速率降低，这一现象被称为机械钝化。

被过分抛光的金属表面也可产生钝化现象，被抛光的金属表面有较好的抗蚀性能，如将钢铁零件抛光，渗氮就会变得困难，使渗氮层变薄或完全没有渗氮层。

二、钝化理论

1. 成相膜理论

这种理论认为，金属在介质中，表面上能生成一层致密的，覆盖良好的保护膜，这种保护膜作为一种独立的相存在，并把金属与介质隔开，使表面反应速率明显下降，金属表面转为钝态。

实验确实发现了在某些金属表面上的钝化膜，如在硝酸溶液中的工业纯铁表面上，可产生 2.0～2.3nm 的钝化膜，碳钢的钝化膜厚度可达 9.0～11nm，不锈钢的钝化膜厚度约为 0.9～1.0nm。利用电子衍射法对钝化膜进行相分析的结果证明，金属的钝化膜大多数是由其氧化物组成。例如铁的钝化膜为 γ-Fe_2O_3；铝的钝化膜为 γ-Al_2O_3，其外层为多孔的 β-Al_2O_3。

2. 吸附理论

虽然已经证明金属的钝化大多伴有钝化膜的生成，但并不能证明钝化膜的机械隔离作用是产生钝化作用的唯一或主要因素，实际上还存在比机械隔离更复杂的过程——钝态的吸附作用。例如，金属铂在 HCl 溶液中，吸附层仅覆盖 6%的金属表面，就能使铂的电极电位正移 0.12V，同时使铂的腐蚀速率下降 90%。又例如，铁在 0.05mol 的 NaOH 溶液中，用 1×10^{-5}A 的阳极电流，相当于用 $0.3mA/cm^2$ 的电流就可以使铁表面钝化，这些事实都表明金属表面的钝化仅吸附单分子层，不一定要覆盖全部表面。

吸附理论认为，引起金属表面钝化不一定要形成完整的钝化膜，只要在金属表面或部分表面上形成氧粒子的吸附层，就能产生钝化。吸附层可以是单分子层或者 OH^-，O^{2-} 离子层，而更多的人认为是氧原子层。氧原子与金属表面因化学吸附而结合，并使金属表面的自由键能趋于饱和，改变了金属与介质界面的结构及能量状态，降低了金属与介质间的反应速率，即产生钝化作用。

在吸附理论中，究竟哪一种氧粒子的吸附会引起钝化，吸附层如何影响表面反应的机理等还不清楚。有人认为主要是吸附作用使不饱和键变为饱和键的结果。

成相膜理论与吸附理论并不是两种完全不同的理论，它们都是认为产生金属表面钝化是由于在表面上产生了钝化层（三维的成相膜或二维的吸附层）。但成相膜理论强调了钝化层的机械隔离作用，而吸附理论认为主要是吸附层改变了金属表面的能量状态，使不饱和键趋于饱和降低了金属表面的化学活性，造成钝化。两种理论都有相应的实验事实支撑，两种理论相互矛盾，又相互补充。实际上钝化过程可能比上述的过程更复杂，不会是某一种单一因素造成的，它与材料的表面成分，组织结构，能量状态等多种因素的变化有关。在上述理论的基础上，有人提出了第三种理论，即吸附成膜理论，认为钝化过程为先吸附后成膜理论。吸附成膜理论逐渐地被人们所接受。

三、金属表面的活化

金属表面活化过程是钝化的相反过程，能消除金属表面钝化状态的因素都有活化作用。活化的方法有以下两种。

1. 金属表面净化

用氢气还原、机械抛光、喷砂处理、酸洗等方法去除金属表面氧化膜，都可消除金属表面的钝态。用加热或抽真空的方法减少金属表面的吸附，可进一步提高金属表面的化学活性。在表面加工过程中，常常用到表面的净化，例如在电刷镀时，首先要进行表面的净化，即用盐酸在正电流的作用下除去镀件表面的钝化膜；在特种钢拉拔时，首先要对特种钢表面化学清洗，除去特种钢在轧制过程生成的钝化膜。

2. 增加金属表面的化学活性区

可以用机械的方法（如喷砂等）使金属表面上的各种晶体缺陷增加，化学活性区增多，能有效地使金属表面活化，如经喷砂的钢表面更容易渗氮。用离子轰击的方法可使金属表面净化并增加化学活性区，使金属表面有更好的活化效果，并可提高表面覆层与基体的结合强度。

金属表面钝化是提高金属抗蚀能力的主要方法，如不锈钢、铝、镀铬层表面的自然钝化层，使它们具有良好地抗大气腐蚀的性能。在化学热处理中为进行局部防渗，常采用局部钝化的方法，如为防止局部渗碳可采用镀铜或涂防渗剂进行局部钝化处理。但对于要进行表面强化的金属表面必须进行活化处理，以便加速表面反应过程，缩短工艺时间。

第五节　荷能粒子和固体表面的交互作用

荷能粒子和固体表面交互作用在当前材料科学的发展中占有特殊重要的位置。这里所说的荷能粒子，包括了不同能量范围的基本粒子及其基团、中性原子基团，电磁波作为光子束，也属于此范围。上述粒子可以呈束状作用于材料，也可以形成等离子体而和材料表面产生交互作用。由于许多粒子带有电荷，电磁场在控制这类作用过程上具有重要作用。许多现代结构分析和表面分析方法都是以这类作用为基础。材料制备和加工工艺越来越多地利用了这类作用。在材料的使用过程中，各种老化和损毁机制也常涉及这类作用。

图 1-33 给出了电子、离子和电磁作用于固体材料表面时各种表面发射效应。它们为表面分析提供了各种信息，反映了材料的组成和结构特征。更使人们感兴趣的则是在荷能粒子作用下，材料本身发生的变化，以及这些变化和荷能粒子的能量、种类及其他条件的关系。材料的表面溅射和刻蚀薄膜沉积（包括气相和液相外延生长）、离子注入、离子束和等离子体表面改性等工艺的研究，都需要了解上述关系。

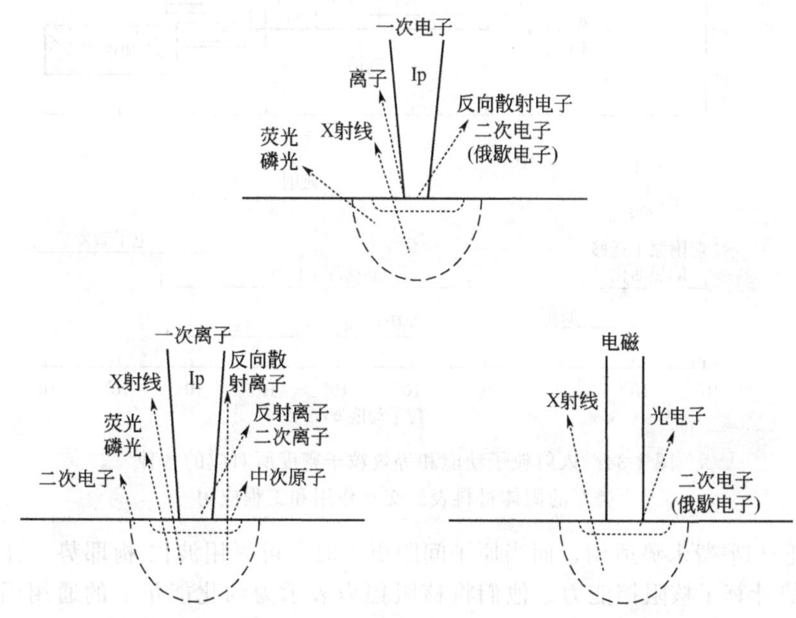

图 1-33 离子、电子和光子（电磁波）作用于固体材料表面时的各种表面发射效应

影响荷能粒子和固体材料表面交互作用的最基本参数是粒子能量和粒子流密度。图1-34给出了荷能粒子和固体材料表面交互作用的类别及由此得出的各种工艺过程、工作范围与入射粒子能量及入射粒子流密度的相互关系。这种交互作用主要决定于入射荷能粒子与晶格原子的核或电子相碰撞所造成的能量损失过程。离子和晶格电子的碰撞可能造成二次电子的动能发射或势能发射。例如俄歇电子，其结果一般导致入射电子的中和。晶格电子所引起的能量损失率和入射离子的速率成正比。但是，当离子能量少于 $Z_1{}^{5/3}$ keV 或速率低于 $0.1\times Z_1{}^{2/3}e^2/h$ 时，电子能量损失比传递给晶格原子核的动能要小很多。这里 Z_1 为入射离子的原子序数。在离子束溅射和离子束沉积等过程中所采用的离子能量范围，正好符合上述条件。因此，在这些过程中，电子能量损失将是次要的，而原子核能量损失是主要的。有关核能量损失的理论和计算的基本假设是，入射粒子一次只同一个靶原子相碰撞。因此，它在固体中的路径由一连串的双体碰撞所造成，这些碰撞遵守能量守恒定律和动量守恒定律。设粒子能量为 E，则单位长度路程上的能量损失为：

$$\frac{dE}{d\chi}=NS_n(E) \tag{1-45}$$

式中 N——单位体积中的散射中心数；

$S_n(E)$——每个散射中心的核阻挡截面，或核阻挡能力。

为了描述双体碰撞并求出相应的微分截面，需要知道原子间作用势。当原子间距小于

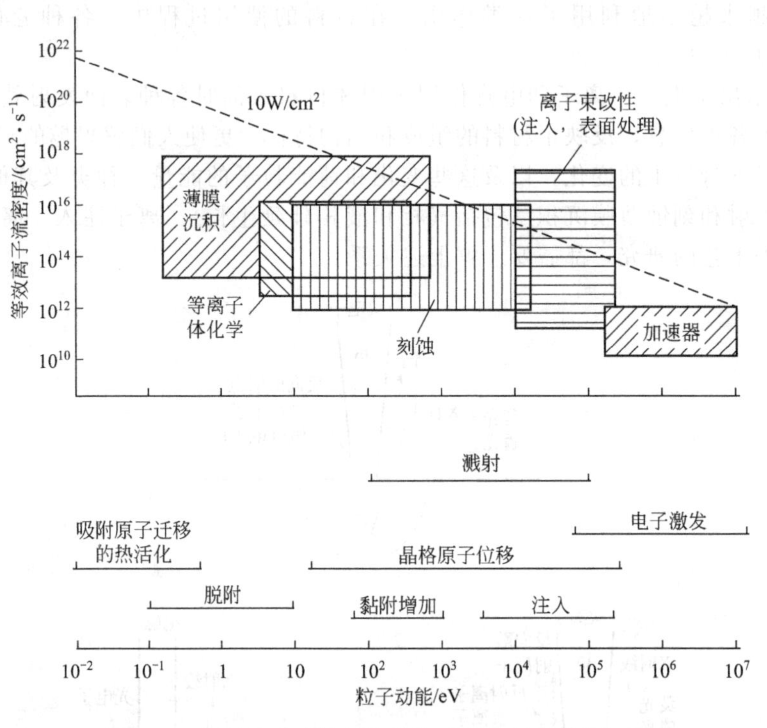

图 1-34 入射粒子动能和等效粒子密度所对应的各种类型的固体材料表面交互作用和工程应用

0.1nm 时，托马斯-费米势适用，而当原子间距更大时，可采用波仁-梅耶势。林德哈特等用托马斯-费米势计算了核阻挡能力，他们将核阻挡力表示为约化能量 ε 的通用函数 S_n（ε），而约化能量定义为：

$$\varepsilon=\frac{32.5m_2E}{(m_1+m_2)Z_1Z_2\sqrt{Z_1{}^{2/3}+Z_2{}^{2/3}}} \tag{1-46}$$

式中 m_1 和 m_2——入射粒子和靶原子的质量；

Z_1 和 Z_2——二者的原子序数。

而 E 的单位为 keV，这时，核阻挡能力表示为：

$$S_n(E)=\frac{84.75m_1Z_1Z_2S_n(\varepsilon)}{(m_1+m_2)\sqrt{Z_1{}^{2/3}+Z_2{}^{2/3}}} \tag{1-47}$$

其单位为 10^2eV/nm²。入射粒子传递给靶原子的能量 E_2 可表示为：

$$E_2=\frac{4m_1m_2}{(m_1+m_2)^2}E\cos^2\theta \tag{1-48}$$

式中 θ——入射粒子方向和靶原子方向间的夹角。

入射粒子可能从表面反射、在表面上俘虏或穿入基体内成为注入粒子。

参 考 文 献

[1] Adarnson A W. 表面的物理化学［M］. 顾惕人译. 北京：科学出版社，1984.

[2] Prutton M. 表面物理学［M］. 张瑞福译. 长沙：中南工业大学出版社，1987.

[3] 闻立时. 固体材料界面研究的物理基础［M］. 北京：科学出版社，1991.

[4] Gomer R. 金属表面上的相互作用［M］. 张维咸译. 北京：科学出版社，1985.

[5] 夏立芳，张振信. 金属中的扩散［M］. 哈尔滨：哈尔滨工业大学出版社，1989.

[6]　朱荆镤．金属表面强化技术［M］．北京：机械工业出版社，1989.
[7]　冯瑞，王亚宁，丘第荣．金属物理［M］．北京：科学出版社，1975.
[8]　费豪文 JD. 物理冶金学基础［M］．卢光照，赵子伟译．上海：上海科学技术出版社，1981.
[9]　中村吾胜．表面物理［M］．张兆祥，陆华译．北京：学术书刊出版社，1989.
[10]　严一心，林鸿海．薄膜技术［M］．北京：兵器工业出版社，1994.
[11]　赵麦群，雷阿利．金属的腐蚀与防护［M］．北京：国防工业出版社，2002.
[12]　查全性．电极过程动力学导论［M］．北京：科学出版社，2002.
[13]　刘江南．金属表面工程学［M］．北京：兵器工业出版社，1995.

第二章 电镀技术及特种电镀加工

电镀是一门具有悠久历史的表面处理技术，是应用最广泛的表面加工、改性技术之一。随着现代工业和科学技术的发展，电镀技术也在不断更新，种类逐渐增多，镀覆层可以是金属、合金、半导体以及含有各类固体微粒的镀层；母材可以是金属、陶瓷、塑料、玻璃、纤维等。电镀覆层广泛用作抗蚀、装饰、耐磨、润滑和其他功能镀层（如光学膜、磁性膜等）。本章主要从电镀的基本原理、普通电镀、纳米复合电镀、电镀镀液几方面进行讨论。

第一节 电镀的电化学原理

一、电镀的基本概念

电镀就是当具有导电的阴极表面的制件与电解质溶液接触，在外电流作用下，其表面上形成与基体牢固结合的镀覆层的过程。电镀过程是一种电沉积过程，也可称作电结晶过程，因为覆层的形成实际上是在阴极上沉积出金属，而镀层金属和一般金属一样，具有一定的晶体结构，因此电镀层的形成是一个结晶形核与核长大的过程。

1. 电镀装置

电镀装置示意图如图 2-1 所示。它是由以下三部分组成。

（1）供给电能的直流电源和连接电极的导线，这部分称为外电路；

（2）电解质溶液；

（3）与电镀液相接触的两个电极。其中在电流通过电镀溶液时，发生氧化反应的电极为阳极，发生还原反应的电极为阴极（镀件）。

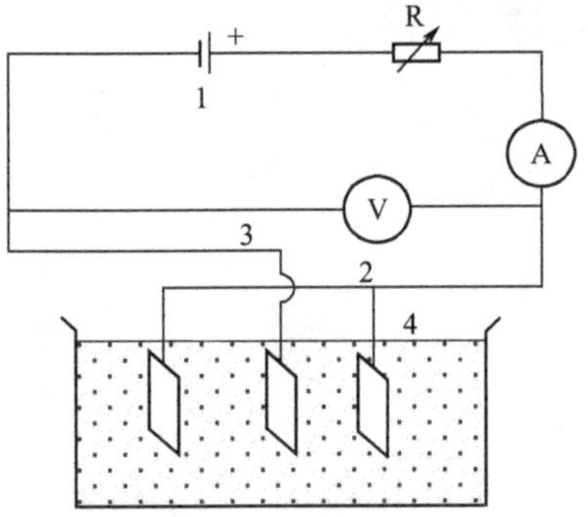

图 2-1 电镀装置示意

1—电源；2—电压表；3—阴极；4—阳极

电镀的三个组成部分相互联系，缺一不可，否则电路中就不会有电流通过，电镀过程便不能实现。

进行电镀时，电流在电镀槽的内部和外部流通，构成回路（如图 2-2 所示）。可是这种回路与一般电工学回路不同，它存在着两种不同的导体，即金属导体和电解质溶液导体。

金属导体，可以移动的电荷是电子，电流的方向与电子流动方向相反。

电解质溶液导体，可以移动的电荷是正离子和负离子。电流通过时，正、负离子向相反的方向移动。

2. 电极反应的实质

为了讨论方便，以电镀镍为例。电子一般是不能自由进入水溶液的。所以，要使电流能在整个回路通过，必须在两个电极的金属-溶液界面发生有电子参与的化学反应。

电源正端联结的电极金属上电子非常缺乏，因此发生氧化反应，即由金属原子或其他反应物质失去电子，镀镍时阳极为镍板，主要反应是镍原子失去电子变成镍离子进入溶液，电子通过金属板导入负极，即

$$Ni = Ni^{2+} + 2e^-$$

在电路的负极，即镀件上有多余的电子，溶液中的离子就会吸收电子，这样使离子沉积在阴极上，例如在镀 Ni 时，镀件上发生的反应为 $Ni^{2+} + 2e^- = Ni$，所以在电镀槽中进行的反应其实是氧化-还原反应，但它和一般氧化还原反应有区别，这类氧化还原反应是在组成电极的金属和溶液的界面上进行的。随着氧化还原反应的不断进行，阳极不断地失去电子，有 Ni^{2+} 进入溶液中，而阴极不断地有 Ni 被沉积出来，使 Ni 沉积在阴极（镀件上），这样形成一个平衡，就形成了稳定的电镀过程。

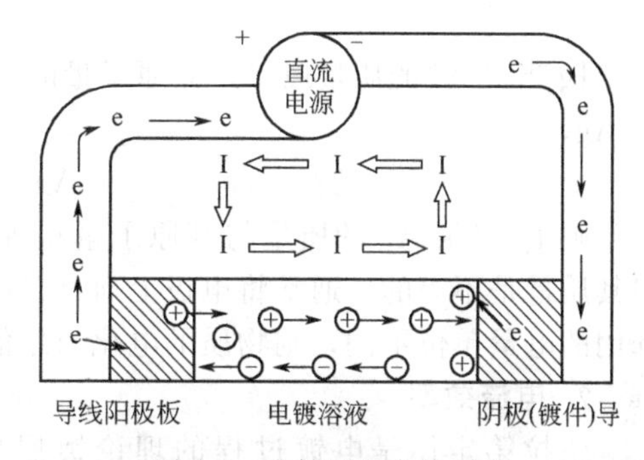

图 2-2 电镀过程方块示意
（→表示电流方向）

二、电镀过程中的计算

1. 法拉第定律

因为电流通过金属-溶液界面时，必然伴随电极反应，所以通过电镀槽的电量和析出（或溶解）物质的量之间有一定的关系。这种关系就是法拉第定律。它可描述为：

（1）电流通过电解质溶液时，在电极上析出或溶解物质的量（m）与通过的电量（Q）成正比。即

$$m = \varepsilon Q \text{（}\varepsilon\text{ 为比例常数，即电化当量）} \tag{2-1}$$

因为

$$Q = It \text{（}I\text{ 为电流强度；}t\text{ 为通电时间）} \tag{2-2}$$

所以

$$m = \varepsilon It \tag{2-3}$$

根据上式，只要知道比例常数 ε，就可根据电镀时的电流强度和电镀时间来计算电极上析出的溶液物质的量。

（2）电量相同时，溶解或析出物质的量与它的化学当量成正比，即

$$\varepsilon = \frac{1}{F} \times \frac{A}{n} \tag{2-4}$$

将式（2-3）和式（2-4）联合起来得到

$$m = \frac{A}{nF} It \tag{2-5}$$

式中 F——法拉第常数（1F＝96494C≈96500C＝26.8A/h）；

A——原子量；

n——化合价。

上式说明，电极上通过 96500C 电量时，应当有 1g 当量的反应物参加反应，同时也必然会形成 1g 当量的产物，与物质本身无关。

虽然电极上通过 1F 电量时，经反应形成的各种物质都为 1g 当量，但它们的重量是不同的。例如 Ni^{2+} 离子在阴极上还原反应为：

$$Ni^{2+}+2e^{-}=\!=\!=Ni$$

1g 当量 Ni 的质量应当是其原子量的一半，即 58.70/2=29.35g。假若是 Ag^{+} 离子还原为 Ag，即

$$Ag^{+}+e^{-}=\!=\!=Ag$$

则 1g 当量 Ag 的质量与其原子量相等，为 107.87g。显然，Ni 与 Ag 虽同为 1g 当量，但其质量是不等的。通常将电极上通过单位电量所形成产物的质量，称为电化当量，如果所选用的电量单位不同，则物质的电化当量值也不一样。

2. 电流效率

法拉第定律是电镀过程的理论镀层质量计算公式，它不受温度、压力、电解质浓度、电极和电解槽材料、形状和溶液性质的影响。在实际电镀中，常常发现形式上违反法拉第定律的现象。例如镀锌时，虽然电极上通过了 1F 电量，但阴极上得到的锌不是 1g 当量，这是因为电解过程中还有副反应发生的缘故，如 H^{+} 可以在电极上还原，也会消耗一部分电量，如果把 Zn^{2+} 和 H^{+} 还原的产物加在一起，则仍为 1g 当量，同样符合法拉第定律。

因为电镀过程中的副反应产物并不是我们所需要的，对于所需要的产物来说，就有一个电流效率的问题。电流效率的概念可以用来表示用于主反应的电量在总电量中所占的百分数。它的定义为：

$$\text{电流效率}=\frac{\text{当一定电量通过时，电极上实际析出物质的量}}{\text{同一电量通过时，根据法拉第定律计算应析出物质的量}}$$

例如，镀镍时电流效率为 96%，这就意味着有 4% 的电流消耗于沉积氢或其他还原反应。

3. 电镀过程的几种计算

法拉第定律经电流效率修正后，即可得到电镀定律：

$$m=\frac{A}{n\mathrm{F}}It\eta \tag{2-6}$$

式中 m——析出金属的质量，g；

F——法拉第常数，26.8A/h；

I——电流强度，A；

A——原子量，g；

t——电镀时间，h；

n——沉积物质的化合价；

η——电流效率，%。

利用电镀定律可以计算镀层厚度和沉积一定厚度镀层所需的时间。

(1) 计算镀层的厚度　根据电镀定律

$$m=\frac{A}{n\mathrm{F}}It\eta$$

由于镀层的比重和冶炼得到的金属的比重相差不大，忽略这一差别可列出镀层质量与厚度之间的关系：

$$m=\frac{\rho\cdot S\cdot\delta}{100} \tag{2-7}$$

式中 ρ——析出金属的密度，g/cm^3；

S——受镀面积，dm^2；

δ——镀层厚度，μm。

由上述两式可得：

$$\delta=\frac{AIt\eta}{n\mathrm{F}\rho S}\times100=\frac{At\eta D_k}{n\mathrm{F}\rho}\times100 \tag{2-8}$$

式中　D_k——阴极电流密度，A/dm^2。

［例 1］　已知镀镍溶液的阴极电流效率 $\eta=95\%$，若阴极电流密度 $D_k=1.5A/dm^2$，求40min所得到的镀层厚度。

解：查手册可知，镍的密度 $\rho=8.8g/cm^3$，$n=2$，$A=58.6g$，$F=26.8A/h$

又 $\because \delta=\frac{At\eta D_k}{n\mathrm{F}\rho}\times100$

$\therefore \delta=\frac{58.6\times\frac{40}{60}\times95\%\times1.5}{2\times26.8\times8.8}\times100=11.8\ (\mu m)$

（2）计算沉积一定厚度所需的时间

显然，将上面的公式稍作变换，即可得到

$$t=\frac{n\mathrm{F}\delta\rho}{A\eta D_k\times100} \tag{2-9}$$

［例 2］　求在与例 1 相同条件下，沉积 $5\mu m$ 镀层所需的时间。

由　$t=\frac{n\mathrm{F}\delta\rho}{A\eta D_k\times100}$

得　$t=\frac{2\times26.8\times5\times8.8}{58.6\times95\%\times1.5\times100}=0.282\ (h)\ =17\ (min)$

第二节　电镀基本理论

一、金属电沉积

在外电流作用下，反应粒子（金属离子或络离子等）在阴极表面发生还原反应并生成新相一金属的过程，称为金属电沉积。

1. 金属离子还原的可能性

金属离子以一定的电流密度进行阴极还原时，电极的电极电位可表示为：

$$\varphi=\varphi_p-\eta_k$$

φ_p 为该金属的平衡电极电位，η_k 是在此电流密度下的阴极过电位。原则上讲，只要使电极电位足够负，任何金属离子都可能在电极上还原并沉积。但由于溶液中氢离子和水分子的存在，阴极上会优先进行析氢反应或吸氧反应，使得一些还原电位很负的金属离子实际上不可能实现还原过程。考虑到平衡电位和过电位，可以利用周期表来大致说明实现金属离子还原过程的可能性（见表 2-1）。在水溶液中，位于铬族左方的金属元素不能单独在电极上电沉积。位于铬族右方的金属元素的简单离子都能较容易地自水溶液中沉积出来。若溶液中金属离子以比简单水化离子更稳定的离子形式存在，体系的 φ_p 变得更负，同时，络合剂等常具有较强吸附能力，并阻滞金属阴极沉积过程，这些因素都会使金属析出较为困难。例如，在氰化溶液中，只有铜族元素及其右方的金属元素才能在电极上析出，即分界线的位置右移了。

表 2-1　金属离子还原过程的可能性顺序

周期															
第三										Al	Si	P	S	Cl	Ar
第四	Ti	V	Cr	Mn	Fe	Co	Ni	Cu	Zn	Ga	As	Se	Br	Kr	
第五	Zr	Nb	Mo	Te	Ru	Rh	Pd	Ag	Cd	In	Sn	Sb	Te	I	Xe
第六	Hf	Ta	W	Re	Os	Ir	Pt	Au	Hg	Tl	Pb	Bi	Po	At	Rn

2. 金属络离子的阴极还原

在电镀生产过程中，常见的问题不是金属不能析出，而是析出的结晶粗大，表面不光亮，为了得到结晶细致的镀层，往往向镀液中加入络合剂等电镀添加剂。电镀液中加入络合剂具有改变镀液的平衡电位，增大阴极极化率，使电镀的电流分布均匀等功能，从而获得光亮致密的镀层。

(1) 络合体系的平衡电位　络合剂与溶液中的金属离子络合形成络离子。例如：

$$[Cu(NH_3)_4]^{2+} \rightleftharpoons Cu^{2+} + 4NH_3$$

式中，NH_3 为络合剂，$[Cu(NH_3)_4]^{2+}$ 为络离子。由于络合反应存在平衡，因此可用络合平衡常数来表示。上述平衡关系为：

$$K = \frac{[Cu^{2+}][NH_3]^4}{[Cu(NH_3)_4]^{2+}}$$

式中，K 称之为该络合物的平衡常数。

K 越小，该络离子就越稳定，溶液中金属离子和配位体的浓度就越小。平衡常数 K 可以从有关手册中查得。

由于络合剂的加入，使溶液中的简单金属离子的浓度减小，因而使电极体系的平衡电极电位变负。金属络离子体系的电极反应的标准平衡电极电位与该简单金属离子体系电极反应的标准平衡电极电位及 K 的关系如下：

$$\varphi^0_{络} = \varphi^0 + \frac{0.059}{n}\lg K \tag{2-10}$$

式中　$\varphi^0_{络}$——金属络离子电极反应的标准平衡电极电位，V；

φ^0——简单金属离子电极反应的标准平衡电极电位，V；

n——金属络离子还原成金属的电子数。

一般来说，金属络离子的 K 较小，使 $\varphi^0_{络}$ 小于 φ^0，即金属的还原反应愈难进行。

(2) 金属络离子在电极上放电　在有络合剂的电镀液中，金属离子与络合剂之间存在着一系列“络合-离解”平衡。由于 K 很小时，简单金属离子在溶液中的浓度很小，所以，大多数情况下，简单金属离子在电极上直接放电的可能性很小。当溶液中存在着配位数不同的多种络离子时，具有特征配位数的络离子是溶液中浓度最大的络离子品种，但由于它们的中心离子与配位体间作用很强，这种络离子放电时需要较高能量，因此它们在电极上直接放电的可能性也是较小的。而配位数较低的络离子具有适中的浓度和反应能力，因而这种络离子在电极上直接放电的可能性较大。

(3) 络离子阴极还原时的极化　一般来讲，络离子的平衡常数越小，金属离子与配位体之间的作用越强，还原时的过电位必然增大。但是，K 与极化之间并不总是存在这种平行关系。例如，向金属锌的简单盐溶液中，分别加入过量的 KOH 和 KCN，在两种溶液中分别形成络离子 $[Zn(OH)_4]^{2-}$ 和 $[Zn(CN)_4]^{2-}$，它们的平衡常数相近。但在进行阴极还原时，锌从氰化物溶液中析出的极化比从锌酸盐溶液析出极化大得多（极化的作用在下节讨论）。

3. 添加剂对金属电沉积的影响

电镀时，为了提高金属电沉积的过电位，向镀液中加入少量有机表面活性物质，使金属电沉积行为改变。

有机添加剂在电极表面上吸附，增大了电化学反应的阻力，使金属离子还原反应变得困难，即电化学极化增大，从而有利于晶核的形成，有可能获得细小的晶粒；另一方面，加入的添加剂优先吸附在某些活性较高、生长速率较快的晶面，使金属的吸附原子进入这些位置遇到困难，即有可能将各个晶面的生长速率拉匀，形成结构致密、定向排列整齐的晶体。

4. 阴极极化

阴极极化对镀层的质量起着十分重要的作用，在极化很小的电镀液中镀出的镀层是十分粗糙的，甚至会出现海绵状，只有当阴极极化较大时才能镀出优质的镀层。

电镀全过程可归纳为三个步骤。

第一步，金属的水合离子或络合离子从溶液内部迁移到阴极界面。

第二步，金属水合离子脱水或络离子解离，金属离子在阴极上得到电子发生还原反应生成金属原子。

第三步，还原的原子进入晶格结点。

电沉积的速率由以上三步骤中最迟缓的一步决定，但实践证明第三步几乎与第二步同时进行，因此前两个过程决定着整个电沉积的速率，理论上产生下述三种情况。

(1) 如果水合离子的迁移足够快，且水合离子在阴极上的脱水放电也足够快，使得外电源在单位时间所供给的电子正好与阳离子还原所需的电子数相等，则金属析出电位 φ 应与原来的平衡电位 φ^0 相等，即 $\varphi=\varphi^0$。这称之为无极化电镀，但这种情况在实际中并不存在。

(2) 电化学反应速率快，金属离子迁移速率较慢，电沉积速率受离子迁移速率控制。外电源的电子就会在阴极积聚，从而使电位向负方向移动。这种极化称浓度极化。

(3) 离子迁移速率快，电化学反应速率慢，同样会造成电子的积聚，使阴极电位朝负方向移动，这种由化学反应速率迟缓而导致的极化称为电化学极化。

为了保证电镀质量，要设法使电化学极化起主导作用。电镀液中加入络合剂、添加剂、进行搅拌等就是要提高阴极的电化学极化，降低浓度极化。一般电镀工艺规范之所以总是确定一个电流密度范围，就是为了保证多数情况下电化学极化所引起的过电位的绝对值要大于浓差极化引起的过电位的绝对值。

电沉积过程中，主要靠提高阴极极化的办法来实现结晶细密的目的。阴极极化程度大，相对而言，电沉积的晶核形成速率要比晶核生成速率快，镀层晶粒就细。

二、电结晶过程中的晶体生长

阴极表面吸附的离子会沿表面扩散到结点边棱、台阶或其他不规则的部位，并在这些地方进入金属的晶格。当这些生长结点沿着晶面扩展时，就生成了由微观台阶连接的单原子生长层，并一直生长到它们遇到吸附杂质集合成群以形成多层的生长阶梯和宏观台阶为止。微观台阶可能是原先位错的露头处或其他缺陷处，也可能由杂质造成二维晶核所形成。

由于阴极金属的晶格表面存在一个晶格力延伸而成的应力场，在沉积过程中开始达到表面的金属原子，只能占据与基体金属晶粒结构相连续的位置，不管沉积的金属本身的结构如何，如果基体金属和镀层的晶格在几何形态和尺寸上相似，那么基体的结构就能不变地延伸，这种生长类型称为外延。

如果镀层的晶体结构和基体相差很远，生长的晶体在开始时会和基体的结构一样，而逐渐向自身稳定的晶体结构转变，不过，若生成表面上有某种吸附物质存在，晶体也会发生改变，这些吸附物质会被夹入沉积层内，阻止正常晶格的生长，或者抑制晶粒的长大。有时某个晶面在某个晶向上生长快一些，使晶粒失去等轴性。还有，在高速生长时，如果没有足够的时间让沉积的原子来寻找稳定的位置而形成正常的晶格，外延也会中止。

基体对结晶定向的影响只能延伸到一定程度，之后，在沉积中会形成一定数量的孪晶，最后沉积层变为多晶，甚至可形成无定向的细晶粒。若结晶层与基体晶格差异大，表面活性物质的存在会使多晶的形成提前发生。

电沉积层的晶体结构，取决于沉积金属本身的晶体学特性，但其组织形态则在很大程度上决定于电结晶过程的条件。一般说来，沉积层有致密和松散两类。交换电流大的金属，溶液纯而离子浓度低时，沉积层往往松散、毛糙或生成枝晶；交换电流小，离子浓度高并有表面活性剂存在时，有利于获得致密的沉积层。沉积层晶粒的平均尺寸，在很大的程度上取决于表面活性剂的浓度。因为在电极表面上大分子的吸附阻挡了电极的表面，并能不断地促进晶核的形成，因而生成尺寸较小的晶粒。在电流密度低时，这种可能性较大，在高电流密度下，表面活性剂的分子无法以足够快的速率吸附而阻碍电结晶的生长。

多晶生长发展到一定程度后，结晶趋于择优取向，即形成织构。影响织构形成的主要因素是基体金属和电解液，电解液的影响包括溶液组成、pH 值、表面活性物质、电流密度和温度等。

电沉积层中往往存在较高的残余应力，这些残余应力的形成可能由于晶格参数的不匹配，也可能由于外来物质夹杂而产生。夹杂物可以是氧化物、氢氧化物、水、硫、碳、氢等。这些夹杂阻止正常晶格的形成。

在理想的情况下，电沉积层和基体界面完全接触，这时由于沉积原子的第一层被基体的晶格力所束缚，结合强度与基体金属本身的强度很接近。通常出现的电镀起皮现象是由于工艺不良引起的。

三、电流在阴极上的分布

镀层厚度的均匀程度与电流在镀件表面上是否均匀分布有关。研究镀层厚度均匀问题，必须抓住电流在阴极上分布这一关键。下面着重讨论电流在阴极上分布规律及其影响因素。

为便于了解电流在阴极上的分布，下面先介绍一下电力线概念。

在电解槽中，由于外加电压的作用，阳极带正电，阴极带负电。根据电荷同性相斥、异性相吸的原理，溶液中的正离子被阳极排斥，受阴极吸引；负离子被阴极排斥，受阳极吸引。这样，溶液中的离子就会按照一定的方向进行运动。在外电场作用下离子运动的轨道称为电力线。电力线的分布规律依电极和容器的条件不同而定，如图 2-3 所示。

电力线在阳极表面上分布的疏密程度与电极之间的相对位置、电极形状和电解槽的形状等几何因素有关，从图 2-3 中看出：当电极与电解槽的底部、边缘和液面存在距离时，电极的边缘或尖端有比较密集的电力线，这种在电极边缘或尖端集积过多电力线的现象称为边缘效应，或尖端效应。

在电镀过程中，有时出现镀件边缘或尖端“烧焦”的现象，其原因就是电流在这些部位分布得较多的缘故。要消除这种“烧焦”现象，往往需要根据不同情况而采取不同的措施，例如降低电流密度、调节镀液组成、添加适当的添加剂、改变镀液的 pH、应用阴极保护、改变阴极悬挂位置等。影响电流在阴极上分布的因素很多，而且也很复杂，诸如镀液的本性（即所谓内因）、温度、电流密度、电极的形状及相互排列位置（即所谓的外因）等。在这些多样而复杂的问题面前，首先要找出影响电流在阴极上分布的主要因素，必须先了解电流通

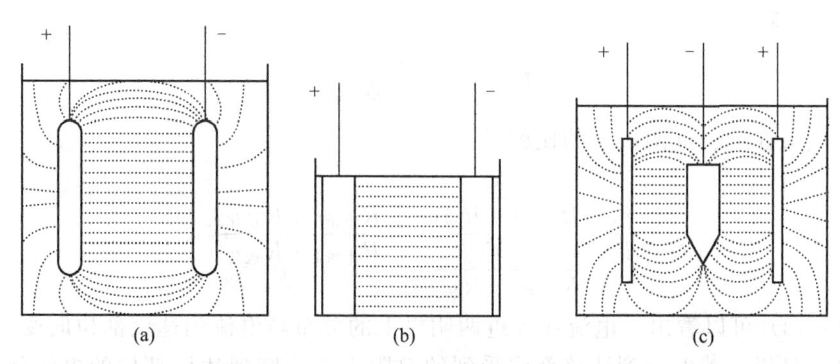

图 2-3 电力线的分布与电极和容器的关系

过电镀槽时的情况。

当直流电流通过镀槽时，它会遇到阻力，这些阻力主要有以下三种。

(1) 发生在电极与镀液的两相界面上的电阻。这种电阻是由于化学反应过程和扩散过程进行缓慢所引起，即由电化学极化和浓差极化所造成，所以称为极化电阻，以 $R_{极化}$ 表示。

(2) 电镀液的电阻，以 $R_{电液}$ 表示。

(3) 金属电极的电阻，以 $R_{电极}$ 表示。

其中，第三种电阻与前二种相比要小得多，可以忽略不计。

这样，电流通过电解槽所遇到的总阻力就等于电解液的阻力（$R_{电液}$）与极化阻力（$R_{极化}$）之和。

当直流电压加在电镀槽中的两极时，根据欧姆定律，通过阴极的电流为：

$$I=\frac{槽电压}{总阻力}=\frac{V}{R_{电液}+R_{极化}}$$

式中 I——通过阴极的电流强度；

V——加在镀槽上的电压。

为了简化讨论，便于看出电流是怎样在阴极不同部位上分布的，假定如图 2-4 所示的装置，设有两个平行布置的阴极，它们的面积为相同的单位面积，而与阳极的距离不同，两阴极间用绝缘板隔开。根据电学知识可以知道图 2-5 中近阴极与阳极间的电压值和远阴极与阳极间的电压值相等。设通过近阴极上的电流强度为 I_1，近阴极与阳极间电镀液的电阻为 $R_{电液1}$，近阴极和阳极的极化电阻为 $R_{极化1}$，则：

$$I_1=\frac{V}{R_{电液1}+R_{极化1}} \tag{2-11}$$

同样，设通过远阴极上的电流强度为 I_2，远阴极与阳极间电镀液的电阻为 $R_{电液2}$，极化

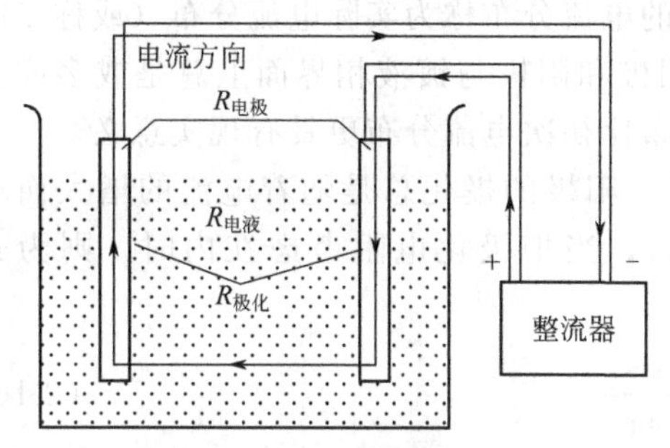

图 2-4 电流通过电解液时的三种电阻示意

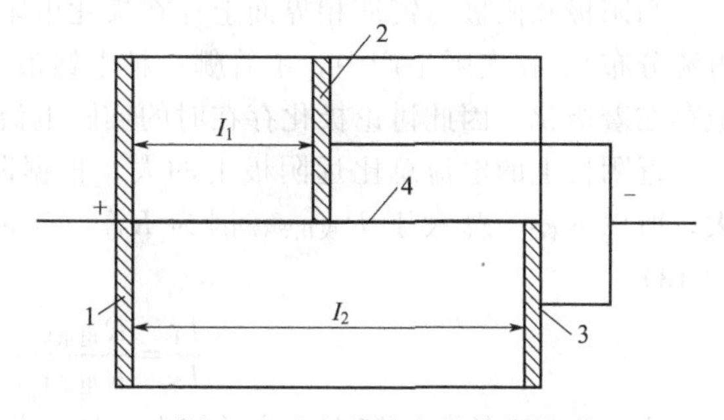

图 2-5 电解槽中电极的位置

1—阳极；2—近阴极；3—远阴极；4—绝缘隔板

电阻为 $R_{极化2}$，则

$$I_2=\frac{V}{R_{电液2}+R_{极化2}} \tag{2-12}$$

此时，电流在远、近阴极上的比就是：

$$\frac{I_1}{I_2}=\frac{\dfrac{V}{R_{电液1}+R_{极化1}}}{\dfrac{V}{R_{电液2}+R_{极化2}}}=\frac{R_{电液2}+R_{极化2}}{R_{电液1}+R_{极化1}} \tag{2-13}$$

从式（2-13）可以看出，电流在远近两阴极上的分布与电流到达该部位时受到的总阻力成反比，也就是说，若电流到达该部位受到的总阻力大，则到达该部位的电流就少，反之，则电流就大。由此可见，决定电流在阴极上分布的主要因素就是电镀液的电阻和极化电阻。

1. 电流的初次分布

假设阴极与镀液的界面上的极化作用非常小，阳极极化作用也非常小，即极化电阻基本上不存在，则 $R_{极化}\approx 0$，那么由式（2-13）得：

$$\frac{I_1}{I_2}=\frac{R_{电液2}}{R_{电液1}} \tag{2-14}$$

如果采用的阴极面积都是单位面积，那么阴极上的电流强度就等于它的电流密度。设近阴极上的电流密度为 D_{K_1}，远阴极上的电流密度为 D_{K_2}，且相同截面导体的电阻与导体的长度成正比，因此式（2-14）可写为：

$$\frac{I_1}{I_2}=\frac{D_{K_1}}{D_{K_2}}=\frac{R_{电液2}}{R_{电液1}}=\frac{l_2}{l_1}=K \tag{2-15}$$

式（2-15）表示阴极和阳极与镀液相界面上不存在极化电阻时的电流分布，这种电流分布叫初次电流分布（用 K 表示）。初次电流分布等于远阴极与阳极间的距离 l_2 和近阴极与阳极间的距离 l_1 之比，如果电极布置已确定，则初次电流分布是一个常数。

当 $I_2=I_1$，即 $I_1/I_2=1$ 时，电流在远、近阴极上的分布最为均匀。

在初次电流分布中，由于 $l_2>l_1$，所以 $I_1>I_2$，这说明了初次电流分布是不均匀的，l_2 与 l_1 的差值愈大，则电流分布愈不均匀。

在实际电镀过程中，阴极不同部位之间的几何关系已经确定（零件各部位的关系是确定的），如果阴阳极之间的距离很小，则阴极（零件）上很小的凸起和凹下，都会剧烈地改变与阳极间的距离比和相对位置，电流分布将很不均匀。反之，当阴阳极之间距离加大时，阴极上同样的凸凹状况就显得相对地不明显，电流分布就会均匀一些。

2. 二次电流分布（实际电流分布）

当阴极和阳极与镀液相界面上存在极化电阻时的电流分布称为实际电流分布（或称二次电流分布）。在实际生产中，不管哪一种电镀液，阴极和阳极与镀液相界面上总是或多或少地存在着极化，因此讨论极化存在时的实际电流分布比初次电流分布更具有现实意义。

近阴极上的电流总比远阴极上的大，根据阴极、阳极的极化总是随着电流的增大而增大，所以 $R_{极化1}$ 总大于 $R_{极化2}$。因为 $R_{电液2}>R_{电液1}$，当把极化电阻考虑在内时，则为式（2-13）

$$\frac{I_1}{I_2}=\frac{R_{电液2}+R_{极化2}}{R_{电液1}+R_{极化1}}\approx 1 \tag{2-16}$$

式（2-16）的分母较小，分子较大，把极化电阻考虑在内后，式（2-13）的分母中加上了一个较大的 $R_{极化1}$，分子中加上了一个较小的 $R_{极化2}$，使分母与分子的数值更趋于接近，即式（2-13）变为式（2-16），使 I_1/I_2更趋近于 1，所以，电流的实际分布就比初次分布更为均匀。这说明极化的存在对电流在阴极上的均匀分布是有好处的。

上面的讨论说明极化可使电流分布均匀，这样会得到一个错觉，极化越大，镀层质量越好，镀液的分散性越好，这种说法还是不严格的，这里涉及极化度的问题。

我们知道，远、近阴极与阳极间的电压是相同的。它等于阳极电位的差加上阴极与阳极之间的镀液内部的电压降。根据欧姆定律，阴极与阳极之间镀液内部的电压降$=IR$。已知单位截面导体的电阻与导体的长度成正比，即 $R\propto l$ 或写成 $R=\rho l$。

ρ 为比电阻，它是单位截面积单位长度导体所具有的电阻值。因此

$$IR=\rho Il$$

设近阴极的电极电位为 φ_{K_1}；远阴极的电极电位为 φ_{K_2}；阳极的电极电位为 φ_A（假定阳极部分的电位都相同），则：

$$\varphi_{K_1}=-\varphi_{K_2}+\rho I_2 l_2 \tag{2-17}$$

一般的极化曲线（也就是电位随电流不同而变化的情况）如图 2-6 所示，所不同的仅是曲线的斜率程度不同而已。

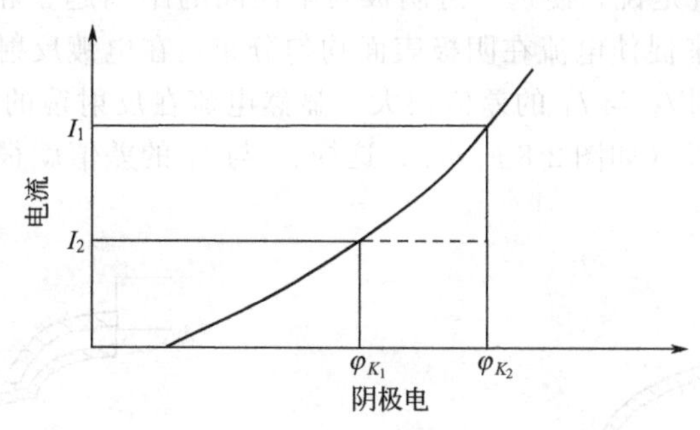

图 2-6 某镀液的阴极极化曲线示意

在图上，可以找出 I_1 相对应的 φ_{K_1} 和 I_2 相对应的 φ_{K_2}。然后由图中可以看出：

$$\begin{aligned}\varphi_{K_1}&=\varphi_{K_2}+(\varphi_{K_1}-\varphi_{K_2})=\varphi_{K_2}+\Delta\varphi\\&=\varphi_{K_2}+\Delta\varphi\cdot\frac{\Delta I}{\Delta I}\\&=\varphi_{K_2}+(I_1-I_2)\frac{\Delta\varphi}{\Delta I}\end{aligned} \tag{2-18}$$

注意，式（2-18）中的 $\Delta\varphi$ 是从 φ_{K_1} 减去 φ_{K_2} 而得出，由于 φ_{K_1} 和 φ_{K_2} 都是负值，由图 2-6 看出 $\varphi_{K_1}<\varphi_{K_2}$，所以 $\Delta\varphi<0$，为使 $\Delta\varphi$ 的绝对值，即 $\Delta\varphi>0$，则式（2-18）可改写为：

$$\varphi_{K_1}=\varphi_{K_2}-(I_1-I_2)\frac{\Delta\varphi}{\Delta I} \tag{2-19}$$

将式（2-19）代入（2-17）式，则得：

$$-\varphi_{K_2}+(I_1-I_2)\frac{\Delta\varphi}{\Delta I}+\rho I_1 l_1=-\varphi_{K_2}+\rho I_2 l_2 \tag{2-20}$$

因为 $l_2=l_2-l_1+l_1=\Delta l+l_1$，则式（2-20）为

$$(I_1-I_2)\frac{\Delta\varphi}{\Delta I}+\rho I_1 l_1=\rho I_2(\Delta l+l_1) \tag{2-21}$$

变换处理式（2-21），可得

$$\frac{I_1}{I_2}=1+\frac{\Delta l}{\frac{1}{\rho}\cdot\frac{\Delta\varphi}{\Delta I}+l_1} \tag{2-22}$$

显而易见，要使 $I_1/I_2=1$（最均匀的电流分布），则必须使

$$\frac{\Delta l}{\frac{1}{\rho}\cdot\frac{\Delta\varphi}{\Delta I}+l_1}\to 0 \tag{2-23}$$

也就是说，能满足式（2-23）的因素就可以促使电流在阴极表面上均匀地分布。因此，电镀过程中为获得良好的镀层质量，很多控制因素可以从对式（2-23）的讨论中得出。

3. 影响电流在阴极上分布的因素

要使电流在阴极表面上均匀分布，则必须满足下式：

$$\frac{\Delta l}{\frac{1}{\rho}\cdot\frac{\Delta\varphi}{\Delta I}+l_1}\to 0$$

即应该使 Δl 和 ρ 越小越好，$\frac{\Delta\varphi}{\Delta I}$ 和 l_1 越大越好。下面进行具体的分析。

（1）使 $\Delta l\to 0$，也就是说，使远、近阴极与阳极间的距离趋于相等（即 $l_1=l_2$）。象形阳极就是利用这个道理来促使电流在阴极表面均匀分布。在电镀反射镜时，若采用一般平板阳极，如图 2-7 所示，则 l_2 与 l_1 的差值很大，显然电流在反射镜的深凹部分远小于它的边缘部分。若采用象形阳极（如图 2-8 所示），这样 l_2 与 l_1 的差值就很小，有利于电流在反射镜表面上均匀分布。

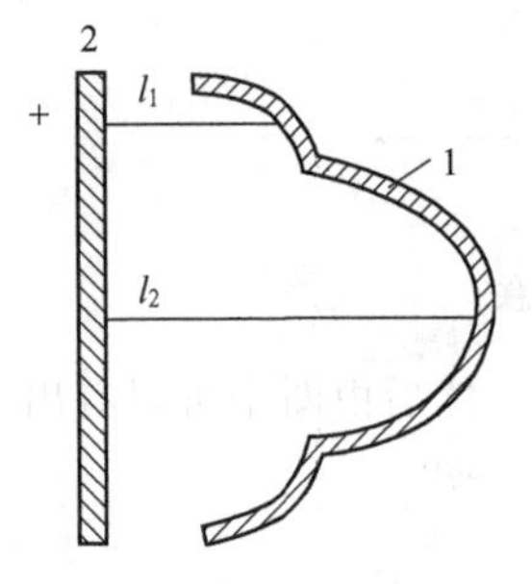

图 2-7　平板阳极

1—反射镜；2—平板阳极

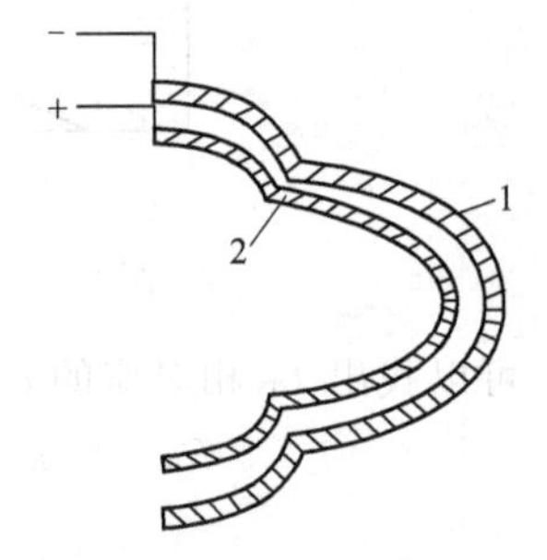

图 2-8　象形阳极

1—反射镜；2—象形阳极

根据以上的讨论，说明当 $\Delta l\to 0$ 时，不仅促使初次电流分布较均匀，同时也促使实际电流分布较均匀，因为这里的讨论是考虑了阴极极化作用存在的情况。但有一点必须说明，在实际电镀生产中，若被镀阴极是一块平板，它与平板阳极平行地悬挂在镀液中，这样，阴极各部位与阳极的距离是相等的，即 $\Delta l\to 0$，在这种情况下进行电镀时，平板阴极各部位的电流密度是不是都一样呢？这要看具体的情况。因为上述讨论是有条件的，也就是说，讨论的条件是平板阴极的边缘都被镀槽和镀液所限制住的。凡符合这种条件，则平板阴极各部位的电流密度应该是相等的。但在实际生产中，平板阴极的边缘并不被镀槽所包封，而是悬挂在电镀液的中间。这样，阴极的边缘与镀槽和镀液液面存在着距离（如图 2-9 所示），因而，阴阳两极边缘的电力线就比较密集，边缘的电流密度就大于中间部位的电流密度。例如，用一块方形的平板进行镀铬时，把它的平均电流密度控制在 $22A/dm^2$。实验证明，它的边缘部位的电流密度远大于平均值，而它的中间部位的电流密度则远小于平均值，实验测出它的电流分布如图 2-10 所示。这说明实际电镀生产时，边缘效应使得电流和金属在阴极表面上不能均匀地分布。为了减少边缘效应所产生的不良效果，生产上有时采用辅助阴极（或称保护阴极）如图 2-11所示。这种方法防止镀件边缘或凸出部位集积过多的电力线，使金属分布趋于均匀。

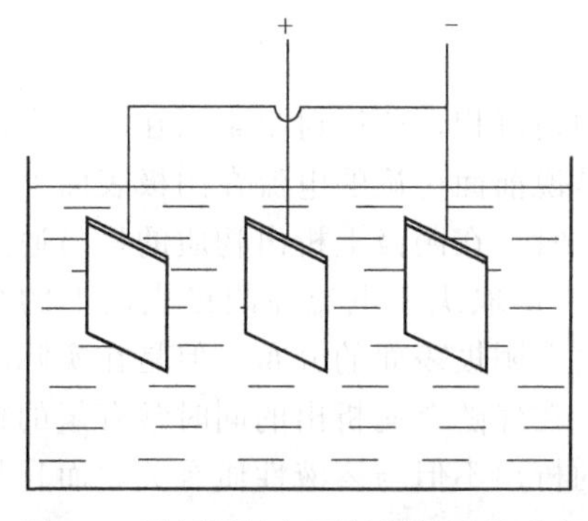

图 2-9　平板阴极与平板阳极悬挂示意

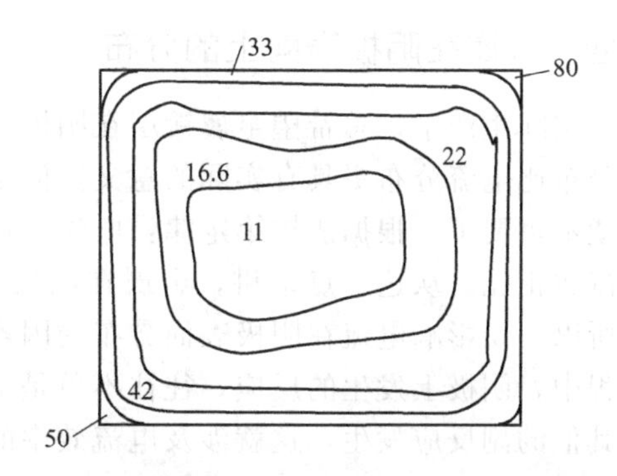

图 2-10　在镀铬槽中电流在平面阴极上的分布（单位：A/dm²，平均电流密度 22A/dm²）

(2) 增大 l_1，即增大阴极与阳极间的距离。实际电镀时，l_1 和 l_2 是指同一零件上的两点对阳极的距离，增大阴、阳极间的距离就增大 l_1 的值，因为其他条件一定时，l_1 的增大，可促使 $I_1/I_2 \rightarrow 1$，所以在一般情况下，增大阴极与阳极间的距离，可以促使电流在阴极表面上均匀分布。但是，阴极与阳极间距离增大，电镀时所需的外加电压也要增大，这就要多消耗电能，而且在电镀生产中，电极间的距离常受到电镀槽尺寸的限制，因此电极间的距离不可能无限地增大，一般都保持在 10～30cm 范围之内。

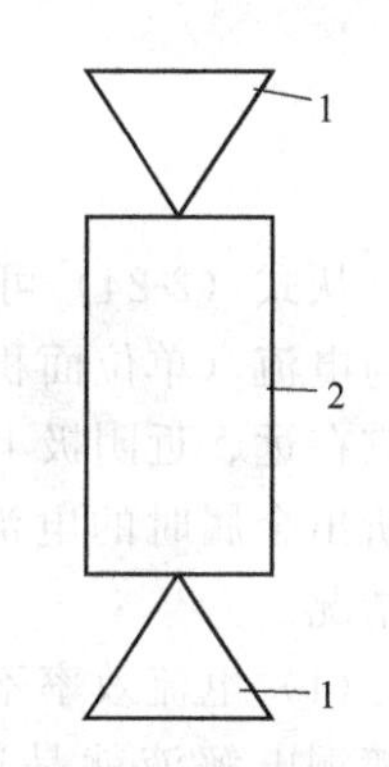

图 2-11　圆柱形零件电镀时的辅助阴极
1—辅助阴极；
2—圆柱形零件

(3) 增大 $\Delta\varphi/\Delta I$ 之值。其他条件一定时，增大 $\Delta\varphi/\Delta I$ 的值可有利于达到式 (2-23) 所要求的条件，$\Delta\varphi/\Delta I$ 表明了阴极极化随着电流的增大而改变的程度，称为阴极极化度。阴极极化度越大，其极化曲线的倾斜程度也越大，极化曲线沿着横轴倾斜上升如图 2-12 中的曲线 1；阴极极化度小，则极化曲线沿着纵轴上升（曲线 2）。曲线 1 的电镀液阴极极化度 $\Delta\varphi/\Delta I$ 的值大，它能使电流在阴极表面上的实际分布比初次分布更为均匀；曲线 2 的电镀液阴极极化度 $\Delta\varphi/\Delta I$ 的值小，则它对电流的实际分布无甚影响。由此可见，电流在阴极上的分布，主要是与阴极极化度有关。人们发现镀铬液的分散性能差，其中一个原因是镀铬液的阴极极化度 $\Delta\varphi/\Delta I$ 很小。它的极化曲线在电流密度较大时几乎平行与纵轴上升，所以它的分散能力很差。

因此，得出这样一个结论：一切间接或直接促使阴极极化度增大的因素都能改善电流在阴极表面上均匀分布状况。如果某添加剂能增大阴极极化度，则电流在阴极表面上的分布也会改善。反之，降低阴极极化度的因素，会使电流在阴极表面上的分布恶化。

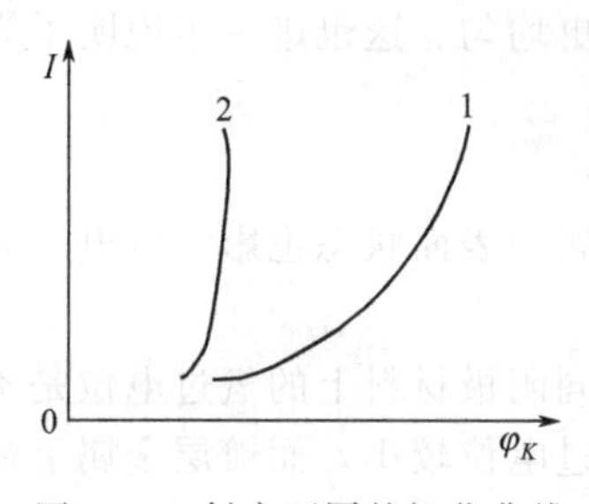

图 2-12　斜率不同的极化曲线

(4) 降低镀液的比电阻 ρ。降低比电阻就是增大导电性，镀液的导电性增加可以促使电流在阴极表面上均匀分布。从式 (2-23) 中可以看出，只有当镀液的阴极极化度 $\Delta\varphi/\Delta I$ 不等于零时，增大镀液的导电性，才能改善电流在阴极表面上均匀分布状况，假若某种镀液的阴极极化度 $\Delta\varphi/\Delta I$ 趋于零，那么增大镀液的导电性就不能改善电流在阴极表面上均匀分布了。如镀铬液在电流密度较大时 $\Delta\varphi/\Delta I \rightarrow 0$，增大镀铬液的导电性也不能改善它的分散能力。

四、金属在阴极表面上的分布

在实际生产中，总希望金属镀层在阴极各部位能够均匀沉积，所以讨论金属在阴极表面上的分布比电流分布更具有实际的意义。但是，这并不是说前面讨论的电流在阴极表面上的分布就不重要了。根据法拉第定律：电流通过电解质溶液时，在阴极上析出物质的量与通过的电流成正比。从这一点来讲，金属在阴极表面上的沉积量取决于电流在阴极表面上的分布，所以一切影响电流在阴极表面分布的因素都影响金属在阴极表面的分布。但是在实际电镀过程中，阴极上发生的反应，往往不单是金属的析出，在伴随金属析出的同时常有氢的析出或其他的副反应发生，这就涉及电流效率的问题。氢的析出不但与溶液性质有关，而且与镀件材料有关。

1. 电流效率的影响

根据镀层厚度的计算公式，金属镀层在阴极表面的分布是近阴极的镀层厚度 d_1 与远阴极的镀层厚度 d_2 之比：

$$\frac{d_1}{d_2}=\frac{\dfrac{cD_{K_1}t\eta_1}{60r}}{\dfrac{cD_{K_2}t\eta_2}{60r}}=\frac{D_{K_1}\eta_1}{D_{K_2}\eta_2} \tag{2-24}$$

从式（2-24）可以看出，金属在阴极表面的分布不仅与电流（单位面积时为电流密度）分布有关，同时还与它在远、近阴极上析出时的电流效率有关。各种电镀液析出金属时的电流效率，不外乎如图 2-13 所示的三种情况。

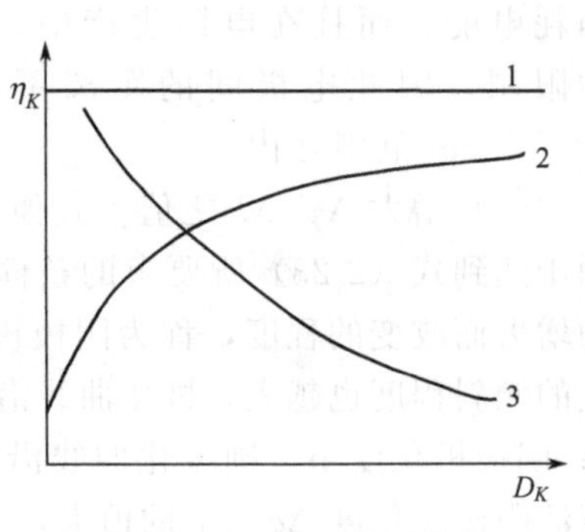

图 2-13　η_K-D_K 关系曲线

（1）电流效率不随电流密度而改变，如曲线 1，硫酸镀铜电解液就是这种类型。这种电镀液的 $\eta_1=\eta_2$，即 $\eta_1/\eta_2=1$，所以在这种电镀液中，金属在阴极表面上的分布，实际上与电流在阴极表面上的分布相同。

（2）电流效率随着电流密度的增大而增大，如曲线 2，镀铬电解液就是这种类型中的典型例子。由于近阴极上的电流密度常大于远阴极上的电流密度，所以，对于这种电解液，它使电流密度较大的近阴极上的电流效率比电流密度小的远阴极上的电流效率高，造成了金属在远、近极上的分布比电流在远、近极上的分布更不均匀。这进一步说明了为什么镀铬液分散能力很差的原因。

（3）电流效率随着电流密度的增大而减小，如曲线 3，一切氰化物电解液都是这种类型。在这种情况下，因为 $D_{K_1}>D_{K_2}$ 而造成 $\eta_1<\eta_2$，然后，从 $\frac{d_1}{d_2}=\frac{D_{K_1}\eta_1}{D_{K_2}\eta_2}$ 式中可知，这种电解液使金属在阴极表面上的分布比电流在阴极表面上的分布更均匀。这也进一步说明了为什么氰化物电镀液常能取得均匀镀层的原因。

2. 基体金属的性质和表面状态的影响

除了前面讨论的几种因素之外，基体金属的本性和基体金属的表面状态也影响着电流和金属在阴极表面上的分布。

（1）基体金属性质的影响　根据电化学的研究结果，在不同阴极材料上的氢过电位是不同的。倘若在某一基体金属上进行电镀，如果基体金属上的氢过电位较小，而镀层金属上氢过电位较大，那么氢气容易在这种基体析出，而不容易在新的镀层上析出（假使阴极上没有其他副反应)。金属和氢的过电位之间所存在的关系可以这样表示：即在某一金属上氢的过电位越大，金属本身的过电位就越小。次序如下：

$$\xrightarrow{\text{氢的过电位增大}}$$
Pt、Pd、Fe、Ag、Cu、Pb、Ni、Zn、Sn、Hg、Cd
$$\xleftarrow[\text{金属的过电位增大}]{}$$

虽然这个次序并不永远正确，但是它表明了：氢越容易析出的部分，金属就越难析出。在这种情况下，最初通电的一瞬间就具有决定性的意义，因为以后金属将比较容易沉积在新沉积的金属镀层上。倘若最初通电时，由于某种原因不能立即获得连续的镀层，那么在以后就更难使金属沉积在未镀层的基体上了。生产中，为了获得连续的镀层，常常在最初通电时采用高的电流密度，进行所谓“冲击”。

在某些情况下，为了改善镀层的连续性和保证镀层与基体金属之间具有必要的结合力，往往在基体金属上镀一层其他金属或合金作为中间镀层。如果金属在中间镀层上比在基体金属容易析出，那么就有利于获得连续而比较均匀的镀层。

(2) 基体金属表面状态的影响　被镀金属的表面状态，对于电流的分布有着重大的影响。大家都知道，金属在不洁净的电极表面（有氧化膜或被表面活性物质污染等等）上沉积比在经过净化的表面上困难得多。倘若电极表面上不能完全除掉氧化物或表面活性物质，那么即使在最有利的几何因素和电化学因素的条件下，金属的沉积也是不均匀的，金属将易于沉积在较洁净的部分上。为了促使金属在难于析出的部位上沉积，在开始电镀时，可以采用高的电镀密度“冲击”，使其有可能获得较均匀的镀层。

金属表面的粗糙与否，也会影响金属的沉积，因为在粗糙的表面上，其实际面积比表观面积大得多，使得实际的电流密度比表观的电流密度小得多。如果某部分的实际电极电位达不到被镀金属的析出电位，那么该处就没有金属沉积。零件打过砂的部位比未打砂的部位易于镀上，就是这个原因。

第三节　普通电镀

普通电镀主要是指常规单金属电镀，诸如镀 Cu、Ni、Cr、Sn、Zn、Cd 等，它是复合电镀、非金属电镀、电镀合金、刷镀及电镀稀贵金属等特殊电镀加工的基础。不同的单金属电镀覆层具有不同的性质用途，采用的工艺也各有其特点，但其基本理论相近。因此，本节以电镀铬为例，讨论其镀层性质和用途、工艺种类与特点。

一、镀铬层的性质和用途

镀铬层按其用途主要分为防护装饰性镀铬和耐磨镀铬两大类。前者的目的是防止基体金属生锈和美化产品的外观，后者的目的是提高机械零件的硬度、耐磨、耐蚀和耐温等性能。

铬是稍带蓝色的银白色金属，在大气中具有强烈钝化能力，能长久保持光泽。

镀铬层有很高的硬度和优良的耐磨性，它的硬度为 HV1000 左右。

镀铬层有较好的耐热性，在空气中加热到 500℃时，其外观和硬度仍无明显的变化。镀层的反光能力强，仅次于银镀层。

镀层厚度 0.25μm 时是微孔性的，厚度超过 0.5μm 时，镀层出现网状微裂纹，镀层厚度超过 20μm 时，对基体才有机械保护作用。

产生裂纹的原因是铬在电沉积时吸附一定的氢而形成氢化铬（CrH_2，CrH），同时还吸附一定量的氧。具有六方晶格结构的氢化铬很不稳定，分解时生成体心立方晶格结构镀层，由于分解时体积收缩而使镀层具有很高的内应力，镀层就形成微孔或网状裂纹。

铬的标准电位比铁负，但由于铬具有强烈钝化作用，其电位变得比铁正，因此铬层对钢铁件是属于阴极性镀层，它不能起电化学保护作用。

由于铬的强烈钝化性，在碱液、硝酸、硫酸、硫化物及许多有机酸中均不发生作用，但是铬能溶于卤酸和热的浓硫酸中。

二、镀铬溶液的种类

1. 镀铬过程的电极反应

(1) 阴极反应　镀铬溶液成分比较简单，但其阴极反应却相当复杂。现以普通镀铬溶液为例作说明。当铬酸酐溶于水后生成铬酸（H_2CrO_4）和重铬酸（H_2CrO_7）。通电时的阴极反应为：

$$Cr_2O_7^{2-}+6e+14H^+ \longrightarrow 2Cr^{3+}+7H_2O$$

$$2H^++2e \longrightarrow H_2\uparrow$$

由于氢的析出，消耗了大量的 H^+，逐渐使阴极表面附近的 pH 值增加，促进 $Cr_2O_7^{2-}$ 转化为 $Cr_2O_4^{2-}$，这样 $Cr_2O_4^{2-}$ 放电而形成金属铬。其反应为：

$$Cr_2O_4^{2-}+6e+4H^+ \longrightarrow Cr+4OH^-$$

(2) 阳极反应　由于镀铬中采用了不溶性的铅锑合金阳极，因此不发生阳极溶解反应。在不同的电极电位下只发生下述两个反应：

$$2Cr^{3+}-6e+7H_2O \longrightarrow Cr_2O_7^{2-}+14H^+$$

$$2H_2O-4e \longrightarrow O_2\uparrow+4H^+$$

2. 普通镀铬溶液

由铬酸酐（CrO_3）和硫酸（H_2SO_4）配制成的镀铬溶液是工业生产中最普遍使用的，一般称作普通铬酸溶液，亦称“Sargent”镀铬溶液。防护装饰性镀铬和耐磨镀铬大多采用此种镀铬溶液。

按铬酸酐的含量不同，分为高浓度、中等浓度和低浓度三种镀液。把含有 250g/L 铬酸酐，2.5g/L 硫酸的铬酸溶液称作“标准镀铬溶液”。

普通镀铬溶液成分简单，易于控制。缺点是电流效率低（8%～16%），分散能力和覆盖能力差，光亮范围狭窄。

3. 复合镀铬溶液

由铬酸酐、硫酸和氟硅酸（H_2SiO_6）配制成的镀铬溶液称作“复合镀铬溶液”。氟硅酸的作用和硫酸相同。该溶液的优点是阴极电效率高（25%），分散能力和覆盖能力好，而且获得光亮镀层的温度范围宽。

复合镀铬溶液的缺点是氟硅酸对铅锑合金阳极的腐蚀性较强，一般采用铅锡合金阳极，锡的含量为 8%～10%，对阴极镀不上铬的部位须采用保护措施。

国内对复合镀铬溶液，一般用作滚镀铬溶液，也应用于要求良好分散能力的镀件。

4. 自动调节高速镀铬溶液

自动调节高速镀铬溶液与复合镀铬溶液不同，它以硫酸锶（$SrSO_4$）代替溶液中的硫酸，并以氟硅酸钾（K_2SiF_6）代替氟硅酸。其优点是根据溶盐的溶度积原理，在溶液温度和铬酸酐浓度固定时，溶液中 SO_4^{2-} 和 SiF_6^{2-} 浓度保持恒定不变，即能达到自动调节催化剂浓度的作用。此外，镀液的电流效率高、分散能力好。国外把这种镀液称作 SRHS 镀铬溶液。此溶液在使用时要定时搅拌以保证有足够的催化剂浓度，这是此溶液的一个缺点。国内较少使用。

5. 其他镀铬溶液

目前在生产上应用的还有黑铬溶液和三价铬镀铬溶液，后者比较成熟的工艺是国外作为专利商品出售的。此外还有四铬酸盐镀铬溶液，各种镀铬溶液的组成与工艺条件见表 2-2。

表 2-2 各种镀铬溶液的组成及工艺条件

成分	普通镀铬溶液			铬酸-氟化物-硫酸镀铬溶液			四铬酸盐镀铬溶液/(g/L)
	低浓度/(g/L)	中等浓度/(g/L)	高浓度/(g/L)	复合镀铬/(g/L)	自动调节镀铬/(g/L)	滚镀铬/(g/L)	
铬酸酐(CrO_3)	150～180	250～280	300～350	250	250～300	300～350	350～400
硫酸(H_2SO_4)	1.5～1.8	2.5～2.8	3.0～3.5	1.5		0.3～0.6	
氟硅酸(H_2SiF_6)				5		3～4	
氟硅酸钾(K_2SiF_6)					20		
硫酸锶($SrSO_4$)					6～8		
氢氧化钠(NaOH)							50
氧化铬(Cr_2O_3)							6
温度/℃	55～60	48～53	48～55	45～55	50～60	35	15～21
电流密度/(A/dm^2)	30～50	15～30	15～35	25～0	40～100		20～90
镀液用途	防护装饰性铬、耐磨铬	防护装饰性铬、耐磨铬	防护装饰性铬	防护装饰性铬、耐磨铬	防护装饰性铬、耐磨铬	小零件镀铬	防护装饰性铬
电镀时间	根据镀件要求的铬层厚度而定						

三、防护装饰性镀铬

防护装饰性镀铬的目的是为了防止金属制品在大气中腐蚀生锈和美化产品的外观，也常用于非金属材料，最常见的是塑料制品。

防护装饰性镀铬大量应用于汽车、摩托车、自行车、缝纫机、钟表、家用电器、医疗器械、仪器仪表、家具、办公用品以及日用五金等产品。防护装饰性镀铬的特点如下。

(1) 镀层很薄，厚度只需 0.25～0.3μm；

(2) 镀铬层对钢铁基体是阴极性镀层，因此必须采用中间镀层才能达到足够的防蚀效果；

(3) 铬层光滑，光亮美观。

目前，防护装饰性镀铬可分为一般防护装饰性镀铬和高耐蚀性防护装饰性镀铬。前者用普通镀铬溶液，适用于室内环境使用的产品；后者用特殊的工艺条件改变镀铬层结构，从而达到高的耐蚀性，适用于室外较严酷条件下的产品。

1. 一般防护装饰性镀铬

钢铁、锌合金和铝合金镀铬必须采用多镀层体系，如铜/铬、镍/铜/镍/铬、半亮镍/光亮镍/铬、三层镍/铬、低锡青铜/铬等。

铜及铜合金的防护装饰性镀铬，可抛光后直接镀铬，但一般在镀光亮镍后进行镀铬，可更耐腐蚀。

目前，国内多采用铜/镍/铬镀层体系，大多采用普通铬溶液，有特殊要求时使用复合镀铬溶液（见表 2-2)。铬酸酐浓度 300g/L 左右，为了防止铬层产生粗裂纹，采用

CrO_3 ∶ SO_4^{2-} =100∶0.9，具有导电性好、槽电压低、溶液变化范围小等的优点。在生产上选用哪种防护装饰性镀铬溶液和操作条件还应根据产品的基体材料和中间层不同而定。

2. 高耐蚀性防护装饰镀铬

20 世纪 50 年代中期以来，在防护装饰性镍/铬或铜/镍/铬镀层体系中，多层镍的应用显著提高了镀件的耐蚀性能。进一步的研究表明，镍/铬镀层的耐蚀性能不仅与镍层的性质和厚度有关，同时在很大程度上还取决于镀层的结构特征。铬的电沉积与其他电镀工艺相比不仅槽液特殊，而且形成金属铬的性质也不同。如果在标准镀铬溶液（铬酸酐 250g/L，硫酸 2.5g/L）中进行镀铬，虽然镀层厚度仅为 0.25～0.5μm，但由于内应力高，铬层表面仍会产生稀疏的粗裂纹。这不仅造成镀件外观缺陷，更严重的是加重了底层的腐蚀。由于这一原因，发展了无裂纹镀铬工艺。虽然无裂纹铬在加速腐蚀实验和暴露实验中具有良好的耐蚀性，但在使用过程中，铬层仍要产生粗裂纹。在特定条件下，铬层表面的裂纹和孔隙不仅无害，反而能提高整个镀层体系的耐蚀性。20 世纪 60 年代中期，国外对镀铬层微观结构进行了研究，开发了更耐蚀性的微裂纹铬和微孔铬新工艺。

（1）微孔铬　形成微孔铬的是通过光亮镍取得的，即所谓镍封法（Nickel Seal）。在光亮镍中加入一些不溶性的非导体颗粒，如硫酸钡、二氧化硅等，在促进剂的作用下，用压缩空气强烈搅拌镀液，使固体颗粒均匀地与镍共沉积。镀铬时，在非导体颗粒上就镀不上铬而形成微孔铬层。这种工艺的关键是如何选择性能良好的促进剂，促进固体颗粒能均匀地分布在镍层中。不溶性非导体颗粒的直径应小于 1μm。镍封层厚度为 0.5～1.0μm。

（2）微裂纹铬　20 世纪 60 年代中期，开发了电镀高应力镍产生微裂纹铬新工艺。其方法是在光亮镍上再电镀一薄层（约 1μm）高应力镍，具有很高内应力的镍层，极易形成微裂纹，随后镀铬，铬层就形成微裂纹铬。铬层厚度为 0.25μm，国外称为 PNS（Pots Nickel Strike）工艺。

3. 滚镀铬

滚镀铬是将体积小、数量多，又难以悬挂的零件进行防护装饰性镀铬的方法。滚镀铬可以提高生产效率，减轻劳动强度，但它只适用于自重较大，形状简单的镀件。对扁平片状、自重较轻以及外观质量要求较高的零件则不能采用滚镀。目前，滚镀铬设备有如下三种形式。

（1）阴极用金属丝网制成圆形滚筒，筒体中间安置阳极。滚镀时，旋转的滚筒一半浸在镀铬溶液中，靠零件的自重与金属丝网阴极接触而通电。设备比较简单，制造方便，缺点是只能镀形状简单而自重大的零件。对扁平片状零件就镀不好。滚镀时电流是断续的，容易引起光亮度差、结合力不好的问题。

（2）阴极用金属丝网，中间带有螺旋状网格的圆筒形结构，也是靠镀件的自重与金属丝网接触通电。其优点是可以自动进出料，缺点与上述设备相同。

（3）20 世纪 70 年代初日本 Fuji 公司生产一种离心式滚镀铬机，其装置见图 2-14。

离心式滚镀铬机的原理是：在快速旋转（200～300r/min）的平台上垂直对称地安装两只不锈钢制镀铬滚筒，滚筒接阴极。工作时平台与滚筒以相反方向旋转，由于平台的快速转动，筒体内镀件受离心力作用而紧密地贴紧筒壁，形成良好的电接触；同时筒体又以逆平台旋转方向转动（2～3r/min），滚筒内的镀件就能自由地产生翻转动作，保证了镀件的均匀镀覆。因此，不仅解决了滚筒的电接触不良和电镀时间长的缺点，同时也解决了特别细小、质轻和针状零件的滚镀铬问题。滚镀时间只需 5～6min。

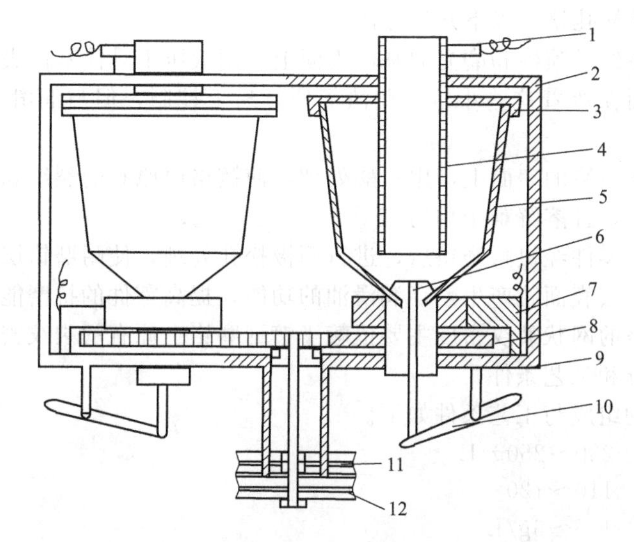

图 2-14 离心式滚镀铬装置示意

1—阳极电刷；2—上平台；3—密封圈；4—阳极；
5—滚筒；6—密封塞；7—阴极电刷；8—齿轮；9—下平台；
10—出料装置；11—平台转动皮带轮；12—筒体转动皮带轮

四、镀耐磨铬

镀耐磨铬是一种功能性电镀，主要目的是利用铬的特性以提高机械零件的硬度、耐磨、耐温和耐蚀等物化性能。

耐磨铬的应用非常广泛，如机械模具、塑料模具、玻璃模具、化工耐蚀阀门、发动机曲轴、汽缸活塞和活塞环、光学刻度尺、印刷滚筒、纺织印花滚筒、造纸滚筒以及工具、量具、切削刀具等。这些产品经过镀耐磨铬后，可以延长使用寿命。镀耐磨铬的另一个用途是修复磨损零件和切削过度的工件，使这些零件重复使用。

需要镀耐磨铬的零件，大多是碳钢基体，亦有铝和铝合金、锌合金、不锈钢以及高合金钢等材料。基体材料都必须按照各自的特性和电镀工艺的要求进行镀前处理。

耐磨铬层的厚度一般为 2～50μm，根据零件的要求选择。零件的修复镀铬厚度可达 800～1000μm。对于钢铁零件不需用中间镀层。

现在国内大多采用普通镀铬溶液镀耐磨铬，其配方和工艺条件如下。

铬酸酐	225～250g/L
硫酸	2.25～2.50g/L
三价铬	3～8g/L
温度	50～60℃
电流密度	55～60A/dm^2

五、镀松孔铬

镀松孔铬主要应用在摩擦状态下工作的零件，如内燃机的气缸套、活塞环及转子发动机的内腔等。

镀铬层表面的润油性很差，尤其是承受高压、高速和高温等恶劣条件下的工作零件，容易造成干摩擦的状态，因而零件的使用寿命显著下降。为了提高铬层表面的润湿性能，可用镀松孔铬法解决。镀松孔铬有以下几种方法。

(1) 机械法　在经过喷砂和磨光的基体表面上，用滚压工具使基体表面压成圆锥或角锥的小坑，镀铬后表面保留着这些小坑。此法简便，易于控制，但与润滑油的附着性能不够理想。

(2) 化学法　在镀铬的表面上，用盐酸处理，使镀铬层原有的裂纹和孔隙加以扩大和加深。此法铬层损耗多，且溶解难于均匀。

(3) 电化学法　零件经镀耐磨铬后，进行阳极松孔处理，使耐磨铬层上原有的浅窄网状裂纹扩大和加深，铬层表面就产生贮存润滑油的功能，提高零件的抗磨能力。

电化学镀松孔铬的网状裂纹密度主要依赖于镀耐磨铬上原有的裂纹密度，因此必须严格控制镀铬溶液的成分和工艺条件。

镀松孔铬溶液的组成与工艺条件如下。

CrO_3　　230～250g/L

CrO_3/H_2SO_4　　110～120

Cr^{3+}　　1.5～6g/L

温度　　58～63℃

电流密度　　30～50A/dm^2

六、镀黑铬

采用化学或电化学方法形成的黑色覆盖层中，以电沉积黑铬的物化性能较优良，它不仅具有瑰丽的装饰性，而且还有耐磨、耐蚀和耐高温等优点。

黑铬镀层既可美化产品的外观，又可用作特殊要求的功能性黑色镀层，如武器、光学仪器、照相器材以及部分轻工产品如金笔、自行车零件等。

黑铬镀层是由金属铬和铬的氧化物组成，其氧化物的形式主要是 Cr_2O_3。黑铬镀层的硬度为 HV130～150，镀层与底层的结合力也很好，其耐蚀性能与普通镀铬相同，主要决定于中间镀层的厚度。

黑铬镀层的类型和工艺条件见表 2-3。

表 2-3　黑铬溶液的类型和工艺条件

溶液类型 / 铬液组成与工艺条件	铬酸-醋酸型		铬酸-氟化物型		其他类型	
铬酸酐/(g/L)	375	200	200～300	200	250～300	350
醋酸/(g/L)	3	6.5				
氯化镍/(g/L)		20～28				
偏钒酸铵/(g/L)	12	5				
氟硅酸/(g/L)			0.15～0.25	0.15		
硝酸钠/(g/L)				7	7～11	
硼酸/(g/L)					25	30
草酸/(g/L)						10
温度/℃	20	40	10～35	20～25	18～35	18～28
电流密度/(A/dm^2)	100	100	40	50	35～60	8～20

七、镀铬、镍添加剂的发展

自从电镀工业化以来，有关电镀添加剂的研究就从未间断。电镀添加剂对电镀耗能、镀层质量、镀液处理等起到至关重要的作用，尤其是光亮剂的发展，某种意义上讲，它已代表着电镀添加剂的发展，镀层的光亮程度已是衡量镀层质量的重要指标。因此目前各个电镀企业的镀铬的工艺基本相同，主要是添加剂不同。镍、铬电镀光亮剂的发展以时间为序可划分为萌芽、发展、完善和成熟四个阶段。

第一阶段（1940 年以前）：镍、铬电镀光亮剂研究的萌芽阶段。

1912 年 Elkington 发现镉盐可使镀镍光亮，这是镀镍溶液最早使用的光亮剂；1927 年 Schlotter 发现萘三磺酸可起光亮作用；1928 年 Lutz 和 Westbrook 发现葡萄糖、甘油、黄蓍胶和阿拉伯胶有助于产生光亮镍层；1936 年 Weisberg 和 Stoddard 发展了硫酸钴、甲酸镍及甲醛基的光亮镀镍液，通过实现镍钴合金共沉积来镀亮镍。总体来说，此阶段光亮剂以金属盐为主体，为第一代镀镍光亮剂。其特点是：光亮剂分解快、寿命短、应力大。所获镀层针孔少，但亮度、整平性比有机光亮剂差，仅呈现半光亮，且镀层较脆，镀液对铜、锌、铅等杂质比较敏感，镀液需进行经常处理维护。此阶段光亮剂的主要作用是由于它们在电解液中形成了高分散度的氢氧化物胶体，吸附在阴极表面而阻碍金属的析出，提高阴极极化作用，产生一定的过电位，使金属离子还原反应速率超过氧化反应速率而产生晶核，从而实现镍电沉积。但由于此时离子放电主要表现为浓差极化，阴极极化作用较小。

1923 年 Fink、Sargent 提出采用以硫酸为单一催化剂把铬酸还原获得镀铬层，实现了光亮镀铬；Liebrich 也进行过类似的研究。因而此阶段光亮剂以单独采用硫酸为代表，为第一代镀铬光亮剂。其特点是：利用硫酸的催化作用可实现铬电沉积，但硫酸与铬酸需保持一定的浓度比才有利于得到最佳镀层，而且使用硫酸作催化剂的该标准镀铬工艺阴极电流效率很低（只有 12%～15%），分散能力和覆盖能力差，获得光亮镀层的工作范围窄，需在高温下于高电流密度区才能获得光泽度 GS 在 62P 以上的光亮铬镀层。其对温度与电流密度是否协调比较敏感，否则易导致镀不上铬、镀层发花、烧焦、光亮度不足或呈灰暗色、彩虹色等缺陷。从其电沉积过程来看，由于其电解液中主要金属离子为简单离子，在离子放电时，主要表现为浓差极化，阴极极化作用不大，镀层结晶较粗，光亮度较差。此阶段光亮剂主要是起催化作用。在镀铬过程中，若没有硫酸根离子，则在阴极表面会生成一层致密的胶体膜，使六价铬离子无法到达镀件的表面，阻止了铬酸还原成铬。加入硫酸后，一方面，由于 SO_4^{2-} 吸附在胶体膜上，与膜生成易溶于水的物质，促使胶体膜溶解，使阴极表面局部露出，致使局部电流密度增加，阴极极化增大，达到 CrO_4^{2-} 在阴极析出的电位而获得铬镀层；另一方面，SO_4^{2-} 向阴极扩散层的扩散有利于维持阴极表面的电荷平衡，并与 Cr（Ⅵ）形成配合物，为 Cr（Ⅴ）还原为 Cr（Ⅲ）和 Cr 提供能量通道。所以 SO_4^{2-} 是实现铬电沉积的必要条件。在今后就把含硫酸的镀液称为标准镀铬液。

第二阶段（为 1940～1960 年）：镍、铬电镀光亮剂研究的发展阶段。

1940 年 H. Brown 引进并使用了苯磺胺和磺亚胺包括糖精作为镀镍光亮剂，推动了镀镍光亮剂的进一步发展；1945 年发现香豆素；1946 年 Freed 提出苯甲醛邻磺酸；1947 年 Hoffman 提出苯乙烯 β-磺酸；1949 年 Brown 发现对-乙烯基苯磺酸；1950 年又发现乙烯基磺胺、丙烯基磺胺和磺酸；1955 年 Shenk 提出二芳基磺亚胺以及 Kardos 发现了 1,4-丁炔二醇等皆可起光亮作用。概括起来，此阶段光亮剂以 1,4-丁炔二醇和糖精为代表，为第二代镀镍光亮剂。其特点是：在镀层光亮度、使用寿命方面都比第一代有所提高，而且镀层脆性也小。但由于丁炔二醇碳链长度较短，在阴极上的吸附强度不够，因此光亮度和整平性尚显不足，光亮区电流密度范围不够宽，而且还是容易分解，一般镀液工作一个月左右后需大处理一次。相对于第一阶段而言，所用的光亮剂多为有机添加剂。它们易吸附在阴极表面的突起部位，一方面使金属离子在这些部位的放电受阻，从而填平金属表面的微观沟槽，减少阴极表面的厚度差，使镀层表面变得光滑，提高整平性；另一方面，提高阴极过程的过电位，有利于晶核的形成，得到比较细致的结晶，从而提高光亮度。

1949年美国安美特公司推出SRHS（自调高速）槽液，采用硫酸盐和氟硅酸钾的双催化体系作为镀铬光亮剂，推动了镀铬光亮剂研究的进一步发展；1952年Hood提出使用硫酸盐；氟化物及氟硅酸盐混合型催化剂；1957年Ryan和Johnstone提出采用氟络合物催化剂型镀液；我国在20世纪50年代末也推广室温镀铬工艺，主要添加氟化铵或氟硅酸钾。概括起来，此阶段光亮剂主要是以同时添加两种或两种以上的无机阴离子以全部或部分替代硫酸根为代表，为第二代镀铬光亮剂。其中无机阴离子主要为卤化物，应用最多的是氟化物。其特点是：阴极电流效率高，可达18%～22%，镀液的分散能力和覆盖能力亦有所改善，在较低阴极电流密度和室温中便能沉积出光亮的镀层，从而增大了工作范围，可以镀形状复杂的零件，且镀层结晶细致，结合力好。但镀液中的氟会对工件产生腐蚀，使槽液中铁杂质升高快，镀液使用寿命短，而且必须经常地清净阳极板，以避免阴极镀层受损。从其电结晶来看，由于SO_4^{2-}与F^-皆增大了阴极极化作用，有利于晶核的形成，因而镀层晶粒较第一阶段细。但相对于优点来说，其缺点更为突出，因此应用不普遍，目前比较先进镀铬工艺都不含氟化物。第二代光亮剂的主要作用是：氟或氟硅酸根离子对铬层有活化作用，其在镀液中与硫酸相似，也可起到增大阴极极化的作用，从而细化晶粒，提高光亮度。

第三阶段（为1960～1990年）：镍、铬电镀光亮剂研究的完善阶段。

这一时期人们已经逐渐认识到要获得高质量镀镍层，初级光亮剂和次级光亮剂必须相互配合。国外主要进行的是丁炔二醇与环氧乙烷、环氧丙烷或环氧氯丙烷的缩合物与初级光亮剂进行组合的研究；国内于20世纪80年代亦开始进行类似的研究，先后推出了791缩合型、BN系列、BE浓缩型、BH系列和亮镍1号等光亮剂，取代了丁炔二醇光亮剂。所以此阶段光亮剂是以1,4-丁炔二醇的环氧化合物及糖精组合为代表，为第三代镀镍光亮剂。其特点是：由于初级、次级光亮级的配合，而且由于缩合物的碳链长度比丁炔二醇增加，使表面活性提高，在阴极上吸附加强，阴极极化作用增大，因而镀层光亮度和整平性都有所增加；由于添加量的减少，相应的分解产物也减少，使镀液的工作寿命延长，一般两个月左右处理一次。与第二代光亮剂相比，第三代利用了初级、次级光亮剂的配合作用，初级光亮剂通过其不饱和链吸附在阴极表面的晶体生长部位，可显著降低镀层晶粒尺寸，降低镀层张应力，降低对杂质的敏感性，扩大镀层的光亮电流密度范围，$=C-SO_2-$结构使镀层含有微量的硫，使镀层电位改变，有利于多层镍系统的电化学保护作用；次级光亮剂分子中常含有双键、三键等不饱和基团，使镀液具有一定整平性，与初级光亮剂适当配合可获全光亮、整平性和延展性良好的镀层，且镀层结晶更细。但第三代光亮剂亦有其缺点，单独使用初级光亮剂时不能得到全光亮，单独使用次级光亮剂虽可获全光亮，但镀层光亮范围窄、张应力高、有脆性、对杂质比较敏感，必须与初级光亮剂配合使用。

进入20世纪70年代，由于标准镀铬造成的资源浪费和环境污染日趋严重，人们逐渐把目标转向低浓度镀铬。日本小西三郎连续发表多篇低浓度镀铬文章，推动镀铬向低浓度发展，英国亦深入研究低浓度镀铬工艺。美国的Romanowski等最早把稀土引入镀铬，于1976年获得使用稀土氟化物镀铬的专利。国内于80年代开始对稀土镀铬进行研究，开发出一批比较有价值的光亮剂，如：C-3、RL-3C、EB、DCA-1、BTL-1、NS-31、HC-1、CS、CR-901、CF-201、Cr-333等。概括起来，此阶段光亮剂主要是以稀土阳离子和氟化物的配合为代表，为第三代镀铬光亮剂。其特点是：稀土阳离子添加到铬酸电解液中以后，可以在较低的CrO_3浓度、较低的操作温度下获得光亮铬镀层，且阴极电流效率高、镀液的分散能力和覆盖能力好。与标准镀铬液相比，获得光亮铬镀层的电流密度范围发生了移动，即移向了低电流密度区，使镀铬生产真正实现低温度、低电耗、低污染、低成本、高效率。但稀土镀铬监控比较困难，其镀液的稳定性难以控制，因而影响了镀层质量，而且稀土氟化物也同时引发了低电流区腐蚀问题，其工艺还有待于进一步完善。此阶段光亮剂的主要作用是由于稀土阳离子的吸附有利于阴极表面膜的形成和加强，增加膜的钝化性，再加上氟离子的催化作用，均增大了阴极极化，一方面改善了电解液的电化学行为，使致钝电流降低，有利于 CrO_4^{2-} 还原成 Cr，使在低温低电流密度下可获得光亮铬镀层；另一方面也改善了电结晶过程，使形核速率增大，形成的晶粒细致，所以镀层致密、平整光亮、高硬度且耐蚀。

第四阶段（为 1980 年以后）：镍、铬电镀光亮剂研究的成熟阶段。

随着对镀镍光亮剂研究的深入，人们进一步认识到理想的光亮镀镍工艺，应该是初级光亮剂、次级光亮剂和辅助光亮剂三类光亮剂的配合使用，因而开发出了一些比较成熟的配方。其中，初级光亮剂主要有：BSI、BBI、ALS、VS、PN、PS、ATP、BSS 等。次级光亮剂主要包括四类：①吡啶类衍生物，如 PPS、PPSOH 等；②丙炔醇衍生物，如 PAP、PME 等；③炔胺类光亮剂，如 DEP 等；④1,4-丁炔二醇的环氧化物，如 BEO、BMP 等。辅助光亮剂主要有烯丙基磺酸钠、烯丙基磺酰胺、乙烯磺酸钠等。概括起来，此阶段光亮剂主要是以吡啶衍生物、炔胺类化合物、丙炔醇衍生物及柔软剂的组合为代表，为第四代镀镍光亮剂。其特点是充分利用初级、次级、辅助光亮剂的协同效应。以次级光亮剂为基，配以初级光亮剂和辅助光亮剂，在适当的条件下，可获得全光亮、高整平和延展性良好的镀层，且阴极电流效率和镀液的分散能力都比较高，镀层光亮电流密度范围宽、柔软性好。第四代光亮剂因其用量比第三代光亮剂成几何级数的减少，分解产物也少，故处理周期较长，一般可延长到一年以上。此阶段光亮剂的主要作用是：由于有机添加剂在阴极表面的特性吸附，产生不同的吸附电位，影响阴极极化，从而影响镍的电沉积。初级光亮剂可细化晶粒，降低镀层拉应力，使镀层产生柔和光泽；次级光亮剂可产生较强吸附作用，能大幅度提高阴极极化，使镀液具有较好的整平性和分散能力，镀层细致光亮；辅助光亮剂可改善镀液的光亮覆盖能力，减少针孔，加快出光和整平速率，并降低其他光亮剂的消耗，降低镀液对杂质的敏感度。

随着对铬电沉积机理和添加剂研究的进一步深入，人们逐渐纠正了以往的某些错误观念：即认为在氧化性很强的铬酸以及高电流的作用下，有机物是不会稳定存在的，开始尝试把有机物引入作为镀铬添加剂。1980 年 Chessin 和 Newby 提出采用卤代二酸和氟化物混合作为镀铬光亮剂；1985 年美国安美特公司推出以氯、溴、碘及稳定羧酸作催化剂的 HEEF-25、HEEF-40 镀铬工艺；1986 年 Chessin 提出采用有机磺酸为光亮剂；1987 年 Chessin 将碘酸钾、溴化钾等与有机酸合用作光亮剂；1995 年黄逢春等研制出不含氟、无腐蚀的有机复合添加剂 CH；北京航空航天大学研制出了含氮有机杂环化合物与无机盐合用的 BHCr1 添加剂；1997 年沈品华研制出不含氟、以有机化合物混合为主的 3HC-25 添加剂。

总体来说，此阶段光亮剂主要是以有机或复合型光亮剂（有机物与阴离子或稀土混用）为代表，其特点是不含氟，无腐蚀，阴极电流效率高，镀液分散能力好，镀层光亮且性能高。但由于有机物在强氧化性的铬酸溶液中稳定性较差，其加入量较大，不仅增加了生产成本，且可能对工件及阳极产生腐蚀，尚需进一步改进。有机或复合型光亮剂的主要作用是：一方面有机添加剂多为表面活性物质，兼备络合能力和表面活性作用，它们在阴极表面活性位置上进行特性吸附，阻碍了金属析出，因而提高了阴极极化作用；另一方面，阴离子（如 IO_3^- 或 Br^- 等）也可吸附在阴极表面，对电极有一定活化作用，并与有机物生成新型的阴极胶体膜，使析氢过电位增大，抑制析氢反应，使镀层致密平整，同时抑制了镀层结晶的成长，使晶粒细化，此外还由于它们在晶体的不同晶面上的选择性吸附，可以抑制原来优先结晶的晶面，改变晶体成长的结构轴，甚至产生定向成长的晶面。这些都将降低镀层表面光的漫反射，加强镜面反射，从而提高光亮度。

如图 2-15 所示，第一代常规镀铬层晶粒比较粗大，表面粗糙不平整；第二代晶粒较细，表面有凹坑；第三代镀层晶粒比较细小，表面平整细致，微裂纹较细密；第四代镀层晶粒进一步细化，结晶均匀致密，表面比较平整。

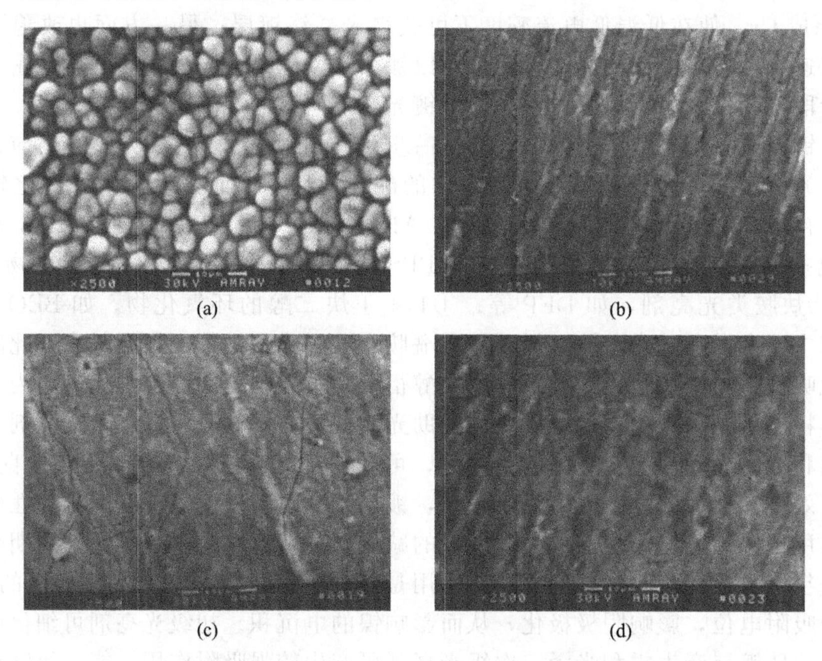

图 2-15 几代不同添加剂制备的镀层显微照片
(a) 第一代添加剂制备镀层；(b) 第二代添加剂制备镀层
(c) 第三代添加剂制备镀层；(d) 第四代添加剂制备镀层

第四节 合金电镀层加工

一、概述

合金电镀就是两种或两种以上的金属离子在镀件表面同时沉积，使镀层形成合金层。合金电镀始于 1835～1845 年，最早镀出的是贵金属合金镀层和黄铜。后来应用范围不断扩大。目前，不仅二元合金镀层在工业上获得广泛应用，而且三元合金镀层也在逐渐得到应用。

一般来说，合金镀层的性能优于单金属镀层。许多从单金属镀层得不到的性质，从合金镀层可以得到。如合金镀层有较高的硬度、抗蚀性强、耐磨、镀层韧性较大，更适于进一步电镀覆盖和化学转化处理等。此外，还有一些特殊的性能，如半导体性、超导电性、耐热性、磁性等是单金属镀层难以比拟的。

要使几种离子在阴极上共同放电，形成合金镀层，就必须使它们的还原电位相等或相近。对电镀二元合金应满足以下关系：

$$\varphi_1^0+\frac{RT}{n_1F}\ln\alpha_1-\eta_1=\varphi_2^0+\frac{RT}{n_2F}\ln\alpha_2-\eta_2$$

式中，φ_1^0、α_1、η_1 为第一种金属的标准电极电位、离子活度、离子放电时的过电位；φ_2^0、α_2、η_2 为第二种金属的标准电极电位、离子活度、离子放电时的过电位。

根据上述方程式，阴极上电极电位在下列三种情况下可能相近。

(1) 标准电极电位 φ_1^0 和 φ_2^0 大致相等而极化值 η_1 和 η_2 又不大。如铅和锡在酸性溶液中共沉积属于这种情况。它们的标准电极电位只差 14mV，而且这些离子也是在极化不大的情况下放电的；

(2) 标准电极电位 φ_1^0 和 φ_2^0 不同，且这两种金属离子放电时的单极化曲线形式也不同。负电位较小的离子阴极极化比另一种离子大。因此当电流密度达到某一值时，两种金属离子放电电位便可趋于一致，并开始共同沉积。如锌镍合金在含氨溶液中共沉积即属于此类。20℃时，镍的电位由于极化向负方向移动约 300mV，便与锌的析出电位接近。

(3) 标准电位和阴极极化值 (η) 的差别可由离子活度的差别 α_1 和 α_2 来补偿。改变离子的活度，可使离子的放电电位在相当大的范围内变化，并互相接近到必要的数值。

第三种情况在合金电镀是最常采用的方法。例如在镀液中使用某种络合剂，使离子活度或离子放电形式发生变化，或两者同时发生变化。铜和锌、铜和锡、锡和锌、锡和镍等共沉积过程都属于这种情况。

二、镀铜锡合金（青铜）

1. 镀液成分及工作规范

镀铜锡合金的氰化物镀液成分及工作规范见表 2-4。

表 2-4　镀液成分及工作规范

镀液成分及工艺条件 \ 镀液类型	低锡		中锡 (25%)	高锡	
	1	2	3	4	5
铜 Cu(呈氰化铬盐形式)/(g/L)	7～9	25～30	10～14	10～15	10～15
锡 Sn(呈锡酸盐形式)/(g/L)	10～12	14～18	40～45	30～45	45～60
游离氰化钠 NaCN/(g/L)	7～8	16～20	14～17	10～15	10～15
游离氢氧化钠 NaOH/(g/L)	7～8	6～9	20～25	5～7	25～30
温度/℃	58～62	60～70	55～60	60～70	60～65
电流密度/(A/dm²)	1.5	2.5	2.5	1.5～2.5	3～4

氰化亚铜和锡酸钠是供给合金镀层中金属的主要成分，其浓度变化会影响合金镀层的组成。如镀液中铜离子浓度增加，镀层中铜含量也增加。同样，溶液中锡离子浓度增加，镀层中锡含量也相应增加。在溶液中，金属离子浓度增高时，可提高阴极电流效率，但使溶液均镀能力降低。

溶液中游离氰化钠的含量增高，铜氰络离子变得更稳定，铜的析出电位变得更负，从而使镀层中锡含量相对增加。但氰化物含量过高时，阴极析氢更多，电流效率下降，游离氰化钠过低时，则阳极容易钝化。

溶液中氢氧化钠的含量控制锡的作用和氰化钠含量控制铜的作用是类似的。当溶液中氢氧化钠含量增加时，锡酸根离子变得更稳定。即下列平衡向左移：

$$SnO_3^{2-} + 3H_2O \rightleftharpoons Sn^{+} + 6OH^-$$

锡的析出使电位更负，镀层中锡含量降低。如溶液中氢氧化钠含量太少时，会使锡阳极溶解困难，同时锡酸发生水解作用，产生偏锡酸使镀液易混浊。

电流密度增大时，镀层中锡含量也相应增加。阴极电流效率则随电流密度的增加而下降；温度对镀层的影响也很大，温度升高，镀层含锡量增加，温度过低时，不仅镀层质量下降，而且电流效率也相应降低。

2. 铜锡合金镀原理

铜和锡的标准电极电位相差很大，要使铜锡共同沉积，必须加入络合剂，使它们的析出电位接近。在氰化物镀液中，亚铜离子用氰化物络合，氰化物与亚铜离子生产稳定的$[Cu(CN)_3]^{2-}$络离子：

$$Cu^+ + 3CN^- \rightleftharpoons [Cu(CN)_3]^{2-}$$

其不稳定常数约为2×10^{-27}，亚铜离子在氰化物中的电位为−0.86V。锡离子与氢氧化钠生成锡酸钠，电位为−0.91V，二者比较只差50mV，所以，在这样的镀液中，铜锡共同沉积是可能的。电镀时，阴极发生如下反应：

$$[Cu(CN)_3]^{2-} + e^- \longrightarrow Cu + 3CN^-$$

$$SnO_3^{2-} + 3H_2O + 4e^- \longrightarrow Sn + 6OH^-$$

阳极一般采用可溶性的合金材料，含锡量约8%～12%，基本上和低锡青铜的镀层组成相同，溶解时按固定比例均匀地溶解。

改变镀液成分和操作条件，可控制铜锡合金的组成，分别可得到低锡青铜（含锡量8%～12%）、高锡青铜（含锡量40%～45%）和中锡青铜（含锡量介于二者之间）。

由于铜锡合金的组成不同，它们的性质也有差异，用途也不相同。低锡青铜镀层呈金黄色，有很好的抛光性能，孔隙率低，用于防护装饰性镀层的底层或中间层。中锡青铜外观为浅金黄色，硬度比低锡青铜高，在空气中的稳定性也比低锡青铜好，亦可作防护装饰性镀层的表面镀层。

3. 镀低锡青铜的其他配方

目前仍有部分工厂使用非氰化物镀液电镀低锡青铜。焦磷酸盐和柠檬酸盐镀液的配方如下。

(1) 焦磷酸盐四价锡型镀液

焦磷酸钾（$K_4P_2O_7$）	240～280g/L
焦磷酸铜（$Cu_2P_2O_7$）	19～24g/L
锡酸钠（$Na_2SnO_3\cdot3H_2O$）	60～72g/L
酒石酸钾钠（$KNaC_4H_4O_6\cdot4H_2O$）	20～25g/L
硝酸钾（KNO_3）	40～45g/L
明胶	0.01～0.02g/L
pH	10.8～11.2
温度	30～55℃
阴极电流密度	2～3A/dm^2
阳极	合金板（含Sn6%～8%）
阴极移动	8～11次/min

(2) 柠檬酸盐-锡酸盐型配方

柠檬酸（$C_6H_8O_7$）	140～180g/L
氢氧化钾（KOH）	100～135g/L
碱式碳酸铜［$Cu_2(OH)_2CO_3$］以铜计	14～18g/L

锡酸钾（$K_2SnO_3 \cdot 3H_2O$）以锡计	18～22g/L
磷酸（H_3PO_4）	5mL/L
pH	9～10
温度	25～35℃
阴极移动	8～11 次/min
阴极电流密度	0.6～1.0A/dm^2
阴阳极面积比	1∶(2～3)
阳极	电解压延铜板

第五节　复合电镀

在电解质溶液中用电化学或化学方法使金属与不溶性非金属固体微粒（或其他金属微粒）共同沉积而获得复合材料层的工艺称为复合电镀。这种复合材料层称为复合镀层或分散镀层，有时称为金属陶瓷。复合镀层的特点是具有两相组织，基质金属为金属相，固体微粒为分散相，固体微粒均匀地弥散于基质金属之中。

一、复合电镀的沉积机理

这里主要介绍悬浮粒子的电泳动沉积机理、撞击阴极表面的粒子被捕捉沉积机理和吸附到阴极表面上粒子的沉积机理。

1. 悬浮粒子的电泳动沉积

这种沉积为镀液中的悬浮粒子具有正的 η 电位，在镀槽电场的作用下移向阴极并进行沉积。

设镀槽内的电位梯度为 E，电镀液的黏度为 ζ_0，介电常数为 ε，则粒子的移动速率 v 可用下式表示：

$$v=\frac{\varepsilon E\eta}{0.4\pi\zeta_0}$$

式中，E，η 单位为 V；ζ_0 的单位为 Pa·s；v 的单位为 cm/s。

由于镀液导电，宏观上看其电位梯度 E 小，所以从上式求得的电泳速率 v 与镀液机械搅拌造成的粒子移动速率相比是极小的。

但是，即使在阴极表面层以外，粒子的电泳速率对粒子移动的作用可以忽略，但靠近阴极处存在着高电抗层，即电位梯度 E 很大，粒子的电泳速率与搅拌相比就不能忽略了。粒子具有的电位不同，共沉积的效率不一样，说明电泳对沉积是有作用的。

2. 撞击阴极表面的粒子被捕捉沉积

要产生撞击式粒子的共析，必须使撞击到阴极上的粒子在某点停留足够的时间。

如果粒子是金属粉末导体，粒子在阴极上固定所需时间就很短，撞击捕捉沉积是主要的机理；可是对于非导电粒子的复合沉积，这条机理就不是主要的了。

3. 吸附到阴极表面上粒子的沉积

Guglielmi 提出复合镀层形成过程为两步吸附，即弱吸附与强吸附两个过程。弱吸附是第一步，表现为被离子与溶剂分子膜包裹的微粒吸附在电极表面上，它与悬浮于镀液中的微粒处于平衡，该步骤是可逆的物理吸附，可用 Langmuir 等温吸附描述。处于弱吸附状态的微粒，脱去它所吸附的离子和溶剂分子膜，与阴极表面直接接触，形成不可逆的电化学吸附，就成为强吸附步骤。强吸附步骤是总反应的速率控制步骤。

图 2-16 是 Ni 镀液中 Al_2O_3 粒子浓度和复合镀层中 Al_2O_3 质量分数的关系。尽管随电流密度不同相对量有所变化，但各曲线的形状与吸附等温曲线相似。

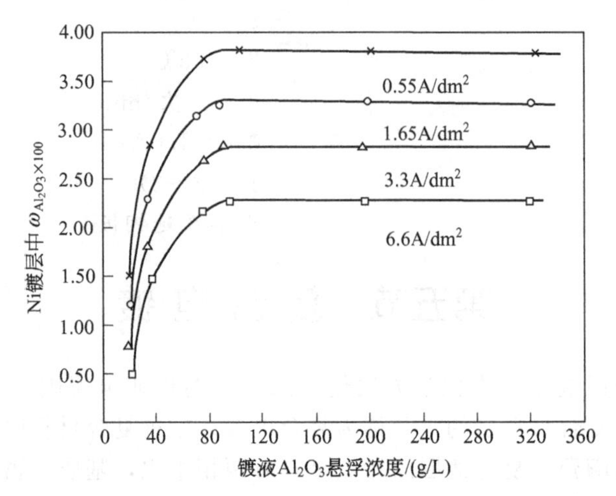

图 2-16 Ni 镀液中 Al_2O_3 粒子浓度和复合镀层中 Al_2O_3 质量分数的关系

另外，阳离子吸附理论认为：悬浮在镀液中的固体微粒会不同程度地吸附金属离子，使表面带有正电荷，在电流的作用下，与金属一起共沉积在阴极的表面。因此镀层中的粒子质量分数与镀液中粒子吸附金属离子的数量有关。镀液的阴离子和阳离子的种类以及微粒的种类不同，这种阳离子的吸附程度就不一样，某些有机物也可以促进固体微粒的阳离子吸附。

大量实践研究表明，不溶性固体颗粒与金属离子的共沉积过程大致可分为三个步骤。

第一步，悬浮于镀液中的微粒，由镀液深处向阴极表面附近的输送。此步骤主要取决于对镀液的搅拌方式和强度，以及阴极的形状和排布状况。

第二步，微粒黏附于电极上。凡是影响微粒与电极间作用力的各种因素，均对这种黏附有影响。它不仅与微粒和电极的特性有关，而且也与镀液的成分和性能以及电镀的操作条件有关。

第三步，微粒被阴极上析出的基质金属嵌入。黏附于电极上的微粒，必须能延续到超过一定时间，才有可能被电沉积的金属俘获。因此，这个步骤除了与微粒的附着力有关外，还与流动的溶液对黏附于阴极上的微粒的冲击作用，以及金属电沉积的速率等因素有关。一般情况下，在微粒周围的金属层厚度大于微粒的一半时，即可认为微粒已被金属嵌入。

二、复合电镀的条件

制备复合镀层，需满足下述基本条件。

(1) 粒子在镀液中是充分稳定的，既不会发生任何化学反应，也不会促使镀液分解。

(2) 粒子在镀液中要完全润湿，形成分散均匀的悬浮液。为此，粒子都需经过亲水处理，特别是那些疏水粒子，更应作充分的亲水处理，并要降低镀液表面张力，这样才能形成悬浮性好的镀液。

(3) 镀液的性质要有利于固体粒子带正电荷，即利于粒子吸附阳离子表面活性剂及金属离子。

(4) 粒子的粒度要适当。粒子过粗，易于沉淀，且不易被沉积金属包覆，镀层粗糙；粒子过细，易于结团成块，不能均匀悬浮。通常使用 0.1～10μm 的粒子，以 0.5～3μm 最好。

(5) 要有适当的搅拌，这既是保持微粒均匀悬浮的必要措施，也是使粒子高效率输送到阴极表面并与阴极碰撞的必要条件。

三、复合镀层的分类及应用

复合镀层按用途可分为三大类，即防护装饰性复合镀层、功能性镀层以及用作结构材料的复合镀层。

1. 防护装饰性复合镀层

用得最多的防护装饰性复合镀层是镍封和锻面镍。在镍封层上镀铬，能形成微孔铬。但镍封层中的微粒含量不可过多，否则会使微孔铬失去光泽，呈灰白色，通常称这种现象为“倒光”。在镀镍封时应尽量避免“倒光”，不过用复合电镀法制备的锻面镍实际上却是一种适度的“倒光”的镍封层。

用各种不同颜色的荧光粉颜料与镍共沉积制备出彩色荧光复合镀层，也属于防护装饰性复合镀层。

金属铝粉与锌共沉积形成的Zn-Al粉复合镀层是一种具有高耐蚀性的镀层，将它镀在作为汽车底盘的钢板上，可承受路面为防止结冰而铺撒食盐的严酷腐蚀条件。

2. 功能性复合镀层

利用复合镀层的物理、力学、化学性能（如耐磨、导电、抗高温氧化等）来满足各种场合的需要，根据复合镀层所具有的不同功能和在使用中对它们的要求，可分为以下几类。

(1) 具有力学功能的复合镀层　用SiC，Al_2O_3，ZrO_2，WC，TiC，Cr_3C_2，B_4C，TiO_2，金刚石等颗粒与镍、铜、钴、铬等基质金属形成的各种复合镀层具有较高的耐磨性，通常称为耐磨复合镀层。目前研究和使用的功能性复合镀层中以这种镀层最多。

自身具有润滑性能的微粒如MoS_2、石墨、氟化石墨、聚四氟乙烯等能与铜、铁、锡、铅、铜锡合金等基质金属形成自润滑的复合镀层，也叫做减摩的复合镀层。此类镀层中还包括有金刚石与镍共沉积而形成的复合镀层，可用它制备各种钻磨工具，如金刚石钻头、砂轮、石棉挫、油石以及金刚石滚轮等。

此外，能降低内应力的功能性镀层（如Fe-B_4C）和改善耐蠕变性的镀层（如Pb-TiO_2和Pb-$BaSO_4$）以及具有抗“咬死”性能的镀层（如Zn-石墨）等也归入这一类。

(2) 具有化学功能的复合镀层　在抵抗强腐蚀性介质（如强酸、强氧化剂等）的腐蚀作用上，复合镀层常常不如普通的金属镀层，然而复合镀层对于防止高温条件下工作的零部件腐蚀却有很大的优越性。例如Ni-Al_2O_3镀层在950℃高温下的抗高温氧化能力远比纯镍镀层强，其腐蚀量仅为纯镍镀层的1/2。在高温下工作的燃气轮机叶片、高温发动机的喷嘴等均可使用这种镀层。

(3) 具有电学功能的复合镀层　银与金的电导率高，接触电阻较小，但它们的硬度不高，耐磨性及抗电蚀能力差。若使用La_2O_3、MoS_2、WC、SiC等微粒与银或金形成复合镀层，则可在保持其良好导电性能的同时，大大地提高其抗电蚀能力和耐磨性，该镀层在多种电器设备中用作电接触材料。

(4) 具有光学功能的复合镀层　某些半导体微粒（如TiO_2、CdS等）与金属（如镍）形成的复合镀层在光的作用下可以获得电压和电流的响应，是一种具有光电转换效应的复合镀层。

(5) 其他功能的复合镀层　在原子能工业中需要使用Ni-UO_2镀层来制造反应堆燃料元件，用能吸收中子的物质硼或硼的化合物与镍形成复合镀层，可作为核反应堆的控制材料。

由锌和酚醛树脂或SiO_2颗粒形成复合镀层，可用作增强涂料层与底层结合力的中间层。含有大量橡胶微粒的镀层具有消声隔声的作用。

这里列出的几种功能性复合镀层远远不能概括它的全部，而且，随着复合镀层应用的推广，还会出现许多新的功能性复合镀层。

3. 结构材料的复合镀层

在金属材料中加入具有高强度的第二相，可使结构材料性能大大地增强，这种类型的复合镀层通常用电铸法制备。除了各种陶瓷微粒能与金属共沉积形成高强度的结构材料外，还可用细长的纤维丝（如 SiC、石墨、玻璃等）或晶须与基质金属共沉积，成为高度增强的结构材料。

4. 纳米复合电镀

纳米复合电镀是复合电镀的一种，只不过是将复合电镀的固体微粒换为纳米粒子。由于纳米粒子的特殊性能使得纳米复合镀层比普通复合镀层有更高的硬度和耐磨性。

（1）纳米复合电镀的沉积机理　由于纳米粒子的尺寸较小，沉积理论与普通的复合电镀有所不同。目前纳米复合镀技术的机理尚无科学的、权威的理论解释。纳米不溶性固体颗粒是如何到达阴极（工件）表面，并在基质金属中弥散分布，有三种不成熟的理论。

选择性吸附理论　纳米不溶性固体颗粒加入到电解质溶液中后，进行充分的机械复合（超声振动、机械研磨、磁力搅拌等），使纳米不溶性固体颗粒均匀地弥散分布在电解质溶液中。机械复合过程中，一些纳米不溶性固体颗粒就会有选择性地吸附电解质中某些金属正离子。电镀过程中，在电场力的作用下，金属正离子携带着纳米不溶性固体颗粒向阴极（工件）表面运动，到阴极后发生还原反应，在金属正离子被还原成金属原子的同时，纳米不溶性固体颗粒也被陆续还原的金属原子俘获，并镶嵌在金属基质镀层中。与此同时，由于纳米不溶性固体颗粒十分贴近工件表面，不仅会发生范德华力式的物理吸附，而且由于纳米颗粒自身的特性，富集在纳米颗粒表面的电子还会与工件表面金属或镀层金属上的原子产生化学键的吸附。这正是纳米复合镀层的结合强度高于普通复合镀层结合强度的推理解释，当然这一解释的科学性还要靠实验验证。

络合包覆理论　为了克服纳米粒子的团聚，一般先对纳米不溶性固体颗粒进行表面预处理，然后把处理过的纳米不溶性固体颗粒与电解质溶液进行充分的机械复合，同时向复合溶液中加入表面活性剂、络合剂材料，使复合后的溶液中纳米不溶性固体颗粒与金属正离子同时被络合包覆在一个络合离子团内。在电镀时，络合离子团到达阴极（工件）表面后发生还原反应，金属离子被还原成原子的同时，纳米不溶性固体颗粒也就被陆续还原的金属原子所嵌镶，最终形成纳米不溶性固体颗粒在镀层基质金属中的弥散分布。

外力输送理论　在电镀过程中使用搅拌器，对复合镀液进行搅拌，使复合镀液中的纳米不溶性固体颗粒运动起来，在运动中部分到达阴极（工件）表面的纳米不溶性固体颗粒被还原的金属原子捕获，发生共沉积，大多数纳米不溶性固体颗粒又回到溶液中。当然外力输送的力要适度，例如搅拌力太弱，输送到工件表面的纳米不溶性固体颗粒太少，不利于共沉积；而如果搅拌力过大，镀液中的纳米不溶性固体颗粒受外力太大，运动过于激烈，到达工件表面的纳米不溶性固体颗粒还没来得及与金属共沉积就在外力作用下又从工件表面掉下来，回到镀液中，反而不利于共沉积。

纳米不溶性固体颗粒与金属原子共沉积是一个复杂的过程，以上说法或理论各有其一定的道理，也都有其明显的不充分。实际上三种情况会同时发生，是共同作用的结果，也可能是在某一特定工艺条件下一种或某两种说法起主要作用。

（2）纳米复合镀层的强化机理　纳米复合镀层有着比普通镀层更高的硬度和耐磨性，它的强化机理主要有超细强化、高密度位错强化、固溶强化和纳米颗粒效应强化。

超细晶粒的获得与电镀工艺特点密切相关（因为在电镀过程中晶粒尺寸必然会长大，要保持超细晶结构，尤其是镀层全部保持超细结构绝非易事），另外，金属离子含量高，而且以络合离子的形式存在，络合剂与金属离子形成的络合离子提高了阴极极化作用，这是获得超细晶粒的原因之一。超细晶粒的存在，使单位体积内晶界增多，变形抗力增大，从而使镀层得到强化。

位错是金属晶体的一种线缺陷，而非常高的位错密度反而能受到降低晶体易动性的效果。位错密度增大，使镀层的晶体处于一种动态相对稳定，变形概率减小，镀层得以强化。

对复合镀层来说，添加的不溶性纳米颗粒固溶于基体金属晶格中，形成了间隙固溶体，间隙固溶体也会引起晶体点阵的畸变，因此固溶强化也对镀层强化起到一定的作用。

纳米不溶性固体颗粒弥散镀层中，对镀层的强化在多个方面发挥作用，首先纳米不溶性固体颗粒自身的硬度、强度对镀层起到了整体支撑作用，镀层中的这些硬质点对提高镀层的耐磨性极为有利。其次，纳米不溶性固体颗粒增加了镀层的位错阻力，能有效阻止晶体的滑动，增大了变形抗力，即提高了镀层的强度。其三，纳米不溶性固体颗粒的尺寸效应使镀层中金属结合得更加牢固，使镀层与基体金属结合得更加紧密，有效提高了镀层的结合强度。

（3）纳米复合镀注意的问题　纳米颗粒表面能高，在镀液中极易团聚，选择表面活性剂对纳米粒子分散是非常重要的，纳米复合镀工艺（温度、电流密度、搅拌速率）对镀层性能影响较大。通过对 Ni-纳米 TiO_2 复合电镀的研究发现，添加剂对镀层硬度影响较大，当单一添加剂吐温 80 和 CTAB 添加量分别为 0.1mL/L 和 0.08g/L 时镀层硬度达到最大。当 CTAB 和吐温 80 进行复配时对镀液中纳米颗粒的分散效果较其单独使用时的效果更好，镀层硬度有明显提高。并得到最佳配方为：0.074g/L 的 CTAB 和 0.047mL/L 吐温 80，镀层硬度达到最大为 621.6HV，镀层质量好。当镀液中吐温 80 或 CTAB 的加入量超过 0.2g/L 时，镀层内应力过大，出现裂纹和漏镀现象。CTAB 为 0.15g/L 和吐温 80 为 0.2mL/L 镀层硬度较好为 618.25HV，但镀层存在一定程度的变形。Ni-纳米 TiO_2 复合电镀最佳工艺参数为：镀液温度 $T=40℃$；搅拌速率 $W=710\text{r/min}$；电流密度 $D_K=5\text{A/dm}^2$。

通过研究 Ni-纳米 TiO_2 复合电镀发现，搅拌速率对涂层的影响是波动变化的，试验控制镀液中纳米 TiO_2 添加量 $c(TiO_2)=5\text{g/L}$，镀液温度 $T=30℃$，阴极电流密度 $i=3.75\text{A/dm}^2$，得到的镀层硬度与搅拌速率的关系曲线见图 2-17。由图 2-17 可见，开始时搅拌速率较小，镀层硬度较低；随搅拌速率增加镀层硬度增大，当搅拌速率达到 651r/min 时，镀层硬度达到最大为 557HV。之后搅拌速率增加，镀层硬度减小。

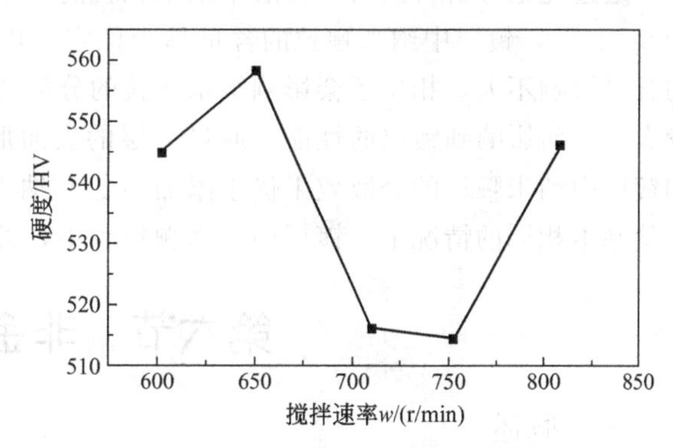

图 2-17　搅拌速率对镀层硬度的影响

这是由于开始时搅拌速率较小，被带到阴极表面的纳米颗粒数较少，纳米颗粒共沉积量小，镀层硬度较低；随着搅拌速率的增大，镀液的流速增大，输送到阴极的微粒量增加，有利于纳米粒子与基质金属在阴极表面的共沉积，使得镀层纳米颗粒含量增加，硬度增大。此外，搅拌还能使反应析出的 H_2 尽快脱离基体表面，减小了纳米粒子在阴极表面共沉积的阻力，镀层中纳米粒子共沉积量增大，镀层硬度增大。但搅拌速率过大，纳米粒子随镀液流一起运动的速率也提高，达到基体表面纳米粒子数量虽然大，但液体对基体表面冲击力也很大，纳米颗粒难以黏附于基体表面，还会因为液流的剪切力把刚刚共沉积的颗粒冲掉，使之脱落并重新回到镀液中，镀层中纳米颗粒的含量下降，镀层硬度减小。但是随着搅拌速率的进一步提高，镀层硬度又有增大的趋势，这可能是由于搅拌速率过大，又将一些纳米颗粒甩到基体表面，使镀层的纳米颗粒增加引起镀层硬度提高。

（4）纳米粒子加入量对镀层表面形貌的影响　图 2-18 为添加 5g/L 纳米 TiO_2 所得复合镀层的表面形貌图，由图 2-18 可见，镀层组织均匀细致，纳米颗粒分布比较均匀，未出现微粒脱落的现象，镀层硬度性能的测试结果为 621.6HV。能谱分析得到钛原子含量的原子数分数为 1.74%，质量分数为 1.43%。图 2-19 为添加 20g/L 纳米 TiO_2 所得复合镀层的表面形貌图，由图 2-19 可以看出镀层表面出现很多细小晶粒，组织比较均匀，镀层硬度性能的测试结果为 487.3HV。能谱分析得到钛原子含量的原子数分数为 1.78%，质量分数为 1.45%。

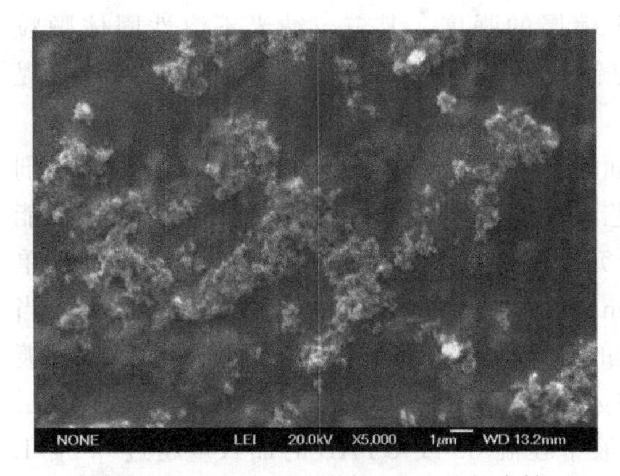

图 2-18　加入 5g/L 纳米 TiO_2 的复合镀层表面形貌

图 2-19　加入 20g/L 纳米 TiO_2 的复合镀层表面形貌

通过能谱分析得到两个镀层中纳米颗粒的含量相近，这是由于当镀液中纳米颗粒的含量为 5g/L 时，镀层中纳米颗粒的含量趋于稳定；再增加纳米 TiO_2 含量，对镀层中纳米颗粒的含量影响不大，相反还会影响纳米颗粒的分散效果，使得共沉积到镀层中的纳米颗粒粒径较大，从而影响到镀层的性能。通过镀层的表面形貌可以看出，添加 5g/L 纳米 TiO_2 得到的镀层中纳米颗粒的分散效果优于添加 20g/L 纳米 TiO_2 得到的镀层。说明镀层中纳米颗粒含量基本相同的情况下，镀层中纳米颗粒越小，镀层晶粒越细致，镀层性能越好。

第六节　非金属电镀

一、概述

近年来，塑料、玻璃、陶瓷和石膏等非金属材料已越来越广泛地应用在生产和生活用品上。它们不仅能代替贵重的有色金属，还能节约机械加工工时，提高劳动生产率，减轻产品质量和降低成本。在非金属电镀中应用最多的是塑料的电镀。电镀后的塑料与原塑料比，具有装饰性金属外观，且抗老化性、机械性能、耐磨、耐热、导电、导热性均得到改善与提高。并可用钎焊法把塑料与其他金属连接；与金属相比，它质量轻、成型容易、成本低、易制得复杂的零件，且耐蚀性高、隔声性好。

在非金属材料电镀之前，先将非金属材料表面进行金属化处理，即在不通电情况下，在它们的表面施镀一层导电的金属膜，使其具有一定的导电能力，然后再进行电镀。因此，非金属材料电镀与金属制品电镀的主要区别，在于非金属材料表面需要金属化处理。

二、非金属表面金属化

非金属表面金属化的目的是使表面生成一导电层，以便进行电镀。表面的金属导电层除了导电以外，还应该与基体有足够的结合力以及充分的覆盖性。经过大量的实验研究，得到了使非金属表面导电的多种方法，见表 2-5。其中化学镀是目前较为广泛采用的方法，其次是金属喷镀法和真空镀法，烧渗银法在无线电工业应用较广泛。

表 2-5　非金属表面金属化的方法

<table>
<tr><td rowspan="6">干
法</td><td>真空镀膜</td><td rowspan="6">湿
法</td><td colspan="3">导电塑料</td></tr>
<tr><td rowspan="2">阴极溅射</td><td colspan="3">导电电胶</td></tr>
<tr><td rowspan="4">化
学
镀</td><td rowspan="2">化学粗化、敏化</td><td>银氨液活化,化学镀铜</td></tr>
<tr><td rowspan="2">喷镀</td><td>胶体钯活化,化学镀镍</td></tr>
<tr><td colspan="2">溶剂粗化,浸磷化物,还原铜</td></tr>
<tr><td>烧渗银法</td><td colspan="2">溶剂加硝酸银一步法,化学镀铜</td></tr>
</table>

化学镀就是用化学反应方法在非金属表面沉积出金属的方法。

真空镀是属物理气相沉淀，在第五章中详述。

烧渗银法是将氧化银等物质的混合物涂到非金属制品表面上，经过高温处理使氧化银分解为银层，然后电镀。

另外，用导电胶，导电漆涂在非金属表面上，烘干后再电镀也是一种非常简便的方法。

三、塑料电镀

1. 可镀塑料的选择

并非所有的塑料都可电镀，进行电镀的塑料必须满足以下条件：①金属镀层与塑料基体要有足够的结合度；②二者要有一定的物理机械性能，并能彼此协调，如热膨胀系数大的塑料要喷塑性好的金属以便协调变形，否则就会开裂或脱落；③塑料和金属层都要适应工程上的特殊要求。

目前国内广泛采用的用于电镀的塑料是 ABS 塑料，ABS 的全称是丙烯腈-丁二烯-苯乙烯树脂，属酸性聚苯乙烯塑料。ABS 便于加工成型，硬度高，表面易于侵蚀，故可以获得结合力良好的镀层。但 ABS 塑料有许多种类，有些不能满足电镀要求，选用时需要注意。

另外，聚丙烯、聚砜、聚碳酸酯、聚酯等塑料也可进行电镀，但需对其表面进行特殊的处理。

2. 塑料电镀工艺

以 ABS 塑料为例说明塑料电镀的工艺。

(1) 塑料电镀件的造型设计　在不影响使用的前提下，设计应尽量满足电镀的要求，如减少锐边，尖角等。

(2) 电镀表面预处理　包括去油和粗化。去油常采用碱液去油法。粗化的方法有机械法和化学法两种。机械粗化采用滚磨法；化学方法采用酸浸法，主要是侵蚀掉ABS中的B组分，以使表面形成锚链形空穴，增强结合力。

(3) 敏化处理　敏化的作用是使表面吸附一层容易氧化的金属物质，以便在活化处理时，把催化金属还原出来。敏化剂有$SnCl_2$，$TiCl_3$，$SnSO_4$等。

(4) 活化　活化的目的是使工件表面生成一层贵金属膜，以此作为化学沉积时氧化还原反应的催化剂。金、银、铂、钯等贵金属的盐溶液是常用的活化剂，硝酸银，氯化铂应用较为广泛，其活化反应如下：

$$2Ag^{+}+Sn^{2+}=Sn^{4+}+2Ag\downarrow$$

$$2Pt^{+}+Sn^{2+}=Sn^{4+}+2Pt\downarrow$$

(5) 化学镀　利用合适的还原剂使溶液中的金属离子被还原成金属沉积在塑料件的表面，形成一层导电膜，以便进行常规电镀。经常采用的有化学镀铜或化学镀镍等方法。

(6) 常规电镀　ABS塑料热膨胀系数为$(5.5\sim11)\times10^{-5}$/℃，铜为1.64×10^{-5}/℃，比镍的热膨胀系数$(1.2\sim1.37)\times10^{-5}$/℃略大，而且铜的塑性较好，因此在化学镀之前可先镀一层15～25μm的铜，以改善镀层的结合力。

四、玻璃和陶瓷电镀

陶瓷、玻璃上电镀，多使用在电子工业中，由于它们具有高介电常数特性，制成的电容器有体积小、质量轻、稳定性好、膨胀系数小等优点，因而得到广泛的应用。

1. 玻璃上电镀工艺

玻璃上电镀常用以下两种方法。

(1) 化学镀法　工艺流程：喷砂→化学粗化→烘烤→敏化→活化→化学镀→电镀。

(2) 热扩散法　工艺流程：清洗→涂银浆→热扩散→二次涂银浆→二次热扩散→电镀。

以热扩散法为例，其工艺如下。

① 清洗　为了除去玻璃表面的油污，常用工业酒精和煤油等有机溶剂清洗。以免影响银层与玻璃的结合强度。

② 涂银浆　银浆组成如下。

成分	用量	
氧化银（化学纯）	90g	
硼酸铅（化学纯）	1.4g（助熔剂）	
松香（特级）	9g	黏合剂
松节油	37.5mL	
蓖麻油	5.7g	

以上各组分研磨后，均匀混合成浆状。将银浆涂刷在玻璃表面上，经过高温（300～520℃）处理后，氧化银就分解为金属银层：

$$2Ag_2O\xlongequal{\triangle}4Ag+O_2$$

金属银和玻璃表面熔成玻璃状组织。冷却后，银与玻璃表面紧密结合。

③ 热扩散　经过均匀涂覆银浆的玻璃制品，先在烘箱中预烘，温度80～100℃，时间10min左右。预烘后，将制品放入马弗炉中，逐渐升温，由于产生大量气体，升温不宜太快，可维持在100～150℃/h，升温至200℃，保温10～15min之后，再继续升温至520℃，保温25～30min。当温度在300～520℃范围时，氧化银（Ag_2O）分解。当温度在500～520℃时，玻璃、银和助熔剂进行熔解，银渗入玻璃基体，结合牢固。为保证渗银层质量，可采用二次或三次渗银处理。

④ 电镀　渗银后的玻璃制品即可按常规电镀工艺进行电镀。

2. 陶瓷上电镀工艺

在陶瓷上电镀，可采用渗银后电镀的方法，也可使用一般化学镀方法。其工艺流程为：喷砂→粗化→烘烤→敏化、活化、化学镀。

第七节　电　刷　镀

一、概述

电刷镀是电镀的一种特殊方式，不用渡槽，只需在不断供应电解液的条件下，用一支镀笔在工作表面上进行擦拭，从而获得电镀层。所以，刷镀又称无槽镀或涂镀。

1967 年至今，刷镀技术从电源设备、镀笔、工艺、镀液、辅具等各方面都不断得到充实完善，形成了一套完全独立，可靠而实用的新的电镀工艺。特别是近几年来，刷镀的电源设备趋于轻巧，镀液品种日趋齐全，专用辅助器具配套，应用范围不断扩大，已深入到国民经济各部门，科研成果不断涌现，据 1986 年的统计，直接和间接经济效益已达十亿元。近两年脉冲刷镀电源已成功地制造出来，可望获得更高质量的镀层和更广泛的应用。

刷镀技术设备简单，操作容易，镀层结合牢固，经济效益显著，目前已用于各机械行业及电力、电子、化工、纺织等许多部门。目前刷镀工艺主要用于机械设备的维修，也用来改善零部件的表面理化性能。一般说来，若沉积的厚度小于 0.2mm，采用刷镀比其他维修方法合算。诸如液动轴承的修理，轴颈的修理，孔类零件的修理，平面、键槽的修理。此外，低应力镍、钴、锌、铜等刷镀层可用于防腐；铝刷镀铜可以实现铝和其他金属的钎焊等。

二、刷镀的原理与特点

刷镀也是一种金属电沉积的过程，基本原理同电镀。图 2-20 是其工作过程示意图。直流电源的正极通过导线与镀笔相连、负极通过导线和工件相连，当电流方向由镀笔流向工件时为正向电流、正向电流接通时发生电沉积；电流方向由工件流向镀笔时为反方向电流，反向电流接通时工件表面发生溶解。

由于刷镀无需电镀槽，两极距离很近，所以常规电镀的溶液不适宜用来作刷镀溶液。刷镀溶液中的金属离子的浓度要高得多，因此需要配制特殊的溶液。

完整的刷镀过程还应包括预处理过程。预处理过程包括：镀前工件表面的电清洗和电活

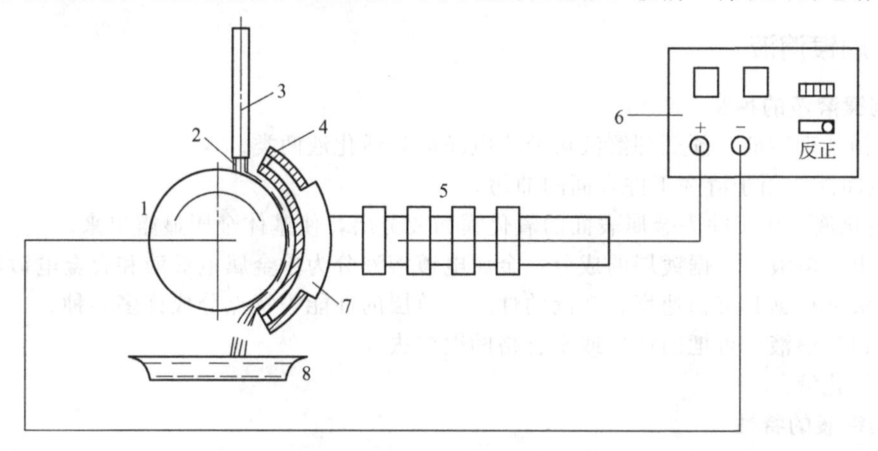

图 2-20　电刷镀示意图

1—工件；2—刷镀液；3—注液管；4—包套；5—刷镀笔；6—电源；7—阳极；8—拾液盘

化工序，这些处理都使用同一电源，只是镀笔、溶液、电流方向等工艺条件不同而已。

刷镀具有以下特点。

(1) 镀层结合强度高，在钛、铝、铜、铬、高合金钢和石墨上也具有很好的结合强度。

(2) 设备简单，工艺灵活，操作方便，可以在现场作业。

(3) 可以进行槽镀困难或实现不了的局部电镀。例如对某些质量重、体积大的零件实行局部电镀。

(4) 生产效率高。刷镀的速度是一般槽镀的 10～15 倍，辅助时间少，且可节约能源，是槽镀耗电量的几十分之一。

(5) 操作安全，环境污染小。刷镀的溶液不含氰化物和剧毒药品，可循环使用，耗量小，不会因大量废液排放而造成污染。

三、刷镀电源

刷镀电源是该工艺最主要的设备，电源的质量直接影响着刷镀层的质量。刷镀电源必须满足如下要求。

(1) 电源应具有直流平外特性，即当负载电流增大时，电压下降很小。当工作电流小于 30A 时，可采用单相降压再经二极管或可控硅整流以 100Hz 脉动直流输出。当工作电流大于 30A 时宜采用三相整流。

(2) 电源的输出电压应采用无级调节，以便根据不同的工件，不同的镀液选择最佳的电压值。通常电压调节范围为 0～30V，最高不超过 40V。

(3) 电源输出电流的大小要根据零件的大小、镀液的种类及沉积速率等因素确定。为适应零件表面积的大小，常把电源的电流和电压分成几个等级配套使用，如 15A—20V；30A—30V；60A—30V；100A—40V；120A—40V；150A—40V。

(4) 为了显示电镀零件所消耗的电量或显示零件镀层厚度，从而减少测量次数，防止零件表面污染，保证镀层质量，电源应带有安培小时计或镀层测厚仪。

(5) 电源应设有正、反向开关，以满足电净、活化、电镀的需要。

(6) 电源应有过载保护装置。当负载电流超过额定电流的 5%～10%，或正、负极短路时，应能迅速切断主电路，以保护电源和被刷镀零件不受损失。

(7) 为了适应现场作业，电源应尽可能体积小，质量轻，工作可靠，计量精度高，操作简单和维修方便。

四、刷镀溶液

1. 刷镀溶液的种类

(1) 预处理溶液　预处理溶液可分为电净液和活化液两类。

① 电净液　用于清洗工件表面的油污。

② 活化液　用于除去金属表面的氧化膜和疲劳层，使基体金属显露出来。

(2) 电镀溶液　根据镀层的成分，金属电镀溶液分为单金属电镀液和合金电镀液。每类金属电镀液又根据其沉积速率、镀液的性质、镀层的性能等特点分成许多品种。

(3) 退镀溶液　可把旧镀层或不合格的镀层去掉。

(4) 钝化液

2. 刷镀液的特性

与一般的槽镀液相比，刷镀液有如下特点。

(1) 金属离子的含量较高　如镀 Ni 液中离子含量 53～55g/L，沉积速度可达到

12.7μm/min；

(2) 镀液的温度范围比较宽；

(3) 镀液的性质比较稳定　在刷镀过程中虽然金属离子不断沉积，但由于电极上的电阻热使溶液不断蒸发，综合结果使离子浓度下降并不大，因而 pH 变化也不大；

(4) 均镀能力和深镀能力较好；

(5) 镀液的毒性与腐蚀性较小。

五、刷镀工艺简介

1. 刷镀中的一般问题

(1) 工艺过程　刷镀工艺过程包括工件表面的准备阶段和刷镀两个阶段。准备阶段的主要目的是提高镀层的结合强度；刷镀阶段的主要目的是获得质量符合要求的镀层。

(2) 水冲洗问题　在电净、活化工序之间均采用自来水冲洗；在最后一道活化工序和刷镀过渡层工序之间以及刷镀过渡层与工作层工序之间，一般采用蒸馏水冲洗。

(3) 刷镀前无电擦拭工件表面　开始刷镀前，在未接通电源前用刷镀笔蘸上要刷的溶液，在工件上擦拭几秒再通电，会提高镀层的结合强度。这是因为无电擦拭可在表面上预先使溶液充分润湿，达到 pH 一致，金属离子均布的目的。

(4) 过渡层　过渡层是位于基体金属和工作镀层之间的特殊层。过渡层不仅与基体之间要有良好的结合性，也要与工作层之间有良好的结合性。过渡层既增大了工作层与基体的结合力，又可提高工作层的稳定性，防止工作层原子向基体中的扩散等。

(5) 工作镀层　位于过渡层之上的工作镀层要保证与过渡层之间有良好的结合强度，保证自身有良好的强度，以满足工作要求并尽可能有高的沉积生产率。

2. 电化学处理工作表面

工件刷镀前首先要用各种机械方法去掉氧化皮，油垢结碳层，并尽可能整光整平。

在机械清理的基础上，必须用电化学的方法除去工作表面的油膜和氧化膜。即把工件刷以电净液后接通电源（工件一般为阴极），这样，工件表面析出的气体会把油膜破坏，然后被皂化排除。

刷镀前进行活化的目的是去除工件的氧化膜。活化液应根据不同的金属材料选用。

第八节　电刷镀铬及其加工

一、刷镀铬基本原理

对于金属铬的沉积过程，曾有两种解释：一种认为金属铬是由六价铬离子 Cr^{6+} 直接还原而成的；另一种认为金属铬是由六价铬离子 Cr^{6+} 先还原成三价铬离子 Cr^{3+}，然后再由三价铬离子 Cr^{3+} 还原成金属铬。各国学者和专家通过放射同位素，对于金属铬的沉积过程反复试验，已经证明，在阴极上由六价铬离子 Cr^{6+} 直接还原为金属铬的理论是正确的。

刷镀铬与电镀铬的操作过程不一样，电镀铬阴阳极处于静止状态，而刷镀铬阴阳极一直处于相对运动状态，阴阳极的相对运动改变了双电层结构和物质传递状态，但是并没有改变镀铬的基本反应，刷镀铬与电镀铬在总体原理上是相同的，但刷镀铬的机理要比单金属盐类及络合物电解液的电镀原理复杂得多。

1. 铬酐在水溶液中的水解与电离

在镀铬过程中，铬酐作为镀铬液中的主要成分，其在水中的电离情况比较复杂，随着铬酐浓度的不同，溶液中的六价铬可以有多种形态存在，如铬酸氢根（$HCrO_4^-$），铬酸（H_2CrO_4），重铬酸（$H_2Cr_2O_7$），三铬酸（$H_2Cr_3O_{10}$），四铬酸（$H_2Cr_4O_{13}$）。

（1）当铬酐为高浓度时（CrO_3＞350g/L以上），

$$4CrO_3 + H_2O \longrightarrow H_2Cr_4O_{13} \tag{2-25}$$

$$3CrO_3 + H_2O \longrightarrow H_2Cr_3O_{10} \tag{2-26}$$

铬酐主要形成四铬酸和三铬酸两种基本形态。

（2）在铬酐为中等浓度时（CrO_3 为 200～300g/L），

$$2CrO_3 + H_2O \longrightarrow H_2Cr_2O_7 \tag{2-27}$$

$$CrO_3 + H_2O \longrightarrow H_2CrO_4 \tag{2-28}$$

铬酐主要形成重铬酸和铬酸两种基本形态。

（3）在极稀铬酐浓度时（CrO_3＜200g/L），

$$Cr_2O_7^{2-} + H_2O \longrightarrow 2HCrO_4^-$$

在刷镀铬电解液中，铬酐浓度为 200～300g/L，溶液中的 Cr^{6+} 主要以重铬酸（$H_2Cr_2O_7$）和铬酸（H_2CrO_4）两种形态存在，并发生以下的电离反应。

铬酸发生的电离反应为

$$H_2CrO_4 \longleftrightarrow HCrO_4^- + H^+ \tag{2-29}$$

$$HCrO_4^- \longleftrightarrow CrO_4^{2-} + H^+ \tag{2-30}$$

重铬酸发生的电离反应为

$$Cr_2O_7^{2-} + H_2O \longrightarrow 2HCrO_4^- \tag{2-31}$$

$$2HCrO_4^- \longleftrightarrow 2CrO_4^{2-} + 2H^+ \tag{2-32}$$

即重铬酸发生的水解反应总反应为

$$Cr_2O_7^{2-} + H_2O \longleftrightarrow 2CrO_4^{2-} + 2H^+ \tag{2-33}$$

因此在中浓度铬酸溶液中，其主要离子为重铬酸根离子和铬酸根离子，铬酸根离子与重铬酸根离子之间就建立了一个动态平衡，在一定条件下两者的浓度可以发生比较大的改变，当铬酐的浓度减少或者 pH 上升的过程都有利于铬酸根离子的形成，重铬酸根离子可以部分或全部转化为铬酸根离子。其中生成的铬酸根离子是最终形成单质铬的主要反应阴离子。

2. 刷镀铬的主要反应步骤

根据上文对标准镀铬阴极极化曲线的测量，如图 2-21 所示。并说明铬沉积过程中阴极

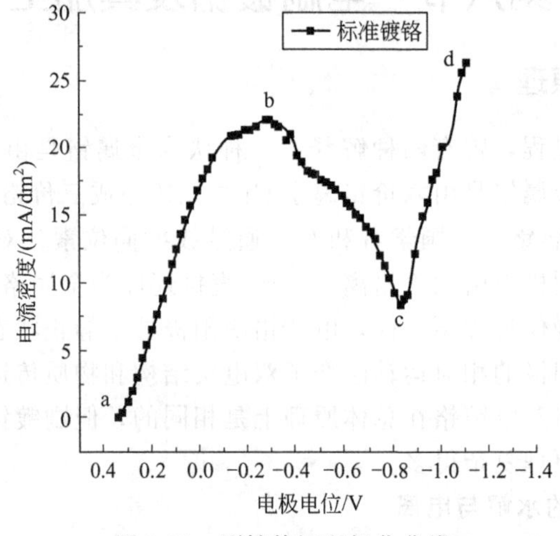

图 2-21 刷镀铬沉积极化曲线

反应的主要步骤，其阴极反应步骤主要为：

（1）ab段　主要发生的反应是六价铬离子（Cr^{6+}）还原为三价铬离子（Cr^{3+}）的反应，此段为铬沉积的起始阶段，溶液 pH<1，因此六价铬主要以重铬酸根（$Cr_2O_7^{2-}$）离子形式存在，此段主要进行的反应方程式为：

$$Cr_2O_7^{2-}+6e+14H^+ = 2Cr^{3+}+7H_2O \tag{2-34}$$

氢离子与铬离子未到析出电位，因此此段无氢气和铬的析出。

（2）b点　随着阴极极化值向负方向移动，阴极反应速率增加较快，重铬酸根（$Cr_2O_7^{2-}$）消耗逐渐增多，阴极表面附近的碱性相对提高。当阴极极化值比氢离子的平衡电位负，达到析氢过电位，当反应达到最大值b点时，开始析出氢气。因此，在b点除六价铬离子（Cr^{6+}）继续还原为三价铬离子外，有氢气开始析出。其反应方程式为：

$$2H^++2e = H+H = H_2\uparrow \tag{2-35}$$

（3）bc段　继续进行上述式（2-34）、式（2-35）两个反应，金属铬无析出，并在电极表面生成一层胶体膜，阻碍电极反应的进行。由曲线bc段可以看出，在胶体膜的阻碍下反应速度逐渐下降，这表明了在这段电极电位范围内的整个反应过程受到阻碍，电流在c点处达到最小。

上述两个反应过程中重铬酸根（$Cr_2O_7^{2-}$）尤其是氢离子（H^+）的大量消耗，使阴极表面附近液层中酸碱度发生了变化，酸性减弱，而碱性增强，pH逐渐上升。由铬酸与重铬酸的动平衡方程可以看出，在pH上升时重铬酸要向铬酸转化，阴极表面的铬酸根离子（CrO_4^{2-}）浓度增加。

（4）c点　由于氢气在bc段的大量析出，使阴极界面的pH增大，促进了重铬酸根离子向铬酸根离子的转化，使铬酸根离子浓度得到很大提高，这为金属铬的沉积创造了条件。只要提高电流密度造成较大的阴极极化值，就能实现镀铬。当阴极极化值向负方向移动至c点，超过了六价铬还原为金属铬的平衡电位，并达到其析出电位时，便有金属铬开始析出。

$$CrO_4^{2-}+6e+4H_2O = Cr+8OH^- \tag{2-36}$$

（5）cd段　随着阴极极化值向负方向的移动，六价铬离子（Cr^{6+}）继续还原为三价铬，并有大量氢气析出，阴极表面液层附近的碱性值继续增加，pH接近于3左右，所以重铬酸根（$Cr_2O_7^{2-}$）继续转化为铬酸根离子（CrO_4^{2-}），铬酸根离子（CrO_4^{2-}）继续还原为金属铬，形成铬镀层。cd段同时发生了上述式（2-34）、式（2-35）、式（2-36）三个反应。

研究认为刷镀与电镀的历程是相同的，只是在刷镀时电压和电流较大，其极化曲线形状是相似的。由上述阴极反应过程可以看出，刷镀铬参加阴极还原反应的离子是重铬酸根（$Cr_2O_7^{2-}$）、铬酸根离子（CrO_4^{2-}）及氢离子（H^+）。而三价铬离子（Cr^{3+}）及硫酸根离子（SO_4^{2-}）虽然不参加阴极还原反应，但是它们对阴极表面状态的改变却起重要作用。

3. 阴极胶体膜与阴离子的作用

三价铬是生成胶体膜的主要成分。

阴极极化曲线bc段中，阴极反应速率下降的原因是由于在b点氢气开始析出后，随着大量氢离子(H^+)的消耗，使阴极表面液层附近的pH增加，这时三价铬(Cr^{3+})和六价铬(Cr^{6+})便组成了带正电荷的碱式盐，即碱式铬酸铬胶体膜[$Cr(OH)_3Cr(OH)CrO_4$]，覆盖于阴极表面，胶体膜呈黏膜状物质，很致密，将整个阴极表面包封住，阻碍六价铬还原为三价铬，并阻碍铬酸根离子(CrO_4^{2-})在阴极表面放电还原成金属铬。这时只有氢离子能够穿透胶体膜，放电还原，产生大量氢气，致使镀铬不能实现，使反应速率下降。

要实现镀铬，除增大阴极极化值以外，必须减少胶体膜对铬酸根(CrO_4^{2-})在阴极表面还原为金属铬的阻碍，常用的阴离子主要是(SO_4^{2-})，硫酸根离子(SO_4^{2-})的半径小，而电荷高，很容易被带正电的胶体膜吸附并与溶液内的三价铬离子(Cr^{3+})生成复杂的硫酸铬阳离子$[CrO_4(SO_4)_4(H_2O)_4]^{2+}$，促使阴极表面的碱式铬酸铬$[Cr(OH)_3Cr(OH)CrO_4]$胶体膜溶解。胶体膜被溶解的局部区域露出金属基体，这些部位电极电位较负，阴极极化值较大，电流密度较高，铬酸根离子（CrO_4^{2-}）便可不受胶体膜阻碍，而很容易在这些部位放电还原为金属铬。在这些部位胶体膜被溶解并析出金属铬层的一瞬间，阴极表面液层中的三价铬离子（Cr^{3+}）与六价铬离子又重新生成了胶体膜，将阴极表面包封住，而三价铬离子（Cr^{3+}）与硫酸根离子（SO_4^{2-}）所组成的硫酸铬阳离子继续溶解胶体膜，阴极表面继续有铬层析出，这样整个阴极反应过程中，胶体膜不断被溶解又不断生成，金属铬层也不断得到沉积，因此胶体膜溶解与成膜在整个镀铬过程中一直在周而复始交替进行着。

为了获得理想的镀铬层，必须严格控制胶体膜的溶解与成膜过程。即必须严格控制三价铬离子与硫酸根离子的浓度，以保持胶体膜的溶解与成膜处于平衡状态。其中硫酸根离子（SO_4^{2-}）是保证溶解膜的关键离子，经过本研究试验表明，$CrO_3:SO_4^{2-}=100:1$时，刷镀铬效果最好，此时胶体膜的溶解与成膜处于平衡状态。

K-3 型刷镀铬镀液中加入了碘化钾、三氯乙酸和氟化钠，氟化钠在阴极表面不发生特性吸附，而碘化钾和三氯乙酸在阴极表面上发生特性吸附，并与阴极胶体膜共同生成了一种更为复杂的胶体膜，结构式可能是 $R(OH)_nCrOH\cdot CrO_4+Cr(OH)_3\cdot CrOH\cdot CrO_4$，这种新型混合胶体膜的吸附能力更强，对双电层影响比较明显，特别是在高电流下，膜的自修复能力可能更强。

二、阴阳极相对运动影响分析

标准槽镀铬工艺的阴阳极之间没有相对旋转运动或移动，它们之间均处于静止状态，并牢固地装夹在外接电源的阴阳极上。而刷镀铬中阴阳极时刻处于相对运动中，阴极表面不断受到阳极包套的抛磨，因此，这种相对运动必然会改变离子的传输速率和方式，并且会影响电化学的反应进程，本节将分析刷镀中阴阳极相对运动对铬与氢气析出，电极反应步骤，以及对镀层质量的影响。

1. 阴阳极相对运动对铬沉积的影响

为了进一步了解阴阳极相对运动对铬沉积的影响，以及阴极各点的反应情况，以旋转刷镀为例建立旋转刷镀铬模型。如图 2-22 所示，由图可以看出，在刷镀过程中，阴极在阳极包裹下做旋转运动，阴极某点分别运动至 A、B、C、D 四点，在这四点处的具体情况是：

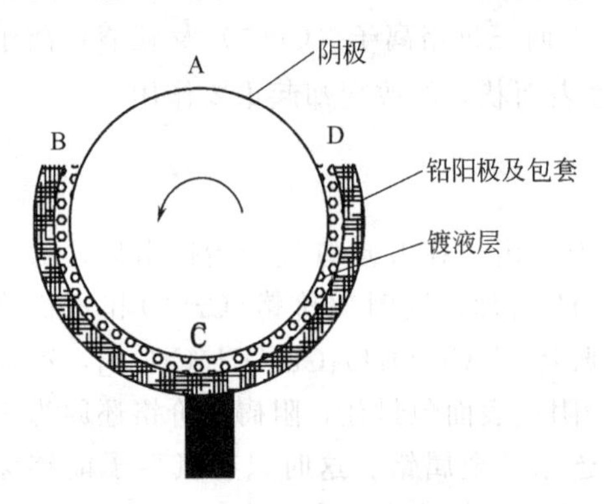

图 2-22 旋转刷镀铬在各位置的反应示意

当阴极某点运动至 C 点时，阳极对阴极施加的正压力 N 最大，压力使阳极包套受到作用力挤压，阴阳极相对距离最短，包套是由海绵等物质组成，包套中含有刷镀液，在这点，包套中的刷镀液的量最充分，因此在此处具有反应最大电流。当旋转至 D 点时，压力逐渐减小，阴阳极距离增大，反应电流减小。当旋转至 A 点处，阴阳极距离太远，且液膜稀薄，反应电流迅速下降至最小，甚至反应完全停止。这对铬的沉积产生两方面影响：1）由于反应电流迅速减小，铬晶粒在该点处的生长受到抑制，甚至晶粒生长完全停止。2）反应离子铬酸根离子（CrO_4^{2-}）消耗放慢，使溶液深处的铬酸根离子（CrO_4^{2-}）有充足时间到达阴极表面，扩散层基本被消除，促进电解液中金属离子浓度趋于一致，最终降低了浓差极化，为再次形核做好准备。当旋转至B点后，阴阳极距离缩小，反应电流迅速增大并形成瞬间反应电流，使析出过电位增大，形核数量多，且形核细小，有利于形成细致结晶。

综上所述，通过旋转刷镀模型，分析铬沉积时的电极反应，我们可以得知，刷镀铬的沉积始终处于近似的给电-断电循环过程中，其沉积形式为断续沉积，这种沉积过程与一般槽镀连续沉积不同，连续沉积形核与长大不受影响，铬析出过电位小，长大也不受到任何限制，而刷镀铬析铬过电位大，结晶数量多，晶核在长大过程中受到抑制，因此断续沉积比连续沉积更容易获得细致结晶，镀层质量也要比槽镀镀层质量高。相关研究也证明了，通过采用刷镀方式更容易获得纳米镀层，镀层性能也好于槽镀镀层。

2. 阴阳极相对运动对氢气析出和逃逸的影响

在外电场的作用下，氢离子移动速度比其他离子快得多，尤其是镀铬时，由于氢与铬之间具有较强的键合力，因此，随着铬镀层的沉积 H^+ 移向阴极的速度比一般电镀更快。H^+ 很容易移向阴极表面还原为氢原子，并吸附于阴极表面，氢原子长期吸附在阴极表面会使铬层出现针孔、裂缝，若周期性滞留在阴极表面某处就会使铬层出现麻点、凹坑，这些氢原子还容易渗入零件基体内部，富集在晶界处，造成镀层出现氢脆的危害。

（1）旋转运动改善了阴极润湿能力　旋转刷镀改善了镀件的润湿能力，使氢气泡很容易进入溶液，如图2-23所示。

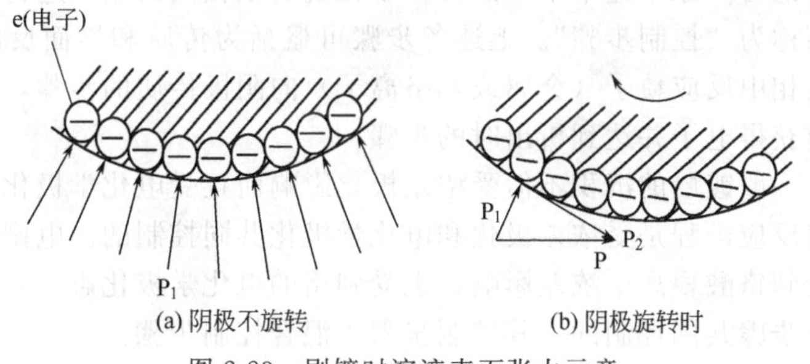

图2-23　刷镀时溶液表面张力示意

如图2-23中（a）所示，当阴极静止时，通电后阴极表面布满了负电荷，溶液中的正电荷 H^+ 移向阴极，并生成原子氢 $H_{吸}$ 吸附在阴极表面，由于阴极与溶液界面间没有相对运动，在电场作用下阴极表面的负电荷对溶液中的离子的吸引力是向心的，氢原子很容易滞留在阴极表面，影响这些部位金属铬的沉积，并容易形成针孔和麻点。

如图2-23中（b）所示，当阴极旋转时向心吸引力的 P_1 和切向方向上的力 P_2 形成合力P，在合力的作用下，减弱了液体表面分子受液体内部分子的吸引力，因此降低了溶液表面的收缩作用力，致使表面张力显著降低，溶液对镀件润湿能力增加，吸附在阴极表面的氢气容易进入溶液。

（2）阳极板对氢原子的刮离作用　如图2-24所示，在阴极旋转时，阴极表面的负电荷随着阴极一起旋转而产生的切线方向的力 P_2 除与电场引力 P_1 组成合力P降低溶液表面张力外［见图2-23（b）］，P_2 尚具有由阴极表面剥离氢气泡的作用，这种作用是随着旋转而连续不断地进行着。因此，吸附在整个阴极表面上的氢气泡时时处于被剥离状态。如图2-24所示，由刷板形成的力 P_2 对阴极表面形成的抛磨作用对氢气的剥离作用十分明显。

3. 阴阳极相对运动对电沉积反应步骤的影响

电沉积过程步骤如下。

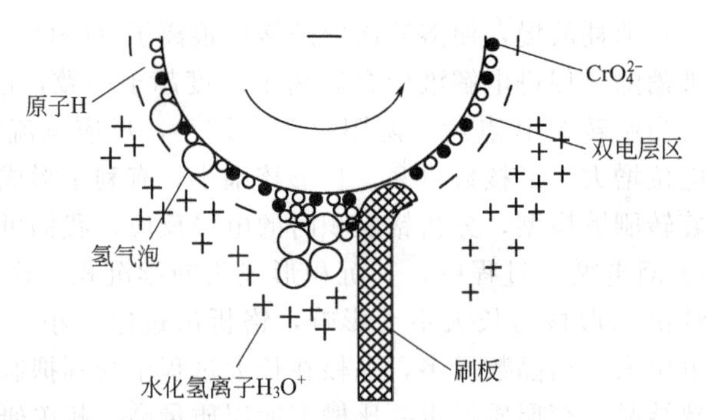

图 2-24 刷板对阴极表面氢原子的剥离作用

金属从水溶液中电沉积时，总的反应可以写作：

$$[Me^{Z+}(H_2O)_n]+Ze \longrightarrow Me_{晶格}+nH_2O$$

其中 $Me^{Z+}(H_2O)$ n 代表水化的金属离子，Me 则代表金属相中主体内的一个原子，而这类反应可能包括的步骤如下。

溶液主体→传质步骤→表面转变步骤→电化学步骤→结晶步骤→电沉积层
↓
界面反应步骤 (2-37)

由式（2-37），阴极上金属电沉积的过程由上述各步骤连续的串联而成，当整个进程的进行速率达到稳定值时，原来速率不一的各分步骤就均以相同的速率进行了，而把决定整个进程速率最慢步骤称为“控制步骤”。上述各步骤可概括为传质和界面反应两大步骤，其中传质步骤就是在液相中反应粒子（金属或其络离子）向阴极传质的步骤，界面反应步骤是反应离子在阴极表面获得电子并达到析出时的步骤。

通常情况下，一般镀层的沉积不但受浓差极化影响而且受电化学极化的影响，实践表明真实情况下的电镀反应进程是受浓差极化和电化学极化共同控制的。电刷镀铬时，铬的沉积也不例外，同时受到铬酸根离子浓差影响，也受到铬的电化学极化影响，因此电刷镀铬是传质步骤和界面反应步骤共同控制的，其控制步骤为混合控制步骤。

刷镀时，阴阳极时刻处于相对运动过程中，镀液时刻处于循环流动作用下，阴极表面离子与溶液深处离子在强对流下交换非常频繁，因此浓度差较小。一般刷镀种类在这种强对流下往往会降低浓差极化，提高了阴极表面离子浓度，因此刷镀沉积速率和电流效率都有明显提高。但是铬的反应机理复杂，相对运动反而使溶液浓差极化上升，电化学极化上升，铬的沉积变得更加困难。

阴极表面主要发生的反应如下。

$$2H^+ + 2e \xlongequal{} H + H \xlongequal{} H_2 \tag{2-38}$$

$$Cr_2O_7^{2-} + H_2O \longleftrightarrow 2CrO_4^{2-} + 2H^+ \tag{2-39}$$

$$CrO_4^{2-} + 6e + 4H_2O \xlongequal{} Cr + 8OH^- \tag{2-40}$$

刷镀铬时，阳极板不断刷涂阴极表面，使阴极附近的 pH 受到扰动，镀液内部与阴极表面的对流加剧，使阴极附近 pH 不容易提高，限制了铬酸根离子（CrO_4^{2-}）的形成。并且刷板不仅在刷涂阴极表面过程中具有从阴极表面剥离 H^+ 和氢气泡的效果，同时还会从阴极表面剥离反应离子铬酸根离子（CrO_4^{2-}），使 CrO_4^{2-} 浓度下降（如图 2-24）。因此，随着铬的不断沉积，铬酸根离子由于以上两点，阴极界面处的浓度不断下降，铬酸根离子（CrO_4^{2-}）来不及补充，造成浓差极化上升。

电化学控制步骤中，交换电流密度对整个反应进程影响很大，它是最重要的电化学基本动力学参数，交换电流密度指的是在平衡电位下的还原反应速率与氧化反应速率相等时的电流密度值，我们用统一符号 j^0 表示。设电极反应为

$$O + e \rightleftharpoons R \tag{2-41}$$

当电极电位等于平衡电位时，电极上没有净反应发生，即没有宏观的物质变化和外电流通过，这表明在电极上的氧化反应和还原反应处于动态平衡，即

$$\overset{\omega}{j} = F\overset{\omega}{K}C_0 \exp\left(-\frac{\alpha F_{\varphi 平}}{RT}\right) \tag{2-42}$$

$$\overset{\omega}{j} = F\overset{\omega}{K}C_R \exp\left(-\frac{\beta F_{\varphi 平}}{RT}\right) \tag{2-43}$$

其中 $j^0 = \overset{\omega}{j} = \overset{\omega}{j}$，因此 j^0 受阴极表面反应离子浓度的影响很大，刷镀铬时铬酸根离子浓度来不及补充，浓度值较静止时低，其交换电流密度值 j^0 很小，根据阴极电极净反应速率公式：

$$j_{净} = j^0\left[\exp\left(-\frac{\alpha F}{RT}\Delta\varphi\right) - \exp\left(\frac{\beta F}{RT}\Delta\varphi\right)\right] \tag{2-44}$$

可以看出当交换电流密度值低时，其净反应速率也较低，因此阴阳极相对运动增加了电化学极化过程。

综上所述，阴阳极相对运动不但增加了浓差极化，而且直接降低了阴极电流密度，减慢了反应速率，增加了电化学极化过程，因此刷镀铬相对运动对铬的沉积是不利因素，使铬的沉积更加困难。从前文研究可以看出，在未加添加剂时，当刷镀电流密度高达 $200A/dm^2$ 时其电流效率与沉积速率并不比槽镀 $50A/dm^2$ 高，这说明相对运动对铬的沉积具有强烈阻滞作用，刷镀铬中不加添加剂刷镀效果是很差的。

4. 阴阳极相对运动对铬层质量的影响分析

铬镀层中存在铬瘤的主要原因是镀液中存在各种杂质，在静镀中，各种杂质被牢固的吸附在阴极表面某些活性部位，随着阴极极化的增加，所需晶核形成功较小，很容易形成晶核核心，生成铬瘤。通过刷板对阴极表面的刷涂作用可以有效减少铬瘤及缺陷的产生，其主要表现如下。

（1）驱赶杂质的效果　在刷镀中，刷板与旋转阴极表面密贴时的刷涂作用，可以将吸附于阴极表面各个活性部位的各种杂质驱赶与剥离下来，使其失去在阴极极化值增大时易于形成晶核的机会，以防止铬瘤的生成和成长。

（2）抑制氢氧化物杂质　氢氧化物属非金属杂质，在电镀时，由于氢离子的扩散速率远远跟不上氢离子反应的消耗速率，使阴极表面液层中的氢离子浓度降低而碱化趋势增加，使氢氧化物杂质含量增加。当刷板与旋转阴极密贴时，吸附于阴极表面的少量氢氧化物杂质在刷板与旋转阴极表面密贴作用下可将其从阴极表面剥离刮掉，抑制了氢氧化物的吸附与堆积，减少和消除了氢氧化物铬瘤。

（3）抛磨作用提高镀层质量　刷板的刷涂效果对整个阴极表面具有抛磨作用，即借助于电解作用和机械磨削作用的结合，在刷板刮除杂质时同时对阴极表面的铬镀层进行抛磨，刷板对阴极表面微观凸起部位首先接触，在稳定的接触压力下进行抛磨可使铬层的微观凸起部位得到整平，表面光洁度得到提高。因此，抛磨作用提高了镀层质量，减少了镀层缺陷的形成。

三、刷镀铬加工的镀液配方及工艺

光亮电刷镀纳米铬溶液，由以下组分混合组成：铬酐 200～300g/L，硫酸 20～30g/L，

碘化钾 6～8g/L，三氯乙酸 13～15g/L，氟化钠 3～5g/L。

刷镀铬步骤如下。

步骤 1：试样表面用砂纸打磨，去除试样表面残留的锈蚀产物和氧化层，打磨至露出基体金属且表面无残留物；

步骤 2：用有机溶剂（如汽油，丙酮）清洗擦拭试样表面，保证试样表面没有油脂、污秽；

步骤 3：试样作阴极，包好涤棉绒套的镀笔作阳极对试样进行电净处理，电净处理时注意要连续不断添加电净液，保证阳极涤棉绒套吸满液体，控制电压为 6～10V，电净时间为 30～50s，如果油污太重可适当延长时间；

步骤 4：用清水清洗阴极表面；

步骤 5：试样进行活化处理，电源处于反接状态，试样作阳极，活化处理时也要保证连续不断地添加活化液，控制电压 8～12V，活化时间 30～50s；

步骤 6：用清水清洗阴极表面；

步骤 7：将刷镀电源扳回正方向，试样作阴极，镀笔作阳极；

步骤 8：完成步骤 7 后，应尽快进行刷镀铬，否则钢件表面会发生腐蚀；按照刷镀工艺刷镀试样，刷镀时要保证涤棉套与试样充分接触，并保证镀液供给充分；如果采用稳压的方法则控制电压 8～14V，如果采用稳流的方法，则应保证阴极表面电流密度不低于 $100A/dm^2$；

步骤 9：刷镀到要求尺寸后，刷镀结束，清洗阴极表面，取下试样；

步骤 10：用温度大于 50℃的清水再次清洗。

参 考 文 献

[1] 刘江南. 金属表面工程学 [M]. 北京：兵器工业出版社，1995.

[2] 冯拉俊，樊菊红，雷阿利. 电镀镍组合添加剂研究 [J]. 贵金属，2006，27 (3)：30-34.

[3] 侯娟玲，冯拉俊，祝捷. 电刷镀铬工艺和添加剂对镀液及镀层性能影响研究 [J]. 铸造技术，2010，31 (3)：355-358.

[4] 孙华，冯立明，冯拉俊. 不同类型电镀清洗工艺的节水效果比较 [J]. 材料保护，2004，37 (1)：50-52.

[5] 冯拉俊，雷阿利. 稀土添加剂对镀铬质量的影响 [J]. 中国稀土学报，2004，22 (5)：656-658.

[6] 李新梅，冯拉俊. 镍铬电镀光亮剂的发展 [J]. 电镀与涂饰，2001，20 (4)：40-43.

[7] 张光华，杨建桥，冯拉俊. 电刷镀 Ni-P 合金工艺及耐蚀性研究 [J]. 西北轻工业学院学报，1996，14 (1)：52-56.

[8] 冯拉俊，郑玉龙，雷阿利. 表面活性剂对 Ni-纳米 TiO_2 复合镀层硬度的影响 [J]. 表面技术，2009，38 (2)：46-48.

[9] 侯娟玲，闫小军，冯拉俊，祝捷. 添加剂对电刷镀铬电流效率的影响 [J]. 铸造技术，2009，30 (8)：1067-1069.

[10] 祝捷. 电刷镀光亮铬的研究 [D]. 西安：西安理工大学，2008.

[11] 李新梅. 高效复合镀添加剂的研究 [D]. 西安：西安理工大学，2002.

[12] 樊菊红. 电镀镍添加剂的研究 [D]. 西安：西安理工大学，2006.

[13] 程秀云，张振华. 电镀技术 [M]. 北京：化学工业出版社，2003.

[14] 陈亚，李士家. 现代实用电镀技术 [M]. 北京：国防工业出版社，2003.

[15] 赵麦群，王瑞红，葛利玲. 材料化学处理工艺与设备 [M]. 北京：化学工业出版社，2011.

[16] 姚寿山，李戈扬，胡文彬. 表面科学与技术 [M]. 北京：机械工业出版社，2010.

[17] 孙希泰. 材料表面强化技术 [M]. 北京：化学工业出版社，2005.

[18] 李慕勤，李俊刚，吕迎等. 材料表面工程技术 [M]. 北京：化学工业出版社，2010.

[19] 刘光明. 表面处理技术概论 [M]. 北京：化学工业出版社，2011.

第三章 表面化学处理技术

化学表面处理在表面工程中是非常重要的一环，尽管化学处理会带来环境污染等问题，但由于其处理效率高、成本低，并且可以处理死角、缝隙等内表面等，这使得对某些工件的表面化学处理仍属于其他工艺无法替代的。本章主要从化学表面清洗，化学表面镀，化学氧化，化学转化膜等方面进行论述。

第一节　化学表面清洗

在表面涂装、电镀、化学镀、化学氧化，甚至在机械零件表面溅射、表面热喷涂等表面加工中，化学表面清洗是非常重要的一环。这是由于机械零件加工过程中必然与冷却介质、润滑油接触，表面存有油污；有些零件表面虽然未经过加工处理，但由于长期存放，材料表面产生锈层；有些设备在使用过程中，例如锅炉管道、蒸发设备、流体输送管道等，会在管道内表面产生大量的污垢。这些污垢、油渍、锈层会严重地影响表面处理涂层的结合强度，甚至使表面改性、表面涂装难以实现，污垢又会堵塞管道，影响传质、传热的效率，因此对这些油渍、锈层、垢层的化学处理是十分必要的。

一、脱脂

脱脂也称之为除油。工件表面的油脂对化学处理膜层的质量有较大影响。脱脂完全、表面润湿有利于使化学处理膜层结晶细密牢固；反之，表面张力大，严重阻碍化学处理膜层的生长、膜层附着力、化学处理均匀性，甚至得不到相应化学处理膜层。

除油的基本原理有三种：一种是有机溶剂除油，即利用相似相溶的原理，将有机溶剂如苯、甲苯、二甲苯、汽油、煤油、二氯乙烷等有机溶剂涂于表面油污处，或将加工的零件浸入有机溶剂中，油污就会溶解在有机溶剂中，在金属零件取出后，有机溶剂挥发，将溶解、脱离表面的污渍带走，达到除油效果。鉴于有机溶剂易燃、使用不安全，因此这种除油方法在企业应用中逐渐被淘汰。第二种除油的方法是采用表面活性剂除油，这类表面活性剂，如肥皂、洗涤剂、OP、氨基磺酸等，它们在溶液中可以形成亲油基和亲水基，有油渍的表面接触到表面活性剂后，表面活性剂的亲油基与油渍相溶，而亲水基与水相溶，这样就达到了清洗油渍的效果。对于植物油渍、油污，利用表面活性剂清洗一般最为有效。第三种是利用碱洗油渍、油污，它是利用油渍与碱可以进行皂化反应的原理。一般碱洗的温度高、清洗的速度快。工业上一般利用碱除油，温度在 60℃以上。

1. 脱脂分类及特点

脱脂分为有机溶剂脱脂、酸性脱脂、弱碱性脱脂和中性脱脂。

有机溶剂脱脂速率快，效率高，能排除表面杂质对成膜的影响，膜层均匀细致。

酸性脱脂是在由酸性除油剂和除锈剂组成的混合液中进行脱脂和除锈，人们习惯称其为“二合一”除油除锈剂，应用较为广泛。其中酸性除油剂为表面活性剂（非离子型和阴离子型）；除锈剂为无机酸。“二合一”除油除锈剂可在低、中温下浸渍处理中等油污、锈物、氧化皮等。除重油重锈时，应增加预脱脂以除去大部分油污。酸性脱脂的效果有时优于单独碱性脱脂法。

弱碱性脱脂溶液由表面活性剂、皂化剂、助洗剂（络合剂和软水剂）、金属腐蚀抑制剂、消泡剂等组成。通过润湿、渗透、皂化、溶解、乳化、分散、增溶等作用，可在常温或低温条件下进行浸渍或喷淋脱脂，应用极广泛。弱碱性脱脂具有对钢材无侵蚀、除油能力强、漂洗能力好、使用寿命长、表面活性剂生物降解容易等优点。

中性脱脂是在 pH 为 6～8 的脱脂液中进行脱脂。通过乳化作用能降低工件油污的表面张力，并通过强助洗剂使油污与工件分离，除去固体油污。脱脂液中不含难以清洗的氢氧化钠、硅酸钠和 OP-10 乳化剂等，有的几乎全部由表面活性剂组成。

2. 几种常见的脱脂剂配方

（1）中温型弱碱性脱脂剂

氢氧化钠（$NaOH$）	4%
磷酸三钠（$Na_3PO_4 \cdot 12H_2O$）	13.5%
碳酸钠（Na_2CO_3）	36%
无水偏硅酸钠（Na_2SiO_3）	11.5%
无水硫酸钠（Na_2SO_4）	23%
三聚磷酸钠（$Na_5P_3O_{10}$）	2%
JFC	2%
OP-10	2%
十二烷基苯磺酸钠	5%
消泡剂	适量

浸渍：60～70℃，3～5min；

喷淋：55～60℃，1.5min，压力 0.04～0.08MPa。

该配方适用于钢材浸、喷脱脂。浸渍预脱的使用浓度为 2.5%～3%，脱脂的使用浓度为 2%～2.5%，游离碱度（FAL）为 12～18；喷淋预脱脂的使用浓度为 1.5%～2%，脱脂的使用浓度为 2%～2.5%，一道脱脂浓度为 3%～4%。

（2）中温型弱碱性脱脂剂

碳酸氢钠（$NaHCO_3$）	30～50g/L
磷酸三钠（$Na_3PO_4 \cdot 12H_2O$）	50～70g/L
表面活性剂	3～5g/L

60～70℃，1～2min。

该配方适用于锌压铸件浸渍脱脂。

（3）低温型弱碱性脱脂剂

碳酸钠（Na_2CO_3）	15g/L
硅酸钠（Na_4SiO_4）	8g/L
OP-10	1mL/L
消泡剂	1mL/L

40～60℃，3～5min。

该配方适用于铝合金浸渍脱脂。

（4）常温型中性脱脂剂

油酸三乙醇胺	2%～2.5%

烷基苯磺酸钠	0.2%～0.3%
水	余量

常温。

该配方适用于钢、锌、铝、镁等金属浸渍脱脂，具有去污能力强、性能稳定、实用性强的优点。

(5) 常、低温型酸性脱脂剂

磷酸（85%H_3PO_4）	150mL/L
盐酸（36%HCl）	280mL/L
硫酸（96%H_2SO_4）	110mL/L
烷基磺酸	30mL/L
JFC	25mL/L
平平加	5g/L
OP-10	5mL/L

30～35℃，8min。

该配方适用于汽车钢轮除重油污和氧化皮。

(6) 低温型酸性脱脂剂

磷酸（85%H_3PO_4）	140～160g/L
洗净剂	8～15g/L
十二烷基硫酸钠	1.5～2g/L
硫脲	3～5g/L

20～40℃，10～30min。

该配方适用于钢铁材质浸渍除重油污轻锈，其中除猪油润滑油污效果好。

(7) 宽温型中性脱脂剂

硫脲	2～5g/L
十二烷基硫酸钠	0.1g/L
三聚磷酸钠	10g/L
OP-10	1～3g/L
SP-2（高效渗透剂）	15g/L

常温至 80℃，1～8min。

该配方适用于钢、铜、铝等抛光表面浸渍除蜡。对于抛光膏黏附较多的工件，一定要加温除蜡，施加超声波除蜡，效果更佳。

除油的配方还有很多，但其基本原理相同，实际应用中根据油污的厚度、清洗时间、油渍的种类以及锈蚀程度等选取。对选取的配方，经过实际试用后确定合适的配方。

二、表面除锈

除锈的方法一般有机械除锈和化学除锈。机械除锈包括人工除锈和喷砂机械除锈。人工除锈是靠人工用钢丝刷刷锈蚀表面，用砂纸打磨。钢丝刷可以将重的锈层刷去一部分，砂纸可将钢丝刷没有打掉的锈层磨去。由于这种方法为人工操作，工效低，除锈不干净，仅适用于零件比较小，工作量比较少的表面除锈。工作量比较大、除锈要求高时，采用喷砂除锈。喷砂是用气流吹送砂粒，让砂粒冲击带锈表面，达到除锈目的。利用这种方法除锈，除锈后表面粗糙，砂粒飞溅，引起环境污染。化学除锈是利用酸、碱等对表面锈层的腐蚀，达到除去表面锈层的目的。对于钢铁常用酸洗除锈，对于铝等两性材料可采用碱洗除锈。由于酸、碱等除锈时会对基体产生腐蚀，因此常加缓蚀剂给予预防。

酸洗除锈不只溶解基体表面上的氧化皮和铁锈，同时还活化了基体表面。但酸洗也能引起工件表面状态的组成变化，产生碳偏析，造成钢材晶间或“孔穴”腐蚀，钢表面的晶格约有 90%遭破坏，影响表面化学处理的成膜。此外，残余酸液清洗不彻底被带入处理液中，会降低槽液的稳定性。因此，表面化学处理前尽量避免酸洗除锈。但在实际生产中经常遇到工件表面大面积有锈蚀，非化学除锈不可，则应尽量缩短时间，并减少残酸的危害。高强度钢材应尽最大可能避免酸洗。

1. 化学除锈工艺配方

(1) 配方 1

硫酸 (96% H_2SO_4)	25%～30%
氯化钠 (NaCl)	2%～4%
添加剂	2%～5% (氧化剂与配位剂组合，配位剂系草酸、酒石酸和柠檬酸铵组合；氧化剂具有耐强酸和高温的特性)

(60±5)℃ (蒸汽加热)，除净氧化皮为止。

该配方适用于浸渍除去钢材在轧制、锻造、焊接和热处理等高温条件下形成的厚氧化皮。除锈液工作过程中，每天补加添加剂 1%～2%。

(2) 配方 2

除锈剂	90% (36%浓盐酸或 1∶1 稀盐酸)
添加剂	10% (磷酸 680g/L＋草酸 60g/L＋十二烷基硫酸钠 10g/L)

常温，除净锈物为止。

该配方适用于浸渍去除钢铁的氧化皮和锈物，具有除锈速率较快的特点。

(3) 配方 3

盐酸 (36% HCl)	10%
磷酸 (85% H_3PO_4)	20%
三乙醇胺	0.15%
OP-10	0.2%
水	余量

常温，除净氧化皮为止。

配制步骤如下。

① 将三乙醇胺和 OP-10 按量混合。

② 盐酸和磷酸按量混合，加入水中，充分搅拌。

③ 将①和②配制的溶液混合搅拌，加热至 65℃，冷却后备用。

该配方适用于钢材除锈兼防锈，具有除锈力强、对基体腐蚀性小、防锈性好等优点。

2. 化学除锈的有关问题

① 优化除锈液　除锈剂的优化组合和添加剂的合理搭配，可以明显提高除锈效果，延长除锈液使用寿命。添加缓蚀剂是非常重要的，缓蚀剂的作用主要是减少酸对清洗基体的腐蚀。随着功能化缓蚀剂的开发，现在的缓蚀剂一般有防腐蚀、降酸耗、促进清洗速度、防止酸雾挥发等功能。西安理工大学的特效酸洗缓蚀剂，其缓蚀效率高达 99.9%，对钢铁、铝均有缓蚀作用；适用于盐酸、硫酸、氢氟酸等多种酸；能显著降低酸耗，减少氢脆，特别是能提高钢材的酸洗质量及成材率；有效地防止了酸雾的挥发，降低了环境污染，改善了劳动条件；产品无毒、不燃、不爆、易溶解在酸、醇、水中，使用过程无絮凝，可长期存放，有效期为 2.5 年以上；产品已在首钢、西宁特钢有限公司、咸阳钢绳钢管有限公司、河南淅川

汽车配件厂酸洗车间、山西钢厂酸洗车间使用，取得了满意的效果。

② 酸洗前预热　工件脱脂后，经热水预浸（80～90℃），利用氧化皮与基体金属的热膨胀系数不同，使氧化皮产生松动，有利于除锈液渗透到氧化皮内。同时利用工件热量升高除锈液温度，加快除锈速率。

③ 避免工件表面酸洗过度和泛黄　酸洗时间长，基体易过腐蚀，表面粗糙，容易吸附腐蚀介质或产生更多的腐蚀原电池，从而加速了金属的腐蚀而泛黄，因此酸洗时间严禁过长。工件表面酸洗后的泛黄程度还与工件表面的清洁程度有关，即与工件表面的 pH 有关。工件处于酸性状态比中性或碱性状态更易于泛黄。因此，要尽量洗净表面。

④ 转桶酸洗　转桶酸洗有利于除去工件表面氢气，以及滚筒内外酸液的更换。

三、不锈钢表面清洗

原则上讲不锈钢表面清洗除锈与钢铁表面清洗除锈没有本质的区别，但由于不锈钢属于易氧化材料，易发生晶间腐蚀和孔蚀，因此对其进行单独叙述，主要是强调二者的区别。

首先不锈钢不能使用盐酸清洗，包括清洗除锈或除垢，因为不锈钢对 Cl^- 特别敏感，容易产生晶间腐蚀、小孔腐蚀、缝隙腐蚀等。不锈钢属于易氧化材料，酸洗过程中易氧化，表面生成一层保护膜，而 Cl^- 是还原性介质，会破坏这层氧化膜。由于表面大部分被氧化，极小部分被破坏，这样就形成了大阴极小阳极的腐蚀体系，容易使不锈钢穿孔。

在不锈钢表面酸洗除锈中，大多数采用氧化性酸，如硝酸、硫酸，有些为了促进清洗速度，还添加了 HF；添加 HF 的目的是对不锈钢表面的锈层进行破坏、清洗，而清洗后的新表面采用硝酸进行钝化。这种清洗液称之为不锈钢的清洗-钝化液。

对于不锈钢整体设备，由于加工过程中出现焊点、焊缝的氧化和车削等过程，表面的颜色不均，其特点是焊缝为黑色的一条氧化线，常将这一设备放入不锈钢的酸洗-钝化液中清洗，使表面的颜色一致。该方法的优点是清洗后不锈钢设备表面颜色均匀，只需对酸洗后的表面用清水冲洗即可，不需另外处理。这是由于清洗过程中在不锈钢表面生成了一层氧化膜，可防止不锈钢设备的继续腐蚀。

不锈钢焊缝可采用局部处理方法。整体设备表面基本均匀，仅仅是焊缝处出现黑色氧化。常采用不锈钢酸洗-钝化膏涂刷清洗，它是将不锈钢酸洗-钝化膏涂在要清洗的表面，这种膏与酸洗-钝化液的功能相似，仅是膏状物。在清洗过程膏状物不流淌，并且这种膏状物为透明体，可以观察到要清洗部位的清洗状况。在清洗结束时，对膏状物进行冲洗即可，因此使用方便。如图 3-1 所示是 316L 不锈钢焊缝采用酸洗-钝化膏清洗前后的照片。酸洗-钝化膏的主要成分为 HNO_3 和 HF，只是加入 MgF，靠 MgF 形成膏体。

四、除垢

化工反应器、热交换器、锅炉等设备使用一段时间后，会有水垢的生成，大多数的水垢是由水中的钙镁离子生成的沉淀物，但在特殊场合也可能生成一些混合物。例如炼油厂生成的油垢，造纸蒸发器生成的硅垢等。由于垢层的生成，严重影响传热效果，减小流体的流通面积，减少流量；更为严重的是由于垢层影响锅炉炉壁的导热，会使炉管产生“红管”，甚至爆炸。一般来讲，1mm 的垢层可使传热效率降低 4%～10%，因此对垢层的清洗是十分必要的。除垢不仅是节能的措施，更是安全生产、保证生产质量的途径。

常见的垢层是由 $CaCO_3$、$MgCO_3$ 组成，对于这种水垢的清除一般采用 HCl、HNO_3，通过酸碱反应就可达到清洗效果，HCl、HNO_3 的浓度根据垢层的厚度进行预测。常见的 HCl 和 HNO_3 的浓度为 5%～7%。对于重要的设备，也可采用有机酸进行清洗，酸的浓度

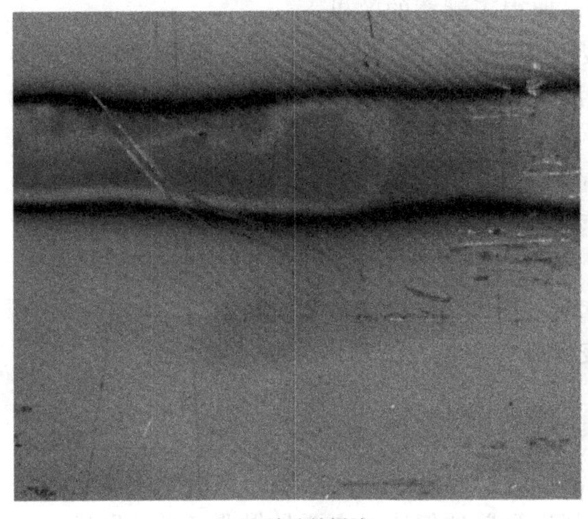
(a) 清洗前焊缝

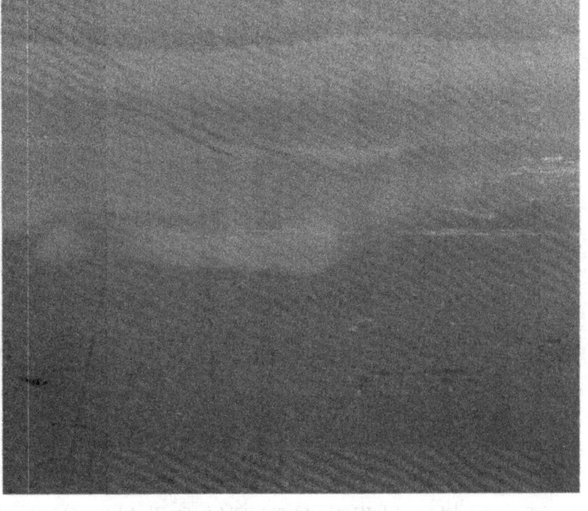
(b) 清洗后焊缝

图 3-1 不锈钢焊缝的酸洗-钝化效果

仍控制在 5%～7%的范围。由于 $CaCO_3$、$MgCO_3$ 会与 HCl 或 HNO_3 反应生成 $CaCl_2$、$MgCl_2$ 或 $Ca(NO_3)_2$、$Mg(NO_3)_2$，能够溶解在水中，从而达到清洗除垢的效果。值得提醒的是，这种垢层不能用 H_2SO_4 清洗，这是因为 $CaCO_3$、$MgCO_3$ 与 H_2SO_4 反应，会生成 $CaSO_4$ 和 $MgSO_4$，$CaSO_4$ 和 $MgSO_4$ 比 $CaCO_3$ 和 $MgCO_3$ 的密度更大，导热性更差，不能溶解在水中。因此，使用 H_2SO_4 不但不能出去水垢，反而会使水垢更加坚硬。

在清洗水垢时，首先要对垢层进行分析。当水垢的成分为 $CaSO_4$、$MgSO_4$ 时，就不能使用 HCl 或 HNO_3 进行清洗，而要采用热碱煮，使 $CaSO_4$ 和 $MgSO_4$ 转化为 $CaCO_3$ 和 $MgCO_3$，然后使用 HCl 或 HNO_3 进行清洗。当遇到 SiO_2 这样的垢层，选用 HF 是十分必要的。若垢层为油垢，则选用碱清洗。

在用酸清洗垢层时，酸会对钢铁管道造成腐蚀。为了防止酸对钢铁管道的腐蚀，采用缓蚀剂尤为重要。早期的缓蚀剂为硫脲、乌洛托品、沈一 D、若丁等，这些缓蚀剂的缓蚀效率大都在 60%左右，现在已不常用。推荐的 HCl 用缓蚀剂为咪唑啉，HNO_3 用的缓蚀剂为兰 826，添加量为 1%左右。

由于垢层一般较厚，浸泡法清洗速度较慢，又不容易使垢物带出，建议对管道等设备的清洗采用循环式，即在清洗的管道中加入循环泵，泵的出口装过滤装置，这样清洗的垢块被过滤，不易堵塞管道，循环又加速了流体的湍动，使机械剥离与酸洗溶解相结合，加快了清洗速度。

五、化学浸蚀

1. 碱蚀

铝是两性物质，可以在酸中进行反应，也可以在碱中进行清洗。铝碱洗会产生氧化膜，在氧化性酸中也会产生氧化膜。铝材碱脱脂后又可活化表面。为防止基体受到腐蚀，必须严格控制温度和时间。

铝及铝合金碱蚀的化学反应如下所示：

$$Al_2O_3+2NaOH+3H_2O \longrightarrow 2NaAl(OH)_4 \quad (3\text{-}1)$$

$$2Al+2NaOH+6H_2O \longrightarrow 2NaAl(OH)_4+3H_2\uparrow \quad (3\text{-}2)$$

当碱蚀溶液中铝的含量达到 30g/L 时，$NaAl(OH)_4$ 就发生分解反应，产生 $Al(OH)_3$

沉淀。

$$NaAl(OH)_4 \longrightarrow Al(OH)_3 \downarrow + NaOH \tag{3-3}$$

随着反应的继续进行，溶液中的铝很快达到饱和，氢氧化铝就会逐步沉淀，附着在槽壁、加热管等部位，很难除去，造成槽液废弃。为解决铝离子的累积，可加入络合剂 2～10g/L（葡萄糖酸钠、酒石酸钠、柠檬酸钠、甘油、山梨醇等）与 $Al(OH)_3$ 发生作用，把铝离子掩蔽起来，阻止 $Al(OH)_3$ 晶核的长大及 $Al(OH)_3$ 沉淀的形成。

几种碱蚀工艺配方如下。

（1）配方 1

氢氧化钠（NaOH）	30～70g/L

40～80℃，3～5min。

该配方适用于浸渍碱蚀铝及铝合金。

（2）配方 2

氢氧化钠（NaOH）	2～4g/L
磷酸三钠（Na_3PO_4）	43～50g/L
碳酸钠（Na_2CO_3）	30～40g/L
OP-10	0.5～1g/L
氟化钠（NaF）	5～10g/L

60～80℃，5～10min。

该配方适用于浸渍碱蚀高硅铝压铸件，氟化钠可溶解一部分硅。

（3）配方 3

氢氧化钠（NaOH）	20g/L
碳酸钠（Na_2CO_3）	40g/L
磷酸三钠（Na_3PO_4）	30g/L
OP-10	1g/L

70～80℃，5～7min。

该配方适用于浸渍碱蚀镁合金。

2. 酸蚀

经过碱性脱脂和碱蚀的铝合金、镁合金等工件，表面一般都有一层黑灰。为了取得光亮的金属表面，须用酸性溶液酸蚀处理。即使很纯的铝工件，表面的碱液也很难用水完全洗净，需用酸性溶液中和处理。但是，铝材和镁材在酸性溶液中也容易发生腐蚀，为了防止酸对铝、镁材料的腐蚀，又常采用氧化性酸，在清洗黑灰的同时，防止了酸对铝、镁的进一步腐蚀。

酸蚀工艺配方如下。

（1）配方 1

硝酸（96%HNO_3）	500mL/L
硫酸（98%H_2SO_4）	100mL/L
氢氟酸（HF）	100mL/L

室温，2～3min。

该配方适用于浸渍酸蚀铝合金压铸件。

（2）配方 2

磷酸（85%H_3PO_4）	60mL/L
氟化氢铵（NH_4HF）	40g/L

硼酸（H_3BO_3）	30g/L

pH=2

室温，0.5～1min。

该配方适用于浸渍酸蚀镁合金。

(3) 配方3

铬酐（CrO_3）	120g/L
硝酸（70%HNO_3）	100mL/L

室温，2min。

该配方适用于浸渍酸蚀高锌镁合金。

(4) 配方4

硫酸（98%H_2SO_4）	150mL/L
盐酸（36%HCl）	50mL/L
硝酸（HNO_3）	20mL/L

40～50℃，1～2min。

该配方也适用于浸渍抛光铸钢，降低铸钢表面的粗糙度。

六、中和

为了消除酸洗工件残留酸液对后续工序的影响，必须进行碱中和处理，复杂工件尤其有必要进行中和。但组焊夹缝件不适于碱中和。因为夹缝内的铁盐残留物遇碱会迅速生成难溶的 $Fe(OH)_2$ 及 $Fe(OH)_3$。这些絮状沉淀物把铁盐封闭在夹缝内，加快了夹缝腐蚀的进行。

在中和过程中若遇到下列情况，应采取相应措施处理。

① 若复杂的箱式腔体件存在中和效果不好的问题，可借助中和搅拌装置增强中和作用。

② 在生产过程中，若生产线上由于设计不妥或场地有限而没有设中和工序，可通过以下三种办法起到中和作用。一是调整除油除锈的顺序，即先除锈后除油，从工艺顺序上讲，似乎有些不妥，但能起到中和作用。二是在除锈液中加入适量的表面活性剂，相应增加了除油效果。或者改为“二合一”除油除锈剂，将原来的除锈槽改为中和槽。三是采用“二合一”表调法（中和与表调“合二为一”），既起到中和作用，又能在工件表面形成活化中心。“二合一”表调液的配方为：

Na_2CO_3	10～15g/L
胶体钛表调剂	2g/L

pH=9～9.5。

七、表面调整

表面调整简称表调，是在含有表调剂的溶液中进行活化处理的过程。

1. 表调作用

(1) 提高表面化学处理质量　可以消除碱性脱脂、酸性除锈等造成的工件表面不均匀性，激活工件表面的活性，并形成大量极细的细晶核，提高成膜性。还可使化学处理膜层均匀致密，改善涂层附着力。

(2) 优化表面化学处理的条件　能缩短表面化学处理时间，降低反应温度。

(3) 改善材质与化学处理的适应性。

(4) 降低表面化学处理成本。

2. 表调剂的种类

表调剂可分为碱性表调剂、酸性表调剂和专用表调剂。

碱性表调剂以钛酸和多聚磷酸肽为主要成分的胶体钛表调剂应用较广，效果好。但是，受工艺配方、制造方法和原料质量等影响，同一类表调剂的质量差异较大，明显影响表调效果，必须筛选能满足自身产品质量的表调剂。

酸性表调剂由有机酸、表面活性剂和络合剂等组成，或是弱酸溶液，如草酸、聚磷酸等。此类表调剂兼具有除轻锈和活化的作用，并有除焊剂和残留油膜的功能，还能清除锌铁合金材料擦伤表面的金属粉末。但酸性表调剂的效果不如碱性表调剂好。

3. 影响表调的因素

除表调剂质量的优劣会影响表调效果外，基材、水质硬度、使用方法、工作条件等也会影响表调效果。

硅、锰含量的高低对硅锰钢板的表调效果产生不同的影响。硅含量高会加速碳析出，不利于表调。锰含量高可抑制碳析出，有利于表调。

硬度高的水质极易造成胶体钛凝聚沉降，一旦沉降后即使搅拌也无法恢复表调功能。建议水的硬度控制在 20～100dH。但水质太软也不能使用，会降低表调液的活性。若在表调液中加入软水剂（如 0.2%～0.5%三聚磷酸钠，但切勿过量或平常添加），允许用自来水配制。

使用方法不同，表调效果也不同。通常认为碱性表调剂单独使用效果最佳；二次表调好于一次表调，即经过预表调和表调两道工序，可增加工件表面的活性，提高表面化学处理的质量。

工作条件包括浓度、pH、温度、时间和循环搅拌等。表调剂浓度越高，胶体钛吸附在金属表面的概率越大，形成的活性中心就越多，化学处理质量越好。但是，浓度过高或过低都不好。过高的浓度会导致胶体粒子之间相互碰撞的概率增加，从而使表调剂沉聚，不仅得不到致密膜，还会降低表调液的使用寿命；过低的胶体钛浓度，会使化学处理表面生成的膜稀疏发黄和生锈。pH 直接影响表调剂的活性，因此 pH 不宜过高（>9.5）或过低（<8.2）。pH 过高破坏了胶体钛的稳定性，增加钛凝聚的可能，表调效果差；过低同样影响表调效果。此外，胶体系统属于高度分散的多相分散系统，具有巨大的表面自由焓。温度过高（>30℃），表调液的热稳定性变差，胶体钛会自动产生微粒聚结，成为大颗粒而沉淀。温度升高是受到热传递的影响，例如连续式前处理自动线，隧道内温度高，随着热传递使表调槽的温度逐渐升高。因此，表调槽要配备降温设备或在表调槽上加一个通风口，迫使碱性热量向脱脂方向传递。还可在表调前加水喷淋，阻挡部分热量向表调方向传递。表调时间不宜过长，否则会使化学处理形成的膜粗糙并产生黄斑。最后，由于胶体钛粒子易凝聚，表调液使用过程中要始终不断地循环搅拌，以免胶体粒子变粗沉淀，降低了表调能力。

第二节 化学 Ni-P 镀

化学镀的主要形式是化学镀 Ni-P 合金，是化学沉积技术的一种，其镀层有优良的耐蚀性能、较高的耐磨性能以及某些特殊的功能，已在工业生产中获得了应用。化学镀 Ni-P 合金主溶液各组分的作用机理已基本清楚，但是，化学镀镍磷合金是多种因素综合作用的结果，各种因素之间既有相互促进作用，也有相互制约作用，如络合剂的稳定性不但影响槽液的稳定，而且对镀速和镀层质量都有重要的影响，络合剂的缓冲作用有利于提高镀速。选用复合络合剂有利于调整镀速与镀层质量，甚至会获得一些新特性。因此，各种添加剂的选择及其作用机理的研究正引起人们广泛的注意。本节在讲授化学镀基本规律的同时，也讨论各种添加剂（特别是复合添加剂）对化学镀镍-磷合金过程的影响规律，为进一步研发和工艺改进提供基础。

一、化学镀原理

电镀是利用外电流将电镀液中的金属离子在阴极上还原成金属的过程。而化学镀是不加外电流，在金属表面的催化作用下利用化学还原法进行的金属沉积过程。因不用外电源，直译为无电镀或不通电镀（Electroless plating、Non electrolytic）。由于反应必须在具有自催化性的材料表面进行，美国材料试验协会（ASTM B-347）推荐用自催化镀一词（Auto catalytic plating）。对化学镀镍而言，我国 1992 年颁布的国家标准（GBT 13913—92）则称为自催化镍-磷镀层（Auto catalytic Nickel Phosphorus Coating），其意义与美国材料试验协会的名称相同。由于金属的沉积过程是纯化学反应，所以将这种金属沉积工艺称为“化学镀”最为恰当，这样它才能充分反映该工艺过程的本质。“化学镀”这个术语目前在国内外已被大家认同和采用。

众所周知，从金属盐的溶液中沉积出金属是得到电子的还原过程，反之，金属在溶液中转变为金属离子是失去电子的氧化过程。它们是一对共扼反应，可表示为：

$$Me^{Z+}+Ze\xrightarrow{\text{还原}}Me \tag{3-4}$$

Z 是原子价数。金属的沉积过程是还原反应，它可以从不同途径得到电子，由此产生了各种不同的金属沉积工艺。

化学镀过程中还原金属离子所需的电子由还原剂 R^{n+} 供给，镀液中的金属离子吸收电子后在工件表面沉积，反应式如下：

$$R^{n+}\longrightarrow R^{(n+Z)}+Ze \tag{3-5}$$

$$M^{Z+}+Ze\longrightarrow M\downarrow \tag{3-6}$$

二、化学镀的特点

1. 化学镀的特点

(1) 镀层厚度非常均匀，化学镀液的分散力接近 100%，无明显的边缘效应，几乎是基材（工件）形状的复制，因此特别适合形状复杂的工件、腔体件、深孔件、管件内壁等表面施镀，而电镀法因受电力线分布不均匀的限制很难做到。由于化学镀层厚度均匀、又易于控制，表面光洁平整，一般均不需要镀后加工，适宜做加工件超差的修复及选择性施镀。

(2) 通过敏化、活化等前处理，化学镀可以在非金属（非导体）如塑料、玻璃、陶瓷及半导体材料表面上进行，而电镀法只能在导体表面上施镀，所以化学镀工艺是非金属表面金属化的常用方法，也是非导体材料电镀前做导电底层的方法。

(3) 工艺设备简单，不需要电源、输电系统及辅助电极，操作时只需把工件正确悬挂在镀液中即可。

(4) 化学镀是靠基材的自催化活性才能起镀，其结合力一般均优于电镀。镀层有光亮或半光亮的外观、晶粒细、致密、孔隙率低，某些化学镀层还具有特殊的物理化学性能。

2. 化学镀与电镀的区别

(1) 用次磷酸盐或硼化物做还原剂的镀液得到的镀层是 Ni-P 或 Ni-B 合金，控制磷量得到的 Ni-P 非晶态结构镀层致密、无孔、耐蚀性远高于电镀镍，甚至在某些情况下可以代替不锈钢使用。

（2）化学镀镍层不仅硬度高，还可以通过热处理调整再行提高，故耐磨性良好。所以，在某些情况下还可以代替硬铬使用，更难得的是化学镀镍层兼备了良好的耐蚀与耐磨性能。

（3）根据镀层中含磷量，可控制为镀层为磁性或非磁性。

（4）钎焊性能好。

（5）具有某些特殊的物理化学性能。

三、化学镀的热力学和动力学

1. 化学镀镍的热力学

化学镀镍是用还原剂把溶液中的镍离子还原并沉积在具有催化活性的表面上，其反应式为：

$$NiC_m^{2+} + R \longrightarrow Ni + mC + O \qquad (3\text{-}7)$$

式中，C为络合剂；m为络合剂配位体数目；R和O分别为还原剂的还原态和氧化态。上式可分解为：

阳极反应：$NiC_m^{2+} + 2e \longrightarrow Ni + mC$ (3-8)

阴极反应：$R \longrightarrow O + 2e$ (3-9)

该氧化还原反应能否自发进行的热力学判据是反应自由能的变化ΔG。以次磷酸盐为还原剂进行化学镀镍的自由能变化如下：

还原剂的反应：$H_2PO_2^- + H_2O \longrightarrow HPO_3^{2-} + 3H^+ + 2e$ (3-10)

$$\Delta G_{298}^0 = -96.6 kJ/mol$$

氧化剂的反应：$Ni^{2+} + 2e \longrightarrow Ni$ (3-11)

$$\Delta G_{298}^0 = 44.4 kJ/mol$$

总反应：$Ni^{2+} + H_2PO_3^{2-} + Ni + 3H^+$ (3-12)

该反应自由能的变化$\Delta G_{298}^0 = -52.2 kJ/mol$。反应自由能变化$\Delta G$为负值、且比零小得多，所以从热力学判据得出结论表明用次磷酸盐做还原剂还原Ni^{2+}是完全可行的。

2. 化学镀镍的动力学

在获得热力学判据证明化学镀镍可行的基础上，几十年来人们不断探索化学镀镍的动力学过程，提出各种沉积机理、假说，以期解释化学镀镍过程中出现的许多现象，希望推动化学镀镍技术的发展和应用。Leter Lee从试验数据中推导出以次磷酸盐为还原剂的Ni-P合金化学镀经验动力学方程式：

$$\frac{d\Delta i}{dt} = \kappa \frac{[H_2PO_2^-]}{[H^+]^\beta} \qquad (3\text{-}13)$$

式中，β为H^+浓度的反应级数。该经验速率方程式表示镍还原是碱催化型。

$$\frac{dP}{dt} = \kappa [H_2PO_2^-]^{1.91} [H^+]^{0.25} \qquad (3\text{-}14)$$

方程式（3-14）表示磷的沉积是酸催化型。以上两式说明如果槽液温度不变，pH升高，镍的还原速率上升，得到低磷镀层；反之，pH降低，磷的还原速率上升，得到高磷镀层。方程式还反映了镍-磷的还原速率和温度密切相关，两方程式在实验中得到了较好的验证。

3. 化学镀过程的特征和步骤

① 沉积镍的同时伴随着氢气析出。

② 镀层中除了镍以外，还含有与还原剂有关的P、B或N磷等元素。

③ 还原反应只发生在一些具有催化活性的金属表面上，但一定会在已经沉积的镍层上

继续沉积。

④ 产生的副产物 H^+ 促使槽液 pH 降低。

⑤ 还原剂的利用率小于 100%。

元素周期表中第Ⅷ族元素表面几乎都具有催化活性，如 Ni、Co、Fe、Pd、Rh 等金属的催化活性表现为脱氢和产生初生态氢作用。在这些金属表面上可以直接化学镀镍。有些金属本身虽不具备催化活性，但由于它的电位比镍负，在含 Ni^{2+} 的溶液中可以发生置换反应构成具有催化作用的 Ni 表面，使沉积反应能够继续下去，如 Zn、Al。对于电位比镍正又不具备催化活性的金属表面，如 Cu、Ag、Au、铜合金、不锈钢等，除了可以用先闪镀一层薄薄的镍层的方法外，还可以用“诱发”反应的方法活化，即在镀液中用活化的铁或镍片接触已清洁活化过的工件表面，瞬间就在工件表面上沉积出 Ni 层，取出 Ni 或 Fe 片后，镍的沉积反应仍会继续下去。

以 $H_2PO_2^-$ 做还原剂在酸性介质化学镀镍的反应式为：

$$Ni^{2+} + H_2PO_2^- + H_2O \longrightarrow H_2PO_3^- + Ni + 2H^+ \quad (3\text{-}15)$$

化学镀镍必然存在以下基本步骤：

(1) 反应物（Ni^{2+} 和 $H_2PO_2^-$ 等）向表面扩散。

(2) 反应物在催化表面上吸附。

(3) 在催化表面上发生化学反应。

(4) 产物（H^+、H_2、$H_2PO_3^-$）从表面层脱离。

(5) 产物扩散离开表面。

这些步骤中按化学动力学基本原理，最慢的步骤是整个沉积反应的控制步骤。

四、化学镀镍溶液组分影响

化学镀镍溶液的是由主盐、还原剂、络合剂、缓冲剂、稳定剂及加速剂、表面活性剂和光亮剂等组成，其基本组分为主盐-还原剂。各组分的作用虽不同，但没有严格限制，如乳酸，不仅有络合作用，还有加速作用；醋酸铅既有稳定剂作用，又有光亮剂作用；氨基乙酸集缓冲、络合、加速于一身。各组分的作用分述如下。

1. 主盐

化学镀镍溶液中的主盐是镍盐，如硫酸镍、氯化镍 $NiCl_2 \cdot 6H_2O$、醋酸镍 $Ni(CH_3COO)_2$、氨基磺酸镍 $Ni(NH_2SO_3)_2$ 及次磷酸镍 $Ni(H_2PO_2)_2$ 等，它们提供了化学镀反应过程中所需要的 Ni^{2+}。早期人们用氯化镍做主盐，由于 Cl^- 的存在不仅会降低镀层的耐蚀性，还会产生拉应力，所以目前已不再使用。同 $NiSO_4$ 相比，用 $Ni(CH_3CHOO)_2$ 做主盐对镀层性能有益，但因其价格昂贵而很少使用。最理想的 Ni^{2+} 来源是次磷酸镍，使用它不至于在镀浴中积存大量的 SO_4^{2-}，也不至于在补加时带入过多的 Na^+，但其价格贵、货源不足。目前使用的主盐主要是硫酸镍。

另外，将镍的氧化物或碳酸盐溶解在稀硫酸中即得到硫酸镍，由于制造工艺稍有不同而有两种结晶水的硫酸镍：$NiSO_4 \cdot 6H_2O$，翠绿色结晶，分子量 264.86，在水中溶解度为 140g/100gH_2O（70℃）；$NiSO_4 \cdot 7H_2O$，绿色结晶，分子量 280.88，在水中溶解度为 75.6g/100gH_2O（15℃），温度增加溶解度提高到 475.8g/100gH_2O（100℃）。配制成的深绿色溶液 pH 为 4.5。

2. 还原剂

化学镀镍所用还原剂有次磷酸钠、硼氢化钠、烷基胺硼烷及肼几种，它们在结构上共同的特征是含有两个或多个活性氢，还原 Ni^{2+} 就是靠还原剂的催化脱氢进行的。用次磷酸钠做还原剂得到 Ni-P 镀层；用硼化物做还原剂得到 Ni-B 合金镀层；用肼做还原剂则得到纯镍镀层。

用得最多的还原剂是次磷酸钠，原因在于它的价格低、镀液容易控制，而且 Ni-P 合金镀层性能优良。次磷酸钠 $NaH_2PO_2 \cdot H_2O$ 在水中易于溶解，其制备方法简单，是把白磷溶于 NaOH 中，加热得到次磷酸盐与磷化氢。副产物亚磷酸氢根 $H_2PO_3^-$ 加 $Ca(OH)_2$ 可生成 $CaHPO_3$ 除去沉淀，其反应如下所示：

$$4P+3NaOH+3H_2O \longrightarrow 3NaH_2PO_2+PH_3 \tag{3-16}$$

与其他中间氧化态化合物一样，次磷酸加热会发生歧化反应生成最高和最低价磷化物，其反应式为：

$$4H_3PO_2 \longrightarrow 2PH_3+2H_3PO_4 \tag{3-17}$$

同时还生成 H_3PO_4、P、P_2H_4 等磷化合物。说明化学镀镍溶液空载长期加热对次磷酸盐是不适宜的。

次磷酸盐是强还原剂、很弱的氧化剂，在酸或碱介质中标准电位值如下：

$$H_3PO_2+H_2O \longrightarrow H_3PO_3+2H^++2e \quad E^\circ=-0.51V \tag{3-18}$$

$$H_3PO_2+H^++e \longrightarrow P+2H_2O \quad E^\circ=-0.39V \tag{3-19}$$

$$H_2PO_2^-+3OH^+ \longrightarrow HPO_3^{2-}+2H_2O+2e \quad E^\circ=-1.57V \tag{3-20}$$

$$H_2PO_2^-+e \longrightarrow P+2OH^- \quad E^\circ=-1.82V \tag{3-21}$$

3. 络合剂

化学镀镍溶液中除了主盐与还原剂以外，最重要的组成部分就是络合剂。镀液性能的差异、寿命长短主要决定于络合剂的选用及其搭配关系。

（1）络合剂的作用

① 防止镀液析出沉淀，增加镀液稳定性并延长使用寿命。如果镀液中没有络合剂存在，由于镍的氢氧化物溶解度较小（$K_{sp}=2\times10^{-5}$），在酸性镀液中即可析出浅绿色絮状含水氢氧化镍沉淀。硫酸镍溶于水后形成六水合镍离子，有水解倾向，水解后呈酸性：

$$Ni(H_2O)_6{}^{2+} \longrightarrow Ni(H_2O)_5OH^++H^+ \longrightarrow Ni(H_2O)_4(OH)_2+2H^+ \tag{3-22}$$

这时即析出了氢氧化物沉淀。如果六水合镍离子中有部分络合剂分子（离子）存在则可以明显提高其抗水解能力，甚至有可能在碱性环境中以 Ni^{2+} 形式存在（指不以沉淀形式存在）。不过，pH 增加，六水合镍离子中的水分子会被 OH^- 取代，促使水解加剧，要完全抑制水解反应，Ni^{2+} 必须全部螯合以得到抑制水解的最大稳定性。镀液中还有较多次磷酸根离子存在，但由于次磷酸镍溶解度比较大（$NiH_2PO_2 \cdot 6H_2O$ 的溶解度为 37.65g/100gH_2O），一般不致析出沉淀。

镀液使用后期，溶液中亚磷酸根聚集，浓度增大，容易析出白色 $NiHPO_3 \cdot 7H_2O$ 沉淀（$NiHPO_3 \cdot 7H_2O$ 的溶解度为 0.29g/100H_2O）。加络合剂以后溶液中游离 Ni^{2+} 浓度大幅度降低，可以抑制镀液后期亚磷酸镍沉淀的析出。镀液使用后期报废原因主要是 HPO_3^{2-} 聚集的结果。当 pH 为 4.6，温度 95℃，$NiHPO_3 \cdot 7H_2O$ 溶解度为 6.5～15g/L，加络合剂乙二醇酸后提高到 180g/L。该溶解度值也称为亚磷酸镍的沉淀点，沉淀点随络合剂种类、含量、pH 及温度等条件不同而变化。由此可见，络合剂能够大幅度提高亚磷酸镍的沉淀点，或者说增加了镀液对亚磷酸根的容忍量，使化学镀操作能在高亚磷酸根含量下进行，也就是延长了镀液的使用寿命。因此，从某种意义上讲一个镀液寿命长短也就是它对亚磷酸根容忍量的大小。

镀液中加入络合剂以后不再析出沉淀，其实质也就是增加了镀液稳定性。所以配位能力强的络合剂本身就是稳定剂。镀层性能要求高，所用镀液中也可以无稳定剂而只用络合剂。

② 提高沉积速率。加络合剂后沉积速率增加的数据很多，例如：不加任何络合剂，沉积速率只有 5μm/h，非常缓慢，无实用价值；加入适量络合剂，如乳酸，镀速提高为 27.5μm/h、乙二醇酸为 20μm/h、琥珀酸为 17.5μm/h、水杨酸为 12.5μm/h、柠檬酸为 7.5μm/h。加入络合剂使镀液中游离 Ni^{2+} 浓度大幅度降低，从质量作用定律看降低反应物浓度反而提高了反应速率是不可能的，所以这个问题只能从动力学角度来解释。简单的说法是有机添加剂吸附在工件表面后，提高了它的活性，为次磷酸根释放活性原子氢提供更多的激活能，从而增加了沉积反应速率。络合剂在此也起了加速剂的作用。

③ 提高镀液工作的 pH 范围。亚磷酸镍沉淀点随 pH 而变化，如 pH=3.1 时是 20g/L，要提高到 180g/L、则 pH 必须小于或等于 2.6。加络合剂后这种情况立即得到改善，如用乙二醇酸提高亚磷酸镍沉淀点至 180g/L，pH 可以维持在 4.8 甚至高到 5.6 也不至于析出沉淀，该 pH 是化学镀镍工艺能接受的。

④ 改善镀层质量。镀液中加络合剂后镀出的工件光洁致密。

(2) 化学镀镍中常用的络合剂　Ni^{2+} 的络合剂虽然很多，但在化学镀镍溶液中所用的络合剂则要求它们具有较大的溶解度，在溶液中存在的 pH 范围能与化学镀工艺要求一致，还存在一定的反应活性（即 Ni^{2+} 在该环状络合物中晶格能较弱），价格因素也不容忽视。目前，常用的络合剂主要是一些脂肪族羧酸及其取代衍生物，如在酸浴中用丁二酸、柠檬酸、乳酸、苹果酸及甘氨酸等，或用它们的盐类。在碱浴中则用焦磷酸盐、柠檬酸盐及铵盐。不饱和脂肪酸很少用，因不饱和烃在饱和时要吸收氢原子，降低还原剂的利用率。而常见的一元羧酸如甲酸、乙酸等则很少使用，乙酸主要用作缓冲剂，丙酸则用作加速剂。常用的络合剂一般不是简单的有机酸，而是烃基上的氢原子被其他原子或基团取代的衍生物，称为取代酸，如羟基酸、氨基酸。常用络合剂及其基本特征见表 3-1。

表 3-1　化学镀镍中常用的络合剂

序号	名称	学名	分子式或结构式	pK	配位体原子	螯合物多元环数
1	冰醋酸	冰乙酸	CH_3COOH	1.5	O	
2	初油酸	丙酸	C_2H_5COOH	4.2	O	
3	乙醇酸	羟基乙酸	$CH_2OHCOOH$		O、O	5
4	乳酸	α-羟基丙酸	$CH_3CHOHCOOH$	2.5	O、O	5
5	草酸	乙-酸	$H_2C_2O_4$		O、O	
6	缩苹果酸	丙二酸	$COOHCH_2COOH$	4.2	O、O	6
7	琥珀酸	丁二酸	$CH_2(COOH)_2$	2.4	O、O	7
8	DL 苹果酸	DL 基丁二酸	$CHOHCH_2(COOH)_2$	3.4	O、O、O	5、6
9	酒石酸	2,3 二羟基丁二酸	$(CH)_2(OH)_2(COOH)_2$	4.6	O、O、O、O	
10	柠檬酸	2 羟基丙烷 1、2、3 三羧酸	$C_6H_8O_7 \cdot H_2O$	6.9	O、O、O	5、6
11	甘氨酸	氨基乙酸	NH_2CH_2COOH	6.2	O、N	5
12	DL 丙氨酸	氨基丙酸	$NH_2(CH_2)COOH$	5.6	O、N	6

4. 稳定剂

(1) 稳定剂的作用　化学镀镍溶液是一个热力学不稳定体系，由于种种原因，如局部过热、pH 过高，或某些杂质影响，不可避免地会在镀液中出现一些活性微粒催化核心，使镀液发生激烈的自催化反应产生大量 Ni-P 黑色粉末，导致镀液短期内发生分解，逸出大量气泡，造成不可挽救的经济损失。这些活性微粒往往只有胶体粒子大小，其来源为外部灰尘、烟雾、焊渣、清洗不良带入的脏物、金属屑等。溶液内部产生的氢氧化物（有时 pH 并不高却也会局部出现）、碱式盐、亚磷酸氢镍等表面吸附有 OH^-，从而导致溶液中 Ni^{2+} 与 $H_2PO_2^-$ 在这些粒子表面局部反应析出海绵状的镍，其反应式如下：

$$Ni^{2+}+2H_2PO_2^-+2OH^- \longrightarrow 2HPO_3^{2-}+2H^+ +Ni+H_2 \qquad (3\text{-}23)$$

这些黑色粉末是高效催化剂，它们具有极大的比表面积与活性，加速了镀液的自发分解，几分钟内镀液将变成无色。

稳定剂的作用就在于抑制镀液的自发分解，使施镀过程在控制下有序进行。稳定剂是一种毒化剂，即反催化剂，只需加入少量就可以抑制镀液自发分解。稳定剂不能使用过量，过量后轻则减低镀速，重则不再起镀。稳定剂吸附在固体表面抑制次磷酸根的脱氢反应，但不阻止次磷酸盐的氧化作用。也可以说稳定剂掩蔽了催化活性中心，阻止了成核反应，但并不影响工件表面正常的化学镀过程。

(2) 稳定剂的分类　目前人们把化学镀镍中常用的稳定剂分成如下四类。

第一类是第ⅥA 族元素 S、Se、Te 的化合物，一些硫的无机物或有机物，如硫代硫酸盐、硫氰酸盐、硫脲及其衍生物巯基苯并噻唑、黄原酸酯。

第二类是某些含氧化合物，例如 $AsO_2{}^-$、$IO_3{}^-$、$BrO_3{}^-$、$NO_2{}^{2-}$、MoO_4^{2-}、及 H_2O_2。

第三类是重金属离子如 Pb^{2+}、Sn^{2+}、Cd^{2+}、In^{2+}、Bi^{3+}、Tl^+ 等。

第四类是水溶性有机物含双极性的有机阴离子，至少含六个或八个碳原子，有能在某一定位置吸附形成亲水膜的功能团，如—COOH、—OH 或—SH 等基团构成的有机物。如不饱和脂肪酸马来酸 $(CHCOOH)_2$ 等。

第一、二类稳定剂使用浓度在 $(0.1\sim2)\times10^{-6}$ mol/L、第三类为 $10^{-5}\sim10^{-3}$ mol/L、第四类在 $10^{-3}\sim10^{-1}$ mol/L 范围。有些稳定剂还兼有光亮剂的作用，如 Cd^{2+}，它与 Ni-P 镀层共沉积后使镀层光亮平整。

5. 加速剂

(1) 加速剂的作用　化学镀镍速率太慢无疑将会增加生产成本。为了提高化学镀镍的沉积速率，常常还在化学镀镍溶液中加入一些能提高化学镀速的物质，称之为加速剂。加速剂的作用机理被认为是还原剂 $H_2PO_2^-$ 中氧原子可以被一种外来的酸根取代形成配位化合物，或者说加速剂的阴离子的催化作用是由于形成了杂多酸所致。在空间位阻作用下使 H-P 键能减弱，有利于次磷酸根离子脱氢，或者说增加了 $H_2PO_2^-$ 的活性。

(2) 加速剂的分类　常用加速剂分为以下几类。

① 未被取代的短链饱和脂肪族二羧酸根阴离子，如丙二酸、丁二酸、戊二酸、及已二酸，其中丁二酸在性能和价格上均为人们所接受，有效浓度范围为 0～0.15mol/L。

② 短链饱和氨基酸，最典型的是氨基乙酸，它兼有缓冲、络合、加速作用于一身，有效浓度范围为 0～0.1mol/L。

③ 短链饱和脂肪酸，如醋酸、丙酸、丁酸、戊酸。效果首推丙酸，有效浓度范围为 0～0.1mol/L。

④ 无机离子加速剂，目前发现只有一种无机离子的加速剂，即 F^-。但必须严格控制浓度，因为其用量不仅影响镀速，还影响镀液的稳定性，有效浓度范围为 0～0.15mol/L。

6. 缓冲剂

化学镀镍过程中由于有 H^+ 产生，使溶液 pH 随施镀进行而逐渐降低，为了稳定镀速及保证镀层质量，化学镀镍体系必须具备缓冲能力，也就是说使之在施镀过程中 pH 不至于变化太大，能维持在一定 pH 范围内的正常值。某些弱酸（或碱）与其盐组成的混合物就能抵消外来少许酸或碱以及稀释对溶液 pH 变化的影响，使之在一个较小范围内波动，这种物质称为缓冲剂。

化学镀镍溶液中常用的一元或二元有机酸及其盐类不仅具备络合 Ni^{2+} 能力，而且具有缓冲性能。在酸性镀液中常用的 HAc·NaAc 体系就有良好的缓冲性能，虽然 Ac^- 与 Ni^{2+} 也可以形成络合物，但 Ac^- 的络合能力却很小，一般不做络合剂用，主要作为缓冲剂使用。在碱性镀液中则常用铵盐或硼砂体系。

7. 其他组分

为了利于气体 H_2 的逸出，降低镀层的孔隙率，有时在化学镀镍溶液中加入少许表面活性剂。很少量的表面活性物质就能大幅度降低溶剂的表面张力或界面张力，从而改变体系状态。另外，使用表面活性剂还兼有发泡剂的作用，施镀过程中在搅拌情况下，镀液表面形成一层白色泡沫，它不仅可以保温、降低镀液的蒸发损失、减少酸味，还使许多悬浮的脏物夹在泡沫中而易于清除，以保持镀件和镀液的清洁。

化学镀镍中常用的表面活性剂是阴离子型表面活性剂，如磺酸盐、十二烷基苯磺酸钠等，有时为了使镀件表面光亮、美观，在镀液中加一些可以使镀件光亮的物质，称之为光亮剂。光亮剂主要为含 I 的盐，如 KI、KIO_3 等。化学镀镍是一种功能性涂层，一般不要求光亮，所以化学镀镍用的光亮剂研究目前还不多。

五、化学镀工艺及镀层形貌

1. 化学镀工艺

化学镀的工艺流程为：零件表面除油→除锈→化学镀→镀件清水洗→表面热水洗→表面钝化→烘干。

零件表面除油是采用加一定表面活性剂的 4%NaOH 溶液对表面进行冲洗，若零件表面油污较重，可选用热碱冲洗，必要时用毛刷刷干净。除油后用清水冲干净。零件表面除锈是用加一定缓蚀剂的 10%左右 HCl 溶液进行，直至除锈干净为止，然后用清水冲洗干净。

化学镀的关键，一是要调整化学镀池中的温度，对于中温化学镀，一般控制化学镀池温度在 65℃以上，在 85℃较好；另外，化学镀过程的 pH 是不断变化的，常用氨水调整 pH，使 pH 保持在 5 左右。

化学镀液配方如下。

$NiSO_4$	30g/L
NaH_2PO_2	28g/L
丁二酸	5g/L
氨水	调整 pH=5 左右

其他的光亮剂（如 KIO_3、KI 等）根据不同的要求进行调整。

在化学镀液中，$NiSO_4$ 含量增大，使镀件表面显灰色；NaH_2PO_2 含量增大，镀件表面呈白色。

可根据不同的要求改变 $NiSO_4$ 或 NaH_2PO_2 的含量。镀件表面钝化可选用亚硝酸钠、硅酸钠、氢氧化钠等溶液进行浸泡 3～5min。

热水洗一般要求使镀件的温度达到 80℃左右，表面热水浸后，镀件表面不易产生白斑。

化学镀中，镀液会不断的发生变化，要不断地观察，发现颜色不正常或镀池中污泥多时，应及时更换。

2. 镀层形貌

图 3-2 是 Q235 钢表面化学镀 Ni-P 后的形貌，图 3-2（a）是 Q235 钢表面化学镀层的扫描显微照片，图 3-2（b）为铸铁水泵叶轮化学镀的宏观照片。由图 3-2（a）可见，试样表面呈现出许多大小不一的胞状物，这是由于基体材料上存在位错、露头、气孔、裂纹和划痕等缺陷，这些缺陷成为了闪镀时 Ni-P 合金沉积中心，Ni-P 合金会首先在这些沉积中心上沉积，然后逐渐外延分层长大，随着镀层的生长和增厚，逐渐长成了具有圆丘状的外形，即表面形成许多胞状物；从图中还可见，胞与胞之间结合较紧密，一个个大胞由若干个“变形”的小胞组成，并且这些小胞之间有明显的界线，界线基本为直线，这直线是由于化学镀前基体表面磨削的划痕引起的，因此表面状态对化学镀有较大的影响。由图 3-2（b）可见，水泵叶轮的导液间隙中已镀了均匀的镀层，使铸铁的水泵叶轮表面成为类似不锈钢的耐蚀表面。表面光亮，平滑，没有漏镀的现象。

(a) Q235钢表面镀层的微观形貌　　(b) 水泵叶轮表面镀层的宏观形貌

图 3-2　表面 Ni-P 镀层的形貌

六、化学镀 Ni-P 的研究概况

1. 化学镀 Ni-P 的发展

化学镀镍技术的核心是镀液的组成及性能，所以化学镀镍发展史中最值得注意的是镀液本身的进步。在 20 世纪 60 年代之前由于镀液化学知识贫乏，只有中磷镀液配方，镀液不稳定，往往只能稳定数小时，因此为了避免镀液分解只有间接加热，在溶液配制、镀液管理及施镀操作方面必须十分小心，为此制定了许多操作规程予以限制。此外，还存在沉积速率慢、镀液寿命短（使用的循环周期少）等缺点。为了降低成本，延长镀液使用周期，只好使镀液“再生”，再生的实质就是除去镀液中还原剂的反应产物，即次磷酸根氧化产生的亚磷酸根。当时使用的办法有弃去部分旧镀液，添加新镀液，加 $FeCl_3$ 或 $Fe_2(SO_4)_3$ 以及沉淀亚磷酸根，离子交换法等，这些方法既麻烦又不实用。

20 世纪 70 年代以后多种络合剂、稳定剂等添加剂的出现，经过大量的试验研究、筛选、复配以后，新发展的镀液均采用“双络合、双稳定”甚至“双络合、双稳定、双促进”配方，这样不仅使镀液稳定性提高、镀速加快，更主要的是大幅度增加了镀液对亚磷酸根的容忍量，这就使镀液的寿命大大延长，一般均能达到 4～6 个周期，甚至 10～12 个周期，镀速达 17～25μm/h。这样，无论从产品质量还是经济效益角度考虑，镀液不值得再进行“再生”，而直接做废液处理。

近年来，为了改善镀层质量、减少环境污染，已改用新型有机稳定剂，不再使用重金属离子，从而显著提高了镀层的耐蚀性能。目前，化学镀液均已商品化，根据用户要求有各种性能化学镀的开缸及补加浓缩液出售，施镀过程中只需按消耗的主盐、还原剂、pH调节剂及适量的添加剂进行补充，使用十分方便。

2. 化学镀镍的研究方向

(1) 低温化学镀镍 传统的化学镀镍是在高温（90～95℃以上）进行的，优点是沉积速率快，缺点是光亮度低、整平性差，不适于装饰，亦不适于在塑料上进行化学镀。光亮化学镀镍工艺是要求先抛光基体或化学镀镍后再镀光亮镍以提高光亮度。这种方法的缺点是工序繁复、镀层厚度大、成本高。而低温化学镀镍的特点是：镀层光亮度好，如在相同温度下镍的沉积速率比国内外应用较多的柠檬酸体系和焦磷酸盐体系快，镀层光亮度好，镀层与基体结合能力高，镀好的试样加热到200℃再投入到冷水中，不起泡、不脱落。

(2) 用自来水代替蒸馏水 由于化学镀镍药品中不可避免地掺入杂质，故配制镀液采用蒸馏水以保证镀液质量是当然的。但对大批量施镀，使用蒸馏水会加大成本。目前，已研制出通过对自来水进行简单混凝处理以及添加杂质离子掩蔽剂以取代蒸馏水，令成本下降，且镀液稳定性提高。

(3) 局部化学镀 传统局部化学镀工艺是用隔离法（将不需镀部位保护起来）或退除法(除去不需要镀覆部位活化层或金属镀层)。这两种方法的缺点是：稍不慎即造成失败，大规模生产尤为困难。新近提出的方法是预镀法，即将一种含有催化作用的金属离子溶液涂到需要金属化的陶瓷片上，经烘烤，催化金属微粒被吸附和嵌入到陶瓷工件表面无数微孔中去，并令预镀部位形成具有催化性能的金属层，在化学镀镍时，每一个催化金属微粒成为一个化学镀结晶核，在此无数催化核诱发下，即在该预镀部位形成连续的金属镀层。

(4) 复合镀层及多元镀层 复合化学镀，即采用高镀速将金属氧化物（如Al_2O_3）、碳化物（如SiC）、氮化物（如BN、TiN）的微粒（直径小于10μm）与镍共沉积在待镀工件表面，形成高耐磨层。这种方法工艺较繁，镀液稳定性差，正在研究中；同时也在开发Ni-M-P多元镀层以适应不同需要。

3. 络合剂、加速剂的研究现状

添加剂是化学镀镍溶液必不可少的成分。自从实用化学镀镍诞生以来，新的添加剂不断被报道出来，人们对添加剂的研究不断深入，逐渐认识到：除溶液的温度、pH、载重量、镍离子和次亚磷酸根离子的浓度以外，添加剂的种类和浓度是影响生产率和镀层质量的重要因素。提高沉积速率和镀层性能主要有三种途径。

(1) 加入合适的络合剂 化学镀发展过程中，各种络合剂的研究还不系统，对作用机理的认识有限。化学镀镍液中使用的络合剂与镍离子形成一个或几个螯合环，所形成的螯合环的数目与络合剂的种类、结构、数量和溶液的pH等有密切关系。如果采用单一络合剂，其沉积速率按以下顺序递降：丁二酸＞乙醇酸＞乳酸＞邻苯二甲酸＞水杨酸＞甘氨酸＞酒石酸。对于镀层的耐蚀性，高磷含量镀层高于低磷含量镀层，但低磷含量在浓碱液中仍有良好的耐蚀性，然而在使用环境苛刻的情况下，Ni-P镀层的耐蚀性还取决于镀层上针孔的密度，而针孔的密度与所使用的络合剂有关，针孔密度按以下顺序递降：甘氨酸＞琥珀酸＞醋酸＞乳酸＞磷酸，因此，使用磷酸络合剂耐蚀性优。R. Wener认为乳酸是一个较好的络合剂，它既具有较好的配位能力，又具有较高的缓冲能力和加速作用。如果采用两种不同的络合剂则可以形成有两种配体同时配位的混合配体络合物，它可以改变配体离子放电的活化能，有时还能出现单一配体无法出现的新特性，并获得意想不到的效果。

就沉积速率而言，在普通的醋酸盐-柠檬酸中进行酸性化学镀镍时，其沉积速率在10～

13μm/h左右。K. Panker研究了在乳酸中加入各种第二配体时的沉积速率，结果发现若加入醋酸、丙酸和氨基乙酸，其沉积速率可由11μm/h上升到16μm/h，即第二配体的加入提高了沉积速率和镀液的稳定性以及对亚磷酸盐的忍受量。

(2) 加入适量的加速剂　不同的加速剂对镀层性能影响不同。Gawrilov曾提出用氟化物做加速剂，少量的氟化物能略微提高沉积速率，促进在基体上的沉积，但较高含量的氟化物会增加镀层的内应力。

近年来，有机加速剂更加引人注意，常用的有机加速剂有三类，分别为饱和的单羧酸及其盐、饱和的氨基酸、饱和的非取代二羧酸。其中，二羧酸类应用比较普遍，它可将沉积速率由11μm/h提高到16μm/h。如果选择更好的络合剂，沉积速率可达到20μm/h左右。1992年Bozzini成功研究出一种以葡萄糖酸为配位剂，并配以适当的加速剂，可获得沉积速率为25μm/h的化学镀镍新工艺。日本矿业株式会社公布的实用化学镀镍液沉积速率为20μm/h。近年来，对化学镀镍进行了系列研究，雷阿利等人采用丁二酸、乳酸等多组分络合剂使化学镀速提高到76μm/h。

第三节　化学转化膜技术

化学转化膜是金属表面防护层的一种类型，是表面工程技术的重要分支之一，在金属的表面处理中已广泛应用，例如钢铁、铝合金的氧化和磷化，锌的铬酸盐钝化处理等。因此，认识和掌握金属表面上形成的各种化学转化膜的基本原理，对于工艺方法的正确运用和技术改进有着指导性的意义。

一、概述

1. 化学转化膜的定义和分类

(1) 化学转化膜的定义　处于一定介质条件下的金属，由于热力学上的不稳定性，总会自发地发生从活态金属变为相应的钝态化合物的转换。化学转化膜是指通过金属与溶液界面上的化学反应，在其表面形成了稳定的化合物膜。一般的成膜处理是使金属与某种特定的腐蚀液相接触，在一定的条件下发生化学反应，在金属表面形成稳定的难溶化合物膜层。

(2) 化学转化膜的分类　几乎所有工业中常用的金属都可以在选定的介质中通过转化处理取得不同应用目的化学转化膜。根据转化膜的形成过程和特点，化学转化膜有多种分类方法。

按膜的主要组成物类型，化学转化膜可以分为：氧化物膜、铬酸盐膜、磷酸盐膜和草酸盐膜等。按界面反应类型可分为转化膜与伪转化膜两类。前者是指由基体金属溶解的金属离子与化学处理液中阴离子反应生成的转化膜；后者是指主要依靠化学处理液中的重金属离子通过二次反应的成膜作用所生成的转化膜。对于同一类的转化膜，出于应用上的需要和性能上的区别，又可按膜的轻重或厚薄分成若干等级。例如，磷酸盐膜有轻膜、中等膜和重膜三个级别；铝和铝合金的阳极转化膜有软膜和硬膜两个不同的级别等。

在实际生产中通常按基体金属种类的不同，转化膜可分为钢铁转化膜、铝材转化膜、锌材转化膜、铜材转化膜及镁材转化膜等。按用途可分为涂装底层转化膜、塑性加工用转化膜、防锈用转化膜、装饰性转化膜、减摩或耐磨性转化膜及绝缘性转化膜。

2. 化学转化膜的常用处理方法

化学转化膜常用处理方法有：浸渍法、喷淋法、刷涂法等，其特点与使用范围见表3-2。

表 3-2 化学转化膜常用处理方法、特点及适用范围

处理方法	特点	适用范围
浸渍法	工艺简单易控制，由预处理、转化处理、后处理等多种工序组合而成。投资与生产成本较低、生产效率较低、不易自动化	可处理各类零件，尤其适用于几何形状复杂的零件。常用于铝合金的化学氧化、钢铁氧化或磷化、锌材的钝化等
喷淋法	易实现机械化或自动化作用，生产效率高，转化处理周期短、成本低，但设备投资大	适用于几何形状简单、表面腐蚀程度较轻的大批量零件
刷涂法	无需专用处理设备，投资最省、工艺灵活简便。但生产效率低、转化膜性能差、膜层质量不易保证	适用于大尺寸工件局部处理或小批零件以及转化膜局部修理

除了以上处理方法，在工业上应用的还有滚涂法、蒸汽法（如 ACP 蒸汽磷化法）、三氯乙烯综合处理法，以及研磨与化学转化膜相结合的喷射法等。

3. 化学转化膜的防护性能

化学转化膜作为金属制件表面的防护层，其防护功能主要是靠将化学性质活泼的金属单质转化为化学性质不活泼的金属化合物，如氧化物、磷酸盐、铬酸盐、草酸盐等，以提高金属在环境介质中的热力学稳定性。对于质地较软的铝合金、镁合金等金属，化学转化膜还为基体金属提供一层较硬的保护壳，以提高基体金属的耐磨性。除此之外，也依靠表面上的转化产物对环境介质产生隔离作用。

铬酸盐膜是最普遍地能够在多种金属表面上形成的化学转化膜。这种转化膜即使厚度极薄也能较大地提高金属的耐蚀性。例如锌上膜重仅为 $0.5mg/dm^2$ 的无色薄铬酸盐转化膜，其在 $1m^3$ 的盐雾箱中进行盐雾试验，每小时喷射一次质量分数为 3%的氯化钠溶液时，首次出现腐蚀的时间为 200h；而未经处理的锌，仅 10h 就会发生腐蚀。由于试验所涉及的膜很薄，耐蚀性的提高显然是由于金属表面化学活性降低（钝化）所引起的。铬酸盐膜的优异防护性能还在于，当膜层受到机械损伤时，它能使裸露的基体金属再次钝化而重新得到保护，即具有所谓自愈的能力。

对于其他类型的化学转化膜，大多同铬酸盐转化膜那样依靠表面的钝化使金属得到保护。例如，无论是厚度低于 $1\mu m$（膜的质量低于 $1g/m^2$）的转化型磷酸盐转化膜，还是厚达 $15\sim20\mu m$ 的假转化型磷酸盐转化膜，它们对钢铁的防护都是由以 γ-Fe_2O_3 和磷酸铁组成的钝化膜引起的，较厚的磷酸盐结晶膜层的防护作用则是钝化和物理覆盖所起的联合效果。

一般而言，化学转化膜的防护效果取决于下列各方面的因素。

① 受转化金属的本质。

② 转化膜的类型、组成和结构。

③ 转化膜的处理质量，例如与基体金属的结合强度、孔隙率等。

④ 使用环境条件。

应当指出，同别的表面防护层（例如金属镀层）相比，化学转化膜的韧性和致密性相对较差，防护功效不十分显著，往往不足以使金属得到有效的防护。因此，金属在进行化学转化处理之后，通常还需要进行其他防护处理，例如钝化、涂装、浸油等。

4. 化学转化膜的主要用途

金属转化膜在金属制品的生产、存放、使用过程中所起的作用极大，其主要用途有：金属表面防护、耐磨或减摩、装饰、作涂装底层、绝缘和防爆等。因此，化学转化膜广泛应用于机械、仪表仪器、电子、兵器和飞机制造等工业部门，以及日用品的生产上，作为防腐蚀和其他功能性的表面覆盖层。

（1）提高材料的防锈耐蚀性能　由于化学转化膜降低了金属表面活性且将金属与环境介

质隔离，使金属具有较好的化学稳定性。因此，对一般防锈要求的零件，经过化学转化处理后可直接作为耐蚀层使用。例如，钢铁零部件通过化学氧化或磷化处理，锌及其合金镀层通过钝化处理，铝及铝合金通过氧化处理等，均有效地提高了耐蚀性，可直接使用。

（2）提高材料的耐磨或减摩性能 某些化学转化膜具有良好的耐磨减摩性能，例如钢铁经磷化处理得到的磷酸盐膜具有较低的摩擦系数和良好的吸油性，可以减轻滑动摩擦表面的磨损，可用于发动机凸轮、活塞等耐磨零件；还可改善塑性加工的工艺性能，如钢管、钢丝经磷化处理，在拉拔过程中可减少摩擦力，防止黏着磨损，减小拉拔力，延长模具寿命。此外，在金属的冷加工中，化学转化膜（特别是磷酸盐膜和草酸盐膜）可以同时起到润滑和减摩的作用，从而允许制件在较高的负荷下进行加工。

（3）用作打底层 当化学转化膜用在金属制品的防护上时，往往要同其他防护层联合组成多元的防护层系统。此时，化学转化膜常作为这个多元系统的底层。它的作用一方面是使表面防护层同基底金属有良好的结合；另一方面又可在表面防护层局部损坏或者被腐蚀介质（例如湿气）穿透时，防止发生于表面防护层底下的金属腐蚀扩展。

化学转化膜在某些情况下也可用作金属镀层的底层。例如钛和铝及其合金在电镀上的困难是表面极易钝化导致镀层同基材的结合力不良，采用具有适当膜孔结构的化学转化膜来作底层，便是使底层同其材料牢固结合的有效方法之一。

（4）提高材料的装饰性 化学转化膜靠它自身的装饰外观，或者靠它的多孔性质能够吸附各种美观的色料，常被应用于日用制品的装饰上。例如，金属材料经过不同的钝化处理呈现不同的色调或色彩，可提高产品的外观质量。

（5）电绝缘性 磷酸盐转化膜具有占空系数小、耐热性良好、绝缘性好等特点，可用作硅钢片的绝缘层。除此之外，一些具有特殊物理性能和力学性能的转化膜，还可用来达到某种特殊的应用目的，如提高表面对光的吸收和反射性能等。

二、化学转化膜的基本原理

化学转化膜是金属或镀层金属表层原子与水溶液介质中的阴离子相互反应，在金属表面形成含有自身成分附着性好的化合物膜。成膜的典型反应可用式（3-24）表示。

$$mM + nA^{z-} \longrightarrow M_mA_n + nze \tag{3-24}$$

式中，M 为表层的金属离子；A^{z-} 为介质中价态为 z 的阴离子。

化学转化膜同金属上别的覆盖层（例如金属的电沉积层）不一样。转化膜的生成必须有基底金属的直接参与。也就是说，它是处在表面的基底金属直接与选定的介质阴离子反应，使之形成自身转化的产物（M_mA_n）。由此可见，化学转化膜的形成实际上是一种受控的金属腐蚀过程。

在反应式（3-24）中，电子可视为反应产物。这就表明，化学转化膜的形成可以是金属/介质界面间的纯化学反应。化学反应时，反应所产生的电子将交给介质中的氧化剂。事实上，化学转化膜的形成过程相当复杂，它可以是在不同程度上综合化学、电化学、物理化学等多个过程的结果，存在着伴生或二次反应。因此，得到的转化膜的真实组成往往也不是像反应式（3-24）所表达那样的典型化合物。

金属同选定介质间的界面反应，有时还有可能有二次产物的生成，且它可以成为金属上膜层的主要组分。例如，当钢铁制件在磷酸盐溶液中进行处理时，所得到的膜层的主要组分就是由二次反应生成的产物，即锌和锰的磷酸盐。显然，金属上这样得到的无机盐膜层不属于按反应式（3-24）来定义的化学转化膜，考虑到化学转化膜形成过程的复杂性，以及二次反应产物也是金属基底自身转化的诱导才生成的，所以一般不再严格进行区分，都称为化学转化膜。

三、化学氧化处理

化学氧化是指金属表面与介质中的阴离子发生氧化反应生成自身的氧化膜，是化学转化膜主要的一种，一般在钢铁、Al、Cu 等金属及合金上进行。化学氧化处理具有成本低、设备简单、快速方便、应用范围广等优点。

1. 化学氧化原理

不同金属的化学氧化反应机理也不相同。化学氧化过程中在金属上形成的氧化层都是典型的转化层。氧化物的形成反应属于局部化学反应，铝、锌、铜表面氧化反应相对简单，因为产生的金属离子仅以一种氧化态出现，而铁的氧化态则多于一种，金属氧化物的组成并不完全符合化学计算的分子式。

在化学氧化的特定条件下，金属表面转化膜的形成是氧化物在金属/溶液界面区的过饱和溶液中结晶析出的。氧化物膜的形成包括如下三个步骤。

① 表面金属溶解。

② 溶解产物同化学氧化所用的介质发生反应，导致某中间产物生成。

③ 氧化物从过饱和溶液中结晶析出。

在过饱和溶液中结晶析出氧化物的过程对所形成膜的厚度和结构起决定作用。根据结晶理论，从过饱和溶液中析出晶粒的大小取决于晶核数目，而晶核数目则与过饱和溶液中稳定存在的晶核的临界尺寸有关。晶核的临界尺寸越小，晶核的数目越多，形成膜的晶粒越细。晶核的临界尺寸 r_i 与溶液过饱和度 C/C_s 之间有如下关系。

$$RT\ln\frac{C}{C_s}=\frac{2\sigma_i V}{r_i} \tag{3-25}$$

式中，C 和 C_s 分别为过饱和溶液的浓度和饱和浓度；V 为晶体的摩尔体积；R 为摩尔气体常数；σ_i 为晶体的表面张力；T 为温度（K）。由式（3-25）可见，增大溶液的过饱和度可减小晶核的临界尺寸，细化晶粒。

钢铁的碱性氧化膜成膜反应大部分是在氢氧化钠中进行的，其中还加入了促进剂和防老剂，因而实际上是要经过复杂的反应，才能生成为 Fe_2O_3 膜，以代表性的反应列举如下：

$$4Fe+3O_2\longrightarrow 2Fe_2O_3 \tag{3-26}$$

$$4Fe_2O_3+8NaOH+O_2\longrightarrow 4NaFeO_4+4H_2 \tag{3-27}$$

$$2NaFeO_4+5H_2\longrightarrow Fe_3O_4+6NaOH+2H_2O \tag{3-28}$$

在第一阶段，铁和氧化剂反应生成三氧化二铁（Fe_2O_3）。第二阶段，三氧化二铁与氢氧化钠在高温下生成铁酸钠。第三阶段，铁酸钠还原为四氧化三铁（Fe_3O_4）。在钢铁表面附近生成的 Fe_3O_4，其在浓碱性溶液中的溶解度极小，很快就从溶液中结晶析出，并在钢铁表面形成晶核，而后晶核逐渐长大形成一层连续致密的黑色氧化膜。

关于铝材表面碱性氧化的成膜反应，由于水中氢氧根离子的作用能使表面上形成的薄氧化膜进一步增厚，因此往处理液中可适当调配碱类作为溶解氧化膜的抑制剂，调配铬酸钠作为氧化膜生长的氧化剂，以保证生成一定厚度的膜层。其化学反应如下：

$$2Al+6OH^-+6H^+\longrightarrow 2Al^{3+}+6OH^-+6H\longrightarrow 2Al(OH)_3+3H_2 \tag{3-29}$$

$$2Al+2Na_2CrO_4\longrightarrow Al_2O_3+2Na_2O+Cr_2O_3 \tag{3-30}$$

$$\text{或 } 2Al+Na_2CrO_3+3H_2O+2NaAlO_2+CrO_2+6H \tag{3-31}$$

$$2NaAlO_2+H_2O\longrightarrow Al_2O_3+2NaOH \tag{3-32}$$

$$CO_2+2NaOH\longrightarrow Na_2CO_3+H_2O \tag{3-33}$$

关于铜的化学氧化机理存在不同的见解，其中 Weber 的观点最具代表性。在该观点里，铜的化学氧化具有局部的电化学反应特征，在阳极上发生铜的氧化，其反应如下：

$$Cu \longrightarrow Cu^{2+} + 2e^- \tag{3-34}$$

阴极上有：

$$2H_2O + 2e^- \longrightarrow 2OH^- + 2H \tag{3-35}$$

析出的氢随即被氧化剂所氧化而生成水。接下来的如下反应促成了氧化铜转化膜的生成：

$$Cu^{2+} + OH^- \longrightarrow Cu(OH)^+ \tag{3-36}$$

$$Cu(OH)^+ + OH^- \longrightarrow Cu(OH)_2 \tag{3-37}$$

$$Cu(OH)_2 \longrightarrow CuO \cdot H_2O \longrightarrow CuO + H_2O \tag{3-38}$$

在温度较高（如 60℃）的条件下，上述反应将自左向右进行。虽然在形成氧化物膜的反应细节上存在着不同的见解，但过程的进行总包含着金属的溶解、中间产物的生成及氧化物的结晶三个步骤。

化学氧化过程中，膜层厚度的增长是非线性的，按指数规律增长，见图 3-3。由图 3-3 可见，化学氧化时，膜厚为指数关系，图中 δ-t 不是直线；而电化学氧化时，厚度与时间的关系为直线。这是因为化学氧化过程具有自抑制的性质，而电化学反应的厚度与电流有关系。

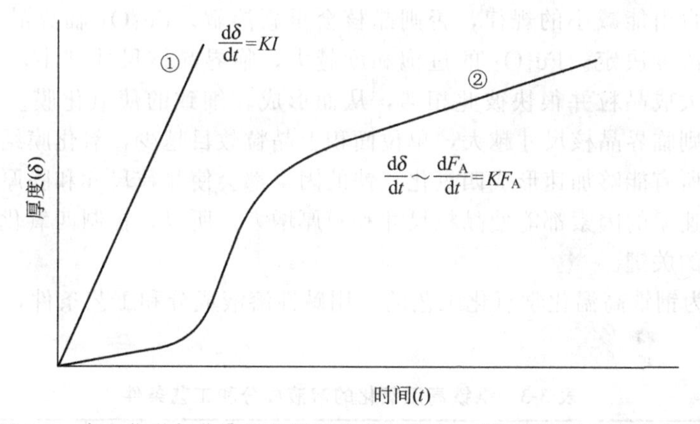

图 3-3　在电化学氧化①和化学氧化②过程中，膜层厚度和时间的关系

假定膜层在金属表面阳极区形成，在给定时间 t 的反应速率取决于阳极的表面积 F_A，有：

$$-\frac{dF_A}{dt} = KF_A \tag{3-39}$$

由式（3-39）可见，随着金属表面的阳极区域被氧化膜覆盖，反应速率按指数规律降低。

2. 钢铁的化学氧化

钢铁的化学氧化处理又称发蓝。钢铁的化学氧化是指钢铁在含有氧化剂的溶液中进行处理，使其表面生成一层均匀的蓝黑到黑色膜层的过程，也称钢铁的“发蓝”或“发黑”。钢铁发蓝工艺具有成本低、工效高、保持制件精度，特别适用于不允许电镀或涂漆的各种机械零件的防护处理。因此，钢铁化学氧化处理广泛用于机械零件、电子设备、精密光学仪器、弹簧和兵器等的防护装饰方面。但使用过程中应定期擦油。

（1）钢铁化学氧化处理的特点

① 氧化后零件表面上生成的氧化膜很薄，膜层厚度约为 0.5～1.5μm。氧化处理时不析氢，故不会产生氢脆。由于氧化膜很薄，对零件尺寸和精度无显著影响。

② 膜层的色泽取决于钢铁零件合金成分和表面状态，以及氧化处理的工艺和工艺规范。膜层一般呈蓝黑色或深黑色，含硅量较高的钢铁氧化膜呈灰褐色或黑褐色。氧化膜的主要组成是四氧化三铁（Fe_3O_4），即磁性氧化铁。

③ 钢铁零件经氧化处理后，虽然能提高耐蚀性，但其防护性能仍然较差，需经肥皂液皂化、浸油或经重铬酸溶液钝化处理，才能提高氧化膜的抗蚀性和润滑性。

（2）钢铁的化学氧化工艺　根据处理温度的高低，钢铁的化学氧化可分为高温化学氧化和常温化学氧化。这两种方法不仅处理温度不同，所用的化学处理液成分也不同，得到的膜组成以及成膜机理也不同。

① 高温化学氧化

高温化学氧化是传统的发黑方法，采用含有亚硝酸钠的浓碱性处理液，在140℃左右的温度下处理15～90min。高温化学氧化得到的氧化膜以磁性Fe_3O_4为主，膜厚一般在0.5～1.5μm左右，最厚可达2.5μm。氧化膜具有好的吸附性，通过浸油或其他后处理，其耐蚀性可大大提高。

钢铁在含有氧化剂的碱性溶液中的氧化处理是一种化学和电化学过程。在氧化膜成长过程中，Fe_3O_4在金属表面上成核和长大的速率直接影响氧化膜的厚度和质量。首先，Fe_3O_4晶核的长大遵守自由能减小的规律，否则晶核会重新溶解。Fe_3O_4临界晶核尺寸由其在不同条件下的饱和浓度决定。Fe_3O_4的过饱和度越大，临界晶核尺寸越小，能长大的晶核数目众多，晶核长大成晶粒并很快彼此相遇，从而形成较细致的薄氧化膜。反之，Fe_3O_4的过饱和度越小，则临界晶核尺寸越大，单位面积上晶粒数目越少，氧化膜结晶粗大，膜层厚度较厚。因此，所有能够加速形成四氧化三铁的因素都会使晶粒尺寸和膜厚减小，而能减缓四氧化三铁生成速率的因素都能使晶粒尺寸和膜厚增大。所以，控制四氧化三铁的生成速率是钢铁化学氧化的关键。

表3-3所列为钢铁高温化学氧化工艺的常用碱性溶液成分和工艺条件，有单槽法和双槽法两种。

表3-3　钢铁高温氧化的溶液成分和工艺条件

溶液类型 成分和工艺条件	1	2	3	4	
				第一槽	第二槽
氢氧化钠（NaOH）/（g/L）	600～700	600～700	550～650	550～650	750～850
亚硝酸钠（$NaNO_2$）/（g/L）	200～250	55～65	150～200	100～150	150～200
磷酸三钠（Na_2PO_4）/（g/L）		20～30			
重铬酸钠（$K_2Cr_2O_7$）/（g/L）	25～35				
温度/℃	130～137	130～137	130～135	130～135	140～150
时间/min	15	60～90	60～90	10～20	40～50

单槽法操作简单，使用广泛，其中1号溶液含有重铬酸盐，氧化处理速度较快，氧化膜致密，但光泽性稍差；2号溶液含有磷酸三钠，当溶液中铁含量增多时可起有益作用，有利于提高氧化膜性能；3号溶液为一般通用，膜层美观光亮。

双槽法是钢铁在两个浓度和工艺条件不同的氧化溶液中进行两次氧化处理，此法得到的氧化膜较厚，耐蚀性较高，且能消除金属表面的红霜。4号溶液为双槽氧化法，从第一槽氧化取出后可不经清洗，直接进入第二槽氧化，可获得防护性较好的蓝黑色光亮氧化膜，厚度为1.5～2.5μm。

氧化液成分对氧化膜质量的影响如下。

(a) 氢氧化钠　随着氢氧化钠质量浓度的增加，氧化膜的厚度稍有增加，但容易出现疏松或多孔的缺陷，甚至产生红色挂灰；但质量浓度过低时，氧化膜较薄，易产生花斑，防护能力差。

(b) 氧化剂　氧化剂浓度提高可以加快氧化速率，得到的膜层致密、牢固；氧化剂质量浓度过低时，得到的氧化膜厚而疏松。

(c) 温度　温度越高，氧化得到的氧化膜膜层薄、易生成红色挂灰，氧化膜质量降低。

(d) 铁离子含量　氧化溶液中含有一定量的铁离子能使膜层致密，结合牢固。但铁离子含量过高，氧化速率降低，且钢铁表面易出现红色挂灰。铁离子含量过高的氧化溶液可用稀释沉淀的方法，使以 Na_2FeO_4 和 Na_2FeO_2 形式存在的铁变成 $Fe(OH)_3$ 沉淀去除。然后通过加热浓缩此溶液，待沸点升至工艺范围，即可再次使用。

(e) 钢铁含碳量　钢铁中碳含量增加，则组织中的 Fe_3C 增多，亦即阴极表面增加，阳极铁的溶解过程加剧，促使氧化膜的生成速率加快，因此在同样温度下氧化，高碳钢所得到的氧化膜比低碳钢厚。

钢铁发黑后，经热水清洗、干燥，在锭子油或变压器油中浸 3～5min 可提高耐蚀性。

② 常温化学氧化

钢铁常温化学氧化一般称为钢铁常温发黑。与高温发黑相比，常温发黑具有节能、高效、操作简便、成本较低、环境污染小等优点。

常温发黑得到的表面膜测主要成分为 CuSe，其功能与 Fe_3O_4 膜相似。当钢件浸入发黑液中时，钢铁表面的 Fe 置换了溶液中的 Cu^{2+}，使铜覆盖在工件表面。

$$CuSO_4 + Fe \longrightarrow FeSO_4 + Cu \quad (3\text{-}40)$$

覆盖在工件表面的金属铜进一步与亚硒酸反应，生成黑色的硒化铜表面膜。

$$3Cu + 3H_2SeO_3 \longrightarrow 2CuSeO_3 + CuSe\downarrow + 3H_2O \quad (3\text{-}41)$$

此外，钢铁表面还可以与亚硒酸发生氧化还原反应，生成的 Se^{2-} 与溶液中的 Cu^{2+} 结合生成 CuSe 黑色膜。

$$3Fe + H_2SeO_3 + 4H^+ \longrightarrow 3Fe^{2+} + Se^{2-} + 3H_2O \quad (3\text{-}42)$$

$$Cu^{2+} + Se^{2-} \longrightarrow CuSe\downarrow \quad (3\text{-}43)$$

表 3-4 所列为钢铁常温发黑液配方。常温发黑操作简单、速度快，通常氧化 2～10min，是一种非常有前途的新技术。目前还存在发黑液不够稳定、膜层结合力稍差等问题。钢铁常温发黑后用脱水缓蚀剂、石蜡封闭可极大提高其耐蚀性。

表 3-4　钢铁常温发黑配方

发黑液组成的质量浓度	配方 1	配方 2
碳酸铜/(g/L)	1～3	1～3
亚硒酸/(g/L)	2～3	2.0～2.5
磷酸/(g/L)	2～4	2.5～3.0
有机酸/(g/L)	1.0～1.5	
十二烷基硫酸钠/(g/L)	0.1～0.3	
复合添加剂/(g/L)	10～15	
氟化钠/(g/L)		0.8～1.0
对苯二酚/(g/L)		0.1～0.3
pH	2～3	1～2

常温发黑液主要由成膜剂、pH 缓冲剂、配合剂、表面润湿剂等组成。这些物质的使用及其添加量对常温发黑质量有极大影响。

(a) 成膜剂　常温发黑液中最主要的成膜物质是铜盐和亚硒酸，这些最终在钢铁表面生成黑色 CuSe 膜。在含磷发黑液中，磷酸盐亦可参与生成磷化膜，称为辅助成膜剂。辅助成膜剂的存在往往可以改善发黑膜的耐蚀性和附着力等性能。

(b) pH 缓冲剂　发黑液的 pH 影响成膜质量。pH 过低，反应速率太快，膜层疏松、附着力和耐蚀性下降；pH 过高，反应速率缓慢，溶液稳定性降低、易产生沉淀。一般将 pH 控制在 2～3 之间。在发黑过程中，随着反应的进行，溶液中的 H^+ 不断消耗，pH 上升。加入缓冲剂的目的就是维持发黑液的 pH 在使用过程中稳定。常用的缓冲剂为磷酸-磷酸二氢盐。

(c) 配合剂　常温发黑液中的配合剂主要用来配合溶液中的 Fe^{2+} 和 Cu^{2+}，但两种离子的配合目的不同。

钢铁在发黑过程中，Fe 被氧化成 Fe^{2+} 进入溶液，溶液中的 Fe^{2+} 再被进一步氧化成 Fe^{3+}；微量的 Fe^{3+} 即可与 SeO_3^{2-} 生成 $Fe_2(SeO_3)_3$ 白色沉淀，使发黑液浑浊失效。因此，在溶液中添加配合剂与 Fe^{2+} 生成稳定的化合物，避免 Fe^{2+} 被氧化，起到了稳定溶液的作用。这类配合剂称为溶液稳定剂，常见的有柠檬酸、抗坏血酸等。

此外，表面膜的生成速率对发黑膜的耐蚀性、附着力、致密度等有大的影响。发黑速率太快，膜层疏松，附着力和耐蚀性降低。因此，为了得到较好的发黑膜，需要控制反应速率。有效降低反应物的浓度可以使成膜速率降低。Cu^{2+} 是主要成膜物质，加入柠檬酸、酒石酸盐、对苯二酚等能与 Cu^{2+} 形成配合物的物质可以有效降低 Cu^{2+} 的浓度，使成膜时间延长至 10min 左右。这类配合剂称为速率调整剂。

(d) 表面润湿剂　加入表面润湿剂可降低发黑溶液的表面张力，使液体容易在钢铁表面润湿和铺展，从而得到均匀一致的表面膜。所使用的表面润湿剂均为表面活性剂，常用的有十二烷基磺酸钠、OP-10 等。

3. 铝及铝合金的化学氧化

铝及铝合金在大气中易形成一层天然氧化膜，但膜层很薄，具有一定的耐蚀性，由于这层氧化膜是非晶的、疏松多孔、不均匀、抗蚀能力不够，容易失去光泽、受污染。为了提高氧化膜的抗蚀性及其他性能，必须进行人工处理，增加氧化膜的厚度、强度及其他防护性能。将铝及铝合金置于酸性、碱性溶液或沸水中，即可发生化学氧化生成以 Al_2O_3 为主的氧化膜，其厚度一般控制在 0.5～4μm。

(1) 铝及铝合金化学氧化的特点

① 铝合金化学氧化膜＋多孔性氧化膜，可以作为油漆底层，与漆膜的附着力比阳极氧化膜大。

② 化学氧化膜能导电，可在其上进行电泳涂装。

③ 与阳极氧化相比，化学氧化处理对铝工件疲劳性能影响较小。

④ 操作简单、不用电能、设备简单、成本低、处理时间短、生产效率高、对基体材质要求低。

(2) 化学氧化分类

铝及铝合金的化学氧化处理，按其溶液的性质可分为碱性和酸性溶液氧化处理两类；按其膜层的性质则可分为氧化物膜层、磷酸盐膜层、铬酸盐膜以及铬酸-磷酸盐膜等。

铝的铬酸盐膜常用作铝建筑型材的油漆底层，这种氧化膜工艺成熟，耐蚀性和与油漆的附着力都很好，但有六价铬的废水排放问题。磷酸锌膜又称为磷化膜，常用于汽车外壳铝板的漆预处理，因为磷酸锌膜经肥皂处理可生成有润滑作用的金属皂，有利于铝板的冲压成型。

(3) 化学氧化工艺

① 溶液组成　化学氧化溶液应含有成膜剂和助溶剂两个基本化学成分。成膜剂一般是具有氧化作用的物质，使铝表面生成氧化膜。助溶剂促进生成的氧化膜不断溶解，在氧化膜中形成孔隙，使溶液通过孔隙与铝基体接触产生新的氧化膜，保证氧化膜不断增厚。要在铝基体上得到一定厚度的氧化膜，必须是氧化膜的生成速率大于氧化膜的溶解速率。

② 常用工艺配方　工业用的氧化工艺主要是在添加适当抑制剂的碱性溶液里进行。碱液化学氧化工艺规范如下。

无水碳酸钠(Na_2CO_3)	50g/L
铬酸钠(Na_2CrO_4)	15g/L
氢氧化钠(NaOH)	25g/L
温度	80～100℃
时间	10～20min

氧化后，制件应立即清洗干净，在 20g/L 的铬酸溶液中和，室温下钝化处理 5～15s，然后清洗，干燥。氧化膜颜色为金黄色，膜厚为 0.5～1μm，适用于纯铝、铝镁、铝锰合金。

③ 工艺流程　铝及铝合金的一般化学氧化工艺流程为：铝制件→机械抛光→化学除油及腐蚀→清洗→中和→清洗→化学氧化→清洗→热水烫（50℃）→压缩空气吹干→烘烤（70℃）→压缩空气吹干→上有机保护层→烘干→成品检验。

4. 铜及铜合金的化学氧化

铜及铜合金具有良好的传热、导电、压延等物理机械性能，但在空气中不稳定，容易氧化；在含有 SO_2、H_2S 等腐蚀介质的大气中，易受到强烈腐蚀。为了提高铜及铜合金的抗蚀性能，除通常采用电镀等措施外，还可利用化学氧化方法在铜及铜合金表面上得到具有一定的装饰外观和防护性能的氧化铜膜层，广泛应用于电器、仪表、电子工业和日用五金等零件的表面防护处理。膜层的成分主要是 CuO 或 CuO_2，颜色可以是黑色、蓝黑色、棕色等，厚度为 0.5～2μm。铜及铜合金氧化处理后，应进行涂油或涂透明漆，以提高氧化膜的防护能力。

典型的铜及铜合金化学氧化溶液成分及工艺条件见表 3-5。

表 3-5　典型的铜及铜合金化学氧化溶液成分及工艺条件

溶液类型 / 溶液成分及工艺条件	1 号溶液(过硫酸盐)	2 号溶液(铜氨盐)
过硫酸钾($K_2S_2O_8$)/(g/L)	10～20	
氢氧化钠(NaOH)/(g/L)	45～50	
碱式碳酸铜[$CuCO_3 \cdot Cu(OH)_2$]/(g/L)		40～50
氨水($NH_3 \cdot H_2O$)/(mL/L)		200
温度/℃	60～65	15～50
时间/min	5～10	5～15

1 号溶液采用的过硫酸盐是一种强氧化剂，在溶液中分解为 H_2SO_4 和极活泼的氧原子，使零件表面氧化，生成黑色氧化铜保护膜。由于氧原子的不断供给，氧化膜也不断增厚，当生成紧密的氧化膜后，便冒出气泡，表明氧化处理已完成。该溶液适用于纯铜零件的氧化，

其缺点是稳定性差，使用寿命短，在溶液配制后立即进行氧化。为保证质量，铜合金零件氧化前应镀一层厚为 3～5μm 的纯铜。

2 号溶液适用于黄铜零件的氧化处理，能得到亮黑色或深蓝色的氧化膜。装挂夹具只能用铝、钢、黄铜等材料制成，不能用纯铜作挂具，以防止溶液恶化。在氧化过程中须经常调整溶液和翻动零件，以防止缺陷的产生。

四、磷化处理

金属在某些酸式磷酸盐（如锌、锰、铁钙等）为主的溶液中处理，使其表面形成一层不溶于水的结晶型磷酸盐转化膜的过程称为磷化处理。磷化膜可在很多金属上形成，如钢铁、锌、铜、铝及镁合金等，其中在钢铁、锌及其合金上应用最多。磷化处理所需设备简单、操作方便、成本低、生产效率高，广泛用于汽车、船舶、航空航天、机械制造、及电器等工业生产。

金属的磷化膜层具有如下特点。

① 与涂层结合牢固，其耐蚀性比涂漆本身的耐蚀性高。

② 磷化处理可以在管道、气瓶和复杂的钢制零件或其他金属的内表面上以及难以用电化学方法获得防护层的零件表面上得到保护层。

③ 硬度不高、机械强度差、性脆不易变形。

④ 耐化学稳定性差，可溶于酸、碱溶液。

⑤ 孔隙率高、易吸收污染物和腐蚀介质，必须及时进行后处理。

1. 磷化处理分类及用途

（1）磷化分类　根据磷化膜所用的处理液、形成过程和特点，磷化处理有多种分类方法。

根据磷化膜中金属离子的来源，磷化膜可分为转化磷化膜和假转化磷化膜。转化型磷化膜是通过磷化液对金属基体的腐蚀，由金属基体提供阳离子与溶液中的 PO_4^{3-} 结合形成磷化膜。该类型磷化膜所的磷化液的主要成分是由钠、钾、铵的磷酸二氢盐及加速剂组成。而假转化型磷酸盐膜是金属在含有游离 H_3PO_4、$Me(H_2PO_4)_2$（Me 为锌、锰、铁等重金属）和加速剂（NO_3^-、NO_2^-、ClO_3^- 等氧化剂）的溶液中进行处理，表面上得到的由重金属的磷酸一氢盐或正磷酸盐所组成的膜。这种膜是处理溶液中重金属的磷酸二氢盐的水解产物。目前大多数的磷酸盐处理方法的目的都是获得假转化型磷酸盐膜。

根据磷化液的组分不同，可得到不同的磷化膜层，有锌系涂层（磷酸锌、磷酸锌铁）、锌钙系涂层（磷酸锌钙和磷酸锌铁）、锰系涂层（磷酸锰铁）、锰铁系涂层（磷酸锌、锰、铁混合物）、铁系涂层（磷酸铁）等磷化膜涂层。

根据磷化处理工艺的温度，磷化处理可分为高温磷化、中温磷化和低温磷化。高温磷化的处理温度为 90～98℃，其优点是膜层较厚、耐蚀性能及结合力较好、磷化速率快，缺点是加热时间长、溶液蒸发量大、成分变化快且结晶粗细不均、沉渣较多。中温磷化的处理温度为 50～70℃，其优点是膜层耐蚀性高、溶液稳定、磷化时间短、生产效率高，缺点是溶液成分复杂，不易调整。低温磷化的处理温度为 25～35℃，由于工作温度低，必须采用强促进剂，其优点是节约能源、成本低、溶液稳定，缺点是处理时间较长、膜层较薄、结合力不强。

（2）磷化膜的用途　磷化膜是由一系列大小晶体组成的，在晶体的连接点上将会形成细小裂缝的多孔结构，具有耐蚀性、吸附性和绝缘性等性能，主要用于以下几方面。

① 耐蚀防护用磷化膜

(a) 防护用磷化膜 常用于钢铁件耐蚀防护处理，磷化膜类型可选用锌系或锰系磷化膜，膜单位面积质量为10～40g/m^2，磷化后涂防锈油、防锈脂、防锈蜡等。

(b) 油漆底层用磷化膜 这种磷化膜用于增强漆膜与钢铁工件的附着力及防护性，提高钢铁工件的涂漆质量，磷化膜可选用锌系或锌钙系。其中，膜单位面积质量为0.2～1.0g/m^2 的磷化膜用作有较大形变钢铁工件的油漆底层；膜单位面积质量为1～5g/m^2 的磷化膜用作一般钢铁工件的油漆底层；膜单位质量为5～10g/m^2 的磷化膜用作不发生形变钢铁工件的油漆底层。

② 冷加工润滑用磷化膜 采用锌系磷化膜有助于冷加工成型，单位面积上膜层质量依使用目的而定。例如，用于钢丝、焊接钢管拉拨的磷化膜质量为4～10g/m^2；用于钢铁工件冷挤压成型的磷化膜质量大于10g/m^2；用于非减壁深冲成型的磷化膜质量为1～5g/m^2；用于减壁深冲成型的磷化膜质量为4～10g/m^2。

③ 减摩用磷化膜 磷化膜能够降低摩擦系数，具有润滑作用。两个滑动表面除了使用较好的润滑剂（如二硫化钼）外，也可使用磷化膜。一般优先选用锰系磷化膜，也可用锌系磷化膜。对具有较小的动配合间隙工件，所用磷化膜单位面积质量为1～3g/m^2，具有较大的动配合间隙工件（如减速箱齿轮），所用磷化膜质量为5～20g/m^2。

④ 电绝缘用磷化膜 电机及变压器用的硅钢片经磷化处理可提高电绝缘性能，一般可选用锌系磷化膜。

2. 磷化膜的形成机理

磷化不仅具有化学过程，还有电化学过程，微电池的阳极溶解以及阴极氢离子放电，致使局部酸度降低，磷酸盐水解并在金属表面沉积。磷化的反应过程十分复杂，本节以钢铁为例，简单阐述磷化的反应机理。

(1) 伪转化型磷化膜的形成机理 伪转化型磷化处理通常是在含有Zn、Mn、Fe的磷酸二氢盐等组成的酸性稀水溶液中进行的。磷酸二氢盐溶于水，可用通式$M(H_2PO_4)_2$表示，其中M代表Zn^{2+}、Mn^{2+}、Fe^{2+}等二价金属离子。在一定的浓度和pH条件下，磷化溶液中会产生如下的电离平衡（以锌盐为例）：

$$Zn(H_2PO_4)_2 \rightleftharpoons ZnHPO_4 + H_3PO_4 \quad (3\text{-}44)$$

$$3ZnHPO_4 \rightleftharpoons Zn_3(PO_4)_2\downarrow + H_3PO_4 \quad (3\text{-}45)$$

由反应式（3-44）、反应式（3-45）可知，在磷化液中存在的主要物质是尚未分解的磷酸二氢盐和由它分解以后生成的磷酸氢盐、磷酸盐沉淀和游离的磷酸。

钢铁是铁碳合金，当浸入磷化液后，Fe和渗碳体（Fe_3C）表面形成无数腐蚀原电池。在阳极微区发生铁的溶解反应：

$$Fe \longrightarrow Fe^{2+} + 2e \quad (3\text{-}46)$$

在阴极微区发生析氢反应：

$$2H^+ + 2e \longrightarrow H_2\uparrow \quad (3\text{-}47)$$

此外，钢铁表面与游离酸发生如下的化学反应：

$$Fe + 2H_3PO_4 \longrightarrow Fe(H_2PO_4)_2 + H_2\uparrow \quad (3\text{-}48)$$

此时，式（3-48）中H_2的析出使钢与溶液界面处的酸度下降，pH升高，导致式（3-46）、式（3-47）中的磷酸根解离平衡向右移动。当钢铁表面附近溶液中的Zn^{2+}、Fe^{2+}等离子浓度与PO_4^{3-}离子浓度的乘积达到溶度积时，不溶性的磷酸盐结晶$Zn_3(PO_4)_2 \cdot 4H_2O$和$Zn_2Fe(PO_4)_2 \cdot 4H_2O$就会在钢铁表面上沉积并形成晶核。随着晶核的增多和晶粒的成长，逐渐在钢铁表面上生成连续的、附着牢固的磷化膜。其化学反应过程为：

$$3Zn(H_2PO_4)_2 + 4H_2O \longrightarrow Zn_3(PO_4)_2 \cdot 4H_2O\downarrow(\text{磷化膜}) + 4H_3PO_4 \quad (3\text{-}49)$$

$$3Fe(H_2PO_4)_2+2Zn(H_2PO_4)_2+4H_2O \longrightarrow Zn_2Fe(PO_4)_2\cdot 4H_2O\downarrow(磷化膜)+4H_3PO_4 \quad (3\text{-}50)$$

钢铁表面溶解下来的 Fe^{2+}，一部分成为磷化膜的组成部分，一部分则与溶液中的氧化剂发生反应，生成不溶性的磷酸铁沉渣（$FePO_4$）沉于槽底。假如被处理的金属是锌和锌合金，由于没有铁的溶解，所形成的磷化膜完全由 $Zn_3(PO_4)_2\cdot 4H_2O$ 组成。

(2) 转化型磷酸盐的形成机理　工件进入溶液后，基体首先按下式进行腐蚀：

$$Fe+2H_2PO_4^{2-} \longrightarrow Fe^{2+}+2HPO_4^{2-}+2[H] \quad (3\text{-}51)$$

生成的［H］很快被氧化：

$$2[H]+[O] \longrightarrow H_2O \quad (3\text{-}52)$$

因此在磷化期间看不到气体放出。此时，金属与溶液界面的 pH 不断升高，使得 HPO_4^{2-} 发生如下反应：

$$2HPO_4^{2-}+Fe^{2+}+2H_2O \longrightarrow Fe(H_2PO_4)_2+2OH^- \quad (3\text{-}53)$$

生成的 $Fe(H_2PO_4)_2$ 继续反应，一般被氧化成磷酸铁盐：

$$2Fe(H_2PO_4)_2+2NaOH+[O] \longrightarrow 2FePO_4+2NaH_2PO_4+3H_2O \quad (3\text{-}54)$$

在 pH 较高时，另一半被氧化成 Fe^{3+} 后形成氢氧化物：

$$2Fe(H_2PO_4)_2+8NaOH+2[O] \longrightarrow 2Fe(OH)_3+4Na_2HPO_4+4H_2O \quad (3\text{-}55)$$

氢氧化物不稳定，在干燥过程中转化成 Fe_2O_3。

3. 磷化膜的组成、结构和性质

根据基体材质，工件的表面状态，磷化液组成及磷化处理时采用的不同工艺条件，可得到不同种类、不同厚度、不同表面密度和不同结构、不同颜色的磷化膜，具体见表 3-6。

表 3-6　磷化膜分类及性质

分类	磷化液主成分	磷化膜主要组成	膜层外观	单位面积上膜质量 /(g/m^2)
锌系	$Zn(H_2PO_4)$	磷酸锌[$Zn_3(PO_4)_2\cdot 4H_2O$] 磷酸铁锌[$Zn_3Fe(PO_4)_2\cdot 4H_2O$]	浅灰至深灰结晶	1～60
锌钙系	$Zn(H_2PO_4)$和$Ca(H_2PO_4)_2$	磷酸锌钙[$Zn_2Ga(PO_4)_2\cdot 2H_2O$] 和磷酸锌铁[$Zn_2Fe(PO_4)_2\cdot 4H_2O$]	浅灰至深灰细结晶	1～15
锰系	$Mn(H_2PO_4)$和$Fe(H_2PO_4)_2$	磷酸锰铁[$Mn_2Fe(PO_4)_2\cdot 4H_2O$]	灰至深灰细结晶	1～60
锰锌系	$Mn(H_2PO_4)$和$Zn(H_2PO_4)_2$	磷酸锌、锰、铁混合物 [$Zn_2FeMn(PO_4)_2\cdot 4H_2O$]	灰至深灰结晶	1～60
铁系	$Fe(H_2PO_4)_2$	磷酸铁[$Fe_3(PO_4)_2\cdot 8H_2O$]	深灰结晶	5～10

磷化膜的厚度一般在 1～50μm，但实际使用中通常采用的单位是单位面积的膜层质量（以 g/m^2 表示）。根据膜重一般可分为薄膜（$<1g/m^2$），中等膜（$1\sim10g/m^2$）和厚膜（$>10g/m^2$）三种。

影响结晶特征和结晶度的因素很多。结晶形状可以是针状、松叶状和粒状，尺寸可以从几微米到几十甚至几百微米。但磷化结晶通常比加速磷化更厚，特别细的结晶可以在含有某种改进成分的加速剂溶液中得到。

磷化膜是一种多孔结构，孔隙率与槽液成分、磷化温度、磷化时间、膜层厚度及前后处理有关，表 3-7 列出了室温下得到的不同厚度膜的孔隙率。

磷化膜在 200～300℃时仍具有一定的耐蚀性，当温度达 450℃时，膜层防蚀能力显著下降。磷化膜在大气、矿物油、动植物油、苯、甲苯等介质中，均具有较好的抗蚀能力，但在酸、碱、海水及水蒸气中耐蚀性差。

表 3-7　室温下形成不同磷化膜厚度和孔隙率的关系

磷化时间/min	孔隙率/($\times10^{-3}cm^2/cm^2$)	厚度/μm
5	8.61	4
10	6.70	6
15	1.93	7

经磷化处理后，基体金属的硬度、磁性等均保持不变，但高强度钢（强度≥1000MPa）在磷化处理后必须进行除氢处理（温度 130～200℃，时间 1～4h）。

4. 磷化处理工艺和影响因素

（1）钢铁磷化处理的施工方法　磷化处理的主要施工方法有三种：浸渍法、喷淋法或浸喷组合法。

浸渍法适用于高、中、低温磷化工艺，可处理任何形状的工件，并能得到比较均匀的磷化膜。这种方法使用的设备简单，仅需磷化槽和相应的加热设备。最好用不锈钢或橡胶衬里的槽子，不锈钢加热管道应安装在槽子的两侧。

喷淋法适用于中、低温磷化工艺，可处理大面积工件，如用作汽车壳体、电冰箱、洗衣机壳体等大型物件的油漆底层和冷变形加工等。这种方法处理时间短，成膜反应速率快，生产效率高。

一般钢铁工件磷化处理工艺流程如下：

化学除油→热水洗→冷水洗→酸洗→冷水洗→磷化处理→冷水洗→磷化后处理→冷水洗→去离子水洗→干燥。

（2）磷化处理的溶液成分及工艺条件　磷化处理的溶液按磷化温度可分为高温磷化（90～98℃）、中温磷化（50～70℃）和常温磷化（20～35℃）三种。

① 高温磷化处理　高温磷化处理的溶液成分和工艺条件见表 3-8。磷化处理在 90～98℃温度下进行，溶液的游离酸度与总酸度的比值为 1∶(7～8)，处理时间为 10～20min。其优点是磷化膜的抗蚀能力较强、结合力好，缺点是槽液加温时间长、溶液挥发量大、游离酸度不稳定、结晶粗细不均匀。

表 3-8　高温磷化处理溶液成分及工艺条件

溶液类型 / 溶液成分及工艺条件	1	2	3
磷酸锰铁盐(马日夫盐)/(g/L)	30～40		30～35
磷酸二氢锌[$Zn(H_2PO_4)_2\cdot2H_2O$]/(g/L)		30～40	
硝酸锌[$Zn(NO_3)_2\cdot6H_2O$]/(g/L)		55～65	55～65
硝酸锰[$Mn(NO_3)_2\cdot6H_2O$]/(g/L)	15～25		
游离酸度/点	3.5～5.0	6～9	5～8
总酸度/点	35～50	40～58	40～60
温度/℃	94～98	90～95	90～98
时间/min	15～20	8～15	15～20

② 中温磷化处理　中温磷化处理的溶液成分和工艺条件见表 3-9，其中 HT 锌钙磷化浓缩液是太仓县合成化工厂产品，Y836 锌钙磷化浓缩液是上海仪表烘漆厂产品。磷化处理通常是在 50～70℃温度下进行，溶液的游离酸度与总酸度的比值为 1∶(10～15)，处理时间

5～10min。其优点是游离酸度较稳定、容易掌握、磷化时间短、生产效率高、磷化膜耐腐蚀性能与高温磷化基本相同。

表 3-9 中温磷化处理溶液成分及工艺条件

溶液成分及工艺条件 \ 溶液类型	1	2	3	4
磷酸锰铁盐(马日夫盐)/(g/L)	30～35			
磷酸二氢锌[$Zn(H_2PO_4)_2 \cdot 2H_2O$]/(g/L)		30～40		
硝酸锌[$Zn(NO_3)_2 \cdot 6H_2O$]/(g/L)	80～100	80～100		
HT 锌钙磷化浓缩液/(mL/L)			150～200	
Y836 锌钙磷化浓缩液/(mL/L)				170～210
游离酸度/点	5～7	5～7.5	3～5	4～4.5
总酸度/点	50～80	60～80	40～60	50～55
温度/℃	50～70	60～70	50～70	65～70
时间/min	10～15	10～15	3～8	4～6

③ 常温磷化处理　常温磷化处理的溶液成分和工艺条件见表 3-10，其中 BONDERITE339 磷化浓缩液是 PY-RENE 公司的产品，由华美电镀技术有限公司供应，842A 磷化浓缩液是中国船舶工业总公司的工艺研究生产品。常温磷化是在 25～35℃下进行，溶液的游离酸度与总酸度比值一般为 1∶(20～30)。其优点是不需要加热、药品消耗少、溶液稳定，缺点是有些配方处理时间较长。

表 3-10 常温磷化处理溶液成分及工艺条件

溶液成分及工艺条件 \ 溶液类型	1	2	3	4
磷酸二氢锌[$Zn(H_2PO_4)_2 \cdot 2H_2O$]/(g/L)	60～70	50～70		
硝酸锌[$Zn(NO_3)_2 \cdot 6H_2O$]				
亚硝酸钠/(g/L)	60～80	80～100		
氟化钠/(g/L)		0.2～0.1		Na_2CO_3 2.8 55mL/L 23mL/L
氧化锌/(g/L)	3～4.5			
BONDERITE339 磷化浓缩液/(g/L)	4～8			
842A 磷化浓缩液/(mL/L)			50	
842B 磷化浓缩液/(mL/L)			20	
游离酸度/点	3～4	4～6	1.5～3	0.7～1.0
总酸度/点	70～90	75～95	25～35	25
温度/℃	25～30	20～35	15～25	25～35
时间/min	30～40	20～40	10～20	1.5～2

(3) 磷化处理工艺的影响因素

① 酸度的影响　磷化处理液的酸度、金属离子浓度以及 PO_4^{3-} 的含量是影响成膜的重要因素，特别是游离酸度。因此，在磷化过程中保持总酸度与游离酸度的比值，即酸比系数 (f) 至关重要。

游离酸度 (FA) 是指由磷化液中一级电离的 H^+ 浓度。游离酸度可采用甲基橙作指示剂，用 0.1mol/L 的 NaOH 溶液滴定 10mL 磷化液所消耗的 NaOH 溶液的体积 (mL) 来表示，此数值称为“点”，1mL 为一点。

总酸度（TA）也称全酸度，是指磷化液中 H^+ 浓度的总和，包括磷酸第一、第二级电离的 H^+，重金属盐类水解产生的 H^+ 以及各种金属离子的总和。总酸度的测定方法与游离酸度的测定方法相同，但滴定终点的指示剂为酚酞。

酸比是指磷化液总酸度与游离酸度的比值，表示磷化液中各成膜离子含量的总和与游离 H^+ 浓度的比值，是控制槽液中离子浓度相对平衡的重要因素。酸比系数由磷化槽的 pH 决定。磷化槽的总浓度（M^{2+}、PO_4^{3-}）也必须控制在一定的范围之内，浓度太低成膜时间长，且磷化膜的防护性降低。

② 成膜物质组分的影响　磷化液中的组分及其含量，尤其是主要成膜物质的组分及其含量对磷化质量具有决定性的影响。不同的组分组成、不同系列的磷化体系得到的是不同成分、不同晶型和不同性能的磷化膜。同一组分同一系列的磷化液，组分含量不同则磷化的速率和膜层的厚薄、疏密和性能也不同。

在各种成膜离子中，Zn^{2+} 对膜重的影响最大、PO_4^{3-} 的影响次之。在磷化液中加入 Ni^{2+}、Mn^{2+}、Co^{2+}、Ca^{2+} 等二价阳离子能够细化晶粒，其中 Ca^{2+} 的效果最明显。

在磷化膜厚度相同的情况下，磷化液成分影响磷化膜质量及涂漆后的防护性。一些二价重金属离子加入锌系磷化液，如 Ni^{2+}、Mn^{2+}、Co^{2+}、Ca^{2+}，可参与成膜并能显著提高磷化膜的防护性。

③ 磷化促进剂的影响　磷化促进剂是磷化液的重要组成，对磷化具有极大地影响。为了加快磷化速率，可以采用各种加速的方法，用得最多的是添加氧化剂，如 NO_3^-、NO_2^-、H_2O_2 和过硼酸盐等。氧化剂的作用是除去对膜生长有害的成膜反应副产物，主要是氢原子和亚铁离子，可以加快成膜速率、缩短处理时间、降低沉渣量、减少化学成分的消耗、降低成本，保证磷化膜的成分及磷化膜质量基本不变并使磷化膜的耐蚀性基本保持不变。

此外，其他物质及方法也可以加速磷化，如惰性金属离子、还原剂、电化学方法等。

加速剂的含量对磷化过程的影响很大，含量太低、反应速率慢，但含量太高又会导致金属表面钝化，阻止磷化膜的形成，因此必须控制加速剂的含量。低温、室温磷化加速剂的用量通常高于中温、高温磷化。

④ 磷化温度和时间的影响　温度和磷化时间是影响磷化膜质量的重要因素，特别是厚膜磷化，在低温下形成的磷化膜薄、多孔、耐蚀性差。磷化膜的形成是一个吸热反应过程，因此温度影响磷化反应速率，尤其是中温和低温磷化。随着温度升高磷化膜厚度增加，特别是在提高酸度的条件下。磷化时间与磷化类型、磷化方式、磷化温度、促进剂的种类和含量以及工作表面状态等因素有关。在正常的处理条件下，磷化膜厚度和防护性随磷化时间的延长而提高，这是因为随磷化时间的延长膜厚不断增加，孔隙也越来越小，直到膜厚和孔隙不再变化，此时的防护性最好。

5. 磷化处理加工中常见的问题

磷化表面处理在许多企业应用，但仍在使用中会发生磷化不上、磷化速率快、磷化液消耗量大等问题。在这里，对于确定配方的磷化液，操作人员一定要注意观察磷化过程的现象，保证磷化液配方的正确性。

磷化液配制一般是先配好母液，然后再在磷化池中兑水，达到相应的浓度，由于工作时懒于化验，一般是大概兑水，但由于兑水的量不标准，使磷化液浓度不合适。这时可以用眼睛观察钢铁表面反应状况，若钢铁表面出现较多的大气泡，则表示兑水太少、酸度太大；若气泡太小或不产生气泡，表明兑水太多，应再补母液。建议对新配的磷化液要进行检验，一般检验只要测量游离酸度和总酸度即可，使其在合适的范围内。

磷化液使用后期，沉渣多、酸度低，可以适当地提高温度或加促进液，加快磷化。

磷化过程出现花斑，检查表面除油除锈的效果。一般来讲，补加 H_3PO_4 主要提高游离酸，补加磷酸二氢锌主要提高总酸度。通过补加 H_3PO_4 和磷酸二氢锌的量来调整酸比系数。

新配制的磷化液磷化速率慢，可以加一些铁屑等，促进磷化速率，随着磷化的进行，磷化工件中铁的腐蚀使磷化液中铁离子含量增大，这时磷化速率就会提高。

五、铬酸盐的钝化处理

铬酸盐钝化处理是指使金属表面转化成以铬酸盐为主要组成的膜的一种工艺方法，实现这种转化可用的介质一般是以铬酸、碱金属的铬酸盐或重铬酸盐为基本成分的溶液。铬酸盐膜是最普遍地能够在多种金属上形成的化学转化膜。

铬酸盐钝化处理多在室温下进行，具有工艺简单、处理时间较短和适用性强等优点。铬酸盐钝化处理主要用于电镀锌、电镀镉钢材的后处理工序，也可作为 Al、Mg、Cu 等金属及合金的表面防护层。铬酸盐膜耐蚀性高，锌镀层经过铬酸盐钝化处理其耐蚀性可提高 6～8 倍。铝及铝合金上的铬酸盐膜虽然很薄，但防护性较好，不仅单独用作防护膜，也可用作涂料底层。

铬酸盐钝化具有如下特点。

① 铬酸盐钝化膜能提高锌等金属的耐大气、二氧化碳和水蒸气腐蚀能力 2～4 倍。

② 使用不同的钝化工艺和处理条件可获得光亮的各种色彩，例如彩虹色、白色、军绿色和黑色等，赋予金属表面以美丽的装饰外观。

③ 提高耐蚀性和抗污染能力。

1. 铬酸盐膜化学反应机理

通常，铬酸盐膜层可分为两种类型。即黄色与绿色的铬酸盐膜。虽然铬酸盐可在铬、铁、黄铜、铜、镁、锡、银等金属表面上析出，但主要是用于铝材及锌材表面的成膜。

金属在酸性溶液中铬酸盐成膜的过程实质上是金属溶解和铬酸盐膜生成的过程。铬酸盐成膜反应机理遵循以下原则。在反应开始时，溶液中产生初生态氢，这种初生态氢具有将铬化合物中的六价铬还原为三价铬的作用，由于金属与酸反应，首先在局部阴极处使氢离子放电而产生初生态氢，继而在局部阳极处生成金属离子。由于以上这些反应而产生氢氧化铬、碱性氧化铝、碱式铬酸铬以及易于生成铬或锌的金属铬酸盐沉淀物质。通常，在溶液反应中并不产生气体。在反应中所产生的氢氧化物及氧化物等碱性金属化合物，由于被金属溶解时产生的氢离子所中和，因而在金属溶液界面处的 pH 升高，其结果是在大多数情况下，这些氢氧化物及氧化物等碱式金属化合物都在金属部件表面上析出而形成膜层。

铬酸盐膜层有黄色和绿色之别，两者的色相及组成不同，在处理液中的反应机理也不同。例如，铝材表面的黄色铬酸盐膜层中含 24%～28%的 Cr^{3+}，0.4% Cr^{6+}，1.5%～7% Al，0.3%～4%F，因此，这种组成的铬酸盐膜层基本上是由碱性氧化铝、氢氧化铬、少量铬酸铬、氟化铝等组成，只含少量磷酸盐。

黄色铬酸盐成膜反应表示如下：

$$2Al+6HF \rightleftharpoons 2Al_3F+6H \text{ 或 } Al+3H^+ \rightleftharpoons Al^{3+}+3H \quad (3\text{-}56)$$

$$6H+2CrO_3 \rightleftharpoons 2Cr(OH)_3 \text{ 或 } Al+Cr_2O_7+14H^+ \rightleftharpoons 2Al^{3+}+2Cr^{3+}+7H_2O \quad (3\text{-}57)$$

$$2Al^{3+}+4H_2O \rightleftharpoons 2AlO(OH)+6H^+ \quad (3\text{-}58)$$

$$2Cr(OH)_3+CrO_3 \rightleftharpoons Cr(OH)_3 \cdot Cr(OH) \cdot CrO_4+H_2O$$

$$\text{或 } Cr(OH)_3+CrO_3 = Cr(OH) \cdot CrO_4+H_2O \quad (3\text{-}59)$$

在铝表面上生成的绿色膜层，可以认为是由磷酸与氢氧化铬相作用生成难溶性磷酸铬，从而将氢氧化铬全部消耗掉。因此，在初生态氢存在下，由三氧化铬还原生成的氢氧化铬就不能再与三氧化铬反应生成铬酸铬。此时，三氧化铬不会发生沉淀，而是在溶液中完全能够还原为铬化合物。

在铝表面由含磷酸处理液处理形成绿色膜的反应表示如下：

$$2Al+2H_3PO_4 = 2AlPO_4+6H \tag{3-60}$$

$$2CrO_3+6H = 2Cr(OH)_3 \tag{3-61}$$

$$2Cr(OH)_3+2H_3PO_4 = 2CrPO_4+6H_2O \tag{3-62}$$

或把式（3-60）、式（3-61）、式（3-62）综合可表示成式（3-63）和式（3-64）

$$Al+CrO_3+2H_3PO_4 = AlPO_4+CrPO_4+3H_2O \tag{3-63}$$

$$2Al^{3+}+4H_2O = 2AlO(OH)+6H^+ \tag{3-64}$$

因膜层为水合物所组成，除 $AlPO_4$ 和 $CrPO_4$ 外还含有 3～4mol 水。但最初的浸渍操作中溶出的铝，或生成的铬离子 Cr^{3+} 并不全部进入膜层中。

锌材表面铬酸盐膜的形成，基本上与铝材的成膜情况相同。

在锌材成膜工艺初期的反应阶段，首先一小部分锌与酸反应，反应生成物不断向溶液中扩散。在局部阴极处产生的电子将三氧化铬或铬酸离子还原为铬离子或氢氧化铬。氢氧化铬进一步与过量的三氧化铬反应形成铬酸铬，生成的可溶性硫酸锌或氯化锌一部分直接转化生成铬酸锌。根据酸性铬酸盐溶液浓度和反应时间的不同，形成各种厚度的铬酸盐膜，膜层透明，呈黄色、褐色以至橄榄绿色。膜厚时可用苯胺染料染色。

2. 铬酸盐钝化膜的特性

（1）膜的组成和结构　铬酸盐钝化膜的组成比较复杂，主要由三价铬和六价铬的化合物以及基体金属或镀层金属的铬酸盐组成。不同基体金属，采用不同的铬酸盐处理液，得到的膜层颜色和膜组成也不同。钝化膜的大致结构为：$Cr_2O_3 \cdot Cr(OH)CrO_4 \cdot MCrO_4 \cdot M_2(OH)_2CrO_4 \cdot M(CrO_2)_2 \cdot xH_2O$。

盖勃哈里特（Gebhardt・M）用 X 射线衍射法及电子衍射法对铝材表面铬酸盐膜层的化学组成和晶体结构进行了分析，结果见表 3-11。

表 3-11　铝材表面铬酸盐膜层的化学组成和晶体结构

处理法	化学式	晶体结构	颜色
磷酸、铬酸系	$NaAl \cdot [PO_4 \cdot (OH \cdot F)]$ β-$CrPO_4$	PT $c_m c_m$	橄榄绿
铬酸系	α-AlOOH CrO_2 $Cr(NH_3)_5NO_2 \cdot CrO_4$ $CrF_3 \cdot 3H_2O$	 Pbnm P_{42}/mnm 	无色 黑色 黄褐色 绿
铬酸	α-CrOOH α-AlOOH	R_3m $c_m c_m$	红褐色 无色

钝化膜层中的三价铬和六价铬组成含水的复合物。三价铬的复合物是膜的不溶部分，构成膜的骨架，使膜具有一定的厚度和硬度，同时影响膜的耐蚀性。六价铬化合物以夹杂形式或因被吸附或化学键的作用而分散在膜的内部，起填充作用。当膜受到轻度损伤时，可溶性的六价铬化合物能使损伤部分再次钝化。一般认为，铬酸盐膜中六价铬化合物的含量越多，其防蚀效果越好。

（2）膜的性能

① 膜的颜色　在不同的处理条件下，不同金属的铬酸盐膜的颜色可以从无色透明或乳白色变为黄色、金黄色、淡绿色、绿色、暗绿色、褐色直至黑色。膜的颜色不同，厚度不同，单位质量也不同。如颜色透明的膜薄，单位质量为 0.5mg/dm^2；颜色为橄榄色的膜厚，单位质量为 30mg/dm^2；一般的黄色膜的单位质量为 10～18mg/dm^2。

② 膜的力学性能　由于铬酸盐膜与基体结合良好，铬酸盐膜具有足够的韧性，在受压缩或成型加工时具有一定的延展性。铬酸盐膜的耐磨性非常差，黄色或黄褐色的厚膜和尚未干燥的膜的耐磨性更差，特别是从铬酸盐钝化槽取出的制件在未干燥之前，应防止磨伤。

③ 耐蚀性　耐蚀性是铬酸盐膜最重要的特性。铬酸盐膜具有防蚀性的主要原因是铬酸盐膜的结构比较紧密，具有良好的化学稳定性，在腐蚀介质中对基体金属起隔离保护作用，且铬酸盐膜中部分可溶性的六价铬化合物对裸露金属起缓蚀作用。在潮湿空气中，金属表面裸露时，六价铬化合物会慢慢溶入凝结水形成铬酸，使露出的金属重新钝化。

3. 铬酸盐膜成膜工艺

(1) 表面预处理　表面预处理的目的是除去要钝化工件表面的油、脂、灰尘及氧化物，一般采用常规的预处理工艺即可。对于电镀层来说，只要把刚电镀的零件清洗干净即可进行钝化。

(2) 钝化处理　铬酸盐钝化溶液的成分取决于被钝化金属的种类、钝化膜所要求的特性、钝化工艺流程和操作方法。

铬酸盐钝化溶液具有五个基本特性，即成膜能力、着色、抛光表面的能力、抑制浸蚀的能力及使表面光亮的能力。由于溶液的作用方式不同使得这些特性中每一种能力的大小也可能不一样。

铬酸盐钝化液主要由六价铬化合物和活化剂组成。最常用的六价铬化合物是铬酐、重铬酸钠或重铬酸钾，溶液中加有少量硫酸和硝酸。为了缩短钝化时间，改进钝化膜的性质和颜色，往往加入下列活化剂：甲酸或可溶性甲酸盐、氯化钠、三氯化铁、硝酸、硝酸锌、醋酸和氢氟酸。

温度、时间以及溶液的 pH、六价铬浓度、活化剂的浓度等都对形成的铬酸盐钝化膜性质有很大影响。

钝化一般在室温（15～30℃）下进行，低于 15℃ 成膜速率很慢，升温虽可得到更硬的钝化膜，但结合力差且成本高，一般不宜采用。

浸渍时间一般在 5～60s 之间，铝和镁为 1～10min。

铬酸盐钝化液的 pH 除了少数采用碱性溶液外（如银在 pH 为 8、铝和锡在 pH 为 12 的铬酸盐中进行电解钝化），大多采用酸性溶液，如：光亮透明的钝化膜 pH 为 1.0～1.5；黄色钝化膜 pH 为 1.0～2.5；橄榄色钝化膜 pH 为 2.5～3.5。

(3) 老化处理　钝化膜形成后的烘干称为老化处理。新生成的钝化膜较柔软，容易磨掉。加热可使钝化膜变硬，成为憎水性的耐腐蚀膜。但老化温度不应超过 75℃，否则钝化膜失水，产生网状龟裂，同时可溶性的六价铬转变为不溶性，使膜失去自修复能力。若老化温度低于 50℃，成膜速度太慢，因此，一般采用 60～70℃。

4. 铝和铝合金的铬酸盐钝化

铝和铝合金铬酸盐钝化的第一个典型工艺是 1950 年提出的埃瑞特（Iridite）法，该法已获得广泛应用，其方法简单，抗蚀性高，但溶液的准确成分没有公开。铝及铝合金的铬酸盐膜与锌上的铬酸盐钝化膜相似，由复杂的铬化合物组成。膜的颜色取决于浸渍时间及 pH，在很大程度上也与合金的成分有关系，由无色到黄色再到青铜色。

铝上的铬酸盐钝比膜是无定形的，大约为 0.25μm 厚，硬度低于铝氧化膜。

铝及铝合金的铬酸盐膜具有一定的防护性。铬酸盐钝化处理过的铝合金的抗蚀性随合金成分而变化，其变化规律与未钝化的铝合金一样。抗蚀性与铜和铁的含量成反比。铬酸盐钝化膜的抗蚀性一般高于阳极氧化膜。经钝化处理后，零件的尺寸及导电性不产生明显的变化，但对高频传导性影响相当高。

用于铝和铝合金铬酸盐钝化的溶液成分和操作条件见表 3-12。

表 3-12　铝和铝合金铬酸盐钝化的溶液成分和操作条件

编号	溶液组成/(g/L)		温度/℃	浸渍时间/min	pH
1	铬酐	3～7	30～35	2～5	1.2～1.8
	重铬酸钠或重铬酸钾	3～6			
	氟化钾	0.5～1			
2	铬酐	2.5～4	30	3	1.5
	重铬酸钠	3.0～3.5			
	氟化钠	0.6			
3	铬酐	5	30～35	2～3	1.8
	重铬酸钠	7			
	氟化钠	0.6			
4	重铬酸铵	10～350	30	1～5	<3
	氢氟酸	0.25～11			
5	重铬酸钠	200	18～25	8～10	
	氢氟酸	1～2			
	铬酐	3～5			
	氟硅酸钠	3～5			

六、草酸盐转化膜

某些金属在草酸的作用下可在其表面形成草酸盐组成的转化膜。它在一定程度上使金属的耐蚀性有所改善，并且亦可以作为油漆的底层。但与磷酸盐膜及其他类型的转化膜相比，这种膜的防护性能要差得多，因此几乎不被用在金属的防护上。

草酸盐处理的特殊应用场合是作为铁素体、马氏体和奥氏体铬镍合金钢的冷变形加工前处理，使加工容易进行。这类高合金钢难以接受磷化处理。

草酸盐膜的化学组成由金属的材质和所用处理溶液的组成决定。对于不锈钢和耐热钢，一般要在含硫化物和氯化物的草酸溶液中处理才能形成转化膜，其组成则为各个合金元素的硫化物和草酸盐。由于膜层中有硫化物的存在，使其具有能促进冷作加工的润滑性质。

1. 草酸盐转化膜的形成机理

（1）成膜条件　草酸是一种中等强度的酸，其离解分两步：

$$H_2C_2O_4 \rightleftharpoons H^+ + HC_2O_4^- \quad K_1(25℃)=5.9\times10^{-2} \tag{3-65}$$

$$HC_2O_4^- \rightleftharpoons H^+ + C_2O_4^{2-} \quad K_2(25℃)=6.4\times10^{-5} \tag{3-66}$$

碳钢在草酸中可被溶解并析出氢，所生成的草酸亚铁溶于水（18℃）时的溶解度为35.3mg/L。但在有草酸铁存在的情况下，由于生成络合物或复合物，草酸亚铁的溶解度将显著增加。草酸以及它的铵盐和碱金属盐，能与 Cr、Co、Fe、Mn 和 Mo 等重金属形成络合物。

高合金的表面总存在有铬、镍的氧化物膜，单独的草酸不能使之溶解。所以，只有在草酸溶液中添加某些物质，消除表面钝化，才能促使草酸盐膜的形成。马库（Machu）指出，这些添加物可分成两类：一类是加速剂，一般为含四价硫的化合物；另一类是活化剂，一般为卤化物。

1Cr18Ni8 不锈钢在含氯化钠和硫代硫酸钠的草酸溶液中处理时，电位和膜重随处理时间的变化如图 3-4 所示。由图可见，在处理的起始阶段，金属表面上的钝化膜被溶解，电位迅速变负。在 60s 以后，不锈钢表面接近于活化电位，草酸盐膜开始形成，并逐渐增长。

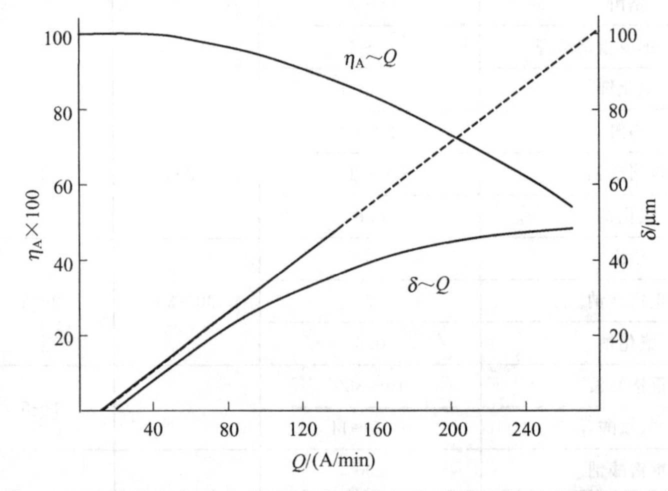

图 3-4 不锈钢在草酸盐处理溶液中的电位和膜重随处理时间的变化

(2) 成膜反应 按照马库的见解，金属的草酸盐处理是按电化学过程的方式进行的。这个过程包括金属在微阳极上的溶解，以及微阴极上的析氢和加速剂的还原。后者导致生成铁和镍、铬等金属的硫化物膜，并有次级反应生成的草酸盐在基体上沉积。

在草酸盐处理溶液中，当有亚硫酸盐存在时，上述发生在相界面上的过程可以表示如下。

① 金属在阳极上失去电子。

$$Me \longrightarrow Me^{n+} + ne \tag{3-67}$$

式中，Me^{n+} 为 Fe^{2+}，Ni^{2+}，Cr^{3+}，Mn^{2+}，Mo^{4+} 等。同时，阴极上发生反应形成 H：

$$2H^+ + 2e \longrightarrow 2H \tag{3-68}$$

生成的氢原子可以部分地与金属形成“合金”。在有含硫化合物的存在下，金属吸氢是比较容易的。

② 亚硫酸盐在阴极上还原。

$$2SO_3^{2-} + 2e + 4H^+ = S_2O_4^{2-} + 12H_2O \tag{3-69}$$

$$SO_3^{2-} + 6H = S^{2-} + 3H_2O \tag{3-70}$$

③ 次硫酸盐部分分解。

$$2S_2O_4^{2-} = S_2O_3^{2-} + S_2O_5^{2-} \tag{3-71}$$

$$SO_3^{2-} + 6H = S^{2-} + 3H_2O \tag{3-72}$$

④ 焦亚硫酸盐被氢原子还原。

$$S_2O_5^{2-} + 4H = SO_3^{2-} + S + 2H_2O \tag{3-73}$$

⑤ 形成难溶硫化物

$$Fe^{2+} + S^{2-} \longequal FeS \quad (3\text{-}74)$$

$$Ni^{2+} + S^{2-} = NiS \quad (3\text{-}75)$$

$$Mo^{4+} + 2S^{2-} = MoS_2 \quad (3\text{-}76)$$

这些硫化物直接在金属表面上形成难溶的膜，成为促进冷加工的润滑层。

⑥ 活化剂与金属表面相作用。

$$Fe + 2Cl^- + 2H^+ = FeCl_2 + 2H \quad (3\text{-}77)$$

$$Ni + 2Cl^- + 2H^+ = NiCl_2 + 2H \quad (3\text{-}78)$$

$$Cr + 3Cl^- + 3H^+ = CrCl_3 + 3H \quad (3\text{-}79)$$

⑦ 金属离子通过硫化物层向溶液扩散，生成难溶的草酸盐。

$$Fe^{2+} + C_2O_4^{2-} \longrightarrow FeC_2O_4 \quad (3\text{-}80)$$

$$Ni^{2+} + C_2O_4^{2-} \longrightarrow NiC_2O_4 \quad (3\text{-}81)$$

$$2Cr^{3+} + 3C_2O_4^{2-} \longrightarrow Cr(C_2O_4)_3 \quad (3\text{-}82)$$

所生成的草酸盐以晶体形式沉积在硫化物层上或硫化物层孔隙内。草酸盐层与处理开始阶段形成的硫化物层结合十分牢固。

2. 工艺方法

草酸盐膜的唯一用途是促进高合金钢的冷变形加工。对于这类合金钢，在接受草酸盐处理之前，需进行特殊的表面清理。这是因为，在高合金钢表面上常存在着难以被一般酸洗溶液溶解的氧化皮，需要用熔盐剥落法才能除去。熔盐的组成为：

氢氧化钠	75%～82%
硝酸钾	15%
硼砂	3%～10%

钢材在温度为480～550℃的上述熔盐中处理10min后，立刻置入冷的流水槽中，使已松散的氧化皮自表面上剥落，黏附的盐霜也一起溶去。但表面上仍有熔盐处理时由氧化皮转化而成的氢氧化物残留，可在含14% H_2SO_4 和1.5% NaCl的溶液中，在60～85℃的温度下处理10min去除。

清除了氧化皮的高合金钢经碱液除油后，可在含14% HNO_3 和1.5%HF的溶液中，在室温下浸渍10min，使表面光亮。接着在室温下再在含有20% HNO_3 的溶液中处理5～10min，使表面均匀钝化。此后，钢件经流动冷水彻底清洗便可进行草酸盐处理。

在高合金钢所用的草酸盐处理溶液中，除草酸外还必须含有加速剂和活化剂。作为加速剂的有亚硫酸盐、硫代硫酸盐、连四硫酸等，所用的浓度一般为0.1%，且必须控制在一定的极限之内。否则，溶液与金属表面作用过于强烈，以致膜不能形成。浓度为0.01%～1.5%的草酸钠钛和1%～4%的钼酸盐也可作为加速剂。

作为活化剂的大多是氯化物和溴化物。此外，也可以用氟化物或氟硅酸盐和氟硼酸盐。所用卤化物的浓度十分高，卤素离子在溶液中可高达20%。但在溶液中当铁的含量限定在1.5%～6%，以及有1.5%～3%的硫氰酸盐存在时，氯化物的浓度可以降至约为2%。若单独使用硫氰酸盐作为活化剂，则其浓度要增加到4%。

高合金钢草酸盐处理的典型配方如下：

草酸	50g/L
氯化钠	20g/L
氟化钠	10g/L
硫代硫酸钠	3g/L
钼酸铵	30g/L

温度　　　　　　　　　45～55℃
时间　　　　　　　　　4～10min

所得的草酸盐膜需经浸油或者在10%的钾肥皂溶液中，于25～70℃的温度下浸渍。最后用110～120℃的热空气流进行干燥。

参 考 文 献

[1] 吴纯素. 化学转化膜 [M]. 北京：化学工业出版社，1988.
[2] 沈宁一，许强令，吴以南等. 表面处理工艺手册 [M]. 上海：科学技术出版社，1991.
[3] 间宫，富士雄. 金属的化学处理 [M]. 北京：化学工业出版社，1987.
[4] 高云振. 铝合金表面处理 [M]. 北京：冶金工业出版社，1991.
[5] 赵女珍. 金属材料表面新技术 [M]. 西安：西安交通大学出版社，1992.
[6] 曾化梁，杨崇昌. 电解和化学转化膜 [M]. 北京：轻工业出版社，1987.
[7] 侯钧达，吴哲译. 磷化与金属预处理 [M]. 北京：国防工业出版社，1989.
[8] 谢素玲. 近年来磷化技术的进展 [J]. 电镀与精饰，1993，(2)：16～19.
[9] 刘光明. 表面处理技术概论 [M]. 北京：化学工业出版社，2011.
[10] 李慕勤，李俊刚，吕迎等. 材料表面工程技术 [M]. 北京：化学工业出版社，2010.
[11] 孙希泰. 材料表面强化技术 [M]. 北京：化学工业出版社，2005.
[12] 姚寿山，李戈扬，胡文彬. 表面科学与技术 [M]. 北京：机械工业出版社，2004.
[13] 赵麦群，王瑞红，葛利玲. 材料化学处理工艺与设备 [M]. 北京：化学工业出版社，2011.
[14] 雷阿利，冯拉俊. 高磷高耐蚀性化学镀 Ni-P 合金复合络合剂的研究 [J]. 腐蚀与防护，2006，27 (3)：145-147.
[15] 雷阿利，冯拉俊. 钢铁黑色化学转化膜性能及制备工艺的研究 [J]. 电镀与精饰，2006，28 (3)：15-19.
[16] 冯拉俊，雷阿利. 铸铁表面化学镀 Ni-P 合金络合剂的研究 [J]. 铸造技术，2005，26 (8)：676-678.
[17] 冯拉俊，马小菊，雷阿利. 含硫介质中化学镀 Ni-P 合金镀层耐蚀性研究 [J]. 中国腐蚀与防护学报，2006，26 (3)：157-159.
[18] 雷阿利，冯拉俊，杨士川. 络合剂对 Ni-P 化学镀层在含硫介质中耐蚀性的影响 [J]. 中国腐蚀与防护学报，2007，27 (4)：215-218.
[19] 雷阿利，冯拉俊. 化学镀镍磷合金复合加速剂的研究 [J]. 电镀与涂饰，2008，27 (5)：19-21.
[20] 雷阿利，冯拉俊，马小菊，连炜. 铸铁化学镀 Ni-P 合金稳定剂的研究 [J]. 铸造技术，2006，27 (4)：330-332.
[21] 冯拉俊，雷阿利. 铸铁表面化学镀工艺参数 [J]. 铸造技术，2004，25 (7)：498-499.
[22] 孙华. 镍磷化学镀添加剂的研究 [D]. 西安：西安理工大学，2006.
[23] 雷作. 金属的磷化处理 [M]. 北京：机械工业出版社，1992.

第四章

热喷涂及其喷涂加工技术

热喷涂技术最早出现在20世纪30年代的瑞士，随后在前苏联、德国、日本、美国等国得到不断发展。各种热喷涂设备的研制，新喷涂材料的开发，新技术的不断应用，使热喷涂涂层质量得到了不断的提高。目前，应用最广泛的热喷涂技术仍是以火焰喷涂、超音速喷涂、电弧喷涂、等离子喷涂为代表。喷涂、喷焊材料和各种热喷涂技术趋于成熟，使热喷涂不仅能喷涂金属、合金、陶瓷，还能喷涂塑料和复合材料，使热喷涂成为表面工程领域内最有效的表面改性技术之一，是维修与再制造的重要手段。由于高速、高效、高质的运行模式已经成为人们日益追求的目标，对工程结构零部件表面的耐腐蚀、耐磨、抗氧化、耐高温、热障等性能要求越来越高，推动了热喷涂技术和热喷涂材料的迅速发展。热喷涂技术具有学科的综合性、功能的广泛性、资源的再生性、方法的多样性和实施的灵活性，通过选择不同性能的涂层材料和不同的工艺方法，可以制备减摩耐磨、耐腐蚀、抗高温氧化、热障功能、催化功能、电磁屏蔽吸收、导电绝缘、远红外辐射等功能涂层，这又使热喷涂技术广泛地应用在航空航天、交通运输、电力电源、石油化工、冶金矿山、机械制造、轻工纺织、生物功能等国民经济建设的各个领域。热喷涂还可以用来制备功能性粉末，利用热喷涂技术制备纳米粉末已得到了应用。本章在介绍热喷涂技术的基础上重点介绍热喷涂材料、纳米涂层及粉末加工、非晶涂层加工等现代热喷涂技术。

第一节　热喷涂技术基础

一、热喷涂技术定义

热喷涂技术是指利用某种热源将喷涂材料迅速加热到熔化或半熔化状态，再通过高速气流或焰流使其雾化，然后加速喷射在经预处理的零部件表面上，形成喷涂层，使材料表面得到强化和改性，获得具有某种功能表面的一种材料表面加工方法。

二、热喷涂技术的分类和特点

根据热喷涂所使用的热源和涂层材料的种类、形状以及喷涂操作的气氛环境等特点可以对热喷涂进行分类。热喷涂技术按热源分类为火焰喷涂、电弧喷涂、等离子喷涂、激光喷涂、爆炸喷涂、电子束喷涂、熔体喷涂等；按材料形状分类为棒材喷涂、丝材喷涂、粉末喷涂、熔体喷涂等。热喷涂技术具体分类见图4-1。

热喷涂技术具有如下特点：涂层和基体材料种类广泛、热喷涂工艺灵活、喷涂层和喷焊层的厚度可以控制、生产效率高。除了火焰喷焊和等离子喷焊外，热喷涂是一种“冷工艺”，即基体材料受热程度低且可控制，基体材料的变形小；与其他堆焊方法相比，火焰喷焊层和等离子喷焊层的母材稀释率较低。

新兴的热喷涂技术包括电热爆炸喷涂、冷气动力喷涂、激光喷涂、电子束喷涂等。

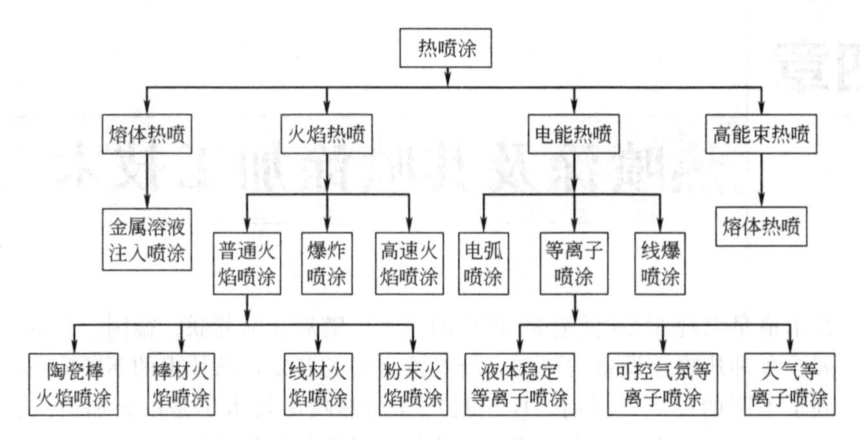

图 4-1 热喷涂技术方法分类

电热爆炸喷涂是一种在一定的气体介质氛围下通过对金属导体沿轴向施加瞬间直流高电压，在金属导体内部形成 $10^6 \sim 10^7 A/cm^2$ 的电流密度，使其在短时间内爆炸，金属粒子以极高的速度喷射，然后在基体上沉积形成涂层。

冷气动力喷涂是近几年发展起来的新型喷涂技术，简称冷喷涂，是利用经过一定低温预热的高压气体携带粉末颗粒进入缩放喷管产生超音速两相流，粉末颗粒经过加速后以固体状态撞击基体，产生强烈的塑性变形而沉积于基体表面形成涂层。冷喷涂作为一种低温喷涂方法，加热温度较低，颗粒基本上不发生氧化、烧损和晶粒长大现象。涂层对基体的热影响小，减少了涂层与基体之间的热应力，涂层之间的残余应力小且主要为压应力，有利于获得较厚的涂层，喷涂效率高，涂层致密，气孔率低，适用于喷涂对温度敏感的纳米晶、非晶等材料，对氧化敏感的 Cu、Ti 等材料以及对相变敏感的碳化物复合材料。

激光喷涂是把喷涂粉末从侧面吹入大功率的激光束中，使粉末受热熔化，当母材与激光束接触点的温度高于其熔点时，表面熔化一薄层即形成喷涂层。涂层可以以两种方式形成：一种是熔化的粉末与熔化的母材熔合在一起，形成新的合金层；另一种是熔化的喷涂颗粒冷却后以固态颗粒埋嵌在母材的熔化层里。

电子束喷涂原理与激光喷涂类似，但不存在氧化问题。

三、热喷涂技术的原理

尽管热喷涂技术的工艺方法很多且各具特点，但无论何种工艺方法，其喷涂过程、涂层的形成原理和涂层结构基本相同。热喷涂涂层的形成过程一般经历四个阶段，即喷涂材料加热熔化阶段、雾化阶段、飞行阶段和碰撞沉积阶段，其过程如图 4-2 所示。

（1）加热熔化阶段　当喷涂材料为线材或棒材时，喷涂过程中，喷涂材料的端部连续不断地进入热源高温区被加热熔化，形成熔滴；当喷涂材料为粉末时，粉末材料直接进入热源高温区，在行进的过程中被加热至熔化或半熔化形态。

（2）雾化阶段　线材或棒材被加热熔化形成熔滴后，在外加压缩气流或热源自身气流动力作用下，熔滴被雾化成微细微粒且微粒的飞行速度加大；当喷涂材料为粉末时，粉末材料被加热到足够高温度，超过材料的熔点后形成液滴，在高速气流的作用下，雾化破碎成更细微粒并加速飞行。

（3）飞行阶段　加热熔化或半熔化状态的粒子在外加压缩气流或热源自身气流动力作用下被加速飞行。粒子飞行过程中喷涂粒子首先被加速，然后随着飞行距离的增加而减速。

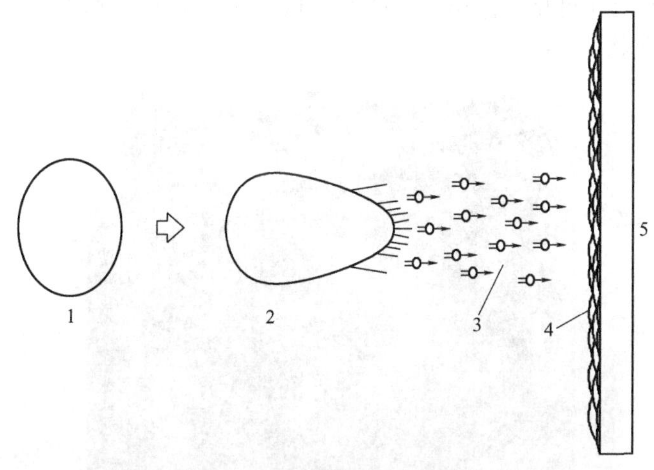

图 4-2　热喷涂过程示意图

1—喷涂材料；2—热源；3—喷涂粒子束；4—涂层；5—基体

(4) 碰撞沉积阶段　具有一定温度和速度的喷涂粒子接触经过预处理的基体材料瞬间，以一定的动能冲击基体材料表面，产生强烈的碰撞，喷涂粒子的动能转化为热能并传递给基体材料，在凹凸不平的基体表面上产生形变、铺展、流散和润湿。由于热传递作用，变形粒子以约 10^6 K/s 的速度极快地冷却、凝固并产生体积收缩，其中大部分粒子呈扁平状牢固地黏结在基体表面上，而另一小部分碰撞后经基体反弹而离开基体表面。随着喷涂粒子束不断地冲击碰撞基体表面，碰撞-变形-冷凝收缩-填充持续进行。变形粒子在基体表面上，以颗粒与颗粒之间相互交错叠加地黏结在一起，最终堆垛形成涂层。涂层的形成过程见图 4-3。

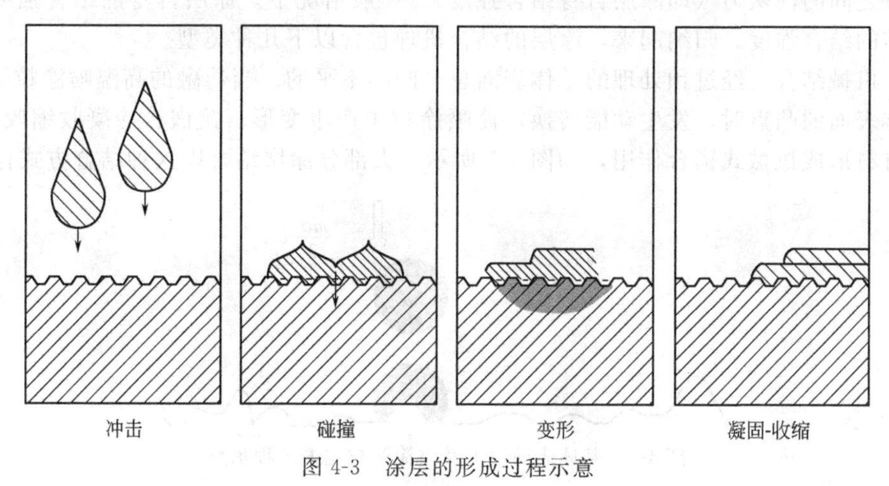

图 4-3　涂层的形成过程示意

四、涂层结构

从热喷涂涂层的形成原理可知，涂层结构是由无数变形扁平的粒子相互交错呈波浪式堆垛而成的层状结构。但是，在喷涂过程中，熔化或半熔化状态的粒子与喷涂工作气体及周围环境气氛进行化学反应，使得喷涂材料经过喷涂后出现表面氧化物。同时，变形扁平粒子的相互叠加产生搭桥效应，不可避免地在涂层中出现小部分孔隙。因此，涂层的典型结构是由变形扁平微细的涂层材料堆垛而成的层状结构，且中间夹带着部分气孔和氧化物。气孔和氧化物的含量由喷涂工艺方法和喷涂工艺参数决定。图 4-4 是在 Q235 钢表面电弧喷涂不锈钢涂层的截面图。由图 4-4 可见，涂层为小的变形粒子堆砌而成，涂层中有小的微孔，经分析涂层中有较多的氧化物。

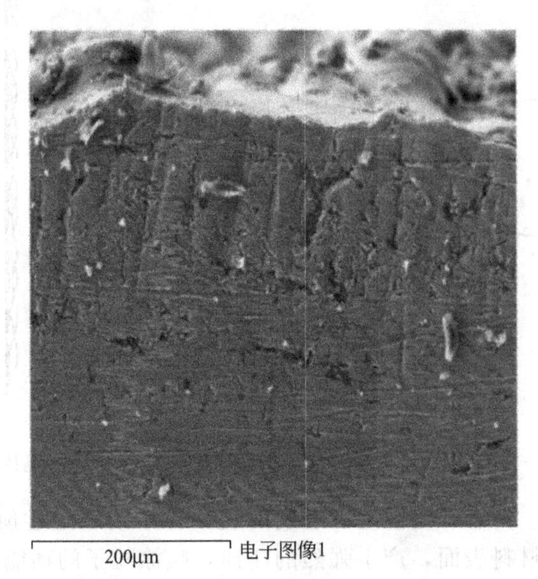

图 4-4　Q235 钢表面电弧喷涂不锈钢涂层截面的 SEM 图

五、涂层与基体结合机理

涂层的结合包含涂层与基体表面的结合（即通常所说的涂层结合强度）和形成涂层的颗粒与颗粒之间的内聚力（即涂层自身结合强度）。一般情况下，涂层自身的结合强度高于涂层与基体的结合强度。归纳起来，涂层的结合机理包含以下几种类型。

（1）机械结合　经过预处理的基体表面总是凹凸不平的。当熔融的高温喷涂粒子高速撞击到基体表面的凸点时，发生动能转换，使喷涂粒子产生变形、镶嵌、冷凝收缩咬住凸点，与基体材料形成机械式锚合作用，如图 4-5 所示。大部分涂层结合以这种结合方式存在。

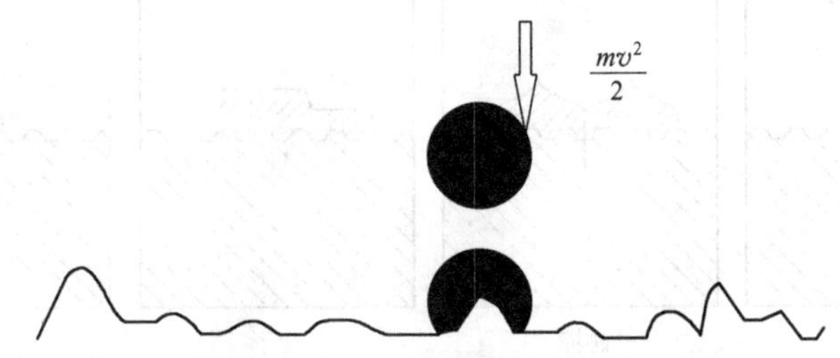

图 4-5　基体表面放大及喷涂颗粒碰撞过程示意

（2）物理结合　在洁净的基体表面上，涂层粒子与基体表面接触处粒子之间的距离达到原子、分子距离时所形成的分子间引力，即范德华力或次价键。

（3）化学键结合　高温、高速的喷涂材料颗粒撞击在极其干净的基体表面后，颗粒变形，并与基体表面紧密接触。颗粒与表面的距离可能达到原子晶格常数范围内，产生了化学键结合力。产生化学键结合力的基本条件是基体表面极其干净，且距离在晶格常数内。此外，提高喷涂材料颗粒的速度，也有利于提高涂层和基体的结合强度。

（4）微扩散结合　当喷涂材料颗粒撞击基体表面时，由于紧密的接触、变形、高温等条件，在界面上可能造成微小的扩散，增加了颗粒和基体的结合力。微扩散结合是涂层材料与基体材料表面出现扩散和合金化的一种结合类型，包括在结合面上形成金属间化合物或固溶体。

(5) 微焊接结合　当喷涂放热型自黏结复合粉末时，例如喷涂镍包铝粉末，在喷涂过程中，镍包铝粉末被加热到660℃左右时，会发生镍铝放热反应，也可能发生铝的氧化反应，该反应是放热反应。放热反应产生的热量将进一步加热粉末。基体表面在某些高温、高速的粉末颗粒的作用下，受到快速加热，达到较高的温度甚至熔化，从而在基体与涂层之间形成了"微焊接"结合。

(6) 冶金-化学结合　冶金-化学结合比机械结合和物理结合的结合强度要大很多。它由范德华力、化学键力和微扩散力三部分组成。

在同一工件的涂层上，以上几种结合方式可能同时存在，但以机械结合为主。

六、基体表面预处理

由于热喷涂涂层与基体的结合主要以机械镶嵌和物理结合为主，涂层与基体的结合质量与基体表面的清洁程度和粗糙度直接相关。为了获得质量良好的涂层，必须采用正确的表面制备方法，也称为基体表面预处理，它是提高涂层结合强度的重要环节。

1. 表面净化

表面净化是实施热喷涂基体表面预处理的第一步，主要用于除去所有喷涂表面的污垢，包括氧化皮、油渍、油脂和油漆等。

对待喷涂工件表面的油渍，可采用机械和化学方法去除，主要有蒸汽除油、有机溶剂除油、电化学除油、超声除油和擦拭除油。蒸汽除油通常是指采用蒸汽法清除零件表面的有机污垢，这是一种经济而有效的方法。有机溶剂除油是利用有机溶剂对两类油脂的物理溶解作用除油，常用的有机溶剂包括：煤油、汽油、苯类、酮类、某些氯化烷烃、烯烃等。常用的有机溶剂除油方法有浸洗法、喷淋法、蒸汽洗法和联合法四种。电化学除油是将挂在阴极或阳极上的金属零件浸在碱性电解液中，并通入直流电，使油脂与工件分离的工艺过程。电化学除油速率远远超过化学除油，而且除油彻底、效果良好。超声除油是向除油液中发射频率在16kHz以上的超声波以加速除油的过程。将超声波用于化学除油、电化学除油、有机溶剂除油及酸洗，能大大地提高效率，且对形状复杂、有细孔、盲孔和除油要求高的制品，除油更有效。

对待喷涂工件表面的油污、锈蚀物、氧化物、油漆层、焊渣、焊接飞溅物等污物，可采用浸蚀和擦刷方法去除。酸浸或稀酸浸蚀是一种比较强烈的表面净化过程，常用的浸蚀液大多是各类酸的混合物，包括硫酸、盐酸、硝酸、磷酸、铬酐和氢氟酸。对于铝、锌等两性金属，则需采用碱性浸蚀剂。浸蚀过程应该是工件加工的最后一步，以减少酸所导致的危害或伴随出现的金属晶间腐蚀。当只需进行局部清洗时，可采用手工金属丝刷或电动金属丝刷来完成，主要借助金属丝刷的划痕作用来达到清洁表面的效果。

此外，许多机器零件表面往往是用多孔材料制造的，例如砂型铸件，这类零件往往容易吸附大量的油脂并渗入组织内部，采用清洗法不易清洗干净，喷涂前应采用烘烤处理。

2. 表面机械加工

表面机械加工是另外一种表面预处理方法，目的是：(1) 对工件进行表面清理，保证表面质量，除去工件表面的各种损伤（如疲劳层和腐蚀层等）、电镀层、淬火层、渗碳层、渗氮层、原喷涂层等，修正不均匀的腐蚀表面，使涂层的厚度均匀化。(2) 预留涂层厚度。对机械零件，由于喷涂后涂层的厚度原因使零件变大，不能装配到原来的部分，因此需要把零件相应车小，使喷涂后零件能装配到原来的部位。(3) 可对工件表面进行粗化处理，以便提高涂层与工件的结合强度。表面机械加工的方法有车削和磨削等。表面经过车削或磨削后，还必须采用喷砂粗化或其他粗化方法进行表面预处理，以进一步提高涂层与基体之间的结合强度。在热喷涂技术中，经常采用的表面机械加工方法有下切、开槽和平面布钉或切缝三种。

下切是用车削或磨削的加工方法将零件表面适当去除，一方面可以去除表面疲劳层，同时也为喷涂涂层提供了空间的一种操作方法。在机械零件需要修复时，通常采用下切法。

开槽是一种在基体上切出保持一定间距的沟槽的表面机械加工方法。开槽主要为了达到减少收缩应力、增大涂层与基体的接触面积、使涂层生成起伏叠层，以限制内应力的目的。

平面布钉或切缝能够解决平面上喷涂硬金属涂层出现的特殊问题。布钉过程包括钻孔与攻螺纹，孔距约为25mm，孔内插入没有镀层的平头螺钉，其材质应与基体成分相符。螺钉直径为3～6mm，固定之后，对表面和螺钉都要进行喷砂处理。

3. 遮蔽处理

为了避免表面粗化过程中对非粗化表面的影响，以及在喷涂过程中保护非喷涂表面，便于喷涂后对非喷涂表面进行清理，特别是对各种自黏结粉末而言，在非粗化表面上也能形成涂层且不容易清理掉，因此，在喷砂粗化和喷涂前需进行遮蔽处理。根据遮蔽保护的目的，可将其分为粗化遮蔽保护和喷涂遮蔽保护两种。在喷涂前对非喷涂表面进行遮蔽处理可以采用以下方法：

(1) 采用保护罩，根据零件特点对非喷涂部位预先做好保护罩，在粗化和喷涂前使用。

(2) 在非喷涂部位捆扎薄铜皮或薄铁皮，最常用的简易方法是用耐火胶布包裹非喷涂面。

(3) 在喷涂表面附近刷涂涂层防黏剂，该法对形状复杂或不规则的表面尤为适用。

(4) 采用木塞、石墨棒或其他耐热非金属材料堵塞喷涂表面的键槽、油孔或螺纹孔，其中堵塞块要高出基体表面约1.5mm，以便于喷涂完毕后进行清除。

4. 表面粗化

清洗之后，要对零件表面进行粗化处理。粗化的目的是增加涂层与工件之间的接触面，使工件表面更加活化，以提高结合强度。另外，工件表面粗化也能改变涂层残余应力的分布，使表面处于压应力状态，且使变形粒子之间形成相互镶嵌联锁的层次结构。

工件表面粗化的方法有：喷砂、机械加工法、电火花拉毛粗化处理以及用自黏结材料喷涂中间过渡层等，其中喷砂粗化处理和电火花拉毛粗化处理是最常用的两种方法。

喷砂处理是最主要、最常用的粗化工艺方法，不仅能将表面清理干净，而且能使表面粗糙化，并使表面产生一定的残余压应力，这有利于提高喷涂层的疲劳强度。因此，应尽量采用喷砂粗化工艺。喷砂的具体过程是，让含有砂粒的压缩空气流经过特制的喷嘴直接将砂粒喷向基体表面，由于受到一定速度和角度飞行砂粒的冲刷作用，基体表面得到净化、粗化和活化。喷砂产生的粗糙度受磨料的类型和粒度、喷砂设备的类型、压缩空气的压力和工件表面的硬度等影响。

对硬度较大、不易采用喷砂或机械加工方法进行粗化的表面，可采用电火花拉毛法进行处理。应该注意的是，在电火花拉毛粗化处理的工件表面上，形成了小的熔化放电痕，会降低零件的耐疲劳性能。电火花拉毛是把镍片或镍丝束作为电极，工件作为另一电极，使镍条不断地与工件表面接触以产生火花，利用产生的电火花使镍呈颗粒状熔化并焊接在零件表面上，将工件表面烧毛，形成凹凸不平的表面，所形成的凹凸度可达0.1～0.75mm，镍颗粒能深入基体金属达0.1mm以上。电火花拉毛原理如图4-6所示。

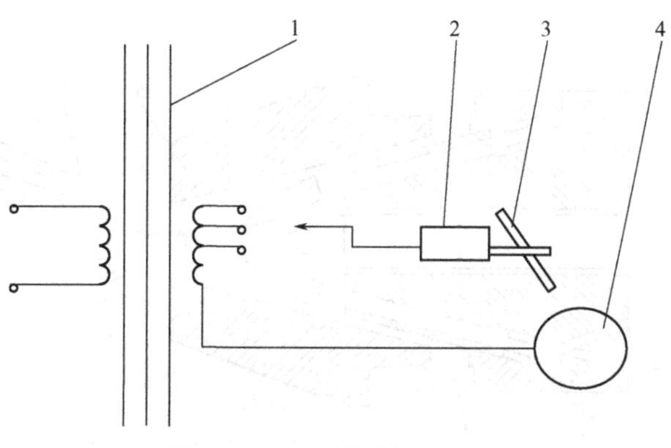

图 4-6　电火花拉毛原理示意

1—拉毛变压器；2—焊钳；3—镍条；4—工件

第二节　火焰热喷涂

火焰热喷涂的历史最为悠久，是利用氧-燃料气体火焰作为热源实现热喷涂的方法。火焰喷涂一般通过氧-乙炔气体燃烧提高能量加热熔化喷涂材料，通过压缩气体雾化并加速喷涂材料，随后在基体上沉积成涂层。燃烧气体还可用丙烷、氢气或天然气。燃烧气体的自由膨胀对喷涂材料加速的效果有限。为了实现喷涂，喷嘴上通有压缩空气流或者高压氧气流，使熔融材料雾化并加速。在特殊场合下，也可用惰性气体作压缩气流。

一、火焰喷涂的原理与特点

氧-乙炔火焰喷涂是喷涂材料在氧-乙炔火焰中被加热，然后以雾化状喷向经预处理的基体表面的喷涂方法。这种喷涂方法的优点是设备简单、投资较少、操作容易、工件受热温度较低、变形小，已经广泛应用于机器零部件的修复和防护。按照喷涂材料的形状，氧-乙炔火焰喷涂可分为线材火焰喷涂、棒材火焰喷涂和粉末火焰喷涂三种。

1. 线材火焰喷涂

线材火焰喷涂是以氧-乙炔燃烧火焰为热源，喷涂材料为线材的热喷涂方法，是应用最早的热喷涂方法，至今仍普遍使用。

线材火焰喷涂的原理如图 4-7 所示。喷枪通过虹吸气头分别引入乙炔、氧气和压缩空气，乙炔和氧气混合后在喷嘴出口处产生燃烧火焰。线材通过送丝轮带动连续地通过喷嘴中心送入火焰，在火焰中受热熔化，压缩空气经空气帽形成锥形的高速气流，将熔化的线材雾化成细微的颗粒，在火焰和高速气流的推动下，熔融颗粒喷射到经过预处理的基体表面形成涂层。

单位时间里金属线材或棒材的熔化量取决于火焰功率。通过改变氧气和乙炔的流量比例，可以获得氧化焰或中性焰，氧化焰将加剧金属线材或棒材中碳的烧损和涂层中氧化物的增加；中性焰可在一定程度上减少被喷涂材料的氧化。

压缩空气使熔化的金属脱离或雾化。一般压缩空气消耗量在 0.8～1.2m^3/min，压力为 0.5～0.7MPa。

线材的传送依靠喷枪中的空气涡轮或电动马达，通过调节送丝轮的轮速来控制送丝速度。虽然空气涡轮气喷枪的线材输送速度的恒定和微调难以控制，但喷枪的结构紧凑、重量轻，适于手工操作。采用电动马达的气喷枪，送丝速度容易调节且能够保持恒定，但喷枪重

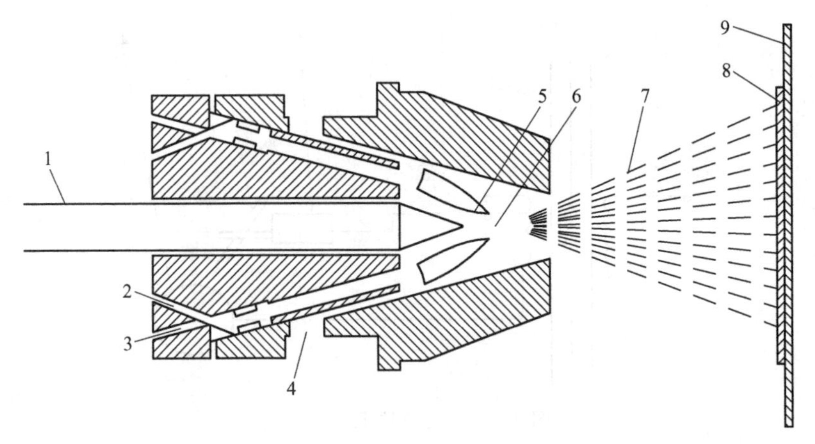

图 4-7 线材火焰喷涂的原理

1—线材或棒材；2—氧气；3—燃料气；4—雾化气；5—燃烧气体；
6—熔融材料；7—喷涂流束；8—涂层；9—基体

量重，一般用于机械化喷涂。

用于喷涂的金属丝直径一般在 2.2～3mm 之间，喷枪配有不同型号的喷嘴和空气帽以满足不同直径和材质线材的喷涂要求。

线材火焰喷涂的涂层具有明显的层状结构，涂层含有较多的孔隙和氧化物。喷涂材料较为广泛，能拉成丝的金属材料几乎都能喷涂，还可喷涂复合丝材。

2. 棒材火焰喷涂

棒材火焰喷涂是采用氧-乙炔燃烧火焰作热源，喷涂材料为棒材的热喷涂方法。棒材火焰喷涂主要指陶瓷棒材火焰喷涂，这是由于陶瓷无法制备成丝的缘故，其喷涂原理与线材火焰喷涂的原理完全相同。陶瓷棒材喷涂的主要特点是陶瓷棒端部在氧-乙炔火焰中停留的时间较长，待陶瓷棒端部充分熔化后，再用射流雾化成微滴喷射到工件表面形成涂层。该方法克服了氧-乙炔火焰粉末喷涂时由于陶瓷粉末熔点高，在火焰中停留时间短、熔化不充分而影响涂层质量的缺点。

棒材火焰喷涂喷枪的特性决定了只有当陶瓷棒端部充分受热熔化后，才能被射流雾化成微滴并喷射出枪口，其速度大约在 150～250m/s，高的动能和热能使得粒子在到达工件表面时仍能保持熔融状态，从而保证粒子间的高结合强度和涂层的高致密性。棒材火焰喷涂工艺具有设备配置简单、操控便捷，既可在热喷涂车间操作、也可在现场施工作业，可喷涂的陶瓷棒材种类较多等特点。

3. 粉末火焰喷涂

粉末火焰喷涂是利用燃气与助燃气燃烧（爆炸）产生的热量加热粉末喷涂材料，使其达到熔融或软化状态，然后借助焰流动能和喷射加速气体，将粉末喷射到预处理的基体表面，形成连续涂层的工艺过程。根据燃烧火焰焰流速率及燃烧方式、喷涂材料的种类，粉末火焰喷涂的分类及特点见表 4-1。

粉末火焰喷涂的原理示意见图 4-8。喷枪通过虹吸气头分别引入氧气和乙炔，两者混合后在喷嘴出口处产生燃烧火焰。喷枪上装有粉斗或进粉口，利用气流产生的负压，抽吸粉斗中的粉末，使粉末随气流从喷嘴中心喷出进入火焰，并被加热或软化，焰流推动熔粒以一定速率喷射到工件表面形成涂层。为了提高粒子的飞行速度，有的喷枪配有压缩空气喷嘴，借助压缩空气给予粒子附加的推力。

表 4-1　粉末火焰喷涂方法

方法	普通粉末火焰喷涂	普通塑料粉　末火焰喷涂	高速火焰喷涂	爆燃喷涂
火焰燃烧方式	喷嘴外燃烧	喷嘴外燃烧	燃烧室内燃烧	枪管内爆燃
焰流速率/(m/s)	50～200	50～200	1700	2000
火焰温度/℃	2000～3300	2000～3300	2800～3300	5000
使用燃气	乙炔、丙烷、氢气	乙炔、丙烷、液化石油气	丙烷、丙烯、乙炔、煤油	乙炔
特点	设备简单、轻便，操作简单，宜用于现场操作，可以喷涂熔点低于2800℃以下的金属、合金及陶瓷粉末材料	设备简单，易操作，一次可以涂覆较厚的涂层，工件尺寸不受限制。但是，涂层的平整性、均匀性较差	涂层致密、结合强度高，具有低温高速特点、非常适合喷涂WC材料，但不能喷涂高熔点陶瓷粉末	涂层非常致密，结合强度高，可以喷涂金属、合金、陶瓷等粉末材料，但设备笨重，喷涂时噪声大

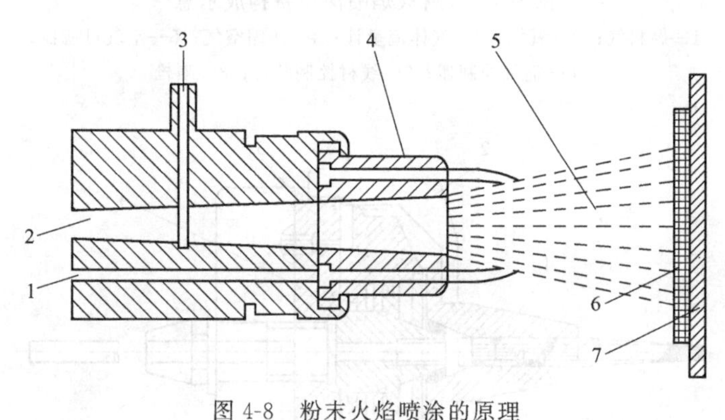

图 4-8　粉末火焰喷涂的原理

1—氧-乙炔混合器；2—送粉气；3—喷涂粉末；4—喷嘴；5—燃烧火焰；6—涂层；7—基体

粉末是在飞行过程中被加热的，先由表层向芯部熔化，熔融的表层会在表面张力的作用下趋于球状，不存在粉末再被破碎的雾化过程，因此粉末颗粒的大小在一定程度上决定了涂层中变形颗粒的大小和表面粗糙度。粉末在被焰流加热和加速的过程中，粉末在焰流中所处的位置不同，造成其受热程度不同，有的熔化或半熔化，有的只是软化或半软化。这与线材火焰喷涂的熔化-雾化过程存在较大区别，因此粉末火焰喷涂涂层的结合强度和致密性一般比线材火焰喷涂差。

氧-乙炔火焰粉末喷涂层的组织亦为层状结构，涂层中含有氧化物、孔隙及少量变形不充分的颗粒。涂层与基体间的结合属于机械结合。涂层孔隙率和结合强度受喷涂材料、喷涂工艺的影响比较大，孔隙率一般在 5%～20%，结合强度在 10～30MPa。

二、火焰喷涂设备

氧-乙炔火焰喷涂设备主要由喷枪、氧气和乙炔供给装置以及辅助装置等组成。图 4-9 为典型的线材火焰喷涂设备的构成示意。目前国内使用的喷枪主要有国产和进口两类。最具代表的国产喷枪是 QX-1 型气喷枪，分为高速、中速两种规格，熔点在 750℃以上的喷涂材料选用中速喷枪，熔点低于 750℃的喷涂材料选用高速喷枪。进口喷枪主要为美国 Metco 公司的 12E 型和 14E 型火焰线材喷枪。该类喷枪采用空气涡轮式送丝，其气动部分加工精度高，送丝速度稳定，调节范围宽，可喷涂高、低熔点的材料。氧气-乙炔供给系统由气源、压力及流量调节装置、回火防止器以及输气管线等组成。气源大都采用瓶装氧气和乙炔，通过减压器供气。流量控制采用浮子流量计，针形阀应灵敏、准确，使用值应在 40%～70%。

喷枪与流量计之间必须安装回火防止阀，以确保喷涂过程的安全。空气压缩系统由空气压缩机和空气净化装置组成，可为吹砂机和喷枪提供具有足够的流量和压力、且清洁和干燥的压缩空气，以保证涂层质量。

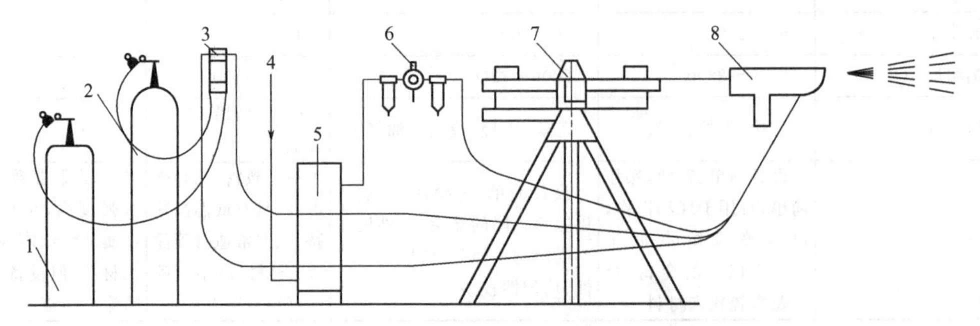

图 4-9 线材火焰喷涂设备构成示意

1—燃料气；2—氧气；3—气体流量计；4—压缩空气；5—空气过滤器；6—空气控制器；7—线材控制装置；8—喷枪

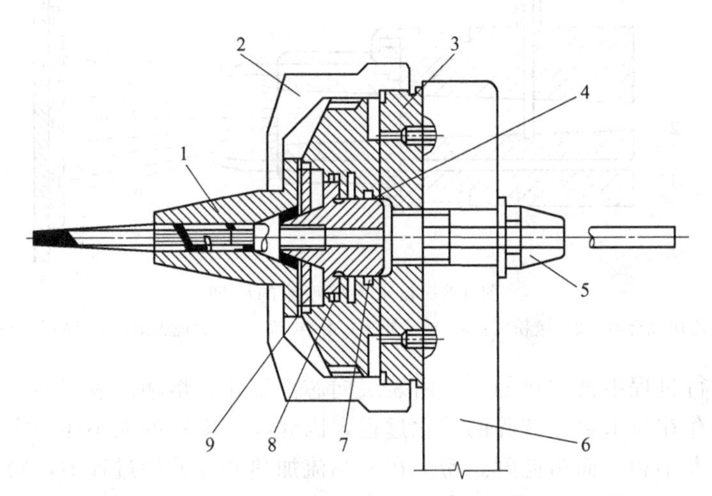

图 4-10 诺顿棒材喷枪枪头结构

1—镀铬气帽；2—主气帽；3—混气头；4—喷嘴；5—燃烧头导杆；6—变速器；7,8,9—密封圈

与线材火焰喷涂相比，棒材火焰喷涂设备除了喷枪在结构上有差别外，其余基本相同。图 4-10 为诺顿棒材喷枪枪头的结构示意图。由图 4-10 可见，喷枪结构紧凑，棒材的输送依靠喷枪后部的电动机带动，电动机后部有控制线与控制盒连接，控制盒带有速度调节旋钮和清晰的数字显示。棒材送给速度可以精确控制，电动机具有自动转换功能，可以适应不同的输入电压和频率。为了便于操作，喷枪上也装有控制按钮对棒材进给和气体通断进行控制。

粉末火焰喷涂设备的构成与线材火焰喷涂类似，也是由氧气-乙炔供给系统、压缩空气供给系统、喷枪等组成，区别主要在喷枪。喷枪不需要压缩空气时，则压缩空气供给系统可以去掉。使用枪外送粉时，需要增加压缩空气。粉末火焰喷枪主要由火焰燃烧系统和粉末供给系统两部分组成，其基本要求：火焰燃烧系统的火焰能稳定地燃烧，不易回火，火焰功率大，其大小可调节；粉末供给系统要求抽吸粉末能力强，送粉装置开关灵活，开闭可靠，能均匀地调节送粉量；喷枪重量轻，使用方便，维修容易。QT-E-7/h 喷枪的结构如图 4-11 所示。该枪有氧气控制阀（O 阀）、乙炔控制阀（A 阀）、送粉器控制阀（T 阀）、粉末流量控制阀（P 阀）四个控制阀。氧气进入喷枪后，分成两路。一路经 T 阀送入送粉器孔，产生射吸作用抽吸粉末；另一路经 O 阀进入射吸室，产生负压抽吸乙炔。两种气体在混合室混合后从喷嘴喷出，产生燃烧火焰。

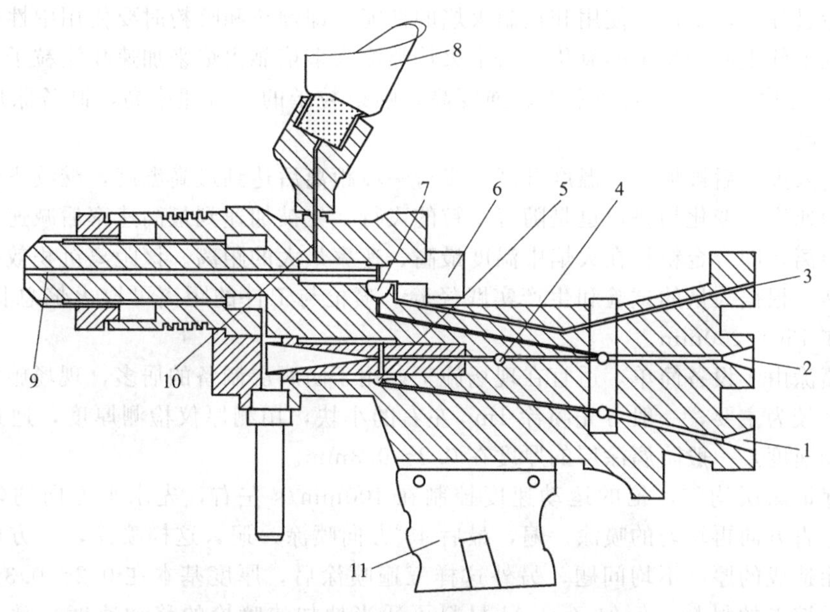

图 4-11 QT-E-7/h 喷枪结构示意

1—乙炔进口；2—氧气进口；3—备用进口；4—氧气控制阀；5—乙炔控制阀；6—粉末流量控制阀；7—送粉气体控制阀；8—粉罐；9—喷嘴；10—送粉气喷射孔；11—手柄

三、火焰喷涂工艺

粉末火焰喷涂工艺程序是工件表面制备、预热、喷涂打底层、喷涂工作层、涂层后处理。

工件表面制备已在上节介绍。工件表面预热对涂层质量有影响。大量的试验和生产实践证明，对工件表面预热能够确保涂层的结合质量。

工件表面预热的目的是：去掉工件表面的冷凝物，如水分等；使工件预膨胀，以降低涂层的应力；改善微扩散条件，从而提高涂层和工件表面的结合强度。预热温度不宜过高，钢质零件预热温度为 80～120℃，喷涂过程中零件整体温度不宜超过 250℃，在对钢铁表面预热时，若钢铁表面起泡，说明预热温度过高，已生成氧化物，建议重新喷砂处理，一般表面呈土灰色为宜。温度过高，工件表面氧化严重，影响涂层与工件的结合。预热是利用喷涂枪，在不喷粉的情况下，以中性焰或微碳化焰对工件表面快速的扫描，加热要均匀，使工件温度缓慢上升，以防止局部过热氧化。

为了使涂层与基体材料很好的结合，粉末火焰喷涂工艺与其他喷涂工艺有所不同，其涂层大都由打底层与工作层组成。放热型自黏结粉末是常用的打底层喷涂材料。目前应用最广泛的是镍铝复合物。镍铝复合粉末可分为镍包铝和铝包镍两大类。镍包铝复合粉末放热反应剧烈，放热温度较高，喷涂时易产生大量的烟；铝包镍复合粉末的工艺性能较好，结合强度较高，冒烟少。因此，喷涂打底层应尽量采用铝包镍复合粉末。打底层的厚度一般控制在 0.1mm 左右，一般均匀的喷涂一遍即可。这是因为该层仅作为提高结合强度用，太厚会降低结合强度且不经济。

喷涂打底层后应立即喷涂工作层粉末，以防止氧化和污染。打底层为喷涂工作层粉末提供了良好的活性表面层，有助于提高结合强度。在喷涂工作层粉末的实际操作中，涂层的结合质量主要受热源的性质、喷涂距离和基体温度影响。

在喷涂过程中，要正确使用和控制火焰的性能，即预热和喷粉时要使用中性焰或微碳化焰，以避免工件表面和粉末的氧化。粉末火焰喷涂大多依靠火焰来加速喷涂粒子。当采用较大流量的氧-乙炔时，焰流的功率大、强度高，喷射粒子的飞行速率高，制备涂层的结合强度和致密度高。

粉粒进入火焰后被加热，温度升高，飞行一段距离后达到最高温度，继续飞行，温度下降。其运动速率的变化趋势，也是随着粉粒的飞行，先被加速到最高速率后减速。因此要选择最佳的距离，即合金粉粒在火焰中温度最高、速率最大的距离。该距离沉积效率最佳，结合强度最高。根据大量的试验和生产实践经验，喷枪与工件的距离可取火焰总长度的 4/5，一般控制在 150～200mm。

火焰喷涂由于设备简单，适宜在现场施工。用于防腐层制备的居多，现场施工时，涂层的厚度控制较为主要，一般可先喷涂 $1m^2$ 左右的小块，用测厚仪检测厚度，通过检测摸索喷枪的运动速度，一般防腐涂层的厚度在 0.2～0.3mm。

为了保证涂层均匀，枪的运动速度控制在 100mm/s 左右，先水平方向均匀的喷涂一遍，然后垂直方向再均匀的喷涂一遍，最后 45°方向喷涂一遍，这样喷涂，一方面可以减少单方向喷涂造成的厚度不均问题，另外这样三遍喷涂后，厚度基本在 0.2～0.3mm 的范围内，对于低熔点的材料，例如 Zn、Al 材料可适当地加快喷枪的移动速度；对于高熔点材料，例如 Cu、不锈钢等，可以适当地降低喷枪的移动速度。

喷涂后的后处理包括涂层的车、磨、涂封孔剂等。对于机械运动件，表面喷涂后，一般需要对喷涂面进行表面加工，如车削、磨削等。对于防腐涂层，一般不需要后加工，但由于涂层中有微孔，微孔会造成涂层的小孔腐蚀，使涂层脱落，因此必须对涂层进行封孔处理。

封孔处理是将有机涂料涂刷在喷涂的工作面上，稀的有机涂料就会渗入涂层的微孔中，这样即使表面的有机涂层脱落，微孔的涂层也不会脱落，达到了封闭涂层微孔的作用。对于防腐涂层，根据介质选择封孔的有机涂料，大多数选用环氧树脂涂料为宜。若涂层为 Zn、Al 等涂层，基体为钢铁、铜等材料时，由于涂层为阳极，基体为阴极，封孔不是特别重要；但若基体是钢铁，涂层材料为不锈钢时，封孔是相当重要的。这是因为涂层为阴极，基体为阳极，这样小孔处的基体就会发生腐蚀，导致涂层大块的剥落。

四、火焰喷涂常见的问题及预防措施

1. 喷枪回火

喷枪回火最容易引起火灾或事故，因此必须严加防范。首先必须在乙炔或丙烷气上装回火止逆阀，这是最有效的方法。另外燃气阀上要在使用过程中将关闭的把手装上，一旦回火，第一时间关闭气源，切记关闭方向，不能在回火时关错方向。一般情况下，发生回火，由于燃气瓶内没有氧气，短时间不会发生爆炸，因此及时切断气源极为重要。回火发生的原因是气路受阻或两种气体串气引起的。因此开枪时先开燃气阀，关闭时先关闭燃气阀，后关闭氧气。为了防止喷枪回火，除了装回火止逆阀，按喷枪的操作要领操作外，在喷涂点火前，先检查喷枪是否漏气也是十分必要的。一般情况下，每个班次至少对喷枪拆开用酒精棉球擦洗。喷枪内的燃气积碳，气体中的水分等都会引起喷枪的串气或回火。

2. 丝材枪走丝不畅

丝材枪走丝不畅是常见的问题之一，主要是喷涂一段时间，喷枪的枪嘴发热，对于低熔点的材料在枪嘴发生热胀，导致喷枪嘴处丝材阻力增大，引起丝材走丝不畅。解决的方法是将喷枪嘴用砂子打磨，使之光滑，并使间隙略大一些。另外选择适当快的走丝速度，使热胀发生的较小。除此之外，喷一段时间休息，让枪冷却，就可消除。

3. 局部起皮或鼓泡

在喷涂过程中常会出现局部起皮和局部涂层脱落的现象。出现这一问题的原因一般是基体表面预处理不合格或者是涂层过厚引起。基体表面除油不干净，最容易引起局部起皮现象，例如喷砂后的工件。由于搬运，有人用手摸了工件表面，或起吊工件时，起吊绳上的油污污染了工件表面。这种油可能人眼很难识辨，但喷涂时，粒子冲击工件表面，这些油污挥发的油气被涂层封闭住，油气膨胀，使涂层局部鼓泡或起皮。另一种是涂层局部厚度太厚，涂层由于应力收缩而起皮，这种现象常发生在涂层的边缘处。

对于局部鼓泡或起皮的表面，对于小工件，建议重新喷砂，打掉已喷涂的涂层，重新喷涂；对于大工件，可将鼓泡部位撬起，对基体采用丙酮或四氯化碳擦洗，然后将喷距加长，喷距增大，粒子在工件表面的速度低，基体上的油膜挥发的少，这样可进行简单的修补。

4. 水泥基体表面火焰喷涂

水泥基体表面喷涂是近年来随着城市雕塑的发展而兴起的。在水泥雕塑表面喷涂铜或不锈钢等，减少了雕塑的难度也降低了雕塑的成本。

水泥基体中含有大量的水分，因此热喷涂时，伴随着水分的挥发，最容易引起涂层的起皮或鼓泡。另外，水泥与金属涂层之间没有热扩散，是纯粹的物理结合，若水泥雕塑表面的粗化处理不当，会伤到雕塑本身，因此对于水泥雕塑表面喷涂较好的工艺是将铁粉与环氧树脂胶相混合，在雕塑表面先涂刷一层含铁粉的环氧树脂胶，等胶层干燥后，按常规的火焰喷涂方法在水泥雕塑表面制备热喷涂层，这种方法的优点是，环氧树脂封闭了水泥的气孔，使水泥中的水分难以挥发出来，铁粉形成了粗糙的表面，增强了涂层的结合强度，另外铁粉与金属粉末的结合强度好。

图 4-12　水泥雕塑表面制备的铜锌涂层（喷涂的水泥雕塑一角）

图 4-12 是在水泥雕塑表面制备的铜锌涂层，对制备的涂层用 $10\% H_2SO_4 + 5\% HNO_3$ 局部腐蚀，制备出铜锈，达到仿古的效果。

第三节　电弧喷涂

电弧喷涂是利用两根连续送进的金属丝之间产生的电弧作热源来加热熔化金属，通过压缩空气使熔化的金属雾化，并加速雾化的金属细滴使其喷向工件，从而形成涂层的技术。电弧喷涂是高效率、高质量、低成本的一项热喷涂工艺。

一、电弧喷涂的原理与特点

图 4-13 为电弧喷涂原理示意。如图所示，端部呈一定角度（30°～50°）的两根连续送进的金属丝，分别接直流电源（18～40V）的正、负极作为通电的两极，通电后在金属丝端部

短接的瞬间产生电弧。电弧热把喷涂材料熔化，在电弧点的后方由喷嘴喷射出的高速空气流使熔化的线料雾化成颗粒，并在高速气流的加速下喷射到工件的表面。这些温度很高的粒子在工件表面上因高速冲击而变形，形成叠层薄片；还会发生冶金反应或出现扩散区，随着冷却，最终形成层状结构的涂层。

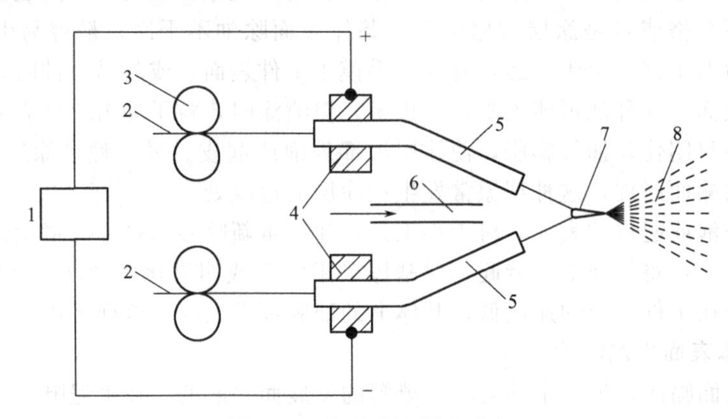

图 4-13 电弧喷涂原理示意

1—直流电源；2—金属丝；3—送丝滚轮；4—导电块；5—导电带；6—空气喷嘴；7—电弧；8—喷涂射流

在电弧和雾化气流的作用下，两金属丝的端部不断地进行着金属熔化-熔化金属脱离-熔滴雾化成微粒的过程。在每一过程中，极间距离频繁地发生变化，在电源电压保持恒定时，由于电流的自调节特性，电弧电流也发生频繁地波动，从而自动维持金属丝的熔化速度。

电弧喷涂的缺点是喷涂过程中，由于温度较高容易造成喷涂材料的氧化，影响最终的涂层性能。这是电弧喷涂应用的最大局限性。但是电弧喷涂具有涂层和母材结合强度高，一般为火焰喷涂涂层的 1.5～2.5 倍；涂层本身的剪切强度大；能量利用率高、生产效率高、经济效益好；喷涂工艺灵活、喷涂质量稳定；可以采用两根不同类型的金属丝获得“假合金”涂层；且容易实现自动化和安全性好等突出的优点。

二、电弧喷涂设备

电弧喷涂设备由电弧喷枪、送丝机构、控制电路及压缩空气系统等组成。该设备由送丝机构通过送丝软管向喷枪连续送丝，控制电路向喷枪输出电源，均匀送进的丝材在喷枪内不断地进行熔化，熔化的金属由压缩空气吹向工件表面，完成喷涂操作，其结构如图 4-14 所示。

喷涂电源的主要构成为：电源变压器、整流器、接触器以及电流、电压的调节和显示仪表等。目前喷涂电源大多采用外特性和动特性适于电弧喷涂的专用电源，即电源外特性是平特性或略带上升的外特性，而动特性有足够大的电流上升速率，平直或略带上升的外特性比陡降外特性有大得多的电流自调节性能。当弧长变小时，电流能迅速增大，加速金属丝的熔化而恢复弧长；当弧长变大时，电流又能迅速减小，减少金属丝的熔化速率而恢复弧长。由于不同金属材料要求的最低喷涂电压不同，需要喷涂电源的输出能在一定范围内调节。一般而言，喷涂电源的空载电压调节范围在 24～38V。喷涂电源输出电压的调节一般通过改变电压器一次绕组的匝数实现。

送丝机构由送丝电动机、减速器、送丝轮等组成。送丝机构的作用是将两根金属丝均匀的推

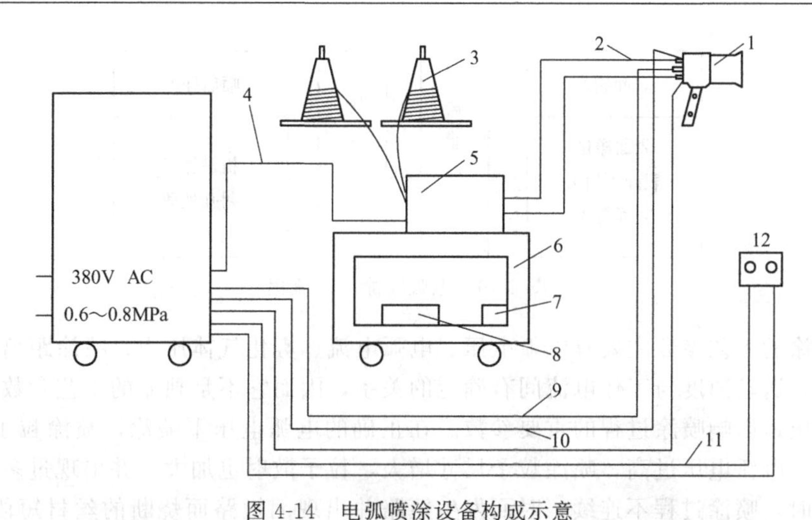

图 4-14 电弧喷涂设备构成示意

1—喷枪；2—送丝软管；3—丝盘；4—送丝电机输入线；5—送丝线；6—喷涂走车；7—工具箱；8—喷枪盒；9—压缩空气管；10—电源线；11—操作手柄电源线；12—操作手柄

送到喷枪里，由直流伺服电机驱动，送丝速度可以连续均匀地进行调节，可进行退丝操作。

喷枪是电弧喷涂设备的重要组成部分，其结构如图 4-15 所示，其中由导电嘴、绝缘体、雾化喷嘴和弧光罩等组成的雾化枪头是喷枪的关键部分。以前采用的雾化头结构是一种敞开式喷嘴，这种结构虽然简单，但雾化效果不好，喷出的金属颗粒粗大，如图 4-15 中（a）所示。现在采用的封闭式喷嘴如图 4-15 中（b）所示，通过加装空气帽和二次雾化作用，使电弧适当压缩，提高弧区压力，相应地增加了压缩空气的喷射速度和电弧温度，使雾化的效率提高、喷涂颗粒细小，从而提高涂层质量。

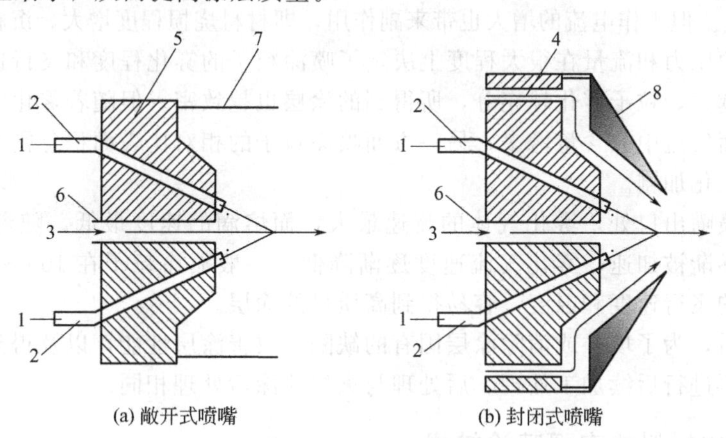

图 4-15 电弧喷涂用喷枪的结构示意

1—金属丝；2—导电嘴；3—压缩空气；4—二次雾化气；5—绝缘块；6—雾化喷嘴；7—弧光罩；8—空气帽

三、电弧喷涂工艺

利用一定的喷涂设备，将一定的电弧喷涂材料喷涂在基体材料上制备涂层需要制定合理的喷涂工艺。喷涂工艺包括工件喷涂前的表面预处理（喷砂、酸洗、基体预热处理等）、喷涂层制备、喷涂后处理（机加工、涂层后热处理）等三部分，其中前处理和喷涂层制备是关键的工艺环节，它与火焰喷涂前处理相同，这里不再赘述。基本工艺流程如图 4-16 所示。

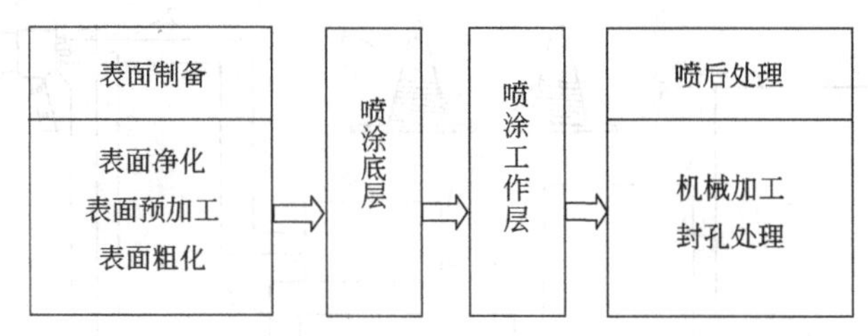

图 4-16　电弧喷涂工艺流程

电弧喷涂的工艺参数主要有电弧电压、电弧电流、雾化气体压力、喷涂距离。在一定的工作电压下，送丝速度与工作电流间有确定的关系，因而它不是独立的工艺参数。

电弧电压是影响喷涂过程的重要参数。在正确的电弧电压下喷涂，喷涂粒子尺寸细小，粒子束集中。电弧电压过高，喷涂粒子尺寸增大，粒子散射也加大，并出现过多的灰尘。电弧电压过低时，喷涂过程不连续，时而发生短路并出现因短路而烧断的丝材短段飞向工件，导致涂层出现缺陷。电弧电压对喷涂粒子的氧化程度有明显影响。

在较高的电弧电压下喷涂时，两根丝熔化形成钝端部。电压接近理想值时，两根丝端部熔化偏于内侧，端部成椭圆形的斜面，将电弧夹于其间。当丝的直径比较大时，正极的端部会拉得更长一些。电压进一步降低会导致阳极丝端进一步拉长而出现没有熔化的外侧。它们不断地脱离丝端，偶然地附着于涂层。只需稍提高电弧电压，这个现象就可以消除。细直径的丝不存在这个问题。

电弧喷涂可以在相当宽的电流范围内顺利进行，稳定喷涂的电流有一个下限。电流过低，涂层质量下降。喷涂过程中，电弧电压保持不变，工作电流随送丝速度的增大而增加。随着喷涂电流的增大，喷涂粒子的尺寸减小，雾化情况改善。一方面可以提高生产效率，另一方面也能提高涂层质量。但工作电流的增大也带来副作用，即材料烧损程度增大，沉积率下降。

雾化气体的压力和流量在很大程度上决定了喷涂粒子的雾化程度和飞行速度，即雾化空气压力和流量越大，粒子雾化越充分，所得到的涂层也越致密。但随着雾化空气压力和流量的增大，一方面气流中氧含量增多，另一方面喷涂粒子的相对比表面积急剧增加，二者综合作用导致涂层氧化加剧。

电弧喷枪喷嘴出口处，雾化气体的流速最大，而熔滴的速度最低，随着喷涂距离的增加，喷涂粒子逐渐被加速，雾化气流速度逐渐降低。一般喷涂粒子在 100～200mm 的喷涂距离内有较高的飞行速度和温度，容易得到高质量的涂层。

喷涂完毕后，为了填补或消除涂层固有的缺陷，改善涂层性能，以及得到尺寸精确的涂层，需对涂层再进行后续加工处理。后处理与火焰喷涂后处理相同。

四、易氧化材料的电弧喷涂技术

铝、锌、铜、钛等材料的活性比较高，热喷涂过程容易被氧化，导致了喷涂层的纯度低，涂层的结合强度不高等缺陷。针对这一实际，冯拉俊等选用氩气作为雾化气体，电弧喷涂纯铝丝材，探讨惰性雾化气体对热喷涂过程材料氧化性的影响。结果发现氩气作为雾化气体，粒子的雾化效果最好，雾化粒子的大小约为压缩空气为雾化气体的一半，颗粒呈丝状，长度在 100μm 左右。氩气为雾化气体时，雾化粒子的含氧量为 17.87%，比压缩空气作为雾化气体的颗粒含氧量降低 62%。制备的涂层有了铝、铁元素的扩散，结合面比较紧密，结合强度比压缩空气雾化下制备的涂层提高了 50%。

本节以铝为例说明惰性雾化气体对电弧喷涂的研究结果。研究过程使用 SX-500 型电弧喷涂机及拉式喷枪；DFG-50A/1.0 型螺杆式空压机；YX-6050A 压送式喷砂机。喷涂材料为纯铝电弧喷涂丝，纯度 99%以上，直径为 2mm。

电弧喷涂纯铝丝材的工艺参数为：电弧电压 36V，电弧电流 110～120A，雾化气体压力 0.7MPa，喷涂距离 250mm。

热喷涂雾化粒子的提取是将喷涂粒子直接喷入水中，喷枪距离水面为 250mm 左右，分别以压缩空气和氩气作为雾化气体进行喷涂，对收集的粉末过滤，干燥，干燥是在真空干燥箱中进行，其真空度为 500Pa。

热喷涂涂层的制备是先对 Q235 钢基体进行 50μm 的金刚砂喷丸，然后将基体试样固定在试验台上，喷涂距离控制在 250mm 左右进行喷涂，雾化气体分别为压缩空气和氩气，喷涂角度为 85°～90°，喷枪移动速度约 20cm/s，每次喷涂厚度约为 100μm，喷涂厚度控制在 400μm 左右。

对空气和氩气为雾化气体喷涂的颗粒形貌及成分进行了检测，检测的结果见图 4-17，图 4-18 和表 4-2，表 4-3。

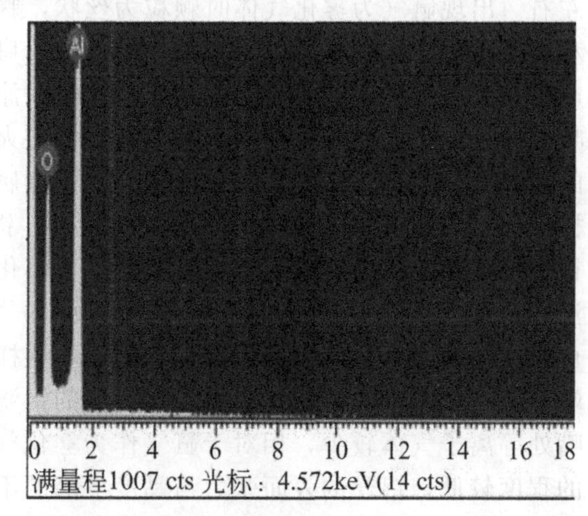

图 4-17 压缩空气雾化下颗粒表面扫描照片与能谱图

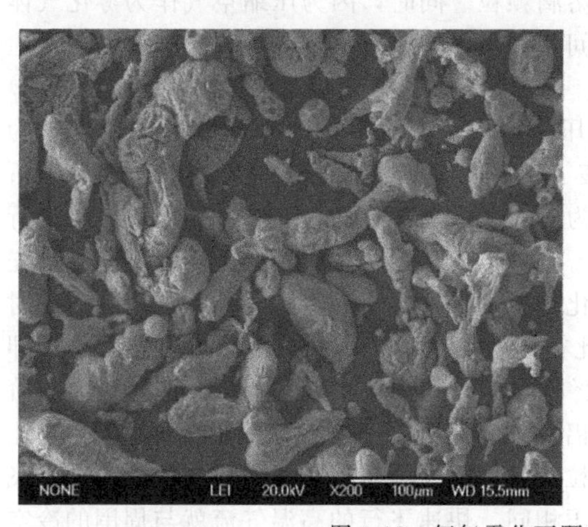

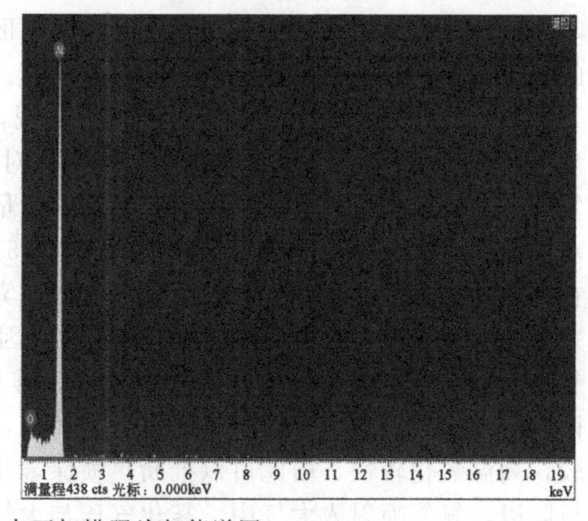

图 4-18 氩气雾化下颗粒表面扫描照片与能谱图

由图 4-17 可见，电弧喷涂时，相同放大倍数下，压缩空气为雾化气体，颗粒的形状呈球形或类球形，颗粒粒径也较粗大，在 200～300μm 之间；由图 4-18 可见，氩气作为雾化气

表 4-2 压缩空气为雾化气体时颗粒元素成分及含量

元　素	重量百分比/%	原子百分比/%
O、K	48.64	61.50
Al、K	51.36	38.50
总量	100.00	100

表 4-3 雾化气体为氩气时颗粒元素成分及含量

元　素	重量百分比/%	原子百分比/%
O、K	18.10	27.16
Al、K	81.90	72.84
总量	100.00	100

体时，颗粒细小，呈丝状，长度均为 100μm 左右，少部分呈球形分布的颗粒粒径在 20μm 左右。出现氩气为雾化气体时颗粒为丝状，颗粒变小，以及空气为雾化气体，颗粒近似球状和颗粒粗大的原因是氩气在电弧喷涂枪的出口处被电离成等离子气，在相同的电压下，电离产生的等离子气体使喷涂温度升高。在热喷涂过程中，明显的可以看到氩气为雾化气体时，喷涂的火焰长度要大于压缩空气为雾化气的火焰长度。由于铝的熔点较低，在铝丝到达喷枪的喷嘴之前，铝丝实际上已经被加热，而金属的表面张力和黏度随着温度的升高而下降，这样在铝丝到达氩气为雾化气体的喷嘴处时，铝丝的表面张力极速下降，电离出的 Ar^+ 气流很快地将进入高温区的铝丝加热到熔点，熔化的铝滴被吹入到雾化气流中，而后端未进入高温区的铝丝由于表面张力下降，表面层已部分熔化或半熔化，这部分熔化或半熔化的面表层也会在雾化气的作用下进入雾化气流中，这样在铝丝的端部形成了像刀削一样的痕迹，铝丝端部的形状像锥子一样，进入雾化气流的铝滴成丝状。压缩空气为雾化气体时，在电弧喷枪嘴处等离子气体较少，相对于氩气作为雾化气体，喷涂温度较低，铝丝在进入枪嘴时，加热的程度较低，铝丝的表面张力与黏度下降的不大，电弧只能将到达喷嘴处的铝丝加热，加热到熔点的铝丝被吹入到雾化气流中，在喷枪喷嘴处可看到铝丝的熔断是一个直的断面。由于熔断的是一个直的断面，形成的就是一个球状熔滴颗粒。同时，因为压缩空气作为雾化气体时，加热温度低，相同的送丝速度，加热的区间相对长，使得压缩空气为雾化气体时，产生的铝熔滴大，最终形成的雾化颗粒直径较大。

对表 4-2 中颗粒的含氧量进行分析发现，压缩空气为雾化气时，颗粒表面的氧含量为 48.64%，说明颗粒表面已大部分被氧化。对表 4-3 中氩气作为雾化气时的粉末含氧量分析发现，同样工艺参数下，收集到粉末的含氧量为 17.87%，与压缩空气作为雾化气体时进行对比分析，氧含量明显降低，降低约为 62.5%。根据热喷涂原理可知，喷涂的铝丝材首先在端点处加热至熔点，然后被高压气流吹成雾化的粒子。氩气作为雾化气体时，因为喷涂时采用的雾化气压力为 0.7MPa，压力较大，因此在铝丝加热熔化的端点处，不可能有空气即氧气的卷入，也就是在喷枪的雾化端点，雾化气的氧含量近似为零。粒子从收集到检测阶段，尽管铝较易氧化，但由于粒子温度较低，铝粒子的低温氧化与飞行过程的高温氧化相比较，高温氧化较快，由此可以推断热喷涂雾化粒子的氧化主要是在粒子飞行阶段。在粒子飞行阶段，氩气喷射入大气中，雾化气压与大气压相同，快速飞行的高温气流就与周围的冷空气进行热量交换，空气就很快进入雾化气流中，进入雾化气流空气中的氧与高温飞行的粒子发生高温氧化。氩气为雾化气体时热喷涂粒子的氧含量低于压缩空气作为雾化气体时的氧含量，这是因为雾化气流中，氧含量较低，说明雾化气中氧含量是引起雾化粒子氧化的主要因素。

将已喷涂层的试样与喷砂处理的对偶试样进行胶黏剂黏结，固化 48h 后，通过万能材料拉伸试验机测得结果见表 4-4。

表 4-4 不同雾化气体下涂层结合强度

雾化气体	压缩空气	氩气
涂层硬度/HV	31.2	53.0
结合强度/MPa	2.1	3.4

以氩气作为雾化气体，涂层的结合强度为 3.4MPa，而以压缩空气作为雾化气体，制备的涂层结合强度仅为 2.1MPa，结合强度提高了 50%。氩气作为雾化气体，涂层强度高的主要原因是粒子的雾化性能好，颗粒的粒径小，雾化粒子的含氧量低，表面的硬度低，粒子中心基本熔化，因此在碰撞基体表面时，粒子的变形大，喷涂粒子形成的涂层与基体镶嵌咬合比较好。而以空气作为雾化气体时，颗粒的粒径大，粒子的中心存在部分半熔化的硬芯，加之雾化粒子表面氧含量高，表面氧化后，表面硬度大于未氧化的粒子表面硬度，这些原因造成在飞行粒子撞击基体表面时，粒子的变形差，喷涂层与基体的镶嵌咬合性差，涂层的结合强度低。

喷涂距离 250mm，雾化气体分别为压缩空气和氩气的喷涂涂层试样进行了截面线扫描与能谱分析，如图 4-19 与图 4-20 所示。

图 4-19 压缩空气雾化下涂层与基体界面扫描与能谱图

由图 4-19、图 4-20 的涂层宏观照片可见，氩气作为雾化气体，涂层的结合面非常细小，涂层与基体的咬合相当紧密，而由压缩空气雾化制备的涂层结合层有较大的孔隙，涂层与基体结合面咬合程度差。

由图 4-19 界面的能谱图可见，在以压缩空气为雾化气体制备的涂层中，涂层与基体的接触界面上 Al 元素与 Fe 元素的含量均是突然发生跳跃式变化，曲线交叉的地方十分小，说明基本没有形成扩散过度区域，Al、Fe 元素发生的扩散非常微小。图 4-20 中界面处，Al、Fe 元素的能谱曲线明显地出现了交叉小区域，说明在氩气作为雾化气体时，发生了 Al、Fe 元素的相互扩散，这种元素的扩散，使基体与涂层之间出现冶金结合，从而导致了氩气作为雾化气体制备的涂层结合强度提高。

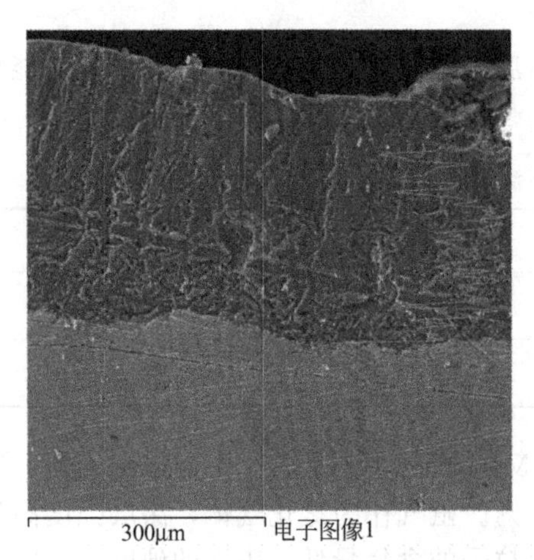

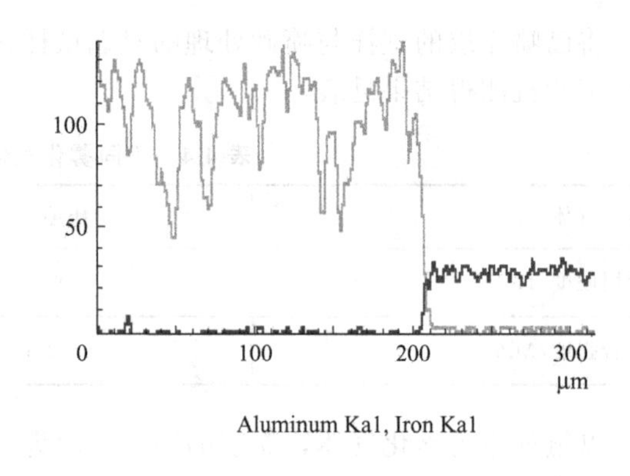

图 4-20　氩气雾化下涂层与基体界面扫描与能谱图

第四节　等离子喷涂技术

等离子体是一个广义的概念。自然界除了固、液、气三种物质状态外，还存在物质的第四态，即等离子体。当外界通过某种方式给予气体分子或原子以足够的能量时，就可以使电子脱离原子或分子，成为带负电的自由电子。失去了电子的原子或分子则成为带正电的正离子，这就使气体产生了电离，其空间电荷为零，呈中性状态。处于这种状态下的气体称为等离子体。促使气体电离的方法很多，主要有电弧放电、辉光放电、高频放电和光致电离等。等离子喷涂技术中所用的等离子体是指气体经过压缩电弧后形成的高温等离子体。

等离子喷涂工艺是以非转移等离子弧为热源，使粉末涂层材料加热熔化并从喷涂枪喷出，在高速气流的作用下雾化成细粒，喷射到工件表面，被撞扁的颗粒就镶嵌在工件表面，形成等离子喷涂层。等离子喷涂是热喷涂技术最重要的一项工艺技术和方法。目前热喷涂粉末材料几乎都可以通过等离子喷涂制备成涂层。等离子喷涂正在应用的有大气等离子喷涂、可控气氛等离子喷涂和液体稳定等离子喷涂方法，处于研究状态的有脉冲等离子喷涂、射频等离子喷涂、感应耦合等离子喷涂、反应等离子喷涂、三阴极枪等离子喷枪喷涂及微等离子喷涂等，最常用的是大气等离子喷涂和超音速等离子喷涂，本章以大气等离子喷涂为重点进行讨论。

一、等离子喷涂的原理与特点

等离子喷涂的基本原理如图 4-21 所示。在等离子喷枪中，阴极和阳极喷嘴间气体介质出现持续而强烈的电离产生直流电弧，该电弧把导入的工作气体加热电离成高温等离子体，并在喷嘴水冷壁形成机械压缩效应，在密度很低的冷却气膜的热压缩效应及电弧电流产生的直向弧柱中心磁场力的自弧压缩效应作用下，电弧被压缩，产生了气体电离达 1%以上，温度达几万度的非转移型等离子电弧。送粉气体将喷涂粉末送入等离子焰流，很快呈熔化或半熔化状态，并高速喷打在经过粗化的洁净零件表面并产生塑性变形，黏附在零件表面上。各熔滴之间依靠塑性变形而相互钩接，从而获得结合良好的层状致密涂层。

等离子喷涂具有下列特点。

(1) 等离子焰流具有极高的温度，当电弧功率为 40kW，用氩气作为工作介质时，距喷嘴 2mm 处的温度可达 17000～18000K。因此，可喷涂的材料极为广泛，几乎包括所有的固

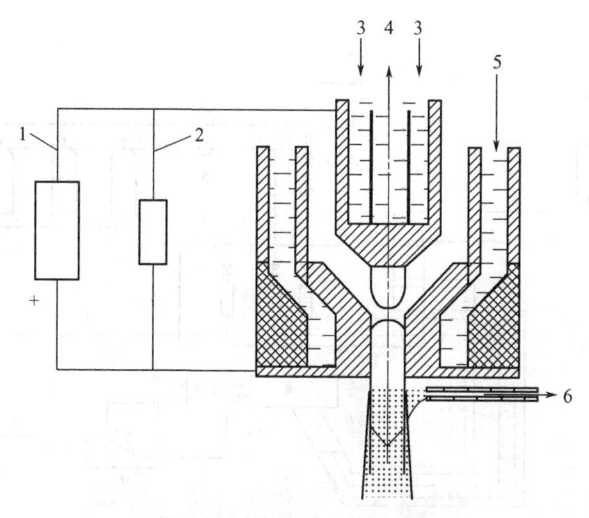

图 4-21　等离子喷涂的原理

1—电源；2—高频；3,5—冷却水；4—离子气；6—粉末

态工程材料。

（2）等离子喷涂时工件是不带电的，且喷涂过程对基体的热影响小，工件受热温度可控制低于 250℃，基体组织不会发生变化，因此，可以在各种材料表面上进行喷涂。

（3）涂层氧化物质量含量少，与电镀、电刷、渗碳、渗氮相比，等离子喷涂层更厚、更硬、具有更好的防腐效果。

（4）涂层孔隙率低，结合度高，涂层孔隙率可控制在 1%～10%范围内，结合强度可达 60～70MPa。

（5）涂层平整光滑，可精确控制厚度。

（6）由于受喷枪尺寸和喷涂距离限制，小孔径的内表面喷涂比较困难。

（7）随着高温、高速等离子焰流的生成还会产生剧烈的噪声、强的光辐射、有害气体以及金属蒸汽和粉尘等。

二、大气等离子喷涂设备

大气等离子喷涂是用氩气、氮气、氢气作为电离气体，经过电离产生等离子高温射流，将输入的材料熔化或熔融并喷射到工件表面形成涂层的方法。主要用于制备金属陶瓷、金属和陶瓷涂层。

等离子喷涂设备主要由等离子喷涂电源、等离子喷涂枪、控制柜、送粉器以及冷却装置等部分构成，如图 4-22 所示。等离子喷涂电源为整个喷涂过程提供能量，其工作电流和电压是影响涂层质量的重要参数。为确保获得高质量的涂层，等离子喷涂电源首先要能够提供足够的能量，其次要具有良好的动特性。等离子喷涂枪为喷涂材料的熔化、细化及喷涂能量的转换提供了空间，喷涂枪设计的好坏，直接影响到涂层的质量。等离子喷涂电源和等离子喷涂枪是等离子喷涂设备中最为关键的部件。

等离子喷涂电源是向喷枪提供电能的装置。国外的等离子喷涂电源主要为整流式电源，如 Metco 公司采用的晶闸管整流式电源，整机重量达 930kg，尺寸为 690mm×1230mm×1220mm，瑞士的 Casolin 公司采用小型的晶体管式电源，设计紧凑，体积和重量减轻了许多，重量为 220kg，控制柜重 26kg，送粉器为 12kg，功率为 40kW。国内的等离子喷涂电源

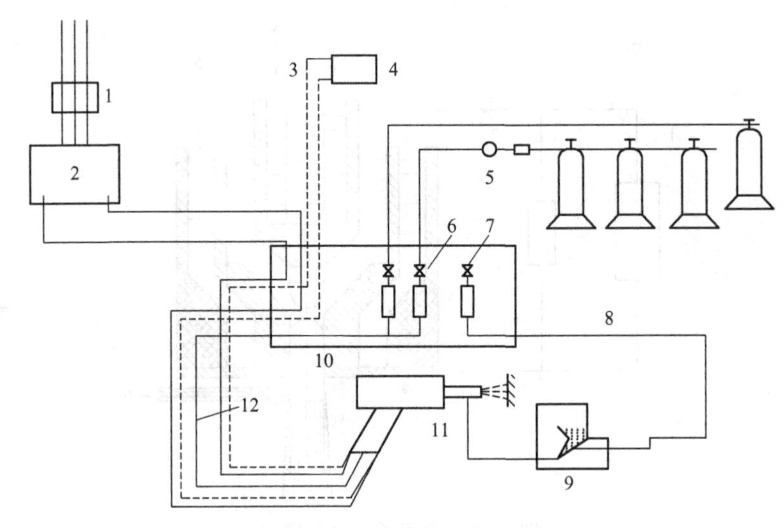

图 4-22　大气等离子喷涂系统

1—交流总开关；2—整流电源；3—循环水；4—水箱；5—气阀；6—电磁阀；7—送粉器开关；8—送粉管道；9—送粉器；10—控制柜；11—喷枪；12—混合气管

主要采用北京航空工艺研究所在 20 世纪 70 年代研制的磁放大器式的二极管整流式电源，体积庞大、笨重，不便于现场使用，能耗高，电源外特性不易控制，成本高，效率低。目前电源主要采用晶闸管整流。

等离子喷涂工艺对电源有特殊的要求：①电源应该具有陡降的恒流外特性，这可以通过加电流反馈控制来实现；②电源的工作电压低，电流大。等离子喷涂电源的功率通常比焊接电源的功率大 2～3 倍，随着功率的提高，会出现许多新问题，如模块的开关损耗要增加，整个逆变器的功耗增加，散热负担重，整个元器件工作的热应力大，逆变器对参数变化的敏感性要增加等。

汇集水、电、气、粉，并产生稳定等离子射流的等离子喷涂枪是决定等离子喷涂过程参数和涂层质量的重要因素。喷枪主要由喷嘴、电极、电极杆、绝缘体、水道头等组成。喷嘴是喷枪的关键部件，也是易损件，材料为纯铜。电极也是喷枪的关键部件和易损件，头部材料为钨-钍或钨-铈合金，基座材料为纯铜。在使用过程中，电极头部温度高达 20000K 以上，局部热负荷相当高，容易烧损。为提高电极寿命，必须加强冷却水对电极的冷却效果。绝缘体在喷嘴和电极之间起绝缘作用，同时也起着气路和水路通道的作用。通常选用耐热性好的工程塑料作为绝缘体材料。水道头既是喷枪水路的导通体，又是喷嘴、电极和绝缘体的安装定位套。通常选用的材料为黄铜或青铜。

控制系统是整套设备的控制中心，一般由电气控制系统、气路控制系统和安全报警系统三部分组成。电气控制系统包括操作动作程序控制电路、电源电流触发控制电路、信号显示电路等。操作动作程序控制电路将各输入的条件信号经过逻辑组合，输出控制信号来控制执行机构，使其按工艺要求的顺序动作，并具有在非正常工作状态时自行停机的保护功能。

热交换系统有水泵式制冷和氟利昂式制冷两种类型。水泵式制冷的热交换过程分内外两路循环。内循环的流体是蒸馏水，其循环路径是：储水罐→水泵→喷枪→换热器→储水罐。外循环的流体是蓄水池水，其循环路径是：蓄水池水→水泵→换热器→蓄水池水。其基本原理是用蒸馏水冷却喷枪，再用蓄水池水冷却蒸馏水。

三、大气等离子喷涂常见的问题

大气等离子的喷涂工艺与火焰喷涂工艺基本相同，不同的是喷涂工作层时按大气等离子喷涂的操作规程进行，即前处理、预热、喷过渡层，后处理相同。等离子喷涂由于温度高，主要用于喷涂类似于陶瓷这样熔点高的材料，制备耐磨涂层。等离子喷涂常见的问题有以下几类。

1. 喷涂设备起弧困难

起弧困难，除了电器问题之外，最常见的是阴极钨极头污染，导电效果差，因此只要将钨极头拆下，用砂子打磨即可。

2. 送粉不稳

送粉不稳的主要原因是粉末中含水分量大，粉末团聚，造成堵塞送粉管道中的接口，建议工作时将粉末在120℃左右的温度下烘干；另一种原因是粉末粒径太小，粉末太小，例如超细粉末、纳米粉末等，容易产生团聚，造成送粉不稳，建议选择合适的粉末粒径，纳米粉末造粒后再喷涂较合适。

3. 涂层容易脱落

对于陶瓷涂层，由于涂层与钢基体的热膨胀系数相差较大，因此涂层冷却时，会产生较大的内应力，使涂层在冷却过程中产生裂纹而脱落。解决的方法有两种，一是多次喷涂，陶瓷涂层一层喷涂厚度不宜超过0.1mm，这时暂时冷却，待基体温度达到室温后，再进行二次喷涂，经过多次冷却-喷涂过程，最终达到满意的厚度；二是在涂层冷却过程中，采用石棉布保温，避免涂层工作急冷，这种方法对于冬天喷涂加工极为重要。

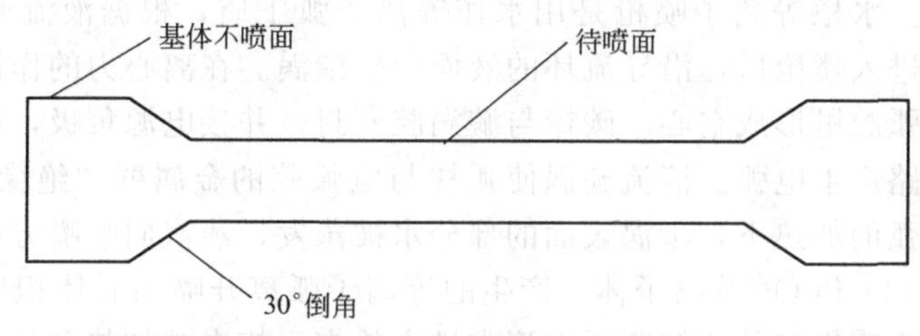

图 4-23 轴类喷涂前的涂层结合部位加工示意

对于轴类等，一般容易在涂层的结合处产生涂层裂纹或翘起，最好将轴类的喷涂涂层面加工为30°的倒角，以防直角造成涂层结合不紧而产生拉开。轴类喷涂前的涂层结合部位加工示意如图4-23所示。

4. 陶瓷涂层在使用过程中容易产生裂纹脱落

涂层制备较理想，但涂层在使用过程中容易脱落，这种问题的解决办法是进一步优化涂层的前处理，并分析涂层脱落的原因。若涂层不是在基体的结合部位脱落，而是涂层中的陶瓷块掉落，说明陶瓷层内部的强度较低。解决的方案是在陶瓷中加入Cu粉，Cu与陶瓷在喷涂过程中可以产生热熔渗，这种陶瓷涂层中的Cu将各陶瓷粒子紧紧的黏结在一起，一方面提高了陶瓷的密实性，减少了陶瓷涂层中的孔隙；另一方面，铜与陶瓷产生热熔渗，形成了第二相，提高了原有陶瓷相的硬度和结合强度。

四、不同等离子喷涂技术简介

1. 可控气氛等离子喷涂

可控气氛等离子喷涂是指在含有特定气氛的密闭室中完成的等离子喷涂。等离子喷枪置于密封舱室内，由机械手进行操作。将舱室抽至真空状态即为真空等离子喷涂，舱室为低压状态时称为低压真空等离子喷涂，舱室的气氛也可以为惰性气氛或其他保护气氛。该工艺由于低压或气氛可控，等离子焰流加长，粒子加热更充分，氧化减少，涂层的质量可以得到明显改善，并且扩大了热喷涂在沉积金刚石膜、超导体氧化物涂层方面的应用。真空等离子喷涂是可控气氛等离子喷涂的一种特殊形式。

国产 ZB-3000 型真空等离子喷涂设备由真空室、过滤器、真空机组、控制柜、真空喷涂枪及机械手组成。真空室采用不锈钢焊接而成，双层水冷结构，真空室极限真空度为 1Pa，工作真空度为 1000Pa。粉尘过滤器材质为不锈钢，油浴水冷结构，既可降低喷涂室中抽出气体的温度，又可以有效除去气体中粉尘，保护真空机组，提高其使用寿命。真空机组的前级泵采用 2H70 滑阀泵，主泵为 ZJ300 罗茨泵，维持泵为 H-40 滑阀泵。控制柜用于控制真空机组和阀门的开闭及对工件进行预热、清洗等控制。

2. 超音速等离子喷涂

超音速等离子喷涂技术是采用特殊结构的喷嘴，提高气压及流量，增强对射流的压缩效应，从而得到稳定聚集的超音速等离子射流进行喷涂的方法。

Plaz Jet 高速等离子喷涂系统的设备组成与普通等离子类似，也是由喷枪、整流电源、控制系统、热交换系统、送粉器、水电转接箱六部分组成。与普通等离子喷涂系统相比，超音速等离子喷涂系统的喷枪结构有较大变化，喷嘴阳极呈细长管形；热交换系统制冷量为 70kW；流量计耐压可达 1.2MPa，流量范围为 30～400L/min；空载电压高达 600V DC。

3. 溶液等离子喷涂

溶液稳定等离子喷涂喷枪采用水、乙醇、甲醇作为稳定液体，相应的产生氧化、中性或还原性的等离子体。水稳等离子喷枪是用水作等离子弧工质，根据液流漩涡的构思进行设计。一定压力的水进入喷枪后，沿导流环的液面产生漩涡。在离心力的作用下，水流漩涡依附在壁面上，在电弧腔里形成空心。碳棒与漩涡腔密封，并接电源负极，旋转阳极接电源正极，借助金属丝短路产生电弧。液流漩涡使弧柱与电弧腔的金属壁“绝缘”，同时冷却和强烈压缩电弧。在电弧的加热下，漩涡表面的部分水被蒸发，蒸汽向喷嘴方向流动，在流动过程中被电离，形成 H^+ 和 O^{2-} 等离子体。产生的等离子弧离开喷嘴后体积迅速膨胀，产生高速等离子射流。在喷嘴出口处往等离子射流中送入粉末，粉末被加热和加速，形成喷涂粒子束进行喷涂。

与普通等离子喷涂相比，溶液稳定等离子喷涂的弧压几乎保持不变，弧压很高，可达 300～400V，电弧功率可达到上百千瓦，喷涂效率高，可喷涂较粗的粉末和喷涂很厚的涂层。但射流氧化性强，不宜喷涂金属，主要用于喷涂陶瓷涂层，且设备结构复杂，稳定性较差。

4. 反应等离子喷涂

反应等离子喷涂技术采用高放热反应体系粉末材料，在喷涂时喷涂材料发生自蔓延反应或与气体发生反应，反应产物喷射沉积到基体上形成涂层。

反应等离子喷涂工艺根据反应物的不同分为两种，一种是以等离子焰流作为热源，引发喷涂粉末发生燃烧进行反应，称为粉末反应等离子喷涂。反应放出的高热量使反应产物迅速升温至熔融态，并以极高的速度喷射到基体上，沉积后形成涂层。另一种是在喷涂时，喷涂材料与气体发生反应，称为气相反应等离子喷涂，它是在传统等离子喷枪上设置一个气体反应器，反应器中的气体被引入到高温等离子射流中后，迅速分解，分解出的离子处于激活状态，与喷涂粉末发生反应生成理想的产物，然后喷射沉积到基材表面形成涂层。由于喷射速度快，反应产物和涂层几乎同时形成，因此，该技术具有很高的生产效率。

由于产物在原始喷涂粉末中原位生成，与传统等离子喷涂技术相比，反应等离子喷涂涂层与基体结合良好，分布比较均匀，涂层呈波浪式堆叠的层状结构，硬质相和基体相变形颗粒互相交错，有利于抑制裂纹的扩展，从而提高涂层的韧性，而且喷涂过程中合成反应热与等离子弧热叠加，有利于高熔点硬质相的熔化，克服了传统等离子喷涂金属-硬质相粉末时硬质相分布不均匀、组织粗大、熔化不完全的缺点。

第五节　喷焊技术及加工

热喷焊技术是在热喷涂技术基础上发展起来的，是将自熔性合金粉末先喷涂在基材上，在基材不熔化的情况下使其润湿基材表面并熔化到基材上而形成冶金结合，从而形成所需要的致密喷焊层。由于液态合金与固态基材表面之间的相互熔结和扩散而形成了一层表面合金。喷焊是合金喷涂和金属堆焊两种工艺的复合，克服了热喷涂涂层结合强度低、硬度低等缺点，同时，由于使用了高合金粉末，喷焊层具有一系列特殊的性能，这是一般堆焊所不具备的。热喷焊不仅可以用来修复表面磨损的零件，还可用于新零件表面的强化和修饰等，使零件的使用性能更好，寿命更长。因此，热喷焊技术得到了广泛的应用。

目前，热喷焊技术按所采用的热源类型不同主要分为氧-乙炔火焰喷焊、等离子喷焊以及相应的加热重熔方法，例如炉内重熔、感应加热重熔、激光重熔等。

一、氧-乙炔火焰喷焊

氧-乙炔火焰喷焊是采用氧-乙炔火焰喷涂自熔性合金，随后在火焰的加热下使涂层熔融，在金属表面获得熔焊层的热喷涂方法。

氧-乙炔火焰喷焊的原理是以氧-乙炔火焰为热源，将自熔合金粉末喷涂在经过预处理的工件表面，在工件不熔化的情况下，加热涂层，使其熔化并润湿工件，通过液态合金与固态工件表面的相互溶解与扩散，形成了一层牢固的呈焊合态且具有特殊性能的表面熔敷层。喷焊包括喷涂和重熔两个过程。不同的是热喷焊时，基体表面不需要刻意的粗化，粗化要求比较低，采用砂轮打磨表面就可获得满意的喷焊层。

喷涂过程与氧-乙炔粉末火焰喷涂相同，是合金粉末在氧-乙炔火焰中被加热至熔化或半熔化状态，以一定速度撞击并黏附在金属基材表面的过程。

在喷涂过程中或在涂层形成后采用火焰对涂层直接加热，使涂层再次熔融，并在金属基体表面发生重结晶。重熔时，将喷焊枪的火焰集中在工件喷焊部位的端部，用中性焰或轻微碳化火焰进行局部加热。自熔性合金在熔融状态时有强烈的还原脱氧作用和良好的造渣、除气性能，致使重熔冷却后的喷焊层消除了喷涂层中气孔和氧化物夹渣，且经过结晶过程，使喷涂层的非均质层状组织结构变成均匀的合金组织结构。

重熔的目的是要得到无气孔、无氧化物、与工件表面结合强度高的熔敷层。要达到这一目的，熔化的涂层必须能润湿工件表面，即液态合金能够在固态工件表面上自由铺展，既不流淌、又不凝结成球状。且液态合金润湿工件之后，必须能够与工件表面进行适当的物理化学作用，使液态合金冷却时与工件表面形成牢固的焊合。

在重熔时，熔化的涂层合金在固态工件表面上可能存在两种不同的状态：一种是液态合金不能在工件表面铺展，而是凝缩成球状或流淌，与工件表面不润湿；另一种是液态合金能自由地在工件表面上铺展，称为润湿。熔化涂层合金对工件表面的润湿性主要受涂层合金和工件金属成分、工件表面清洁度、工件表面的粗糙度和重熔温度的影响。若涂层合金和工件金属在液态和固态都不发生相互作用，则润湿性很差；若涂层合金与工件金属能够相互溶解与扩散，则熔化的涂层合金能较好地润湿工件表面；若母材表面容易生成钝化膜，则熔融的涂层合金难以润湿工件表面。此外，工件表面越清洁、表面越粗糙，则润湿性越好。由于重熔温度升高，熔化涂层合金的表面张力降低，会导致液态涂层合金容易铺展，从而提高了熔化涂层合金对工件表面的润湿性。

氧-乙炔粉末火焰喷焊具有下列特点。

(1) 设备简单、投资少、见效快，便于推广应用；操作方便，容易掌握；喷焊层厚度范围宽，适应面广；工件受热温度高，容易变形；喷焊材料仅局限于自熔性合金。

(2) 喷焊层与工件之间是通过过渡层各种组织的晶粒彼此作用而相互结合，即晶间结合；喷焊层与工件的结合强度较高。

(3) 喷焊层的组织结构完全不同于喷涂层，由非均质的组织结构转变为焊态均质的合金组织，有树枝状结晶。

氧-乙炔火焰喷焊与氧-乙炔粉末火焰喷涂类似，只需增加重熔枪，辅助设备要增加加热和缓冷装置，以便在重熔过程中能有效地控制工件的温度。若采用一步法喷焊，只需要氧气、乙炔供给装置和喷焊枪。

喷焊枪是氧-乙炔火焰喷焊的主要工具，分为中小型和大型两类。中小型喷枪可用于喷焊中、小型零件和大型零件的局部修复，其外形结构如图 4-24 所示。在粉斗与射吸室之间装有一个常闭阀门。在氧气的抽吸作用下，按下粉阀开关柄，粉末就被吸入射吸室，并以较高的速度通过混合气管和喷嘴射入火焰，经过火焰加热，喷射到经过制备的工件表面。中小型喷枪的送粉氧气和预热氧气是合一的。为了防止喷枪回火时粉斗内的粉末崩出，一般都采用氧气抽吸粉末，而不是氧和乙炔的混合气。大型喷焊枪适用于喷焊大直径和大面积的零件，生产效率高，但只能采用两步法喷焊工艺。

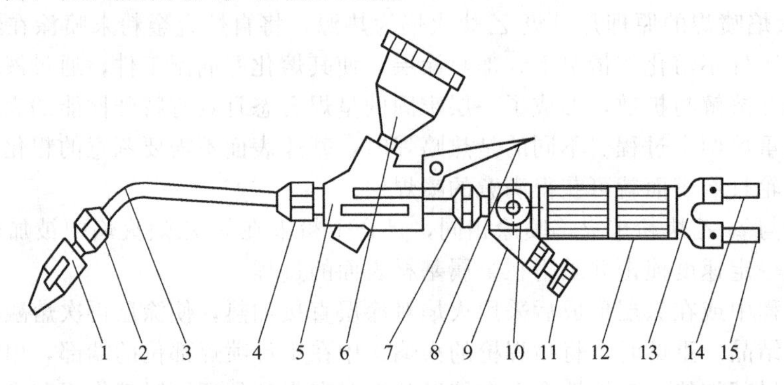

图 4-24 中小型喷焊枪外形结构

1—喷嘴；2—喷嘴接头；3—混合气管；4—混合气管接头；5—粉阀体；6—粉斗；7—气接头螺母；8—粉阀开关阀柄；9—中部主体；10—乙炔开关阀；11—氧气开关阀；12—手柄；13—后部接体；14—乙炔接头；15—氧气接头

重熔枪也称为重熔炬，是用来对涂层进行火焰重熔的专门工具，也可用来对工件预热。重熔枪与喷涂枪配合使用，对较大型工件进行两步法喷焊时，先使用喷涂枪在基体上喷涂一层涂层，然后用重熔枪将涂层熔化。重熔枪的结构和普通的焊炬一样，只是要求火焰功率大、流速低，因而可将燃烧气体喷嘴的孔型做成梅花状，混合管比一般气焊枪长。

喷焊工艺所需要的氧气一般使用瓶装氧气，通过减压阀供氧即可。在喷焊大工件时需用的氧气量较大，预热、喷粉、重熔时不能断氧，必要时可将多瓶氧气并联起来供氧。喷焊时要求乙炔的流量稳定。多数喷枪要求使用中压乙炔气，气压可在 0.049～0.098MPa 内稳定调节。使用瓶装乙炔能满足上述要求。

喷焊工艺可分为三个阶段。

(1) 喷前准备 这个阶段的第一个重点是喷焊表面的除油去污。对某些多孔铸件，孔内油污仅靠清洗很难除尽，可用火焰加热到300℃或更高，将孔内油污烧净。第二个是去除表面的氧化物和疲劳层，可采用喷砂、机加工或打磨等方法。第三个是去除表面处理层，如渗碳、镀铬、淬火层等。这是因为处理层会在喷粉或重熔时产生气体溢出，导致焊层与基体结合不良。

(2) 喷焊 氧-乙炔火焰喷焊自熔合金一般可分为“一步法”和“两步法”两种工艺。

“一步法”是喷粉和重熔几乎同时进行的，只有一把喷枪，一般采用间歇式送粉，使喷到基体表面的粉末熔化后再进行二次送粉，在操作过程中，观察喷涂的粉末出现“镜面”即为喷涂的粉末熔化，可进行二次喷涂粉末，这样反复进行，可得到所需要的涂层。其优点是对工件的热输入量较“两步法”小。适用于大工件小面积或小工件表面的喷焊修复。一步法喷焊的预热温度应在300℃左右。缓冷的面积应加热到500℃以上。

“两步法”喷焊的工艺流程为：工件预热→喷粉→重熔→缓冷。预热温度由工件的大小、部位和材质决定。一般预热温度在200～450℃左右。对大工件、大面积或膨胀系数大的工件预热温度应偏高。对极小件、薄板及含有氧元素的合金基材，预热温度应偏低。必要时可以先预热到100～200℃，接着喷涂一层0.2～0.3mm厚的粉末，然后继续加热到所需温度。

喷涂层厚度一次不宜超过1.0mm，若喷焊涂层的厚度较大，可采用多次喷焊的方法达到要求的厚度。重熔是喷焊两步法工艺的关键环节。一般的自熔合金的膨胀系数都偏高，因此，被喷焊的工件从高温急剧冷却会使涂层出现裂纹，必须根据具体情况采用缓冷措施。

(3) 喷后处理 喷焊后的零件要进行检查。喷焊层常见的缺陷有喷焊层剥落、喷焊层裂纹、喷焊层夹渣、喷焊层气孔和喷焊层漏底。对于表面精度要求不高的零件，喷焊后不加工即可使用。对有配合精度要求高的零件，喷焊后需要进行机加工。加工方法有车削和磨削。

二、等离子喷焊

等离子喷焊是一种新的表面硬化和材料保护方法，利用转移型等离子弧作主要热源，粉末合金作填充材料，在工件表面喷焊一层与基体具有冶金结合作用的熔敷技术。

等离子喷焊一般采用两台整流电源，将负极并联在一起，接至高频振荡器后，再通过电缆接至喷枪的电极，其中一台电源的正极接喷枪的喷嘴，用于产生非转移弧；另一台电源的正极接工件，用于产生转移弧。喷枪的喷嘴和电极通水冷却，采用氩气作等离子气，首先用高频火花点燃非转移弧，然后利用非转移弧在电极和工件之间造成的导电通道引燃转移弧。转移弧引燃后，根据工件状况可保留或切断非转移弧。喷焊过程中，转移弧加热、熔化工件和合金粉末，并在工件表面形成了熔池。与此同时，被送入弧柱中的合金粉末得到加热，呈现不同程度的熔融状态，再被等离子弧喷射到工件表面，在转移弧的作用下与基体表面层熔化的金属形成熔池。随着喷焊枪和工件的相对移动，工件表面的熔池逐渐结晶凝固，最终形成平整、光滑的合金喷焊层。等离子喷焊原理如图4-25所示。

等离子喷焊过程也包括喷涂和重熔两个过程，这两个过程是同时进行的。在喷涂过程中，粉末通过弧柱加热，一般以半熔化状态沉积到工件上。重熔过程是粉末在工件上的熔融过程，落入熔池的粉末立即进入转移弧的阳极区，受到高温加热迅速熔化，并将热量传递给基体材料。等离子喷焊熔深较浅，使得基体材料对合金的冲淡率低。同氧-乙炔火焰喷焊相比，电弧对熔池的搅拌作用较强，熔池的冶金过程进行的比较充分，喷焊层气孔和夹渣少。

等离子喷焊与其他弧焊方法相比，具有以下特点。

(1) 生产效率高、工件基体金属材料熔化后混入喷焊层中对喷焊层合金的冲淡程度低、粉末利用率高。

(2) 喷焊材料范围广，尤其能喷焊难熔材料，以及一些特殊工艺材料。

(3) 焊层结合强度高，气孔率低。

(4) 惰性气体等离子射流有保护气氛，氢的射流有还原气氛，避免或减少了喷焊颗粒的氧化。

(5) 等离子喷焊层外形较为平整光滑、成形尺寸可控范围较大，且可精确控制。

基于以上特点，等离子喷焊主要用于制备质量要求较高的耐腐蚀、耐磨、隔热、绝缘、耐高温和特殊功能焊层，已在航空航天、石油化工、机械制造、钢铁冶金、交通运输、轻纺、能源、电子和高新技术等领域应用。

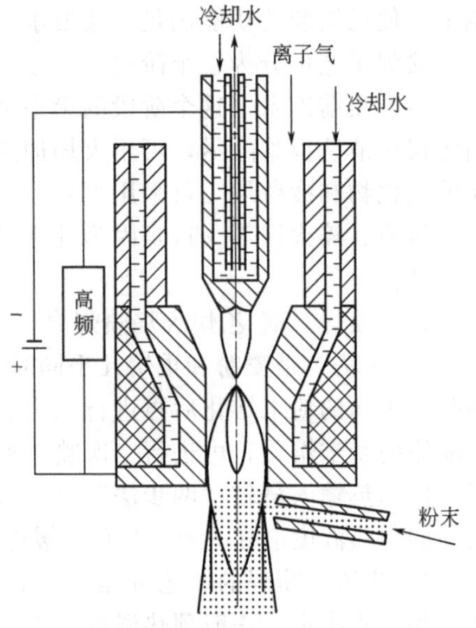

图 4-25 等离子喷焊原理示意

等离子喷焊设备主要由电气部分、机械部分、喷焊枪及辅助系统四大部分组成。电气部分包括焊接电源、电气控制系统，机械部分包括送粉器、喷焊机床、防护罩和通风装置，辅助系统包括气路系统和辅助系统。

等离子喷焊所用的直流电源类型有晶闸管整流电源、晶闸管逆变电源等。国内一般采用具有内桥内反馈的磁饱和放大器式三相硅整流电源。这种电源具有等离子喷焊所需的陡降外特性。

等离子喷焊所用的高频振荡器是作引弧器引燃非转移弧用的。它是等离子喷焊设备中必不可少的装置。

送粉器是贮存合金粉末，并按工艺要求向喷焊枪均匀、准确地输送粉末的一种装置，是等离子喷焊的关键部件之一，直接影响喷焊工艺过程的稳定性和焊层的质量。送粉器的种类主要有刮板式、鼓轮式、电磁振动式、自重式和雾化式，其中等离子喷焊常采用刮板式送粉器，其示意见图 4-26。粉末由贮粉筒经漏粉孔流到转盘上，形成一个自然堆积角为 α 的圆台，α 角的大小与合金粉末的材质、颗粒度和固态流动性等物理性能有关。在转盘上方有一个与转盘表面紧密接触的刮板，当转盘转动时，刮板就会将粉末不断地刮下流入下面的漏斗，再由送粉器通过管路将其送至喷焊枪的喷嘴。

等离子喷焊枪的作用主要是产生等离子弧，并将合金粉末送入弧柱，然后在工件表面熔敷成所需的喷焊层。在喷焊枪中汇集并通有水、气、电和粉末。所以喷焊枪是等离子喷焊技术中最为关键的装置之一。等离子喷焊枪在结构上与等离子喷涂枪类似，都是由前枪体、后枪体和中间绝缘体三部分组成。前枪体的作用是固定和安置喷嘴，并构成喷嘴的水冷空腔，成为连接水、电、气和粉末管路的接头。后枪体的作用是固定和安置电极，是连接水、电、气管路的接头。绝缘体在电气上保证前后枪体的绝缘，在机械上用来连接、固定前后枪体，并组成一个枪的整体，其整个内空腔构成一个工作气的气室。工作气进入枪体的方式主要有切向旋流进气、轴向直流进气和径向直流进气三种。切向旋流进气方式在等离子弧周围形成的冷气流膜的绝缘性对电弧的压缩、对阴极及喷嘴的保护效果均较好，这样喷嘴就能承受较大的电流，电弧工作状态较为稳定。因此等离子喷焊枪中大多采用切向旋流进气方式。

等离子喷焊过程中，影响喷焊层质量的工艺参数很多，对不同工件、不同基体和不同喷

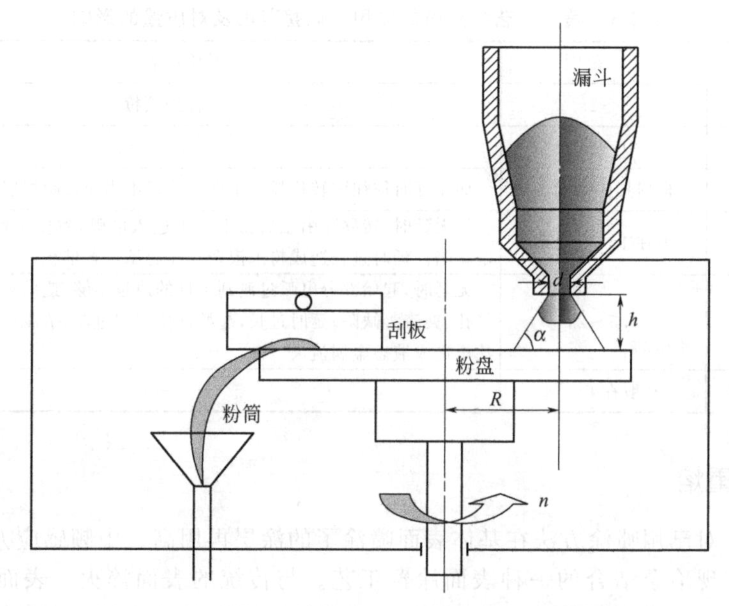

图 4-26　刮板式送粉器示意

焊层，要实现高质量的喷焊，需经过反复试验才能得到合理的喷焊工艺。

整个喷焊过程中，各工艺动作要按照一定的先后顺序和时间间隔衔接起来，这就是工艺动作程序。等离子喷焊参数多，工艺复杂，工艺动作的顺序及间隔的时间对喷焊的质量影响很大。等离子喷焊控制程序需要满足的工艺要求如下。

(1) 提前供冷却水。为了确保喷枪不被烧损，控制主电路通断的继电器应串联在水泵控制回路，以保证只有在供冷却水的情况下继电器才吸合。

(2) 提前给送气体，滞后关闭工作气体，以保证电极和熔池不被氧化。

(3) 瞬间引燃电弧，借助于高频振荡器在喷嘴与钨极之间产生的电火花，首先引燃非转移弧，非转移电弧引燃后，应立即切除高频。为防止高频干扰，在电弧工作期间不能接通高频振荡器。

(4) 在需要摆动喷焊枪的情况下，非转移弧引燃后，摆动的调速装置开始工作。

(5) 非转移弧引燃后工件开始运转，用于观察喷焊枪与工件的相对运动情况。

(6) 非转移弧引燃后，先送粉再引燃转移弧，即在引燃转移弧前，提前启动送粉电机，送粉电机调速装置开始工作。

(7) 非转移弧引燃后引燃转移弧，可根据调整摆幅、转速、及喷焊枪与工件的相对位置所需的时间决定时间间隔。

(8) 转移弧引燃时，起始工作电流有递增和陡升两种选择，并应以粉末充分熔化焊透为原则。

(9) 转移弧引燃后，可根据使用要求切除或保留非转移弧。

(10) 转移弧熄灭以后，喷焊枪摆动、送粉、工件运转、调速装置都应该停止工作，或恢复到开始前的原始工作状态。

(11) 以上各程序均可进行手动或者自动分别控制。手动程序用于焊前程序和时间调整，自动程序用于批量生产。

合理设置各工艺动作的延时时间对喷焊质量也有一定的影响，表 4-5 对此做出了相应的说明。

表 4-5 喷焊工艺中延时的作用、调整范围及对质量的影响

延时作用	调整范围	对质量的影响
提前送水	1～2s	保护喷枪
提前送气	1～2s	—
延时转移弧的引燃	根据具体情况确定	如无延时往往因转移弧在工件上放置不当而影响焊层位置
提前送粉	一般在1～3s内调整	如无延时，转移弧引燃后粉末尚未进入电弧，致使工件过分熔化，造成质量缺陷。延时过长造成粉末浪费和在起始位置堆积
延时转动	0.5～2s	无延时，起始部分电弧过渡到工件的热量不够，造成未焊透，成形不好，有气孔、夹渣等缺陷；延时过长，起始部位焊层过厚，造成熔池过大，冲淡率高，甚至造成液态金属流失
滞后关气保护钨极	一般在6～7s	—

三、感应重熔

感应重熔是对已用喷涂方法在基体表面喷涂了的涂层再用高、中频感应方法使涂层粉末熔化，与基体实现冶金结合的一种表面涂覆工艺。与传统的表面淬火、表面渗碳等工艺相比，表面熔覆可在工件表面形成一层高硬度、高耐磨、耐腐蚀的涂层，而且能使涂层与基体实现牢固的冶金结合，从而使工件保持内部韧性而表层高耐磨、高耐蚀的特点，不仅能大幅度降低工件的制造成本，而且能更好地满足使用要求。

感应重熔的原理是将磁导率、电阻率与基体材料不同的合金粉末预先涂敷于基体表面，通过高频或中频感应，利用在工件和涂层之间产生的感应电流来加热和熔化涂层。感应电流的大小与磁场强度和磁场变化频率有关。频率越高则涡流流过物体的表面层越薄，物体的加热深度也越浅。因此感应电流的电源频率应按照加热的要求来选取，而感应设备的功率则取决于被加热体的重量、体积、比热容、加热时间和温度。

感应重熔具有快速加热的特点，存在电磁力作用而使液态熔覆材料对流，虽然元素扩散的时间短，但也可以使反应进行的比较充分，具有涂层稀释率相对较低，对基体热影响小、熔池冷凝速率快、晶粒生长受到抑制、重熔层组织细密，涂层氧化烧损小，生产效率高，能耗低，成本低以及工艺灵活等特点。

感应重熔的设备组成是在氧-乙炔粉末火焰喷涂设备的基础上再增加高频或中频感应设备。这种工艺比手工重熔枪进行重熔效率高，表面平整度高，质量容易控制。

感应重熔工艺可以分为以下三个阶段。

(1) 涂层预制及粘接剂的选择 在感应加热前将粉末预涂于基体表面，涂层厚度一般参考表面涂镀层分类原则，选择厚硬化层（0.1～1.0mm 量级）。考虑到粉末的松散性，如果实际工程需求特定厚度，可根据具体材料适当加厚。粉末的涂覆一般有热涂和冷涂两种方法。热涂是采用热喷涂的方法将合金粉末预置于基体表面，然后感应加热使合金粉末再熔化，最终制得涂层。冷涂重熔一般是将合金粉末和粘接剂混合均匀，直接涂覆在基体表面，然后采用感应加热技术使涂层熔覆的方法。选用的粘接剂一般要求流动性好、粘接性强、能保持高的成型坯强度，使预制的涂层能保持高精度和高均匀性，且要求能耐一定高温，预热过程不起泡，加热过程中不飞溅和剥落，在加热过程中易挥发，不破坏表面形貌，不改变涂层的原始成分。可根据涂覆材料选用松香、松节油、水玻璃、酚醛树脂、纤维钠等材料，按适当比例配比加上适量的高温调节剂、活性剂等混合配制。

(2) 电参数的选择 感应重熔电参数直接决定重熔层的质量。在电参数中，感应输出功率和感应频率是两个关键参数，要根据材料的物理参数确定。感应输出功率决定工件的加热

速率和加工效率，输出功率越大，加热速率越快，加热时间越短，直接加热层的热量来不及向内部传导，加热深度就越浅。输出功率不能太大，否则温度上升过快，涂层流淌过快，导致与基体不能形成良好的冶金结合。同样，功率太小热量积累较慢，涂层熔化不充分，且氧化严重。感应频率大小的改变能够控制加热层的厚度，实现结合层一定范围的稀释率以及所需厚度的表层硬化层。感应频率选择的重要依据是加热效率和温度分布。在设备输出功率和材料物理参数、试样直径确定后，能量输入速率越高，加热效率越高，但实际工程中过高的功率会使加热件的温差过大，反而使加热时间过长，甚至使表面材料过热流淌，同时随着频率的增加，设备成本随之增大。因此，选择频率时，应考虑重熔层厚度较小的特点，根据具体情况选择中频（1～10kHz）、超音频（20～75kHz）、高频（100kHz 以上）感应加热，不能无限制地提高感应频率来提高效率。

（3）感应间隙和线圈走速　在感应重熔时，感应器的内径与工件外径间应留有一定的间隙，即感应间隙。不同的间隙对热量的分布有很大影响，间隙太大，漏磁严重，加热缓慢，涂层易氧化；间隙太小，工件表面升温快，短时间内，涂层会熔化流淌。感应间隙一般在1.5～5.0mm 为宜，易熔合金选择大间隙，高熔点合金选择小间隙。线圈行走速率也是影响重熔质量的一个重要因素。在其他工艺参数确定后，过慢的走速使合金吸收过多的能量，导致合金过熔流淌；过快的走速可能会发生合金熔化不足、熔化不均匀等现象，甚至快热快冷作用明显，使涂层中间层出现夹生现象。

四、激光熔覆技术

激光熔覆技术是以激光作为热源，用不同的添料方式在被涂覆基体表面上放置选择的涂层材料，经激光辐照使之和基体表面薄层同时熔化，然后快速凝固形成稀释度极低、与基体材料形成冶金结合的表面涂层，从而显著改善基体材料表面的耐磨、耐蚀、耐热、抗氧化及电气特性等性能的工艺方法。激光熔覆的原理如图 4-27 所示。

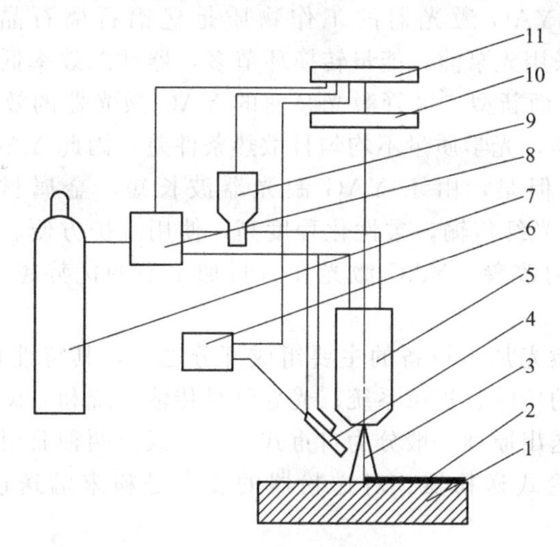

图 4-27　激光熔覆原理

1—基体；2—熔覆层；3—激光束；4—合金材料输送嘴；5—聚光筒；6—线材输送器；7—气瓶；8—供气装置；9—送粉器；10—激光器；11—控制装置

激光熔覆工艺按熔覆材料的供给方式大概可分为两大类，即预置式激光熔覆和同步式激光熔覆。

预置式激光熔覆是指将待熔覆的合金材料以某种方法预先置于基体材料表面，然后采用激光束辐照熔覆材料预覆层表面，预覆层表面吸收激光能量使温度升高并熔化。同时通过热传导将表面热量传递到内部，使整个熔覆材料预覆层及一部分基体材料熔化，激光束离开后熔化的金属快速凝固，在基体材料表面形成冶金结合的合金熔覆层。熔覆材料以粉、丝、板的形式加入，其中以粉末的形式最为常用。

同步式激光熔覆是采用专门的输送器将熔覆材料直接送入激光束中，在激光的作用下熔覆材料在基体表面熔化形成合金熔覆层，供料和熔覆同时完成。熔覆材料主要以粉末的形式送入，有的也采用线材或板材进行送料。

与热喷涂、等离子喷焊等方法相比，激光熔覆技术具有下述优点。

(1) 熔敷层晶粒细小、结构致密，因而硬度较高，耐磨、耐蚀等性能更为优异。

(2) 熔敷层稀释率低，由于激光作用时间短，基体材料的熔化量小，对熔敷层的冲淡率低（一般仅为5%～8%），因此可在熔敷层较薄的情况下，获得所要求的成分与性能，节约昂贵的熔覆材料。

(3) 激光熔覆热影响区小，工件变形小，熔覆成品率高。

(4) 激光熔覆过程易实现自动化生产，熔覆层质量稳定，在熔覆过程中熔覆厚度可实现连续调节。

硬件装置是实现激光熔覆的物质基础。硬件质量和性能的好坏、优劣直接影响加工过程的完成质量。激光熔覆技术系统由激光器、光束传输和成型系统、送粉机构、运动系统及检测系统组成。

激光器是激光熔覆设备中的重要部分，提供加工所需的光能。对激光器的要求是稳定、可靠，能长期运行。目前适用于激光熔覆的工业化激光器主要有CO_2和YAG激光器。CO_2激光器是一种依靠在光学谐振腔内发生辉光放电激励的分子激光器，输出10.6μm波长的红外光，采用CO_2气体作为主要工作物质，同时加入N_2和He以提高激光器的增益、耐热效率和输出功率。工业上大量采用的大功率CO_2激光器主要为快速轴流激光器、横流激光器和板式扩散型激光器。YAG激光器的工作物质是亿铝石榴石晶体，输出激光波长为1.06μm。YAG激光器采用光泵浦，能量转换环节多，器件总效率低。光泵浦YAG激光器的效率一般在2%以下，而新型二极管激光泵浦的YAG激光器的效率也仅为6%左右。此外，由于工作物质是固体，光学质量不均匀且散热条件差，因此YAG激光器的输出功率较低，且光束质量较差。但是，由于YAG激光器波长短，金属材料的吸收效率高，且1.06μm的波长可以采用光纤传输，柔性化程度高，使用维护方便。随着YAG激光器输出功率的提高和光束质量的改善，YAG激光在材料加工中的优势越来越明显，并且有取代CO_2激光器的趋势。

激光器光学系统是激光加工设备的主要组成部分之一，其特性直接影响激光加工的性能。光学系统包括光束的传输、扩束系统、光导纤维传输系统和光斑成型系统。

送粉装置根据粉末送出原理一般分为自重式、气送式或两种兼用。具体可分为螺旋式送粉器、刮刀送粉器、鼓轮式送粉器。对送粉器的要求是粉末输送连续、均匀稳定，使用方便。

预置式激光熔覆的主要工艺流程为：基体材料熔覆表面预处理（打磨，清洗）→预置熔覆材料→预热→激光熔化→后热处理。同步式激光熔覆的主要工艺流程为：基体材料熔覆表面预处理→送料激光熔化→后热处理。按工艺流程，与激光熔覆相关的工艺主要是基体材料熔覆表面热处理→送料激光熔化→热处理。

激光熔覆是一个复杂的物理、化学冶金过程，熔覆过程中的参数对熔覆层的质量有很大的影响。激光熔覆过程中的参数主要有激光功率、光斑直径、离焦量、送粉速率、扫描速度、熔池湿度等，这些参数对熔敷层的稀释率、裂纹、表面粗糙度以及熔覆零件的致密性都有着很大影响。高的扫描速度、高送粉速率（较厚的覆层）、低的激光功率，此时因激光能量偏低，仅表面熔覆材料熔化，基体只局部熔化，熔覆层和基体结合不牢，覆层容易剥落。低的扫描速度、低的送粉速率（较薄的覆层）、高的激光功率，此时激光能量过高，基体熔化过多，熔覆层稀释率增大，严重损害熔覆材料的优异性能。合适的扫描速度、送粉速率和激光功率，工艺参数之间良好匹配，熔覆层质量优良，与基体结合牢固。

激光熔覆技术是一种新兴的表面处理技术，有着很好的发展前景。但是，激光熔覆工艺也存在着一些技术上的难题，由于熔覆层和基体材料的温度梯度和热膨胀系数的差异，可能在熔覆层中产生多种缺陷，主要包括气孔、裂纹、变形和表面不平度。为拓宽激光熔覆技术的应用领域，应对激光熔覆技术的基础理论、专用的合金粉末体系和专用的粉末输送装置与技术进行研究与开发。

五、热喷焊加工中常见的问题

热喷焊是在热喷涂技术上发展而来，主要为解决热喷涂涂层结合强度差的问题而发展的，但在加工中容易出现下列问题。

1. 热喷焊设备的选型不当，加工过程工件变形大。

不同热喷焊技术的差别在于重熔设备的差别，火焰热喷涂设备最简单，便于现场施工，特别适合加工设备庞大的表面强化。但由于是人工操作，人为因素影响较严重。对于类似焊缝表面的喷焊，建议使用一步法小喷枪，这种喷枪的热容量相对小，对加工工件的变形小；较薄的材料表面硬化，建议使用激光熔覆；对于质量要求高的大工件设备，建议采用等离子喷焊；对于规则的、体积不大的工件表面喷焊，建议采用感应重熔工艺。若喷焊设备选用不当，会使涂层产生裂纹，表面平整性差，特别是基体变形大。

2. 喷涂表面形成波浪状

火焰喷焊对一个新手来讲，焊枪的移动速度、喷枪与基体的距离称之为喷距很难掌握，出现的问题是喷焊层不平整，材料反复重熔，喷焊层表面硬度等机械性能不统一等。解决的方法是采用小喷焊枪先练习，重熔至表面出现“镜面”时立即移走喷枪，喷枪移动是由镜面中心逐渐地向外缘移动，移动必须是连续的，不能跳跃，跳跃移动在表面就形成波浪层。激光熔覆由于数字控制，感应重熔一般不会出现这样的问题。

3. 喷焊层表面有密布小的颗粒

喷层表面出现不熔的小颗粒，这是由于喷焊的粉末质量不合格引起的，常见有些喷焊企业为了节省原料，将飞溅的粉末重新收集再次使用，在收集过程中，收集了一些非金属粉末，另外还有喷涂粉末与喷焊粉末相混问题。喷焊必须选自熔性粉末，喷涂对自熔性没有要求，即喷焊的粉末都可以用来喷涂，而喷涂粉末不全可以用作喷焊。

4. 喷焊过程产生裂纹

喷焊时基体受热大，基体变形大，在喷焊过程中，基体由一千多度降至室温，必然产生较大的加工应力，而喷焊层与基体的膨胀系数不同，造成冷却裂纹，解决的方法是采用缓冷。尤其是冬天，更应采用缓冷。当缓冷仍不能克服问题时，应改变喷焊的材料，选择与基体膨胀系数接近的喷焊材料。

对于铸铁表面的喷焊处理，喷焊层并没有产生裂纹，而基体产生了裂纹，这主要取决于铸铁的高碳和脆性。喷焊能够在铸铁表面施工，这已被广泛地用来对铸铁零件进行修复和焊接，但必须选择800℃左右的喷焊粉末，使加工过程中铸铁基体温度不超过1000℃，这样就不会在铸铁基体上产生裂纹。

第六节 热喷涂材料

热喷涂材料是热喷涂技术的重要组成部分，它作为涂层的原始材料，在很大程度上决定了涂层的物理和化学性能。只有对涂层材料有比较完整、系统、全面、深刻的认识和理解，才能制备出理想的涂层。

一、热喷涂材料分类和要求

1. 热喷涂材料的分类

热喷涂材料的分类方法很多。根据外形可分为线材（棒材）和粉末两大类。根据材料性质可分为金属与合金、氧化物陶瓷、金属陶瓷复合材料、有机高分子材料。按照使用性能与目的又可分为耐磨材料、热障涂层材料、抗高温氧化涂层材料、抗腐蚀涂层材料、电磁性材料和功能性涂层材料。实际工作应用中，将热喷涂材料按种类分为线（棒）材喷涂材料、粉末喷涂材料、钎焊材料和辅助材料。

热喷涂线（棒）材分为火焰喷涂用和电弧喷涂用线（棒）材。热喷涂粉末材料又分为金属及合金粉末、自熔性合金粉末、可磨耗涂层粉末、陶瓷粉末、金属陶瓷粉末和复合粉末材料。钎焊材料主要包括经过热喷涂工艺后还需进行随后的扩散热处理的涂层材料。辅助材料主要包括喷砂处理用材料、遮蔽材料和封孔材料。

2. 热喷涂材料的要求

热喷涂材料在热喷涂过程中承受高温，并在空气中飞行，随后以高速撞击工件表面产生形变，淬冷后形成叠层，涂层在冷却收缩时会产生应力。因此，热喷涂材料除了应满足使用性能的要求外，还应满足喷涂工艺性能的要求。

(1) 功能性要求　热喷涂材料应具有和使用环境相适应的物理、化学性能，应充分满足使用功能特性的基本要求，如耐磨、耐蚀、耐高温、抗氧化、自润滑、热辐射、绝缘等方面的某一要求或多个要求。

(2) 热稳定和化学稳定性要求　热喷涂材料在喷涂过程中承受高温，应具有热稳定性和化学稳定性，即在高温下不挥发、不升华、不分解、不发生晶型转变和有害的化学反应，以保持原材料优良的性能。

(3) 热膨胀系数要求　涂层材料和基体应具有相近的热膨胀系数，以防止在涂层形成过程中急冷造成与基体的热膨胀系数相差过大、收缩不均匀、从而形成很大的热应力，导致涂层从基体上剥离或龟裂。

(4) 润湿性要求　涂层材料在熔融或半熔融状态下应和基体具有良好的润湿性，以保证涂层与基体具有良好的结合性能。

(5) 固态流动性和成型性要求　为了保证均匀送粉，热喷涂粉末材料应具有良好的固态流动性。粉末的流动性与粉末的形状、粒度分布、表面状态及粉末的湿度等因素有关。球形粉末流动性最好，粉末越湿，流动性越差。超细粉末或非球形粉末应使用特殊送粉器，以保证均匀连续送粉。当涂层材料是棒材或丝材时，应具有较好的成型性能，且具有一定的强度、表面清洁无污染。

二、纯金属及其合金喷涂材料

所有具有单独使用性能的纯金属均可作为热喷涂材料，如锌、铝、铅、钼等。为改善喷涂的性能，还常常在纯金属内加入其他元素形成合金材料。在热喷涂材料中金属材料熔点相对较低、韧性好、结合强度高、导电导热性能好，根据成分的不同还具有一定的耐腐蚀能力，因而已成为重要热喷涂材料，应用非常广泛。

热喷涂用金属及其合金材料，根据材料的形状可分为粉末和线（棒）材；根据材料的性能可分为纯金属材料、合金、自熔性合金等。作为热喷涂材料的常用金属有：锌、铝、铁、铜、铅、钼、钨、钽等。这些金属的某些物理性能见表4-6。

表4-6　常用金属材料的物理性能

材料名称	熔点/℃	密度(20℃时)/(g/cm³)	比热容(20℃时)/[kJ/(kg·℃)]	线膨胀系数/(×10⁻⁶/℃)	热导率/[W/(m·℃)]
锌	419.5	7.13	0.377	39.5	113.04
铝	660	2.7	0.900	23.6	221.90
铁	1536	7.87	0.460	12	78.2
铜	1083	8.96	0.385	16.5	385.19
铅	321	11.34	0.1277		347.50
钨	3380	19.2	0.2763	4.6	166.26
钼	2625	10.2	0.2763	4.9	142.35
钽	2850	16.6	0.1507	7	54.43
镍	1453	8.9	0.4396	13.4	100.48

自熔性合金在熔融过程中具有自行脱氧、造渣、润湿基体表面的功能。一般在镍基、铁基、钴基和铜基合金中加入一定量的B、Si元素，形成低熔点共晶体的合金元素。B、Si元素的加入提高了涂层的性能。B、Si在合金中可降低合金的熔点，并能扩大合金的固相和液相之间的温度区域。B、Si具有脱氧及造渣作用且可提高合金的硬度。自熔性粉末除可以用作喷涂外，还是喷焊必须选用的材料。

1. 锌及其合金材料

锌为银白色金属，具有金属光泽。纯锌在空气或pH为5～12的环境介质中有良好的耐蚀性，长期使用不腐蚀，但在酸、碱、盐中耐蚀性差。锌易与硫化氢和其他含硫化合物起反应。锌在干燥空气中与氧的作用微弱，在潮湿空气中易与氧或二氧化碳气体发生作用，在表面生成一层氧化物或碳酸锌薄膜，能阻止锌继续氧化，即不再被腐蚀。

将锌喷涂在钢构件表面上，锌和基体金属铁构成原电池，阳极锌缓慢溶解，使基体金属不受腐蚀。因此，锌涂层主要用于铁和钢的防腐，已广泛应用于室外露天的钢铁构件。

锌具有良好的塑性，可拉成线材，用于火焰喷涂或电弧喷涂；也可制成粉末，用作其他热喷涂方法的材料。用于热喷涂的锌丝纯度应达到99.85%以上，以避免有害元素对涂层耐腐蚀性能的影响，且线材表面要洁净。

在钢铁件的防护上，锌涂层的阴极保护作用突出，但耐蚀性不如铝。铝涂层的耐蚀性好，但阴极保护效果不如锌。在锌中加入铝可提高涂层的耐蚀性能。当铝含量为30%时，锌铝合金的耐蚀性最好。但由于加工困难，目前使用的锌铝合金喷涂丝中铝含量一般不超过16%。锌-铝合金的标准电极电位接近于锌，涂层的耐蚀机理与锌相同，但其耐蚀性与纯铝涂层相比，锌铝合金涂层的阴极保护效果更好，这是由于当涂层发生机械破损，腐蚀介质渗透入涂层中时，涂层的电导率上升，锌铝合金与钢基体形成电偶对。由于锌铝合金的电极电位低于钢基体，因而钢基体作为电偶对阴极而受到保护。

2. 铝及其合金材料

铝是轻金属，密度仅为铁的 1/3 左右。纯净的铝呈银白色。纯铝的电极电位很负，比铁低，能与铁形成原电池，是很好的阳极保护材料。铝与氧具有极强的亲和力，在空气中能迅速形成 0.005～0.02μm 厚的致密坚硬氧化膜，因此，铝在水、大部分的中性溶液及大气中都具有足够的稳定性。

铝的耐蚀性基本上取决于给定环境中铝表面膜的稳定性。如在干燥大气中，表面生成非晶态氧化膜，此膜与基体结合牢固，可以保护铝不受腐蚀；在潮湿空气中生成 $Al_2O_3 \cdot nH_2O$ 氧化膜，膜的厚度随温度、空气湿度的增加而增加，其保护能力降低。铝在工业气氛中具有较高的耐腐蚀性，在 pH 为 4～8 的气氛中有良好的耐蚀性。铝在纯水中的耐蚀性主要取决于水温、水质和铝的纯度。水温低于 50℃时，随水质和铝纯度的提高，铝的耐蚀性能提高，腐蚀类型以点腐蚀为主。若水中含有少量活性离子（Cl^- 等），铝的耐蚀性急剧降低。铝在石油类、乙醇、丙酮、乙醛、苯、甲苯、二甲苯、甘油等介质中耐蚀性良好。铝用作防腐涂层，其防腐作用与锌类似。与锌相比，铝的比重轻，价格低廉，在含有二氧化硫的气体中耐蚀性较好。

铝在不同酸溶液中有不同的腐蚀行为。一般地说，在稀酸中呈点蚀；在氧化性的浓酸中生成一层钝化膜，具有好的耐蚀性。氯化物和其他卤化物能破坏铝的保护膜。这些阴离子的半径小、穿透力强，很容易破坏氧化膜产生点蚀。因此，铝在含氯化物和其他卤化物的溶液中耐蚀性差。此外，铝的电位很负，与正电性金属接触会发生电偶腐蚀，其中铝与铜及铜合金接触危险最大。

铝涂层的阴极保护作用比锌涂层差，这是因为铝涂层表面存在一层致密氧化膜，由于氧化膜导电率低，电极电位比钢铁基体正，因此在大气、淡水等中性腐蚀介质中铝涂层的阴极保护作用较弱。反之在海洋环境中，由于 Cl^- 对铝涂层表面氧化膜的破坏，铝相对钢铁基体为阳极从而对钢铁起到阴极保护作用。在海洋环境中，铝涂层的保护作用优于锌涂层。

铝还可以作为耐热涂层材料使用。铝在高温作用下，还能在基体上扩散，与铁发生反应形成抗高温氧化的铝化铁，从而提高了钢材的抗高温氧化性。

铝既可以制成线材，也可以做成粉末进行喷涂。用于喷涂的铝线材应该是铜、铁、硅等有害杂质含量少的高纯铝，铝含量应高于 99.7%。用于热喷涂的铝粉纯度应大于 99.0%，形状为球形，粉末粒度通常为 44～88μm。

目前使用的铝合金喷涂丝不多，主要有铝镁合金、铝镁稀土合金、硬铝合金和铝硅合金等。这些合金主要用于提高耐蚀性，修理磨损的铝件和修补铝铸件中的气孔以及按要求改变铝模铸件的形状等。铝硅合金涂层还可用作玻璃的热反射以及光反射涂层。

铝镁合金中镁含量在 5%左右，在生产条件下通常为单相固溶体组织。呈单相过饱和固溶体的铝镁合金主要的腐蚀形式是点蚀，没有晶间腐蚀和应力腐蚀倾向。铝镁合金涂层的电化学性能比纯铝涂层活泼，在人工海水中对钢铁基体的阴极保护作用强。在喷涂过程中，镁更容易发生蒸发和氧化，形成高温稳定的尖晶石结构保护性氧化膜（$MgAl_2O_4$），对金属离子和氧的扩散有阻隔作用，具有高耐腐蚀性。在腐蚀介质中，铝镁合金涂层有较好堵塞孔隙的自封闭功能，可以保护钢基体。当涂层发生机械破损时，铝镁合金涂层能给予钢铁基体有效的防腐蚀保护。Al-Mg5 合金涂层大多用于海底钢结构的防锈、防蚀。可采用火焰喷涂或电弧喷涂工艺喷涂铝镁合金涂层。

铝-镁-稀土合金涂层是在铝镁合金的基础上，添加少量稀土合金发展起来的一种新型高强度铝合金，其组织为 α 相，常制成线材进行喷涂。铝-镁-稀土合金涂层的耐蚀性与纯铝涂层相当，涂层呈银灰色，色泽均匀，避免了喷铝时可能出现的“泛黄”现象。该涂层主要用于户外钢结构件的耐环境腐蚀长效防护。可采用线材火焰喷涂、电弧喷涂工艺制备铝-镁-稀土合金涂层。

铝硅合金涂层的喷涂效率比纯铝涂层高，涂层颗粒比较细小，涂层更致密，硬度更高，但耐蚀性降低。铝硅合金涂层与铝、镁、铁等基体材料有较好的结合强度，是最常用的修复铝、镁及其合金部件喷涂材料。铝硅合金涂层常用于修理喷气发动机铝、镁质部件，修复机加工超差件和重新恢复机械制造中加工不当的零件，亦可作为铝和铝合金的钎焊材料。其超细粉末可与聚苯酯形成复合粉末，制备摩擦系数小的优质减摩涂层。可采用超音速等离子喷涂、火焰喷涂、电弧喷涂等工艺喷涂铝硅合金涂层。

3. 铁及其合金材料

纯铁呈银白色，具有一定的韧性，易于氧化。致密铁一般在干燥空气中不发生变化，但在潮湿的空气中迅速生锈，即在外表面形成一层褐色的氢氧化铁。氢氧化铁疏松，不能形成保护膜防止铁的继续氧化。一般来说，各种钢线材都可用于热喷涂。常用的喷涂钢线材有碳钢线材、合金钢线材和不锈钢线材。碳钢及低合金钢涂层主要用于修复磨损和加工超差部件；不锈钢和耐热钢涂层主要用于防腐蚀和抗高温，并应进行适当的封孔处理。可采用火焰喷涂、电弧喷涂、超音速等离子喷涂和低压等离子喷涂工艺喷涂涂层。

热喷涂用低碳钢是指含碳量为0.1%～0.25%的碳素钢。低碳钢涂层易于切削加工、价格低、耐磨性好，已广泛用于滑动磨损部件及轴承面、挤压配合面以及铸件孔填补。可采用的喷涂工艺方法有线材火焰喷涂和电弧喷涂。

热喷涂用中碳钢是指含碳量为0.25%～0.65%的钢，具有中等适度硬度，容易切削加工，材料来源广泛，价格便宜，涂层比相同硬度值的整体中碳钢具有更好的抗黏着磨损能力。中碳钢涂层可用于修复轴类零件，作为喷涂复合涂层的结合底层和喷涂内表面等。可采用的喷涂工艺方法有线材火焰喷涂和电弧喷涂。

热喷涂用高碳钢是指含碳量为0.65%～0.95%的钢。高碳钢涂层具有相当高的硬度、耐磨性好，已广泛用作各种轴类耐磨涂层、内表面涂层和其他表面硬化涂层。可采用的喷涂工艺方法有线材火焰喷涂和电弧喷涂。

4. 铜及其合金材料

铜是一种具有金属光泽的橙红色金属，具有高导电性、导热性及良好的延展性。纯铜涂层主要用作导电、电波屏蔽涂层，铜及铜合金磨损件及尺寸超差件修复涂层，塑像、工艺品、水泥等建筑表面的装饰涂层。可采用的喷涂方法有火焰喷涂、电弧喷涂、超音速等离子喷涂、低压等离子喷涂。

黄铜是铜-锌基合金，有很好的强度、韧性、切削加工性能和良好的耐蚀性。但黄铜在喷涂时易发生“脱锌”现象，产生有害的ZnO烟雾，不宜直接喷涂黄铜。一般在黄铜中加入适量其他合金元素形成特种黄铜，如加入少量铅为铅黄铜，加入少量铝为铝黄铜，加入少量锡为锡黄铜。这些元素能提高铜锌合金的强度和硬度，抑制“脱锌”，提高耐蚀性。黄铜涂层广泛用于修复磨损及加工超差工件，修补有铸造砂眼、气孔的黄铜铸件，也可用作装饰涂层。可采用的喷涂工艺有火焰喷涂、电弧喷涂、超音速等离子喷涂、普通等离子喷涂等。

铝青铜是铜和铝的合金，具有更高的力学性能、耐磨、耐蚀、耐热、无磁性。加入少量铁，能细化晶粒，延缓再结晶过程，显著提高强度、硬度和耐磨性。加入少量锰和镍，能进一步改善合金性能。铝青铜涂层致密，易于加工，对铜及铜合金基体的结合强度高，表现出自结合性能，且涂层有良好的抗冲击性及抗氧化性。一般用于软轴承面的修复和铜合金基体的尺寸修复，涂层厚度不受限制且不易开裂。铝青铜合金目前已用于制备水泵叶轮、气闸阀门、青铜铸件、活塞、轴瓦、电枢衬套等耐磨耐蚀涂层及修饰涂层。可采用的喷涂工艺方法有火焰喷涂、电弧喷涂、超音速等离子喷涂、普通等离子喷涂等。

镍铝青铜是在铝青铜中加入铁、镍、锰等合金元素，提高铝青铜的硬度和耐磨性。镍铝青铜涂层致密，摩擦系数较低，易于加工。一般用作铜及铜合金、铝及铝合金、铸铁和钢等基体上的抗黏着磨损硬面涂层、轴瓦及机床导轨等部件减磨涂层，以及磨损尺寸超差零件的修复涂层。镍铝青铜通常制成粉末进行热喷涂，可采用的喷涂工艺方法有超音速等离子喷涂、火焰喷涂、普通等离子喷涂等。

锡青铜是铜和锡的合金，具有较高的力学性能、减磨性能、耐蚀性和自黏性，并能承受冲击载荷，易切削加工，钎焊和焊接性能好，收缩系数小，无磁性。锡青铜涂层常用作青铜衬套、轴套、抗磁元件等涂层。锡青铜常制成线材进行热喷涂，可采用的热喷涂方法有线材火焰喷涂和电弧喷涂。

磷青铜是在锡青铜中加入少于1%的磷，提高青铜的硬度、弹性及耐磨性。磷青铜具有高的强度、弹性、减摩及抗疲劳性能，呈现淡黄色，在大气、淡水和海水中耐蚀性好，易于焊接与钎焊，可用于制备优异减摩性能轴承涂层、抗黏着磨损涂层以及用于船舶磨损轴的堆焊和美术装饰涂层。磷青铜可制成粉末和线材进行热喷涂，可采用的热喷涂方法有火焰喷涂、电弧喷涂、超音速等离子喷涂、普通等离子喷涂、等离子喷焊等。

5. 镍及镍合金

镍是位于第ⅧB族的金属，呈黄白色。镍在低于500℃的大气中几乎不氧化，加热到1000℃氧化也较少，且在硫酸和盐酸中的腐蚀速率缓慢。镍涂层硬而致密，与基体结合强度高，易于切削，涂层韧性好，喷涂厚度不受限制，主要用于制备耐蚀及催化触媒涂层。纯镍一般采用雾化法制成球形粉末进行喷涂，可采用的热喷涂方法有超音速等离子喷涂、普通等离子喷涂或火焰喷涂。

镍合金具有耐蚀、耐磨、耐高温等优异性能。镍合金中的主要喷涂材料为镍铬合金。镍铬合金具有非常好的抗高温氧化性能，在880～1100℃范围内具有好的抗起皮、耐氧化性能，且耐酸、耐碱还能耐水蒸气、二氧化碳、一氧化碳、氨、醋酸及碱等介质的腐蚀，但不适于在含硫酸气体的燃烧废气和盐酸、氯化亚铁、醋酸等介质中使用。镍铬合金涂层易进行车削或磨削加工，主要用作980℃以下耐热、抗氧化涂层，耐高温陶瓷层的黏结底层，以及碳钢和低合金钢在热环境下防起皮保护涂层。镍铬合金可以制成粉末和线材进行热喷涂，可采用的热喷涂方法有火焰喷涂、电弧喷涂、超音速等离子喷涂、普通等离子喷涂。随着热喷涂工艺和热喷涂材料的发展，还在镍铬合金中添加其他元素，进一步扩大镍铬合金的应用范围。目前较成熟的有镍铬铁合金、镍铬铝合金、镍铬铁铝合金、镍铬铁铝硼硅合金、镍铬硅合金、镍铬钼铁合金、镍铬钼硅合金和镍磷铬合金等。

6. 钼及其合金

钼是位于ⅥA族的高熔点、难熔金属，呈银白色，膨胀系数低，导热和导电性能好，具有耐磨性。此外，钼能耐热浓盐酸腐蚀。常温下钼在空气中稳定，440℃以上与硫起反应，生成MoS_2。MoS_2是固体润滑剂。在内燃机气缸和活塞环上喷涂钼涂层，一般气缸内的温度高于440℃，涂层中的钼能与汽油中的硫或是润滑油中的硫起反应，形成MoS_2。涂层存在着一定量的气孔，孔隙中保存润滑油。这样既有油的润滑作用，又有MoS_2的润滑作用，能有效防止气缸和活塞环之间的熔着咬合现象的发生。

钼是一种自黏结材料，可以与很多金属和合金形成冶金结合，包括碳素钢、不锈钢、镍铬合金、铸铁、铝及铝合金等。常用作黏结底层材料。钼可以在切削光滑的工件表面上形成合金层。钼还可以作为功能涂层使用。钼涂层坚韧致密，粗糙度低，具有良好的抗咬死性能，在350℃温度下耐磨性能好，抗擦伤性能优良，能承受瞬时摩擦高温，对很多金属和合金有高的结合强度。常用作喷涂打底层和耐磨、摩擦表面的工作涂层。

钼可以制成粉末和丝材进行热喷涂，可以采用的热喷涂方法有火焰喷涂、超音速等离子喷涂、普通等离子喷涂等。

在保持钼涂层基本特性的基础上，为了进一步改善涂层性能，常加入其他元素或其他合金材料。例如在钼粉中加入25%～35%的镍基自熔合金粉末，能进一步减少涂层内氧化物含量，增强涂层自身强度，提高涂层出现层间裂纹的温度，从而改善涂层的耐热性。

7. 钨

钨是位于第ⅥB族的难熔重金属，呈白色，密度大、硬度高、高温强度好、线膨胀系数小，具有好的导热性和导电性。钨具有较好的高温强度和耐腐蚀性能，可作为抗高温气流冲蚀涂层材料。钨能在多种基体上形成涂层，包括一般金属构件、石墨、石英、氧化铝、耐火材料等。钨的高熔点和抗高温特性，使其在耐高温应用方面显示出独特的优点，特别是用于火箭发动机喷管、尾椎，熔炼高熔点金属的耐火增涡涂层等。钨对一般材料不具有自黏结性能，喷涂之前应先喷砂或打结合底层，对基体进行表面粗糙处理。钨还具有耐熔融玻璃和大多数液态金属的腐蚀及抗黏着的性能。因此，钨还可作为这类材料熔融状态时的成型模具或压铸模具的表面涂层。钨是高温使用的重要涂层材料，一般制成粉末用于热喷涂，可采用的热喷涂方法有超音速等离子喷涂和等离子喷涂。

三、自熔性合金材料

自熔性合金是指以镍、钴、铁、铜为基，加入强脱氧元素后，能有效降低材料熔点、能自行脱氧造渣的一类低熔点合金。自熔性合金材料一般制成粉末进行热喷涂，具有自熔性、熔点低、润湿性好、液固相线温度区间适宜、流动性好，在熔融过程中靠合金中的元素能自行脱氧造渣，使合金得到保护。且合金凝固后，在固溶体中能形成高硬度的弥散强化相，提高合金的强度和硬度，喷焊就是利用自熔性粉末的特点，对涂层进行重熔处理的。

合金的性能主要由化学成分决定。目前使用的自熔性合金，主要包括镍基自熔性合金、钴基自熔性合金、铁基自熔性合金、铜基自熔性合金、含碳化钨自熔性合金，这些合金大部分都包含有硼、硅元素。硼、硅元素在合金中具有如下作用。

(1) 硼、硅可以降低合金的熔点，使合金的固相和液相之间有较宽的温度区间，使合金具有优良的流动性和润湿性。

(2) 硼、硅是强还原剂，其氧化物比镍、钴、铁等元素的氧化物稳定。因此，硼、硅元素对镍、钴、铁等元素的氧化物都具有强烈的脱氧还原作用。同时，硼、硅元素具有造渣作用。硼、硅与氧反应能生成B_2O_3和SiO_2。B_2O_3和SiO_2同时存在能够生成低熔点的硼硅酸盐。例如73%的SiO_2和27%的B_2O_3生成的硼硅酸盐熔点为722℃，黏度小，比重轻，流动性好，易于浮出合金表面，使焊层合金得到保护，不受氧化，防止产生气孔。

(3) 硼、硅元素对合金的金相组织有弥散强化和固溶强化作用，使合金的强度和硬度增加。硼的主要强化作用是弥散强化。极少量的硼溶于镍奥氏体中，大部分的硼以Ni_3B等金属间化合物的形式弥散分布在合金中。当合金中含有铬时，硼与铬生成金属间化合物Cr_2B、CrB等硬质颗粒。硼有时还能和合金中的碳生成碳硼化合物硬质颗粒。这些硬质颗粒的硬度极高，弥散分布在合金中。硅的主要强化作用是固溶强化。大部分硅固溶在镍奥氏体中，产生固溶强化。此外，部分硬质相还能与基体相形成共晶，共晶和弥散分布的程度受合金冷却速率影响。焊层凝固速率越快，共晶相少、弥散好；反之共晶相多且凝聚。共晶相的存在使焊层硬度提高，脆性增大。硼、硅元素在铁基、钴基合金中的作用同在镍基合金相同。在合金中硼的含量一般不超过6%、硅不超过5%。含量太高会出现较多的脆性化合物，导致焊层的塑性、韧性下降，脆性增加，从而容易产生裂纹。

(4) 硼、硅元素在还原性酸介质中有较高的耐蚀性，但在氧化性酸介质中硼会使合金耐蚀性降低。

1. 镍基自熔合金材料

以镍为基的自熔性合金统称为镍基自熔性合金。当镍和几种元素如硼、硅、铬、钼和铜等组成合金时，合金熔点降低到易被氧-乙炔火焰所熔化的范围。镍的熔点为1453℃，加入适量硼、硅和其他元素后，合金具有温度在1000℃左右的固液相状态，而且可在HRC25～HRC65之间调节硬度，并具有优良的耐热、耐蚀、抗氧化、耐低应力磨粒磨损和抗黏着磨损能力。镍基自熔性合金的韧性和耐冲击性较好，具有优异的热喷涂、喷焊工艺性能，脱氧、造渣能力强，固液相温度区间宽，"镜面"熔池清晰，对多种基体和WC颗粒具有强的润湿能力，是热喷涂领域应用最广泛的自熔性合金之一。

常用的镍基自熔性合金粉末有Ni-B-Si合金粉末、Ni-Cr-B-Si合金粉末、Ni-Cr-B-Si-Mo合金粉末、Ni-Cr-B-Si-Mo-Cu合金粉末、高钼镍基自熔性合金粉末、高铬钼镍基自熔性合金粉末、Ni-Cr-W-C基自熔性合金粉末、高铜自熔性合金粉末、碳化钨弥散型镍基自熔性合金粉末等。

自熔性合金粉末中各元素均具有作用。镍作为基体具有优良的耐蚀性、高温性和抗裂性能。铜可提高对非氧化性酸的耐蚀性。铬元素具有固溶强化作用、钝化作用，可提高耐蚀性和抗高温氧化性。富余的铬容易与碳、硼形成碳化铬、硼化铬硬质相从而提高合金硬度和耐磨性。钼元素固溶于基体后会发生大的畸变，能显著强化合金基体，提高基体的高温强度和红硬性。Mo还可切断、降低涂层中的网状组织，提高抗气蚀、冲蚀能力。Mo加入镍基合金后，能提高合金在酸中的耐蚀性，特别是在盐酸、硫酸、磷酸中的耐蚀性。硼、硅元素能显著降低合金熔点，扩大固液相线温度区间，形成低熔点共晶体，具有脱氧还原作用和造渣功能，对涂层起到硬化和强化作用，改善操作工艺性能。

(1) Ni-B-Si自熔性合金　Ni-B-Si合金粉末是在镍中加入适量的硼、硅元素形成的，其粉末颗粒呈球形，合金熔点为900～1100℃。硼、硅元素的加入使镍固溶体得到强化，明显提高基体硬度。一般而言，随着硼、硅元素的增加，其硬度增加，硼对涂层硬度有显著影响，而硅的影响较小。此外，硼、硅还能与镍生成Ni_3B、Ni_2B等硬度较高的金属间化合物以及金属间化合物与镍固溶体形成共晶。硼的含量不宜超过5%，否则，不仅涂层韧性降低，而且在喷焊过程中因熔融的粉末颗粒或液态金属涂层中表面张力过大而不易与基体金属润湿，喷焊性能变坏。

Ni-B-Si合金涂层的硬度适中，具有良好的韧性、抗氧化性和耐急冷急热性。合金在650℃以下具有一定的耐磨性和耐腐蚀性，易于机械加工。Ni-B-Si合金涂层可用于铸铁、钢、不锈钢以及工作温度低于600℃的零部件防护和修复，特别适用于硬度要求不高的玻璃模具、塑料、橡胶模具的防护和修复以及铁、钢铸件缺陷的修补，可采用的热喷涂方法有超音速等离子喷涂、普通等离子喷涂、火焰喷涂、火焰喷焊等。

(2) Ni-Cr-B-Si自熔性合金　Ni-Cr-B-Si合金粉末是应用最广泛的一种自熔性合金粉末，是在Ni-B-Si合金系列基础上加入适量的Cr制成的。这类合金具有优良的自熔性，粉末颗粒呈良好的球形。

Cr能与Ni基体形成Ni-Cr固溶体，产生固溶强化，从而增加合金强度。提高Ni基体的电极电位而钝化，提高其耐蚀性，对大气、海水、蒸汽、碱、盐、硫酸、盐酸等都有较好的抗腐蚀能力，但在氧化性酸中耐蚀性较差，这是硼与铬形成硼化铬固溶体产生贫铬的结果，能生成致密、坚韧的氧化膜，增强其抗高温氧化能力。过量的Cr与B、C生成Cr_2B、

CrB、Cr_7C_3、$Cr_{23}C_7$ 等硬质化合物，弥散分布在固溶强化的基体中，起到沉淀硬化作用，提高了合金喷焊层的耐磨性能。此外，与镍基体反应形成的硼化物（Ni_3B、Ni_2B 等）和硅化物（Ni_3Si）也能提高合金的硬度和耐磨性。由于这类合金的组元较多，往往是在固溶体上析出多种化合物，在某些条件下，还可能形成有序超结构相。增加合金中碳、硼、硅等元素的含量，合金的硬度可以从 HRC25 提高到 HRC65，但合金的韧性相应降低。碳的加入也会降低合金的耐腐蚀性。因此，为了不使合金焊层的脆性过大，腐蚀性能降低过多，合金中 B 含量一般在 1%～4%，Si 含量在 2.0%～4.5%，B、Si、C 总量不宜超过 7.5%。

Ni-Cr-B-Si 自熔合金综合性能优良，用途广泛，可用于强化和修复承受金属摩擦磨损的工件，各种低应力磨料磨损的零件，耐蚀件和工作温度不超过 700℃的零件，以及铸铁、钢件缺陷的补修，可采用的热喷涂方法有普通等离子喷涂、火焰喷涂、火焰喷焊、等离子喷焊、激光熔覆等。

(3) Ni-Cr-B-Si-Mo-Cu 自熔性合金　Ni-Cr-B-Si-Mo-Cu 自熔性合金是在 Ni-Cr-B-Si 合金中加入 Mo 和 Cu 元素制得的。Ni-Cr-B-Si 合金中 Mo 的加入，能够明显提高合金的热强性、耐还原性酸腐蚀、抗氯离子电腐蚀能力；Cu 元素的加入能够明显改善合金的抗热非氧化性无机酸腐蚀能力、导电性和导热性。Mo 和 Cu 的共同作用，提高了合金的塑性范围，在火焰喷焊时不容易发生滴溜、漂移、凹陷现象，喷焊层不易产生裂纹。

Ni-Cr-B-Si-Mo-Cu 合金适宜喷涂不规则形状和厚度要求在 2.5mm 以上的涂层，常用于制备 600～800℃条件下的耐磨粒磨损涂层、耐硬面磨损涂层、微动磨损涂层、耐气蚀、耐颗粒冲蚀、耐多种化学介质腐蚀和耐海水腐蚀环境中的涂层；可采用的热喷涂方法有超音速等离子喷涂、普通等离子喷涂、火焰喷涂、火焰喷焊、等离子喷焊、激光熔覆等。

(4) Ni-Cr-W-C 自熔性合金　Ni-Cr-W-C 自熔性合金是在 Ni-Cr-B-Si 自熔性合金中加入 W 元素，合金中有较高的 Cr、C 含量和较低的 B、Si 含量。与 Ni-Cr-B-Si 自熔性合金焊层相比，由于 W 的加入和 B、Si 元素的减少，Ni-Cr-W-C 自熔性合金焊层中 Ni 基奥氏体中镶嵌了硬质相 M_7C_3，焊层具有较好的延展性、断裂韧性、抗裂性和耐热冲击性、抗氧化性酸腐蚀性，摩擦系数小，耐磨性能好，高温硬度和强度高，且有良好的耐 HF 腐蚀、晶间腐蚀能力。由于 W 和 C 形成复杂的碳化物而特别耐磨，而且又可提高合金的红硬性，所以合金在高温下耐磨性很好，一般加入量为 10%～15%。

Ni-Cr-W-C 自熔性合金涂层与基体结合性能好，涂层致密，可用作耐高温磨损、耐热冲击、耐氧化性介质腐蚀涂层，可采用的热喷涂方法有超音速等离子喷涂、普通等离子喷涂、火焰喷涂、火焰喷焊、等离子喷焊、激光熔覆等。

(5) 碳化物弥散型镍基自熔性合金　为了进一步提高这类合金的耐磨粒磨损性能，可在 Ni 基合金中加入一定量的碳化物硬质相，两者组成伪合金。加入的碳化物类型有 WC、VC、NbC、TaC 等。碳化物具有很高的硬度，能改善喷焊层的耐磨性能，特别是高温下的磨损和高应力磨粒磨损性能。加入碳化物会影响合金的喷焊工艺性能和膨胀系数。碳化物弥散型镍基自熔性涂层可用作 600℃以下耐低应力磨粒磨损、冲蚀磨损、黏着磨损强化涂层，可采用的热喷涂方法有超音速等离子喷涂、普通等离子喷涂、火焰喷涂、火焰喷焊、等离子喷焊、激光熔覆等。

2. 钴基自熔性合金材料

钴基自熔性合金是在 Co-Cr-W 合金基础上添加适量的 B、Si 元素发展起来的，是高温合金。钴基自熔性合金中 Co 与 Cr 形成稳定的固溶体，在钴铬固溶体上弥散分布着大量的 Cr_7C_3、$Cr_{23}C_6$、WC 等碳化物和 CrB、Cr_2B 等硼化物，且 Co 具有好的耐蚀性和抗氧化性，提高了合金的红硬性、耐磨性、耐蚀性和抗氧化性。钴基自熔性合金涂层一般用作 600～

800℃之间耐高温、抗氧化、耐磨损和抗含硫燃气腐蚀等的涂层，可采用的热喷涂方法有等离子喷焊。但钴是稀有金属、价格昂贵，一般用于较重要的工作环境，如高温高压阀门板和阀座，各种发动机的排气阀密封面以及热腐蚀条件下的飞机发动机部件等。且随着 B、Si 元素含量的增加，焊层脆性和裂纹敏感性增加。因此，在不降低钴基自熔性合金的高温硬度和耐磨性的情况下，要添加适当的元素改善合金的韧性、耐冲击性、抗热振性及耐蚀性并降低成本。目前使用的钴基自熔性合金还有部分镍代钴自熔性合金、钼代钨的钴基自熔性合金和碳化钨弥散型钴基自熔性合金。

3. 铁基自熔性合金

镍基和钴基自熔性合金具有工艺性能好，耐磨、耐蚀、抗氧化等优异性能，但由于使用了大量贵重元素镍和钴，合金粉末的成本较高。在大量常温（中温）和弱腐蚀介质条件下，要求材料具有良好的耐磨耐蚀性能，不需要采用成本高的镍基和钴基自熔性合金。为了降低成本，近年来发展了具有良好使用性能的铁基自熔性合金。

铁基自熔性合金一般是在“18-8”型或“Cr13”型不锈钢基础上，通过调整合金中 Ni、Cr 含量，添加 Si、B 元素形成的。铁基自熔性合金通常分为粉末火焰喷涂（焊）和等离子喷涂（焊）用两大类。

用于等离子喷涂（焊）用的铁基自熔性合金粉末分为两种类型。一种是在奥氏体不锈钢中加入 B、Si 元素，通过调整 C 和合金元素的含量，采用热喷涂工艺可得到不同硬度的喷焊层或喷涂层的奥氏体不锈钢自熔性合金。该类合金中含有较多的 Ni、Cr、W、Mo 等元素，使喷焊层具有较好的耐热、耐磨、耐蚀等性能。碳的含量能影响合金的耐磨性和韧性，含量低则韧性好，含量高耐磨性好但韧性差。此外，合金元素含量高时还能形成高硬度的碳化物相和硼化物，改善了喷焊层和喷涂层的耐磨性。因此，这类合金比不锈钢具有更好的耐磨性。另一种是合金中的 C 和 Cr 含量较高，在组织中有较多的碳化物和硼化物，且有较高的硬度和好的耐磨性能的高铬铸铁型自熔性合金。该类合金的碳和铬含量较高，在组织中能形成较多的碳化物和硼化物，从而具有高的硬度和耐磨性能，但合金脆性大，不宜在受强烈冲击的零部件上应用。

用于粉末火焰喷涂（焊）用的铁基自熔性合金粉末均可用于等离子喷涂（焊），但用于等离子喷涂（焊）用的粉末不一定能用于粉末火焰喷焊。用于粉末火焰喷涂（焊）用的铁基自熔性合金粉末有高镍铁基自熔性合金、不锈钢型铁基自熔性合金、高镍铬不锈钢型铁基自熔性合金、钼不锈钢型铁基自熔性合金、耐热不锈钢型铁基自熔性合金、高铬铸铁型铁基自熔性合金、合金钢型自熔性合金、含碳化物铁基自熔性合金和低碳不锈钢型自熔性合金。

铁基自熔性合金涂层在 400℃左右具有较高的耐磨性和一定的耐腐蚀能力且价格低廉，可用于强化和修复各种轴类、箱体密封面、柱塞等零件。

4. 铜基自熔性合金材料

铜基自熔性合金材料是在铜基体中加入 Si、Ni、Sn、P、B 等元素制成的。Si 元素的加入能显著降低铜的熔点。Ni 元素能与 Cu 无限固溶，可提高铜合金的强度和耐蚀性，且能与合金中的 B 化合，生成硬质相 Ni_2B，从而提高合金的耐磨性。在铜中加入的 Sn 元素能有限固溶于铜中，形成 α+金相组织，可提高铜合金的耐磨性。P 元素在铜中的溶解度小，与铜形成低熔点（714℃）共晶合金，并析出质硬而脆的 Cu_3P，Cu_3P 弥散分布在铜基体中，可提高合金的耐磨性。此外，P 是强的脱氧剂，对焊层有脱氧作用，并降低铜液体的表面张力，提高铜液体对基体材料的润湿性。B 元素的加入能显著改善铜合金的熔焊性，对熔池起脱氧、成渣保护作用。

铜基自熔性合金焊层具有良好的导热性、导电性、耐蚀性和耐黏着摩擦磨损性，摩擦系数低，且容易切削到低的表面粗糙度，主要用于表面强化和修复低压阀门密封面、铸铁件、机床导轨、铜合金部件及轴套等，可采用的热喷涂方法有粉末火焰喷焊和等离子喷焊。

目前使用的铜基自熔性合金材料主要有硅锰青铜型自熔性合金、磷青铜型自熔性合金等。

四、热喷涂用陶瓷材料

陶瓷一般是指金属氧化物、碳化物、硼化物、硅化物和氮化物等的总称。陶瓷材料中原子间的相互作用有离子键、共价键和混合键。大量陶瓷材料中原子间相互作用是以离子键和共价键的混合键形式结合的。由于原子间距小、堆积致密、结合力强、表面自由能低，使得陶瓷材料具有熔点高、硬度高、刚度强、化学稳定性、绝缘能力好、热导率低、热膨胀率小等特点。

大多数陶瓷材料具有多种同质异晶结构，在加热和冷却过程会产生相变，导致陶瓷体积变化，产生体积应力，从而使涂层开裂和剥落。因此，用作热喷涂的陶瓷材料必须采用在高温条件下稳定的晶体结构（如 α-Al_2O_3、金红石型 TiO_2）或通过改性处理得到稳定的晶体结构（如 CaO、MgO、Y_2O_3 稳定的 ZrO_2）。此外，陶瓷材料的脆性大，无塑性，对应力、裂纹敏感，耐疲劳性能差，呈脆性断裂，涂层不宜在负荷重、应力高和承受冲击载荷的条件使用。另外，陶瓷材料熔点高，常采用等离子喷涂才能满足工艺要求。

热喷涂用陶瓷涂层材料一般按材料的种类、形状和涂层的使用功能进行分类。热喷涂用陶瓷涂层材料按形状可分为陶瓷粉末、陶瓷丝材和棒材；按种类可以分为金属氧化物、碳化物、氮化物、硼化物和硅化物陶瓷，金属陶瓷（金属＋陶瓷）等陶瓷材料；按功能可分为耐摩擦磨损陶瓷，耐腐蚀陶瓷，耐高温、抗氧化陶瓷，电、磁、光学材料陶瓷等。需要指出的是许多陶瓷材料不止有一种功能，因此陶瓷涂层材料按功能进行分类是相对的，仅对于使用条件下的主要功能而言。

1. 氧化物类陶瓷

氧化物陶瓷材料一般具有硬度高、熔点高、热稳定性及化学稳定性好的特点，用作涂层可以有效地提高基体材料的耐磨损、耐高温、抗高温氧化、耐热冲击、耐腐蚀等性能，部分氧化物陶瓷材料的物理性能见表 4-7。氧化物可分为单一氧化物和复合氧化物两种。常用的热喷涂氧化物陶瓷材料主要有 Al_2O_3、TiO_2、Cr_2O_3、ZrO_2 等。

（1）氧化铝基陶瓷粉末　纯氧化铝粉末为白色粉末结晶体，有 α-Al_2O_3、β-Al_2O_3 和 γ-Al_2O_3 等几种不同的晶型，但只有 α-Al_2O_3 适合作耐磨涂层。氧化铝类陶瓷材料熔点高、热导率低、硬度高、摩擦系数低、电阻率高、介电常数大，具有高温化学稳定性，耐磨、耐冲蚀，绝缘性能好，可用作耐高温陶瓷涂层、耐滑动摩擦磨损涂层、隔热涂层和绝缘涂层。氧化铝化学键力强，化学性能稳定，具有优异的耐腐蚀性，能耐大多数酸、碱、盐和溶剂的腐蚀，但不耐 HF 酸、碱性炉渣侵蚀。氧化铝对光和高温辐射有高的发射率、低的热辐射率，可用于人造卫星耐日光照射和背光时的保温涂层。但纯氧化铝涂层韧性差、孔隙率高，容易导致涂层损伤和脱落，因此涂层不能用于承受冲击载荷和局部碰撞，且需对涂层进行封孔或固化处理。适于喷涂氧化铝涂层的工艺是等离子喷涂，特别是超音速等离子喷涂。

为改善氧化铝的性能，提高涂层的致密度，可在氧化铝材料中加入其他氧化物，得到一系列以 Al_2O_3 为基的氧化铝复合材料。目前用于热喷涂的氧化铝复合材料主要有 Al_2O_3-TiO_2、Al_2O_3-SiO_2、Al_2O_3-Cr_2O_3、Al_2O_3-MgO 等。

在 Al_2O_3 粉末在添加一定比例的 TiO_2 粉末，可制成一系列含量不同的 Al_2O_3-TiO_2 复

表 4-7 部分常见纯氧化物陶瓷材料的物理性能

氧化物	晶体结构	密度/(kg/dm³)	莫氏硬度	熔点/℃	沸点/℃	热膨胀系数/(×10⁻⁶/℃)	热容量/[kJ/(kg·℃)]	热导率/[W/(m·℃)]	弹性模量/×10³MPa	机械强度/MPa	介电常数
α-Al_2O_3	六方晶系	3.99	9	2040±10	2980	8.4 (20～1000℃)	1.04(700℃) 0.87(1000℃)	29.3(20℃) 15.44(1000℃)	372 (20℃)	2943① 588③	12
ZrO_2	—	5.6	7～8	2715	5000	5.5～9 (400～1200℃)	4.51(22℃)	1.97 (1010℃)	140 (0～1200℃)	—	—
SiO_2	等轴晶系	2.32	6～7	1713	2950	4.5～5 (20～1250℃)	0.75(37℃)	1.59(100℃) 1.89(400℃)	—	106③	4.6
TiO_2	四方晶系	4.24	—	1840	2227	—	0.71(37℃) 0.92(704℃)	3.4 (600℃)	—	54③	—
CaO	等轴晶系	3.40	4.5	2590±30	2850	9 (20～800℃)	0.83(600℃) 1.25(900℃)	4.19 (1000℃)	—	—	—
MgO	等轴晶系	3.60	5～6	2820±20	—	14.2 (20～1000℃)	1.25(900℃)	33.5 (1000℃)	284 (20℃)	1373① 156③	8～9
NiO	立方晶系	6.80	5.5	1950	—	—	—	3.14	—	—	—
CeO	立方晶系	7.13	6	>2600	—	8.5 (0～1000℃)	—	—	—	—	—
ZnO	六方晶系或无定形	5.61	4.0～4.5	1975	—1800 升华	7.0 (25～1200℃)	—	—	—	—	—
BeO	六方晶系	3.03	9	2550	—	9.5 (20～1400℃)	1.047～2.512 (20～2760℃)	17.42 (1200℃)	—	—	—
Y_2O_3	六方晶系	4.84	—	2410	—	—	—	28.8 (100℃)	—	—	—
La_2O_3	六方或立方晶系	6.51	—	2305	—	—	0.209～0.461 (20℃)	—	—	—	—
ThO_2	等轴晶系萤石型	10.00	6.5	3300±100	4400	10 (20～1000℃)	0.29 (约 1000℃)	8.38 (1000℃)	147 (20℃)	1597① 981②	—
Cr_2O_3	四方晶系	5.21	9	2265	3000	9.6	0.83(37℃)	13.2(37℃) 12.5(120℃)	—	—	—

① 抗压强度。
② 抗拉强度。
③ 抗折强度。

合粉末材料。熔融的 TiO_2 对钢、铝、钛等金属基体的润湿性要比熔融 Al_2O_3 好，因此 Al_2O_3-TiO_2 复合粉末具有更好的黏结性。

与纯 Al_2O_3 粉末的喷涂层相比，Al_2O_3-3%TiO_2 复合粉末喷涂层的硬度略有降低，但耐磨性提高，涂层的致密性、韧性、电绝缘性提高，耐热温度降低。Al_2O_3-3%TiO_2 复合材料粉末主要用于制备耐气蚀和颗粒冲蚀、耐磨料磨损、硬面磨损以及纤维磨损涂层，耐高温（1095℃）磨耗涂层，耐熔融金属（铝、锌、铜等）以及熔渣和溶剂的腐蚀涂层。

Al_2O_3-13%TiO_2 陶瓷涂层经磨削加工后，在有润滑剂存在的条件下，具有优异的耐滑动磨损、抗擦伤和减摩性能。可用于制备540℃以下使用的耐磨粒磨损、硬面磨损、微震磨损、化纤及纱线磨损涂层，耐气蚀、磨损腐蚀和颗粒冲蚀涂层。

Al_2O_3-40%TiO_2 复合粉末具有较高的 TiO_2 含量，与钢、铝等基体材料的黏结性极好，喷涂的涂层非常致密、结合强度高、韧性好，抗腐蚀性好，能耐除强无机酸外的大多数化工介质的腐蚀。由于 TiO_2 的含量较高，涂层硬度下降，但具有好的耐黏着磨损、腐蚀磨损、硬面磨损等性能。Al_2O_3-40%TiO_2 复合粉末主要用于制备540℃以下使用的耐硬面磨损、耐化纤及纱线磨损、耐微震磨损及耐颗粒冲蚀涂层，耐大多数稀酸、稀碱溶液的腐蚀磨损涂层。

（2）氧化锆类陶瓷粉末　氧化锆是一种白色晶体粉末，属于偏酸性氧化物，熔点高，且具有良好的热稳定性和化学稳定性，但硬度低于氧化铝。氧化锆的主要特性是具有较高的耐热性和绝热性，在高温耐热材料中，氧化锆的高温稳定性最好，常用作重要零件的隔热涂层。氧化锆是一种惰性物质，在低温时能抗各种还原剂作用。氧化锆涂层具有的耐高温性能与低的热传导率，使其广泛用作航空发动机与燃汽轮机等的热障涂层。但是，氧化锆在不同的温度下会发生相变，为克服这一缺点，需对其进行预先稳定化处理。常用的稳定剂有 Y_2O_3、MgO、CaO、CeO_2 等。氧化钇稳定的氧化锆粉末主要用于制备845～1650℃范围内使用的抗高温、耐热震、抗高温燃气冲蚀的先进热障涂层。氧化钙稳定的氧化锆粉末用作845～1693℃范围内使用的耐高温、热障、抗热震和抗燃气冲蚀涂层。氧化镁稳定的氧化锆粉末主要用于制备耐高温、耐热震、高温热障、抗高温燃气冲蚀涂层以及耐多种金属和碱性炉渣侵蚀的保护涂层。

2. 碳化物类陶瓷粉末

碳化物也称为金属陶瓷材料。热喷涂常用的碳化物陶瓷粉末有 WC、TiC、ZrC、VC、NbC、HfC 等。这些材料具有熔点高、硬度高、化学性能稳定等典型的陶瓷材料特点，还具有典型的金属性，其电阻率与磁化率可与过渡金属元素及合金相比。大部分碳化物是金属性导体，热导率较高。碳化物的硬度随使用温度的升高而降低。

碳化物在空气中升高温度时容易发生氧化，且由于硬度高喷涂时碳化物与基体金属的附着力差，因此，很少单独用纯碳化物粉末作涂层材料。通常需要用 Co、Ni-Cr、Ni 等金属或合金作黏结相制成烧结性粉末或包覆性粉末供热喷涂使用。

碳化钨是制造硬质合金的主要原料，也是热喷涂领域制备高耐磨涂层的重要原料。碳化钨硬度高，特别是热硬度最高。

碳化钨可以很好地被 Co、Fe、Ni 等金属熔体润湿，其中钴熔体对 WC 的润湿性最好。当温度升高至金属熔点以上时，WC 能溶解在这些金属熔体中，并随温度的降低析出，从而使 WC 能用 Co 或 Ni 等金属做黏结相材料，经高温烧结或包覆处理，形成耐磨性很好的耐磨涂层材料。

碳化钨的主要缺点是抗高温氧化能力差，大气环境中在500～800℃产生严重氧化，在氧化气氛中受强热易“失碳”。在等离子喷涂制取碳化钨涂层过程中，由于等离子焰流高温区很难控制在分解温度下，会造成严重的失碳，从而使碳化钨涂层存在一部分黏结性不好的脱碳微粒。因此，一般情况下，碳化钨涂层只能用作耐磨涂层。现在所指的碳化钨涂层多指加入黏结材料的碳化钨涂层。

尽管能采用一系列措施对 WC 颗粒进行预保护，但是碳化钨在喷涂过程中的失碳现象是不能完全避免的。通过选择适当的工艺参数，并在喷涂环境保护气氛的保护下喷涂，碳化钨失碳会减少。试验研究表明，碳化钨涂层与其他涂层相比，仍有较高的硬度和耐磨性能。

3. 其他陶瓷粉末

用于热喷涂的其他陶瓷粉末材料有：氮化物类陶瓷粉末、硼化物陶瓷粉末、硅化物陶瓷粉末和非金属硬质化合物粉末。

氮化物陶瓷粉末具有熔点高、硬度高、化学稳定性好，质脆等陶瓷化合物的特点。同时显示出典型的金属特征，其电阻率和磁化率具有金属元素或合金相特征，是金属导体，热导率高。但氮化物抗氧化能力差，一般适用于真空等离子喷涂。氮化钛熔点和硬度很高，化学性能稳定，耐硝酸、硫酸、盐酸三大强酸腐蚀，耐多种熔融金属侵蚀，耐各种有机溶剂和有机酸腐蚀。氮化钛通常用于制备 1000℃以下耐热、抗氧化、耐磨、耐蚀、耐熔融金属侵蚀涂层和高耐磨抗划伤彩色表面装饰保护涂层。氮化硅是高强度高温陶瓷材料，热膨胀系数低，抗热震性能好。硬度高，摩擦系数小，具有自润滑性能，耐摩擦磨损性能优异，并具有良好的抗疲劳性能和耐蚀性。常用作耐高温、耐冲蚀、耐腐蚀磨损涂层。氮化硼有六方晶体和立方晶体两种晶型。六方氮化硼质软、摩擦系数低，是优异的自润滑材料，可用作 1000℃以上高温可磨耗密封涂层的软质润滑组分。立方氮化硼的硬度和强度高，具有优异的抗高温氧化性能，可用于喷涂高温耐磨涂层及超硬耐磨涂层。

硼化物具有熔点高、硬度高、饱和蒸汽压低、化学性能稳定等陶瓷特征。耐强酸腐蚀，抗高温氧化能力强。常用于热喷涂的硼化物陶瓷粉末有 TiB_2、CrB_2、ZrB_2 等。由于硼易与 Fe、Al 等形成低熔点的硼化物或共晶体，不适宜在 Fe、Al 等基体上喷涂硼化物涂层。硼化物陶瓷粉末常用作耐磨耐蚀涂层、耐高温抗氧化涂层、抗熔融金属特别是熔融侵蚀涂层、核工业及军工部门用的中子吸收等特殊功能涂层。

硅化物具有优良的抗高温氧化性能，常温下硅化物硬而脆，高温下具有一定的塑性。硅化物的性能受其组分、结构等的影响。常用的硅化物有 $MoSi_2$、Cr_3Si、$TiSi_2$、WSi_2、$TaSi_2$ 等。$MoSi_2$ 热导率高、导电性好、化学性能稳定，可用于制备空气中使用的高温 Mo 加热元件的保护涂层。涂层最高使用温度可达 1700℃。当加热温度达 1000℃以上时，$MoSi_2$ 表面可形成一层致密、不透气的 SiO_2 保护膜，具有高的化学稳定性、耐酸性和涂层自封孔效应。WSi_2 的耐热性和抗高温氧化性优异，不溶于各种酸液（HF 除外），但不耐熔融碱。

五、热喷涂用复合材料

复合粉末是由两种或两种以上不同性质的固相物质颗粒经机械团聚而非合金化所形成的颗粒，分团聚复合、包覆复合和烧结复合粉末材料。复合粉末之间的结合一般为机械结合。按照所形成涂层的结合机理和作用，复合粉末可以分为增效复合粉末和工作层复合粉末。按涂层使用功能，复合粉末可大致分为硬质耐磨、减摩润滑、可磨密封、耐腐蚀抗氧化、耐高温与隔热、绝缘或导电、辐射和防辐射等类型。

组成复合粉末的成分有金属与金属、金属（合金）与陶瓷、陶瓷与陶瓷、金属（合金）与塑料、金属（合金）与石墨等非金属等，范围广。由于由两种或两种以上性质不同的材料组分组成，复合材料可以充分发挥各独立组分材料的优点，得到单一材料不具备的综合性能涂层，其主要特点如下。

（1）采用不同的制造方法可以制备出不同要求的综合性能涂层。

（2）具有单一颗粒的非均质性和粉末整体的均质性。

（3）复合材料的芯核材料由于受到包覆层或包覆粉末的保护，在热喷涂过程中，能够避免或减少因高温火焰的作用而发生的部分元素氧化烧损、失碳、热分解等现象，从而制备高质量的涂层。

（4）选择适当的组分配制复合粉末，使得热喷涂过程中粉末组分间能发生化学反应，可提高涂层颗粒与基体表面的结合强度和涂层颗粒之间的结合强度。

1. 增效复合材料

增效复合材料是指在热喷涂火焰温度下，组分间能发生化学反应，生成金属间化合物，并释放大量的热，对工件基体和喷涂材料熔滴进行充分加热，使熔滴颗粒与基体材料表面的熔融薄层形成微观冶金结合，得到较强结合力的复合材料。

增效复合材料主要用作梯度涂层的打底层，以提高涂层的结合强度、降低涂层的孔隙率，还可直接用作耐磨涂层。增效复合材料主要有镍铝复合粉末、镍铬铝复合粉末、塑料加不锈钢复合粉末以及一步法自黏结复合粉末等。

镍铝复合粉末有镍包铝包覆粉末和铝包镍黏结性粉末。镍铝复合粉末具有强的自黏结能力，喷涂涂层的外表面粗糙，具有耐高温、抗氧化、抗多种熔融金属侵蚀和耐磨等性能，无磁性、导电性好，硬度高，可直接用作耐磨工作涂层。镍铝复合粉末适宜作碳素钢、不锈钢、淬火合金钢、氮化钢、蒙乃尔合金、镍铬合金、铸铁、铸钢、镁、铝、钛、科伐合金和铌等的自黏结底层材料，不宜作铜合金、钼和钨表面、酸洗、碱性和中性盐电解质溶液中使用的涂层自黏结底层材料。

镍铝铬复合粉末是自黏结型抗高温氧化复合粉末，具有与工件基体更高的结合强度，涂层有更好的热稳定性。涂层的膨胀系数与耐热钢、耐热合金的膨胀系数相近，适宜制备高温下工作的黏结底层、中间过渡层和耐热抗氧化防护涂层。

塑料加不锈钢复合粉末由塑料粉末和不锈钢粉末复合而成，用作塑料基体上喷涂高熔点金属、陶瓷或金属陶瓷涂层的黏结底层材料，可提高涂层与基体的黏结强度。该复合材料既能保持塑料的耐化学腐蚀性能，又能赋予其表面导电性、耐磨性、耐热性等功能。

一步法自黏结复合粉末是指工件基体表面不需粗化处理，不用过渡涂层或梯度涂层，就能直接形成具有冶金结合性质的喷涂材料。

2. 工作层复合材料

工作层复合材料主要有硬质耐磨复合材料，减摩润滑、可磨密封复合材料，耐高温和隔热复合材料，耐腐蚀和抗氧化复合材料等。

硬质耐磨复合材料是以不同的组分和配比的陶瓷、金属陶瓷粉末硬质颗粒作芯核材料，用金属或合金粉末黏结或包覆的复合材料。这种材料的喷涂层是在强韧的金属或合金涂层基相中弥散分布着硬质相颗粒，使得涂层具有好的耐磨粒磨损、抗冲蚀、耐微动磨损等功能。涂层的耐磨性能主要受涂层基体的性能、硬质相的性能、硬质相与涂层基体的结合强度、硬质颗粒的粒度及分布、涂层金属熔体在工件基体上的铺散性影响。这类复合粉末有Co/WC、Ni/WC、Ni-Cr/WC、Ni-Cr/Cr_3C_2、Co/$WTiC_2$、Co/Cr_3C_2等，可用作抗磨粒磨损、冲蚀磨损、微动磨损、耐高温磨损涂层。

减摩自润滑复合材料是以具有低摩擦系数、低硬度并具有自润滑性能的多孔性软质材料颗粒做芯核材料，用纯金属材料包覆的复合材料。涂层在滑动摩擦过程中，包覆层金属提供足够的结合强度和必要的力学性能，固体润滑剂在滑移表面形成一层低摩擦系数的转化膜，使涂层具有良好的减摩润滑作用。该复合粉末制备的涂层多用在无油润滑或干摩擦、边界润滑以及不能保养的机械设备中，如在高温、真空、热水中工作的机械和宇航设备等。这类复合粉末有镍包石墨（Ni/C）复合粉末、镍包二硫化钼（Ni/MoS_2）复合粉末、镍包聚四氟乙烯（Ni/PTFE）复合粉末和镍包硅藻土（Ni/D. E）复合粉末。

耐高温和隔热复合材料主要分为金属型、氧化物陶瓷型和金属陶瓷型三类。金属型复合粉末主要是以 Ni/Al、Ni-Cr/Al、Ni-Cr/Co、CoCrAlY 以及 NiCrAlY 等耐热金属为基础发展起来的；陶瓷型复合粉末主要以 ZrO_2、Al_2O_3、Cr_2O_3、TiO_2、MgO、Y_2O_3 等耐高温氧化物陶瓷为基础发展起来的；把耐热合金型复合粉末与陶瓷型复合粉末按不同的组成和配比进行复合，可以得到性能介于二者之间的金属陶瓷型复合粉末。

第七节 塑料粉末喷涂技术

粉末涂料是近几年迅速发展起来的一种新型涂料。在 20 世纪 40 年代，有些国家开始了将塑料粉末涂覆于金属表面的试验工作，但是进展缓慢；在 20 世纪 60 年代以前，世界各国在喷涂工业上大体都采用液体涂料，也就是喷漆工艺。液体涂料使用的是各种浓度不同的液体，而绝大部分溶剂是有毒的。例如喷漆所用的稀释剂为苯、甲苯、二甲苯、香蕉水等毒性都很大，丙酮又散发出一股十分难闻的气味，操作者得职业病的很多。1954 年西德的詹姆，将聚乙烯用流化床法喷涂成功。1962 年法国塞麦公司发明了粉末静电喷涂以后，粉末喷涂才开始在生产上正式投用。粉末涂料开始是用于防护和电气绝缘方面，目前正向着装饰性方面发展。随着粉末质量的提高，粉末品种的不断增加，以及喷涂工艺的不断改进，粉末涂料正在得到广泛的应用。目前西欧、北美等地已广泛应用于汽车工业、电气绝缘、耐腐蚀性的化学泵、阀门、气流、管道、室外钢制建筑物、装饰性器具、粗糙铸件等表面的涂装。我国自 20 世纪 60 年代就开始了环氧粉末在电气绝缘方面的试验研究工作，目前塑料粉末静电喷涂已广泛应用于工业生产。

一、塑料静电喷涂的特点

塑料粉末静电喷涂是非金属涂覆的一种，简单地说，就是利用高压静电在金属制品表面喷涂耐腐蚀的塑料粉层，并使它成为塑料薄膜，将金属表层与外界隔开，达到保护整个金属制品不受酸、碱、盐侵蚀的目的。

塑料静电喷涂与其他“三防”工艺比较，有其独特的优点。例如与电镀相比，它不受工件形状和尺寸大小的限制，便于大面积喷涂，能获得较厚的保护层，还可以进行单面喷涂（只喷涂一面）。在粉末喷涂中，它具有适应性强，易于操作，能同时兼顾到防腐与装饰两个方面的要求。

若与喷漆工艺相比，它具有以下的优点。

(1) 不用溶剂。防止中毒和火灾的危险，从而改善了工人的劳动条件。配置适当的粉尘回收装置，可以消除环境污染。

(2) 加工周期短，工艺简单，涂层一次可达几十到一百微米以上。而喷漆则需重复刮腻子、水磨、喷底漆、喷面漆等十多道工序，生产周期长达一周至半个月。因而喷塑将显著提高生产效率，减少工人的劳动强度，便于生产的调度。

(3) 耐酸、碱、盐的腐蚀能力强，附着力比漆层好。

(4) 所用的树脂品种范围广。溶剂型涂料中不能采用的聚乙烯、聚氯乙烯、氟树脂等，在喷塑中也可以采用，能使涂层的质量显著提高。

(5) 材料利用率高。采用干式粉尘收集器，粉末的回收率达 95%以上；而手工喷漆材料利用率仅达40%～50%，并产生许多三废物质。

（6）成本低。若以低压聚乙烯粉末作静电喷涂，喷塑比喷漆仅材料一项就节约达70%。

总的来说，操作不需要熟练的技巧，无流挂现象，生产效率高，周期缩短80%。对于民用产品，将能够大幅度降低涂覆处理的成本和原材料消耗，减少生产场地的不足现象，便于生产的调度。

二、塑料静电喷涂的基本原理

由于塑料静电喷涂工艺是利用电晕放电使粉末涂料吸附在工件上的。因此，先介绍电晕放电现象，将有助于加深对工艺原理的了解。

1. 带静电的孤立导体表面电荷分布情况

一个孤立的导体，当它带上静电时，电荷在导体表面的分布与表面曲率有关。曲率最大的地方，也就是最尖锐的地方，电荷密度最大；曲率小的地方，电荷密度也小，如图4-28中（a）所示。

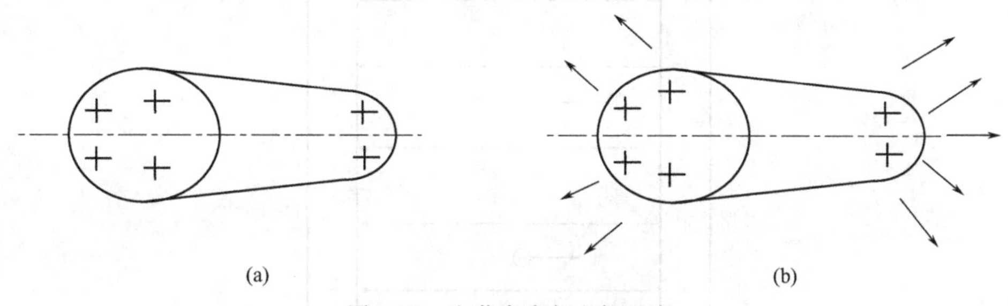

图4-28　电荷密度与电场强度

2. 尖端放电和气体的电离

带电导体在它的周围产生电场、电场的强弱，可用电力线的多少表示，如图4-28中（b）所示。导体表面最尖锐的地方，由于电荷密度最大，其附近的电场强度也最大，当这个导体达到足够高的电势后，它的电场强度也相应增大，在它的尖端部分将产生放电现象。电荷从导体溢出，跑到相邻的空间去。这就是尖端放电现象。如图4-29所示。

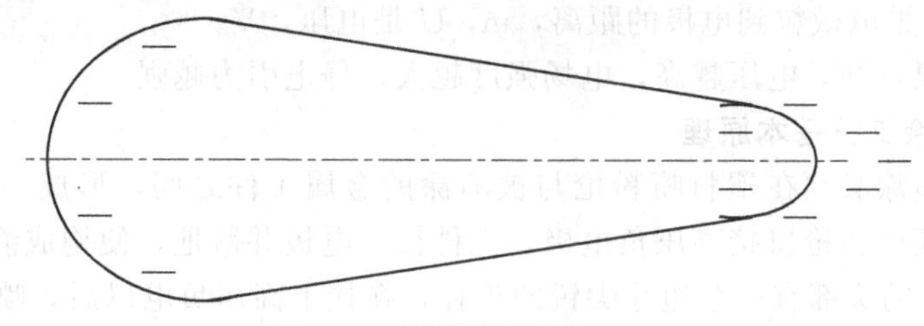

图4-29　尖端放电现象

如图4-30所示，在A导体比较近的地方，设置一个带电极性相反的B导体，而且A与B是跨接在电压很高的电源中，则两个导体之间的电场强度很大。离开A导体尖端的电子，受这个强电场的加速作用，跟空气分子激烈碰撞，使空气分子电离为正离子和电子，新产生的电子，又被加速去撞击更多的空气分子，使它们电离，从而形成一个电子雪崩过程，出现了空气电离放电现象。在电场力作用下，运动的电子，便不断从A导体飞向B导体。而正离子与带负电的A导体接触后，吸收了电子又还原为空气分子，重复以上过程。

3. 带电微粒在电场中的运动

带电微粒如果是在电场中，它将受到电场的作用力，产生加速运动。运动的方向取决于

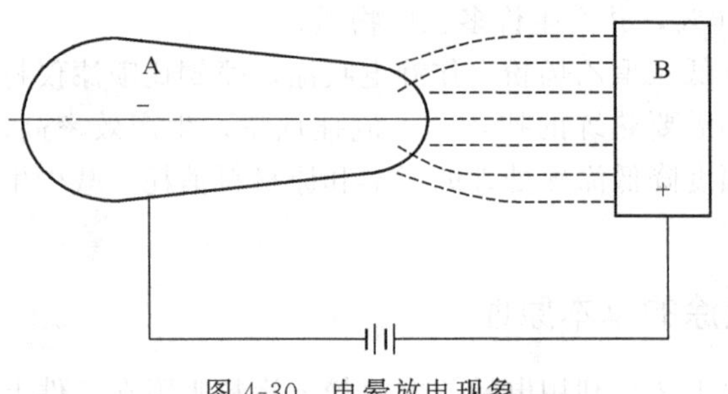

图4-30　电晕放电现象

微粒所带电荷的性质。若带的是正电荷，运动方向与电力线的方向相一致；若带负电荷，则运动方向与电力线的方向相反，受到正电极的吸引力，如图4-31所示。这个静电吸力是与电场强度成正比例的。

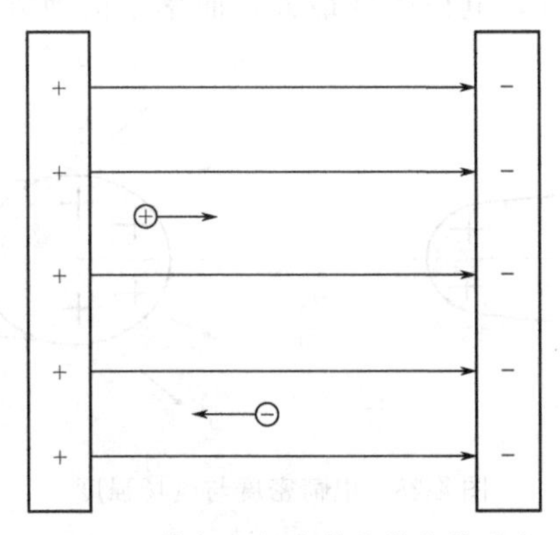

图4-31　均匀电场中带电微粒的受电

$$F=E\cdot Q \tag{4-1}$$

式中，F是静电引力，N；E是电场强度，N/C；Q是微粒的带电量，C。

如果在均匀电场中，电场强度和电压也成正比例关系：

$$E=U/r \quad 或U=E\cdot r \tag{4-2}$$

式中，r是带电微粒到电极的距离，m，U是电压，V。

从上述情况可知，电压越高，电场强度越大，静电引力越强。

4. 静电喷涂工艺基本原理

塑料静电喷涂必须在塑料喷粉枪与被喷涂的金属工件之间，形成一个高压电晕放电电场。当特制的喷枪在枪口接高压负电极，工件接正电极并落地，便构成静电放电回路，见图4-32。由于喷枪的头部有一个边缘尖锐的喷杯，在接上高压负电以后，喷杯的尖锐边缘瞬时几乎同时产生尖端放电和空气电离，于是喷枪和工件之间便发生了电晕放电现象，在两者之间产生了密集的电子流。当塑料粉末由喷枪头部喷出时，便捕集了大量的电子，成为带负电荷的微粒，在静电吸力的作用下，被吸附到带正电的工件上去。

因为塑料粉末是绝缘的，它所带的电荷除紧靠工件表面的部分接地被放电以外，其余的积聚起来，随着喷上粉末的增多，电荷积聚也愈来愈多，负电势的增加，导致“同性相斥”的作用力增大，如果带负电荷的粉末再继续喷出，受到的排斥力将更大，最终将使工件不再上粉。这样，粉层达到一定厚度之后，便不会无限制加厚。这种自行控制粉层厚度的现象，对形状复杂的工件进行喷涂，有其独特的优点：当突出的易喷部位上粉达到一定厚度之后，便不再上粉了，继续喷涂，将使难于喷到的凹位慢慢上粉加厚，从而使各部分的粉层厚度均

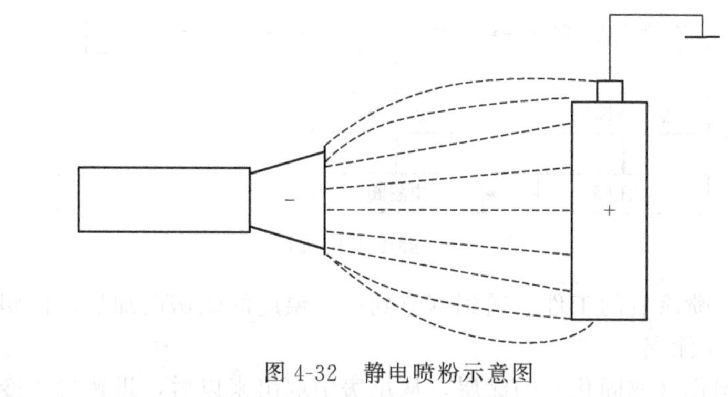

图 4-32　静电喷粉示意图

匀。然后经过加热，使粉末熔融，在工件表面形成一层具有一定光泽的均匀涂层，达到表面保护和装饰的目的。粉末的电阻随温度升高而降低，当工件的温度升高以后，粉末所带的电荷，通过接了地的工件被放出，电荷积累减少，粉层能够喷得厚一些。因此，人们为了获得比较厚的涂层，往往将工件先预热，进行热喷。

实际上，热喷还有一个显著的优点，即能克服喷涂中的死角和“阴影区”。这是由于静电喷粉时，粉末不是单纯地靠静电力吸附到工件上去的，当采用压缩空气输送粉末时，压缩气流也将供粉器中输送出来的粉末流态化，也给予粉末前进的动力，这对于一些静电场被屏蔽的死角，粉末靠压缩空气的推力，也能吹进去，这时工件由于温度很高，便将粉末黏住了。因此，热塑料静电喷涂能喷涂静电喷涂不能解决的“阴影区”喷涂。

塑料粉末在熔融状态具有自动流平的特性，如果在上粉时，由于疏忽或操作不当，有些地方由于粉末覆盖不好而出现小针孔，被喷涂的工件在烘房加热焙融的过程中，靠塑料自动流平的特性，可将针孔T部位弥补。因此，工件的表面涂层比较均匀。

三、静电喷涂工艺流程

静电喷涂工艺流程见图 4-33。

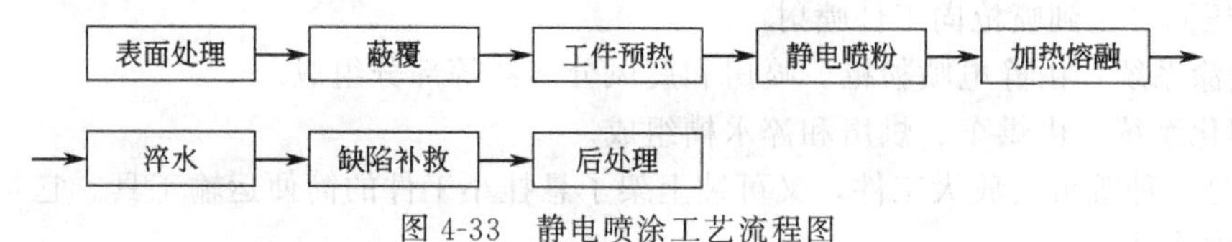

图 4-33　静电喷涂工艺流程图

(1) 表面处理　工件表面处理是借助机械或化学方法，除去金属表面的油污和锈层，提高金属表面与涂层间的附着力。

(2) 蔽覆　工件上有某些部位不要求有涂层，则在喷粉前，用蔽覆物把它掩盖起来，避免喷上涂料。

(3) 工件预热　在只进行一次喷涂的生产中，为了使工件获得厚的涂层，在喷粉前，可将已作表面处理及蔽覆好的工件加热到一定的温度，以便降低涂料的绝缘电阻，增加粉层的厚度。

(4) 静电喷粉　利用高压静电造成静电场，喷杯接高压负极，被喷工件接地成为正极，构成回路。塑料借助被净化了的压缩空气的吹力，由喷杯喷出时即带有负电荷，按电荷“异性相吸”的原理喷涂到工件上。由于喷粉是绝缘的，它所带的电荷除紧靠工件表面的接地被放电外，其余的积聚起来，继续喷粉，越积越多，最终将排斥继续喷上去的粉末，从而获得了排列均匀的涂层。静电喷粉流程图，如图 4-34 所示。

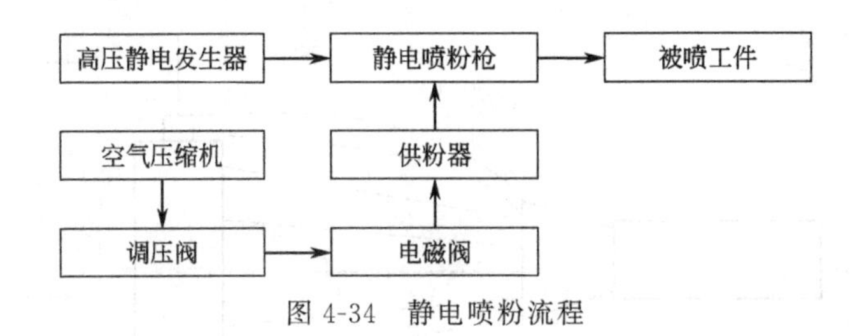

图 4-34 静电喷粉流程

(5) 加热熔融 喷涂后的工件，送到调节到一定温度的烘房内加热，使塑料塑化（或固化），形成平整的硬化涂层。

(6) 淬水 经塑化（或固化）的涂层，从烘房中取出来以后，迅速投入冷水中冷却，提高涂层表面的光泽，并增强了涂层的韧性、可延伸性和涂层与工件表面之间的附着力。

(7) 缺陷补救 喷粉后的粉层或熔融后的涂层，有时会出现一些缺陷和损坏，如碰伤、针孔、气泡、厚薄不均等现象，需进行补喷或将涂层抹掉重喷。

(8) 后处理 涂膜形成后，经过淬水，如果检查涂层没有缺陷，即可取下蔽覆物，除去毛刺。

塑料静电喷涂的工艺设备由五个部分组成：高压静电发生系统、供粉系统、喷涂系统、塑化系统和辅助设备。

① 高压静电发生系统 它由高压发生器和倍压箱组合而成。在工业上应用的高压静电发生器比较多，可分为电子管式和晶体管式两大类。只要输出直流电压达到 80～120kV，输出电流在 100～500μA 范围，就可满足塑料静电喷涂的要求。因此通常用在静电喷漆的高压静电发生器，只要将高压开关按钮装在静电喷粉枪上，也可用于塑料喷涂。

② 供粉系统 由空气压缩机、分水滤气器、调压阀、油水分离器、供粉器、气压表和输粉管组成。该系统的作用，是使压缩空气经过过滤，输送适当的气压，保证供粉的流畅，并能按照操作的要求，改变供粉量。由于使用电磁阀的开启与闭合控制气流和粉流的输出，因此为了操作的方便，常常将操纵电磁阀开关按钮装在喷枪上。操作者扳动这个按钮开关，粉流和高压同时送到喷枪向工件喷射。

③ 喷涂系统 由静电喷粉枪、喷房和旋风分离器等部分组成。

④ 塑化系统 由烘车、烘房和淬水槽组成。

烘车是一种既可安放大工件，又可装上架子悬挂小工件的简便运输工具。它是生产过程中的一个中途站。

烘房是使工件加热，最后熔融塑化或固化的重要设备。它应能按照工艺要求，自动恒定在某一温度上，并且烘房内的温度梯度要小，让工件各部分受热均匀。

淬水槽可用普通的水池，它的容积根据工件大小而定。

⑤ 辅助设备 包括喷砂机、化学处理槽、球磨机、筛粉机、台磅、天平及各种容器。

四、几种常见的塑料喷涂方法

1. 流化床法

流化床又称沸腾床，它是将塑料粉末放在圆筒形或长方形的容器中，筒内装有能通气体而不让粉末通过的微孔隔板，把预热的压缩空气送进底部的高压气室后，粉末微粒受气流的作用，悬浮于容器中，然后将预热至塑料熔点稍高的工件，浸入“沸腾状”的粉中，经过一定时间取出，塑料粉末就黏附于工件上，成为比较光滑的涂层。流化床工艺近年由初期的不带振动器、空气不预热发展为振动器式，并预热输入的压缩空气，装置见图 4-35 (a) 和

(b)。其中透气多孔隔板是保证流化床获得均匀良好流化状态的重要部件，它是用环氧树脂和石英粉末配制而成的，也有用陶瓷材料制作。振动器的作用，是促使粉末流化得更均匀，减少粉末的飞扬。并且当压缩空气刚进入流化床时，粉末易于启动，便于调节到均匀的流化状态。

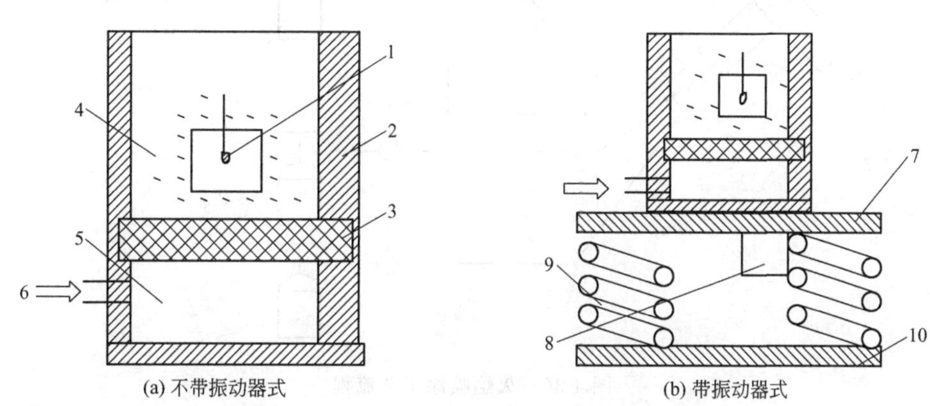

图 4-35 流化床结构示意

1—加热工件；2—桶体；3—多孔隔板；4—沸腾床粉体；5—高压气室；6—压缩空气；7—振动器固定板；8—振动器；9—压缩弹簧；10—弹簧支撑板

尽管流化床所用设备简单，操作容易，形状复杂的零件每个暗角都能涂覆，涂层也较厚，防腐力强，塑料粉利用率也高，工件环境比较清洁，但是，流化床要受到“床”尺寸大小的限制，工件还要通过夹具操作，使之不断翻转来帮助塑化，对于大和重的工件，操作比较困难，而且难于控制涂层的厚度和均匀性，所以它只能涂覆小的工件，着重是解决防腐问题，使用面比较窄。

2. 火焰喷涂

塑料火焰喷涂是用一种类似于火焰喷涂的喷枪，将塑料粉末喷到预热的工件上，塑料粉经过喷枪口火焰区时，因受热呈熔融或半熔融状态，借助压缩空气的推力，很快地喷出并被黏附在热的上件表面上。该工艺所需设备小，操作简单，能喷涂大的工件。但是，它的最大缺点是涂层颜色深浅不一，厚度和均匀度不易控制。所以，这种工艺一般只适用于铸件修补尺寸，例如喷涂被磨损的机床导轨、溜板平面等，或用于涂敷精度低的非装饰件工件表面。由于导轨与溜板被喷涂后仍需机械加工，尼龙、聚乙烯等热塑性涂料作火焰喷涂后，便于车、铣、刨或刮削加工，用火焰喷涂最为适宜。火焰喷涂工艺，如图 4-36 所示。

3. 热熔敷法

它是介于火焰喷涂和流化床法两者之间的工艺，其过程是先将工件加热，然后用喷枪把塑料粉喷上，借工件热量来熔融，淬水冷却后形成比较均匀光滑的涂层。由于是整体加热，因此克服了火焰喷涂在薄壁工件中（如机箱、机柜等）易变形的缺点。涂层的结合力、表面美观度比火焰喷涂和流化床法好。但是，它的工件预热温度比较难于控制，尤其在冬天，室温低的情况下，加热后的工件急速降温，尺寸大的薄壁件尤为严重，以致粉末不能全部熔融。如果把预热温度提高，又会导致金属表面严重氧化而降低了附着力，并有可能使塑料烧焦变黄或起泡变色。此外，此工艺需多次喷涂、多次加热，才能使涂层完全熔敷和发亮。因此，工序重复多，周期较长。它适宜于操作者技术熟练、环境温度高、工件小而壁层厚的条件下使用。

4. 静电流化床

它是流化床与静电喷涂两种工艺的组合，见图 4-37。这种工艺能够获得平滑的涂层。

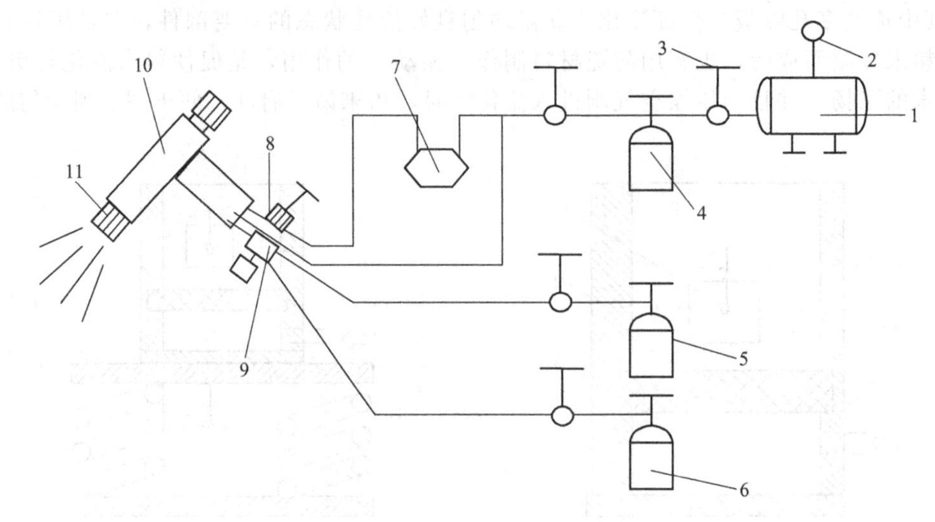

图 4-36 火焰喷涂工艺流程

1—空气压缩机；2—空气压力表；3—压力调节器；4—二氧化碳气瓶；5—氧气瓶；6—乙炔瓶；7—粉桶；8—进粉调节器；9—氧、乙炔混合器；10—空气和二氧化碳调节器；11—喷枪

但它只能形状涂覆形状简单、体积较小的工件，或较大尺寸的棒料和板料。对于形状复杂的产品，由于静电屏蔽的影响，内壁不易得到均匀的涂层。此外，此法对工件的表面要求高，如果有氧化绝缘层就不易涂覆，甚至吸附不上粉末。

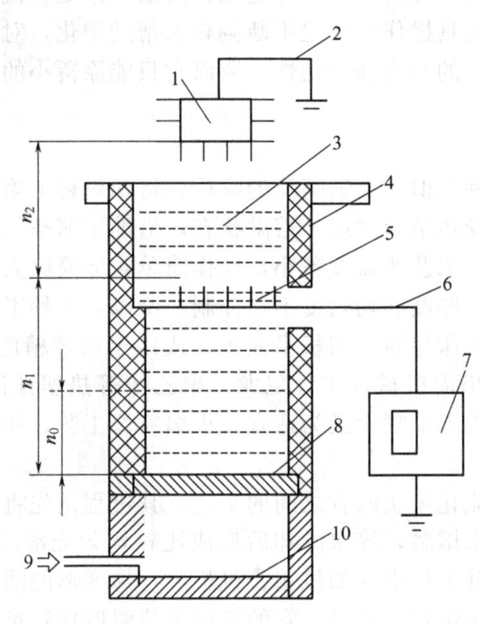

图 4-37 静电流化床示意

n_0—粉末的静止高度；n_1—流化后粉末高度；n_2—工件至电晕电极的最近距离；

1—工件；2—工件夹具与接地装置；3—流化床；4—床体绝缘板；5—电晕电极；6—高压电缆；7—高压静电发生器；8—透气隔板；9—压缩空气入口；10—高压气室

五、塑料喷涂粉末

热喷涂塑料材料大致可分为热塑性和热固性两大类。塑料的主要特点是密度小、化学稳定性好、摩擦系数低，因而，塑料具有优异的耐磨性、减摩性、自润滑性、电绝缘性、吸震性、吸声性和抗冲击性。但塑料的强度远不及大多数金属材料，耐热性低，还具有不同程度的吸湿性，膨胀收缩变形大，熔融温度范围窄，超过一定的温度就会分解或炭化，且易老化。这些不足可通过加入适当的添加剂加以克服或改善。热喷涂用塑料材料全部为粉末状，粒径以 80～100 目为主，其形状应为球形或近似于球形。

热喷涂塑料主要用于腐蚀环境中金属结构的防护以及材料表面的减摩、润滑、外观美化。目前塑料涂层已经在防黏涂层、绝缘涂层、耐磨涂层、耐蚀涂层和密封涂层等方面得到应用。

1. 热塑性塑料粉末

热塑性塑料受热后软化、熔融，冷却后可恢复原状，多次反复以后化学结构基本不变。热塑性塑料具有优良的抗化学性、韧性和弯曲性能。常用的热喷涂用热塑性塑料有聚乙烯、聚丙烯、聚氯乙烯、聚酰胺、聚酰亚胺、ABS 塑料、聚氯醚、聚苯醚、聚碳酸酯、聚苯酯、聚甲醛、聚砜等。

聚乙烯是常用的热喷涂塑料涂层材料，具有良好的化学稳定性、电绝缘性、耐辐射性、耐蚀性和自润滑性。但聚乙烯的机械强度不高、硬度低、使用温度低，喷涂层表面缺乏平滑性，硬度较低且喷涂效率低。聚乙烯主要用作制备绝缘、减摩自润滑涂层。

聚酰胺又称尼龙，熔点在 200℃左右，使用温度在－50～80℃之间，短期工作温度可达 120℃。聚酰胺具有较高的机械强度，在常温下具有较高的抗拉强度、良好的冲击韧性、耐油性、耐侵蚀性、较高的硬度和耐疲劳强度，同时还具有一定的耐蚀性，耐稀酸、碱、盐，不耐强碱和氧化性酸，对烃、酮、醚、酯、油类的抗腐蚀能力好，不耐酚和甲酸。

氯化乙醚是一种性能优良的热塑性塑料，熔点为 180℃，降解温度为 300℃，熔融温度为 120℃。氯化乙醚的力学性能与其他热塑性塑料相当，硬度高、涂层光亮致密，但抗冲击性偏低。氯化乙醚与金属之间的黏附能力好，具有极高的耐磨性、优良的耐化学腐蚀性能、抗老化性能和耐自然气候性能，主要用作优良的绝热材料和化工防腐蚀涂层。

EVA 树脂是由德国公司开发的一种聚烯烃塑料，是一种新型的喷涂材料，结合性好、喷涂层表面光滑、粉末在喷涂装置的软管中流动性好，且熔融温度与分解温度差值较大，具有喷涂操作性好的特点。喷涂层耐自然气候，耐紫外光及臭氧，耐稀酸、浓碱，不耐浓酸，且具有好的耐药性和抗霉菌生长的特性，可作食品容器防护涂层。

聚苯硫醚通常指对苯基硫的聚合物，是一种硬而脆、热稳定性优良的热塑性塑料，还具有优良的电绝缘性、黏结性和适当的强度，应用温度范围为－148～250℃。由于具有化学惰性及耐高温性，聚苯硫醚主要用于制备耐腐蚀涂层。

氟塑料是各种含氟塑料的总称，由含氟单体通过均聚或共聚反应制得，其中聚四氟乙烯的应用最广。氟塑料具有良好的电绝缘性、化学稳定性、热稳定性，摩擦系数极低，与其他物质的亲和力最小，且具有优良的不黏性。需要指出的是，氟塑料本身无毒，但预热分解会产生剧毒。

2. 热固性塑料粉末

热固性塑料粉末是用某些较低聚合度的预聚体树脂，在一定温度下或加入固化剂条件下，固化成不能再次熔化或熔融的、质地坚硬的最终产物，具有好的流平性、润湿性，能很好地黏附在工件表面且具有较好的装饰性能。热喷涂常用的热固性塑料粉末有环氧、环氧-聚酯及聚酯粉末。

环氧树脂由树脂、燃料、添加剂、硬化剂以及其他微量的添加剂组成。环氧树脂涂层内常存在封闭式小孔洞，可以缓和涂层因加热冷却而产生的伸缩作用，可提高绝热效果及机械拉伸作用等。

第八节　热喷涂技术的发展

热喷涂技术的发展为新材料、功能涂层的制备提供了新途径，而新材料的制备又极大地丰富了热喷涂技术，促进了热喷涂技术的发展。本节就热喷涂法制备纳米粉末、非晶涂层、梯度涂层等作一介绍。

一、热喷涂制备纳米粉末

热喷涂技术从喷涂材料进入热源到形成涂层的过程在很短的时间内经历了材料被加热熔化、熔化的材料在高速高压的气流下雾化成微细液滴、微细液滴颗粒的喷射飞行、粒子在基体表面的碰撞、变形、凝固及堆积等几个阶段。在热喷涂涂层形成过程中，有金属被雾化阶段，利用这一原理，将被加热至熔化或熔融状态的材料经过雾化后喷射到粉末收集器中，同时设有冷却装置，使被雾化形成的微细液滴颗粒迅速凝固成粉末，以达到制备粉末的目的。西安理工大学材料学院采用氧乙炔火焰喷涂方法成功地将 Al、Zn 和 1Cr18Ni9Ti 等线材制成金属粉末，得到的粉末粒度小且分布范围比较窄。将收集到的粉末经过机械球磨、表面包覆等，可以制备微细金、银印刷粉末。这一研究成果为热喷涂方法制备纳米粉末奠定了基础。

等离子体具有高温、高热焓和高的温度梯度，雾化后的化合物液滴在等离子体中反应迅速，产物冷却速率快，有利于微小颗粒的形成并阻碍其长大的特点，液料等离子反应喷涂制备纳米粉末技术就此形成。等离子喷涂技术制备纳米材料是利用在等离子体中温度高、反应速率快，污染小，得到的产品纯度高，制备纳米粉末的工艺简单，易于实现工业化的特性。利用等离子体高温、高焓的特性喷涂制备纳米粉末材料在国内外已取得较大进展。俄罗斯的一些工作者通过气相合成制备出了亚微米级大小的颗粒。美国州立纽约大学材料科学与工程系热喷涂试验室使用等离子喷涂合成了尺寸大小为 150nm 的 Al_2O_3 和 ZrO_2 等陶瓷纳米颗粒。美国亚拉巴马州的等离子加工有限公司采用超低压等离子喷涂方法喷涂粉末或液体钨原料，得到粒度为 30～150nm 的纳米钨粉末。利用等离子喷雾法可以制取粒度为 10～50nm 的 TiN。唐浩林等设计的溶胶等离子喷射法成功的合成了平均粒径为 20nm 的 Al_2O_3 纳米粉末。西安理工大学材料学院所采用的等离子热喷涂方法制备纳米粉末是在开放的大气环境中进行的，将配制好的液体化合物溶液雾化后注入等离子体中，在等离子体的高温作用下，经雾化后的液滴发生化学反应而生成为微细颗粒，这些微细颗粒最后由静电收集器以粉末形式收集。不需要制作特别的反应釜，设备简单，已经采用液料等离子喷涂系统，成功制备出纳米 TiO_2 粉末、金属离子掺杂纳米 TiO_2 粉末、稀土离子掺杂纳米 TiO_2 粉末和 Ag^+-Y^{3+} 共掺杂纳米 TiO_2 粉末。

西安理工大学材料学院采用等离子热喷涂方法制备纳米粉末是在高能等离子喷涂的基础上配备液料送进系统构成的。喷涂系统如图 4-38 所示。

喷涂原料通过输液装置由双相流型雾化喷嘴雾化成非常细小的液滴，并被送入到高温等离子区内。经雾化后的液滴在等离子体中发生化学反应，生成微小的固体晶核，在飞行过程中长大，反应副产品在雾化气流中燃烧挥发，随雾化气流排出，长大后的颗粒被等离子气流送入静电收集器收集。

等离子热喷涂液相合成纳米粉末，最关键的是控制雾化液滴的尺寸大小和分布，同时还要优化喷涂参数、雾化喷嘴的直径、雾化气体的压强和流速。除此之外，液体原料的浓度和

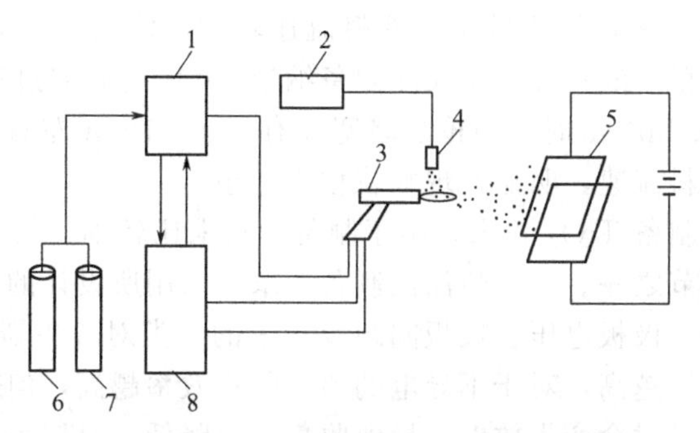

图 4-38　等离子液相喷涂制备纳米粉末的系统

1—控制柜；2—输液泵；3—等离子喷枪；4—雾化器；5—静电收集器；6—电源；7—Ar 气；8—H_2 气

流速也是影响生成颗粒大小的关键因素。从文献资料和预实验的结果发现，雾化气流较大时，有较好的雾化效果但雾化气流增大缩短了雾化液滴在等离子区的反应停留时间，从而使纳米粉末收集率减少。西安理工大学采用液料等离子喷涂系统制备纳米 TiO_2 粉末，优化得到的雾化参数和喷涂参数见表 4-8。按照优化的工艺参数将浓度为 50% 的钛酸丁酯乙醇溶液通过喷涂得到粒径分布在 10～50nm 的纳米 TiO_2 粉末。

表 4-8　液料等离子喷涂制备纳米 TiO_2 粉末工艺参数

参　数	优化值	参　数	优化值
液料流量/(mL/s)	1.17	H_2 气压/MPa	0.32
雾化气压/MPa	0.05	雾化器送液孔直径/mm	1.5
Ar 气压/MPa	0.85	雾化器送气孔直径/mm	0.2

在喷涂法制备纳米粉末的过程中液滴的雾化十分关键，而液体雾化的关键又是雾化器的设计。喷涂法制备纳米粉末的雾化喷嘴，需要雾化颗粒以超细状态喷出。理想的雾化要求形成尺寸均匀一致，而且雾滴在空间呈均匀分布状态。只有这样才能使产品质量易于控制，以满足生产工艺的要求。液体的雾化是由于雾化器排出液体中的紊流以及空气动力作用的结果，当非常薄的液层在速度相对较高的气流层当中挤出时会发生最有效的雾化，因为这时气体对气液接触表面具有很高的剪切力和速度梯度从而产生较高的摩擦力与动量传输。试验研究表明，二相流雾化喷嘴比单向流雾化喷嘴有着更好的雾化效果，其雾化液滴粒径更加细小，分布范围更窄。二相喷嘴是气液在进入喷嘴后混合的形式，它是由拉伐尔喷嘴演变而成的，气液两相分别进入喷嘴后混合成雾化状，其结构如图 4-39 所示。该形式能使液体雾化更加充分。在二相流雾化器的结构设计中，雾化气输送器件和液料输送器件的管径及其径向夹角是其设计的关键，西安理工大学将雾化气输送管径设计为 0.2mm，液料输送管径设计为 2.0mm，二者夹角设计为 90°；并在送液孔和进气孔之间设计了气液混合腔室，使雾化气体和液料能够充分的混合。喷头混合枪的几何形状和尺寸对雾化性能的影响很大，混合腔内径设计为 5.0mm，混合腔长度设计为 7.0mm。喷头出口设计成为腔内直径 1.0mm，腔外直径 1.5mm 的锥形，这样的结构有利于液料的雾化。

液料流速对制备纳米颗粒有影响。在本设计中，液料流速主要受气体流速的控制，雾化喷嘴的雾化室内是负压，通过喷嘴内外的压力差将液体吸入雾化室内，雾化气的大小改变着雾化室内负压大小，从而改变对液料的抽吸力大小，最终影响液料流速。雾化气流较大时，液料的流量增大，但气流过大，会使雾化气流将液料吹向垂直于等离子焰流的方向力过大，大部分液料被吹落在地面上，液料中的乙醇在地面燃烧，不仅影响了喷涂的操作环境，而且使喷涂制粉的效率降低。雾化气流较小，液料流速较大，使液料不能很好地雾化，雾滴较大，制备的粉末粒径较粗。液料等离子喷涂制备纳米 TiO_2 的研究过程中发现当雾化气流小于 0.02MPa，流量为 0.2mL/s 时，喷枪易堵塞并有 0.1～1mm 左右的 TiO_2 颗粒。雾化气流的压力增大，降低液料流速，明显发现颗粒粒度减小。

利用等离子喷涂法制备 TiO_2 粉末，由于制备的粉末比较细、易飞散，因此，对微细粉末的收集是其关键的环节之一。对于喷涂法制备粉末，采用所设计的平板式静电收集器能够得到较理想的收集效果。极板电压、极板间距及粉末的种类对收集器的效率有较大的影响。极板间距越小，极板电压越高，对于不导电的粉末收集效率越高，但对于导电粉末，电压越高或极板太近，粉末通过时会产生放电，导致收集效率降低。对铝粉和石墨粉，电收集器的电压在 800V，极板间距为 5mm 为宜，此时收集效率可达 60%以上。对于 Al_2O_3 粉末，极板间距为 5mm，极板电压为 2000V 时，有较好的收集效果，收集效率为 30%。静电收集器收集热喷涂法制备中的细颗粒、小密度粉末较理想。大颗粒、高密度粉末在喷枪喷嘴处由于所受摩擦、碰撞以及热效应而带的电荷量较小，且其质量大，受电场力影响小，故易于逃逸，因此收集效率偏低。在极板电压很高或极板间距较小的情况下，火焰喷涂的高温气流通过静电收集器时，使极板间空气被击穿，产生强烈的放电，致使静电收集器的效率大大低于冷喷时收集效率。对于易导电的铝粉和石墨粉，这种现象更是明显。因此在热喷涂法制备粉末时，应设计较长的冷却管道使热喷涂气流冷却后，再经过静电收集器较为理想。

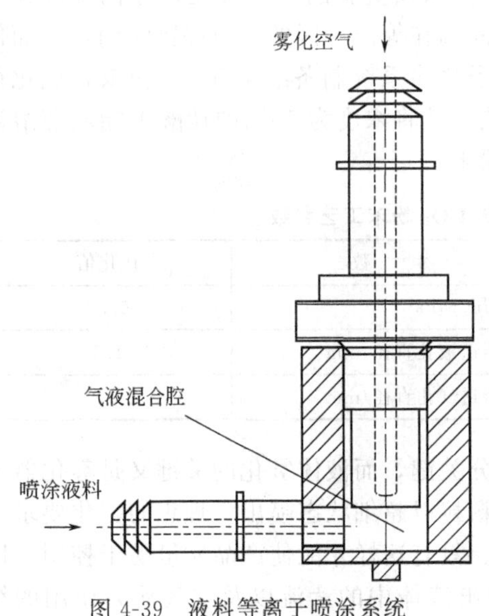

图 4-39　液料等离子喷涂系统用雾化喷嘴

液料等离子喷涂合成纳米材料的工艺特点决定了它具有许多潜在的优点。

(1) 合成的颗粒非常细小，粒径分布窄　等离子体具有高温、高热焓和高的温度梯度等特点，使得雾化后液滴的反应迅速，产物冷却速率快，这有利于微小颗粒的形成并阻碍其长大的趋势。

(2) 工艺产量高　通过选择合适的液料输送量可最大限度地提高粉末的产率。

(3) 等离子喷涂工艺应用广泛　几乎任何一种原料化合物和溶剂都可以加入到等离子体中进行反应而制得相应的产物。

(4) 产物纯度高，清洁无污染　由于是使用等离子体做热源，因此不会引入其他杂质，也无其他副产物的出现。

(5) 工艺过程简单，易于实现工业化　一般说来，许多纳米材料的合成需要昂贵、复杂和专用的设备。如超高真空系统、高能研磨机和高能量的激光器等。而等离子的喷涂工艺是在敞开着的大气环境中进行的一个简单的一步法合成、分离、收集的工业过程。因而，工序的安装过程比较经济而且在生产和后期处理中都有很大的灵活性。

二、热喷涂制备非晶材料

非晶态合金材料由于金属原子的排列是长程无序的，不存在结晶金属存在的晶界、缺陷、偏析和析出物等，表现出各向同向性，使得非晶合金具有极高的强度、韧性、耐磨性和耐腐蚀性等优点，而且还表现出优良的软磁和硬磁性能、超导特性及低磁损耗等特点。已经在电子、机械、化工、航空航天等行业中得到了广泛的应用，并将随着理论研究的不断深入而得到更大的发展。

非晶材料形成的外界条件是急冷，急冷可采用两种方法，一是通过将材料的组分设计为过冷材料成分，另一种是外部冷却速率急冷。而热喷涂技术正好是在较短的焰流区材料快速升温，离开焰流区又快速急冷，即有较大的温度梯度。一般等离子喷涂材料的冷却速率达到 10^{-6} K/s，满足了非晶材料制备所需要的急冷外部条件，有利于形成非晶相涂层。且采用热喷涂技术，既可以发挥热喷涂优质、高效、低成本的优势，又可以获得具有优质耐磨、防腐等性能的表面防护涂层。按非晶合金相在涂层中含量，热喷涂涂层可分为含有一部分非晶合金的热喷涂层和大部分或全部为非晶合金的热喷涂层。前者涂层中非晶含量很少，而后者的涂层中非晶合金的含量占优势。

目前，采用热喷涂技术制备非晶态合金涂层的工艺主要有等离子喷涂、超音速火焰喷涂、爆炸喷涂和高速电弧喷涂等。等离子喷涂和超音速火焰喷涂采用的原材料多为预制的非晶粉末，而高速电弧喷涂基于材料制备与成形一体化的思路，喷涂含有非晶涂层形成元素的粉芯丝材，在喷涂过程中可实现形成非晶涂层。在高速电弧喷涂过程中，熔化态液滴在基体表面扁平化过程中具有极高的冷却速率，容易获得非晶涂层或者非晶纳米晶复合涂层，而且涂层的沉积率较高，成本低，非常适宜于大面积制备非晶涂层。

等离子喷涂具有极快的加热速率和喷射速率，离子火焰有较高的温度梯度，为非晶态合金的形成提供了一个良好的条件。近些年来，国内外科研工作者对等离子喷涂制备非晶/纳米晶的工艺和性能展开了广泛的研究。目前，绝大多数等离子喷涂制备非晶/纳米晶涂层是通过喷涂预制的非晶粉末、非晶纳米晶复合材料获得的。樊自拴等采用大气等离子喷涂方法，以一种多元素铁基非晶合金粉末（含 Fe、Si、B、Cr、W、Mo、Ni、C 等）作为喷涂材料，在 316 不锈钢基体上制备了 Fe 基非晶-纳米晶复合涂层。叶福兴等选用铁基非晶合金粉末（含有 Cr、Mo、Ni、P、B、Si），采用大气等离子喷涂方法在 Q235 低碳钢和不锈钢上制备非晶涂层，得到了均匀致密且含大量非晶相的涂层。长安大学材料学院选用 Fe 基非晶粉末，利用等离子喷涂技术制备了不同非晶含量的非晶涂层。中国钢研科技集团公司将软磁非晶合金 FeCrMoSnPBSiC 粉末作为喷涂材料，用大气等离子喷涂法在 Q235 钢板表面制备了非晶态合金涂层。周正等采用大气等离子喷涂制备了非晶形成能力好的 $Fe_{48}Cr_{15}Mo_{14}C_{15}B_6Y_2$ 铁基非晶/纳米晶涂层。尽管等离子喷涂制备非晶-纳米晶涂层效率高、涂层致密、结合强度高、涂层厚度可精确控制，但是其喷涂材料只能使用非晶粉末，限制了其应用。西安理工大学材料学院经过研究，直接使用晶体合金棒材作为喷涂材料，采用等离子喷涂法制备了 $Fe_{80}P_{13}C_7$ 非晶态合金涂层，为非晶态合金涂层的制备提供了新的方法，为大面积应用非晶态合金涂层提供了理论基础。利用 $Fe_{80}P_{13}C_7$ 晶体棒材制备非晶合金的原因是 $Fe_{80}P_{13}C_7$ 为过冷晶体材料成分，达到了成分过冷设计的要求。利用棒材而不采用粉末的原因是棒材只有加热到熔点，材料才能雾化飞射入焰流，使喷涂材料在进入焰流区时，就有较高的温度，在焰流区进一步雾化，到达工件表面时又急冷，满足了非晶材料制备外部急冷的要求，因此制备出了全非晶的 $Fe_{80}P_{13}C_7$ 非晶材料。制备的材料见图 4-40、图 4-41、图 4-42。由图 4-40 可见，材料无晶界，为一个整体；由图 4-41 可见，衍射为光圈环状，为典型的非晶材料特征；由图 4-42 的谱图可见，原材料具有衍射峰，为晶体材料，而制备涂层为馒头峰，表明制备的材料为非晶材料。

高速火焰喷涂（HVOF）是热喷涂领域中的一项新技术。与等离子喷涂相比，高速火焰喷涂颗粒具有较低的温度、更短的滞留时间和更快的飞行速率。低温和短的滞留时间，减少了氧化的发生，高速撞击基体，使粒子变形更加充分，涂层组织更加致密。国内外学者对HVOF制备Fe基非晶-纳米晶涂层进行了广泛研究。吴玉萍等以多元Fe-Cr基合金（含Si、Mn、B等）作为喷涂粉末，采用JP2500超音速火焰喷枪在不锈钢基体上制备了厚度约200μm的Fe基涂层。涂层主要由非晶、纳米晶及硼化物组成，具有高的硬度和良好的耐腐蚀性能。北京科技大学腐蚀与防护中心利用Fe基非晶态合金粉末作为喷涂材料，采用超音速火焰喷涂技术在0Cr13Ni5Mo不锈钢基体上制备了部分Fe基非晶合金涂层。周正等采用HVOF方法在1Cr18Ni9Ti不锈钢基体上喷涂FeCSiBCrWMoNi非晶粉末，成功制备了Fe基非晶-纳米晶合金涂层，涂层具有较好的热稳定性和良好的抗氯离子点蚀能力。西安交通大学材料学院采用高速火焰喷涂技术在低碳钢基体上喷涂NiCrFeSiBC非晶粉末，获得的非晶涂层在600℃等温退火后转变为纳米晶结构，显著提高了涂层的硬度和耐磨性能。

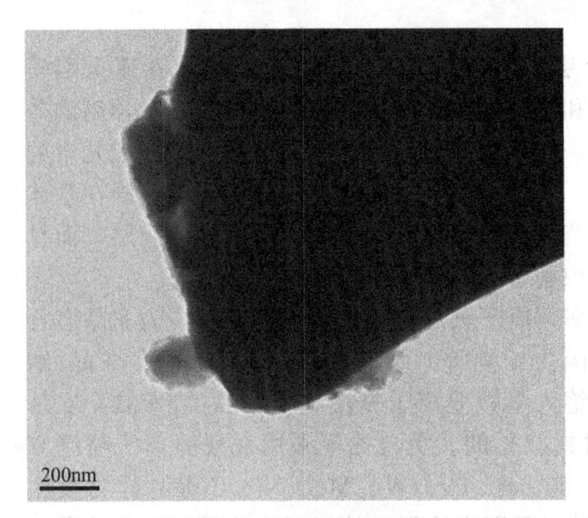

图4-40 铁基非晶态合金粉末的TEM形貌图

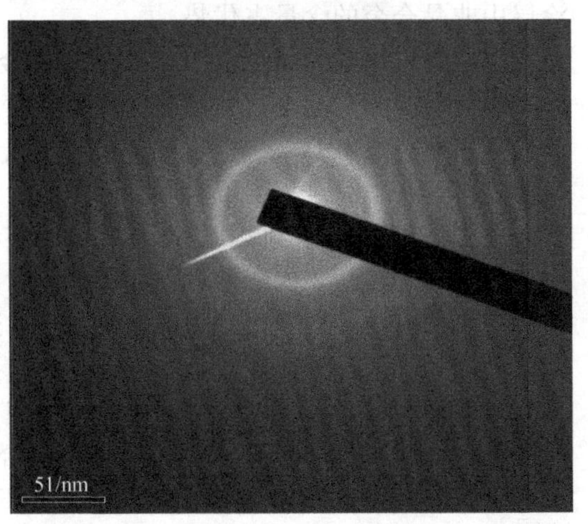

图4-41 铁基非晶态合金粉末微区衍射图

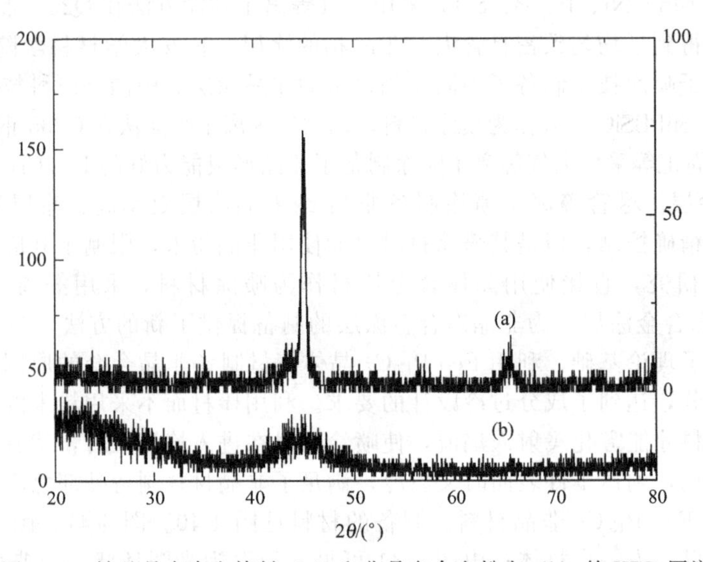

图4-42 铁基晶态合金棒材（a）和非晶态合金粉末（b）的XRD图谱

目前，对Fe基非晶纳米晶涂层性能的研究不仅局限于涂层的常规力学性能以及耐磨耐蚀性能，热物理性能和磁学性能也是非晶纳米晶涂层研究的重要方向。英国诺丁汉大学采用HVOF制备了FeCrBCSiMoMnW非晶纳米晶涂层，研究了涂层材料在不同温度、升温速率以及时间下退火处理后的组织结构以及性能的变化情况，明确了涂层材料的热物理性能以及退火对力学性能的影响。S. Alleg 等通过 HVOF 工艺喷涂纳米粉末材料制备了 $Fe_{75}Si_{15}B_{10}$ 非晶纳米晶涂层，对其组织结构、力学性能以及磁学性能进行了研究。研究表明，HVOF 所制备的 Fe 基非晶-纳米晶涂层综合性能较好，具有很高的硬度和优异的耐磨、耐蚀、良好的热学、磁学性能等。目前，HVOF 是一种比较理想的制备 Fe 基非晶/纳米晶涂层的方法。

电弧喷涂过程中非平衡的熔化加热与冷却过程，熔化态的喷涂粒子在基体上扁平化的同时具有极高的冷却速率，易获得非晶-纳米晶复合涂层。与其他喷涂技术相比，电弧喷涂操作简单、涂层沉积效率高、成本低，适宜大面积制备非晶-纳米晶复合涂层。此外，电弧喷涂过程中涂层和基体的平均表面温度一般低于 300℃，特别适宜在表面活性大、熔点较低的镁合金等轻合金表面制备防护涂层，可以克服其他热喷涂技术对基体表面带来的高温氧化、烧损等问题。

电弧喷涂 Fe 基非晶/纳米晶复合涂层既有优异的耐磨损、防腐蚀性能，又有很强的成形潜力。美国 TAFA 公司和 Nanosteel 公司近几年开发出了 95MXC、110MXC、140MXC 等 FeCrBSi 系列粉芯丝材，采用电弧喷涂技术获得的非晶-纳米晶喷涂层具有结合强度高、硬度高、孔隙率和氧化物含量低、沉积效率高、耐磨耐腐蚀性能好等优点，可用于汽车、航天航空等工业领域。

近几年，国内学者开始对电弧喷涂制备 Fe 基非晶-纳米晶涂层进行了研究。北京工业大学对电弧喷涂制备 Fe 基非晶-纳米晶涂层做了大量研究，采用电弧喷涂方法喷涂粉芯丝材制备了 FeCrNiB 系非晶涂层，涂层结构致密、孔隙率低、氧化物含量较少，具有很高的硬度和耐磨性。利用正交实验法研究了电弧喷涂工艺参数对 Fe 基涂层组织及耐磨性能的影响，研究结果表明，按照最佳工艺参数喷涂制备的涂层的耐磨损性能在同等条件下是 Q235 钢的 15.6 倍，对涂层性能影响最大的工艺参数是喷涂电压，其次是喷涂压力，喷涂距离对涂层性能的影响相对较小。在低碳钢基体上制备了高非晶含量的 FeCrNiB 系非晶涂层，对其组织和性能进行了表征，结果表明，涂层非晶相含量较高（55.3%）、结构致密、孔隙率低（约为 2.33%）、氧化物含量较少，具有很高的硬度和较好的耐磨性。装甲兵工程学院装备再制造技术国防科技重点实验室对高速电弧喷涂 Fe 基非晶-纳米晶涂层进行了系统的研究，取得了一定的研究成果。采用自主研制的高速电弧喷涂系统，以最优化的工艺参数，喷涂制备了 FeBSiNb 和 FeBSiCrNbMnW 系 Fe 基非晶-纳米晶复合涂层，涂层的结合强度、非晶含量、氧化物含量等指标在目前国内外已见报道的 Fe 基亚稳态电弧喷涂层材料的性能指标中均为最优，具有广阔的应用前景。同时不断研究开发新的 Fe 基非晶-纳米晶涂层材料，并积极开展大块 Fe 基非晶-纳米晶的研制和机理研究，拓展 Fe 基非晶-纳米晶材料在装备再制造领域的应用。

电弧喷涂 Fe 基非晶-纳米晶涂层具有独特的优势：直接喷涂含有 Fe 基非晶-纳米晶形成能力的粉芯丝材，在基体上原位形成非晶-纳米晶涂层，即实现丝材制备与成形一体化，成本低、效率高、设备操作简单，适合大面积快速制备优质涂层等。因此，高速电弧喷涂技术是最有前景的制备 Fe 基非晶-纳米晶涂层的技术之一，但要完全制备纯的非晶涂层，还需要成分过冷的喷涂材料与之相适应。

三、热喷涂制备梯度涂层

陶瓷涂层与基体材料的膨胀系数相差的比较大，导致陶瓷涂层的内应力大，涂层容易脱落，特别是在有冷热交换的场所，陶瓷涂层的寿命较短。例如，随着大功率汽车、拖拉机、坦克、轮船的发展，发动机燃烧室温度提高，与小功率发动机相比，活塞内的温度场更加不均匀，连续工作时间较长时，燃烧室的积炭容易在第一环槽内堆积导致环卡死，积炭又容易划伤缸体，带来活塞过热和油膜破坏问题，降低热效率并最终导致活塞破坏或者拉缸。为了提高活塞的寿命，人们采用表面喷涂技术，但喷涂的陶瓷涂层在这种环境中，由于有发动机工作时的发热和停止工作时的冷却，热和冷相互交替，大大降低热喷涂陶瓷涂层的寿命，使热喷涂涂层不能在这种环境中使用。随着热喷涂技术的发展，人们发现梯度涂层有较强的抗热震性能。

梯度涂层就是喷涂材料为两种或两种以上的材料，一种材料起黏结剂作用，另一种起强化作用，黏结剂作用的材料量在涂层中逐渐地减少，起强化作用的材料逐渐增加，在涂层中看不到材料成分明显变化。在涂层的底层较多的起黏结剂作用的材料增加了涂层的黏结强度，在表层，较多的起强化作用材料增加了涂层的强度。

梯度涂层的制备方法一般是采用两个以上送粉器，送粉器中装不同的喷涂材料，在喷涂过程中，一种粉末逐渐增加，另一种粉末逐渐减少。也有采用多层不同配比的喷涂粉末的方法，这种方法是先将两种以上的粉末按不同的配比混合，喷涂时先喷涂黏结剂材料较多的材料，接着喷涂黏结剂相对较少的粉末，然后喷涂黏结剂更少的粉末最后喷涂没有黏结剂的粉末，这样多次多层的喷涂，降低涂层中材料成分的快速变化。本节以铝活塞材料表面喷涂梯度涂层为例，阐述用等离子喷涂法在铝合金表面制备梯度涂层的理论。

研究者等采用 XGFH-3 复合材料作为制备等离子喷涂梯度涂层的基体，试样尺寸为 Φ16mm×50mm 的圆柱形与 30mm×30mm×5mm 方形试样。涂层材料选用 Cu（200～220 目，含铜量>99.5%）、Al_2O_3（90～140 目）和 NiAl（320～400 目）粉体。采用国产 GP-80 型等离子喷涂设备，送粉采用预先混粉，一次性送粉的方式，制备出底层为 NiAl 材料，涂层成分沿涂层厚度方向 Al_2O_3 含量逐渐增多，Cu 含量逐渐减少的梯度涂层。涂层的粉末配比见表 4-9。

实验发现，铝基体表面等离子喷涂时，电流、电压过高，火焰温度高，容易使铝材基体熔化，喷枪距离太近也容易使铝基体烧熔。因此要求喷涂时，氢气的压力小，电流在底层时较低，在表层时较高，喷涂距离也先远后近，喷涂时间不宜过长，喷枪在固定位置连续喷涂时间不宜超过 1min。

表 4-9 梯度涂层配比（质量分数）

层数	材料	层数	材料
第一层(GC_1)	100%NiAl	第四层(GC_4)	40%Cu+60%Al_2O_3
第二层(GC_2)	80%Cu+20%Al_2O_3	第五层(GC_5)	20%Cu+80%Al_2O_3
第三层(GC_3)	60%Cu+40%Al_2O_3	第六层(GC_6)	100%Al_2O_3

采用粘接拉伸法在 WE-10 型万能试验机上测定涂层与基体的结合强度。采用 SEM 分析 NiAl 层和基体的结合。抗热震试验方法为在 5mm 厚的 L19 铝板上分别制备梯度涂层和双陶瓷涂层试样，放入 400℃条件下的箱式加热炉中，保温 20min，然后在空气中冷却至室温，用肉眼和放大镜观察是否有裂纹出现，然后反复循环，直至涂层出现脱落现象。采用销盘试验方法，用 180 目的 Al_2O_3 作磨料，不加润滑剂，载荷 4.9N。磨损长度 120m，根据试样磨损失重评价试样的耐磨性。

结合强度的结果见表 4-10，随着层数的增加，涂层的结合强度下降，这是由于随着涂层厚度的增加，涂层的应力增大，涂层中金属 Cu 的含量降低，涂层之间的有效接触面减少，使得结合强度下降。

表 4-10 涂层结合强度与涂层层数关系

涂层编号	GC_1	GC_2	GC_3	GC_4	GC_5	GC_6
结合强度/MPa	＞35	25.04	22.64	18.39	16.62	15.26

梯度涂层结构如图 4-43 所示，在基体表面附近，明显可见是 NiAl 层和 80% Cu+20% Al_2O_3 的界面，而随着 Cu 含量的减少，Al_2O_3 的增加，层间界面消失。涂层中有一定的微孔，这主要是由于喷涂颗粒未完全熔化，造成的粒子叠加。从图 4-43 可见，Cu 比较均匀地分布在陶瓷间隙之中。Cu 的熔点低，在热喷涂的过程中，Cu 粒子容易变形渗入陶瓷涂层中，使涂层更加致密，使 Al_2O_3 粒子接触面积增大，并能填补 Al_2O_3 陶瓷颗粒由于快速冷却所产生的部分微裂纹。

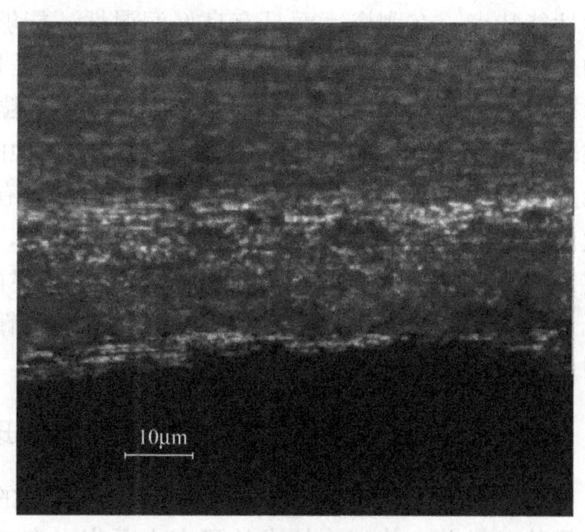

图 4-43 梯度涂层结构图

热震结果见表 4-11，铝基体表面以 NiAl 为过渡层，喷涂 Cu-Al_2O_3 梯度陶瓷涂层，涂层厚度为 1.3mm。涂层在热震研究过程中，热循环 270 次时，涂层有微小的变色和裂纹，当循环次数在 350 次时，有裂纹处及试样边缘有脱落现象。热震研究过程中，对比了梯度涂层与纯 Al_2O_3 涂层的抗热震循环次数。在铝基体上制备了纯 Al_2O_3 的双层涂层，双层涂层同样以 NiAl 为过渡层。双层涂层的厚度为梯度涂层厚度的 1/4，约 0.3mm，双层涂层热循环在 200 次左右出现了裂纹，在热循环 300 次时出现边缘裂纹。研究过程中，同样制备了与梯度涂层厚度相同的双层 Al_2O_3 涂层，厚度约为 1.3mm，涂层的粘接强度为零，即在喷涂完毕冷却时，涂层就由 Al_2O_3 层与 NiAl 层的结合面自动脱落。

表 4-11 热震试验结果

涂层	出现微裂纹/次	出现边缘裂纹/次
梯度涂层(1.3mm)	270	350
双陶瓷涂层(0.3mm)	200	300

梯度涂层有较高抗热震性能的原因是：过渡金属 Cu 的热膨胀系数 16.7×10^{-6} 介于基体铝的 23.6×10^{-6} 和 Al_2O_3 的 9.3×10^{-6} 之间，因此过渡金属 Cu 的加入可以实现基体铝和陶瓷层 Al_2O_3 膨胀系数的过渡，从而可以减小剪应力，有效推迟涂层中裂纹的形成并降低裂纹的扩展速率，使涂层具有较高的抗热震性。另外，Cu 的熔点较低，在热喷涂过程中，Cu 可以达到熔融或半熔融状态，很好地提高了 Al_2O_3 涂层的致密性，Cu 相当于钎料，将 Al_2O_3 陶瓷粉末钎焊在一起。

对于双陶瓷涂层，厚度与黏结强度有较大的关系。对于梯度涂层，虽然厚度增加，黏结强度降低，涂层的应力增大，但相比双层涂层，厚度对黏结强度的影响小得多。热震研究过程中发现，双层陶瓷涂层的基体发生明显的变形，而梯度涂层无明显变形。

随着涂层中 Al_2O_3 硬质相的增加，涂层的耐磨性显著增加。但并不是硬质相越多，涂层耐磨性越好，当 Al_2O_3 含量达到 80%时，涂层的耐磨性最高；随着 Al_2O_3 含量继续增大，纯陶瓷涂层的耐磨性反而有所下降。

材料的组织状态，组织中硬质相的硬度、数量、形态和分布，涂层与基体以及涂层中颗粒之间的结合强度都是影响涂层耐磨性的主要因素。涂层中大量硬度极高的陶瓷硬质相的存在是涂层耐磨性得以大大提高的最关键因素。涂层材料在被磨损时，金属 Cu 由于其自身力学性能特点，在陶瓷表面具有良好润湿性，能够在涂层的形成过程中起到支承或黏结硬质相的作用。而 Al_2O_3 相作为涂层中的硬质相才是抗磨的主体，它们抵御着外来磨粒的刺入对涂层中软相 Cu 的损伤，并能有效地将部分磨粒在涂层表面上的滑动摩擦与凿削变为滚动，减轻了磨粒对涂层的磨损。此外，在磨损过程中，涂层中存在的喷涂缺陷如气孔、微裂纹，涂层的致密性及结合强度都对涂层的磨损性能有着一定的影响，尤其是涂层中存在尺寸比较大的气孔。气孔的存在可以导致高的应力集中，并且气孔还可以促使微裂纹的形成，降低涂层以及涂层颗粒之间的结合强度，从而使涂层的磨损性能急剧下降。因此，Al_2O_3 含量太低，硬质相少；含量太高，孔隙率高，都会使耐磨性降低。所以 20%Cu+80%Al_2O_3 层的耐磨性能最好。

四、在线控制系统进行涂层制备基础理论研究

热喷涂技术的核心是优质、高效、低消耗的表面改性，达到赋予基体材料表面特殊功能的目的。目前，热喷涂技术的研究主要集中在新技术的发现，材料的创新，质量更好、性能更多的新材料涂层的制备及检测，而涂层制备的基础理论研究较少。涂层质量与喷涂工艺方法及工艺参数有十分紧密的关系，标准工艺参数的重现性和稳定性是保证涂层质量的最基本环节。工艺参数变化的影响因素诸多，热功率的大小、热温度的分布、喷涂粒子的分布状况、粒子速率的高低均是影响涂层质量的重要因素。确定热喷涂涂层制备工艺参数与涂层性能之间的关系，研究建立喷涂粒子受热状况、运动形式与喷嘴出口处条件之间的数学模型，涂层中残余应力形成模型，热喷涂过程中粒子流、等离子射流所形成的涂层模型和基体热通量模型至关重要。喷涂过程中各种参数之间模型的建立，在理论上研究控制涂层质量的方法，为获得更好质量涂层提供理论基础。在线控制系统能够检测热源温度场的分布、喷涂粒子的飞行速率及状态，为喷涂过程中各种参数之间模型的建立提供保障。芬兰 Oseir 公司研制的 SprayWatch 热喷涂粒子监测系统适于大多数热喷涂工艺的检测，能够方便地测量和监控喷涂过程中关键的工艺参数，例如：喷涂粒子的温度、飞行速率的状态、数量及分布，喷涂束流的尺寸、位置和方向等。

目前已有少量研究单位采用在线控制系统，对热喷涂过程中模型的建立及理论进行初步研究。装甲兵工程学院装备再制造技术国防科技重点实验室采用流体力学理论、凝固理论和牛顿冷却模式，提出了高速电弧喷涂雾化熔滴传热过程的数学模型，并用一种 Fe-Al 合金进行数值计算，用 SprayWatch-2i 热喷涂监控系统测试不同喷涂距离处熔滴平均温度的变化，以验证数学模型的正确性，并研究了雾化熔滴传热参数的变化规律，发现在雾化过程中熔滴的对流换热系数、温度、固相分数及冷却速度等传热参数随喷涂距离的增加均呈规律性变化，计算结果与实测数据基本吻合。同时，在高速电弧喷涂雾化熔滴传热过程数学模型的基础上，用 Fe-Al 合金进行了数值计算，研究了工艺参数对熔滴传热的影响，发现熔滴的冷却速率对熔滴尺寸和喷涂距离的变化十分敏感，而对雾化气流压力和喷涂电流的变化不太敏感。全军装备维修表面工程研究中心通过比较文献中出现的几个数学模型，结合试验测定结果，在空气动力学理论基础上提出了高速电弧喷涂雾化气流数学模型。第二炮兵工程学院通过建立数学模型，对超音速电弧喷涂纯铝的粒子速度进行了仿真计算，发现粒子飞行过程是一个加速减速的过程，直径 40μm 的粒子最大速率为 365m/s，最大速率点离喷嘴出口

52mm，试验测得的粒子最大速率为 386m/s，位置在喷嘴出口 40～60mm 范围内。仿真计算反映了射流中粒子的运动特征，从理论上证明超音速电弧喷涂的粒子速率超过音速。等离子涂层的质量由形成涂层的喷涂粒子的温度和速率以及粒度大小决定，而喷涂粒子飞行特性又受工作气体种类与流量、送粉气流量、电弧功率、喷嘴结构、喷涂距离、粉末粒度分布等因素影响。国内外已有不少学者对等离子喷涂粒子飞行特性（主要是粒子速度与温度）进行了研究，主要集中在粒子飞行特性模拟以及影响参数分析。

参 考 文 献

[1] 韦福水，蒋伯平，汪行恺等．热喷涂技术 [M]．北京：机械工业出版社，1986.

[2] 吴子健，吴朝军，曾克里等．热喷涂技术与应用 [M]．北京：机械工业出版社，2005.

[3] 王海军．热喷涂材料及应用 [M]．北京：国防工业出版社，2008.

[4] 张平．热喷涂材料 [M]．北京：国防工业出版社，2006.

[5] 徐大鹏．液料等离子喷涂法制备掺杂纳米二氧化钛粉末的改性研究 [D]．西安：西安理工大学，2009.

[6] 冯拉俊，杨军，高文军．热喷涂陶瓷脱水板的研究 [J]．轻工机械，1995，(2)：3-7.

[7] 李光照，张阿昱，冯拉俊．环氧树脂涂层耐冲蚀性能研究 [J]．焊管，2012，35 (7)：22-24.

[8] 冯拉俊，李光照，史惠辉，侯娟玲．冷喷涂聚乙烯防腐涂层的研究 [J]．焊管，2009，32 (7)：26-29.

[9] 冯拉俊，曹凯博，雷阿利．等离子喷涂陶瓷粒子加热加速行为的数值模拟 [J]．热加工工艺，2006，35 (11)：46-51.

[10] 陈淑惠，雷阿利，冯拉俊．铸铁喷焊组织及力学性能研究 [J]．铸造技术，2006，27 (9)：902-905.

[11] 雷阿利，唐文浩，冯拉俊．棒材等离子喷涂法制备 $Fe_{80}P_{13}C_7$ 非晶态合金涂层的成形特征 [J]．焊接学报，2007，28 (1)：17-20.

[12] 雷阿利，冯拉俊．铸铁喷焊组织及力学性能 [J]．焊接学报，2007，28 (3)：89-92.

[13] 雷阿利，杨士川，冯拉俊，惠博．等离子喷涂 $NiAl/Al_2O_3$ 梯度陶瓷涂层的结构与组织特征 [J]．机械工程材料，2007，31 (4)：62-65.

[14] Lei Ali，Tang Wenhao，Feng Lajun. Research on fabricating Fe base amorphous alloy by bar plasma spraying [J]. China Welding，2007，16 (3)：14-18.

[15] 雷阿利，李高宏，冯拉俊，徐大鹏．过渡材料对等离子喷涂 Al_2O_3 梯度陶瓷涂层性能影响 [J]．焊接学报，2007，28 (10)：25-29.

[16] Xu Dapeng，Feng Lajun，Lei Ali，Zhu Guang. Preparation and properties of lanthanum trivalent ion doped TiO_2 nanopowders by liquid plasma spray [J]. Journal of Rare Earths，2007，25 (S)：570-574.

[17] 雷阿利，李高宏，冯拉俊，董楠．等离子喷涂 $Cu-Al_2O_3$ 梯度涂层的组织与耐磨性分析 [J]．焊接学报，2008，29 (5)：65-69.

[18] 徐大鹏，雷阿利，冯拉俊，杨士川．液料等离子热喷法制备 Fe_3+/TiO_2 纳米粉末与表征 [J]．应用基础与工程科学学报，2008，16 (3)：341-348.

[19] 雷阿利，徐大鹏，冯拉俊，朱广．热喷涂法制备的 La^{3+} 掺杂纳米 TiO_2 粉末的表征 [J]．焊接学报，2008，29 (8)：25-28.

[20] 徐大鹏，雷阿利，冯拉俊，杨士川．液料等离子热喷法制备 Fe^{3+}/TiO_2 纳米粉末 [J]．焊接学报，2008，29 (8)：49-52.

[21] 李高宏，冯拉俊，雷阿利，徐大鹏．等离子喷涂 $Cu-Al_2O_3$ 梯度涂层与涂层耐磨性分析 [J]．焊接学报，2008，29 (9)：51-54.

[22] 冯拉俊，梁天权，惠博．火焰热喷涂方法制备金属粉末的研究 [J]．中国粉体技术，2005，(4)：28-31.

[23] 冯拉俊，雷阿利．等离子热喷金属有机物液料制备 TiO_2 纳米颗粒 [J]．云南大学学报，2005，27 (3A)：47-50.

[24] 冯拉俊，曹凯博，雷阿利．等离子喷涂 Al_2O_3 陶瓷涂层的工艺研究 [J]．中国表面工程，2005，18 (6)：45-48.

[25] 冯拉俊，刘兵．等离子喷涂制备 TiO_2 纳米颗粒 [J]．中国表面工程，2004，17 (2)：11-14.

[26] 冯拉俊，雷阿利，曹凯博．1Cr18Ni9Ti 热喷涂层在含硫油品中的耐蚀性研究 [J]．西安石油大学学报，2004，19 (3)：68-71.

[27] 冯拉俊，刘毅辉．热喷涂球磨法制备超细铜锌粉 [J]．材料科学与工程学报，2004，22 (4)：527-530.

[28] 冯拉俊，郭巧琴，刘兵．静电收集器的研制及其在热喷涂法制备粉末中的应用 [J]．西安理工大学学报，2004，20

(4)：366-369.

[29] 冯拉俊，惠博，梁天权．等离子喷涂 NiAl-Al_2O_3 梯度陶瓷涂层的性能研究 [J]. 表面技术，2005，34 (2)：15-19.

[30] 冯拉俊，惠博，梁天权．Al_2O_3 梯度涂层的制备及性能研究 [J]. 材料保护，2005，(4)：42-44.

[31] 冯拉俊，曹凯博，刘兵．热喷涂液相合成粉末的雾化喷嘴设计 [J]. 粉体加工与处理，2005，(2)：29-33.

[32] 冯拉俊，梁天权．热喷球磨法制备铜锌粉末的组织分析 [J]. 金属热处理，2005，30 (4)：14-17.

[33] 冯拉俊，梁天权，惠博．金属线材火焰热喷法制备金属粉末的研究 [J]. 西安理工大学学报，2005，21 (1)：29-32.

[34] 冯拉俊，雷阿利，金奇庭．TiO_2 热喷涂层在 ClO_2 水溶液中的耐蚀性 [J]. 中国造纸，2002，(2)：23-25.

[35] 杨建桥，张华良，冯拉俊．1Cr18Ni9 热喷涂层在亚硫酸铵法蒸煮废液中腐蚀特性的研究 [J]. 中国造纸学报，1997，(12)：87-91.

[36] 冯拉俊．表面喷涂不锈钢修复烘缸 [J]. 中国造纸，1997，(2)：62-63.

[37] 惠博．NiAl/Al_2O_3 梯度陶瓷涂层的制备及其性能的研究 [D]. 西安：西安理工大学，2005.

[38] 梁天权．热喷球磨法制备超细铜锌粉的工艺优化及其组织研究 [D]. 西安：西安理工大学，2005.

[39] 曹凯博．等离子喷涂 Al_2O_3 陶瓷涂层的机理研究 [D]. 西安：西安理工大学，2006.

[40] 董楠．等离子喷涂法制备 Cu-Al_2O_3 梯度陶瓷涂层的组织及性能研究 [D]. 西安：西安理工大学，2007.

[41] 杨士川．等离子喷涂法制备金属离子掺杂二氧化钛纳米粉末的性能研究 [D]. 西安：西安理工大学，2007.

[42] 刘兵．等离子喷涂法合成纳米 TiO_2 颗粒及其分散性研究 [D]. 西安：西安理工大学，2004.

[43] 刘毅辉．热喷涂球磨法制备超细铜锌粉及其分散性研究 [D]. 西安：西安理工大学，2004.

[44] 唐文浩．棒材等离子喷涂法制备非晶态合金的研究 [D]. 西安：西安理工大学，2007.

[45] 崔崇，叶福兴，魏海宏．等离子喷涂工艺对 Fe 基非晶合金涂层微观组织结构的影响 [J]. 热喷涂技术，2010，2 (4)：14-18.

[46] 程江波，梁秀兵，徐滨士，吴毅雄．铁基非晶纳米晶涂层组织及耐冲蚀性能的研究 [J]. 稀有金属材料与工程，2009，38 (12)：2141-2145.

[47] 傅斌友，贺定勇，赵力东，李晓延．电弧喷涂铁基非晶涂层的结构与性能 [J]. 焊接学报，2009，30 (4)：53-56.

[48] 潘继岗，樊自拴，孙东柏等．超音速火焰喷涂 Fe 基非晶合金涂层的性能研究 [J]. 材料工程，2005，(9)：53-55.

[49] 王勇，樊自拴，王国刚等．AC-HVAF 喷涂 Fe 基非晶纳米晶涂层的微观组织及性能研究 [J]. 中国表面工程，2007，20 (4)：23-28.

[50] 傅斌友，贺定勇，蒋建敏等．电弧喷涂含非晶相铁基涂层的研究 [J]. 材料热处理学报，2008，29 (3)：159-162.

第五章

表面沉积加工技术

表面沉积加工是一种用真空工艺沉积薄膜以提高金属材料表面性能的表面处理技术，是材料表面工程的重要组成部分。利用表面沉积技术几乎可以在任何基体上加工任何物质的薄膜，包括金属膜、合金膜、化合物膜、非金属的陶瓷和塑料膜等，不仅能充分发挥沉积材料的原有性能，节约材料和能源，提高经济效益，而且能为所加工的金属零件提供耐磨、润滑、抗氧化、抗黏结、减小摩擦等性能，已在电子、信息、航天航空、光学、声学、能源、磁性材料和机械等领域得到广泛应用。

第一节　表面沉积技术基础

一、表面沉积分类及特点

表面沉积技术是通过化学反应或热蒸发等物理过程，产生沉积材料的气体原子、离子、分子或集合体在基体表面形成固体膜层的加工方法。

1. 表面沉积技术分类

表面沉积技术按照发生的物理或化学反应类型，可分为物理气相沉积、化学气相沉积和物理化学气相沉积，其具体分类见图 5-1。

物理气相沉积（Physical Vapor Deposition，简称 PVD）是在真空条件下，利用蒸发或辉光放电、弧光放电等物理过程，将沉积材料气化成原子、分子或使其电离成离子，在基体表面沉积形成固态薄膜的方法。PVD 主要分为蒸发沉积技术、溅射沉积技术和离子镀技术。

化学气相沉积（Chemical Vapor Deposition，简称 CVD）是气相沉积技术中历史最长的一种气相生长法，是将含有薄膜元素的化合物或单质气体通入反应室内，利用气相物质在工件表面发生化学反应而形成固态薄膜的加工方法。CVD 主要分为常压 CVD、低压 CVD、激光 CVD 和有机化合物 CVD。

PVD 与 CVD 的主要区别在于获得沉积物粒子（原子、分子、离子）的产生方法及成膜过程不同。CVD 主要通过化学反应获得沉积物粒子并形成膜层；而 PVD 是通过物理方法获得沉积物粒子从而形成膜层。

随着 CVD 和 PVD 技术的迅速发展，将两者结合起来开发了等离子增强化学气相沉积，也叫物理化学气相沉积（简称 PECVD）。该技术降低了沉积温度，扩大了气相沉积的应用范围。PECVD 技术避免了 PVD 技术附着力较差、设备复杂等不利条件，且克服了 CVD 技术沉积温度高、对基体材料要求高的不足，扩大了气相沉积的应用范围。较成熟的 PECVD 技术主要有直流 PECVD、脉冲直流 PECVD、射频 PECVD、微波 PECVD 等。

2. 表面沉积加工特点

表面沉积加工基本是在真空条件下进行，同时表面沉积可降低来自空气等的污染，得到纯度高的沉积膜层，能在较低温度下制备高熔点物质，易制备多层复合膜、层状复合材料和

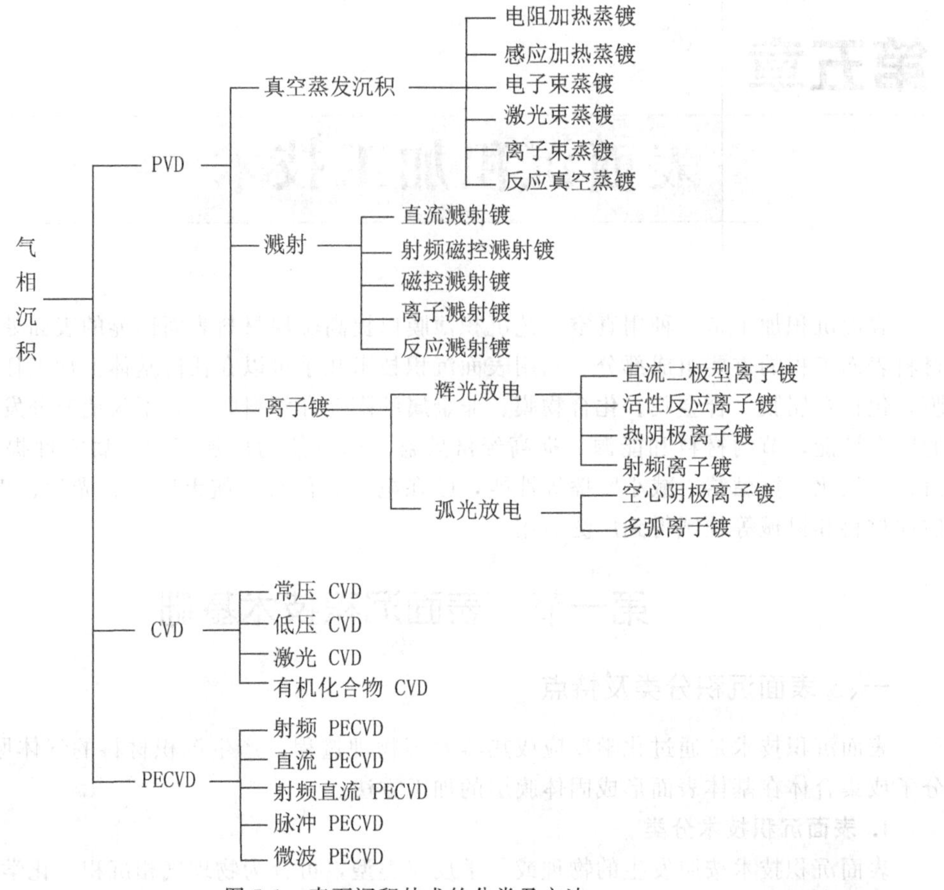

图 5-1 表面沉积技术的分类及方法

梯度材料。由于各种表面沉积加工技术存在差异，表面沉积技术的工艺特点是不同的。例如，PVD 具有非平衡类型特点，其基体沉积温度一般都低于 650℃，基本不改变基体材料的力学性能和尺寸稳定性，且不产生有害残余气体。CVD 具有热平衡类型特点，气体反应源温度远低于沉积反应温度，在沉积过程中较容易改变反应源物质组分，可获得种类众多的碳化物、硅化物、氧化物、氮化物、硼化物及单金属或合金涂层等。而且 CVD 工艺及设备相对简单，适于工业化生产，获得的涂层厚度较均匀，薄膜和基体材料结合力较强。在加工过程和后处理方面，CVD 基体材料温度高，膜层较粗糙，薄膜沉积后需要进行后处理，加工过程通常会排放出废气，具有一定危害性，PVD 沉积薄膜能如实地反映材料的表面，不用研磨就具有很好的金属光泽。

二、表面沉积加工的物理基础

表面沉积加工是通过蒸发、反应或溅射产生的沉积物质的气体原子、离子、分子或原子团碰撞基体后，经过短暂的物理化学过程在基体表面凝聚形成固态膜，因此表面沉积遵守相变规律，其相变驱动力是亚稳定的气相和沉积固相之间的吉布斯自由能差。实现表面沉积的必要条件是沉积物质具有过饱和蒸气压。沉积物质气体的饱和蒸气压与温度有关，温度越高，饱和蒸气压越大。当沉积物质的气体分压等于其饱和蒸气压时，气相与固相处于平衡状态，不存在相变动力，沉积不能进行；当沉积物质的气体分压大于其饱和蒸气压时，体系的自由能高，气相转变成固相，自由能降低，将形成晶体，即沉积。沉积物质的气体分压与饱和蒸气压之差为过饱和蒸气压。过饱和蒸气压与饱和蒸气压的差值与饱和蒸气压的比称为过饱和度。表面沉积自由能差与过饱和度成正比。表面沉积的动力是过饱和度，遵守形核和晶体长大的一般规律，当结晶条件受到抑制时，则按非晶化规律转变，形成非晶膜，其特殊性是由气相直接凝聚成固相。

表面沉积形核过程中，蒸发的粒子、原子只有一部分被基体吸附，另一部分脱离基体再次蒸发到空间里，当基体上聚集的原子数与再蒸发的原子数相等时，达到平衡。同时，当基体表面吸附原子的总能量超过表面扩散激活能时，该原子将沿基体表面进行扩散迁移。在扩散过程中，原子间、原子与原子团之间发生碰撞，形成原子对和原子团，凝聚成晶核或晶体长大。

沉积膜的晶体长大过程随工艺条件不同分为核生长型、层生长型和层核生长型。

核生长型膜的晶体长大过程是部分被基体表面吸附的蒸发原子通过表面扩散后，与其他原子碰撞形成原子对、原子团，从而形成稳定的三维晶核。当凝聚的晶核达到一定浓度后，基本不再形成新的晶核，此时，新吸附的原子通过表面迁移，在已有晶核上长大，形成岛状。岛状晶粒继续长大，使其中间间隙逐渐减小，形成网状薄膜。当相邻小岛相互接触结合时，产生一定量的热量使得尺寸较小的小岛瞬时熔化并重新在大岛上结晶成大颗粒。大颗粒继续吸附气体中原子，并逐渐填满剩余的间隙，最终形成连续晶膜。成膜过程随蒸发物质不同也有差别。例如，铝沉积膜和银沉积膜的生长类型都是核生长型，但其成膜过程不同。铝在生长初期呈岛状结构，在膜很薄时就形成连续膜，而银膜则在膜较厚时才形成连续膜。

层生长型膜的长大过程是基体吸附的原子通过表面扩散，与其他原子碰撞形成二维晶核，二维晶核捕捉周围的吸附原子，形成二维晶体小岛。当小岛达到饱和浓度时，小岛间隔大致与吸附原子平均扩散距离相等，则被基体表面吸附的原子，扩散后被邻近的小岛捕捉，使得小岛在二维方向上继续长大，直至在基体上以单原子层形式均匀地覆盖一层连续二维膜后，再在三维方向上开始形核，二维晶体以第一层相同的方式长大形成第二层、第三层，最终形成晶体膜。形成膜生长层的条件是基体和薄膜原子间结合能与沉积原子间结合能相近。

层核生长型介于核生长与层生长之间，沉积原子先在基体表面形成 1～2 层原子层，并在此基础上捕捉吸附原子，以核生长方式形成小岛，长大成膜。层核生长方式易于出现在基体和沉积原子之间相互作用特别强的情况，此时二维晶核强烈地受基体晶体结构的影响，发生较大的晶格畸变。在半导体基体上沉积金属通常是以层核生长方式成膜。

图 5-2 为沉积膜生长的三种类型示意图。

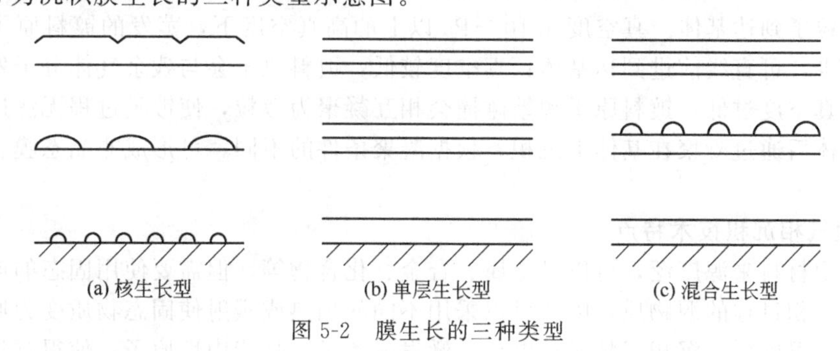

图 5-2　膜生长的三种类型

三、表面沉积层的组织结构

表面沉积膜层大多具有晶体结构，沉积膜的组织受基体温度、表面状态、真空度等沉积条件的影响。

基体温度是决定膜层组织的主要因素之一。基体温度高，蒸气原子动能大，克服表面扩散激活能的概率增大，易结晶且膜中缺陷少、内应力小。当基体温度高于膜材熔点 $0.5T_m$ 时，吸附原子扩散能力强，可得到再结晶的等轴晶沉积膜；当基体温度低于膜材熔点 $0.5T_m$ 并高于 $0.3T_m$ 时，吸附原子扩散能力较强，晶粒细化，可得到致密的细柱状晶沉积膜；当基体温度低于膜材熔点 $0.3T_m$ 时，吸附原子扩散困难，易形成岛状晶核，可得到锥状晶、粗柱状晶沉积膜；基体温度过低将抑制结晶过程，发生非晶态转变，从而得到非晶态膜。

沉积气压也是决定沉积膜组织的主要因素之一。真空度高，蒸发的原子几乎不与其他气体原子发生碰撞，且蒸发原子之间的碰撞也少，能量消耗很少，使得到达基体的原子有足够高的能量进行扩散和形核，同时继续捕捉吸附原子形成细密的高纯度薄膜。随着真空度降低，原子间相互碰撞概率增大，产生散热效应，提高绕射性，且可能使其他气体分子进入沉积膜层，降低沉积膜的纯度和致密度。同时，蒸发原子自身的相互碰撞降低了原子速度，由于范德华力作用原子在空间形成原子团，原子团到达基体后不易扩散，形成了岛状晶核，凸起部分对凹陷部分产生阴影效应，长大成锥状或柱状。真空度越低，柱状晶越粗大，沉积膜表面粗糙度越大。

第二节　物理气相沉积技术

物理气相沉积是一种物理气相生长法，利用低气压或真空等离子体放电条件下物质的热蒸发或受到粒子轰击的物质表面原子产生溅射，实现物质原子从物质源到基体表面生长的转移过程。

一、物理气相沉积的基本原理、特点及分类

1. 基本原理

物理气相沉积过程可概括为三个阶段，分别为从蒸发源产生蒸发粒子，蒸发粒子的输送，蒸发粒子在基体上积聚、形核、长大和成膜。物理气相沉积系统如图 5-3 所示。

气相粒子的产生方法有两种，一种是采用加热方法使镀料蒸发，沉积到基体上，称为蒸发镀膜；另一种是用一定能量的离子轰击靶材，从靶材上轰击出原子并沉积到基体上，称为溅射镀膜。气相粒子产生后，需要在真空条件下输送气相物质，以避免因气相粒子与气体碰撞阻碍气相粒子到达基体。真空度在 10^{-2}Pa 以上的高真空度下，蒸发的镀料原子与残余气体分子碰撞少，可直线前进到达基体；真空度较低，镀料原子会与残余气体分子发生碰撞而产生绕射；真空度过低，镀料原子频繁碰撞会相互凝聚为微粒，使镀膜过程无法进行。气相物质到达基体后通过凝聚在基体上沉积，根据凝聚条件的不同，可形成非晶态膜、多晶膜或单晶膜。

2. 物理气相沉积技术特点

(1) 沉积材料来源广泛，可以是金属、合金、化合物等，但需要使用固态的或者熔融态的物质作为沉积过程的源物质，因此可以采用不同的加热或溅射使固态物质变为原子态。

(2) 沉积温度低，沉积层粒子被电离、激发成离子、高能中性原子，使得沉积层组织致密，与基体具有很好的结合力，且基体一般不发生受热变形或材料变质的问题。

(3) 工艺过程易于控制，主要通过对沉积参数的控制，可生长出单晶、多晶、非晶、多层、纳米层结构的功能薄膜，膜层厚度均匀而致密，膜层纯度高。

(4) 真空条件下进行沉积，没有有害废气排出，对环境无污染。

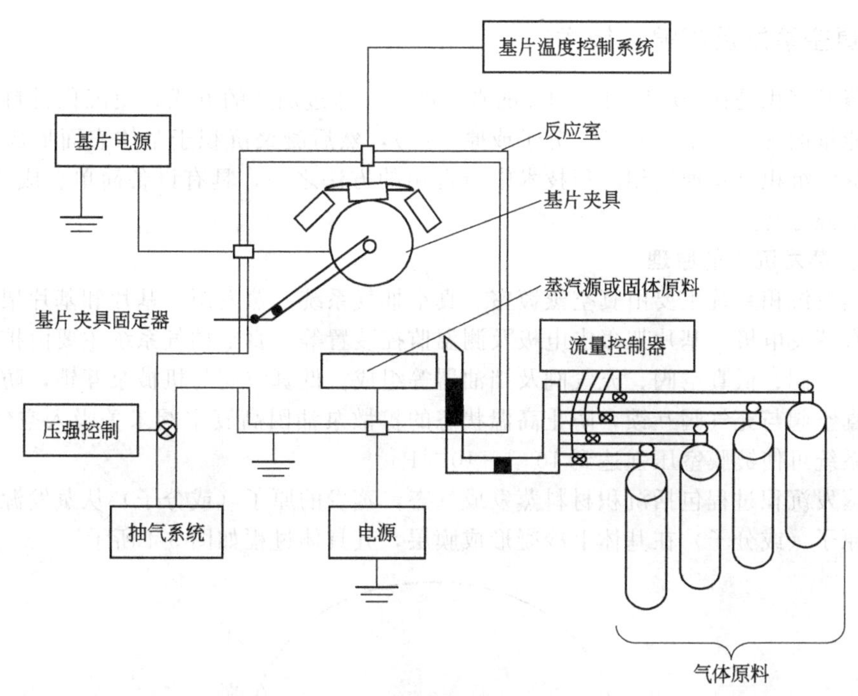

图 5-3　物理气相沉积系统

(5) 物理气相沉积大多是在辉光放电、弧光放电等低温等离子体条件进行，沉积层粒子的整体活性大，容易与反应气体进行化合反应，可在较低温度下获得各种功能薄膜。

物理气相沉积技术的不足之处是设备较复杂，一次性投资大，但由于该技术具备的优点，使其在制备超大规模集成电路、光学器件、热敏感器、磁光存储器件和太阳能利用等高新科技领域具有潜在的应用前景。

3. 物理气相沉积技术分类

根据气相粒子产生的方式，物理气相沉积技术可以分为真空蒸发沉积、溅射沉积、离子镀、外延沉积等，其一些具体分类及工艺特点见表 5-1。

表 5-1　物理气相沉积技术的分类及工艺特点

分类	名称	气体放电方式	基体偏压/V	工作气压/Pa	金属离化率/%
真空蒸发沉积	电阻蒸发沉积	—	0	10^{-4}～10^{-3}	0
	电子枪蒸发沉积	—	0	10^{-4}～10^{-3}	0
	激光蒸发沉积	—	0	10^{-4}～10^{-3}	0
溅射沉积	二极型溅射	辉光放电	0	1～3	0
	三极型溅射	辉光放电	0～1000	10^{-1}～1	10^{-2}～10^{-1}
	射频溅射	射频放电	100～200	10^{-2}～10^{-1}	15～30
	磁控溅射	辉光放电	100～200	10^{-2}～10^{-1}	10～20
	离子束溅射	辉光放电	0	10^{-3}～10^{-1}	50～85
离子沉积	空心阴极离子沉积	热弧放电	50～100	10^{-1}～1	20～40
	活性反应离子沉积	辉光放电	1000	10^{-2}～1	5～15
	热丝阴极离子沉积	热弧放电	100～200	10^{-1}～1	20～40
	阴极电弧离子沉积	冷场致弧光放电	50～200	10^{-1}～1	60～90
外延沉积	分子束外延沉积	—	0	10^{-4}～10^{-3}	0
	液相外延沉积	—	0	10^{-1}～1	0
	热壁外延沉积	—	0	10^{-1}～1	0

二、真空蒸发沉积镀膜技术

真空蒸发沉积是在 $10^{-4}\sim10^{-3}$ Pa 的真空度下，通过加热的方式，使沉积材料蒸发成为具有一定能量的气态粒子（原子、分子或原子团），然后凝聚沉积于基体表面形成膜层的方法。真空蒸发沉积是物理气相沉积技术中最常用的方法之一，具有设备简单、成膜速率快、工艺容易掌握等特点。

1. 真空蒸发沉积的原理

真空蒸发沉积系统主要由真空蒸镀室、真空抽气系统、蒸发源、基片和基片架组成。蒸镀室内含有蒸发电极、基片架轰击电极及测温监控装置等。真空抽气系统主要由扩散泵、机械泵、高真空阀、低真空阀、充气阀及挡油器等组成。低真空阀与机械泵互锁，防止机械泵返油；高真空阀与充气阀互锁，防止高温状态的扩散泵油因高真空阀未关吸入空气而氧化。真空抽气系统可使镀膜室压强达到 $10^{-6}\sim10^{-3}$ Pa。

真空蒸发沉积过程包括沉积材料蒸发成气态，蒸发的原子（或分子）从蒸发源向基体输送，蒸发原子（或分子）在基体上冷凝形成膜层，其具体过程如图 5-4 所示。

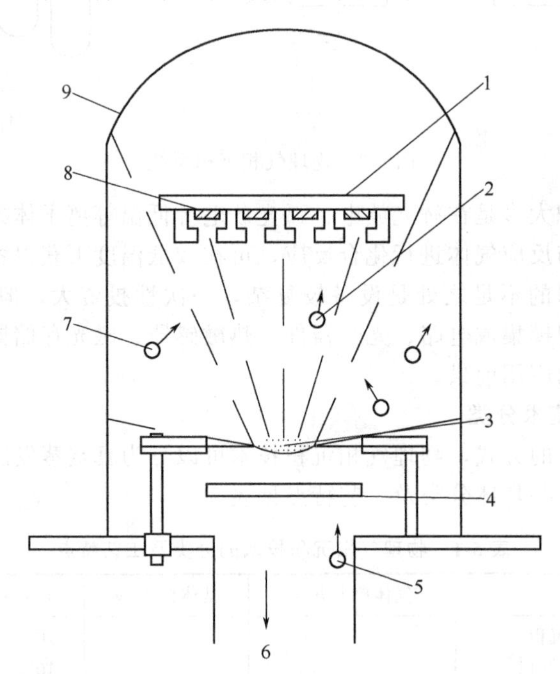

图 5-4 真空蒸发沉积膜层原理

1—基片架和加热器；2—蒸发料释出的气体；3—蒸发源；4—挡板；5—返流气体；6—真空泵；7—解吸的气体；8—基片；9—钟罩

真空蒸发沉积时，薄膜的生长有核生长型、层生长型和层核生长型三种。

通常的蒸发压强下，原子或分子从蒸发源输送到基体的过程中不发生碰撞，因此蒸发原子或分子在输送过程中并无能量损耗。当入射到接近于基体的若干原子直径范围时，即进入基体表面的作用区域，原子在基体表面沉积，形成薄膜。实际沉积过程中，蒸发的粒子和基体碰撞，一部分产生反射和再蒸发，剩余部分蒸发原子或分子到达基体。到达基体的蒸发原子或分子数量可用式（5-1）表示：

$$z_m=3.5\times10^{22}P_{x}\alpha\left(\frac{1}{TM}\right)^{\frac{1}{2}}[\text{个分子}/(\text{cm}^2\cdot\text{s})] \tag{5-1}$$

式中，α 为凝结系数，是指到达基体并被凝结的部分占入射原子数的比率，与基体的清洁程度有关，洁净基体的 α 为 1。由式(5-1) 可知，基体的清洁对于蒸发沉积十分必要。

2. 蒸发源

蒸发源是使沉积材料蒸发气化的热源。较常用的蒸发源为电阻加热蒸发源、电子束蒸发源和激光束蒸发源，此外还有高频感应、电弧等加热蒸发源。

电阻加热蒸发源是将丝状或片状的高熔点金属做成适当形状的蒸发源，其形状如图 5-5 所示，将沉积材料装在蒸发源上，接通电源加热沉积材料使其蒸发。根据沉积材料形状，电阻蒸发源可做成丝状、螺旋状、舟状等。采用电阻加热沉积技术需要注意加热材料的选用，常用的电阻加热蒸发源材料为 W、Ta 和 Mo 等高熔点金属。为了减少蒸发源材料作为杂质进入薄膜的可能性，蒸发源材料的使用温度应当低于它的平衡蒸气压为 10^{-5}Pa 的温度。此外，蒸发源材料和沉积材料的组合在高温时不能发生扩散和化学反应。Al、Fe、Ni 和 Co 等金属能与 W、Ta、Mo 等金属在高温时形成合金，且 Ta 和 Au 在高温下也会形成合金。形成合金后，加热器材料的熔点降低，使加热器容易烧坏。因此，制作加热器时要选用不与沉积材料形成合金的材料，若材料不能选择，则要降低加热器的使用温度。电阻加热方式的缺点是加热的最高温度有限，加热器的使用寿命较短。因此，该方法不适于高纯或难熔物质的蒸发，仅适用于 Au、Ag、Cu、Al、氧化锡等低熔点金属或化合物的蒸发。

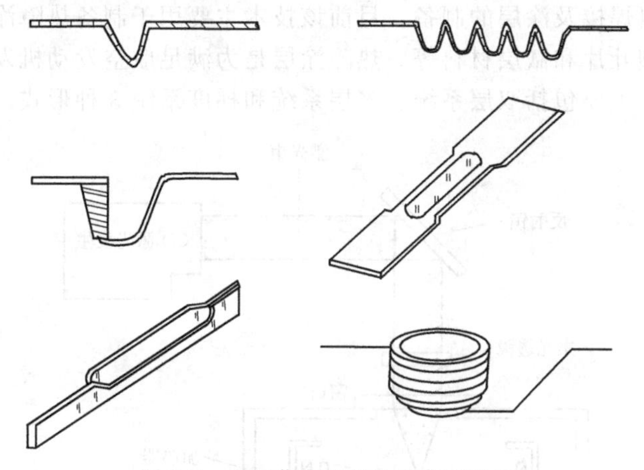

图 5-5　电阻蒸发源的几种典型形状

电子束蒸发源是将沉积材料放入水冷的坩埚中，用电子束直接轰击沉积材料表面使其蒸发。电子束蒸发是真空蒸发沉积技术最重要的一种加热方法，主要用于高速沉积高纯物质薄膜。在电子束加热装置中，由于电子束只轰击到水冷坩埚中很少的一部分，其余大部分在冷却作用下仍处于低温状态，使沉积材料实际上成为蒸发物质的坩埚材料。因此，电子束蒸发沉积可以避免坩埚材料的污染。在同一蒸发沉积装置中可以安置多个坩埚，从而可同时或分别对多种不同的材料进行蒸发。电子枪按电子束轨迹不同，有直射式、环形枪和 e 型电子枪，目前应用的电子枪主要是 e 型电子枪。采用 e 型电子枪作为蒸发源的蒸发沉积装置如图 5-6 所示。电子束蒸发源的特点是能量可高度集中，使沉积材料的局部表面获得很高的温度，能准确而方便地控制蒸发温度，适用于制备高纯度的膜层。但电子束能量的绝大部分要被坩埚的水冷系统带走，热效率较低。

激光蒸发源是将激光束作为热源来加热沉积材料，通过聚焦使激光束密度达到 10^6 W/cm^2 以

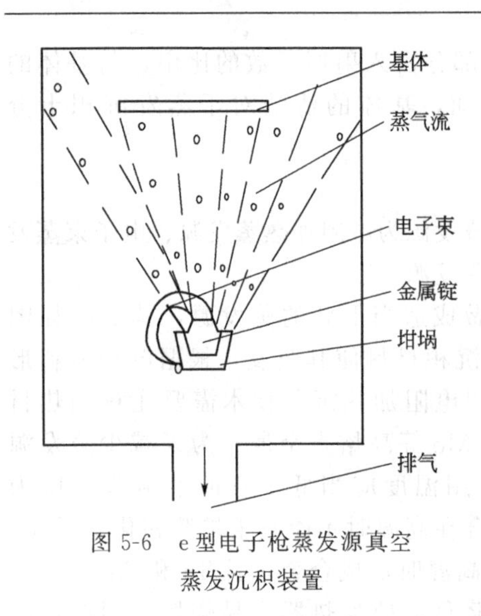

图 5-6　e型电子枪蒸发源真空蒸发沉积装置

上，然后以无接触加热方式使沉积材料迅速气化，并在基体上沉积形成薄膜。激光蒸发沉积技术是沉积介质膜、金属膜和无机化合膜的好方法，其装置见图 5-7。根据工作方式的不同，激光蒸发源有脉冲输出和连续输出两种。

综上所述，对于真空蒸发技术来讲，关键的因素是真空度的控制，在高真空条件下，真空室会出现水分，水分的排除是真空镀膜的难点，另一个关键是基体表面的清洁处理和蒸发源的选择。

3. 蒸发沉积技术的应用及发展

蒸发沉积技术用于沉积结合强度要求不高的功能薄膜，主要应用于光学、电子、轻工和装饰等工业领域。蒸发沉积技术用于沉积合金薄膜时，合金成分的精确性不如溅射，但沉积纯金属薄膜时沉积速率快。蒸发沉积纯金属膜中 90%沉积的是铝膜。铝膜用途广泛，可代替银用于制镜工业以节约贵重金属；在集成电路上可镀铝进行金属化，然后再刻蚀出导线；在聚酯塑料或聚丙烯塑料上沉积铝膜可制造小体积的电容器、制作防止紫外线照射的食品软包装袋并可着色成各种颜色鲜艳的装饰膜；在薄钢板两面沉积铝可代替镀锡的马口铁制造罐头盒。电子束蒸发沉积最早应用于材料焊接及涂层的制备，目前该技术主要用于制备热障涂层、防腐涂层、耐磨涂层、航空用新型叶片和微层材料等。热障涂层是为满足航空发动机发展需要而开发出的一种表面防护涂层，主要包括双层系统、多层系统和梯度系统 3 种形式。

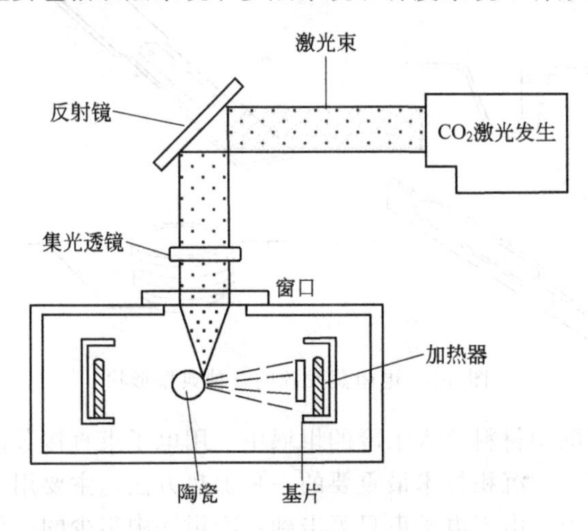

图 5-7　激光束蒸发源真空蒸发沉积装置

沉积合金薄膜需要做到在整个基体表面和膜层厚度范围内得到均匀组分的膜层，而对于两种或两种以上元素组成的合金，每种元素的蒸发速率不同，导致得到的薄膜成分一般不同于蒸发材料。为了解决这个问题，通常可采用瞬间蒸发法和双蒸发源蒸发法两种方法进行薄膜沉积。瞬间蒸发法是将合金做成粉末或者细的颗粒，然后一粒一粒地放入高温蒸发源中，使之瞬间完全蒸发，从而得到与蒸发材料组成相同的薄膜，其装置见图 5-8。双蒸发源蒸发法是采用两个蒸发源，分别蒸发两个组分，并分别控制两个组分的蒸发速率，从而得到所需要成分的合金，其装置见图 5-9。

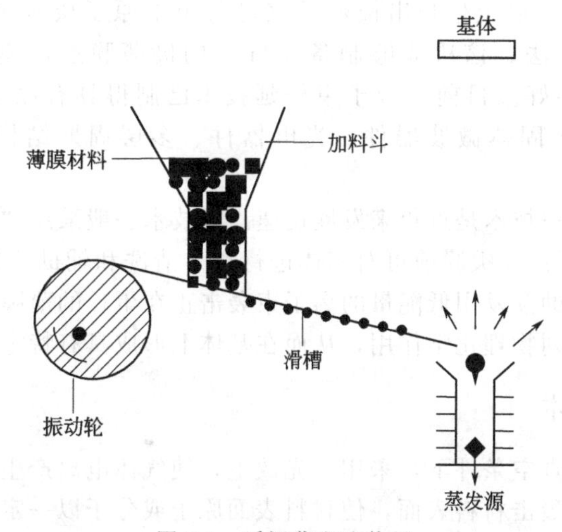

图 5-8　瞬间蒸发法装置

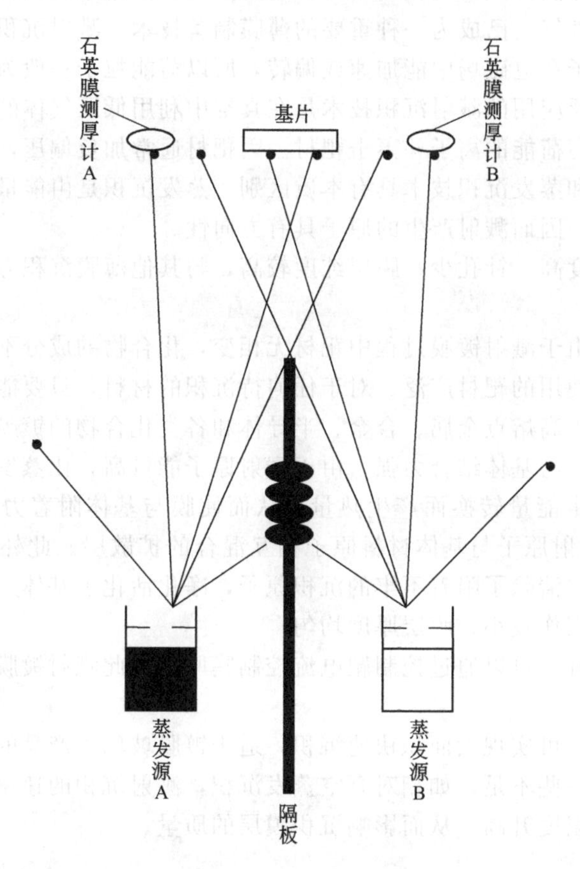

图 5-9　双蒸发源法装置

为了实现大面积蒸发沉积和批量生产，保证蒸发材料沉积的致密性，蒸发沉积技术的设备及工艺在不断地改进。目前，蒸发沉积设备已经向具有更高生产能力和大面积蒸发沉积方向发展，并开发出一些新的加工工艺，例如分子束外延技术和离子束辅助蒸发沉积技术等。

分子束外延技术是指在 $10^{-8}\sim10^{-6}$Pa 的超高真空中，采用与蒸发原子运动方向几乎相同的分子流，在单晶基底上生长出极薄的（可薄至单原子层水平）单晶体和几种物质交替的超晶格结构的方法。该法能够制备<1nm 的极薄膜层，膜层厚度可均匀分布也可周期性变化，重复性好。目前，分子束外延技术已制得具有原子层超晶格的 GaAs 和 AlAs等材料，并应用于固体微波器件、光电器件、多层周期结构器件和单分子层薄膜等领域。

离子束辅助蒸发沉积技术是近年来发展迅速。该技术一般采用“考夫曼离子源”和“霍尔离子源”。这两种离子源在镀膜前可对基体进行离子清洗和辅助蒸发镀膜。在蒸发沉积膜层的过程中，离子束辅助蒸发用低能量的离子束轰击正在生长的薄膜，沉积材料的蒸发原子与轰击离子间产生一系列物理化学作用，从而在基体上形成具有特定性能的薄膜。

三、溅射沉积技术

溅射沉积技术是在真空条件下，采用辉光放电，使气体电离产生带有电荷的离子，离子在电场力的作用下加速轰击材料表面，使材料表面原子或分子以一定的能量逸出，并沉积到基体表面形成膜层的方法。溅射沉积技术可实现大面积、快速地沉积各种功能薄膜，且沉积薄膜的密度高、附着性好，已成为一种重要的薄膜制备技术。溅射沉积膜层中，被轰击的材料成为靶材。由于粒子在电磁场中能加速或偏转，所以荷能粒子一般为离子，这种溅射称为离子溅射。工业中广泛应用的溅射沉积技术是在真空中利用低压气体的放电现象，产生的等离子经电磁场加速成高荷能的离子并轰击靶材。因靶材通常加负偏压，所以也称为阴极溅射沉积薄膜。溅射沉积和蒸发沉积技术具有本质区别。蒸发沉积是由能量转换引起，而溅射沉积是由动量转换引起，因而溅射产生的原子具有方向性。

溅射沉积薄膜密度高，针孔少，膜层纯度较高，与其他薄膜沉积方法相比，溅射沉积薄膜具有明显的优点。

（1）靶材广泛　由于溅射镀膜过程中靶材无相变，化合物的成分不易发生变化，合金也不易发生分馏，因此使用的靶材广泛。对于任何待沉积的材料，只要能做成靶材，即可实现溅射，因此特别适合于高熔点金属、合金、半导体和各类化合物的镀膜。

（2）薄膜质量高，与基体结合力强　由于溅射原子能量高，比蒸发离子的能量大，沉积在基体上并与基体发生能量转换而产生热量，从而使膜与基体附着力好，甚至会产生由于“注入”现象而形成溅射原子与基体材料原子相互混合的扩散层。此外，溅射时基体处于等离子区而被清洗激活，清除了附着不牢的沉积原子，净化活化了基体，且基体温度低，变形小，膜层受等离子体损伤较小，膜层厚度均匀。

（3）工艺重复性好　可以通过控制靶电流控制膜厚，因此溅射镀膜的膜厚可控性和重复性好。

（4）成膜面积大　可实现大面积快速沉积，适于镀膜玻璃等产品的自动化连续生产。

溅射沉积也存在一些不足，如相对真空蒸发沉积，溅射沉积的速率较低，基体会受到等离子体的辐照使基体温度升高，从而影响沉积膜层的质量。

1. 溅射沉积原理

溅射沉积薄膜的过程包括靶材原子溅射、溅射原子向基体迁移和入射粒子在基体表面成膜等三个基本过程。

溅射现象是指带电粒子轰击固体表面时，固体表面的原子、分子与这些高能粒子交换动能，从而由固体表面溅出、散射。当离子轰击固体表面时，除了产生溅射外，还会产生许多效应，见图 5-10。根据在金属靶上所做的实验，以 100eV～10keV 的带正电的 Ar 离子入射靶面所发生的现象来看，平均每个入射离子的发生概率大致如表 5-2 所示。

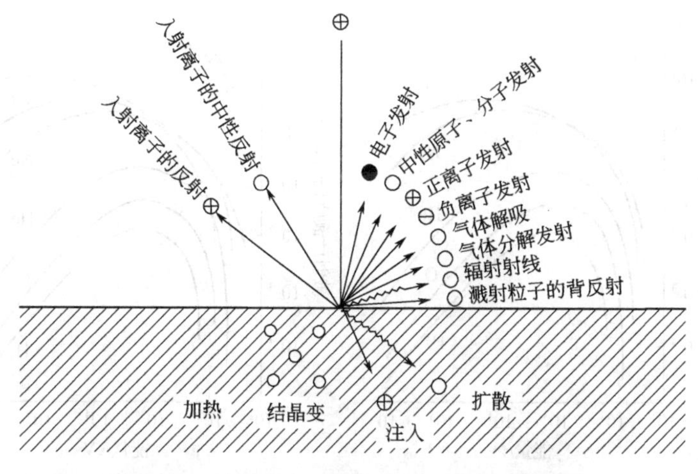

图 5-10　粒子轰击固体表面所引发的各种效应

表 5-2　离子轰击固体表面发生的现象及其概率

现　　象	名称及发生概率	
溅射	溅射率 η	$\eta=0.1\sim1.0$
离子溅射	一次离子反射系数 ρ	$\rho=10^{-4}\sim10^{-2}$
离子散射	被中和的一次离子反射系数 ρ_m	$\rho_m=10^{-3}\sim10^{-2}$
离子的注入	注入数	$1\sim(\rho+\rho_m)$
	注入深度 d	$d=10^{-7}\sim10^{-6}$cm
二次电子放出	二次电子放出系数 γ	$\gamma=0.1-1$
二次离子放出	二次离子放出系数 K	$K=10^{-6}\sim10^{-4}$

当靶为陶瓷类电介质时，一般比金属靶的溅射率小，而二次电子的放出系数大。离子轰击产生的效应中，最关心的是溅射量 S，S 可由下式决定：

$$S=\eta Q \tag{5-2}$$

式中，Q 为入射的正离子数，η 为溅射效率。

溅射量越大，生成膜的速率就越大。要提高溅射量 S，必须提高溅射效率 η 或增加正离子量 Q。

溅射效率 η 受下列因素的影响。

(1) 溅射效率与靶材的原子序数有关，其一般规律是，在相同的入射粒子作用下，靶材元素的原子序数越大，溅射产额越高，即 Cu、Ag、Au 等的溅射产额最高，Ta、W、Zr、Hf、Nb、Mo、Ti、Si 等则较低。

(2) 与工作气体的离子能量有关，适当的离子能量，能够得到最佳的 η 值。研究表明，从所能发生溅射的最小粒子能量开始到几百个电子伏特，溅射产率几乎与离子能量成线性递增关系，当溅射产额达到最大值之后又呈递减关系，其关系如图 5-11 所示。

(3) 与工作气体的种类有关，通常惰性气体的溅射效率较大，而氩气较经济，因此，常采用氩气作为工作气体。

(4) 与靶材的温度有关，高的温度有利于溅射。

(5) 与工作气体离子入射的角度有关。

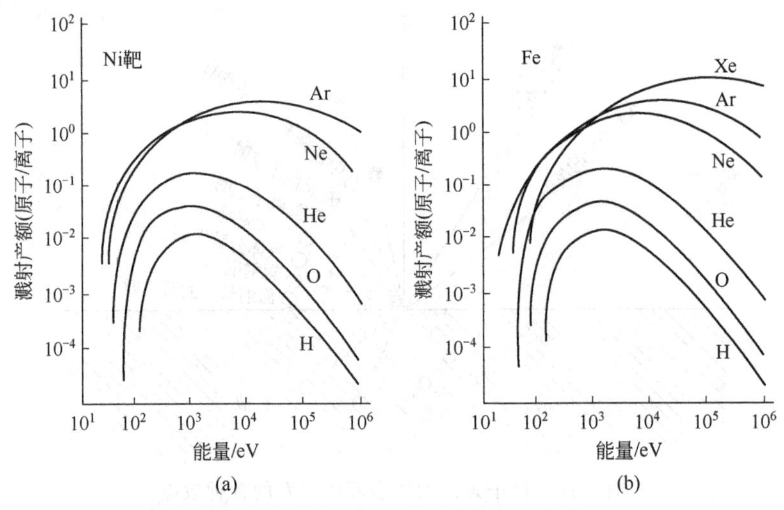

图 5-11　溅射产额与粒子能量的关系

正离子量 Q 的增加虽能增加溅射量 S，但这将增加工作气体的压力，伴随带来杂质的增加，影响膜层质量。

溅射所需要的轰击离子是由辉光放电获得的，因此，辉光放电是溅射的基础。辉光放电是气体放电的一种类型，它是一种稳定的自持放电。它是在真空放电室中安置两个电极，阴极为冷阴极，通入压强为 0.1～10Pa 的气体，当外加直流高压超过起弧电压（起始放电电压）V_s 时，气体就由绝缘体变为良导体，电流突然上升，两极间电压突然下降。此时，两极空间就会出现明暗相间的光层，称气体的这种放电为辉光放电。

辉光放电可分为正常辉光放电和异常辉光放电两类。正常辉光放电时，由于放电电流还未大到足以使阴极表面全部布满辉光，因此，随电流的增大，阴极的辉光面积成比例的增大，而电流密度 j_k 和阴极电位 V_k 则不随电流的变化而改变。异常辉光放电时，由于阴极表面全部布满了辉光，电流进一步增大，导致 j_k 增加，V_k 进一步增加，撞击阴极的正离子数目及动能比正常辉光放电时大为增加，在阴极表面发生强烈溅射，这时就能够利用异常辉光放电进行溅射镀膜。溅射时，基体做阳极，被溅射的材料做阴极（靶），由于惰性气体溅射率高且不与靶材发生化学反应并考虑到经济性，常用氩气作为工作气体。

2. 常见的溅射沉积加工方法

自二十世纪三四十年代首次利用溅射现象试验制取薄膜，并于六七十年代实现工业应用以来，溅射沉积技术以其独特的沉积原理和方式，在短短数十年内得以迅速发展，新工艺日益完善。目前常利用的溅射沉积方法有直流溅射、磁控溅射、射频溅射和反应溅射等。

(1) 直流溅射　二极溅射是所有溅射沉积技术的基础，二极溅射应用于薄膜沉积，确立了溅射沉积技术的基本原理和方式。直流二极溅射是利用气体辉光放电产生轰击靶材的正离子，工件与工件架为阳极，被溅射材料为靶阴极，其装置和溅射原理见图 5-12 和图 5-13。工作时，先将真空室抽至高真空（10^{-4}～10^{-3}Pa），然后通入工作气体至真空度 10Pa（通常为氩气）。两电极加上足够高的直流电压（500～5000V）时，引起气体“击穿起弧”，产生 Ar 等离子场，即辉光放电，在两极间建立起一个等离子区。带正电的氩离子轰击阴极靶材，使靶物质表面溅射，并以原子或离子状态沉积在基体表面形成薄膜；另一方面产生二次电子发射，离开靶面后立即被阴极暗区电场加速，最终获得几千电子伏能量，飞入暗区进入等离子区。这些快电子与 Ar 原子经过多次碰撞后，逐渐失去能量变成慢电子。同时 Ar 原子被碰撞电离，补充了 Ar 离子，以维持放电。

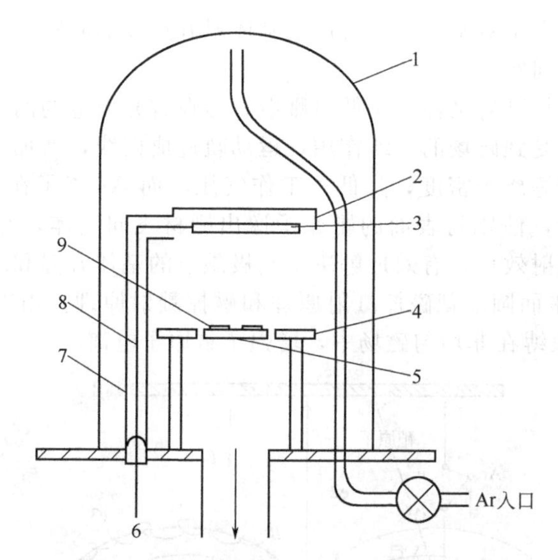

图 5-12 直流二极溅射装置

1—钟罩；2—阴极屏蔽；3—阴极；4—阳极；5—加热器；
6—高压；7—高压屏蔽；8—高压线；9—基片

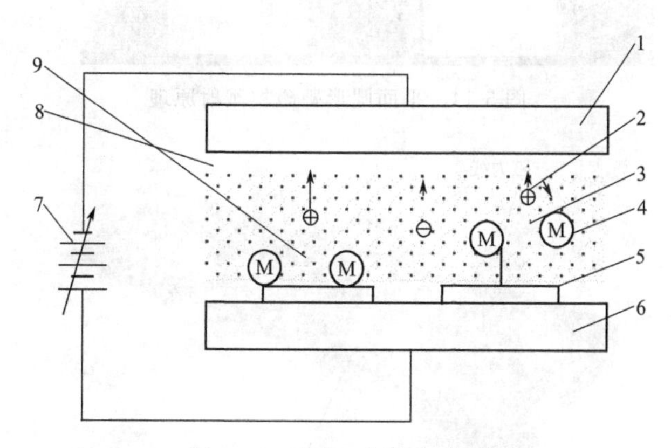

图 5-13 直流二极溅射原理

1—靶阴极；2—氩离子；3—电子；4—金属原子；5—基体；
6—工件架；7—靶电源；8—阴极暗区；9—等离子体区

直流二极溅射具有结构简单、便于控制、工艺重复性好等优点，可在大面积工件表面制取均匀薄膜。但该方法的电流密度小、要求工作气压高（>1Pa）、基体温升高和沉积速率低等缺点，不能沉积 10μm 以上的厚膜，限制了它在生成中的应用。

为了克服二极溅射的缺点，获得高密度等离子体，在二极溅射的基础上，出现了增加辅助电极的三极溅射和四极溅射。三极溅射是在二极溅射上附加发射热电子的炽热灯丝作为第三极，其电位比阴极靶更负，供应放电用的热电子，使工作气体离子数量增大，增加了入射离子密度。因此，三极溅射能在较低气压下沉积高纯度薄膜。四极溅射是在二极溅射装置的基础上增加热阴极和辅助阳极，在两个电极之间产生低电压（−50V），大电流（5～20A）弧光放电。弧柱中的大量电子碰撞气体产生电离并产生大量离子。溅射靶材与基体放置在等离子体区相对的两侧。在靶材上加负压后，靶材吸引正离子，受击后发生溅射，溅射出来的原子穿过等离子区沉积在基体上形成薄膜。采用三极或四极溅射可在降低工作气压后仍能保持足够高的等离子体密度，提高沉积速率。可用于制作集成电路和半导体器件用膜，但这两种技术并不能抑制二次电子对基体轰击所造成基体温升过高的问题，还存在因灯丝材料可能蒸发使膜层成分污染等问题。

（2）磁控溅射　磁控溅射又称高速低温溅射，是在辉光放电的两极之间引入磁场，电子受电场加速作用的同时受到磁场的束缚作用，运动轨迹成摆线，增加了电子和带电粒子以及气体分子的碰撞几率和等离子密度，降低了工作气压，而 Ar 离子在高压电场加速作用下，与靶材撞击并释放能量，使靶材表面的靶原子逸出靶材飞向基体，并在基体上沉积形成薄膜。磁控溅射提高了溅射效率，有效地解决了阴极溅射的基体升温和溅射速率低的难题。图 5-14 和图 5-15 分别为平面圆形靶磁控溅射原理和磁控溅射原理。由图可以看出，电子被洛伦磁力 $F=e(v\times B)$ 束缚在非均匀磁场中，增强了氩原子电离。

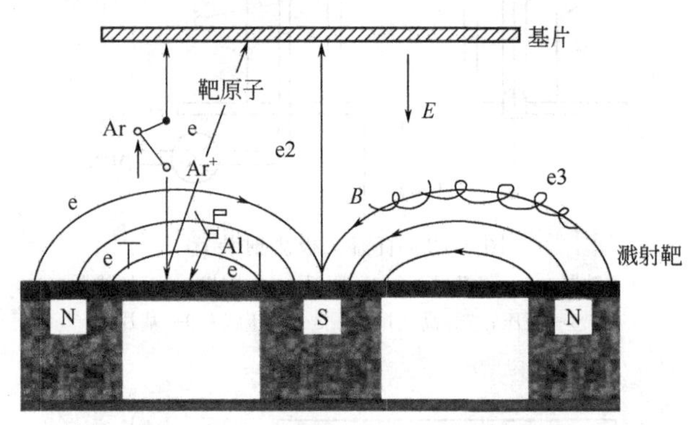

图 5-14　平面圆形靶磁控溅射原理

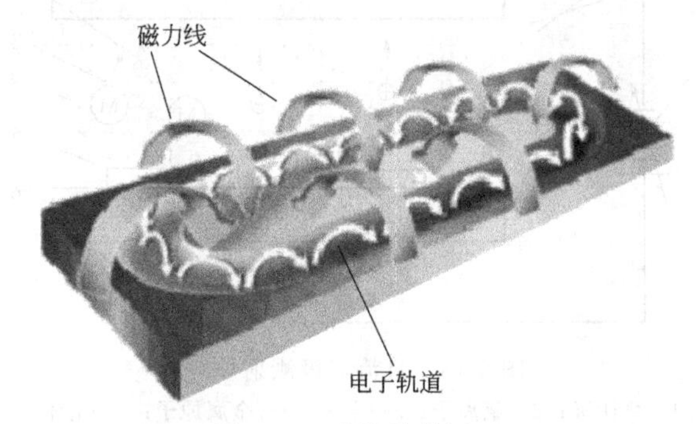

图 5-15　磁控溅射原理

磁控溅射采用的真空度（工作电压）范围比较宽，工作电压（靶偏压）低，而电流密度高。因此，磁控溅射的速率远高于其他溅射方法，与真空蒸发沉积相近。磁控溅射等离子体阻抗低，导致了高放电电流，在约 500V 的电压下放电电流可从 1A 达到 100A（取决于阴极的长度）。此外，磁控溅射具有成膜速率高，沉积速率变化范围在 1～10nm/s，成膜一致性好，基体温升低，溅射粒子的能量高，膜层较为致密，且与基体结合力好等特点，适合大面积沉积膜层，沉积面积大的膜层比较均匀，可沉积多种薄膜，还可沉积组分混合的混合物、化合物薄膜。

磁控溅射根据系统所用电源进行分类的，可分为直流磁控溅射、射频磁控溅射、脉冲磁控溅射和中频磁控溅射。磁控溅射源按磁场形成方式可分为电磁型溅射源和永磁型溅射源。永磁型溅射源的构造简单、造价便宜，可以调节磁场分布，磁场均匀区较大，但磁场较弱且无法改变磁场大小，会形成“磁性污染”。

磁控溅射中靶材利用率低是一个亟待解决的问题，目前主要采取三方面措施来提高靶材利用率，分别是调整磁场强度分布，改善电源设计和调整工艺，对靶源进行优化设计。在特定的条件下，一些磁控管的靶材利用率可以超过70%。此外，旋转靶材的利用率较高，一般可达70%或80%以上。

(3) 射频溅射　射频溅射是采用高频电磁辐射来维持低压气体辉光放电的一种镀膜法。它的最大优点是可以进行绝缘靶的镀膜。在直流溅射装置中使用绝缘材料作为靶材，由于靶材是阴极，轰击靶面使得正离子会在靶面上累积，使其带正电，导致靶电位上升，使得电极间的电场逐渐变小，直至辉光放电熄灭和溅射停止，因此直流溅射只能沉积导电膜而不能沉积绝缘膜。为此，采用射频溅射来解决绝缘靶的镀膜问题。

射频溅射沉积绝缘薄膜的原理是在靶上施加射频电压，当靶处于高频电压负半周时，正离子对靶材进行轰击引起溅射；当靶处于高频电压正半周时，由于电子质量比离子质量小，迁移率高，在很短的时间内电子飞向靶面，中和表面累计的正电荷，并在靶表面迅速累积大量电子，使靶材表面呈负电位，吸引正离子继续轰击靶表面继续产生溅射，从而实现正、负半周中均可产生溅射。图5-16为一种射频溅射装置。

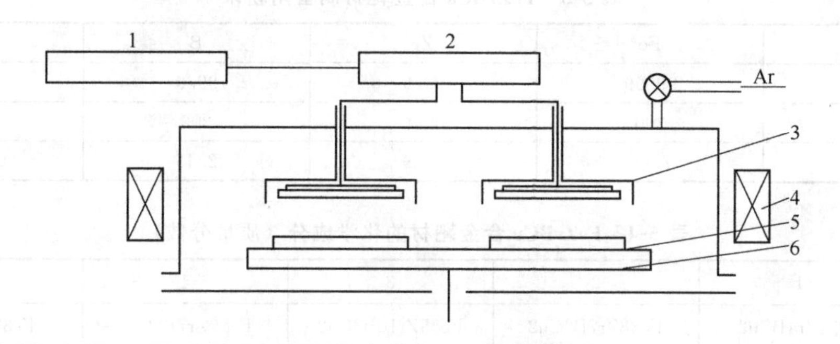

图5-16　射频溅射装置

1—射频电源；2—匹配电路；3—射频电极（水冷）；
4—电磁线圈；5—工件；6—工件架（水冷）

在射频溅射装置中，等离子体中的电子容易在射频场中吸收能量并在电场内振荡，因此，电子与工作气体分子碰撞并使之电离产生离子的概率变大，使得击穿电压、放电电压及工作气压显著降低。射频溅射的特点是能溅射沉积包括导体、半导体、绝缘体在内的所有材料，但射频电源价格较贵、功率较低，使用时需要注意辐射防护。

(4) 反应溅射　反应溅射是利用溅射技术制备特殊薄膜的一种方法，是在溅射沉积薄膜的过程中，引入某些活性反应气体来改变或控制沉积特性，从而对薄膜的成分和性质进行控制。

反应溅射可采用直流二极溅射和射频溅射这两种方法，其实质是在二极溅射和射频溅射的基础上设置两个气体引入口以导入混合气体以及装有加热装置能将基体加热到500℃。

3. 直流磁控溅射沉积加工磁性薄膜

为适应各种电磁元器件向小型化、集成化、多功能方向发展，软磁合金材料薄膜成为磁性材料发展研究的热点。FeZrBCu基纳米晶合金由于具有高饱和磁感应强度和磁导率，软磁性能优良，近年来得到了广泛的研究与应用。可以将非晶合金在晶化温度以上退火来得到分布在非晶基体上的纳米晶合金，由于随机各向异性被交换相互作用所抵消，所以有效各相异性被大大降低。FeZrBCu合金系具有研究意义是因为它比Fe-Cu-Nb-Si-B合金具有高的饱和磁化强度。而且，热处理在Fe-Zr-B-Cu合金中形成的纳米晶BCCα-Fe相比Fe-Cu-Nb-Si-B材料中形成的α-FeSi相简单。西安理工大学采用直流磁控溅射方法制备了FeZrBCu非晶磁性薄膜，通过控制工艺参数及热处理来优化微观结构以得到性能优异的软磁材料。结果发现，溅射工艺参数对薄膜的沉积速率、表面形貌、表面粗糙度、电阻率及磁性能有较大的影响。随溅射功率、氩气分压、偏压增大，薄膜的沉积速率都是先增大后减小；随靶基距增大薄膜的沉积速率减小；随本底真空度增大薄膜沉积速率先减小后增大，但薄膜质量下降；加负偏压时薄膜的沉积速率有一定的提高。溅射功率 100W，氩气分压 1.0Pa，靶基距 6.5cm、本底真空度 1.5×10^{-3}Pa 与 120V 负偏压有利于形成较好表面质量的薄膜。随溅射功率、靶基距、负偏压增大，薄膜的电阻率先减小后增大；随氩气分压与本底真空度增大，薄膜的电阻率增大；随 B 含量与 Zr 含量增大薄膜电阻率增大；加负偏压可以降低薄膜的电阻率；随着退火温度升高薄膜电阻率急剧下降。

为了使读者更好的理解直流磁控溅射沉积技术，以直流磁控溅射制备 FeZrBCu 磁性薄膜来了解溅射工艺对薄膜性能影响。研究过程使用 FJL520 型高真空磁控与粒子束复合溅射设备。基片采用医用载玻片，尺寸为 2.5cm×2.5cm×0.1cm。

靶材的制备是采用粉末冶金法。用球磨法加无水乙醇湿混混粉 72h，压制压力 60t。靶材直径为 60mm，厚度 2mm。靶材所用粉末见表 5-3。制备的五种靶材的成分见表 5-4。

表 5-3 FeZrBCu 合金靶材制备用粉末

元素名称	Fe	Zr	B	Cu
纯度/%	99.99	99.9	99.9	99.99
粒径/目	300	200	200	200
密度/(g/cm^3)	7.80	6.49	2.45	8.90

表 5-4 FeZrBCu 合金靶材的化学成分（质量分数）

编号	1	2	3	4	5
成分	Fe91Zr4BCu2	Fe88Zr7B3Cu2	Fe85Zr10B3Cu2	Fe89Zr7B2Cu2	Fe87Zr7B4Cu2

靶材成分对薄膜磁性能的影响分别见图 5-17 和图 5-18。

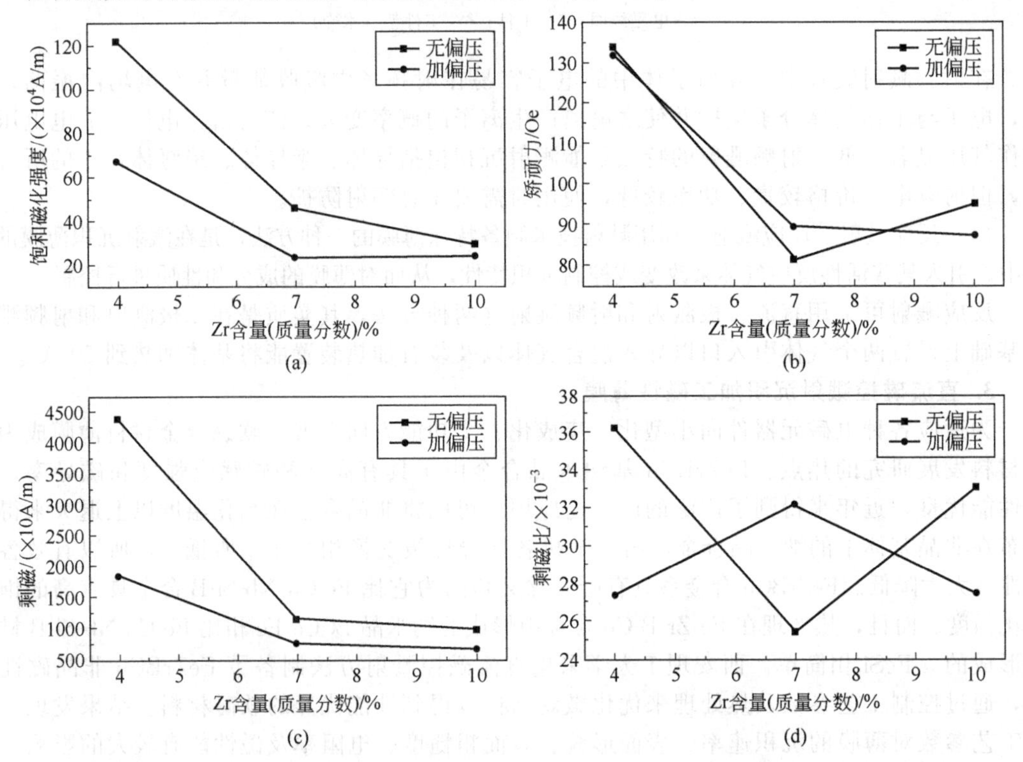

图 5-17 Zr 含量对薄膜饱和磁化强度（a）、矫顽力（b）、剩磁（c）、剩磁比（d）的影响

由图 5-17 可见，不加偏压时，随着 Zr 含量的增加，沉积态样品的饱和磁化强度呈下降趋势，矫顽力先减小后增大。剩磁的变化趋势与饱和磁化强度的变化趋势相同，剩磁比在不加偏压与加偏压时变化趋势恰好相反。由图 5-18 可见，不加偏压时，随着 B 含量的增加，沉积态样品的饱和磁化强度和矫顽力都呈下降趋势。剩磁的变化趋势与饱和磁化强度的变化趋势相同。随着 B 含量的增大，剩磁比也呈下降趋势。

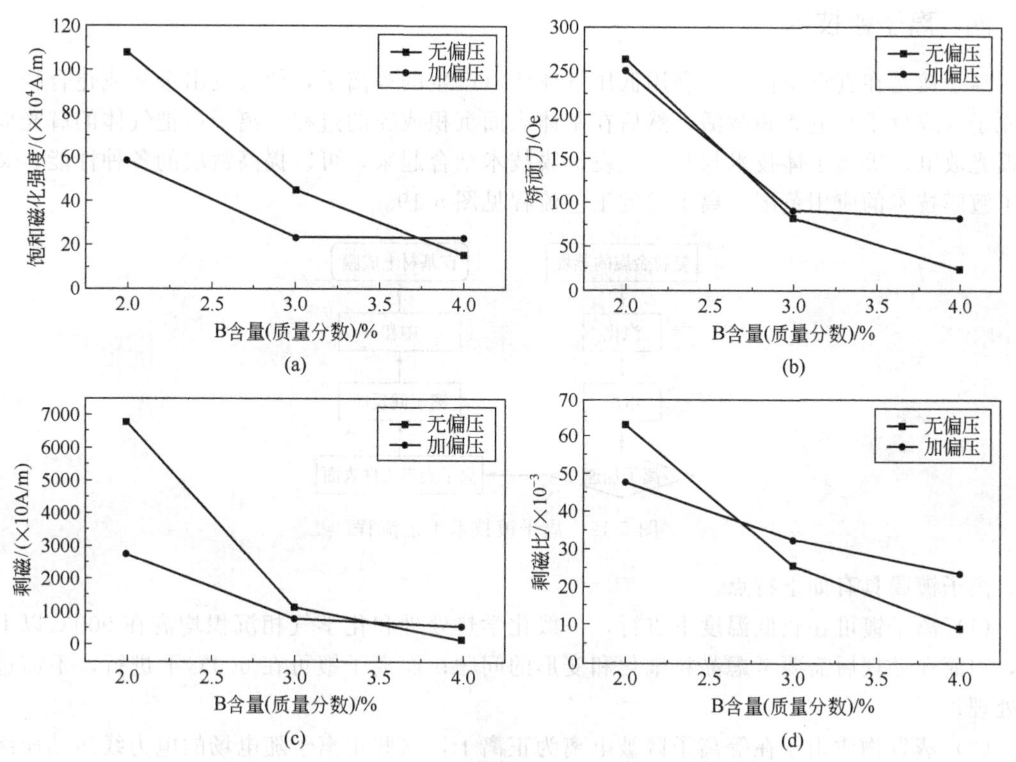

图 5-18 B 含量对薄膜饱和磁化强度（a）、矫顽力（b）、剩磁（c）、剩磁比（d）的影响

将直流磁控溅射方法制备的磁性薄膜和单辊甩带法制备的同成分薄带的磁性能进行比较，其结果见表 5-5 和表 5-6。

由表 5-5 可见，采用直流磁控溅射方法制备的 FeZrBCu 薄膜饱和磁化强度比采用单辊甩带法制备的高，采用单辊甩带法制备的 Fe89Zr7B2Cu2 的矫顽力比磁控溅射法制备的要小很多，剩磁比差别不大。

表 5-5 直流磁控溅射法与单辊甩带法制备的 Fe89Zr7B2Cu2 磁性能比较

制备方法	饱和磁化强度 Ms/(A/m)	矫顽力 Hc/(A/m)	剩磁 Mr/(A/m)	剩磁比 (Mr/Ms)
直流磁控溅射	1.05×10^6	2.10×10^4	6.75×10^4	0.063
单辊甩带法	0.96×10^6	0.59×10^4	6.43×10^4	0.067

由表 5-6 可见，采用直流磁控溅射方法制备的 FeZrBCu 薄膜饱和磁化强度比采用单辊快淬法制备的高，采用单辊快淬法制备的 Fe91Zr4B3Cu2 的矫顽力比磁控溅射法制备的稍小，剩磁比要大许多。

表 5-6 直流磁控溅射法与单辊甩带法制备的 Fe91Zr4B3Cu2 磁性能比较

制备方法	饱和磁化强度 Ms/(A/m)	矫顽力 Hc/(A/m)	剩磁 Mr/(A/m)	剩磁比(Mr/Ms)
直流磁控溅射	1.21×10^6	1.06×10^4	4.39×10^4	0.036
单辊甩带法	0.87×10^6	0.82×10^4	6.09×10^4	0.070

四、离子镀技术

离子镀是在真空条件下，利用低压气体放电产生的等离子，使蒸发出金属或化合物蒸气的原子（或分子）电离和激活，然后在基体表面沉积成膜的过程。离子镀把气体的辉光放电或弧光放电，等离子体技术与真空蒸发镀膜技术结合起来，可以提高镀层的各种性能，又扩大了镀膜技术的应用范围。离子镀的工艺流程见图 5-19。

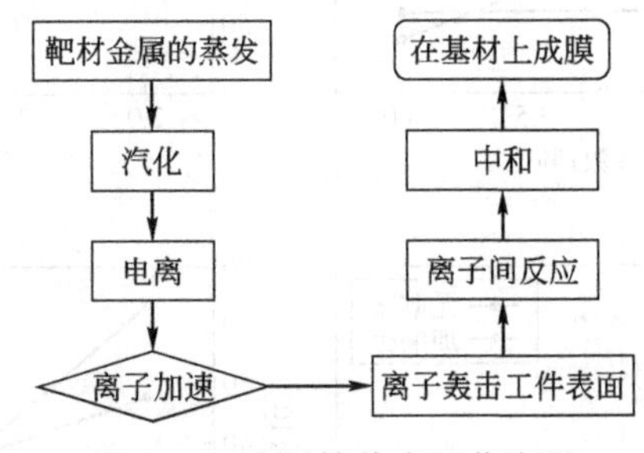

图 5-19 离子镀技术工艺流程

离子镀膜具有如下特点。

(1) 离子镀可在较低温度下进行，一般化学热处理和化学气相沉积均需在 900℃以上进行，因而在处理后需要考虑晶粒细化和变形的问题；而离子镀可在 600℃下进行，不需进一步处理。

(2) 蒸发物质由于在等离子区被电离为正离子，这些正离子随电场的电力线运动而终止在带负电基体的所有表面，从而在基体的正面、反面甚至基体的内孔、凹槽、狭缝等都能沉积上薄膜，解决了蒸发沉积和溅射沉积薄膜绕镀性差的问题。

(3) 沉积速率高，成膜速率可达 1～50μm/min，远高于溅射的 0.01～1μm/min 成膜速率；且膜层质量好，膜层组织致密、气孔少。离子镀可沉积厚达 30μm 的薄膜，是制备厚膜的重要手段。

(4) 由于基体表面镀前经溅射清洗且在镀膜过程中继续受氩离子轰击，膜层与基体间不受污染，因此离子镀膜层附着性好，其结合力较真空蒸发沉积膜层有很大提高。

(5) 基体材料和沉积膜材料选择性广。适于离子镀的基体材料除金属外，还可是陶瓷、玻璃和塑料等。膜层材料成分除单一的金属膜外，也可以得到碳化物膜、氧化物膜和氮化物膜等，还可沉积多元素多层膜。

(6) 沉积膜层的应用范围广，可应用于耐腐蚀、耐热、装饰、表面硬化、电子工业、润滑、光学和原子能等领域。

1. 离子镀原理

离子镀技术的原理如图 5-20 所示。离子镀膜的基础是真空蒸发沉积，其镀膜过程十分复杂，但它们的成膜过程始终包括沉积材料的受热、蒸发、离子化、离子加速、离子之间的反应、中和以及在基体成膜和离子轰击等过程。离子镀前先将真空室抽至 6.6×10^{-3} Pa 以上真空度，然后通过针形阀向真空室内充入氩气，使真空度达到 0.13～1.3Pa，在工件基体加上 1～5kV 负偏压。接通高压电源后在蒸发源与基体间产生辉光放电，在阴极和蒸发源之间形成一个等离子区。在负辉光区附近产生的氩离子进入基体阴极暗区被电场加速并轰击工作表面，当阴极负高压足够大时，氩离子对工件表面产生溅射清洗作用，溅射清洗一定时间后，接通蒸发电源，使沉积材料气化蒸发，沉积材料原子进入（辉光）等离子区与离化的或被激发的氩离子发生碰撞，其中部分沉积材料原子电离，大部分则处于激发态，沉积材料离子与气体离子一起受到电场加速，以较高能量轰击工件和沉积层表面，并与中性原子或原子团一起形成膜层。

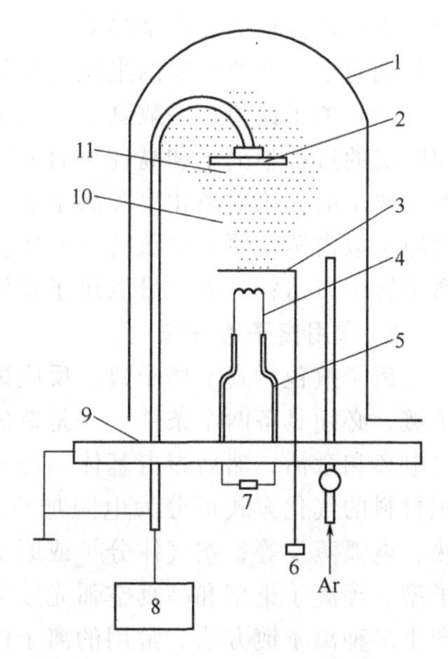

图 5-20　直流二极型离子镀原理

1—钟罩；2—工件；3—挡板；4—蒸发源；5—绝缘子；6—挡板手轮；7—灯丝电源；8—高压电源；9—底板；10—辉光区；11—阴极暗区

如果在真空室中不是充入惰性气体，而是充入活性气体如 O_2、N_2 等，沉积材料蒸发分子经过等离子体区时，在被激活离化的同时，还与活性气体进行化学反应，生成化合物，沉积在基体表面，从而获得化合物膜层。

对于非导体基体（如塑料、玻璃、陶瓷、纸张等），由于其本身没有自由电子，也不能传输自由电子，射到其表面的离子就得不到电子而中和成分子，这批没有得到中和的离子沿电场电力线以很快速率沉积于基体表面上，使基体表面带正电，这些正电荷电场构成了对后续离子的排斥场，当离子所持能量大于排斥场的作用力，基体表面仍处于沉积状态，否则离子就不可能继续沉积形成膜层。为了在非导体基体表面形成持续均匀的电场，抑制排斥场的形成，并为参加中和反应的电子提供通路，在非导体基体表面和蒸发源之间，安装一金属网，即法那第网，如图 5-21 所示。大部分金属离子从网上捕捉到自由电子以后，由于惯性将穿过网孔并沉积在基体表面上，但也有一部离子受到网的拦截，除小量附着在网上外，其余的将形成溅射。

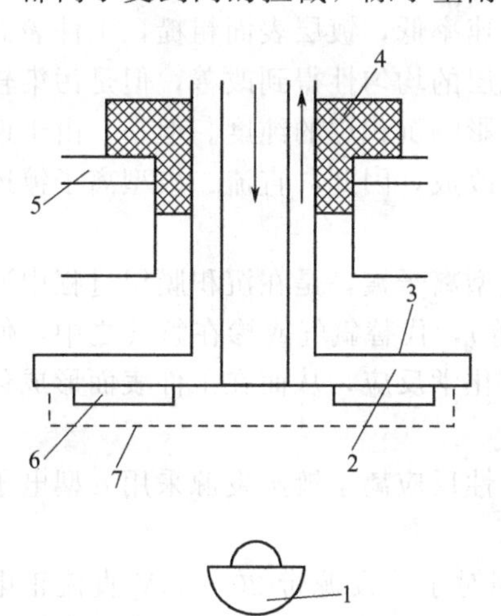

图 5-21　法那第网安装结构

1—蒸发源；2—水冷高压极；3—屏蔽罩；4—聚四氟乙烯密封；5—钟罩；6—基体；7—法那第网

（1）等离子体的作用　在沉积过程中，等离子体提供了一个增加沉积原子（团）离化率和能量的源，其主要作用是为离化、分解、电子碰撞激活和离子轰击提供能量，离子轰击对基体表面、基体与沉积层的界面和沉积层的生长动力学产生突出的效应。离子轰击基体表面时产生很多效应，包括清洗表面吸附的气体和氧化物污染；晶格原子发生离位和迁移，形成空位和间隙原子缺陷；非晶态化或破坏表面结晶结构；使表面粗糙化，气体渗入沉积膜中；轰击能量转成表面热，使温度升高；以及选择溅射及扩散作用。当离子轰击表面，同时添加一些涂层原子时，会产生如下现象：反冲注入与级联碰撞引起近表面区的非扩散型混合，形成“伪扩散层”界面；高缺陷浓度与温升提高了扩散率；改变形核模式；松散联结原子首先溅出；改善表面涂敷率。离子轰击在薄膜生长过程中有利于化合物沉积层的形成，可清除柱状晶，提高膜层的致密度，使原子处于非平衡位置而增加应力或增强扩散和再结晶等松弛应力，提高沉积粒子激活能，出现新亚稳相等，从而改变生长动力学，并改变膜的组织结构与性能，提高金属材料的疲劳寿命。

（2）离子镀膜与一般真空蒸发沉积的区别　离子镀膜与一般真空蒸发沉积的区别是在沉积膜层的过程中离子和高速中性粒子参与成膜过程，且离子轰击在整个沉积成膜过程中存在。离子的作用受离化率和离子能量的影响。离化率是离子镀的一个重要指标，是指被电离的原子数占蒸发原子总数的百分比。离子镀的发展就是一个不断提高离化率的过程。此外，离子镀中轰击粒子的能量取决于基体加速电压，一般为50～5000eV。

2. 常用离子镀方法

离子镀包括真空离子镀、反应离子镀、化学离子镀、交流离子镀、离子束镀等。实现离子镀，必须具备两个条件：一是造成一个气体放电的空间；二是将沉积原子引进放电空间使之电离和激活，然后轰击基体。经过30多年的研究开发，发展了多种类型的离子镀。按沉积材料的气化方式可分为电阻加热、电子束加热、高频或中频感应加热、等离子电子束加热、电弧蒸发等；按气体分子或原子的离化和激发方式可分为辉光放电型、电子束型、热电子型、等离子束型和高真空弧光放电型等。不同的蒸发源和不同的电离激发方式进行组合可产生多种离子镀方法。常用的离子镀技术有直流二极型离子镀、活性反应离子镀、空心阴极离子镀、多弧离子镀等。

（1）直流二极型离子镀　直流二极型离子镀是最基本的离子镀方法，是将基体安装在负高压电极上，蒸发源采用电阻加热式，真空室充入惰性气体如氩气，在高电压下电离成等离子区，并轰击基体。当蒸发源的沉积材料气化后进入等离子区并被离子化，离子化的沉积材料在阴极暗区被加速，在高压阴极基体表面中和成膜。

二极型离化一般采用高压直流辉光放电方式，这种离化方式是借助于高能电子实现的，沉积材料原子在向基体飞行过程中与高速电子发生弹性碰撞时只有部分被电离成离子，而大部分被激活为高能中性原子，因此离化率较低。实际上，轰击基体和膜层的粒子既有离子也有高能中性原子。离子镀入射粒子的能量远高于蒸发沉积气体原子的能量（约0.2eV），可达几百到几千电子伏特，粒子到达基体扩散迁移并成核长大成膜所需的能量，已不仅是靠蒸发加热方式获得，而是由离子加速提供。因此，直流二极型离子镀沉积的薄膜与基体之间存在扩散层，附着力强。由于粒子动能大，溅射严重，沉积速率低，镀层表面粗糙，工件表面温度上升快并难以控制，加上工作室真空度低，虽然沉积层的均匀性得到改善，但是污染较重，尤其油泵真空系统容易发生返油，生成金属炭黑物，影响沉积层的纯度。但是，由于设备简单，技术上容易实现，而且用一般真空蒸发台就可以改成，因此，直流二极型离子镀还具有广泛的实际应用价值。

（2）活性反应离子镀　活性反应离子镀又称直流三极型离子镀，是在沉积膜层过程中通入与金属蒸气起反应的气体（如N_2、O_2、C_2H_2、CH_4等），代替氩气或掺在氩气之中，使反应气和沉积材料蒸气在等离子场中被电离，活化并产生化学反应，从而在工件表面形成化合物膜层的离子镀方法。

各种离子镀装置均可改成活性反应离子镀，典型的活性反应离子镀蒸发源采用e型电子枪，基体加负偏压，其装置见图5-22。

活化反应离子镀的活化极设在基体与蒸发源之间，相对于蒸发源带20～80V直流正电位。活化极的作用是吸引电子轰击沉积金属材料激发出二次电子，并使二次电子向活化极方向运动，增加基体与蒸发源之间的电子密度，提高电子和反应气以及金属原子的碰撞电离几率。在活化反应离子镀中，沉积金属材料的离化率高于4%，等离子场中高能粒子和高能中性原子数量增加，提高了反应气与沉积材料蒸发原子的活性。因此，活化反应离子镀具有基

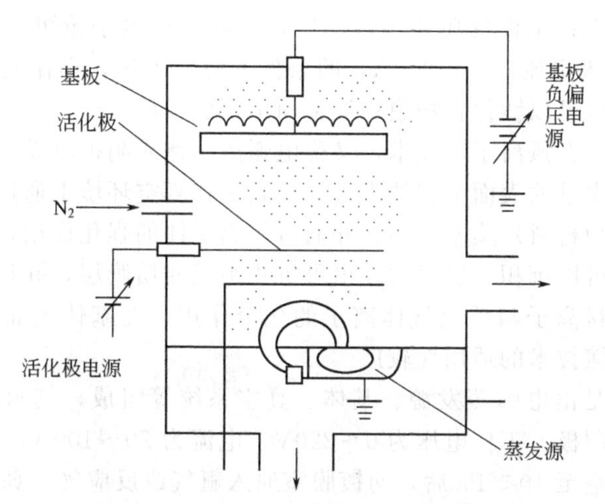

图 5-22　活性反应离子镀装置

体加热温度低、在 500℃以下的较低温度就可获得硬度高、附着性良好的膜层，可沉积多种化合物膜，可在任何基体上涂覆和沉积速率高等特点。

(3) 空心阴极离子镀　空心阴极离子镀是利用空心热阴极放电产生等离子束，将金属气化和金属电离二者结合起来，使沉积材料蒸发并发生离子化，在较宽的真空条件下，以高的离化率在金属表面沉积成膜的方法。

空心阴极离子镀的镀膜原理见图 5-23。用钽管特制的空心阴极枪安装在真空室壁上，放置蒸发材料的坩埚位于真空室底部。空心阴极枪用高熔点的钽管做阴极，坩埚做阳极。工作时，先将真空室抽至高真空，然后由钽管向真空室通入氩气，开启引弧电源。当空心阴极产生离子体电子束并与阳极坩埚形成稳定的弧光放电以后，等离子体电子束不仅以很大的功率容量（功率密度为 0.1MW/cm^2）使沉积材料气化，而且气化的沉积材料在通过等离子体电子束区时，进行离化并获得能量，没有离化的气化粒子也将获得足够高的能量，并共同作用在工件表面成膜。可以看出，空心阴极枪既是沉积材料的蒸发源又是蒸发粒子的离化源。

空心阴极离子镀的特点是：带电粒子密度高，有利于制作硬质耐磨镀层；基体温度低，

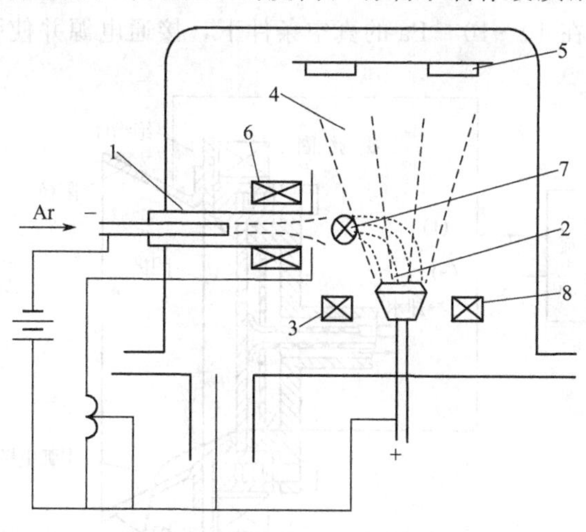

图 5-23　空心阴极放电离子镀原理

1—钽管阴极；2—电子束；3—沉积材料；4—带能粒子流；5—基体；6—上聚焦；7—偏转；8—下聚焦

可以获得高的离化效率；工作气压使用范围广，空心阴极电子枪可在 0.013～13Pa 真空和低电压（40～70V）、大电流（50～300A）的条件下稳定工作，操作安全可靠；可镀材料广泛，既可以镀单质膜也可以镀化合物膜；设备简单、成本低。

（4）多弧离子镀　多弧离子镀技术，又称电弧离子镀或阴极电弧沉积，是目前真空沉积膜层技术中最新、最先进的表面工程技术之一。它是在真空环境下通过弧光放电的方法，使固态的阴极靶材（沉积材料）蒸发、离化并通过等离子体的强化作用，飞向阳极基体并在表面沉积成膜。该技术可以沉积金属膜层，也可沉积绝缘介质膜层，并且在真空室内通入反应气体后，可以通过靶材离子与反应气体离子的化合作用，在基体表面沉积相应的化合物薄膜。因此，多弧离子镀技术的适用性较广。

多弧离子镀装置是由电弧蒸发源、基体、真空系统等组成，其示意图见图 5-24。蒸发材料为阴极，基体为阳极。工作电压为 0～220V，电流为 20～100A，基体接 50～1000V 负偏压。将真空室抽真空至 10^{-2}Pa 后，向镀膜室通入氩气或反应气至真空度为 10^{-2}～10Pa。

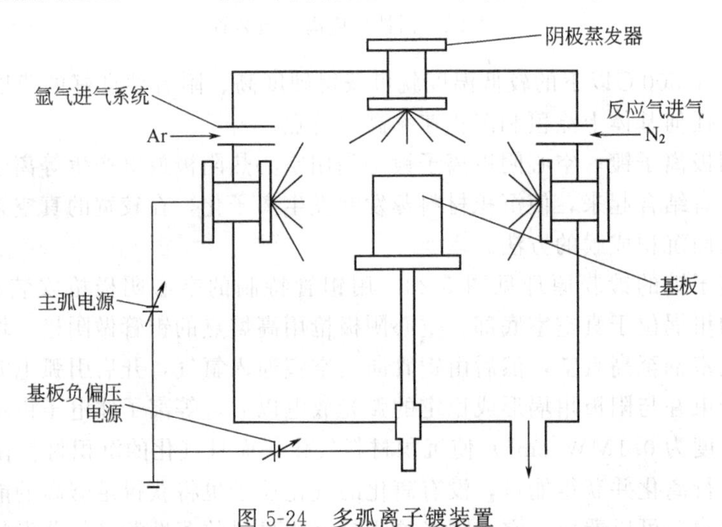

图 5-24　多弧离子镀装置

多弧离子镀的蒸发源结构如图 5-25 所示，它由水冷阴极、磁场线圈、引弧电极等组成。阴极材料即沉积材料。在 10～10^{-1}Pa 的真空条件下，接通电源并使引弧电极与阴极瞬间接

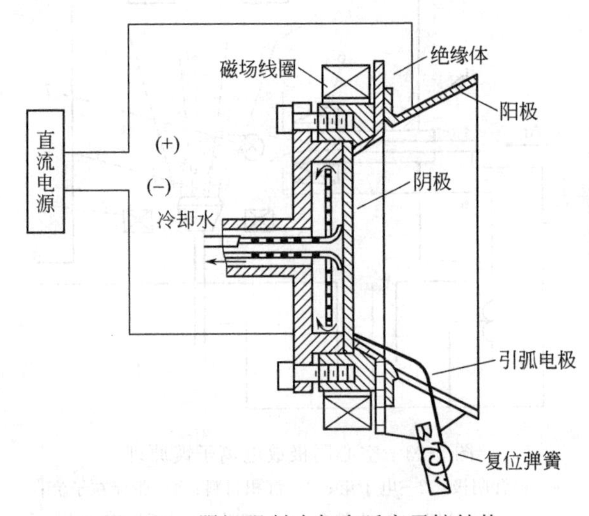

图 5-25　阴极强制冷却多弧离子镀结构

触，在引弧电极离开的瞬间，由于导电面积的迅速缩小，电阻增大，局部区域温度迅速升高，致使阴极材料熔化，形成液桥导电，最终形成爆发性的金属蒸发，在阴极表面形成局部的高温区，产生等离子体，将电弧引燃，低压大电流的电源维持弧光放电的持续进行。在阴极表面形成许多明亮的移动变化的小点，即阴极弧斑。阴极弧斑是存在于极小空间的高电流密度、高速变化的现象。阴极弧斑的尺寸极小，电流密度很高，可达 $10^5 \sim 10^7 A/cm^2$。每个弧斑存在的时间很短，在其爆发性地离化发射离子和电子并将阴极材料蒸发后，在阴极表面附近，金属离子形成空间电荷，又建立起产生弧斑的条件，产生新的弧斑，众多的弧斑持续产生，保持了电弧总电流的稳定。阴极材料以每一个弧斑60%～90%离化率蒸发沉积于基体表面形成膜层。阴极弧斑的运动方向和速率受磁场的控制，适当的磁场强度可以使弧斑细小、分散，对阴极表面实现均匀刻蚀。

多弧离子镀的基本原理就是把金属蒸发源（靶源）作为阴极，通过它与阳极壳体之间的弧光放电，使靶材蒸发并离化，形成空间等离子体，从而对基体进行沉积镀覆。

多弧离子镀技术具有如下特点。

① 阴极电弧蒸发源不产生熔池，可以任意放置于镀膜室适当的位置，也可采用多个电弧蒸发源，可同时使用多种材质的烧结靶材，可沉积基体材料广泛。

② 金属离化率高，可达80%以上，有利于提高膜层和基片的结合强度并得到高质量膜。

③ 一弧多用，电弧既是蒸发源和离化源又是加热源和离子溅射清洗的离子源。

④ 沉积速率快，绕镀性好，沉积膜层均匀性好。

⑤ 入射粒子能量高，膜层致密度高，强度、硬度高，耐磨性好；基体和膜层界面有原子扩散，因而膜的附着力高。

⑥ 处理温度低，基体尺寸精度不受影响。

3. 离子镀膜的应用及发展

随着科学技术的发展，流体润滑剂已不能满足要求，要求采用干膜润滑剂。制作干膜润滑剂的方法很多，但只有离子镀膜效果最好。离子镀可以制作硬质耐高温、摩擦系数小的润滑层。如美国“海盗”宇宙飞船的精密轴承，没有镀膜层时，使用5min就发生磨损，而镀了 MoS_2 润滑膜之后，在飞行中可靠地工作了数千小时。应用离子镀实现的润滑层有金、银、铜金、铅锡合金以及铬、石墨、氟化钙、氟化碳、碳化硼等。

工具镀膜是离子镀膜技术的一项很主要应用。用离子镀技术在刀具、模具表面镀一层TiN、TiC、TiCN等硬质耐磨镀层，可使刀模具使用寿命提高几倍到几十倍以上。在齿轮、轴的转动接触部位镀上硬质耐磨镀层，效果比较明显。

离子镀还可以制作色彩鲜艳的镀层，可镀成仿金仿银色，也可镀成黑色、灰色、褐色、黄绿色、红色等其他各种颜色，这类镀膜不仅有各种彩色，而且具有附着牢、耐磨抗蚀的特点，因此适合于钟表、首饰、照相机、工艺美术品、餐具、灯具、塑料制品、日用品以及其他各种装饰品的表面修饰与防护。

用离子镀铝可使工件获得非常好的耐腐蚀效果。据试验在普通碳钢上用离子镀技术沉积厚20～30μm的铝膜，用5%的盐水浸泡可耐腐蚀达280h，用5%的盐水喷雾可达2100h不遭破坏，比电镀铬、镉优越。日本现已在普通钢上用离子镀铝代替不锈钢使用。在高温情况下，离子镀铝膜可耐480℃高温，所以美国飞机制造公司在F-4及F-15型飞机上的合金钢零件，以及某些发动机零件采用了离子镀铝代替电镀镉。美国还研制一种ATD-1型合金镀层（35～41%Cr；10～12%Al；25%Y；其余为Ni）在1150℃经300h抗氧化试验性能良好；在870℃经900h，不腐蚀；保持1000h冷却后，镀层完好，物理性能稳定。从二十世纪七十年代就开始了在刀具上沉积薄膜的研究，沉积薄膜的方法从最早采用化学气相沉积法在刀具上沉积氮化钛涂层发展到采用物理气相沉积法沉积氮化钛涂层。近几十年来各种利用等离子体能量降低沉积氮化钛温度的离子镀技术层出不穷。近几年来国内外离子镀膜技术发展比较迅速，可大致归纳为设备结构的改进和设备品种的增多，镀膜过程的控制，膜基材料品种的逐渐增多及应用范围的进一步扩大。

五、闭合场非平衡磁控溅射离子镀技术

闭合场非平衡磁控溅射离子镀技术先后经历了磁控溅射、磁控溅射离子镀技术而逐步完善的，它将磁控溅射技术与离子镀技术结合为一体。

提高等离子体离化率的途径有两种，一种是在溅射中提高气体的离化率，另一种是改变对等离子体的控制强度。传统磁控溅射通常采用外加热阴极离子源或是空心阴极电弧离子源提高气体离化率，从而提高离子流密度。而通过特定的磁场及电场的组合也可以在没有附加离子源的条件下大幅增加基体表面的气体离化率。目前已经发展的一些特定组合有：传统磁控管、非平衡磁控管和闭合场非平衡磁控管三种，其示意图见图 5-26。传统磁控管即平衡磁控管，其 N 极和 S 极强度相同，磁场所能覆盖的范围较小，导致工件与靶材之间的距离小，其离子流密度通常小于 1mA/cm²。由图 5-26 中（b）可见，非平衡磁控管通过调整传统磁控管的磁力线分布，使磁力线向基体方向无限延伸，从而把高密度等离子体的存在范围扩大到了靶材与基体之间的所有空间，其离子流密度可达到 2～10mA/cm²。闭合场非平衡磁控管至少由两个非平衡磁控管组成，磁控管按照相邻磁极极性相反的方式来组合工作，使得磁力线可以从一个磁控管直接延伸到另一个磁控管，形成封闭的磁阱。从而使安放被镀工件的中心区域被连续闭合的磁力线包围，可有效防止离子的逃逸，显著增加等离子体并产生相当理想的等离子体密集区，提高了离化率和溅射效率，其离子流密度可达 5～20mA/cm²。

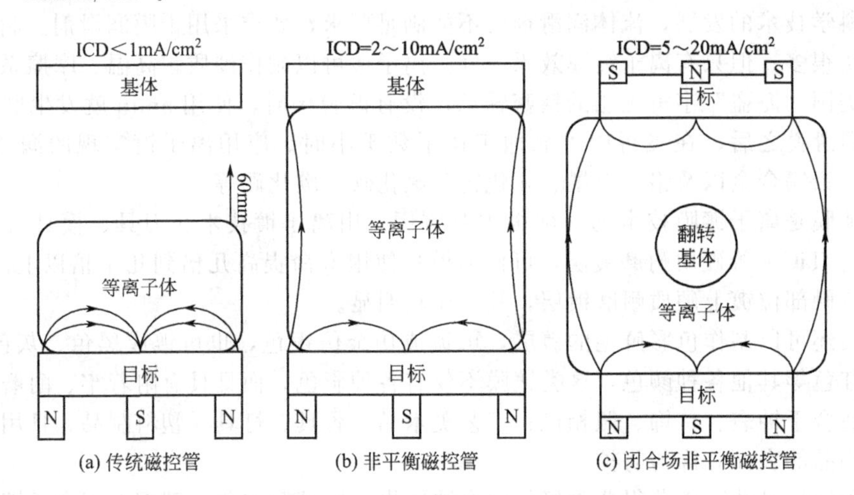

(a) 传统磁控管　(b) 非平衡磁控管　(c) 闭合场非平衡磁控管

图 5-26　磁控管的排列方式

英国 Teer 公司专门从事磁控管的设计与制造，拥有闭合场非平衡磁控管的专利技术。因此，本节以 Teer 公司研制的闭合场非平衡磁控溅射离子镀设备镀膜为例，阐述用闭合场非平衡磁控溅射离子镀技术制备膜层的理论。

1. 闭合场非平衡磁控管的工作原理

Teer 公司研制的闭合场非平衡磁控管由两部分组成，前面的金属板为靶材，是镀层金属的来源。靶材后面是组合磁体模块，通过这些模块产生的磁势阱控制靶材前面的离子

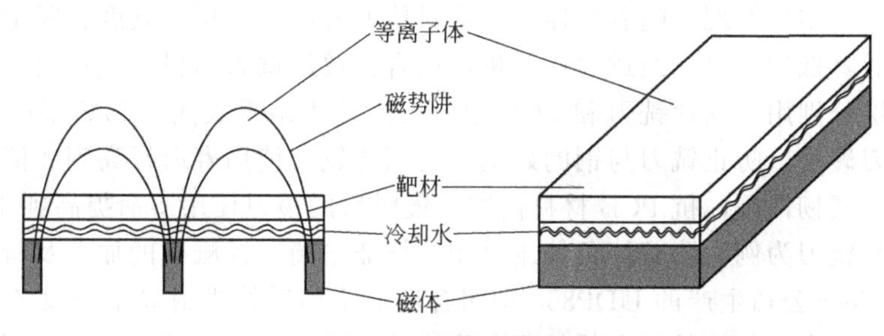

图 5-27　磁控管结构

(Ar 离子）运动。磁控管结构见图 5-27。当磁控管工作时，在磁控管前面的磁阱区有一块特别明亮的区域，这是因为电子与 Ar 气相互作用，使其被激发，电子跃迁到基本态，释放出光子，这种带电离子辉光团即等离子体。

磁控管工作时，在靶材上施加负几百伏的脉冲偏压，这将吸引 Ar 离子以极高的速率轰击靶材表面，此时发生如下两个过程。

(1) 靶材表面的原子被 Ar 离子轰击出来，产生溅射　由于原子是电中性，可以径直冲出磁势阱。磁控溅射镀层正是由这些原子轰击并沉积在工件表面形成的。

(2) 靶材表面同时溅射出电子　由于电子是电负性的亚原子微粒，因而会被磁势阱俘获，在磁势阱内被回旋加速，继而轰击这一区域的 Ar 原子，使其电离出越来越多的 Ar 离子。这意味着只要开始溅射，就会产生越来越多的 Ar 离子，从而使磁控管持续工作下去。

大量高能粒子的轰击导致靶材温度升高，因此，在磁控管中设计了冷水槽，以给工作中的磁控管降温。

闭合场非平衡磁控溅射系统具有良好的可操作性，通过调整磁控管中磁体的型号和强度，可有效控制溅射过程，且可控制磁势阱中等离子体的数量。

在溅射过程中，被镀工件表面附近产生了一层高密度的等离子体，由于这层等离子体的存在，产生了一个指向工件表面的约几十伏特的加速电场，为等离子体中的 Ar 离子提供能量，使其冲出磁势阱，轰击正在生长的镀层，从而增加了镀层的密度和结合强度。

2. 闭合场非平衡磁控溅射技术的特点

闭合场非平衡磁控溅射离子镀技术的特点及其优势如下。

(1) 根据需要采用多靶多磁控管共同溅射时，相邻磁控管的磁场 N 极与 S 极相间交替排列，使其产生的磁力线形成闭合回路。

(2) 每个磁控管自身采用非平衡磁场设计。

(3) 镀膜过程中有偏压参与从而形成离子镀，使得镀膜与基体结合力大幅提高。

(4) 镀层可设计性强，几乎所有材料都可用来作为溅射的靶材，在氧、氮、碳氢化合物的参与下，可制备出满足不同性能要求的复合镀层。

镀层温度低，可在室温以上和基体组织转变点以下温区实施，沉积厚度可在微米量级精确控制，满足精密制品基体性能和尺寸精度不变的工艺要求。

3. 铣刀闭合场非平衡磁控溅射离子镀加工及研究

现代加工业要求铣刀具有高铣削速度、高进给速度、高可靠性、长寿命、高精度和良好的切削控制性。镀层处理可大幅度提高铣刀性能，大多数镀层在尺寸较大的铣刀上应用效果较好，但在较为精密的铣刀上却发挥不出作用，镀层铣刀与未镀层铣刀效果相差无几。针对这一实际，西安理工大学采用闭合场非平衡磁控溅射离子镀技术，选择了五种不同的基体偏压在分析试块上进行覆层制备，探讨了基体偏压对镀层的硬度、膜基结合力、耐磨性和铣刀使用寿命的影响。结果发现，随着基体偏压绝对值的升高，镀层的硬度、膜基结合力、耐磨性出现先升高后降低的趋势。通过对比分析，结合被镀层铣刀的材质，选出75V、80V基体偏压对应的镀层分别用于锯片铣刀和PCB用锣刀。使用结果表明，75V基体负偏压对应的镀层可提高铣刀硬度，防止铣刀与铜的黏结，将锯片铣刀使用寿命提高到3倍以上；80V基体负偏压对应镀层韧性好，抗PCB材料侵蚀，镀膜后的锣刀使用寿命提高到4倍以上。

本节以锯片铣刀为例说明基体负偏压对闭合场非平衡磁控溅射的加工及研究结果。加工过程使用英国Teer公司生产的UDP850型闭合场非平衡磁控溅射离子镀设备。CrAlTiN镀层的制备是先采用高的基体偏压和低的靶电流模式使高能量、低离子流密度的Ar离子轰击被镀工件表面。然后采用高的靶电流和较低的基体偏压在镀层CrAlTiN和基体之间沉积0.2～0.3μm厚的Cr金属层，接着采用监控发射光谱强度法（OEM）控制N_2的流量，通过逐步减小OEM值，使镀层中Cr元素相对含量逐渐减小，N元素含量逐渐增加，实现金属底与CrN镀层之间N成分的过渡，避免成分突变对镀层结合强度的消极影响。仍采用OEM法监控Cr靶上Cr原子的发射光谱强度控制N_2流量，在增加镀层中N元素含量的同时，逐渐增加Al、Ti元素在镀层中的含量以实现CrN-CrAlTiN界面过渡。最后沉积CrAlTiN复合镀层，Cr、Al、Ti三种元素含量比例保持固定不变，通过特定的梯度把N元素相对含量逐渐提高。以上为CrAlTiN镀层沉积的五个阶段。研究是在其他参数不变的情况下，将镀层沉积阶段中的基体负偏压分别设定为70V、75V、80V、85V和90V，制备出五种镀层。

对基体偏压分别为70V、75V、80V、85V和90V时在高速钢试块上沉积的CrAlTiN镀层性能进行了检测，检测结果见表5-7。由表5-7可见，偏压为70V时镀层硬度最低，为2551HV；偏压增加至75V时镀层硬度增至最高值，为2826HV；继续增加偏压，镀层硬度相差不大，基本在2700HV左右。

表5-7 不同基体负偏压下制得的镀层性能检测结果

偏压/V	镀层厚度/μm	镀层硬度/HV	镀层结合力等级
70	2.64	2551	HF2
75	2.80	2826	HF1
80	2.40	2691	HF1
85	2.38	2713	HF2
90	2.37	2695	HF2

对不同偏压下制备的CrAlTiN镀层与基体的结合力采用洛氏压坑进行评价，其结果见图5-28（压坑的放大倍数为100倍）。由图5-28可见，不同偏压制备镀层的压坑边缘保持连续、完整，未出现明显的裂纹或剥落现象。因此，物质镀层的膜基结合力均在合格范围内，其中75V、80V基体负偏压下制备的镀层结合力最优。

对不同偏压下制备涂层的耐磨性能进行检测，其结果见图5-29。图中贯穿与圆的黑色轨道对应的是CrAlTiN镀层与加载20N的WC-Co球对磨1h后所露出的基体，黑色轨道的出现表示CrAlTiN镀层已经被磨穿。黑色轨道越宽，说明WC-Co球已经磨穿镀层且更深的陷入基体与基体进行对磨，则镀层的耐磨损性能越差。由图5-29可见，70V偏压制得的镀层基本被完全磨掉；75V和80V偏压制得的镀层被部分磨掉，其中80V的磨损情况较轻微；85V和90V偏压制得的膜层基本没有被磨损，说明镀层的耐磨损性能相当好。

上述实验结果表明基体偏压对镀膜质量有较大的影响。在真空系统中，靶材是需要溅射

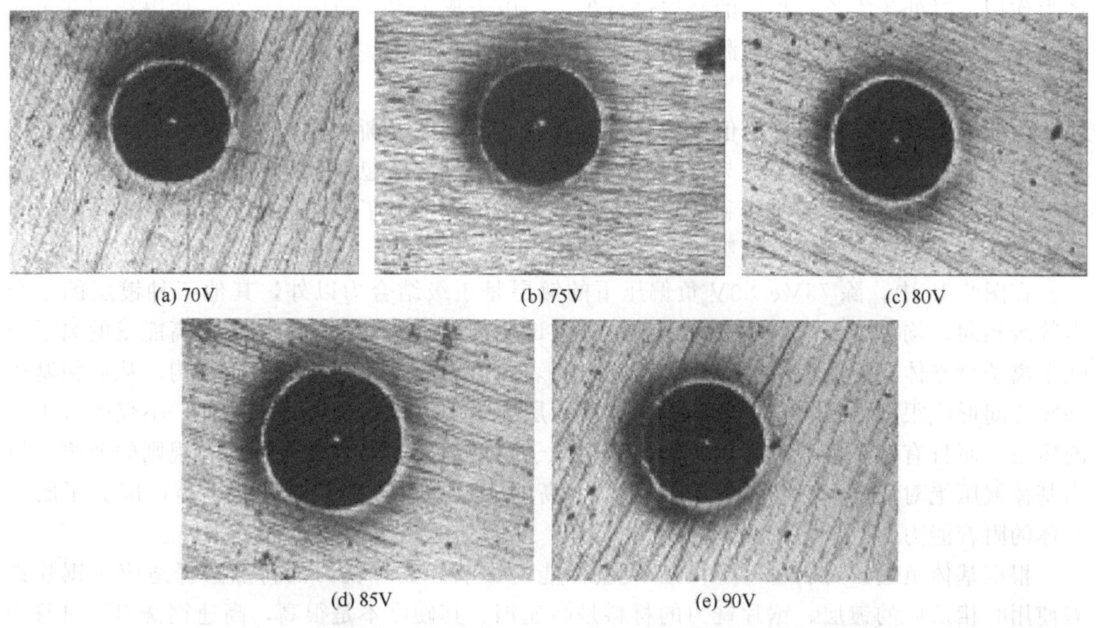

图 5-28 不同偏压下 CrAlTiN 镀层的膜基结合力

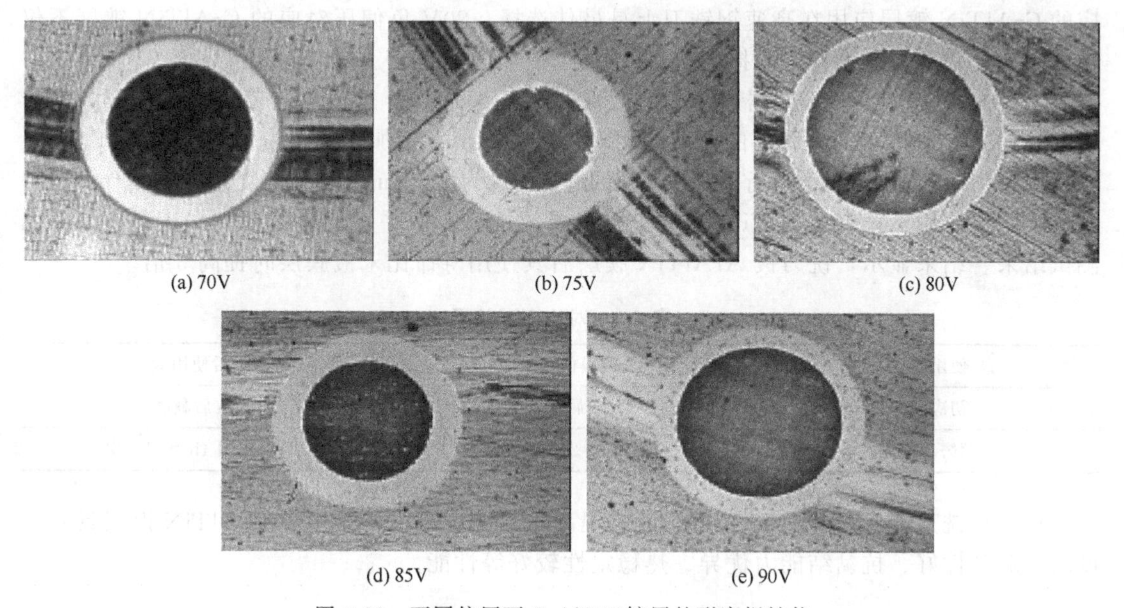

图 5-29 不同偏压下 CrAlTiN 镀层的耐磨损性能

的材料，它作为阴极，相对于作为阳极的衬底有很高的负偏压。在基体负偏压的作用下，氩气原子被大量电离成 Ar 离子和可以独立运动的电子。其中电子飞向阳极，而带正电荷的 Ar 离子则在高压电场的加速作用下高速飞向阴极靶材，并在与靶材的撞击过程中释放能量。离子高速撞击的结果之一就是大量的靶材原子获得了相当高的能量，使其可以脱离靶材的束缚而飞向衬底。从 Cr 打底阶段开始至工艺结束，分别采用了五组偏压，即基体偏压的绝对值从 70V 到 90V 逐渐递增。随着基体偏压绝对值的升高，氩气的离化率升高，Ar 离子所获得的能量也增大。在高速轰击靶材的过程中，使得更多的靶材原子脱离靶材飞出。这一过程偏压增加成膜离子动能。但当基体偏压的绝对值升高到某一数值时，Ar 离子也会在偏压的电场力作用下对处于生长过程中的镀层进行轰击。由于离子轰击效应的存在，使得镀层在沉积的过程中会有部分成膜原子被溅射出去，这种溅射由偏压高低引起的，又非靶材上的溅射，所以称为二次溅射。

由此可知，基体偏压绝对值由低到高变化时，离化率逐渐增强，二次溅射作用也随之增强。由于偏压增强了等离子体与材料表面的相互作用过程，包括带电粒子的能量输运、表面原子的移位、表面原子的溅射和散射及二次溅射作用，造成了镀层性能、形貌、结构及成分的变化，如镀层的相结构直接影响着镀层硬度。

在图 5-28 中，除 75V、80V 负偏压下的镀层是 1 级结合力以外，其他三种镀层的结合力等级相同，均为 2 级。这种变化是到达被镀试块的离子能量增加的结果。高能量的离子增强了离子对基体表面的渗透能力，容易在衬底表面形成一个致密的网络微结构，从而使基体和膜之间形成很强的结合。另外，偏压能使镀层中附着力较差的原子溅射掉，不仅改善了膜的质量，而且有助于覆盖基体上不能被溅射原子直射的表面，形成局部均匀规则的薄膜。但当基体偏压绝对值高于 80V 时，离子获得太高的能量反而打破了原来的平衡，削弱了膜对基体的附着能力。

根据基体负偏压对制备 CrAlTiN 膜层性能的影响和锯片铣刀的特点选择适应于锯片铣刀使用时相适应的镀层。锯片铣刀的材料是高速钢，其硬度不是很高，高速钢铣刀因自身的硬度不高，承受不了铣削过程中的机械力而易受到严重的磨损。因此，选择 80V 负偏压对应的 CrAlTiN 镀层应用在高速钢铣刀上是最佳选择，80V 负偏压对应的 CrAlTiN 镀层不仅硬度高，其膜基结合力和耐磨损性能也较好。

采用 80V 基体负偏压在锯片铣刀上沉积 CrAlTiN 膜层。采用字码锁自动机，设备型号为 LA-165 对镀 CrAlTiN 膜层的铣刀使用寿命进行评价。被加工材料为黄铜 HPb59-1。

试验在有切削液条件下进行，锯片铣刀的进刀深度为 14.7mm，进刀速度为 200mm/min。每次试验同时使用三把有 CrAlTiN 镀层和无镀层的铣刀，取平均值进行对比。表 5-8 为对比测试结果。结果显示，铣刀镀 ArAlTiN 膜层后其使用寿命比未镀膜层时提高 3 倍。

表 5-8 对比测试结果

使用阶段	未镀膜使用效果	镀膜后使用效果
初次使用	2h 后翻磨	50h 后翻磨
翻磨后使用	平均使用 2h 磨刀一次	平均使用 4h 磨刀一次

在锯片铣刀上沉积 CrAlTiN 镀层能够提高铣刀的寿命主要是由于 CrAlTiN 镀层具有硬度高、耐磨性好、抗黏结能力优异、热稳定性较好等性能。

第三节 化学气相沉积技术

化学气相沉积技术（简称 CVD 法）是一种气相生长法，是在一定的真空度和温度下，将含有构成沉积膜层的材料元素的化合物或单质反应源气体通入反应室内，利用气相物质在基体表面发生化学反应而形成固态薄膜的加工方法。化学气相沉积与物理气相沉积不同的是沉积粒子来源于化合物的气相分解反应。通过控制反应温度、反应源气体组成、浓度、压力等参数，可方便地控制沉积膜层的组织结构和成分，改变其力学性能和化学性能，满足不同条件下对基体使用性能的要求。

利用化学气相沉积技术能够制备各种碳化物、硼化物、金刚石、金属、合金和金属化合物等，可用作固体电子器件所需的各种功能薄膜、轴承和工具的耐磨涂层、发动机或核反应堆部件的高温防护涂层等，在新材料、电子、光学、机械、能源、航空航天等领域得到广泛应用。

一、化学气相沉积技术的分类和特点

化学气相沉积反应多半为吸热反应而非放热反应，这些反应需要激活能，根据激活方式的不同可将CVD法分为热激发式即常规CVD、放电激发式即等离子激发-PCVD法或辐射激发式（包括光激发和激光激发的CVD）。

CVD法具有如下特点。

（1）薄膜成分和性能可以灵活控制，可以制备各种高纯膜、非晶态、半导体和化合物薄膜，还可获得梯度沉积物或者得到混合沉积膜层。

（2）成膜速率快，可制备厚膜，其速率一般可达到每分钟数微米，甚至还可达到每分钟数百微米，薄膜内应力小。

（3）沉积温度高，膜层与基体结合强度高。

（4）可在常压或低压下进行膜层沉积，沉积过程绕射性好，可在形状复杂的表面或工件的深孔、细孔内沉积均匀细致的薄膜。

（5）装置简单，生产效率高。

CVD的缺点是沉积温度太高，一般在900～1200℃范围内。由于高温，CVD的用途受到限制。例如，在这样的高温下，钢铁工件的晶粒长大导致力学性能下降，使得沉积后需要对工件进行热处理，从而限制了CVD在钢铁材料上的应用。为了克服传统CVD的高温工艺缺陷，近年来开发出多种中温（800℃以下）和低温（500℃以下）的CVD新技术。

二、化学气相沉积的原理

化学气相沉积一般都要经历三个过程：产生挥发性运载化合物；把挥发性化合物输送到沉积区；在沉积区发生化学反应生成固态物质并在基体上沉积成膜。由于在沉积区发生化学反应是不均匀的，因此化学反应可在基体表面或基体表面以外的空间进行。基体表面反应过程一般为：反应气体扩散到基体表面，反应气体分子被表面吸附并在表面进行化学反应、表面移动、成核及膜生长，生成物从表面解吸以及生成物在表面扩散。在这些过程中，进行速率最慢的一步决定了整体反应速率。

化学气相沉积技术顺利实施的三个基本条件：①在沉积温度下，反应物质必须有足够高的蒸气压，保证能以适当的速度被引入反应室。②反应的生成物，除了所需要的沉积物为固态外，其余都必须是气态。③沉积物本身应有足够低的饱和蒸气压，保证整个沉积反应过程中一直保留在加热的基体上。

化学气相沉积是利用气态物质在固体表面进行化学反应，而在该固体表面上生成固态沉积物的过程。目前化学气相沉积的化学反应主要有以下几种形式。

1. 热分解反应

化合物的热分解是最简单的沉积反应，是利用沉积元素的金属氧化物、卤化物、氢化物加热分解，从而在基体表面沉积成膜。热分解已用于制备金属、半导体和绝缘体等各种材料，这类反应体系沉积薄膜受源物质和热分解温度的影响。选择源物质时，不仅要考虑蒸气压与温度的关系，还要注意在不同的热分解温度下的分解产物中固相仅为所需要的沉积物质，不产生其他夹杂物。

例如：$SiH_4 \rightarrow Si + 2H_2\uparrow$ 和 $SiI_4 \rightarrow Si + 2I_2\uparrow$，主要是生成Si的薄膜。

利用 $2Al(OC_3H_7)_3 \rightarrow Al_2O_3 + 6C_3H_6\uparrow + 3H_2O\uparrow$，生成 Al_2O_3 陶瓷薄膜。

利用 $Ga(CH_3)_3 + AsH_3 \rightarrow GaAs + 3CH_4\uparrow$，生成 GaAs 半导体膜。

利用 $Pt(CO)_2Cl_2 \rightarrow Pt + 2CO\uparrow + Cl_2\uparrow$，进行镀 Pt。

利用金属有机化合物加热分解沉积成膜的反应温度较低，在 420℃左右，可降低 CVD 法的沉积温度；氢化物和金属有机化合物体系的分解反应可在各种半导体或绝缘基体上沉积化合物半导体膜；而气态络合物和复合物等一类化合物中的羰基化合物和羰基氯化物多用于贵金属（铂）和其他过渡金属的沉积。

2. 化学合成反应

化学沉积过程涉及两种或多种气态反应物在一个热基体上相互反应，在工件上沉积成膜，这些反应称为化学合成反应。例如，用氢气还原卤化物以沉积各种金属和半导体，选用合适的氢化物、卤化物或金属有机化合物沉积绝缘薄膜以及用氧气氧化卤化物、氢化物制备多晶态和非晶态的沉积层，如二氧化硅、氧化铝、氮化硅等氧化物都是化学合成反应。典型的反应体系如下所示。

$$SiCl_4 + O_2 \longrightarrow SiO_2 + 2Cl_2\uparrow$$

$$BeCl_2 + Zn \longrightarrow Be + ZnCl_2\uparrow$$

$$SiCl_4 + 2H_2 \longrightarrow Si + 4HCl\uparrow$$

$$SiCl_4 + CCl_4 \longrightarrow SiC + 4Cl_2\uparrow$$

3. 化学传输反应

在高温区被置换的物质构成的卤化物或者与卤素反应生成低价卤化物，这些卤化物被输送到低温区域，由非平衡反应在基体上形成薄膜。例如：

高温区：$Si(s) + I_2(g) \longrightarrow SiI_2(g)$

低温区：$SiI_2 \longrightarrow 1/2Si(s) + 1/2SiI_4(g)$

总反应为：$2SiI_2 \longleftrightarrow Si + SiI_4$

此外，还可采用辉光放电、光照射、激光照射等外界物理条件使反应气体活化，促进化学反应进行或降低气相反应的温度。

三、影响化学气相沉积层质量的因素

影响化学气相沉积层质量的因素有沉积温度、反应气体分压和沉积室压力。

沉积温度是影响沉积层质量的重要因素，每种沉积膜层材料都有其最佳的沉积温度范围。一般来说，沉积温度越高，CVD 化学反应速率越快，气体分子或原子在基体表面吸附和扩散作用越强，因而沉积速率越快，可得到致密性好、结晶完全的沉积层。但温度过高会使晶粒长大，晶粒粗大；温度过低则导致反应不完全，产生不稳定结构和中间产物，致使沉积层和基体表面的结合强度降低。

反应气体分压也是影响沉积层质量的重要因素之一，直接影响沉积层的形核、生长、沉积速率、组织结构和成分等。

沉积室压力影响沉积室内热量、质量及动量传输，从而影响沉积速率、沉积层质量和沉积层厚度的均匀性。在常压反应室内，气体流动状态为层流；而在负压立式反应室内，气体的扩散增强，反应生成的废气能够及时排除，因而能够获得组织致密、质量好的沉积层，适合于大规模工业化生产。

四、化学气相沉积装置

化学气相沉积装置有多种，并分实验室用和工业生产用大小型号。各种类型的 CVD 装置结构和原理基本一样。选用 CVD 装置主要应当考虑如下几点：反应室的形状和结构，加热方法和加热温度，气体供应方式，基体材质和形状，气密性和真空度，原料气体种类和产量等。本节就最常用的化学气相沉积装置即常压化学气相沉积装置进行介绍。

常压化学气相沉积装置主要由反应器、加热系统、供气系统和废气排放系统等组成，其装置如图 5-30 所示。

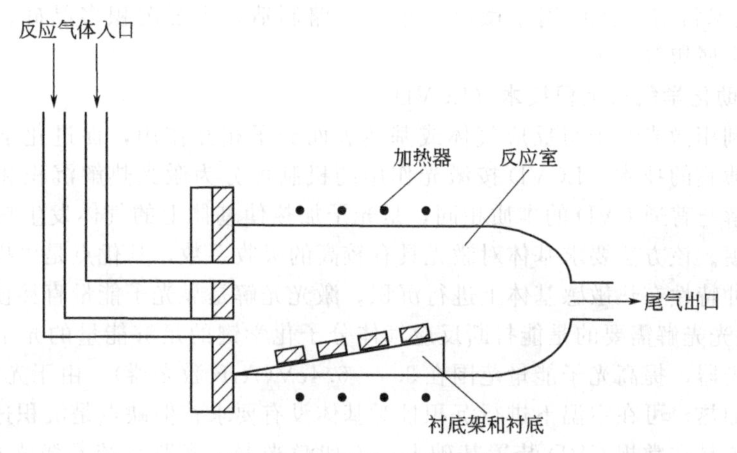

图 5-30 CVD 装置的基本组成

反应器是化学气相沉积装置中最基本的部分，其形式和结构系统由物理化学特性及工艺参数决定。反应器的结构一般采用水平型、垂直型和圆筒型。水平型反应器 CVD 装置产量最高，但膜的均匀性较差；垂直型反应器 CVD 膜的均匀性好，但产量低；而圆筒型反应器可解决上述两种反应器的问题。常压 CVD 装置大多是开口体系，可连续地供气及排气，操作大多是在一个大气压或略高于一个大气压下进行的，反应过程中至少有一种反应产物从反应区排出，使反应处于非平衡态，有利于形成沉积膜。开口体系的沉积工艺易于控制，重复性好，装置可多次使用。

加热系统包括炉体和加热元件，CVD 装置的加热方式有电加热、高频诱导加热、红外辐射加热和激光加热等，常用 CVD 加热通常使用电阻加热或感应加热。在 CVD 方法中一般只加热基体，以使反应只在基体表面进行。

供气系统包括反应气气瓶或源物质气化器、气体净化、测量及控制装置等。供气系统的作用是将成分符合要求的反应气以一定的流量、压力送入反应器中。CVD 反应气体包括原料气体、氧化剂、还原剂等。原料气体由气体、液体或者固体物质供应。当反应源为液体时，先将液体装在蒸发容器中，保持一定的温度使其蒸发；当反应源为固体时，将固体放在蒸发容器中加热，通过蒸发或升华使其蒸气进入反应室。气体流量可用转子流量计控制。

废气处理排放系统是对从反应室排出的反应气体进行处理，以中和废气中的有害成分，去除固体微粒，并在废气进入大气前将其冷却。废气处理排放系统可以是简单的洗气水罐，也可以使一整套复杂的中和冷却塔，这根据混合气体的毒性和安全要求来选择。

五、特种化学气相沉积方法

1. 低压化学气相沉积技术（LPCVD）

LPCVD 装置与常压 CVD 装置相似，不同的是 LPCVD 装置需要增加抽真空系统。将常压 CVD 开口体系增加封闭条件后，可抽真空作为 LPCVD 使用。LPCVD 反应室的压力低于常压，一般为 $1\times10^4\sim4\times10^4$Pa。LPVCD 中气体分子的平均自由程比常压 CVD 提高了

1000 倍，气体分子的扩散系数比常压提高约三个数量级，这使得气体分子易于达到基体的各个表面，可明显改善薄膜的均匀性。

在 LPCVD 装置中使用封闭体系可降低来自空气或气氛的偶然污染，不需要连续抽真空，利于沉积。高蒸气压物质在管内反应不会外逸，原料利用率高。但封闭体系降低了生产效率，反应管只能使用一次，且温度、内部压力过大时有爆炸的危险。

LPCVD 技术目前广泛应用于微电子集成电路制造，主要沉积多晶硅、SiO_2、Si_3N_4、硅化物及难熔金属钨等薄膜。

2. 激光辅助化学气相沉积技术（LCVD）

LCVD 是利用激光光子与反应气体或基体表面分子相互作用，促进化学反应，以实现在基体上沉积薄膜的技术。LCVD 按激光作用的机制可分为激光热解沉积和激光光解沉积两种。激光热解与普通 CVD 的本质相同，是光子加热使基体上的气体发生热解反应从而在基体上沉积成膜。该方法要求基体对激光具有较高的吸收系数，其优点是可以利用激光束的快速加热和脉冲特性在热敏感基体上进行沉积。激光光解是靠光子能量直接使气体分解（单光子吸收）。激光光解需要的是能打断反应气体分子化学键的足够能量的光子紫外光，通常采用准分子激光器，提高光子能量范围在 3.4～6.4eV(ArF 激光器)。由于光解 CVD 是光子激发，不需要加热，可在室温下进行沉积且对基体没有要求；但缺点是沉积速率太慢。

LCVD 装置是在常规 CVD 装置基础上，添加激光器、光路系统及激光功率测量装置。LCVD 降低了基体的沉积温度（约为 200℃），从而实现在不能承受高温的基体上沉积薄膜，膜层成分灵活。且可避免高能粒子辐照对薄膜的损失，可获得快速非平衡结构膜，提高薄膜的纯度。近年来，LCVD 发展迅速，在超大型集成电路、太阳能电池、硬膜和超硬膜、化学膜以及功能膜等方面都得到广泛应用。

3. 金属有机化合物化学气相沉积（MOCVD）

MOCVD 是 20 世纪 80 年代发展起来的新技术，是使用金属有机化合物和氢化物作为原料气的化学气相沉积方法。金属有机化合物可在较低温度热解或光解，沉积出金属、氧化物、氮化物、硫化物等，特别是化合物半导体等无机膜。金属有机化合物进行化学气相沉积应满足以下条件：在室温下稳定且易处理，在室温有较高的蒸气压（大于 133Pa），分解温度低，反应生成的副产品不妨碍晶体的生长，不污染沉积膜。目前应用较多的金属有机化合物是Ⅱ～Ⅶ族烷基衍生物，如 $(C_2H_5)_2Be$、$(C_2H_5)_3Al$、$(CH_3)_4Ce$、$(CH_3)_3N$ 等，这类化合物具有挥发性，能自燃，在某些情况下接触水可能发生爆炸，因此使用时要严格按照规范进行。

MOCVD 有常压、低压和激光等工艺方法。常压 MOCVD 在常压下工作，设备价格较低，操作方便，一般用于沉积各种膜，如沉积超大规模集成电路的互联材料铜膜。低压 MOCVD 约在 13.3Pa 真空度工作，操作过程中气体流速较高，可用于沉积亚微米级涂层和多层结构材料。沉积多层结构材料要求层间分明，界面陡峭，掺杂浓度或组分的缓变层限制在 10μm 以内。MOCVD 的主要特点是沉积温度低，属于中温 CVD。

第四节　等离子化学气相沉积

随着 CVD 和 PVD 技术的发展，将两种技术结合起来发展了新的气相沉积技术，即等离子增强化学气相沉积技术。等离子增强化学气相沉积技术（PECVD）是在低压化学气相沉积过程进行的同时，利用辉光放电产生的等离子体激活气体分子，使化学气相沉积的化学反应在低的温度下进行并沉积成膜，是一种高频辉光放电物理过程与化学反应相结合的技术。PECVD 具有沉积温度低（小于 600℃）、应用范围广、设备简单、基体变形小、绕镀性能好、沉积膜层均匀、可以掺杂等特点，克服了 CVD 技术沉积温度高、对基体材料要求严的缺点，同时避免了 PVD 技术附着性差、设备复杂等不足，具有潜在应用前景和实际应用价值。

一、等离子化学气相沉积原理

处在电离状态的气体产生大量的正离子和电子，具有导电性，且正负电荷密度几乎相等，使得电离气体保持电中性。这种保持电中性电离状态的气体即为等离子体。在低压容器中的气体，在电场的作用下就会发生电离。在冷的非平衡等离子体中，与中性气体分子相比，电子的能量更高，正离子的能量也高，但低于电子。对电离的气体施加电场时，电子的质量轻，传输给电子的能量要多于离子的。在随后的弹性碰撞过程中，由于电子与分子的质量差限制了电子将能量传给分子，电子保持高能量。结果使电子的动能被迅速增加到可能发生非弹性碰撞的程度。将直流电压加到低气压气体上时表现出放电特性，见图 5-31。其中，辉光放电由正常辉光和异常辉光放电组成。平板式电容器辉光放电装置见图 5-32。在异常辉光放电下形成的非平衡态低温等离子体中电子的平均能量在 1～10eV，而分子的离解能和原子的电离能都比较低，只有几电子伏特。因此，等离子体中的电子与气体分子的碰撞可以促进气体分子的分解、化合、激发和电离过程，生成活性很高的各种化学基团。此外，等离子体产生的辐射和电子、离子、光子对基体表面的轰击、辐照作用，也能促进化学反应，从而显著降低 CVD 薄膜沉积的温度，使高温下才能进行的 CVD 过程在低温下即可进行。

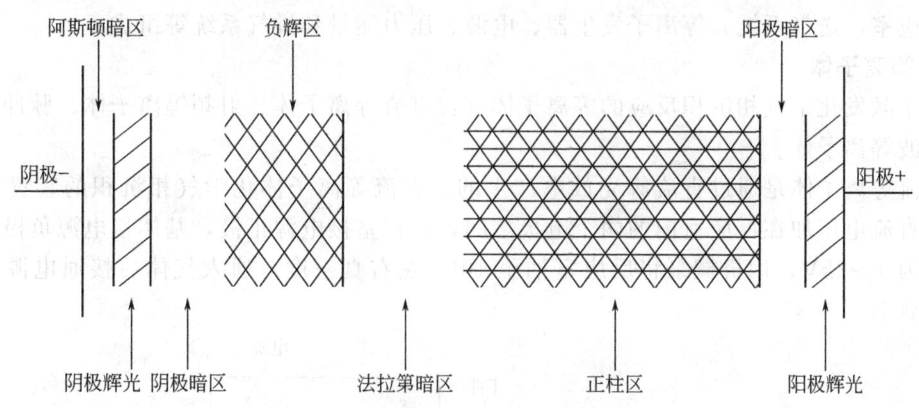

图 5-31 直流电压加到低压气体上的放电特性

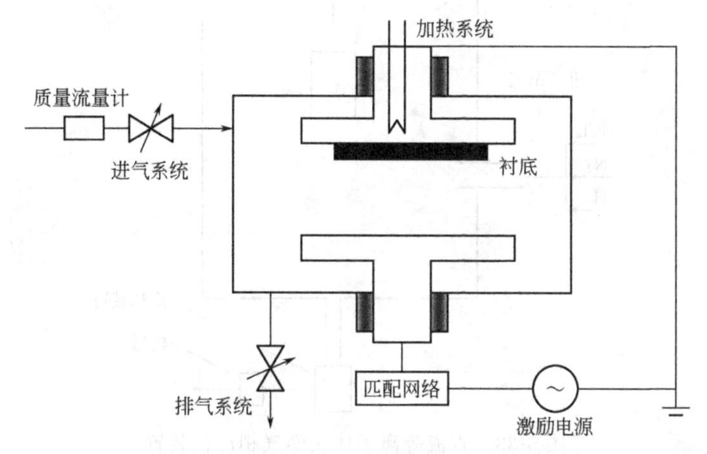

图 5-32 平板式电容器辉光放电装置

在PECVD过程中，粒子获得能量是通过与等离子体中能量较高的电子或其他粒子发生碰撞获得的。因此，PECVD薄膜的沉积过程能在相对较低的温度下进行。PECVD过程中发生的微观过程主要有以下几种。

① 气体分子与等离子体中的电子发生碰撞，产生活性基团和离子。其中，形成离子的几率比较低，这是因为分子离化过程中所需的能量较高。

② 活性基团直接扩散到基体。

③ 活性基团与其他气体分子或活性基团发生相互作用，最终形成沉积所需的化学基团。

④ 沉积膜层所需的化学基团扩散到基体表面。

⑤ 气体分子未经过上述活化过程而直接扩散到基体附近。

⑥ 气体分子被直接排除反应室。

⑦ 到达基体表面的各种化学基团发生沉积反应并在基体表面沉积反应产物。

综上所述，PECVD在基体表面上发生的具体沉积过程可以归纳为表面吸附、表面反应以及脱附等一系列微观过程。与此同时，沉积过程还伴随离子、电子轰击基体产生的表面活化以及基体温度升高引起的热激活效应等。

二、PECVD沉积装置

PECVD是把低压气体反应原料通入反应室，通过等离子体反应器产生等离子体，使反应气体受激离解，发生非平衡化学反应过程，在基体表面沉积薄膜。因此，PECVD装置主要由反应室、送气系统、等离子发生器、电源、压力测量和排气系统等组成。

1. 等离子体

用于激发化学气相沉积反应的等离子体有：直流等离子体、射频等离子体、脉冲等离子体和微波等离子体。

直流等离子体是通过直流辉光放电产生的。直流等离子体化学气相沉积的装置见图5-33。把直流电压加在反应室内的两个电极之间，沉积室接电源正极，基体接电源负极，基体负偏压为1～2kV，用机械泵将反应室抽至10Pa左右真空度，通入气体后接通电源即可产生辉光放电。

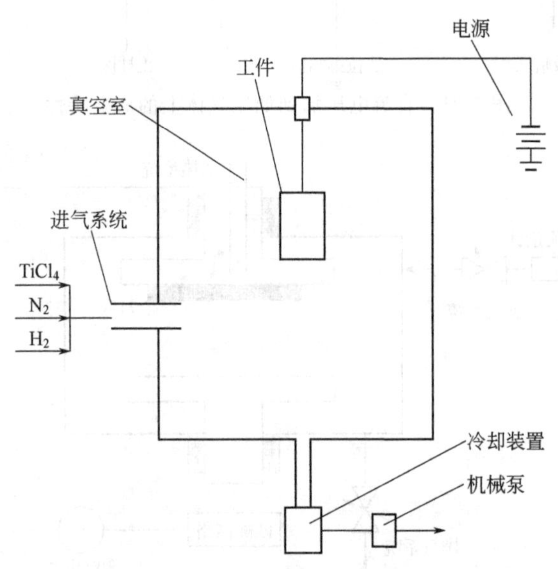

图5-33 直流等离子体化学气相沉积装置

射频等离子体是通过射频辉光放电产生的。图 5-34 为一种冷壁式射频等离子化学气相沉积装置，反应室内壁可用不锈钢制作，阴极接地与不锈钢腔体等电位，阴极为负电位，形成类似直流辉光放电的空间等离子，反应气体从基体通过时被强化反应发生沉积。为了提高膜的性能，还可对等离子体施加直流偏压或外加磁场。

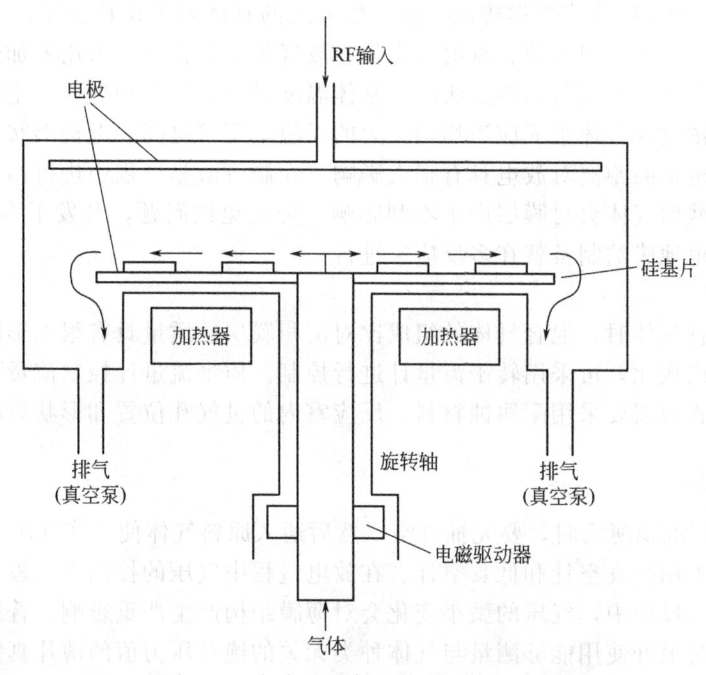

图 5-34　径向流动射频等离子体反应器

微波等离子体是通过微波放电产生的。微波放电中激活气体放电的电源由射频提高到微波段，传输方式发生根本性改变。射频传输是通过电流实现，其放电空间是纵向电场；而微波在波段内以横电波或横磁波方式传播。从图 5-35 可见，从微波发生器产生的频率为 2.45GHz 的微波，通过波导系统将微波能量耦合到发射天线，再经过模式转换器，最后在石英钟罩的反应腔内，激发流经钟罩的低压气体，形成均匀等离子体球。微波放电无电极，放电气压范围宽，能量转换率高，能产生高密度等离子体，其离子化程度比射频等离子体气体高，放电稳定，等离子不与器壁接触，有利于制备高质量薄膜。随着技术进步，微波等离子化学气相沉积技术得到进一步发展，开发出了电子回旋共振等离子体化学气相沉积。电子

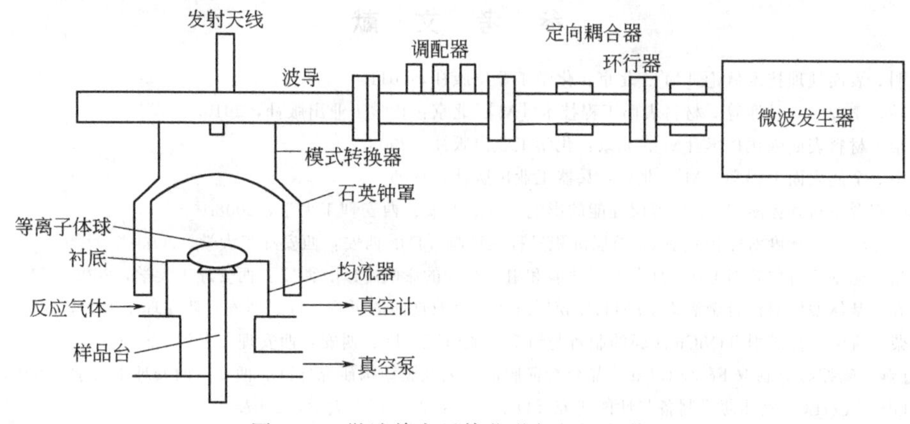

图 5-35　微波等离子体化学气相沉积装置

回旋共振放电是指当输入的微波频率 W 等于电子回旋频率 W_e 时，微波能量可以共振耦合给电子，获得能量的电子使中性气体电离发生放电。电子回旋共振等离子体的离化率更高，一般在10%以上，有的甚至达到50%。

2. 反应室

PECVD装置的反应室应根据等离子体产生方式的具体要求设计加工，其材料应具有在基体使用温度下不变形、耐腐蚀、溅射效率低、放气量少等特点。采用外加热方法随基体进行加热即电阻加热或红外辐射加热方法时，基体温度对薄膜结构和性质产生重要影响。反应室的温度、气体浓度和气体组成应当均匀，大的反应室要求更高。电极形状、尺寸、相对位置、电极材料和电极间距离对放电具有很大影响。在制备薄膜过程中进行掺杂时，在其之前使用的杂质源等残留气体会对膜层产生不利影响。为避免该问题，开发了多反应室PECVD装置，如太阳能电池膜的制备就在多反应室进行。

3. 送气系统

同时使用多种气体时，混合气体的组成比对沉积膜层的质量具有很大影响。因此，需要控制混合气体的组成比，可采用转子流量计进行控制。质量流量计控制流量更准确，且流量相当稳定。送气管道需要采用耐腐蚀材料。反应室内的进气孔位置和形状影响膜层的质量和均匀性。

4. 压力测量

采用PECVD沉积薄膜时，要先抽真空，然后通入原料气体使工作气压在十至数百帕之间。因此，需要采用高真空计和低真空计。在放电过程中气压的控制也是极为重要的，特别是在等离子体聚合反应中，气压的微小变化会对薄膜结构产生严重影响。普通真空计很难准确测量气压。此时最好使用能够测量与气体种类无关的绝对压力值的薄片真空计。

5. 电源

PECVD装置使用的电源有直流电源、高频电源和微波电源。高频电源的一般频率为13.56MHz，微波电源的频率为2.45GHz。高频电源的输出阻抗为50Ω和70Ω。而等离子体负载阻抗大于它，且在制备过程中不是常数。为了使高频电源的输出功率基本耦合到反应室内，可在电源和反应室之间配置匹配网络。匹配网络有：π型、L型和T型，其中π型匹配网络最常用。

6. 排气系统

PECVD一般使用具有毒性、腐蚀性、可燃性、爆炸性气体原料，因此，排气系统需要考虑安全和防止大气污染问题。

参 考 文 献

[1] 刘光明．表面处理技术概论 [M]．北京：化学工业出版社，2011.

[2] 李慕勤，李俊刚，吕迎等．材料表面工程技术 [M]．北京：化学工业出版社，2010.

[3] 孙希泰．材料表面强化技术 [M]．北京：化学工业出版社，2005.

[4] 刘江南．金属表面工程学 [M]．北京：兵器工业出版社，1995.

[5] 苏阳．碳含量对磁控溅射 Cr/C 镀层性能的影响 [D]．西安：西安理工大学，2008.

[6] 张焜．磁场非平衡度对磁控溅射 Cr 镀层沉积过程的影响 [D]．西安：西安理工大学，2008.

[7] 邓凌超．靶基相对位置对 C/Cr 复合镀层性能和组织结构的影响 [D]．西安：西安理工大学，2006.

[8] 陈迪春．基体偏压对镁合金表面 CrAlTiN 膜层沉积速率及性能的影响 [D]．西安：西安理工大学，2005.

[9] 卞铁荣．直流磁控溅射 TiNiCu 薄膜的制备与组织性能研究 [D]．西安：西安理工大学，2006.

[10] 李虹燕．磁控溅射制取 Fe-Zr-B-Cu 非晶合金薄膜的工艺及膜结构研究 [D]．西安：西安理工大学，2006.

[11] 李红凯．FeZrBCu 磁性薄膜制备与性能研究 [D]．西安：西安理工大学，2007.

[12] 吴笛．物理气相沉积技术的研究进展与应用 [J]．机械工程与自动化，2011，(4)：214-216.

[13] 李健，韦习成．物理气相沉积技术的新进展 [J]. 材料保护，2000，33 (1)：91-93.
[14] 刘景顺，曾岗，李明伟等．电子束物理气相沉积（EB-PVD）技术研究及应用进展 [J]. 材料导报，2007，21 (IX)：246-248.
[15] 种艳琳．CrAlTiN 镀层对微钻使用的有效性研究 [D]. 西安：西安理工大学，2006.
[16] 杨文茂，刘艳文，徐禄祥等．溅射沉积技术的发展及其现状 [J]. 真空科学与技术学报，2005，25 (3)：204-206.
[17] 李芬，朱颖，李刘合等．磁控溅射技术及其发展 [J]. 真空电子技术，2011，(3)：49-50.
[18] 张会霞，冯光光．多弧离子镀在海洋船舶装备材料上的应用 [J]. 淮海工学院学报（自然科学版），2012，21 (2)：12-14.
[19] 姜雪峰，刘清才，王海波．多弧离子镀技术及其应用 [J]. 重庆大学学报（自然科学版），2006，29 (10)：55-57.
[20] 李凌．CrAlTiN 镀层对于提高铣刀使用寿命的研究 [D]. 西安：西安理工大学，2006.

第六章

金属电化学加工

将容易氧化的金属材料放入有氧化性的介质中，给材料上通入正电流，测试材料的阳极极化曲线，测试结果见图 6-1，图 6-1 中共有六个阶段。

1 阶段—AB：金属阳极活化溶解阶段，称为活化区；

2 阶段—BC：金属表面发生钝化，电流急剧下降，称为钝化区；

3 阶段—CD：金属处于稳定的钝化状态，其溶解速率受钝化态电流密度控制，而与电位无关，是稳定的钝化区；

4 阶段—DE：溶解电流再次上升，发生一些新的溶解反应，形成高价离子，视电位高低也可能发生吸氧反应，为过钝化区；

5 阶段—EF：为二次钝化区；

6 阶段—FG：为二次过钝化区。

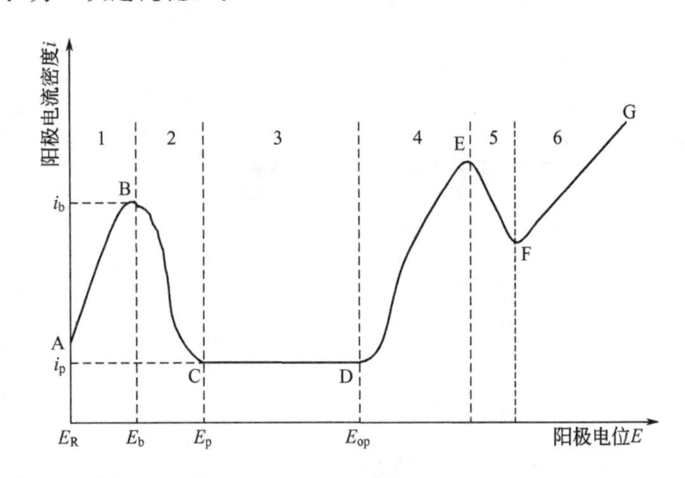

图 6-1　典型的阳极极化曲线

i_b—临界钝态电流密度（致钝电流密度）；i_p—钝态电流电位（微钝电流密度）；

E_R—稳态电位（开路电位）；E_p—钝态电位（钝化起始电位）；

E_{op}—过钝化电位

金属的电化学加工技术，是指能够测试出此曲线的材料加工技术。在曲线的 AB 阶段，金属发生溶解，类似的过程为电解。利用这一性能将金属进行抛光，称为电解抛光加工；在 CD 阶段，金属材料处于钝化状态，即材料具有钝性，不容易发生腐蚀。利用外加阳极电流，使材料发生钝化称之为阳极氧化；利用 D 点电流至 E 点电流，使材料表面部分无钝化层，即含有溶解，这样可以保持材料表面凸出的地方发生溶解，在凹处地方有钝性，不溶解，这样使材料获得更光亮的表面，称之为电化学抛光；利用材料在高电位、高电流情况下可以获得二次钝化膜的理论进行材料表面加工，称之为高压氧化或微弧氧化加工。二次钝化膜比阳极氧化膜的厚度更厚，硬度更高，结合强度更好。

本章主要从材料的阳极氧化，微弧氧化和电化学抛光三个方面进行讨论。

第一节　阳极氧化加工技术

一、铝的阳极氧化原理

1. 一般原理

阳极氧化同一切电解过程一样，也遵守法拉第定律。氧化膜形成的过程中会释放出大量的热，这一方面是由于铝与酸发生放热反应和铝氧化过程也放热，另一方面是由于在膜层空隙里和所谓“阻挡层”里电解液柱的电阻率高所引起的焦耳效应。铝的阳极氧化加工最常见，因此本节以铝为例，讨论阳极氧化加工技术。

铝是两性金属，既能溶解在酸性溶液里产生 Al^{3+}，又能溶解在碱性介质里产生 $H_2AlO_3^-$，由图 6-2 中 Al 的电位-pH 图可以看出，在特定的 pH（4.45～8.38）范围内，铝被稳定的天然氧化层（水氧化铝）所覆盖。如需人为地加厚天然氧化层时，原则上应当在这个 pH 范围内进行。实际上靠水蒸气的长时间作用也能增厚氧化膜，但厚度增加得很少，表 6-1 是不用氧化方法得到的氧化膜厚度。

表 6-1　在铝上生成各种氧化膜的厚度

形成方法	厚度/μm	形成方法	厚度/μm
天然膜	大约 0.05	MBV 法	2～3
退火膜	0.2	阳极氧化	8～20
一般氧化铝过程	1～2	硬质氧化	30～50

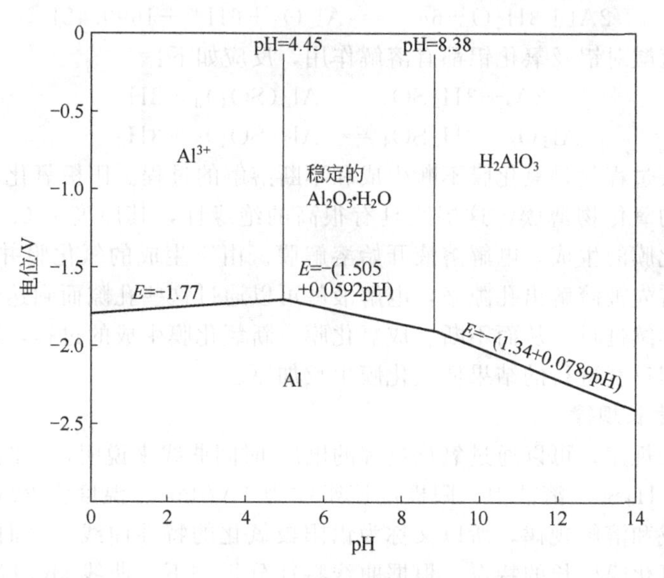

图 6-2　在 25℃时 Al 的电位-pH

一般认为，只要能产生钝化的电解液，如图 6-1 所示，只要有钝化曲线出现的电解液都可以进行阳极氧化。因此，在碱性和酸性两种电解液里 Al 都能进行阳极氧化，但工业上很少采用碱性电解液。

阳极氧化所用的电解液最重要的性质是具有合适的二次溶解能力，这一性质决定了在氧化过程中产生的氧化层被电解液溶解的速率。电解液按二次溶解能力分为高、中、低三类，高者如 HCl，NaOH，KOH 等一般用于电解抛光；中者如 H_2SO_4，$(COOH)_2$，H_2CrO_4，H_3PO_4 等用于产生防护层；低者则用作特殊用途的电解液。

2. 氧化膜的生长过程

铝及其合金阳极氧化的生产装置与抛光装置是一样的。被加工的铝制品作为阳极，而阴极只起导电作用。当进行阳极氧化处理时，在阳极表面上生成了结实的氧化膜，阳极附近液层中的 Al^{3+} 含量增加，并在阳极上析出氧气。与此同时，在阴极上仅析出氢气。对上述现象进行分析后认为，氧化膜的生成是两个同时进行着的过程综合反映：一个过程是阳极上铝进行氧化反应生成 Al_2O_3，称之为膜的电化学形成过程；另一个过程是，氧化膜不断地被电解液溶解，称之为膜的化学溶解过程。只有当膜的电化学形成速率大于膜的化学溶解速率时，氧化膜才能存在并顺利地成长到一定厚度。

在选择阳极氧化电解液时，应当考虑到在氧化的开始阶段，电解液中氧化膜的电化学形成速率需要明显的大于膜的溶解速率，否则就可能得不到氧化膜，即便是获得了氧化膜也是很薄的。但也必须使生成的氧化膜在该电解液里有一定的溶解速率和较大的溶解度，否则氧化膜不能增厚。因为铝的氧化膜电阻很大，当它的厚度达到一定限度后，就可以阻碍阳极反应进行。发生这种情况是由于生成的氧化膜分子体积大于铝原子体积，在进行阳极氧化的最初 12s 内，在表面上就会生成致密的氧化铝薄膜。这层无孔膜使电解液与铝基体隔开，电流就无法通过，从而导致阳极氧化反应不能继续进行，氧化膜无法加厚。实践证明，当采用不溶解氧化膜的电解液进行阳极氧化时，所得到氧化膜的厚度只有 1～1.5μm。为了获得较厚的氧化膜，必须采用既能溶解氧化膜，又能保证氧化膜的生成速率大于溶解速率的电解液。硫酸、铬酸、草酸等就是能满足上述要求的电解液。

阳极氧化所使用的电解液都是强酸性的，且阳极电极电位很高。Al 阳极氧化过程的实质为：

$$2Al+3H_2O-6e^- \longrightarrow Al_2O_3+6H^+ +1699.42J \quad (6\text{-}1)$$

与此同时，硫酸对铝及氧化铝都有溶解作用，反应如下：

$$2Al+3H_2SO_4 \longrightarrow Al_2(SO_4)_3+3H_2 \quad (6\text{-}2)$$

$$Al_2O_3+3H_2SO_4 \longrightarrow Al_2(SO_4)_3+3H_2 \quad (6\text{-}3)$$

氧化膜的生长过程就是氧化膜不断生成和不断溶解的过程。阳极氧化一开始，铝表面立即生成一层致密的氧化物薄膜，这层膜具有很高的绝缘性，其厚度为 0.01～0.1μm，称为无孔层。随着氧化膜的生成，电解溶液开始溶解膜。由于生成的氧化膜并不是均匀一致的，膜最薄的地方将首先被溶解出孔隙来，电解液就可以通过这些孔隙而到达铝的新鲜表面，使电化学反应得以继续进行，从而不断生成氧化膜。新氧化膜生成的过程，同时伴随着氧化膜的溶解。这种过程反复进行的结果使氧化膜生长加厚。

3. 氧化膜的生长规律

氧化膜的生长规律，可以通过氧化过程的电压-时间曲线来说明，见图 6-3。该曲线是在浓度为 200g/L 的 H_2SO_4 溶液中，阳极电流密度为 $1A/dm^2$、温度为 22℃时测得的。它反映了氧化膜的生成和溶解规律，所以又称为铝阳极氧化的特性曲线。该曲线明显地分三段，每一段都反映了氧化膜生长的特点。根据曲线特征分析如下：曲线 ab 段说明在通电后的很短时间内（10s 左右），电压急剧上升，这是由于在铝的表面很快的形成了连续的、无空的氧化膜，称之为无孔层或阻挡层，如图 6-3 中 A 所示。这层无孔氧化膜具有很高的电阻，阻碍了电流的通过及氧化反应的继续进行。无孔层的厚度在很大程度上取决于外加电压，外加电压愈高，其厚度愈大。在一般的阳极氧化工艺中采用槽电压 13～18V 时，无孔层的厚度为 0.01～0.015μm，其硬度也比多孔层高很多。

曲线 bc 说明，当电压达到一定数值后，即达到 b 点后，电压开始下降，一般可比其最

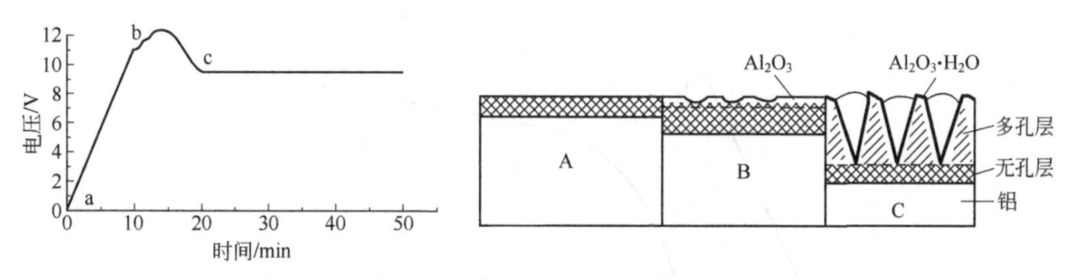

图 6-3　铝阳极氧化特性曲线与氧化膜生长阶段示意

高值低 10%～15%。出现这种情况是由电解液对氧化膜的溶解作用所致。由于膜的溶解使氧化膜最薄的局部位置产生孔穴，因而氧化过程产生氧化膜的电阻减小，槽电压也就随之下降。氧化膜上产生孔隙以后，电解液和新的铝表面接触，电化学反应又继续发生，从而使氧化膜继续生长，如图 6-3 中 B 所示。

b 点的电压以及它出现的迟早，主要取决于电解液的性质和操作温度。不同的电解液对氧化膜的溶解作用也不同。当某种电解液对氧化膜的溶解越快时，氧化膜越容易出现孔穴，那么 b 点所具有的电压峰值就越低。电解液温度高，氧化膜的溶解速率快，b 点的电压峰值就低，而且 b 点到来的就早。

曲线 cd 段表明，阳极氧化约 20s 后，槽电压就比较平稳。这个现象说明，氧化膜中无孔层的生长速率与溶解速率基本上达到平衡，此时无孔层的厚度不再增加，所以槽电压变化很小。在曲线 cd 段，孔底部的氧化膜的生成与溶解在不断进行着，结果就使孔底部逐渐向金属基体内部移动，随着氧化时间的延续，孔穴加深形成孔隙，具有孔隙的膜层逐渐加厚，形成了孔壁。孔壁和电解液是相互接触的，所以壁表面上的氧化膜会被溶解且会被水化（$Al_2O_3 \cdot H_2O$），从而使氧化膜成为可以导电的多孔性结构。这种多孔层厚度可以达到几十到几百个微米，其硬度较无孔层为低，其结构如图 6-3 中 C 所示。

在阳极氧化的整个过程中氧化膜都是在增长的。但是，随着电解时间的延长，膜的增长速率减小。显然这与阳极氧化过程中阳极电流效率的变化有关。在 15% 的 H_2SO_4 溶液中，测得氧化过程中消耗的电量 Q 与电流效率 η_A 和氧化膜厚度 δ 的关系如图 6-4 所示。在测试中，由于电流密度不变，则消耗的电量越大，氧化时间 t 越长，氧化时间与消耗电量成正比。图 6-4 中的虚线表示氧化膜的理论厚度。在这种条件下，所得到的阳极电位和氧化膜厚度随时间的变化曲线如图 6-5 所示，测量时所使用的电解液温度为（23±2）℃，阳极电流密

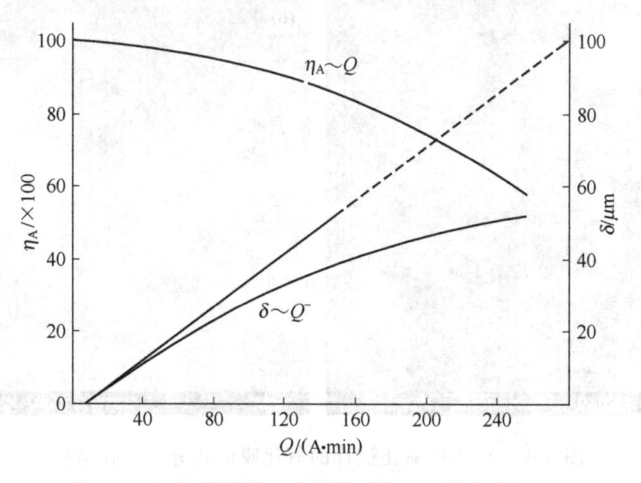

图 6-4　氧化时间与电流效率和氧化膜厚度的关系

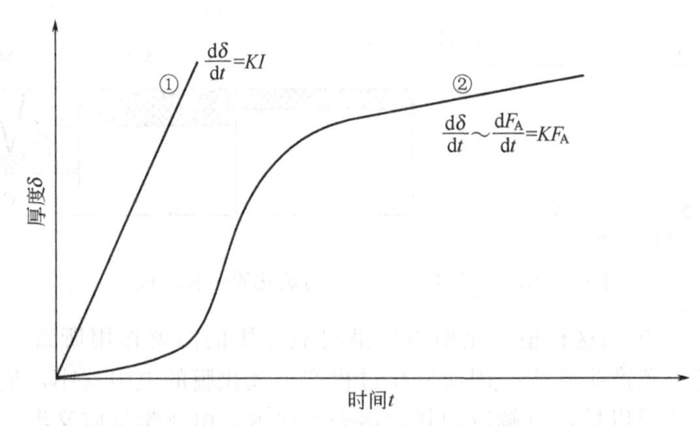

图 6-5　氧化时间与阳极电位和氧化膜厚度的关系

度为 2.5A/dm²。图 6-4 中的横坐标 Q 为氧化过程中所消耗的电量，以 A·min 表示，图中的虚线表示氧化膜的理论厚度。

从图 6-4 和图 6-5 可以看出，氧化开始时所生成的氧化膜厚度接近于理论厚度。随着氧化时间增长，氧化膜的厚度也增大，使阳极的欧姆电阻增大，因而促使阳极电位升高。由于膜厚度逐渐增大，膜中的孔也跟着加深，电解液到达孔的底部就愈困难。同时，孔中的真实电流密度很高以及膜外层的水化程度加大，提高了它的导电能力，因而促使氧的析出加剧，从而降低了形成氧化膜的电流效率。所有这些都导致氧化膜的厚度增加随时间延长而变慢。阳极氧化一定时间后，膜的厚度几乎不再增长，说明此时氧化膜的形成速率和溶解速率已近于相等。若再继续延长氧化时间，由于热效应等影响，可观察到氧化膜的腐蚀。

4. 氧化膜的结构

图 6-6 为铝阳极氧化膜表面的孔分布和孔的结构图。由图 6-6 可见，阳极氧化膜表面分布有大量的微孔，孔是圆锥状的，其扩大的喇叭口朝外。在 H_2SO_4 溶液中阳极氧化时，所得氧化膜的平均孔隙率为 10%～15%。铝氧化膜中孔的成长是与电渗作用分不开的，这种作用保证了电解液在膜孔中不断循环更新。电渗作用产生的原因可以解释如下：在电解液里，水化的氧化膜表面上带负电荷，在其周围紧贴着带正电荷的离子，譬如由于氧化膜的溶解而存在着大量的 Al^{3+}。在阳极氧化的条件下，由于电位差的影响，带电质点相对于固体

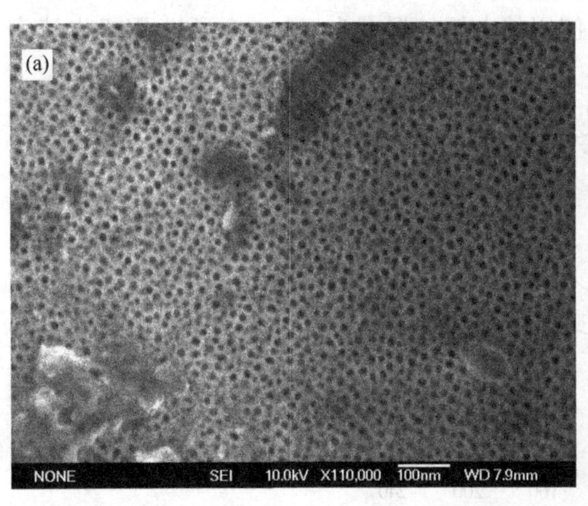

图 6-6　Al 阳极氧化试样的氧化膜的孔分布及孔结构

(a) 阳极氧化膜表面 SEM 图；(b) 氧化膜表面孔的 SEM 图

壁就发生电渗电流，即贴近孔壁的带正电荷的液层就向外部空间移动，而外部的新鲜电解液就沿孔的中心轴流进孔内。这就促使孔内的电解液不断更新，从而使孔内径扩大且孔加深，这种情况表示于图 6-7 中。

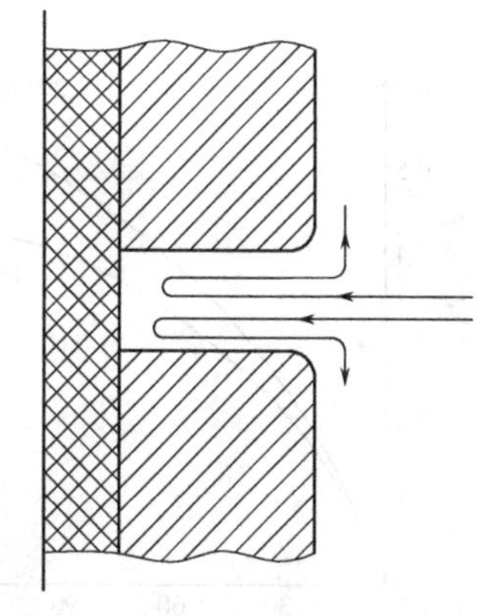
图 6-7　膜孔内的电渗液流示意

电渗液流的存在是氧化膜生长的必要条件之一。根据氧化膜的生长规律可知，阳极氧化时金属氧化膜的生长方向与金属电沉积时情况完全不同，氧化膜不是在零件的表面上向着溶液深处成长，而是在已生长的氧化膜下面，即铝与膜的交界处向着基体金属生长。人们曾经用实验证实了上述观点：在经过短时间阳极氧化的铝试片上涂以色素、染料，然后将该试片装入槽中进行第二次氧化，发现涂色的氧化膜仍留在金属表面上，而在它的下面是新生成的无色氧化层。

铝阳极氧化膜结构可以用电子显微镜进行观察。在硫酸、铬酸、草酸等电解液中，生成的阳极氧化膜的结构基本上相似，其孔体都是六角形结构，如图 6-8 所示。氧化膜孔体底部的直径是一定的。无孔层的厚度决定于阳极氧化处理的初始电压。多孔层的孔穴和孔体的尺寸与电解液的组成、浓度和操作条件有关。在常用的硫酸、铬酸和草酸电解液中，硫酸对氧化膜的溶解作用最大，草酸的溶解作用最小。所以，在硫酸中得到的阳极氧化膜的孔隙率最高，可达20%～30%，故其膜层也较软。但是这种膜富有弹性，且吸附能力最强。

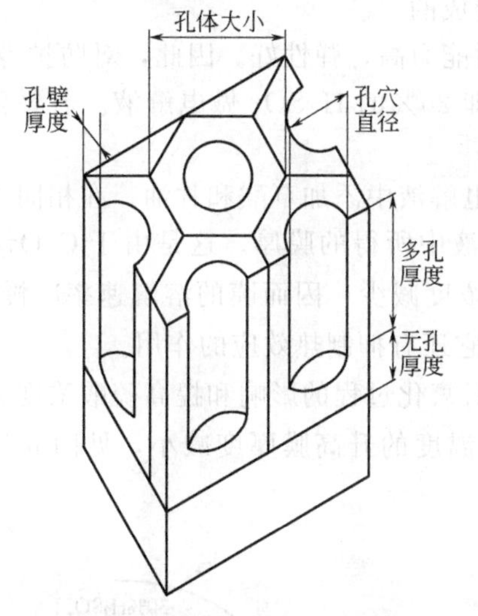

图 6-8　铝阳极氧化膜的结构示意

二、铝及其合金的阳极氧化工艺

在铝及其合金制品的阳极氧化生产中，国内外成功使用的电解液有三种：硫酸、铬酸和草酸。根据电解条件的不同，在上述电解液里，可以获得不同厚度的、具有不同的机械和物理-化学性质的氧化膜。

1. 硫酸电解液阳极氧化

本工艺方法已得到广泛应用，其特点是这种溶液几乎可以适用于铝及各种铝合金的加工，而且所得到的氧化膜具有高的吸附能力及抗蚀性。在生产中本工艺的电能消耗少，操作方便，成本也较低。其缺点是电解液需要冷却。为了提高氧化膜的抗蚀性及电绝缘性，必须对所得到的氧化膜进行填封，铆焊件及具有窄缝的零件不宜用它加工。生产中常用的工艺规范见表 6-2。

表 6-2　硫酸法阳极氧化工艺规范

规范 \ 编号	1	2	
硫酸浓度/(g/L)	150～200	7～100	
溶液温度/℃	15～25	0±5	
所需电压/V	18～24	20	120
电流密度/(A/dm²)	0.8～1.0	0.5	2.5
氧化时间/min	40～60	15	105

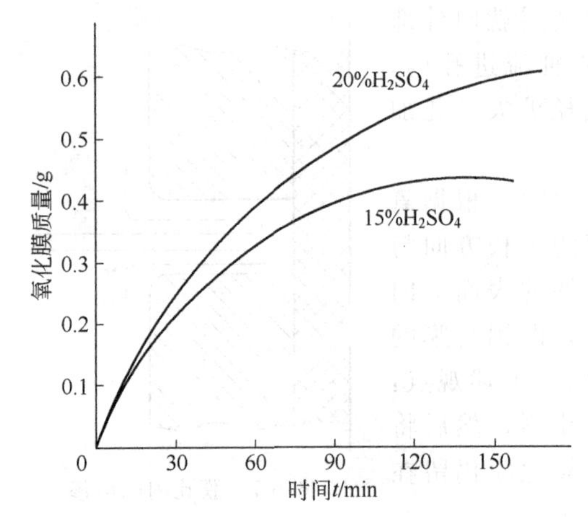

图 6-9　硫酸浓度对氧化膜生成速率的影响

表 6-2 中 1 号电解液用来进行一般的防护-装饰性阳极氧化，所得氧化膜具有易染色的特点。2 号电解液用来进行硬质厚膜阳极氧化，所得氧化膜具有高的耐磨性能。2 号电解液分两段操作，首先用低电流密度氧化 15min，而后用高电流密度进行氧化，并在 1～2h 内将电压升至 120V 为止。

影响氧化膜质量的因素主要有下述几方面。

(1) 硫酸浓度的影响　用硫酸法氧化铝及其合金时，通常采用 15%～20%的 H_2SO_4 作为电解液。在更浓的溶液里，膜的溶解速率加大，所以氧化膜的生长速率降低。H_2SO_4 浓度影响氧化膜的生成速率。不同 H_2SO_4 浓度时生成氧化膜的质量和电解时间的关系见图 6-9。在温度和电流密度相同的情况下，经过同样时间的氧化，所得到的膜厚却是不一样的。这正是氧化膜在浓的 H_2SO_4 中溶解速率大所造成的。

提高 H_2SO_4 浓度所得到的膜孔隙多一些，膜的吸附能力高，弹性好。因此，对防护-装饰及纯装饰目的工件加工时，多使用允许浓度的上限，即 20%的 H_2SO_4 做电解液。若要获得硬而厚的耐磨氧化膜时，则应选用较稀的溶液。

目前，为了获得防护性能好的氧化膜，通常往硫酸电解液中添加草酸和甘油。在相同条件下，添草酸后所生成的氧化膜厚度比不加草酸的电解液中所得的膜厚。这是由于 $C_2O_4^{2-}$ 在阳极氧化膜上吸附，形成一缓冲层，使膜近处的 H^+ 浓度减少，因而膜的溶解速率减慢。加入甘油，在相同条件下，可使膜层增厚近 10%，而且它还有抑制热效应的作用。

(2) 电解液温度影响　在硫酸电解液中，提高温度对氧化过程的影响和提高硫酸浓度的影响相同。温度升高，膜的溶解速率加大。所以，随着温度的升高膜厚度减小，见图 6-10 和图 6-11。

温度变化对氧化膜的硬度和耐磨度也有重大影响。当温度为 22～30℃时，所得到的膜是柔软的，吸附能力好，但耐磨性差。温度更高时，膜就变得不均匀，甚至不连续，因而失去使用价值。要制取厚而硬的氧化膜，必须降低操作温度，通常在 0℃左右进行硬质氧化。

温度对阳极氧化膜抗蚀能力的影响也很明显，在 H_2SO_4(20%) 溶液中，以 1A/dm^2 的电流密度氧化 30min，于不同温度下所得膜的抗蚀性中，以 18～22℃时的膜为最好。

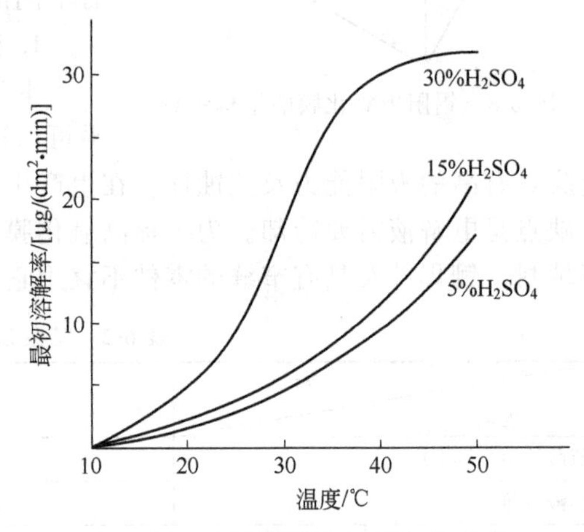

图 6-10　温度对膜溶解速率的影响

应当特别指出的是阳极氧化过程中必须控制温度。厚 2.5μm 氧化膜的生成热约为 159.10kJ/m^2。可以认为它与加工面积和加工时间成正比例增加。另外在阳极氧化时，由于电阻很高，所以生成的焦耳热也很可观。因此，必须把这些热量及时除去。这就要求对电解

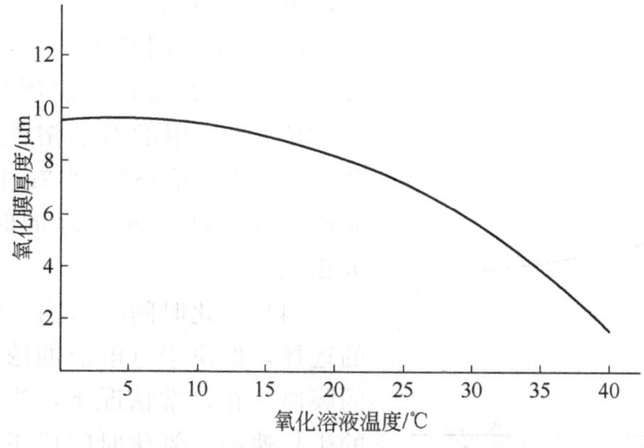

图 6-11　温度对膜生长速率的影响

液采用强制冷却措施，而且所使用的电解液的体积不应太小，以保证容积电流密度不大于0.3A/L。

(3) 电流密度的影响　阳极氧化时，电流密度和氧化膜的生长关系极大，见图 6-12。实践证明，在一定范围内提高电流密度，膜生长缓慢，但却相当致密，这种规律基本符合法拉第定律的，也就是说在一定电流密度范围内，电流效率近似相等，因此膜的生长速率正比于电流密度。单纯用提高电流密度来增厚氧化膜是有限的。因为当电流密度高于 $6A/dm^2$ 时，氧化膜生长速率的变化很小。这是在高电流密度下，电流效率的降低以及孔内热效应（生成热和焦耳热）的加大，促使膜的溶解加速所决定的，且过高的电流密度有将加工零件烧毁的危险。由于阳极氧化过程中电流密度和电压有联动关系。当铝件通电氧化时，很快生成了薄而致密的无孔阻挡层，此时电阻增大，电流密度就会降低。为了能够使氧化过程继续进行，就必须升高槽电压，以使电流继续通过。电压升高的快慢，亦即电流密度升高的快慢对于氧化膜的结构影响很大。电压较高时获得的氧化膜孔隙率小，但孔径大。若电压过高，在制品的棱角边缘处击穿严重，该处电流密度过大，往往造成粗糙的浸蚀状态。阳极氧化时，电流密度和电压的相互关系见图 6-13。

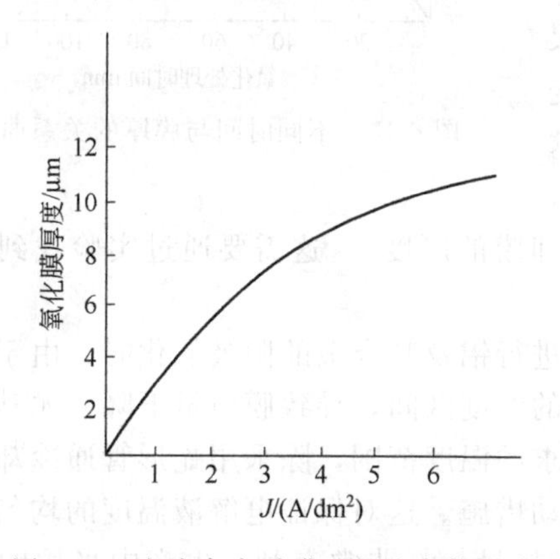

图 6-12　电流密度对膜生长速率的影响

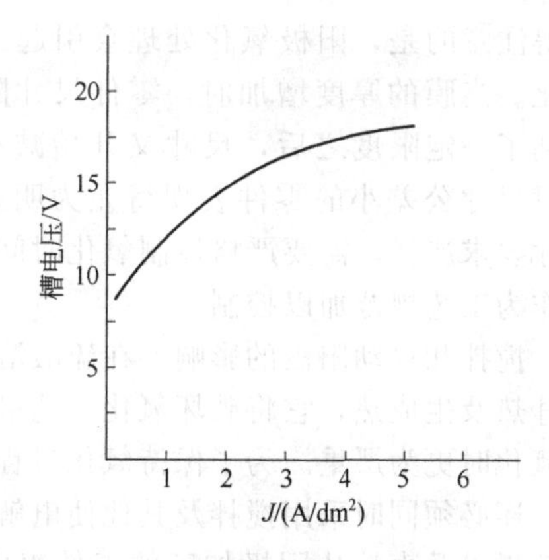

图 6-13　电流密度与电压的关系

测定的硫酸溶液阳极氧化膜的防护性能与电流密度的关系曲线中发现曲线上出现了极大点，见图 6-14。因此，在进行防护或防护-装饰性阳极氧化时，开始应该用较小的电流密度（不大于 $0.5A/dm^2$）氧化 1min，然后再逐渐调整所需的电流密度，而且其上限最好不要超过 $1.5A/dm^2$，否则抗蚀能力将降低。在这种条件下得到的膜，孔隙率稍高些，但孔径却

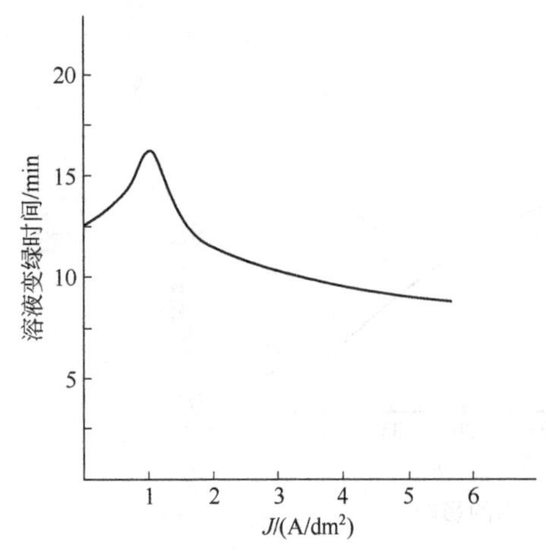

图 6-14 膜的防护性能与电流密度的关系

小，吸附能力大，经填充后抗蚀能力极高。

图 6-14 的测定条件为：20%的 H_2SO_4 电解液，温度为 20℃，每次测量后通过的电量均为 1200C（所使用的腐蚀溶液由相对密度 1.19 的盐酸 25mL，重铬酸钾 3g 和蒸馏水 75mL 配制而成，此溶液液滴变绿的时间与膜的抗蚀能力成正比）。

(4) 氧化时间的影响　铝制件阳极氧化时间的选择，取决于电解液的浓度、工作条件和所需的膜厚。在正常情况下，当电流密度恒定时，膜的生长速率与氧化时间成正比。但当氧化膜生长到一定厚度时，由于膜的电阻加大，影响导电能力，而且由于温升，膜的溶解速率也加快，故膜的生长速率会逐渐减慢。在 20%H_2SO_4 溶液中，直流电流密度为 $1A/dm^2$ 时，氧化膜的厚度与时间关系见图 6-15。

在装饰性阳极氧化工艺中，膜的平均生长速率为 0.2～0.3μm/min。若氧化时间太长，膜的表面被电解液溶解，孔径变大，表面变粗糙，硬度和耐磨性均降低。因此，装饰性阳极氧化时间一般控制在 40～60min。若需要对氧化膜染深色或难吸附的颜色时，氧化时间可延长至 90min。继续延长氧化时间，由于膜的增厚，内应力加大，容易产生裂纹。内应力是由于膜的体积比生成膜所需要的金属铝体积大所造成的。

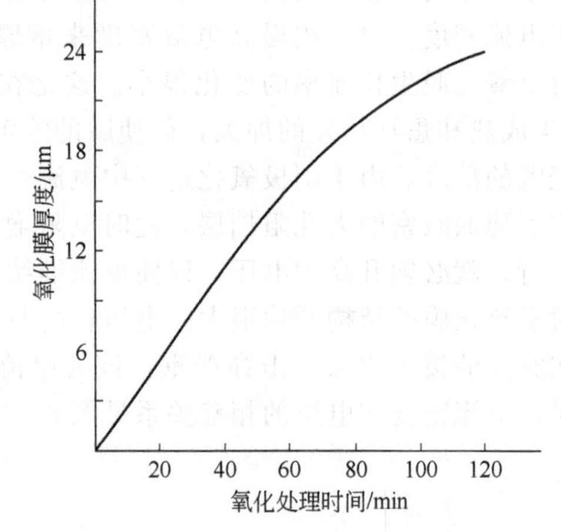

图 6-15 不同时间与膜厚的关系曲线

进行厚的硬质阳极氧化时间可延长至数小时。但操作时必须加大电流密度，而且对电解液进行强制冷却。

值得注意的是，阳极氧化处理会引起工件尺寸的变化。当膜的厚度增加时，零件尺寸随之变大，但到了一定限度之后，尺寸又开始减小。这种情况对尺寸公差小的零件表现得尤为明显。若零件尺寸要求严格，需要严格控制氧化时间（亦即膜的厚度）。这需要通过实验找到变化规律，并作为工艺规范加以控制。

(5) 搅拌和移动阳极的影响　在硫酸溶液中进行铝及其合金的阳极氧化时，由于产生大量的焦耳热及生成热，它将破坏氧化工艺最适宜的温度区间，导致膜质量下降，尤其是在硬质阳极氧化时更为严重。为了保持氧化过程所要求的温度范围，除采用蛇形管通冷却液进行降温外，还必须同时采用搅拌及其他使电解液运动措施。这对保证电解液温度的均匀性、强化冷却效果以及直接从阳极加工的工件表面带走热量，都非常有利。生产中采用的搅拌方式，有净化的压缩空气吹沸法、用泵连续抽出电解液的快速冷却循环法、螺旋桨机械搅拌溶液以及移动阳极法等。国内常用压缩空气搅拌及泵吸循环法等。

(6) 电解液中杂质的影响　铝阳极氧化所用电解液中可能存在的杂质有 Cl^-、F^-、NO_3^-、Al^{3+}、Cu^{2+}、Fe^{2+} 等离子，其中对铝阳极氧化过程影响最显著的是 Cl^-、F^- 及 Al^{3+} 离子。在实际生产中，这些杂质的容许量为：$Cl^- < 0.05g/L$，$F^- < 0.01g/L$，

$Al^{3+}<20g/L$。

当电解液中有活性离子 Cl^- 及 F^- 存在时，氧化膜的孔隙率增加，膜表面粗糙而疏松。当其含量达到一定值时，制件就发生腐蚀及穿孔，致使产品报废。因此在配制电解液时，应注意水的质量，特别要严加注意冷却管路的完好。若有腐蚀穿孔，则含氟冷却液进入电解液，这是很有害的。

电解液中 Al^{3+} 含量增加，往往使制件表面出现白点或斑状白块，并使膜的吸附性能下降，造成染色困难。

当电解液用于氧化含 Cu 和 Si 的合金时，随着生产过程的进行，Cu 和 Si 便在溶液中积聚，当 Cu^{2+} 的含量达 0.02g/L 时，氧化膜上会出现暗色条纹和斑点。为了除去 Cu^{2+}，可以用铅作电极进行通电处理，阴极电流密度控制在 $0.1\sim0.2A/dm^2$。此时铜便在阴极析出。进入溶液中的 Si 常以悬浮状态存在。它在阳极上以褐色粉末状析出。为了除去 Si，就得将电解液进行仔细过滤。

(7) 电源性质影响　在 H_2SO_4 电解液中进行阳极氧化时，可使用直流电，也可使用交流电，甚至可以使用脉冲电流。但电源性质将影响氧化膜性能。使用直流电时，所得到的氧化膜具有高的硬度和耐磨性，而氧化膜的透明度则稍低些。使用交流电氧化时，所得到的氧化膜具有高的透明度，但其硬度和耐磨性却较低。因此，当对普通铝进行电化学氧化时，为获得满意光泽，而对耐磨性能又要求不高时，可以用交流电进行阳极氧化。

当使用交流电进行氧化时，单相和三相交流电均可采用，其阳极氧化工艺规范如下：

硫　酸（1.84）	130～150g/L
槽电压	18～20V
电流密度	$1.5\sim2.0A/dm^2$
溶液温度	13～26℃
氧化时间	40～50min

采用交流电进行阳极氧化时，要想得到和直流氧化一样的膜厚，则氧化时间要加倍。交流氧化时的阴、阳两极上均可挂预处理制件，但它们的面积应相等。对尺寸公差要求严格且光泽度要求高的小零件，不宜采用交流电氧化。

当用交流电阳极氧化含铜量高的铝合金时，氧化膜常带绿色，且易被腐蚀。为了防止这种现象，可往硫酸电解液加入 2～3g/L 铬酐。此时电解液中 Cu^{2+} 的允许量可从 0.02g/L 提高至 0.3～0.4g/L。也可以加入 6～10g/L HNO_3 来消除铜的影响。

2. 铬酸电解液阳极氧化

用 5%～10%的铬酸电解液对铝及其合金进行阳极氧化在工业生产中已得到了广泛应用。该法得到的氧化膜比用硫酸法要薄，一般只有 2～5μm。因此，氧化后零件的尺寸只增加 1μm 左右，即基本上保持零件原有的精度。这种氧化膜质软而弹性高，几乎没有气孔，其抗蚀能力比在硫酸中得到的氧化膜好。铬酸氧化法所得氧化膜的颜色由灰白到深灰色，甚至呈彩虹色且不透明，故染色困难，通常作为油漆的底层使用。由于铬酸溶液对铝的腐蚀性比其他电解液要小，因此适用于尺寸公差小且表面光洁度要求高的制品加工，也可用于氧化钣金件、铸件、铆接件、点焊件以及具有狭小条缝的零件的阳极氧化。但该电解液不适于铜及硅含量较高的铝合金的阳极氧化，因该电解液氧化所得氧化膜质量低劣。应当指出，铬酸法就溶液成本、电能消耗而言，均比硫酸法昂贵些。

表 6-3 列出了推荐的几个铬酸阳极氧化工艺规范。1 号配方用于一般机械加工件钣金件的阳极氧化，3 号配方用于经抛光的、尺寸公差要求小的制件的阳极氧化。

表 6-3 铬酸阳极氧化的工艺规范

条件＼编号	1	2	3
铬酸/(g/L)	90～100	50～55	30～55
温度/℃	37±2	39±2	30±2
电流密度/(A/dm²)	0.3～2.5	0.3～2.7	0.2～0.6
氧化时间/min	35	60	60
槽电压/V	0～40	0～40	0～40

3. 草酸电解液阳极氧化

在草酸溶液中对铝及其合金制品行阳极氧化最初使用直流电源，现在也使用交流电源，常用的电解液浓度为含 2%～10%的草酸。使用直流进行阳极氧化时，所得膜层的硬度及抗蚀性不亚于硫酸电解液中所得膜层，且由于草酸溶液对铝及氧化膜的溶解度小，所以氧化膜的厚度大于硫酸电解液中获得的氧化膜。若用交流电进行氧化，得到的膜层较软，弹性好。该法适用于铝线材等的加工处理，可获得电绝缘性好的氧化膜。

草酸法阳极氧化处理的缺点是价格贵、耗电多、溶液有毒性，而且在生产过程中草酸在阴极上还原为羟基乙酸，在阳极上则被氧化成二氧化碳。故该电解液的稳定性较差。这种方法目前国内外主要用于电器绝缘、食品铝质器皿、建筑及造船用铝材的氧化处理。

以下是草酸溶液弹性绝缘的氧化工艺：

草酸（$H_2C_2O_4$）	(30±3)g/L
温度	(18±3)℃
阳极电流密度	1～2A/dm²
氧化时间	20min(24μm)

其氧化操作步骤为：

0～40V	5min
70V	5min
90V	5min
90～110V	15min
110V	90min

在草酸电解液中进行阳极氧化的特点是使用的电压较高。这是由于氧化膜致密，电阻很高，若不增加电压，氧化膜就不能增厚。在氧化过程开始时，电流和电压的增加应缓慢些，如操之过急，则会造成新生膜层不均匀处电流集中，导致该处出现严重的电击穿，引起铝的腐蚀。生产中一旦发现电流突然上升（电压下降），则说明正常阳极氧化过程被破坏了。由于所采用的电压很高。电解液的温度不均匀，因此要强烈搅拌电解液以消除局部过热现象。生产中多采用净化的压缩空气搅拌。为了提高氧化膜绝缘性能，最后将氧化后的零件或铝线浸入 322 清漆或其他高绝缘漆中进行封孔处理。

上述工艺适用于纯铝及镁合金的阳极氧化，对含铜及硅的铝合金则不适用。这可能是由于铜合金中的 $A1Cu_2$ 在阳极氧化时被溶解，从而造成膜层疏松。

4. 瓷质氧化

在铬酸电解液中添加一些草酸和硼酸并适当改变一下工艺条件，可以阳极氧化得到类似瓷釉或搪瓷色泽的乳白色氧化膜。工业生产中将其简称为“瓷质阳极氧化膜”或“瓷质氧化膜”。这种氧化膜的弹性好，抗蚀性强，染色以后可得具有塑料感的外观。铬酸瓷质氧化工艺如下：

铬酐（CrO_3）	5%（质量）
草酸（$H_2C_2O_4$）	0.5%（质量）
硼酸（H_3BO_3）	0.5%（质量）
阳极电流密度	0.8～1.0A/dm^2
温度	30～50℃
氧化时间	60min
电压	25～40V

在瓷质氧化电解液中，三种组分的变化都影响膜的质量及色泽。铬酐含量增加时，膜层发灰且易使膜产生过蚀现象。草酸含量增加时，膜的仿釉色泽加深，但是含量过高，膜的透明度增加，因而草酸阳极氧化膜呈草绿色。硼酸可加速膜的生长速率，促使膜呈乳白色。硼酸含量过高，使膜层出现透明的雾状块。

为了保证获得具有光泽的、不透明的、乳白色的瓷质氧化膜，膜厚不应大于16μm（氧化时间约1h），氧化时间过长，膜层色彩发灰。此外，在操作条件下还必须将温度和电流密度配合恰当。电流密度的大小又取决于所施加的电压。电压过低时，氧化膜薄且透明度高。电压维持在25～40V时，所得氧化膜色泽最好。电压过高时，膜就呈现深灰色调。为了控制瓷质氧化膜色泽，可改变下述工艺条件来实现，即改变电压、温度、氧化时间。最方便的操作方法是固定温度和氧化时间，用变动氧化的电压来调整气化膜色泽。

为了获得硬度高的瓷质氧化膜，可用钛盐为基础的电解液。在这种电解液中，所得到的瓷质氧化膜具有硬度高、光泽度好和抗蚀力强等特点，其缺点是成本较高，溶液的使用寿命短。以下为这种电解液的工艺规范：

草酸钛钾［$TiO(KC_2O_4)_2 \cdot 2H_2O$］	35～45g/L
草酸（$H_2C_2O_4$）	2～5g/L
硼酸（H_3BO_3）	8～10g/L
柠檬酸（$H_3C_6H_5O_7 \cdot H_2O$）	1～1.5g/L
杂质（Cl^-）	＜0.03g/L
pH	1.8～2.0
温度	24～28℃
氧化时间	80～40min
阳极电流密度	2～3A/dm^2
阴极用硅碳棒或铅板	

该溶液应用蒸馏水配制。实际操作时应按规定的电流密度值将电压逐渐调至90～110V，而后保持电压恒定，则电流密度逐步自动下降至0.6～1.2A/dm^2。电解液中的草酸钛钾水解后，产生$Ti(OH)_4$沉淀会进入氧化膜孔中，从而使氧化膜更加致密。若草酸钛钾不足，氧化膜会变得疏松，甚至呈粉末状。溶液中的草酸是保证膜生长所必需的，若草酸含量过低，所得氧化膜薄，但草酸含量也不能太多，否则膜的溶解速率过快，使膜层变疏松。硼酸和柠檬酸对氧化膜的光泽和乳白色调有明显影响。硼酸起缓冲作用，可以维持电解液的pH在一定范围内。

三、阳极氧化膜的染色

经过阳极氧化处理得到的新鲜氧化膜具有强烈的吸附能力，因而可以再经过一定的工艺处理，使其染上各种鲜艳的色彩。这既可美化制品表面，又能提高氧化膜的抗蚀性。需进行染色的氧化膜应具备下列条件。

(1) 氧化膜层应具有适当的厚度，厚度不同所染出的色调不同，若要求染深色，选择厚膜为宜。

(2) 氧化膜具有一定的孔隙率，且孔隙有较强的吸附能力。

(3) 氧化膜是无色透明的。

(4) 膜层不应有划痕、洞穴等弊病，其金相结构没有明显差异，如晶格变化或偏析等。

一般而言，最适于进行染色的氧化膜，是从硫酸电解液中获得的阳极氧化膜。它能在大多数铝及合金上形成无色且透明的膜层，其孔隙吸附能力较强。用直流电所得的草酸氧化膜呈黄色，只能用来染暗的色调。铬酸的氧化膜孔隙率小，为灰色或深灰色，故很少用来染色。

纯铝及不含杂质的铝镁合金和铝锰合金，经阳极氧化处理后，可以染上各种鲜艳夺目的色彩。但是含杂质的铝及其合金，尤其铜及硅等含量较高的制件，所得膜层发暗，因此只能染深黑色。在氧化处理之后，制件立即用冷水充分清洗，马上进行染色。有时为了确保染色质量，可用1%的氨水将零件中和处理0.5～1min，以彻底除去遗留在零件上未洗净的酸性电解液，然后用冷水洗净，进行染色。

氧化膜的染色可以用有机染料，也可以用无机颜料，但是从染色的牢度、上色速率、操作方法、色彩鲜艳程度及染色使用期等方面考虑，有机染料都比无机颜料染色优越得多。因此，实际生产中大多使用有机染料。在铝氧化膜上进行有机染料染色时，可以用染毛、丝、棉纺织品的酸性染料，也可以用碱性染料、茜素染料、复合金属染料以及各种直接染料和活性染料。所获得的色调主要取决于氧化膜的性质及染料分散作用的程度。而所得色彩的耐光性基本决定于所使用的材料、膜的氧化方法及染色后的封闭处理。膜对染料的吸收与溶液的pH、膜的水化程度、膜层的晶粒尺寸有关。膜的水化程度高，其化学活性高，膜的晶粒愈细，对染料的吸收愈好。

在铝氧化物上用有机染料进行染色的机理比较复杂，目前尚未明确。一般认为的可能机理是。

(1) 有机染料与氧化铝膜不发生反应，染色只是由于在氧化膜孔隙中物理吸附了沉淀的色料。例如，酸性金黄Ⅱ和直接湖兰的染色均属于此类。

(2) 有机染料分子与氧化铝发生了化学反应，由于化学结合而存在于膜孔隙中。这种化学结合方式有以下几种：氧化膜与染料分子上的磺基形成共价键；氧化膜与染料上的酚基形成氢键；氧化物与染料分子形成络合物等。具体是哪种结合形成，取决于染料分子的性质与结构。如酸性铬橙就和氧化铝形成络合物。

常用的有机染料染色工艺见表6-4。若将表中黄色染料的(4)和(5)联合配制，则可染金黄色。但使用该工艺染金黄色时，应在染色后，立即将工件转入显色液中浸渍1～2min，取出清洗。若染出的色泽太浅时，可反复进行染色处理，直至达到要求为止。显色液为20g/L H_2SO_4、10g/L $NaNO_2$ 或直接用10%的 HNO_3。显色应于室温下操作。这种可溶性还原染料所染的黄色及金黄色膜的耐晒性很好。

用无机颜料染色的实质是将已阳极氧化好的铝制品先浸入第一种无机盐溶液中，该溶液借毛细作用进入膜孔中，此时，两种无机盐在膜孔中进行离子互换反应，产生带颜色的难溶化合物，于是它就沉淀于孔隙中，将膜孔填充并显示色彩。无机颜料染色主要有两种方法。

表 6-4 有机染色工艺规范

颜色	染料名称	浓度/(g/L)	时间/min	温度/℃
黑色	(1)苯胺黑	5～10	15～30	60～70
	(2)酸性粒子元 NBL 冰醋酸(98%)	0.8～1.2mL/L	15～30	60～70
	(3)酸性毛元 ATT	10～12	10～15	60～70
红色	(1)酸性红 GR	5	2～10	室温
	(2)直接锡利桃红 G	2～5	1～5	60～75
	(3)铝红 ZBLW	2～5	2～5	室温
	(4)酸性红 B 冰醋酸(98%)	0.5～1mL/L	15～30	15～49
蓝色	(1)直接耐晒蓝	3～5	15～20	室温
	(2)酸性蒽醌蓝	5	5～15	50～60
	(3)直接锡利翠蓝	2～5	1～5	60～75
	(4)铝蓝 LLW	2～5	2～5	室温
	(5)活性艳蓝	5	1～5	室温
绿色	(1)酸性绿	5	15～20	70～80
	(2)直接耐晒翠绿	3～5	15～20	室温
黄色	(1)铝黄 GLW	2～5	2～5	室温
	(2)活性艳橙	0.5	5～15	70～80
	(3)茜素黄	0.3	1～3	75～85
	茜素红	0.5		
	(4)溶蒽素金黄 IGK	0.035	1～3	室温
	(5)溶蒽素橘黄 IRK	0.17	1～3	室温

(1) 两步法染色 例如染棕红色时，先将氧化制件浸入硫酸铜溶液中，取出清洗后再浸入亚铁氰化钾溶液中，其反应为：

$$2CuSO_4 + K_4[Fe(N)_6] \longrightarrow Cu_2[Fe(N)_6] \downarrow + 2K_2SO_4 \qquad (6\text{-}4)$$

常用的无机颜料两步法染料工艺列于表 6-5 中。

表 6-5 无机染料两步法染色工艺

颜色	无机盐溶液	含量/(g/L)	无机颜料
蓝色	(1)亚铁氰化钾	10～15	普鲁士蓝
	(2)氯化铁或硫酸铁	10～100	
黑色	(1)醋酸钴	50～100	氧化钴
	(2)高锰酸钾	15～25	
黄色	(1)醋酸铅	100～200	铬酸铅
	(2)重铬酸钾	50～100	
白色	(1)醋酸铅	10～50	硫酸铅
	(2)硫酸钠	10～50	
棕色	(1)硝酸银	50～100	铬酸银
	(2)铬酸钾	5～10	

上述工艺均在室温下进行，在每种溶液中的浸渍时间都控制在 5～10min。如果色泽较浅，可进行重复处理。经过无机颜料染色的零件，用冷水清洗之后，应于 60～80℃烘烤干燥，为了提高氧化膜的抗蚀性，可将其表面喷罩透明漆或浸蜡。

(2) 一步法染色 它多采用于染建筑艺术品的金黄色，其工艺为：将氧化制品在 50℃以下，浸于 pH 为（5.5±0.5）的 10～25g/L 的草酸铁铵溶液中 2min，取出洗净干燥即可。草酸铁铵浓度可根据所需颜色的深浅来调整，要淡黄色时可配稀一些，要黄色深时可配浓一些。

四、氧化膜的封闭与退除

阳极氧化膜与铝基体表面形成的自然氧化膜层相比，阳极氧化膜的耐蚀性和耐磨性较高，但由于铝阳极氧化工艺自身的特点，铝的阳极氧化膜表面有大量微孔。这些微孔又成为氧化膜层小孔腐蚀的诱发点，小孔的活性高，极易吸附污物。对氧化膜进行封孔降低其腐蚀性、延长铝阳极氧化制品的使用寿命是提高阳极氧化膜应用的有效途径。

封孔技术最早出现在20世纪30年代，由Dunham申请专利。最初的封孔技术是采用铬酸盐或重铬酸对氧化膜的微孔进行封闭。同一时期，日本报道采用了高温蒸汽封孔，随后在工业上发展成一度普遍使用的沸水封孔。70年代，欧洲提出了以氟化镍为主要成分的冷封孔技术，已为包括我国在内的许多国家广泛使用。

我国一直是铝材的生产和应用大国，而大部分铝材要达到足够的表面力学性能和耐蚀性要求，必须要进行阳极氧化和封闭处理。目前，重铬酸盐封孔和冷封技术仍是我国主要的封孔工艺。但是，重铬酸盐封孔和氟化镍封孔技术使用含有重金属离子铬、镍和氟离子的溶液，对环境污染较大。同时，经过重铬酸盐或氟化镍封孔的氧化膜层中，含有一定量的铬或镍元素，分析表明氧化膜表面封闭过程中介入的Cr或Ni元素在铝材或铝合金构件的使用过程中也可能对环境和人体健康产生有害影响。

90年代以来，鉴于环境保护和能源节约，普通中温封孔以及无氟无镍的中温封孔技术有扩大应用的趋势。国内外主要开发无铬、无镍、无氟的绿色氧化膜封闭工艺并取得了相应的成效。

1. 沸水和蒸汽封闭法

这两种封闭方法比较简单，其原理是利用在较高温度下无水氧化铝的水化作用：

$$Al_2O_3 + nH_2O \xrightleftharpoons{\Delta} Al_2O_3 \cdot nH_2O \tag{6-5}$$

当密度为3.42的γ-Al_2O_3水化为一水化合物时，氧化物的体积增加33%；而水化为三水化合物时，则体积增加310%。因此，当将氧化好的零件置于热水中时，阻挡层和疏孔层内壁的氧化膜层首先被水化，经过一段时间后，孔底逐渐被水化膜所封闭，当整个孔穴被全部封闭时，孔隙中的水就停止循环，膜层的表面层继续进行水化作用，直到整个孔隙的口部被水化膜堵塞为止。

采用水蒸气封闭法，可有效地封闭所有的孔隙。若在封闭前将氧化后的制件进行真空处理一段时间，则封闭效果更加优异。蒸汽封闭的特点是不发生颜色的色扩散现象，因此不易出现“流色”。但蒸汽封闭法所用的设备及成本都较沸水法为高，所以除非有特殊要求，应尽可能使用沸水封闭法。当用蒸汽封闭时，温度控制在100～110℃，时间为30min。温度太高，氧化膜的硬度和耐磨性严重下降。因此蒸汽温度不可太高。

2. 重铬酸盐封闭法

此法适于封闭硫酸溶液中阳极氧化的膜层及化学氧化的膜层。用本方法处理后的氧化膜显黄色，它的抗蚀性高，但不适于装饰性使用。该方法的实质是在较高温度下，使氧化膜和重铬酸盐产生化学反应，反应产物碱式铬酸铝及重铬酸铝就沉淀于膜孔中。同时热溶液使氧化膜层表面产生水化，加强了封闭作用，故可认为是填充及水化的双重封闭作用。通常使用的封闭溶液为5%～10%的重铬酸钾水溶液，操作温度为90～95℃，封闭时间为30min，溶液中不得有氯化物或硫酸盐。

3. 其他封孔方法

关于镍盐和氧化剂的封孔，冯拉俊等进行了系统的研究。研究认为在阳极氧化过程中，铝作为阳极生成三价铝离子，而电解质溶液中阴离子含有氧，阳极氧化生成的 Al^{3+} 与电解质中的氧作用生成氧化物。随着氧化物薄膜的不均匀生长，必然要伴随着薄膜的局部溶解，这种溶解包括化学溶解和电化学溶解两部分。化学溶解发生在氧化膜的所有面上，使得生成的氧化膜不断减薄；而电化学溶解多发生于电场方向，主要发生在多孔膜的薄膜孔底，这一过程使得氧化膜的微孔不断加深。当两种化学溶解达到平衡时，氧化膜厚度为阳极氧化膜的最终厚度。

由铝阳极氧化膜的形成过程可知，氧化膜的生长过程为氧化膜的部分溶解和继续生长的动态过程，氧化膜存在大量的微孔。在阳极氧化结束时，氧化膜微孔内部存在大量的 Al^{3+}，而在膜孔底部 Al^{3+} 更为集中。由于微孔中存在大量的 Al^{3+}，因此要达到微孔的完全封孔，就必须使封孔剂与微孔中的 Al^{3+} 作用形成稳定的化合物将微孔阻塞。在众多阴离子中，F^- 半径最小，更容易渗入微孔中，可与微孔内的 Al^{3+} 反应生成稳定的 $[AlF_6]^{3-}$ 络合离子（稳定常数为 6.9×10^{19}）。处于离子态 $[AlF_6]^{3-}$ 络合离子为了满足其电中性，必然吸附正离子与其生成稳定的络合物。

在众多酸性阳离子中，镍、铁、钴和镉的点蚀电位较高，不易产生点蚀。且 Ni^{2+} 可与 $[AlF_6]^{3-}$ 络合生成透明的胶状络合物 $Ni_3[AlF_6]_2$，在对微孔形成有效封闭的情况下，不会影响阳极氧化膜的前序着色工艺。另外，随着 F^- 浸入微孔，微孔的孔口 pH 会升高，在较高的 pH 情况下，Ni^{2+} 会生成 $Ni(OH)_2$ 沉淀，又进一步对小孔进行封闭。因此，选择 F^- 和 Ni^{2+} 作为封孔的主要离子。络合物中的 $Ni^{2+}/F^-=177/228$，使得 Ni^{2+} 或者 F^- 的量接近等量点，可以达到良好的封孔效果。封闭剂在封闭过程中的主要生成产物为 $Ni_3[AlF_6]_2$，$Ni(OH)_2$ 和 $Al_3(OH)_3F_6$。当封闭剂满足最佳镍氟比时，封闭剂可以在溶液含有较少量 Ni^{2+} 的情况下实现阳极氧化试样的有效封闭。

由于氟锆酸钾中含有氟和金属锆离子的特点，因此研究了氟锆酸钾封孔剂，研究结果表明，当氟锆酸钾中配以适当的锌离子，封闭时间 11min，封闭温度为 35℃。封闭后试样的磷铬酸失重值仅为 $5.5mg/dm^2$。氟锆酸钾的封闭过程是一个氧化膜的溶解及封闭产物生成的动态过程。在封闭过程中，当溶解与封闭达到动态平衡时，封闭效果最佳。

无氟封闭剂是为了满足环保的要求，不使用 F^- 离子而开发的。无氟封闭剂的封闭理论是将孔内的 Al^{3+} 氧化和络合。通过研究得到的无氟封闭的最优配方为：草酸钠 3.89g/L，醋酸镍 2.49g/L，硫脲 2g/L；封闭工艺为：封闭时间 15min，封闭温度 50℃，后处理 15min。这种封孔剂使用时与后处理相匹配效果较佳，后处理液配方为：六亚甲基四胺 5g/L，IS-139 多功能酸洗缓蚀剂 2mL/L。无氟封闭剂的机理是膜层微孔和膜层首先对离子吸附，然后吸附的离子在孔口处发生络合沉淀反应。

图 6-16 为醋酸镍和氟化钠配制的 $Ni^{2+}/F^-=177/228$ 封孔剂的封孔效果，图 6-17 为无氟封闭剂的封孔效果，对封闭的阳极氧化层进行磷铬酸失重检测，达到了阳极氧化膜封孔的国家标准。

4. 氧化膜的退除

某些阳极氧化后的铝及其合金制品，可能因氧化、封闭、染色或其他处理的效果不理想，必须进行返修，这就需要将已有的氧化膜退除掉，然后再重新进行阳极氧化、染色、封闭等处理。表 6-6 介绍几种退除工艺。

图 6-16 氟镍封闭剂封闭试样的 SEM 图

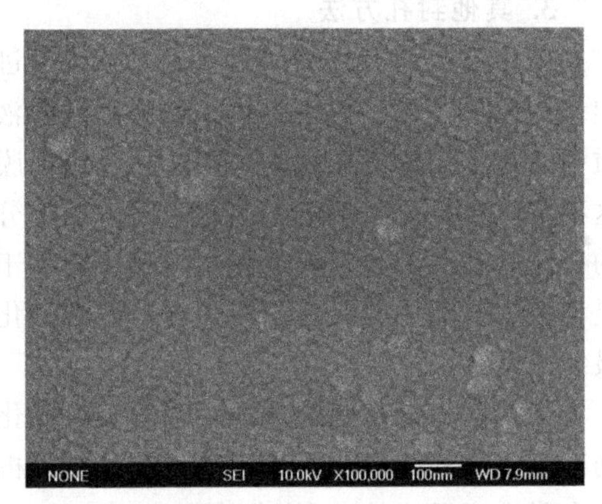

图 6-17 无氟封闭剂封闭 20min 试样 SEM 图

表 6-6 几种氧化膜的退除工艺规范

工艺规范	1	2	3	4
磷酸(相对密度为 1.75g/cm^3)	35mL/L			
铬酸	20g/L			
硫酸		100mL/L	100mL/L	
氟化钾		4g/L		
氢氟酸(60%)			10mL/L	2%(质量分数)
硝酸(相对密度为 1.41g/cm^3)				27%(质量分数)
温度	沸腾	室温	室温	室温

第二节 微弧氧化加工技术

等离子体微弧氧化简称微弧氧化（Microarc oxidation，MAO），有些也称之为阳极火花沉积（Anodic spark deposition，ASD），或称之为微等离子氧化（Microplasma oxidation，MPO），是一种直接在铝、镁、钛合金等金属表面原位生长陶瓷层的新技术，是将 Al、Mg、Ti 等有色金属或其合金置于电解质水溶液中，利用电化学方法，在该材料的表面微孔中产生火花放电斑点，在热化学、等离子体化学和电化学的共同作用下，生成主要成分为氧化物陶瓷膜层的阳极氧化方法。该技术制成的氧化膜结构致密，结合好，具有优良的综合力学性能，特别适用于处在高速运动、并且对耐磨耐蚀性要求较高的零部件表面处理。

微弧氧化是由普通的阳极氧化发展而来，突破了传统阳极氧化电流、电压法拉第区域的限制，把阳极电位从几十伏提高到几百伏，氧化电流也从小电流发展成大电流，由直流发展到交流，致使样品表面出现电晕、辉光、微弧放电、甚至弧光放电等现象。

与其他表面强化技术相比，微弧氧化技术无论从陶瓷膜的制备工艺还是从陶瓷膜的性能来看，都具有自己独特的优势，而且在很多方面是其他技术所不能及的。

① 大幅度地提高了材料的表面硬度，显微硬度在 1000～2000HV，最高可达 3000HV，可与硬质合金相媲美，大大超过热处理后的高碳钢、高合金钢和高速工具钢的硬度。

② 具有良好的耐磨损性能。

③ 具有良好的耐蚀性及耐热性，从根本上克服了铝、镁、钛合金材料在应用中的缺点，使该技术具有广阔的应用前景。

④ 具有良好的绝缘性能，绝缘电阻可达 100MΩ。

⑤ 溶液为环保型，符合环保排放要求。

⑥ 工艺稳定可靠，设备简单。

⑦ 反应在常温下进行，操作方便，易于掌握。

⑧ 基体原位生长陶瓷膜，结合牢固，陶瓷膜致密均匀。

一、 微弧氧化原理

1. 基本原理

微弧氧化技术是在阳极氧化技术的基础上发展起来的，两者膜层的形成机理、制备工艺和膜层性能有较大的差别。微弧氧化的基本原理是将易氧化的 Al、Mg、Ti 等金属浸在一定的电解质溶液中，以易氧化金属为阳极，电解槽为阴极，并施与较高的电压（可高达 1000V）和较大的电流。通电后，利用微弧区瞬间高温氧化直接在 Al、Mg、Ti 等有色金属表面原位生长陶瓷膜，在氧化区域有电晕、火花、弧光等多种放电形式，使得陶瓷层与基体之间的结合为冶金结合。

将易氧化的金属试样放入电解质溶液中，表面立即生成一层很薄的金属氧化物绝缘膜，即发生了阳极氧化，这是进行微弧氧化处理的必要条件。当电压由普通的阳极氧化法拉第区进入高压放电区域，阳极氧化电压超过某一临界值时，绝缘膜上的一些薄弱环节被击穿，在试样表面出现密度很高的火花放电，瞬间形成超高温区域，导致氧化物和基体金属被熔融甚至气化。熔融物与电解液接触后，由于激冷而形成陶瓷膜层。随着微弧氧化的不断进行，表面上游动弧斑不断变大，数量不断减少，跳跃的频率也在降低，直到最终弧光消失。由于击穿总是在氧化膜相对薄弱的部位发生，当氧化物绝缘膜被击穿后，在该部位生成新的氧化膜，击穿点随即转移到其他相对薄弱区域，因此最终形成均匀的氧化膜。微弧氧化的整个过程可以描述为击穿-熔化-覆盖-弧熄-凝固-击穿的反复过程，同时生成的陶瓷层不断溶解，又不断生成。图 6-18 为微弧氧化的极化曲线。

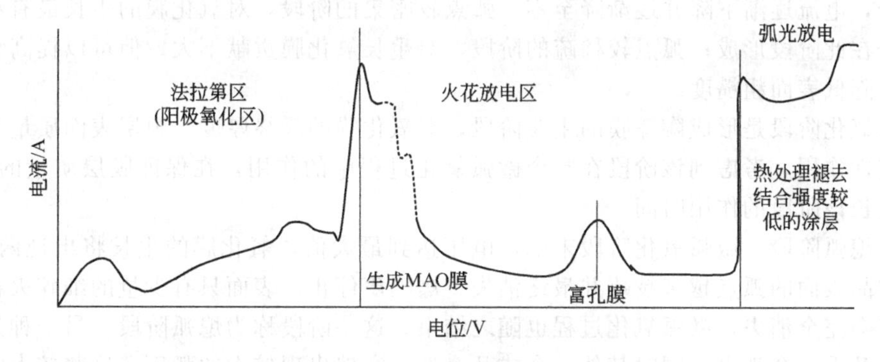

图 6-18　微弧氧化的极化曲线

微弧氧化过程是许多基本过程的总和，这些过程伴随着热化学反应、电化学反应以及导电电极之间的物质输送等复杂现象。因此陶瓷氧化膜的形成过程非常复杂。

微弧氧化的基本理论首先是对阳极氧化绝缘层产生电击穿。电击穿的产生机理先后经历了热作用机理、机械作用机理和电子雪崩机理等。热作用机理认为，在氧化过程中当电流密度超过一定值（$10mA/cm^2$）时，因焦耳热作用导致局部温度发生显著变化，从而引起电击穿、熔融，热作用原理只能定性解释大电流密度时的电击穿现象，对于某些小电流密度时产生的电击穿现象无法解释。机械作用机理指出，电击穿产生与否主要取决于氧化膜-电解液界面的性质，杂质离子的影响是次要的。氧化时，膜层厚度增加造成膜层压力增大，产生裂纹，电流从裂纹处流过，而局部裂纹中流经的大电流密度将导致电击穿。此外，局部大电流产生大量焦耳热，促进膜层局部晶化，从而产生更多的裂纹或提高膜层离子或电子的导电性，有利于进一步产生电击穿。电子雪崩理论认为，在火花放电的同时伴随着剧烈的吸氧，吸氧反应的完成主要是通过电子雪崩这一途径来实现。雪崩后产生的电子被注射到氧化膜-电解液的界面，引起膜被击穿，产生等离子体放电。“电子雪崩”总是在氧化膜最薄弱也就是最容易被击穿的区域首先进行，而放电时的巨大热应力则是产生“电子雪崩”的主要动力。

2. 微弧氧化历程

微弧氧化过程通常可以分为4个阶段：阳极氧化阶段、火花放电阶段、微弧氧化阶段和熄弧阶段。

(1) 阳极氧化阶段　将样品置于一定的电解液中，施加小的电压后，样品表面和阴极表面出现无数细小均匀的气泡。随电压增加，气泡逐渐变大变密，生成速率不断加快。在达到击穿电压之前，这种现象一直存在，这一阶段为阳极氧化阶段。在该阶段，当采用恒电流工作时，电压上升很快，样品表面形成一层很薄的氧化膜。

(2) 火花放电阶段　当施加到样品的电压升高达到击穿电压时，样品表面开始出现无数细小、亮度较低的火花点。这些火花点密度不高，无爆鸣声。这一阶段属于火花放电阶段。在该阶段，样品表面开始形成不连续的微弧氧化膜，但膜层生长速率很小，硬度和致密度较低，对最终形成的膜层贡献不大，因此应尽量减少这一阶段的时间。

(3) 微弧氧化阶段　进入火花放电阶段后，随着电压继续增加，火花逐渐变大变亮，密度增加。随后，样品表面开始均匀地出现放电弧斑。弧斑较大、密度较高，随电流密度的增加而变亮，并伴有强烈的爆鸣声。此时即进入微弧氧化阶段。火花放电与微弧氧化阶段紧密衔接，两者很难明确划分。

在微弧氧化阶段，随时间延长，样品表面细小密集的弧斑逐渐变得大而稀疏，同时电压缓慢上升，电流逐渐下降并逐渐降至零。弧点较密集的阶段，对氧化膜的生长最有利，膜层的大部分在此阶段形成；弧点较稀疏的阶段，对生长氧化膜贡献不大，但可以提高氧化膜的致密性并降低表面粗糙度。

微弧氧化阶段是形成陶瓷膜的主要阶段，对氧化膜的最终厚度、膜层表面质量和性能都起到决定性作用。考虑到该阶段在整个微弧氧化过程中的作用，在保证膜层质量的前提下，应尽量延长该阶段的作用时间。

(4) 熄弧阶段　微弧氧化阶段末期，电压达到最大值，氧化膜的生长将出现两种趋势。一种是样品表面的弧点越来越疏并最终消失，爆鸣声停止，表面只有少量的细碎火花，这些火花最终会完全消失，微弧氧化过程也随之结束。这一阶段称为熄弧阶段。另一种是样品表面的弧点几乎完全消失，同时其他一个或几个部位突然出现较大的弧斑。这些较大的弧斑光亮刺眼，可以长时间保持不动，并且产生大量气体，爆鸣声增强。该阶段称为弧光放电阶段。

样品表面发生弧光放电时，氧化膜会遭到破坏，基体也会出现烧蚀现象。因此弧光放电阶段对于氧化膜的形成尤为不利，在实际操作中应尽量避免该现象发生。

处理过程中，样品表面会出现无数个游动的弧点和火花。每个弧点存在的时间很短，弧光十分细小，没有固定位置，并在材料表面形成大量等离子体微区。这些微区的瞬间温度可

达 $10^3 \sim 10^4$K，压力可达 $10^2 \sim 10^3$MPa。高的能量作用为各种化学反应的引发创造了有利条件。

3. 氧化膜的生长规律及结构

微弧氧化膜的形成不是典型的形核、长大过程，而是通过膜层的不断击穿、再生成、烧结、排泄、堆垛等非平衡物质传输过程形成的。膜层先向外增长，到达了一定厚度后，氧化膜向内层延伸，即向内增长。氧化膜具有明显的三层结构，即疏松层、致密层和界面层。疏松层是基体表面氧化所致，比较疏松，在电弧放电的等离子体作用下，容易被粉化，使氧化层表面粗糙。对于光洁度要求较高的零部件，需要将这一层除去。致密层是微弧氧化层的主体，约占氧化层总厚度的60%～70%，这一层致密、孔隙小，每个孔隙的直径约为几微米，孔隙率在5%以下。在致密层的相结构中，铝合金的氧化膜层以硬度较高、耐磨的 α-Al_2O_3 为主体，镁合金的氧化膜层以 MgO 为主体，硬度很高，具有极佳的耐磨、绝缘和抗高温冲击性能。氧化膜层中第三层结构为界面层，这是氧化层与基体的交界处，与基体相互渗透，相互契合，是典型的冶金结合。它和基体紧密牢固地结合，内部没有大的孔洞，界面结合良好。如图6-19所示，在最初形成的陶瓷层，向外生长的速率大于向内生长的速率，这是由于外面化学介质供给速率大，传给的电解质多，大约在2h后，生长的速率趋于稳定，试样尺寸不再增大，向内生长占主要地位，这是由于较厚的陶瓷层阻碍了氧传输到Al基体表面，陶瓷层的增长受氧的扩散控制。

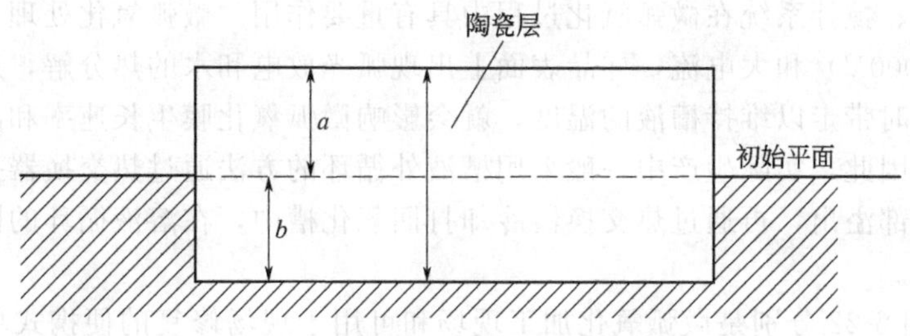

图6-19　陶瓷涂层的生长规律

二、微弧氧化的基本设备

微弧氧化的基本设备配置与阳极氧化大致相同，由氧化槽、电源及溶液的冷却与搅拌系统三部分组成，微弧氧化装置如图6-20所示。通过调整脉冲电源两半周期的电容，可以对电参数（电压、电流等）的正负幅值进行单独调节，从而拓展了微弧氧化膜层结构的控制范围。

目前，进行微弧氧化处理的电源主要有直流电源、交流电源和脉冲电源。直流电源模式下的处理时间比较短，处理时间根据需要可以从几分钟到十几分钟不等，膜层比较薄，其厚度从几微米到几十微米，在这种模式下可以获得具有特殊性质的陶瓷膜，但有时还需要对膜层进行后处理。在交流和脉冲电源模式下进行处理的时间一般都比较长，膜层厚度可达几十到一百多微米，在这种模式下获得的膜层可以用来改善陶瓷表面的力学性能。由于脉冲电流特有的“针尖”作用，使局部阳极面积大幅度下降，表面微孔相互重叠在一起，可形成粗糙度小、厚度均匀的膜层，所以脉冲电源有取代直流电源的趋势。

由于对称交流脉冲电压的幅值是零值对称，因此，在每个脉冲的前半周期，与电源正极相连的电极是阳极，与负极相连的是阴极；在脉冲的后半周期情况则相反。这种电极极性的改变按照给定的频率交替进行，阴、阳离子在变化的电场力作用下向两个电极交替地定向移动。如果两个电极都采用相同合金工件，在热化学、电化学和等离子化学的共同作用下，

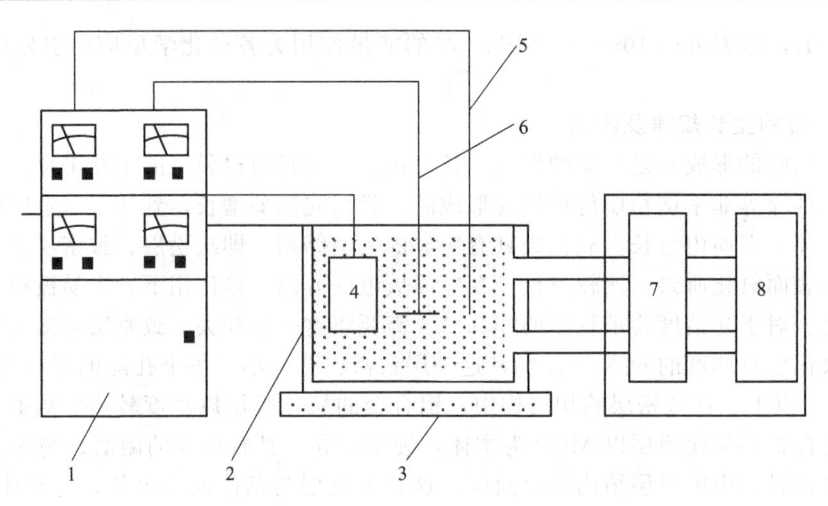

图 6-20 微弧氧化装置

1—电源控制柜；2—电解槽；3—绝缘板；4—工件；5—热电偶；6—搅拌器；7—热交换器；8—冷却装置

阴、阳离子在两个电极上微弧电沉积也按既定频率交替产生，就相对减少了每个电极微弧放电的时间，使整个过程释放出的热量要比直流或单向脉冲式电压作用时少得多。

溶液的冷却、搅拌系统在微弧氧化过程中具有重要作用。微弧氧化处理工艺采用高电压（电压为 400～1000V）和大电流，样品表面上出现弧光放电和水的热分解，产生大量热，若不把这些热量及时带走以维持槽液的温度，就会影响微弧氧化膜生长速率和品质，也使生产车间蒸汽弥漫，因此，实际生产中一般采用槽液外循环的方法通过热交换器把热量带走，即溶液从氧化槽上部溢出，再通过热交换器冷却打回氧化槽中，在溶液循环的同时达到搅拌和冷却槽液的目的。

图 6-21 和图 6-22 分别是微弧氧化加工现场和可用于现场修复的便携式单相微弧氧化电源及局部处理设备。

图 6-21 大型零部件微弧氧化处理设备

三、微弧氧化工艺

一般零件的微弧氧化工艺流程为：化学除油→水洗→去离子水洗→微弧氧化→自来水冲

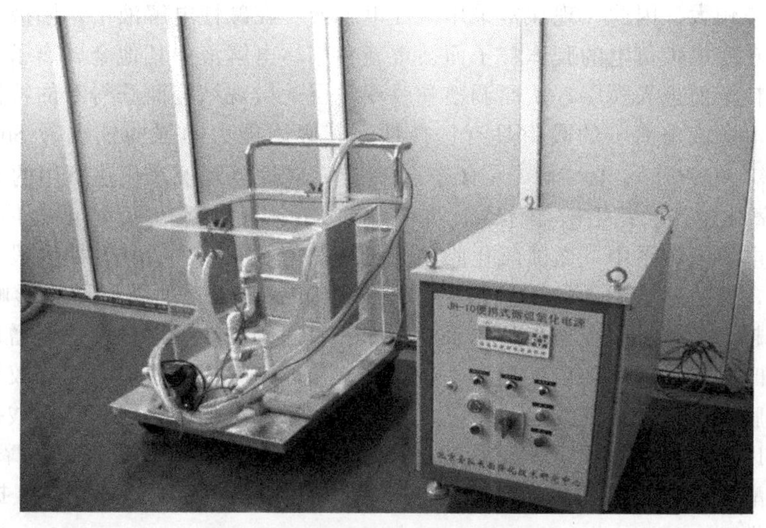

图 6-22 便携式微弧氧化处理设备

洗→自然干燥。由此可见，微弧氧化比普通阳极氧化工艺流程简单，不需要碱洗、酸洗、机械清洗等复杂的前处理工艺，这也是微弧氧化技术的特点之一。

1. 前处理

为了保证金属表面氧化陶瓷层的质量，在微弧氧化前要经过简单的脱脂处理，主要采用化学脱脂法。常用的脱脂配方和工艺参数见表 6-7。

表 6-7 微弧氧化前处理配方及工艺参数

配方类型 配方成分及工艺条件	配方 1	配方 2	配方 3
碳酸钠(Na_2CO_3)/(g/L)	15～20	15～20	25～30
磷酸三钠($Na_3PO_4 \cdot 12H_2O$)/(g/L)	—	20～30	20～25
水玻璃(Na_2SiO_3)/(g/L)	5～10	10～15	5～10
OP-10 乳化剂/(g/L)	1～3	1～3	—
焦磷酸钠($Na_4P_2O_7$)/(g/L)	20～30	—	—
温度/℃	60～80	60～80	60～80
时间	至油除净	至油除净	至油除净

2. 微弧氧化影响因素

微弧氧化过程是将 Al、Mg、Ti 等有色金属置于电解液中，利用电化学方法产生火花放电而进行，因此电解液、能量参数及基体材料等对微弧氧化陶瓷膜的质量影响较大。这些因素影响膜层厚度、相结构、相成分、表面形貌等。只有合理选择微弧氧化过程中的各种参数，才能得到质量较高的陶瓷膜。

(1) 电解液的影响

① 电解液组分的影响 不同的电解液中，微弧氧化陶瓷膜的生长速率、结构、成分不同。

微弧氧化采用的电解液体系可分为酸性体系和碱性体系。酸性电解液为硫酸或磷酸和其盐类溶液，有时还需加入一定的添加剂（如吡啶盐，含 F^- 盐等）。微弧氧化发展初期多采用酸性电解液，可获得强度、硬度适中，电绝缘性和导热性均优良的氧化陶瓷膜，但酸性电解液对环境污染较大。因此，现在常采用碱性电解液。在碱性电解液中，阳极反应生成的金属离子很容易转变成带负电的胶体粒子而被重新利用，电解液中其他金属离子也容易转变成带负电的胶体粒子而进入膜层，从而调整和改变膜层的微观结构而获得新的特性。

陶瓷膜对电解液中离子的吸附具有选择性，其吸附能力的强弱依次为 SiO_4^{2-}、PO_4^{3-}、VO_4^{3-}、MoO_4^{2-}、WO_4^{2-}、$B_4O_7^{2-}$、CrO_4^{2-}。因此，碱性电解液氧化法所用的电解液主要有4种体系：氢氧化钠体系；铝酸盐体系；硅酸盐体系；磷酸盐体系。硅酸盐体系最为常见。在这四种碱性电解液体系中，微弧氧化膜的生长规律基本相同：氧化开始阶段，陶瓷层厚度增加速率很快，然后逐渐减小。不同溶液体系对微弧氧化制备的膜层硬度影响趋势是相似的，且最终都趋于相等。但在硅酸盐体系中，随着时间延长，膜层硬度逐渐增加，其余三个体系都是开始时迅速增加，随后就趋于平缓。硅酸盐体系生成的膜层表面比较粗糙；氢氧化钠体系生成的膜层较平滑；磷酸盐体系可以得到摩擦系数很低的陶瓷膜；铝酸盐和磷酸盐的混合体系中可以得到较厚的膜，其硬度以及与基体结合力高，耐蚀性好，但摩擦系数较大；次磷酸盐和铝酸盐组成的两元混合体系可以得到由 α-Al_2O_3 组成的陶瓷膜，提高了陶瓷表面硬度及耐磨性。

根据陶瓷膜性能的需要，常在电解液中添加一些有机或无机盐类作为添加剂，以进一步提高膜层的综合性能。添加剂对微弧氧化陶瓷层的制备和性能有很大影响。根据在电解液中所起作用的不同，可将添加剂分为钝化剂（促进初期氧化膜的形成）、导电剂（提高溶液电导率）、稳定剂（提高电解液及 pH 稳定性）、改性剂（改善陶瓷膜的特殊性能）。例如，钨酸钠是一种较好的钝化剂，与磷酸盐等复合使用时可获得更好的钝化效果；KOH、NaOH 等常作为电解液导电剂并调节溶液的 pH；丙三醇和 Na_2EDTA 可作为稳定剂提高电解液稳定性，延长电解液使用寿命。

② 电解液 pH 的影响　微弧氧化陶瓷层的生长速率受溶液酸碱度的影响，其生长速率在一定的 pH 范围内有最佳值。由于微弧氧化膜在碱性电解液中会有一部分溶解，因此常采用呈弱碱性的电解液。对于铝合金来说，由于在强碱性溶液条件下，铝很容易被溶解，因此电解液 pH 取 10～11。

③ 电解液浓度的影响　电解液浓度显著影响微弧氧化工艺。一般情况下，在相同的微弧氧化外加电压下，电解质浓度越低，成膜速率越快，槽液温度上升也快；反之，成膜速率越慢，槽液温度上升也越慢。电解质浓度较低时生成的氧化膜宏观上较粗糙、微观上颗粒结合紧密；高浓度时得到的氧化膜宏观上细致光滑，微观上存在明显的孔洞和放电隧道，呈熔融状态，并结合在一起。电解质的浓度影响到陶瓷层厚度、粗糙度、膜颜色及氧化过程的电流大小。

④ 电解液温度的影响　电解液温度过低时，氧化作用较弱，起弧电压高，膜层生长速率较慢，致使膜厚与硬度的数值较低。电解液温度越高，工件与溶液界面处的水汽化程度越厉害，微弧氧化膜的生成速率也越快，膜的粗糙度也随之增加，同时温度越高，电解液蒸发也越快。因此，微弧氧化的电解液温度一般控制在 20～60℃。温度过高时，工作电压不能太高，若电压过高，电解液容易出现飞溅，膜层也容易被局部烧焦或击穿，且由于碱性氧化液对氧化膜的溶解性增强，膜厚与硬度显著下降。此外，微弧氧化过程会产生大量的热，引起电解液温度升高，使电解液组分发生改变。因此，对该技术而言，必须有一个良好的冷却系统以保证微弧氧化顺利进行。

⑤ 溶液电导率的影响　陶瓷层的生长速率与溶液电导率之间有近似线性的正比增长关系，其线性斜率随溶液体系的不同有所差异，表征膜层致密度的击穿场强随电导率升高呈现先升后降的变化趋势。

(2) 电参数的影响 对于不同的电解液，电参数的选择也不同。首先，电压选择不能过高或过低，另外，由于脉冲电压特有的“针尖”作用，使得微弧作用的局部面积大幅度下降，表面微孔相互重叠，可形成光滑、均匀的膜层。而且叠加脉冲的不对称交流电源制造简单、成本低廉，所以目前使用以交流电源为主。此外，电流密度、能量密度等也极大地影响陶瓷层的制备工艺。

① 电压的影响 微弧氧化的工艺参数首先应该是施加在样品上的外加电压，一般来说最终电压决定微弧氧化膜的厚度。最终电压是通过外加电压不断升高达到的，在工艺操作过程中需要进行逐步调节升高，不能直接加到最终电压，否则可能出现局部麻坑，甚至发生试样表面的局部烧蚀。不同的电解液都有不同工作电压范围，电压选择不能过高或过低。若工作电压过低，则成膜速率慢，膜层较薄，膜颜色较浅，硬度也较低；若工作电压过高，不利于熔融态的氧化物凝固结晶，且易出现氧化膜局部被击穿现象，对膜的耐蚀性不利。随着氧化电压的升高，可以分别获得三种不同性能的氧化膜，即钝化膜、微火花氧化膜和弧光氧化膜。钝化膜很薄，厚度不足 1μm；微火花放电后期得到的膜层较厚，厚度可达 30μm，表面均匀、结构致密；弧光放电阶段氧化膜最厚，但结构疏松、易碎。硅酸盐体系中微火花放电阶段后期形成的膜层具有最佳性能，而且膜层的阻抗主要由氧化膜的有效厚度决定，与总厚度关系不大。

② 电流密度的影响 电流密度影响微弧氧化膜的光洁度、膜生长及膜层性能。在一定范围内所有溶液中陶瓷层厚度都随着电流密度的增大而增加，但电流密度对膜层增长有一个极值，这个值的存在对实际生产中电流与电压的选择具有较大意义，超过这个值，陶瓷层生长过程中极易出现烧损现象，表面粗糙，而且能耗也迅速增加。微弧氧化陶瓷层的硬度也随着电流密度增大而增加，但达到极限值后，基本不再随电流密度而变化。通过改变电流密度来增加陶瓷层厚度，可增大绝缘电阻及击穿电压。另外，陶瓷层表面粗糙度随电流密度增大而增大，膜层耐蚀性随电流密度增加先下降后上升。

③ 能量密度的影响 能量密度是指处理工件上单位表面积内的微弧等离子体能量，具体表示通过微弧区单位面积氧化膜上的电流（即电流密度）与电压的乘积。随着能量密度的提高，陶瓷层厚度显著增加，陶瓷层的致密度、显微硬度及其与基体的结合强度也有增大的趋势。

④ 频率和占空比的影响 电流频率影响膜层生长速率和性能。随着频率增加，氧化膜的生长速率、表面粗糙度和微孔尺寸逐渐减小，而微孔密度逐渐增大，到达一定频率后，生长速率不再受频率影响。频率大小还会改变陶瓷层的相结构。在高频下氧化膜层组织中非晶态组织的含量、陶瓷层的致密度明显提高。高频处理还可以改善陶瓷层表面致密性，但高频处理易烧蚀，膜厚很难增加。对于镁合金，随着频率的增加，氧化膜的厚度变化不大，而膜层的腐蚀率先降低后增加。占空比越大，即脉冲作用时间越长，单脉冲能量越大，陶瓷膜生长速率越快。同时，在击穿放电过程中，击穿放电时间过长，放电微孔中喷射到陶瓷膜表面的熔融物越多，陶瓷膜比较疏松，因此合理调节占空比会相应改变微弧氧化工件表面电弧的放电特性，得到理想陶瓷膜。

(3) 氧化时间的影响 氧化时间对微弧氧化膜层的性能有较大影响。电流密度一定时，氧化时间越长，氧化膜越厚，但膜厚增加的速率逐渐减缓，如果时间足够长，膜层厚度趋于一定值。不同电流密度时，膜厚随时间变化规律不同：成膜速率在较低的电流密度下不随时间而变，在较高的电流密度时随时间增加而下降，最终趋于零，且电流密度越高下降速率越快。

3. 后处理

微弧氧化陶瓷层由致密层和疏松层组成，疏松层孔隙率高且孔隙直径大。孔隙的存在不仅影响了微弧氧化陶瓷层表面质量，且为孔蚀提供了良好的环境，加快了介质孔蚀的速率。后处理技术能有效解决孔隙对微弧氧化陶瓷层表面性能的影响。因此，不论氧化后的陶瓷膜着色与否，均需进行后处理，使氧化膜的各项性能更加优良并易于保持稳定。常用的微弧氧化陶瓷层后处理技术有水热法、溶胶-凝胶法、有机物覆盖、化学封孔等。微弧氧化陶瓷层的后处理技术大多数与阳极氧化后处理技术相同，因此本节不再赘述。

四、几种典型的微弧氧化加工

1. 镁合金氧化膜的微弧氧化加工技术

镁及镁合金主要应用在汽车、摩托车、电动工具及3C产品等领域，镁合金作为结构材料和壳体时，必须采取可靠的表面防护措施。但镁及镁合金的氧化性比铝、钛弱，因此，镁合金表面防护处理采用的化学氧化和阳极氧化工艺得到的化学氧化膜很薄，耐蚀性差。且阳极氧化膜质脆多孔，很难单独使用。提高镁合金阳极氧化膜耐蚀性能的后处理成本大大增加。针对这一实际，西安理工大学系统深入地开展镁合金微弧氧化技术的研究，分析了镁合金微弧氧化膜层的耐蚀性、结合强度及致密性等性能，同时对镁合金氧化膜进行封孔处理研究。结果发现，通过对磷酸盐体系、硅酸盐体系和六偏磷酸盐体系进行优化，可制备出耐磨抗腐蚀的微弧氧化陶瓷层。镁合金微弧氧化陶瓷层由疏松层、致密层和过渡层三部分组成。不同的工艺参数下制得的微弧氧化陶瓷层的疏松层、致密层和过渡层的比例不同。微弧氧化时间、电流密度、电流占空比、电流频率、电解液组成和温度等工艺参数对陶瓷层的耐蚀性能、结合强度和膜层质量均有明显的影响。微弧氧化陶瓷层主要由 MgO、$MgAl_2O_4$（尖晶石相）和无定形相组成。膜层中无定形相含量高于80%，最高可达95%。采用有机醇盐水解法和浸渍-提拉制膜技术对AZ31B镁合金微弧氧化陶瓷层进行封孔处理，SiO_2 胶粒可进入陶瓷层表面微孔并填充孔洞，形成有效的封孔，同时溶胶在陶瓷层表面形成均匀的 SiO_2 膜层，且水与正硅酸乙酯的比例显著影响 SiO_2 膜层的质量。陶瓷层厚度、SiO_2 胶粒填充陶瓷层表面微孔的效果以及 SiO_2 层自身结构完整性与化学稳定性共同影响 SiO_2 溶胶封孔处理后镁合金微弧氧化膜层的耐蚀性。

本节以MB8镁合金为例说明微弧氧化技术制备陶瓷层和陶瓷层封孔的研究结果。研究过程分别使用西安理工大学自行研制的MAO75-Ⅲ型微机自动控制微弧氧化设备对镁合金进行处理。MB8镁合金的成分为：Al 0.2%、Mn 1.3%～2.2%、Zn 0.3%、Ce 0.15%～0.35%、Cu 0.05%、Ni 0.07%、Si 0.10%、Fe 0.05%、Be 0.01%、杂质0.30%，余量为Mg。

微弧氧化MB8镁合金的硅酸盐体系处理液配方为：主成膜剂（硅酸钠）15g/L、pH调节剂（氢氧化钠）10g/L、性能改善剂（钨酸钠）8g/L、辅助添加剂（甘油）10g/L；六偏磷酸盐体系的配方为：主成膜剂（六偏磷酸钠）30g/L、pH调节剂（氢氧化钠）10g/L、性能改善剂（钨酸钠）8g/L、辅助添加剂（甘油）15g/L；磷酸盐体系的配方为：主成膜剂（磷酸钠）10g/L、pH调节剂（氢氧化钠）5g/L、性能改善剂（钨酸钠）8g/L、辅助添加剂（甘油）10g/L。

加工工艺：对于MB8镁合金的加工，先按上述提供的不同体系的处理液配方，选择硅酸盐体系，配制好溶液放入微弧氧化槽中，将试样挂在挂件挂钩上，开启水冷循环系统和搅拌装置，按照MAO微弧氧化控制部分说明书的要求，打开电源，在电流为零的情况下开始施加电压，随之电流升高，控制占空比在10%～12%之间，使电压最高达到60V后，电流密度在 1.2A/dm^2 左右，微弧氧化 15min。关闭电源和循环泵以及搅拌器，取出加工试样。在加工过程中，电解液的温度不高于 45℃。其他两种体系的加工工艺相同。

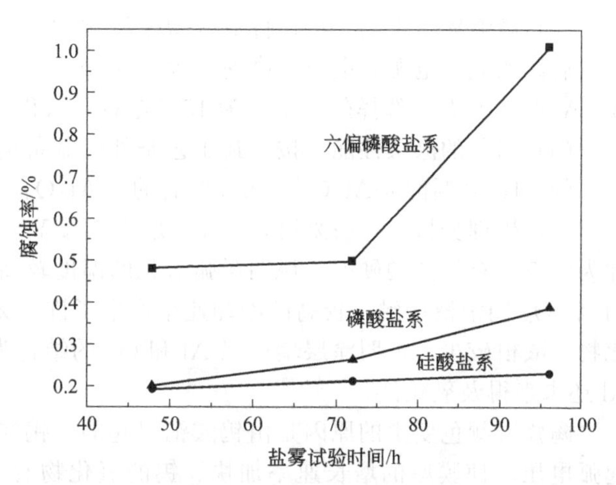

图 6-23　不同电解液体系 MB8 表面微弧氧化层的结果

对不同电解液体系处理的微弧氧化陶瓷膜进行盐雾试验，研究不同电解液对陶瓷层耐蚀性的影响。图 6-23 为六偏磷酸盐系、硅酸盐系和磷酸盐系三种不同电解液所形成的陶瓷膜层的盐雾试验结果。由图 6-23 可见，硅酸盐系在 96h 盐雾试验后，腐蚀率仅为 0.231%，而六偏磷酸盐系的腐蚀率将近是硅酸盐系的 4.5 倍。由此可见，硅酸盐系耐蚀性好，磷酸盐系耐蚀性较差，六偏磷酸盐系耐蚀性最差。从图中还可以看出六偏磷酸盐系腐蚀率随盐雾试验时间的延长而加快，耐蚀性越来越差，而硅酸盐系腐蚀率随盐雾试验时间的延长增加缓慢，耐蚀性较好。

经分析认为六偏磷酸盐系耐蚀性差而硅酸盐系耐蚀性较好的原因是六偏磷酸盐系膜层增厚速率较快，但其形成的膜层中疏松层约占膜层总厚度的 80% 以上，膜层较疏松，起耐蚀作用的有效膜层厚度较小，硅酸盐系膜层增长速率较慢且均匀，表面颗粒较小，孔洞较细，膜层致密，使硅酸盐系耐蚀性较好。

图 6-24　SiO_2 溶胶封孔处理后膜层的界面形貌

采用有机醇盐水解法制备了 SiO_2 溶胶，采用浸渍-提拉法对制备的微弧氧化层进行了封孔处理，结果见图6-24。由图 6-24 可见，微弧氧化陶瓷层厚约 10μm，陶瓷层与基体（镁合金）的结合紧密，外层为疏松层，孔洞较多。封孔层 SiO_2 约 1μm 左右，SiO_2 渗入微孔中。

2. 铝表面制备黑色陶瓷涂层的微弧氧化加工技术

铝在自然界分布较广，占全部金属的 1/3，且质量轻，比强度高，导热、导电性好，已成为仅次于钢铁的重要材料。但是铝质软、易损伤，为了克服这一缺点，在铝表面进行微弧氧化加工尤为重要。

铝的阳极氧化性好，氧化加工比较容易。但不能通过阳极氧化改变氧化层的颜色。大多数是通过后续的染色来完成。本节介绍一种在铝表面制备黑色陶瓷膜的微弧氧化膜加工技术。这种黑色陶瓷涂层是在微弧氧化的过程中形成的，因此不存在掉色等问题，对制备功能陶瓷膜、装饰涂层有较大的借鉴作用。

(1) 黑色氧化膜加工的溶液组成　铝表面制备黑色氧化膜的陶瓷的微弧氧化加工电解液与白色陶瓷的加工电解液基本相同，一般选硅酸盐和六偏磷酸钠组成的体系，溶液的 pH 控制在 10～11，添加剂为钨酸钠，添加量一般为主盐量的 1/2～1/3。

（2）微弧氧化工艺　将铝件放入微弧氧化槽中，接好电极，开启水循环系统和搅拌器，再开启微弧氧化电源，电压升高速率大约在5min内使电压升至480～500V为宜，此时电流在5A/dm^2左右，选择的占空比为15%左右，氧化35min。

（3）制备的涂层性能　按上述工艺条件可制备陶瓷层厚度达60μm，陶瓷涂层中含有约10%的Al，30%的α-Al_2O_3，40%左右的γ-Al_2O_3，其余为无定形相的黑色涂层。

（4）机理分析　一般来讲，γ-Al_2O_3在温度高于1200℃时可转化为α-Al_2O_3，α-Al_2O_3称为刚玉，有较高的硬度，说明微弧氧化的温度较高。涂层中γ相较多，这是由微弧区熔融的Al_2O_3同溶液接触，较高的冷却速率产生了许多无定形相。涂层中主要物质是Al及其氧化物，酸根较少，说明涂层增厚以Al和O_2的结合为主，多余的Al可能是由于高温溶出的Al还未来得及氧化。

陶瓷层颜色变黑的原因是由钨酸钠引起的。钨酸盐容易引起Al基体的表面钝化，降低起弧电压，使膜厚的增长速率加快。钨的氧化物有WO_2和WO_3两种，其中WO_2为亚稳态，WO_3为稳态，呈黄色。钨酸根与陶瓷成分接近，在电场作用下容易到达阳极表面，经过进一步氧化，成为黑色，与生成的Al_2O_3相结合，使制备的陶瓷涂层颜色变为黑色。这种黑色伴随着陶瓷涂层生长的全过程，因此不会引起涂层褪色。

第三节　电化学抛光

随着高科技产品的发展，机械加工的精细化要求越来越高，传统抛光技术很难达到高精度的表面要求。电化学抛光以其加工效率高、工件无损耗、表面光洁度高、无内应力、不受材料硬度限制等优点，近年来在表面抛光领域中快速发展。迄今为止，人们针对电化学抛光的机械装置展开了大量研究和开发，为电化学抛光在工业中的应用提供了良好的基础，使电化学抛光技术在金属精加工、金相样品制备及需要控制表面质量与光洁度的领域获得了广泛应用，尤其在航空、航天领域，电化学抛光成为保证产品质量的一个重要环节。

一、电化学抛光的定义及特点

电化学抛光又称电解抛光，是以被抛光的材料为阳极，以不溶性金属作阴极，在电解抛光液中利用直流电进行电解，从而使材料表面粗糙度下降、光亮度提高，并产生一定金属光泽的表面光整技术。电化学抛光技术可以在不改变工件本体性能的前提下改良金属表面的性质。电化学抛光后金属和合金会变得更加平整、光洁、耐腐蚀性更强。

电化学抛光作为一种金属表面处理方法，它具有如下优点。

（1）能够降低表面粗糙度，得到高的表面光洁度。

（2）能够得到高的抛光精度。

（3）操作环境好，金属损耗小，能量消耗少。

（4）可加工任何形状和尺寸的工件和各种材料的外表面，如线材、薄板、大小工件等；也可抛光尺寸较大的内表面。

（5）抛光效率高，且与被加工材料的机械性能（硬度、韧性、强度等）无关。

（6）能大幅度提高生产效率，操作技术较易掌握。

（7）能改善金属零件表面的物理力学性能、物理化学性能和使用性能。

（8）工艺操作条件掌握和控制好的情况下可得到较高的精度。

（9）应用范围广泛，可以用于工件或设备表面的预处理，也可用于最后处理工序。

电化学抛光的缺点如下。

（1）所得表面的质量取决于被加工金属的组织均匀性和纯度，金属结构的缺陷被突出地显露出来，对表面有序化组织敏感性较大。

（2）较难保持零件尺寸和几何形状的精确度。

（3）表面必须预加工到比较低的粗糙度，很难在粗加工或砂型铸造的零件上获得高的抛光质量。

二、电化学抛光原理

电化学抛光是金属阳极溶解的独特电解过程，其目的是通过钝化达到阳极表面进一步抛光，利用过钝化使阳极表面达到光亮的程度。根据阳极金属的性质、电解液组成、浓度及工艺条件的不同，在阳极表面上可能发生下列一种或几种反应。

① 金属转化成金属离子溶入电解液中 $M \longrightarrow M^{n+} + ne$

② 阳极表面生成钝化膜 $M + nOH^- \longrightarrow 1/2M_2O_n + n/2H_2O + ne$

③ 气态氧的析出 $4OH^- \longrightarrow O_2 + 2H_2O + 4e$

④ 电解液中各组分在阳极表面的氧化

电化学抛光后阳极表面状态主要取决于上述4种反应的强弱程度。金属电化学抛光过程大体经过阳极整平和微光整平两个阶段。阳极表面电抛光的概念应细分为宏观整平和微观整平两个过程，其中前者是指表面粗糙度 $R_\alpha > 1\mu m$ 的表面整平；后者是指表面粗糙度 $R_\alpha < 1\mu m$ 的表面整平。

（1）宏观整平　工件浸泡在电解质溶液中，即进入水溶液腐蚀状态。此时，其表面的电极电位为自然腐蚀电位。接通电源并通电后，阳极表面开始极化，电位值不断上升。同时，阳极表面在进入电抛光液前的附着物或氧化膜被清除，电位不断升高电流密度增大，这时阳极表面不断溶解，金属离子不断进入电解质溶液中，即图6-1的AB段。这种溶解是金属表面的凸出部位优先溶解。抛光初期凸出部位和凹洼部位电解质溶液的浓度和性质相同时，表面凸出部位优先溶解是由于凸出部位比凹洼部位更接近阴极，如图6-25所示。电化学抛光过程的电流传导与分布由电解质溶液的导电作用决定。在电传导中，固体导线越长电阻越大，而电解液的传导在相同截面情况时，电解液的长度越长，电阻越大，见式(6-6)，此时，电解液的电导 $L = kS/\delta$。由于凸出部位至阴极表面的距离短，因此通过凸出部位的电流比凹洼部位大。由于尖端放电的结果，凸出部位逐渐由于阳极电流的增大而被削平。另一方面从溶解的金属正离子扩散角度讲，正离子从阳极表面凸出部位扩散至溶液本体乃至阴极的速率也比凹处部位快。可用式(6-7)进行说明。

$$k = \frac{1}{\rho} = \frac{\delta}{RS} = L\frac{\delta}{S} \tag{6-6}$$

式中，k 为电解质溶液的电导率；δ 为导体长度；S 为导体面积。

$$v = \frac{D_\alpha}{\delta}(c - c_0) \tag{6-7}$$

式中，v 为金属离子的扩散速率；D_α 为金属离子的扩散系数；δ 为凸出部位至阴极或溶液本体中心点的距离；c_0 为溶液本体的离子浓度；c 为阳极界面上的离子浓度。

从式(6-7)可见，无论电抛光液是否为黏滞溶液，由于凸出部位距离阴极表面近，即 δ 小，所以凸出部位的金属离子更易更快溶解进入溶液。

以上清楚的说明，被抛光的金属工件表面由于凹凸不平，在电解质溶液中阳极极化时，当电位比材料自腐蚀电位高时，凸出部位在电解质溶液中由于电阻比凹洼处小，电导大，所以电流大，溶解速率快。同时，凸出部位溶解出来的金属离子扩散到溶液的速率也比凹处快，进

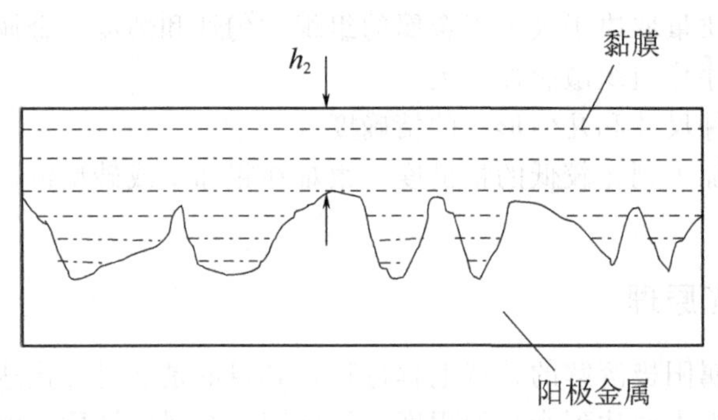

图 6-25 黏膜理论示意

一步加快凸处的金属溶解，结果凸出部位的溶解比凹入部位快而达到平滑化。在此阶段，阳极过程的速率是由溶解速率控制的。在溶解阶段，下列情况都有利于凸处部位的金属溶解。

① 黏稠的电解质溶液或将甘油、明胶等黏稠性成分物质添加到电解质溶液中，有利于阳极表面形成一层黏性液膜，这种黏性膜有着较大的密度和较小的电导。由于凸出处的黏膜比凹洼处的薄，因而电流在凸处比凹处更易通过，更有利于凸处金属的溶解。

② 当金属不断溶解时，阳极表面溶解产物浓度不断增加，并逐步形成了壁垒层，此时凸处溶解产物的浓度梯度比凹处高，新溶解的离子比凹处更容易进入电解质溶液，使凸处的金属继续溶解，有助于表面的进一步整平。这解释了粗糙面逐渐被整平后，凸、凹部位差距极微时金属表面还可进一步细平的疑问。

③ 在电化学抛光溶解液中，可能溶解有部分气体，被吸附在阳极的表面。或者当阳极极化时，电位达到某一值时会释放出少量的气体，这些气体在阳极表面形成一层极薄的吸附层。凸处的气体吸附量比凹处少而薄，其绝缘性能比凹处的差。对凸的金属溶解影响不大，但是凹处的气体吸附层较厚且不容易逸出，所以凹处的绝缘性更大，金属更难以溶解。因此，气体吸附层的形成更有利于凸处的溶解和整平，但并非金属整平的主要原因。此时，阳极表面虽经粗平，但仍暗淡无光，需要进一步抛光。

(2) 微光整平 当阳极溶解进入极限扩散电流控制阶段时，阳极溶解曲线进入图 6-1 中的 BCD 段，此时流入凸出部和凹入部的电流是不同的，凸出部的电流密度大，反应速率快，凹入部的电流密度小，反应速率慢，这时在金属表面形成了新的黏液层，也称为 Jacquet 层。此时金属的阳极溶解速率比阳极生成物的扩散对流速率快，作为阳极生成物的各种形式的金属配离子逐渐在阳极附近积聚，此时的溶解速率由生成物的扩散对流速率控制，这时就会出现电压少许升高时电流并不增大的极限扩散电流现象，这样阳极表面近旁就会出现黏稠的液体层（黏液层）。由于黏液层在凸出部和凹入部厚度不同，凹入部的溶解量很小而凸出部则发生选择性的溶解，从而使金属表面平滑化。产生极限扩散电流并不是达到良好电化学抛光平滑化的本质条件，其本质条件是溶液中 Jacquet 层外侧完全被限制而成平面状，要达到此目的，溶液的黏性起很大作用。因此，电解液能够使金属得到良好的平滑化必须满足两个条件：一是形成液膜的黏度要大，另一个是溶解必须受扩散控制或达到极限电流。

金属溶解受扩散控制时，对应的阳极电流密度为 D_A，金属扩散系数为 K_D，黏液层厚度为 δ，本体溶液中金属离子（假定均以水合离子形式存在）的浓度为 m_0，阳极近旁金属离子的浓度为 m 时，在单位面积上 1s 内因放电而从阳极溶解了 $D_A/nF\times6.06\times10^{23}$ 个金属原子，它受扩散作用而全部离散时，有下列关系：

$$D_A/nF=K_D(m-m_0)/\delta \tag{6-8}$$

$$D_A=F\cdot K_D\cdot n(m-m_0)/\delta \tag{6-9}$$

由式(6-4) 可知，阳极开始溶解时，阳极电流密度 D_A 随 m 线性上升（相当于图 6-1 的 AB 段），当 D_A 大到一定程度后，在液体层中金属离子的浓度 m 达到了饱和，即 m 大到恒定值 m_s，所以 D_A 也为定值，并不随电压的上升而增大，此时即达到了极限扩散电流 D_A (limit)，对应于图 6-1 的 CD 段，此时阳极表面形成了稳定的黏液膜。D_A (limit) 同 m_s 的关系可由式(6-10) 表示：

$$D_A(\text{limit})=F\cdot K_D\cdot n(m_s-m_0)/\delta \tag{6-10}$$

此外，当金属离子浓度为 m 时，阳极电位的变化 ΔE_A 可以看作浓差超电压，它可以表示为：

$$\Delta E_A=(RT/nF)\ln(m/m_0) \tag{6-11}$$

即 ΔE_A 与液体层中金属离子的浓度 m 有关。当阳极电流增加时，液体层中金属离子浓度 m 增大，ΔE 随 $\ln m$ 的增大而直线上升。

当液体层中金属离子浓度达到饱和时，阳极表面形成了稳定的黏液层，此时的 D_A 即为极限扩散电流 D_A (limit)，要使电流超过 D_A (limit)，必须施加很大的不可逆电位，阳极电位稍微上升时，阳极电流并不上升。

当阳极电位达到电解液的分解电压以上时，阳极开始析出氧气，氧气的搅拌作用就使原来的浓差极化的效果或极限电流消失，电流开始上升，此时的状态相当于图 6-1 中的 DE 段，由于此状态下的液体层是不稳定的，也就不显示抛光效果。

由于液体层的高电阻使凸出部和凹入部的电流密度不同，再加上阳极极化作用的重大影响，使得溶解的金属离子形成了高黏性的配离子而停留在凹入部，凹入部的浓差电压 ΔE 会像上述的那样变大，抑制了凹入部的电流，反之，凸出部则有较多的电流流过。因此，电化学抛光时实际液体层的电阻作用及浓差超电压的作用产生了电化学抛光效果。良好的电化学抛光一般选择图 6-1 中的 CD 段。

当金属的扩散系数大时，达到饱和状态的电流密度也变大，凹入部和凸出部的浓差几乎消失，此时黏液层不存在，无法达到抛光目的。因此，作为电化学抛光液的必要条件是要选择扩散系数小的金属配离子，而要达到扩散系数小，配离子的分子体积要大，即那些可形成聚合多核配离子的体系才有抛光效果。

为了获得光亮的电抛光表面，必须使表面上微观粗糙度降低到低于光的波长。要达到此目的，通常认为应当形成比中间黏液层更厚、更致密、更易钝化的紧密层，这层紧密层可以是趋于饱和的高黏度黏液层，也可以是固体层。此时，金属的溶解是在紧密膜内进行的，紧密膜的形成速率应当超过该膜的溶解速率，这是存在紧密膜的前提。在几乎无对流的特殊条件下，Jacquet 层变得更厚更紧密。在这样厚的黏液膜或固体膜内，阳极电流密度变得非常小，使得微观的凸出部溶解，而微观的凹入部不再溶解，从而达到微观整平目的。由于类似的状态在金属表面多处存在，使表面的各个部位均发生微观整平，表面的无序微观整平作用最终使得金属表面变得光亮。

因此，微观整平增亮机制的合理解释应是阳极的极化行为机制：由于阳极表面上凸起和凹部位的钝化程度不同，其中凸起部位的化学活性较大，且开始形成的钝化膜往往不完整，呈多孔性；而凹部位处于更为稳定的钝化状态。结果凸起部位钝化膜溶解破坏程度比凹处大，如此反复，直至获得稳定致密的钝化膜层，这时微观整平增亮可达极限值。所以，微观整平应同时满足两个条件：①阳极处于极化状态；②阳极表面有一致密、完整的钝化膜。

综上所述，电化学抛光实际上是阳极表面的宏观整平和微光整平共同作用的结果。电化学抛光全过程的不同阶段，具有不同的抛光机制：①宏观整平阶段，主要发生表面几何粗糙度下降，阳极溶解产物向电解液中的扩散能力是其合理的抛光机制；②微观整平阶段，主要发生表面光亮度的提高和金属光泽的产生，阳极极化行为是其合理控制机制，包括阳极处于极化状态和致密、完整的钝化膜形成。

三、影响电化学抛光效果的因素

电化学抛光是一个多因素的综合过程。影响电化学抛光效果的工艺因素较多，这些影响因素相互关联，有时是某种因素起主要作用，有时则是几种因素共同起重要作用。因此，必须了解影响抛光效果的主要因素，以使电化学抛光工艺长期保持稳定并处于较佳状态。影响电化学抛光效果主要因素有电解液、阳极电位和阳极电流密度、电解液温度、抛光时间、阳极和阴极极间距离、金属金相组织与原始表面状态等。

1. 电解液的影响

电解液组成是影响电解抛光表面粗糙度的重要因素。电解液一般由金属腐蚀剂、氧化剂和添加剂组成，其中硫酸是常用的腐蚀剂，硝酸、铬酸、过氧化氢等是常见的氧化剂。对于同样材料，设置相同的工艺参数，若选择不同成分或不同比例的电解液，则得到的样品表面粗糙度可能会有很大差异。根据上述的电化学抛光机理，组成抛光电解液应当具有以下几种特性。

(1) 扩散系数小，黏度大。

(2) 易与溶解下来的金属离子形成扩散速率更小的多核聚合配合物。

(3) 本身是一种黏稠的酸。

电化学抛光通常是由扩散控制的，在阳极极化曲线中有平台出现，黏度大、扩散系数小的接受体可在较低电流密度下达到扩散控制区，即可在较低槽电压下进行抛光，因此常选用磷酸、有机磷酸和浓硫酸构成电化学抛光电解液。但是，即使“接受体”的扩散速率小，若它不能接受溶解下来的金属离子，使其转变为扩散速率更小的配离子，这种接受体也没有抛光效果。某些接受体本身的黏度不大，但可以与溶解下来的金属离子形成黏度更大、扩散系数更小的配离子，则可得到良好的抛光效果。电解液通常有酸性、中性和碱性三类。其中酸性抛光液有磷酸系、硫酸系、高氯酸系、磷酸-硫酸系，以及在各系基础上派生出的硫酸-铬酐、磷酸-铬酐、硫酸-磷酸-铬酐，再配以各种添加剂而成的抛光液。

电化学抛光液中加入某些添加剂，可显著改善溶液的抛光效果。例如，甘油、明胶以及具有表面活性的各种有机物（特别是表面活性剂），是常用的电化学抛光添加剂，有时可获得很好的效果。含羟基、羧基类添加剂主要起缓蚀作用；含氨基、环烷烃类添加剂主要起整平作用；糖类及其他杂环类添加剂主要起光亮作用。常用有机物添加剂见表6-8。

表6-8 抛光液中常用有机添加剂

类　别	添　加　剂	主要作用
羟基类(—OH)	乙醇、甘露醇、丁醇、乙二醇、甘油等	缓蚀剂
羧酸类(—COOH)	酒石酸、乙酸、草酸、柠檬酸、乳酸、苹果酸、苯二甲酸等	缓蚀剂
胺类(—NH_2)	三乙醇胺、尿素、硫脲等	整平剂
环烷烃类	1,4-丁炔二醇	整平剂
糖类	葡萄糖类、糖精、淀粉、蔗糖类等	光亮剂
其他	苯骈三氮唑等	光亮剂

为了避免筛选过程的盲目性和提高效率，选择电解液时可从以下几方面考虑。

① 首先要有一定的氧化物使表面凸出部位活性溶解。

② 必须有足够的络合离子，以保证表面的溶解产物能络合沉淀，使电解液保持清新。

③ 应有足够数量的半径大、电荷小的阴离子，以促进离子的迁移，提高表面的溶解效率，提高抛光的速率和质量。具有这类阴离子的化合物有正磷酸、酸式焦磷酸盐、酸式硫酸盐、高氯酸盐、络合氰化物、氟磺酸盐、醋酸盐、羧基乙酸盐、柠檬酸盐和酒石酸盐等。

④ 应有足够的黏度，以利于在阳极表面形成黏性膜层，在凸处较薄而凹处较厚，获得较好的表面抛光质量。

⑤ 在使用中有较宽的操作温度范围，在相对高的温度下操作时，溶液性能稳定，使用寿命长。

⑥ 腐蚀性较小，在短暂时间不通电的情况下，对零件及挂具等不产生腐蚀或其他危害。

2. 阳极电位和阳极电流的影响

电化学抛光的电流密度或电压通常应控制在极限扩散电流控制区，即图 6-1 中阳极极化曲线的平坦区（CD 段），低于此区的电流密度时，表面会出现腐蚀。高于此电流密度区时，因有氧气析出，表面易出现气孔、麻点或条纹。这个平坦区不是固定不变的，它会随温度、配位剂的浓度和添加剂的种类而变化。

在电化学抛光中为了保证阳极表面电流的顺畅供应，以维持阳极表面电化学反应顺利进行，应严格控制阳极极化时的各项电参数指标。在电化学抛光的实际应用中，控制工件表面抛光质量的方法主要有控制电流密度、控制电化学抛光槽两端的电压或用参比电极控制阳极表面的电位三种。

① 控制阳极电流密度　这是目前普遍采用的一种较为方便的操作方法，也称稳流法。任何一种金属或合金的电化学抛光液，都有一个最佳的电流密度以达到最佳的抛光质量。电化学抛光通常都是在高电流密度下进行的，也就是图 6-1 中大于 B 点以上。若在较低的电流密度下即图 6-1 中小于 B 点进行抛光，由于金属处于活化状态，电流效率虽然高，但由于很难达到钝化电位，金属表面将有腐蚀现象及麻点。而且，电流密度低，金属溶解速率慢，起不到抛光的作用，生产效率低。高电流密度下抛光，阳极表面发生氢氧根离子或含氧阴离子放电的现象，并且有气态氧的析出，从而使电流效率降低，但由于气体的析出增加了抛光表面的光亮度，且避免腐蚀的产生，抛光时间短，生产效率高。

② 控制电解槽的槽压　控制槽电压实际上就是控制抛光工件与施加阴极之间的电位，由于抛光过程阴极表面会发生变化，这时槽电位不变，则实际上抛光工件表面的电位会随阴极电位变化而变化。任何一种电化学反应都与电极动力学有关，即电化学反应的性质与速率都与电极电位有关。电化学抛光中起决定作用的是阳极极化电位，它与阳极电化学反应性质及反应速率有关。因此，只要控制阳极的电位就可以控制阳极的反应情况。由于电化学抛光系统中整个线路的电阻可以测定，若确定了使用的电流强度就可以了解电解槽的槽压。控制了槽压就可以使阳极的电位处于最佳的工作状态，获得所需要的抛光效果。

③ 恒电位法控制　控制电解槽方法不能准确掌握和控制阳极电位。如果需要比较准确地掌握和控制阳极电位，可以采用参比电极测量来达到检查阳极表面抛光过程和控制抛光质量的目的。这就是在阳极表面适当的位置安装一个参比电极，用高精度的电压表或电位差计就可精确测量阳极表面的电位值，并通过调整直流电源电路系统可以达到需要控制的阳极电位值。参比电极控制阳极电位最好的方法是采用恒电位仪作为电化学抛光的电源，把参比电极的接线安装在恒电位仪上，参比电极测到的电位信号直接输入恒电位仪，恒电位仪自动调整，使阳极电位调到事先设定的电位值上，不需要人工操作，既准确又方便。

3. 电解液温度的影响

电化学抛光溶液的温度对表面的抛光质量有重要的影响。从化学反应角度分析，溶液温度升高有利于化学反应的进行，可以增加反应的速率。一般来讲，电化学抛光也遵循这一规律，溶液温度高有利于阳极表面金属的溶解，提高抛光的速率。溶液温度高，导电效率高，有利于离子的电迁移和扩散，同时加速阳极表面析出气体的排放，使表面的光亮度提高。反之，溶液温度低，溶液黏度太大，溶液的对流扩散速率慢，离子的迁移和扩散速率也慢，致使抛光面金属溶解速率太慢，生成效率低。

对于每一种金属和合金来说，电解液温度都有一个最适宜的范围，温度并不是越高越好，也不是温度低就一定不好，其操作温度范围有上、下限。电解抛光时，应采用搅拌的方法促使电解液流动，以保证抛光区域的离子扩散和新电解液的补充，并可使电解液的温度差减小，从而保证最适宜的抛光条件。

4. 抛光时间的影响

电化学抛光持续的时间要受到下列因素的影响。

① 被抛光零件的材质及其表面的预处理程度。

② 阳、阴极间的距离。

③ 电解液的抛光性能及温度。

④ 电化学抛光过程使用的阳极电流密度大小及槽电压的高低。

⑤ 工艺上对抛光表面光亮度的要求等。

因此，电化学抛光的持续时间是一个可变性较大的参数。对于一个确定的电化学抛光体系，应有一个适当的时间范围，是获得预期抛光效果的必要条件。在适宜时间范围内，抛光质量与抛光时间成正比，与温度和电流密度成反比。当抛光温度或阳极电流密度较高时，则抛光时间应短，反之则长。例如 AISI-304 不锈钢抛光时间以 10min 为宜，金属钛最适宜的电解抛光时间是 15min。

5. 阳极、阴极极间距离的影响

阳极、阴极极间距离的选取应兼顾以下几个因素。

① 便于调整电流密度使工艺规范，并尽量使抛光件表面的电流密度分布均匀。

② 尽量减少不必要的能耗，因电解液浓度高、电阻大，耗电量较大。

③ 阴极产生的气体搅拌是否已破坏了黏液层，降低了抛光效果。

具体极间距离的选择，应视被抛光制件的大小和工艺要求灵活掌握。一般来说，大型制件的极间距离可大些，反之则应小些。小型制件或中型制件的局部抛光，极间距离大多为 10～20mm 左右，大型制件抛光的极间距离应选取 80～100mm。用于去毛刺作业的抛光，极间距离应在 50mm 左右为宜。

6. 抛光前制件表面状态及金相组织的影响

被抛制件在抛光前的表面状态及其金相组织均会直接影响电化学抛光加工的工艺效果。

① 被抛制件表面的金相组织愈均匀细密，其抛光效果愈好。

② 如果金属以合金形式组成，则应选择使合金成分均匀溶解的电解液。

③ 被抛光制件的金相组织不均匀，特别是含有非金属成分时，就会使电抛光体系呈现不一致的电化学敏感性。若非金属含量太大时，电化学抛光将无法进行。

④ 抛光前制件表面处理得越干净越细密，越有利于电化学抛光过程的进行，越容易获得预期的抛光效果。因此，抛光前表面应去掉油污、变质层等。

四、电化学抛光工艺及设备

1. 电化学抛光工艺流程

一般材质的电化学抛光工艺流程为：预抛光或磨光→脱脂→水洗→（酸洗→水洗）→电

化学抛光→水洗→酸洗→水洗→接后道工序。

(1) 预抛光或磨光 电化学抛光可使基体表面从原有的粗糙度再降几级，因此，基体的原始粗糙度越低，电化学抛光后表面也越光亮。为了获得高光亮度的表面，某些表面比较粗糙的工件在电化学抛光前最好进行磨光、滚光或预抛光处理。对于表面已经较光亮的基体或并不要求获得高光亮度的工件，则不必进行预抛光或磨光。预抛光可采用低的电流密度，即图 6-1 中 B 点以下的电流密度，达到预先去除毛刺等效果。

(2) 脱脂 基材在加工过程中所用的油脂大多为矿物油，这些矿物油不像植物油那样可通过碱皂的方法去除，普通的苛性碱、碳酸钠和氰化钠溶液也无法去除，尤其是事先用抛光膏预抛光的零件常含有高黏度的油脂，用汽油清洗会留下油膜，通常用特别的除蜡水或去抛光膏清洗剂进行脱脂。一般零件只要用含适当表面活性剂的除油液即可，表 6-9 列出了几种适合于不同用途的除油液配方。

表 6-9 几种适用于不同用途的除油液配方

配方及工艺条件 \ 工件类型	不含抛光膏工件	含抛光膏工件
氢氧化钠 NaOH/(g/L)	10～20	
硅酸钠 Na_2SiO_3/(g/L)	—	40
碳酸钠 Na_2CO_3/(g/L)	40～60	
磷酸三钠 Na_3PO_4/(g/L)	40～60	10
OP 乳化剂/(mL/L)	4～6	
洗洁精/(mL/L)	4～6	
OP 乳化剂/(mL/L)		5
JFC/(mL/L)		4
温度/℃	50～80	50～70
pH	—	10.5
时间/min	5～10	5～10

(3) 除锈 电化学抛光钢铁时，如表面的氧化物不除尽，会引起阳极溶解的不均匀，也就得不到光亮的抛光表面，所以钢铁件在电化学抛光前必须用酸将表面的氧化物除尽。除锈用的酸通常是硫酸或盐酸，但这些酸易引起吸氢问题，盐酸的吸氢更严重。因此，常在盐酸中加入一些氧化砷或氧化锑以防止吸氢作用。

抑制吸氢作用除用无机抑制剂，还可使用有机抑制剂，如明胶、糖蜜、纤维素醇酸钠等。

(4) 电化学抛光 对预抛和表面除油清洗后的金属零件进行电化学抛光，抛光工艺流程为：装料→开搅拌器→开启抛光电源→抛光→清洗→钝化→清洗→晾干→卸料。

2. 电化学抛光的工艺设备

电化学抛光设备有电解槽、清洗槽、阳极架、辅助阴极（铅板、石墨板）、电源控制系统及辅助设备等，其简单的装置如图 6-26 所示。

(1) 抛光槽 电化学抛光槽是用来盛装电解液的容器。按其材质可分为金属槽、非金属槽及金属槽内衬非金属垫、板双层槽三种。金属槽通常是内槽体同时作为阴极。这样的装置比较简单。后两种抛光槽专设有阴极装置、结构稍复杂些。抛光槽槽体的形状和大小主要由被抛光件的外形结构决定。抛光槽容积大小主要依据待抛光制件的大小及生产量等设计。中、小型抛光槽容积一般为 50L 以下，多用于实验室及非连续性的抛光作业。大规模连续生产的抛光槽，其容积应在100～300L，甚至更大。

(2) 电解液的加热方式 电解液的加热方式通常有电加热器加热、浸入槽内的蒸汽管道加热、直接在电解液中通以交流电加热、用穿过槽壁的蒸汽管道加热和阴极保护加热法五种。

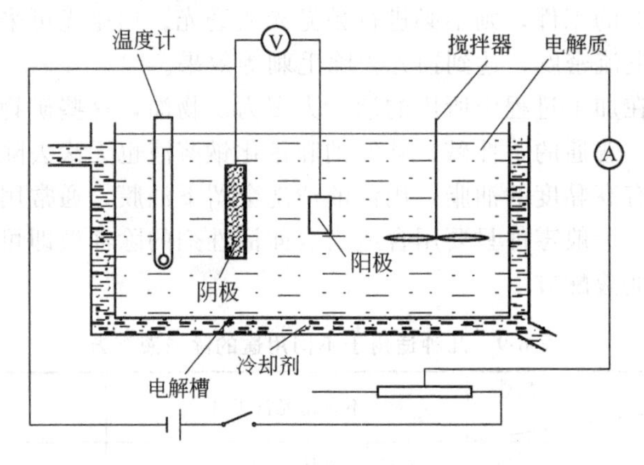

图 6-26 电解抛光装置

电加热器安装在抛光槽的侧面，不能装在槽底部，以免因沉积物影响加热效果，造成电解液的局部过热。

用浸入槽内的蒸汽管道加热具有加热快、热能损失少等优点，但是金属管道较笨重，操作不方便，且减小抛光槽的有效容积，加热不均匀。近年来采用聚乙烯、聚四氟乙烯薄壁细管结扎而成的各种形状的加热器，内通蒸汽或热、冷水，热量可迅速透过细管壁传到溶液中，加热或冷却速率快，加热器轻，得到广泛使用。

直接在电解液中通以交流电加热是由一个较大型变压器和两个加热电极组成，其装置示意见图 6-27。该方法的特点是加热快、热耗小。

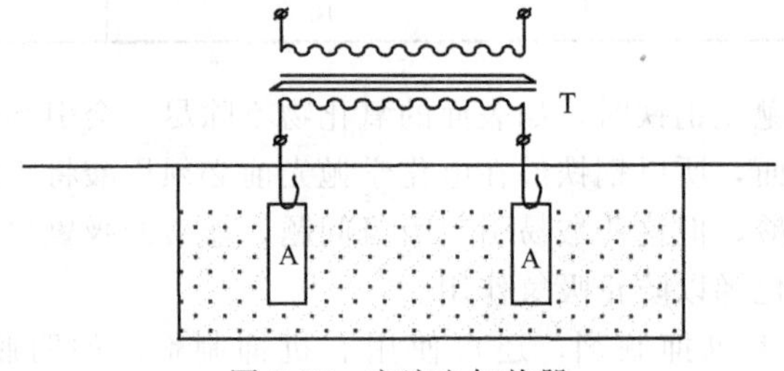

图 6-27 交流电加热器

用穿过槽壁的蒸汽管道加热方法是在抛光槽外壁紧紧盘旋一个蛇形管，当蒸汽通过管中时，将热量传给槽壁，继而加热电解液。该方法具有结构简单、容易控制等优点，缺点是槽壁上易生成沉淀物，影响加热效果，有时会因局部过热而破坏绝缘。值得注意的是，当抛光槽内壁为有机玻璃、聚氯乙烯等隔热绝缘材料时，不能用该法加热。

(3) 电化学抛光用电源 用于电化学抛光的电源为低电压、大电流的直流式电源。常用的电源有直流发电机和整流式交流电源两种。直流发电机大多用于专业化或较专业化的电加工作业。整流式交流电源投资较小，应用较广。常用的整流器有硒整流器、硅整流器和晶闸管整流器三种。

电源种类和规格选择的主要依据如下。

① 小型制件或单件或小批量生产、工作电流不大于500A 的抛光作业，可选用工作电压

为 0～12V 的硅整流器。

② 大批量生产、工作电流大于 100～5000A 的抛光作业，可选用大功率（他激式）的直流发电机。

③ 介于上述两种生产之间的抛光作用，可选用适当规格的整流器，或较小功率的直流发电机。

五、铜和铝材料表面的环保型电化学抛光加工

现有铝、铜的电化学抛光液存在抛光效果差、成本高、污染环境等缺点。针对这一实际，冯拉俊等采用电化学极化的方法，通过正交试验对铝、铜的电化学抛光液及工艺进行研究。成功研制出抛光效果好、速率快、无污染、低成本的电化学抛光液配方及抛光工艺参数。结果发现，铝的电化学抛光最佳配方为：氢氧化钠 16g/L、碳酸钠 100g/L、磷酸三钠 65g/L、草酸铵 4g/L、酒石酸钠 2g/L、EDTA-2Na 6g/L，抛光的工艺参数为：电流密度 $44A/dm^2$、抛光温度 80℃、抛光时间 30min、搅拌 250r/min。最佳配方和参数下电化学抛光的铝试样表面粗糙度可到 0.05μm，表面光泽度达到 88.5%，抛光后试样耐蚀性增强。铜的电化学抛光最佳配方为：磷酸 850mL/L、乙醇 90mL/L、苯并三氮唑 6g/L、乳酸 60mL/L、乙酸铵 3g/L；抛光工艺参数为：电流密度 $2.2A/dm^2$、抛光温度 40℃、抛光时间 20min、搅拌 250r/min。该配方和工艺参数下电化学抛光的铜试样表面粗糙度达到 0.04μm，表面光泽度达到 85.1%，试样耐蚀性增强。

本节以铝为例说明电化学抛光的研究结果。研究过程使用 SDK-100AHZ 型智能直流电源，DK-98-Ⅰ型电子恒温水浴锅，JJ-1 型定时电动搅拌器。被抛光的材料为 L_{19} 纯铝板。

优化的环保铝电化学抛光液配方为：氢氧化钠 16g/L、碳酸钠 100g/L、磷酸三钠 65g/L、草酸铵 4g/L、酒石酸钠 2g/L、EDTA-2Na 6g/L。这一配方彻底抛弃了重金属离子铬离子，因此属于环保型电解液配方。

抛光的工艺参数为：电流密度 $4.4A/dm^2$、抛光温度 80℃、抛光时间 30min、搅拌 250r/min。

对经过打磨、机械抛光和电化学抛光处理的铝试样表面微观形貌进行观察，其结果见图 6-28。由图可见，经过 400＃水砂纸机械打磨后的铝试样表面划痕较大且较深，十分杂乱；经 1500＃水砂纸打磨再经机械抛光后铝试样表面划痕基本消失，但由于铝质软导致表面在抛光过程中产生许多凹陷，导致表面效果变差；经电化学抛光后试样表面预处理留下的划痕完全消失，且表面不存在凹凸。

图 6-29 为电化学抛光后铝试样的 EDS 能谱图，由图可见，纯铝试样经过电化学抛光后表面出现了 10%左右的氧元素。说明在电化学抛光过程中试样表面产生了钝化膜，钝化膜主要以铝的氧化物形式存在。钝化膜能够有效地保护试样表面不被继续腐蚀，使试样表面保持平整状态，同时还可使试样表面产生光亮的效果达到抛光目的。

采用 TUKON 2001B 维氏显微硬度计，在试样表面施加载荷为 20g，试验力保持 10s，分别对 400＃砂纸打磨试样 1、机械抛光试样 2 以及电化学抛光试样 3 的硬度进行测定，其结果见图 6-30。由图可见，铝试样经砂纸打磨和机械抛光后的显微硬度变化不大，均在 64.5HV 左右，说明机械加工对试样表面的硬度无明显影响。经电化学抛光处理后试样的显微硬度降至 36.5HV，表明电化学抛光改变了铝试样的表面硬化层、消除了表面硬化。

采用 HDV-7C 晶体管恒电位仪，以饱和甘汞电极为参比电极，铂电极为辅助电极进行耐腐蚀性能测试。腐蚀行为测试在常温 3.5%NaCl 溶液中进行，分别对抛光前后的试样进行极化曲线的测量，其结果见图 6-31。由图可见，抛光后试样的阳极极化曲线和阴极极化

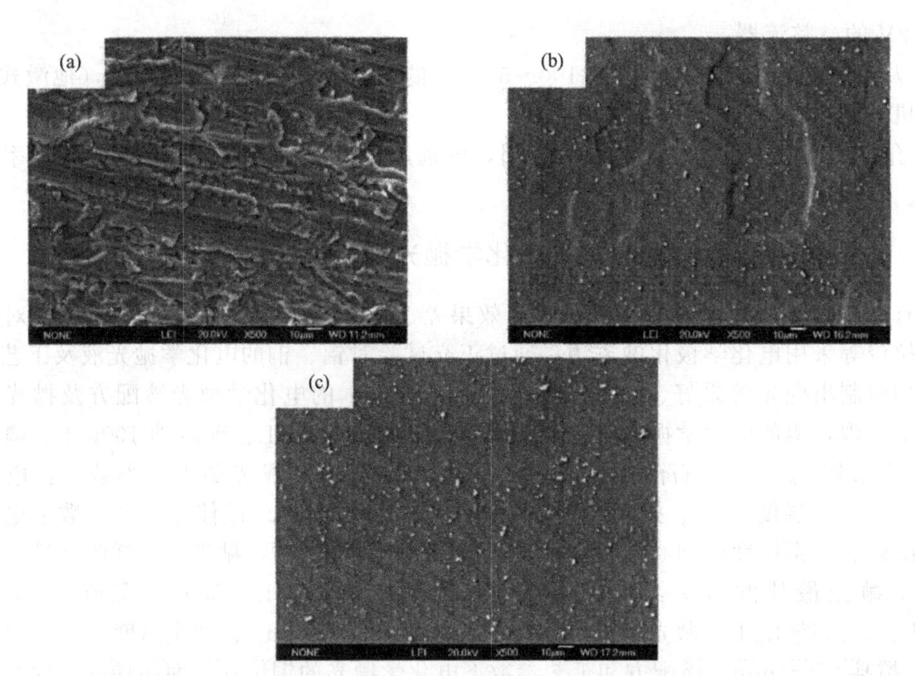

图 6-28 不同方法处理后铝试样的表面形貌

(a) 400#水砂纸机械抛光；(b) 1500#水砂纸机械抛光；(c) 电化学抛光

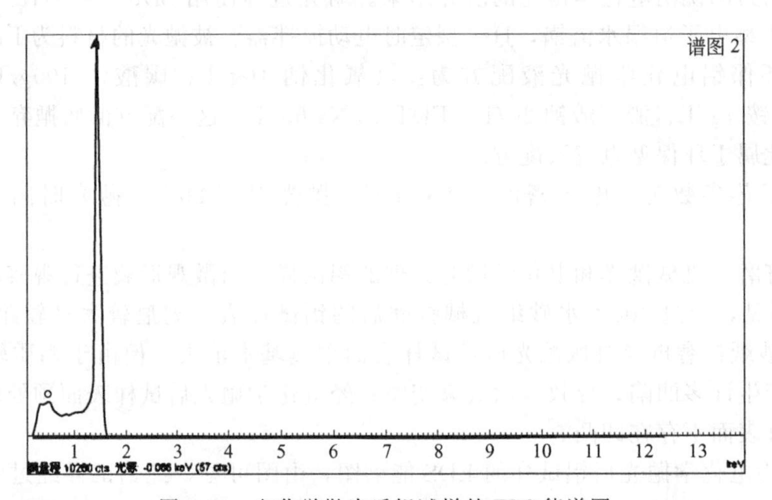

图 6-29 电化学抛光后铝试样的 EDS 能谱图

曲线的极化率增大，说明抛光后试样的耐蚀性增强。此外，从图中可见抛光后试样的自腐蚀电位由抛光前的－0.8V 升高到－0.7V，自腐蚀电位是表面稳定性的表征，自腐蚀电位越高说明表面越稳定越耐蚀。综上所述，铝试样经过电化学抛光后表面的耐蚀性得到明显提高。

六、电化学抛光技术的研究进展

随着电加工技术的不断发展和完善，人们不只满足于对电化学抛光自身系统（即电极、电解液、电源）的研究，相继出现了与磁场、脉冲、超声波等技术相结合的复合电化学抛光新技术。

(1) 磁场辅助电化学抛光　磁场辅助电化学抛光是指在电化学抛光时，在电极间引入外加磁场，使得阳极电解溶解的金属离子在洛仑兹力和电场力的共同作用下改变其运动轨迹与

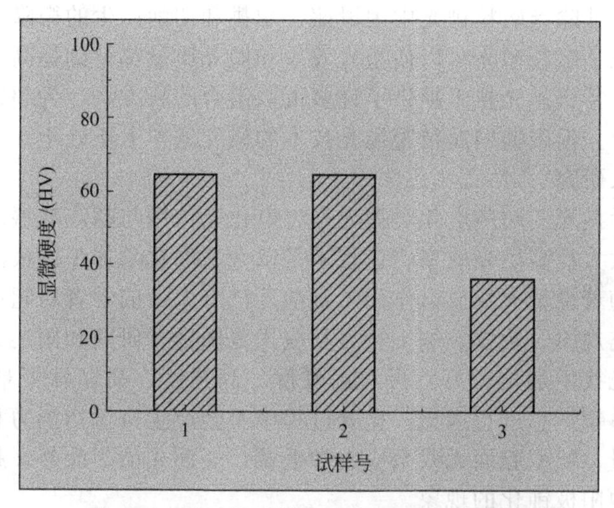

图 6-30 铝试样不同表面处理后的显微硬度

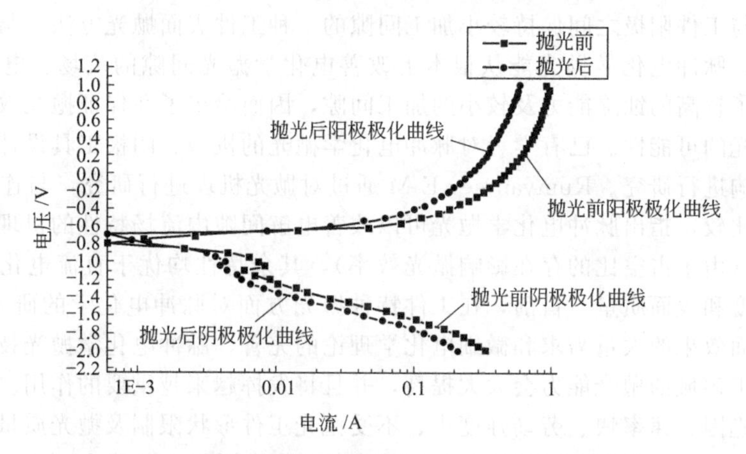

图 6-31 抛光前后铝在 3.5%NaCl 溶液中的极化曲线

速度，最终实现降低材料表面粗糙度的一种复合抛光新技术。

Enache S 等的研究表明磁场能够提高电化学抛光精度和效率，并建立了数学模型。Kuppuswamy G 等的研究证明了在电化学抛光中，外加磁场的引入可达到提高材料去除量和降低表面粗糙度值的效果。方建成等从带电离子在电磁场中的受力行为和运动状态入手，研究了磁场对阳极溶解速率、产物扩散速率、材料去除量、极间电流的影响，并分析了磁场对电解液的搅拌作用，发现将磁场引入电化学抛光过程中，由于洛仑兹力和电场力的共同作用，粒子的运动轨迹改变，峰点或侧面的溶解速率和产物的扩散速率提高，从而有效地提高了抛光效率、降低表面粗糙度。峰点的去除速率远大于无磁场时的去除速率，这从微观上说明磁场辅助电化学抛光对基体的损害较小，精度保持性好。磁场的搅拌加快了液相传质，改变了电化学反应，使极间电流强度增大，从而使抛光效率提高。

为进一步提高抛光效率，将传统的磁性研磨和电化学抛光结合起来，形成了电化学磁粒抛光技术。它是在磁辅助电化学抛光基础上加入磁性磨粒进行表面抛光的一种复合抛光技术，比磁性研磨具有更好的抛光特性。磁粒在磁场力的作用下形成磁刷压向阳极表面，在相对运动的过程中刮除钝化膜，使阳极材料的新鲜表面裸露，从而有利于电化学过程。在磁性研磨与电化学复合作用过程中，抛光表面峰点处的磁力线集中，使该处钝化膜被刮除的几率增大，更易于电化学蚀除。磁粒抛光中因滑擦、犁耕和切削产生的微隆起可通过磁场电化学作用去除，因而电化学磁粒抛光可以使抛光效率和抛光质量都得到提高。

磁场的引入为超精密抛光技术提供了许多可以组合的新方法，为超精密抛光的低成本化提供了一种有效途径。但磁辅助超精密抛光技术的研究基本上还处于探索阶段，对于磁辅助抛光机理还有待深入研究。

（2）超声电化学抛光　超声电化学抛光是将电化学作用与超声波振动作用相结合的一种复合抛光技术，可大大提高抛光效率。该技术是以金属电化学加工阳极溶解为主，超声波振动抛光为辅，并伴随着微量火花放电作用。目前，已有大量的学者对超声电化学抛光技术的抛光工作机理及工艺规律、装置、加工特点和应用范围进行研究和阐述。

超声电化学抛光技术适应性好，可对高硬度、高强度、高韧性等难加工材料（如淬火钢、硬质合金、耐热钢等）进行抛光。抛光过程中不会产生机械切削力和切削热，可保证模具型腔面的表面质量，使型腔面无残余应力和毛刺，表面光洁。此外，超声电化学抛光技术避免了电化学加工中阳极钝化的现象。

（3）脉冲电化学抛光　脉冲电化学抛光是采用脉冲电源代替直流电源，利用非线性电解液、工具阴极与工件阳极之间保持较小加工间隙的一种工件表面抛光方法。与传统的直流电化学抛光相比，脉冲电化学抛光能从根本上改善电化学抛光间隙的流场、电场及电化学过程，从而得到了较高的蚀除能力及较小的加工间隙，因而给出了在保证抛光效率的条件下实现阳极镜面抛光的可能性。已有学者对脉冲电化学抛光的机理、阴极工具设计，脉冲电流对抛光效果的影响进行研究。Rumyantsev E M 通过对抛光机理进行研究，与连续抛光的直流电化学抛光相比较，指出脉冲电化学抛光可以改善电解间隙内流场特性的机理，除了生产率一项指标以外（由于占空比的存在影响抛光效率），其余特性均优于直流电化学抛光，获得较高的抛光精度和表面质量。目前，在工件特种抛光方面对脉冲电化学的研究正方兴未艾，随着对模具镜面效果的大量需求和微细电化学理论的完善，脉冲电化学抛光技术在材料表面微、纳米级加工领域的抛光能力会大大提高，并且将发挥越来越重要的作用。

电化学抛光因其速率快、劳动强度小、不受抛光工件形状限制及抛光质量好等优点得到人们的关注。进一步阐明电化学抛光机理，开发新的电化学抛光技术和研究新的抛光液，实现电化学抛光过程的自动化和智能化，提高电化学抛光的质量和抛光效率，是电化学抛光的主要研究方向。

参 考 文 献

[1] 刘江南. 金属表面工程学 [M]. 北京：兵器工业出版社，1995.

[2] 赵麦群，王瑞红，葛利玲. 材料化学处理工艺与设备 [M]. 北京：化学工业出版社，2011.

[3] 刘光明. 表面处理技术概论 [M]. 北京：化学工业出版社，2011.

[4] 李慕勤，李俊刚，吕迎等. 材料表面工程技术 [M]. 北京：化学工业出版社，2010.

[5] 李异，刘钧泉，李建三等. 金属表面抛光技术 [M]. 北京：化学工业出版社，2006.

[6] 朱祖芳. 铝合金阳极氧化与表面处理技术 [M]. 北京：化学工业出版社，2010.

[7] 侯娟玲，闫爱军，冯拉俊. 铝的阳极氧化层常温封孔剂研究 [J]. 西安工业大学学报，2010，30（5）：458-461.

[8] 卢曼，冯拉俊，庄红芳，张静. 镍合金丝快速抛光工艺 [J]. 中国表面工程，2012，25（3）：81-85.

[9] 周宪明. 环保型铜和铝表面的电化学抛光 [D]. 西安：西安理工大学，2010.

[10] 夏天. 镁合金微弧氧化陶瓷层的结合强度及其致密性的研究 [D]. 西安：西安理工大学，2005.

[11] 钟涛生. 能量参数对铝合金微弧氧化陶瓷层形成的影响 [D]. 西安：西安理工大学，2005.

[12] 朱静. 铝合金微弧氧化陶瓷层生长过程及耐磨性能的研究 [D]. 西安：西安理工大学，2004.

[13] 张先锋. 镁合金微弧氧化陶瓷层生长过程及耐蚀性能的研究 [D]. 西安：西安理工大学，2004.

[14] 李均明. 铝合金微弧氧化陶瓷层生长过程及绝缘性能的研究 [D]. 西安：西安理工大学，2002.

[15] 蒋永锋. 铝合金微弧氧化陶瓷层的制备工艺及陶瓷层生长过程的研究 [D]. 西安：西安理工大学，2001.
[16] 王卫锋. 镁合金深色微弧氧化陶瓷膜制备及耐蚀性研究 [D]. 西安：西安理工大学，2006.
[17] 李均明. 铝合金微弧氧化陶瓷层的形成机制及其磨损性能 [D]. 西安：西安理工大学，2008.
[18] 屠振密，朱永明，李宁等. 钛及钛合金表面处理技术的应用及发展 [J]. 表面技术，2009，38 (6)：76-78.
[19] 刘通. 阳极氧化预处理铝基体新型涂层的制备及其海洋防腐防污功能的研究 [D]. 青岛：中国海洋大学，2011.
[20] 张荣发，单大勇，韩恩厚等. 镁合金阳极氧化的研究进展与展望 [J]. 中国有色金属学报，2006，16 (7).
[21] 张永君，严川伟，楼翰一等. Mg 及其合金的阳极氧化技术进展 [J]. 腐蚀科学与防护技术，2001，13 (4)：214-217.
[22] 郭艳，王桂香，龚凡等. 镁合金阳极氧化 [J]. 电镀与环保，2007，27 (6)：1-4.
[23] 李瑛，余刚，刘跃龙等. 镁合金的表面处理及其发展趋势 [J]. 表面技术，2003，32 (2)：1-5.
[24] 师秀萍，朱永明，屠振密等. 钛的磷酸阳极氧化工艺 [J]. 电镀与环保，2009，29 (2)：25-28.
[25] 刘天国，张海金. 钛及钛合金阳极氧化 [J]. 航空精密制造技术，2004，40 (4)：17-18.
[26] 顾伟超，沈德久，王玉林等. 铝及其合金微弧氧化技术的研究与进展 [J]. 金属热处理，2004，29 (1)：53-57.
[27] 王德云，东青，陈传忠等. 微弧氧化技术的研究进展 [J]. 硅酸盐学报，2005，33 (9)：1133-1138.
[28] 吴向清，谢发勤. 钛合金表面微弧氧化技术的研究 [J]. 材料导报，2005，19 (6)：85-87.
[29] 赵玉峰，杨世彦，韩明武. 等离子微弧氧化技术及其发展 [J]. 材料导报，2006，20 (6)：102-104.
[30] 祝晓文，韩建民，崔世海等. 铝、镁合金微弧氧化技术研究进展 [J]. 材料科学与工艺，2006，14 (3)：366-369.
[31] 王志刚，朱瑞富，吕宇鹏等. 钛、镁、铝合金的表面微弧氧化技术 [J]. 陶瓷，2007，(1)：17-20.
[32] 席晓光. 微弧氧化技术述评 [J]. 表面技术，2007，36 (4)：66-68.
[33] 李克杰，李全安. 合金微弧氧化技术研究及应用进展 [J]. 稀有金属材料与工程，2007，36 (S3)：199-202.
[34] 王霄，周飞，潘建跃等. 钛合金表面微弧氧化技术的研究进展 [J]. 机械制造研究，2009，38 (4)：6-10.
[35] 陈妍君，冯长杰，邵志松等. 铝合金微弧氧化技术的研究进展 [J]. 材料导报，2010，24 (5)：132-135.
[36] 蒋百灵，刘东杰. 制约微弧氧化技术应用开发的几个科学问题 [J]. 中国有色金属学报，2011，21 (10)：2402-2407.
[37] 侯亚丽，刘忠德. 微弧氧化技术的研究现状 [J]. 电镀与精饰，2005，27 (3)：24-27.
[38] 赵峰，杨艳丽. 电化学抛光技术的应用及发展 [J]. 陕西国防工业职业技术学院学报，2009，19 (2)：39-41.
[39] 韦瑶，杜高昌，蓝伟强. 电化学抛光工艺的研究及应用 [J]. 表面技术，2001，30 (1)：19-21.
[40] 朱虎生. 铝合金电化学抛光工艺现状 [J]. 涂装与电镀，2009，(4)：44-45.
[41] 张述林，罗袆，陈世波. 铜及铜合金电化学抛光 [J]. 电镀与涂饰，2008，27 (9)：26-28.
[42] 张素银，杜凯，谌加军等. 电解抛光技术研究进展 [J]. 电镀与涂饰，2007，26 (2)：48-50.
[43] 马胜利，葛利玲. 电化学抛光机制研究与进展 [J]. 表面技术，1998，27 (4)：1-3.
[44] 杜炳志，漆红兰. 电化学抛光技术新进展 [J]. 表面技术，2007，36 (2)：56-58.
[45] 张莹，王桂香. 铝阳极氧化膜的研究进展 [J]. 电镀与环保，2010，30 (4)：5-8.
[46] 崔昌军，彭乔. 铝及铝合金的阳极氧化研究综述 [J]. 全面腐蚀控制，2002，16 (6)：12-16.

第七章 表面形变强化技术

动力机械、运输机械和航空机械的许多零部件都是在交变载荷作用下运转，容易发生疲劳断裂失效，表面形变强化能够改善和提高材料的表面性能，提高材料的疲劳强度、延长材料的使用寿命，使表面强化技术成为提高金属疲劳强度、延长使用寿命的重要工艺措施之一，在国内外得到广泛研究应用。金属表面喷丸强化是其代表性技术。

第一节 表面形变强化概述

表面形变强化是利用机械能使工件表面产生塑性变形，引起表面形变强化的方法。常用的金属材料表面形变强化方法主要有喷丸、滚压和内孔挤压等强化工艺。近年来还发展了一种新的强化工艺——机械镀。该方法是利用机械方法用高速的弹丸反复打击低熔点金属锌、铝等粉末，依靠塑性变形将其逐渐沉积在工件表面上，形成镀层，使工件具有好的耐蚀性。根据镀层形成的物理化学过程将机械镀归于表面形变强化。

表面形变强化技术，按零部件形变强化位置不同可分为孔形变强化处理工艺（孔挤压、内孔喷丸等）和表面形变强化处理工艺（表面滚压、振动冲击、金刚石碾压、喷丸、抛丸等）。按方法可分为喷丸强化和滚压强化两种。其中，喷丸强化包括表面喷丸与表面抛丸，滚压强化包括表面滚压与孔挤压。

喷丸强化是当前国内外广泛应用的一种在再结晶温度以下的表面强化方法，是利用高速弹丸强烈冲击零件表面，使之产生形变硬化层并引起残余压应力。喷丸强化已广泛用于弹簧、齿轮、链条、轴、叶片、火车轮等零部件，可显著提高金属的抗疲劳，抗应力腐蚀破裂、抗腐蚀疲劳、抗微动磨损、耐点蚀等的能力。喷丸强化工艺不受材料种类、材料静强度、零件几何形状和尺寸大小限制，所用设备简单、成本低、耗能少，并且在零件的截面变化处、圆角、沟槽、危险断面以及焊缝区等都可进行，强化效果显著，故在工业生产中得到广泛应用。

喷丸强化特别能够有效地提高应力集中部位的疲劳强度、延长构件寿命（使疲劳强度提高20%～70%），在寿命等同的条件下增加承载能力，可提高耐应力腐蚀性能，允许减小工件尺寸和质量，减少对精加工的要求，降低成本，在使用高强度钢时，不必担心出现缺口敏感性，能够用于对疲劳性能有损害的工艺过程，例如放电加工、电解加工以及镀硬铬等过程。

表面滚压技术是一种无切削加工工艺，可显著地提高零件的疲劳强度，降低缺口敏感性。用滚压法制造的螺丝比切削加工的疲劳极限要高很多。表面滚压技术特别适用于形状简单的大零件，尤其是尺寸突然变化的结构应力集中处，例如火车轴的轴径、齿轮的齿根、曲轴轴颈的圆倒角处。这些零件经表面滚压处理后，其疲劳寿命得到明显提高。图7-1为表面滚压强化示意。对于圆角、沟槽等皆可通过滚压获得表层形变强化，并引进残余压应力（$-\sigma_r$），深度能达5mm。残余应力分布如图7-1中（b）所示，沟槽两侧可得到不太大的残

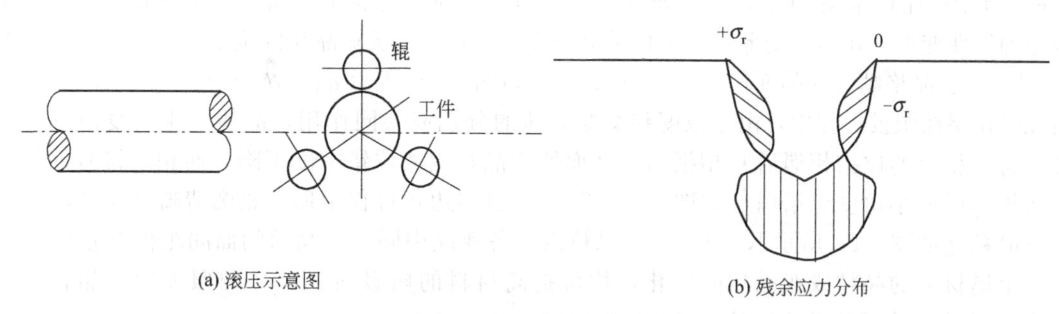

(a) 滚压示意图　　(b) 残余应力分布

图 7-1　表面滚压强化示意

余拉应力（$+\sigma_r$），沟槽底部为残余压应力。

孔挤压是利用棒、衬套、模具等特殊的工具，对零件孔或周边连续、缓慢、均匀地挤压，形成塑性变形的硬化层。塑性变形层内组织结构发生变化，引起形变强化，并产生残余压应力，降低了孔壁粗糙度，显著提高材料疲劳强度和应力腐蚀能力。

第二节　表面形变强化原理

表面形变强化是由材料表面组织结构的变化、引入残余压应力和表面形貌发生变化所致。表面形变产生强化的基本原理是通过机械手段（滚压、内挤压和喷丸等）在金属表面产生压缩变形，使表面形成形变硬化层，此形变硬化层的深度可达 0.5～1.5mm。在此形变硬化层中产生了两种变化：一是在组织结构上，亚晶粒极大地细化，位错密度增加，晶格畸变度增大；二是形成了高的宏观残余压应力。以喷丸为例，一方面由于大量弹丸压入产生的切应力造成了表面塑性延伸；另一方面是由于弹丸冲击产生的表面法向力引起了赫芝压应力与亚表面应力的结合。根据赫芝理论，这种压应力在一定深度内造成了最大的切应力，并在表面产生了残余压应力，其分布如图7-2所示。表面压应力可以防止裂纹在受压的表层萌生和扩展。在大多数材料中这两种机制并存。软质材料中第一种机制占优势；而硬质材料中第二种机制起主导作用。金属表面产生残余压应力的大小由强化方法、工艺参数、材料的晶体类型、强度水平以及材料在纯拉伸时的硬化率决定。

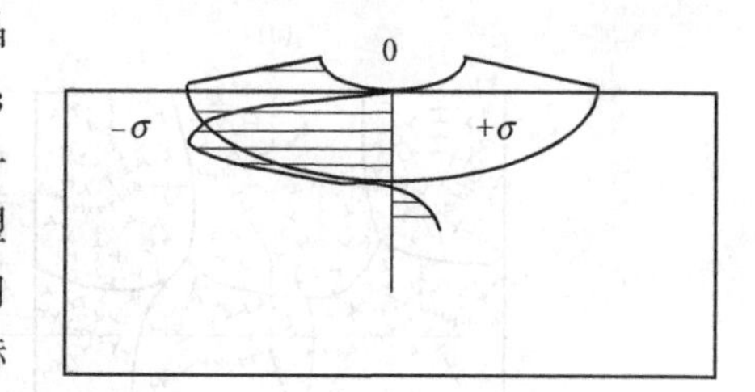

图 7-2　喷丸形成的残余压应力分布示意

一、表面形变强化层的组织结构

金属材料的疲劳性能与屈服强度在一定范围内为线性关系，即屈服强度高的材料，产生塑性滑移变形困难，故其疲劳强度也高。而屈服强度的高低或者塑性滑移变形的难易，由材料的组织结构决定。因此，材料的组织结构是影响疲劳性能的重要因素之一。对于疲劳破损形式来说，主要是由表面产生疲劳裂纹，经扩展而造成表层剥落或断裂。因此，提高疲劳强度的关键是在保证整体强度条件下，改善材料的表面性能，即改善其表面的组织结构。

金属塑性变形是通过位错运动实现的，在塑性变形过程中，由于位错间的互相作用，使位错密度增加。假设材料的原始组织为退火或淬火、回火状态的组织，有如图 7-3 中(a)、(b) 所示的晶粒尺寸、亚晶粒尺寸、位错密度及一定的晶面间距［如图(b) 中同一晶粒内的同一族晶面的面间距基本相同，即 $d_1 \approx d_2 \approx d_3$]。喷丸时表层金属在高速弹丸冲击下发生激烈的塑性变形，在塑性变形过程中伴随晶体发生滑移，导致亚晶粒内位错密度的增加［如图(c) 所示]、晶格畸变使晶面间距发生了变化［如图 (d) 所示 $d_1 \neq d_2 \neq d_3$，$d_1 > d_2 > d_3$]，喷丸强化层在服役过程中，由于温度和交变载荷的分别或共同作用，晶体发生反复滑移，一部分符号相反的位错相遇后互相抵消，从而使亚晶粒内的位错密度下降，而相同符号的位错重新排列形成小角度位错墙［如图 (e) 所示]。在多边化过程中形成轮廓清晰且尺寸更微小的亚晶粒［如图 (f) 所示]，但是同一晶粒内，各亚晶中同一族晶面的面间距仍有差异。

金属材料的晶粒或亚晶粒的细化，均可提高材料的屈服强度 σ_s。屈服强度与晶粒尺寸 D 和亚晶粒尺寸 d 之关系可表达为：

$$\sigma_s = K_1 \frac{1}{\sqrt{D}} \tag{7-1}$$

$$\sigma_s = K_2 \frac{1}{\sqrt{d}} \tag{7-2}$$

式中，K_1、K_2 为与材料有关的系数。

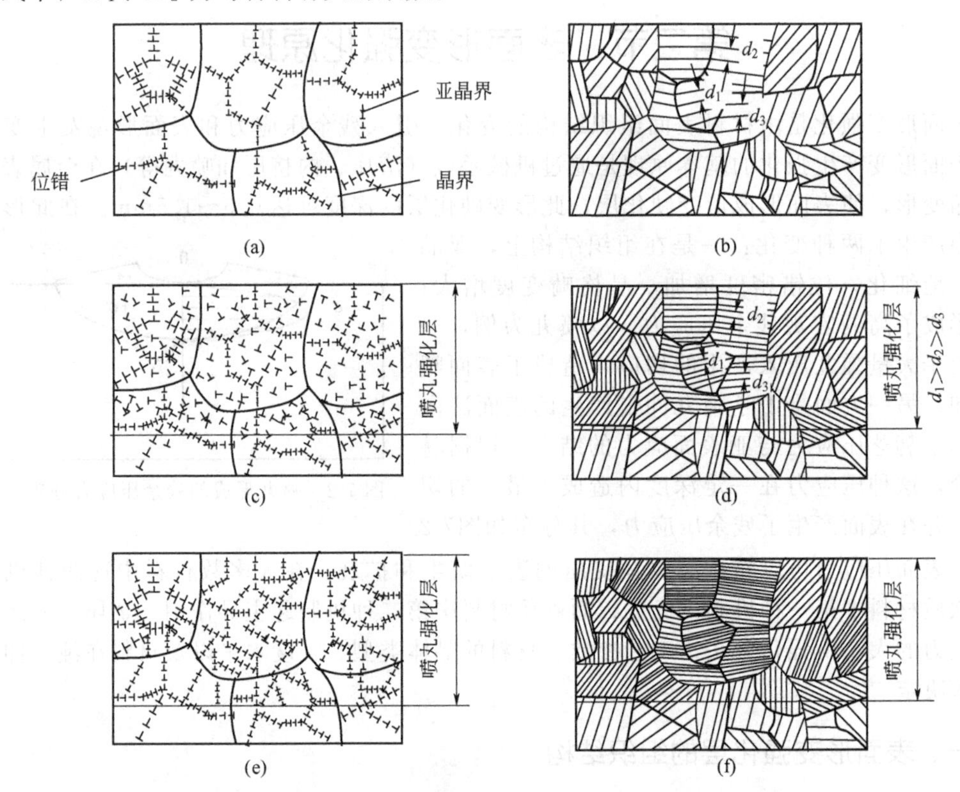

图 7-3　喷丸前后晶粒、亚晶粒、位错组态、晶面分布示意

由上式可见，屈服强度 σ_s 随 D、d 的减小而增大，屈服强度的提高必然使疲劳强度增大。但是，对某些大晶粒材料以及时效硬化的材料，改变晶粒尺寸有时并不能改善材料的疲劳性能，而减小亚晶粒尺寸却显著地改善了材料的疲劳性能。因此，喷丸强化能显著地提高材料的疲劳强度。

图 7-4 所示为材料的硬度与屈服强度、疲劳强度的关系。由图 7-4 可见，硬度的提高，必将导致疲劳强度的提高。喷丸强化使材料表层形成加工硬化，提高了表层硬度，故使材料的疲劳强度提高。

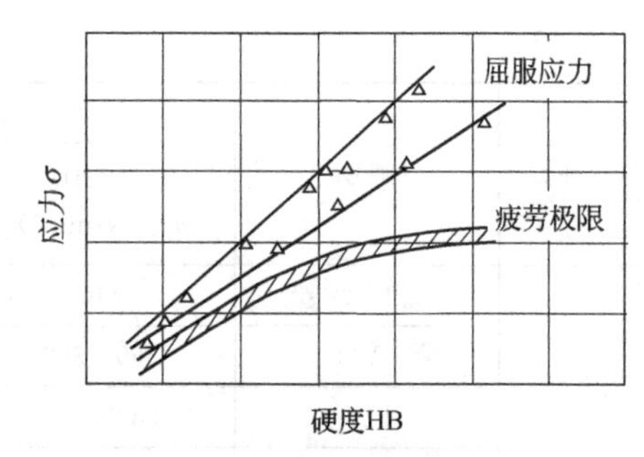

图 7-4　硬度与屈服强度、疲劳强度极限的关系

对于一些具有奥氏体组织的材料，如果将喷丸后试样进行加热，使强化层产生再结晶，并形成细小的再结晶晶粒，则会使材料的疲劳强度获得进一步提高。

喷丸零件在温度和交变载荷的作用下，强化层内的组织结构，包括晶粒和亚晶粒逐渐长大，位错密度逐渐降低，微观应力及宏观应力也随之松弛。但是，在温度低于材料的再结晶温度下，交变应力低于疲劳极限时，这些变化均极为缓慢。如果喷丸零件在高温下工作，由于喷丸表面强化层内发生了回复和再结晶，表面残余压应力基本消失，但再结晶使零件表面层形成了一层不同于心部的细晶粒层，此细晶粒层可提高零件的高温疲劳强度。

二、形变强化对表面形貌的影响

工件疲劳断裂大多从表面开始，疲劳源在工件表面产生。机械加工的刀痕、细裂纹及锈蚀等工件表面缺陷是裂纹易产生的地方，工件的倒角、凹槽等应力集中位置也是疲劳断裂开始的位置。表面形变强化可以消除或降低应力集中，且滚压和孔挤压还能提高表面粗糙度，从而显著提高工件的疲劳强度，降低工件疲劳断裂对表面缺陷的敏感性。

三、形变强化层内宏观残余应力对材料疲劳性能的影响

1. 表面残余应力的形成

在表面强化过程中，表面塑性变形带来的表面尺寸变化引起了表面残余压应力，其数值的高低除与强化方法、工艺参数有关外，还与材料的晶体类型、强度水平以及材料在单调拉伸时的硬化率等有关。表 7-1 列出了几种金属材料喷丸后表面的残余应力数值。由表 7-1 可见，具有高硬化率的面心立方晶型的镍基或铁基奥氏体热强合金，表面产生的残余压应力高，可达材料自身屈服强度的 2～4 倍。材料的硬化率越高，产生的残余压应力越大。

表 7-1　金属材料经喷丸强化后的表面残余应力

材料种类	牌号	力学性能		表面残余应力 $\sigma_r/(N/mm^2)$	比值 σ_r/σ_s
		抗拉强度 $\sigma_b/(N/mm^2)$	屈服强度 $\sigma_s/(N/mm^2)$		
碳钢与高强度钢	45	900～1000	750～850	−500～−400	0.54～0.59
	18CrNiWA	1200	1100	−700～−600	0.55～0.64
	40CrNiMoA	1100	970	−900～−800	0.83～0.93
	Cr17Ni2A	1200	900	−750	0.65～0.77
	30CrMnSiA	1100	850	−650～−550	0.39～0.47
	GC-4	1880	1650	−1300～−1100	0.67～0.79
	18Ni	1400	1200	−930	0.84
钛合金	高温钛合金	1100～1200	900～1000	−860	0.86～0.95
	Ti-6Al-4V	950	800	−700～−560	0.70～0.87

续表

材料种类	牌号	力学性能		表面残余应力 σ_r/(N/mm²)	比值 σ_r/σ_s
		抗拉强度 σ_b/(N/mm²)	屈服强度 σ_s/(N/mm²)		
铝合金	LY2	440	280	−350～−250	0.90～1.25
	LY11	360～380	200	−300～−250	1.25～1.50
	LD5	380～400	280～300	−340～−300	1.10～1.13
	LD4	480～500	410～440	−350～−300	0.73～0.80
不锈钢与高温合金	GH-36	850	600	−800	1.33
	GH-132	950	700	−800	1.15
	GH-135	800	600	−950	1.58
	GH-30	780	275	−1100～−1000	3.70～4.10
	GH-49	1000～1200	750～800	−1400～−1100	1.47～1.75
	GH-33	1020	660	−1200～−1100	1.67～1.82

表 7-2 为经不同表面处理后的表面残余应力，表面滚压强化可获得最高的残余压应力。

表 7-2　不同表面处理后的残余应力及疲劳极限

表面状态	疲劳极限 σ_a/MPa	疲劳极限增量 $\Delta\sigma_a$/MPa	残余应力[①] σ_r/MPa	硬度 HRC
磨削	360	0	−40	60～61
抛光	525	165	−10	60～61
喷丸	650	290	−880	60～61
喷丸+抛光	690	330	−800	60～61
滚压	690	330	−1400	62～63

① 残余应力是表层疲劳裂纹慢速扩展区深度内的平均值。

2. 表层残余压应力对提高疲劳强度的作用

材料的屈服强度和疲劳强度随硬度的增加而增大，其中硬度高时疲劳强度增加比屈服强度相对小。因此，提高表面硬度和表面强度是提高疲劳强度的重要因素之一。表面形变强化提高了表面层硬度和强度，从而提高了零件的疲劳强度，延长了使用寿命。

由于疲劳裂纹大多是从表面开始，裂纹的发展是靠拉应力，表面形变强化可在表层产生残余压应力，使外加拉应力与残余压应力合成的总应力降低，从而提高材料的疲劳强度及延长疲劳寿命。在疲劳过程中，残余应力起平均应力的作用。疲劳强度的增量 $\Delta\sigma_a$ 为：

$$\Delta\sigma_a = -m(\sigma_m + \sigma_r) \tag{7-3}$$

式中，σ_m 为平均应力；m 为平均应力敏感系数。图 7-5 为 0.3%～0.6%C 钢棒用热处理方法获得不同的表面残余压应力与疲劳强度的关系。由图 7-5 可见，疲劳强度随表面残余压应力的增加而增加。根据古德曼（Goodman）关系：

$$\sigma_a^m = \sigma_a^0 - \left(\frac{\sigma_a^0}{\sigma_b}\right)\sigma_m = \sigma_a^0 - m\sigma_m \tag{7-4}$$

式中，σ_a^m 为存在 σ_m 时的疲劳极限；σ_a^0 为 $\sigma_m=0$ 时的疲劳极限。可知，m 值愈大，表面平均应力对疲劳强度的影响愈大，也可以说是残余压应力对疲劳强度的影响愈大。

以光滑的轴类零件为例，表面残余压应力在交变载荷下所起的作用，如图 7-6(a) 所示，

a 线为外加交变载荷处于最大值的瞬间应力沿截面的分布；b 线为残余应力沿截面的分布；c 线为外加交变应力和残余应力之和，即零件实际承受的应力分布。可以看出，残余压应力能够起到降低交变载荷中的表面拉应力的作用，甚至使零件表面处于压应力状态，见图中曲线 c。图 7-6(b) 为外加交变应力，图 7-6(c) 为残余应力引起的交变应力，是振幅等于零的残余，图 7-6(d) 为合成后总的交变应力，是一个压应力的交变应力，不存在疲劳裂纹长大的条件，裂纹不能长大。在应力水平不太高（低于材料的疲劳强度极限）的条件下，疲劳断裂寿命主要消耗在表面疲劳裂纹萌生期中（按工程定义以 0.1mm 作为裂纹的萌生和扩展的界限），即产生疲劳裂纹源的循环数约占整个断裂循环数的 90%左右。因此，残余压应力能够在裂纹萌生前的很长过程中起着降低交变载荷中拉应力水平的作用。交变应力振幅 σ_a、平均应力 σ_m 与疲劳寿命 N_f 间关系为：

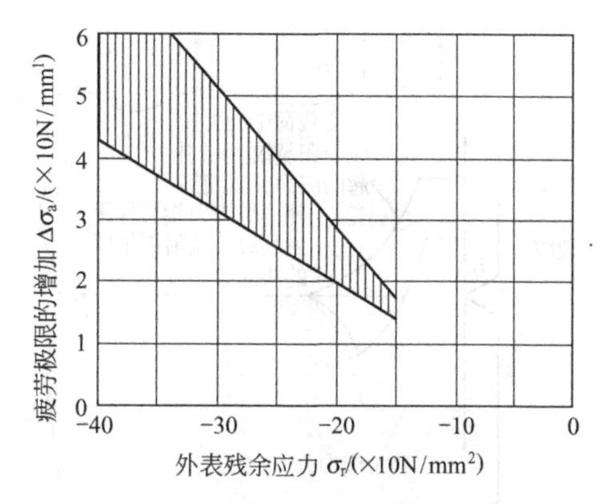

图 7-5　表面残余应力对弯曲疲劳强度的影响

$$\sigma_a=(\sigma_f-\sigma_m)N_f^b \tag{7-5}$$

式中，σ_f 为疲劳强度系数，等于 $N_f=1$ 时的断裂应力（其值与材料的抗拉强度相近）；b 为与材料有关的常数，对于大多数材料，b 为 −0.15～−0.05。可以看出，作用在材料上的最大交变拉应力水平越低，或者说平均应力越低，疲劳寿命就越长。

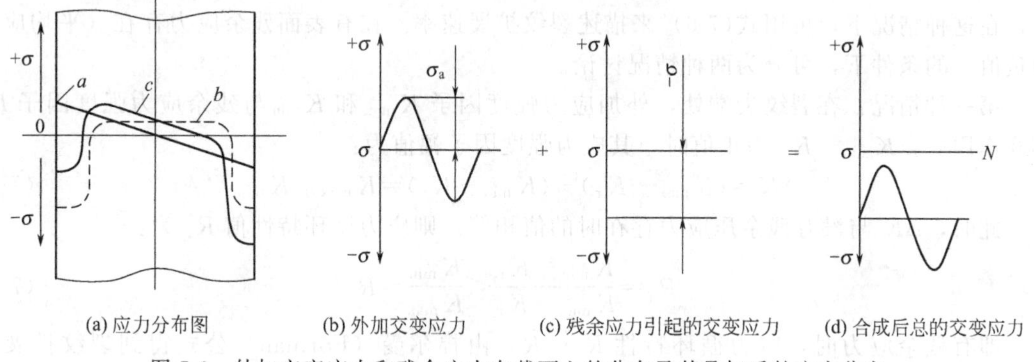

图 7-6　外加交变应力和残余应力在截面上的分布及其叠加后的应力分布

当试样或零件表面存在某种缺陷或类裂纹时，在交变载荷作用下，这种缺陷或类裂纹往往可能成为裂纹源，并与此为基础开始扩展。与光滑试样相比，它越过了裂纹萌生期所耗费的时间，在先开的裂纹源基础上直接扩展，所以大大地缩短了疲劳破损寿命。

当试样或零件表面上已经存在缺陷或微裂纹时，喷丸强化后所形成的残余压应力深度超过裂纹的深度时，残余压应力能够减缓疲劳裂纹的扩展速率。图 7-7 为具有表面类裂纹的零件表层内各种应力分布的示意。由图 7-7 可见，形变强化后残余应力不仅降低了表面拉应力，而且在一定深度内变为压应力，使裂纹不能扩展，并降低了缺口敏感性。因此，表面形变强化对形状尺寸突变、沟槽、倒角以及粗糙度差的零件强化效果更好。

断裂力学认为，材料表面上存在的缺陷或类裂纹，只有当外加交变载荷达到临界极限，即裂纹尖端的应力强度因子幅值达到材料本身的临界应力强度因子幅值（ΔK_{th}）时，裂纹才能开始扩展。ΔK_{th} 为裂纹不扩展的极限值，称为应力强度因子临界值或疲劳门槛值，工程上

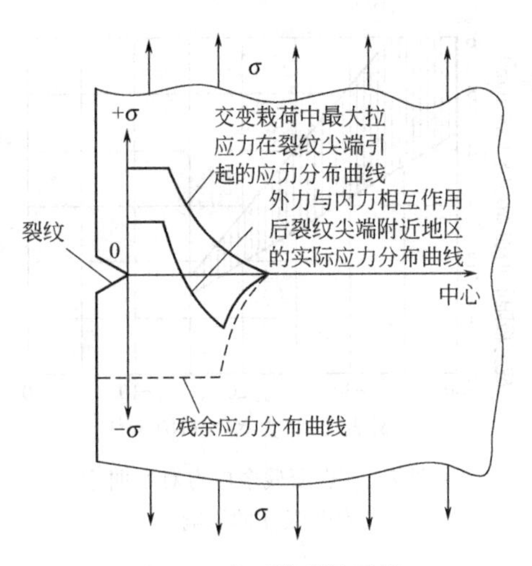

图 7-7 表面类裂纹零件表层内各种应力的分布

往往以疲劳裂纹扩展速率 $da/dN \leqslant 10^{-7}mm/次$ 或 $10^{-8}mm/次$时对应的 ΔK 为门槛值 ΔK_{th}。一般情况下，材料的 ΔK_{th}不仅由材料本身的性能决定，且又是外加载荷中平均应力的函数。在平均应力存在的情况下，其临界应力强度因子幅值为：

$$\Delta K_{th}=\frac{1.2(\Delta K_{th})_0}{1+0.2\left(\frac{1+R}{1-R}\right)} \tag{7-6}$$

式中，R 为应力循环特性值，$(\Delta K_{th})_0$ 是应力循环特性值 $R=0$ 时的裂纹扩展门槛值。由于残余压应力具有降低外加交变载荷中的平均应力及循环特性值的作用，使试样或零件实际承受的应力强度因子幅值 ΔK 减小。由公式 (7-6) 可以看出，R 值的下降必然导致类裂纹尖端的 ΔK_{th}值增高，亦即提高了类裂纹开始扩展的临界应力强度因子幅值。从而使在一定交变载荷条件下，原来可能发生扩展的类裂纹，在有残余压应力存在时，由于 ΔK_{th}值提高，类裂纹可能不发生扩展。要使类裂纹扩展，则必须继续增大交变应力。这就是残余压应力在提高有类裂纹材料疲劳强度中所起的作用。

现在来考察两种情况的裂纹扩展速率 da/dN。无残余应力存在时，在外加交变载荷作用下，裂纹尖端的应力强度因子幅值为 $\Delta K=K_{max}-K_{min}$，用 R 表征交变载荷中的平均应力，在这种情况下，可用式(7-6) 来描述裂纹扩展速率。在有表面残余应力存在（平均应力为负值）的条件下，可分为两种情况讨论。

第一种情况：在裂纹尖端处，外加应力强度因子 K_{max}和 K_{min}与残余应力强度因子 K_r 相互作用后，$K_{min}-K_r$ 为正值时，其应力强度因子幅值为：

$$\Delta K=(K_{max}-K_r)-(K_{min}-K_r)=K_{max}-K_{min} \tag{7-7}$$

此时，ΔK 与没有残余压应力存在时的值相等。则应力循环特性值 R_r 为：

$$R_r=\frac{K_{min}-K_r}{K_{max}-K_r}<\frac{K_{min}}{K_{max}}=R \tag{7-8}$$

即有残余应力时，应力循环特性 $R_r<R$，由福尔曼（Forman）公式得到裂纹扩展速率为：

$$\left(\frac{da}{dN}\right)_r=\frac{C(\Delta K)^n}{(1-R_r)K_c-\Delta K}<\frac{C(\Delta K)^n}{(1-R)K_c-\Delta K}=\frac{da}{dN} \tag{7-9}$$

说明，当残余压应力存在时，疲劳裂纹扩展速率比无残余应力时小。

第二种情况：裂纹尖端处，外载应力强度因子与残余应力强度因子相互作用后，$K_{min}-K_r$为负值时，因为负应力（即压应力）不致引起裂纹扩展。

$$根据\ R_r=-\frac{K_{min}-K_r}{K_{max}-K_r}<\frac{K_{min}}{K_{max}}=R \tag{7-10}$$

因为 R_r 为负值，$R_r \ll R$，此时裂纹的扩展速率为：

$$\left(\frac{da}{dN}\right)_r=\frac{C(\Delta K)^n}{(1+R_r)K_c-\Delta K}<\frac{C(\Delta K)^n}{(1-R)K_c-\Delta K}=\frac{da}{dN} \tag{7-11}$$

说明存在残余压应力时，$K_{min}-K_r$ 为负值时，疲劳裂纹的扩展速率更小。

由此可见，有残余应力时由于 R 值和 ΔK 值的减小，裂纹的扩展速率降低。

四、零件表层的残余压应力的热稳定性

表面残余压应力能够有效提高材料的疲劳强度，延长材料的使用寿命。但在服役过程中，由于温度的作用会发生松弛。温度越高，残余压应力的松弛将越快。以喷丸强化为例，经喷丸强化的零件在其服役过程中，由于温度的作用，残余应力将发生应力松弛。温度越高，残余压应力松弛越快。但当工作温度低于材料再结晶温度时，应力松弛速率急剧减缓，并逐渐趋于稳定。

温度与残余应力消除的关系大体上可以根据应力松弛过程来处理，此时，弹性形变转化为塑性形变。松弛时，变形发生在显微-蠕变范围内。残余应力的热松弛原理假定，相应的变形受热激活过程控制，在热激活条件下，比值 σ_T/σ_0 是常数，退火时间 t 和退火温度 T 存在下列关系：

$$t=t_0\exp(Q/kT) \tag{7-12}$$

式中，t 为退火时间；t_0 为时间常数；k 为波尔兹曼常数；Q 为激活能；T 为绝对温度。

残余应力消除与时间的关系式为：

$$\sigma_T/\sigma_0=-(At)^m \tag{7-13}$$

式中，A 为材料与温度的函数；m 取决于主导机制的因子；σ_T 为退火后的残余应力；σ_0 退火前的残余应力。

$$A=A_0\exp(-Q/kT) \tag{7-14}$$

式中，A_0 为前因子，其量纲为 s^{-1}。

由公式(7-13) 的对数变换导出：

$$\lg(\sigma_0/\sigma_T)=m\lg t+m\lg A \tag{7-15}$$

因此，对于一定的退火温度，$\lg(\sigma_0/\sigma_T)$ 与 $\lg t$ 之间存在直线关系。

五、零件表层的残余压应力在交变载荷作用下的变化

表面残余压应力在改善材料疲劳性能方面显示出良好的作用。但在服役过程中，由于交

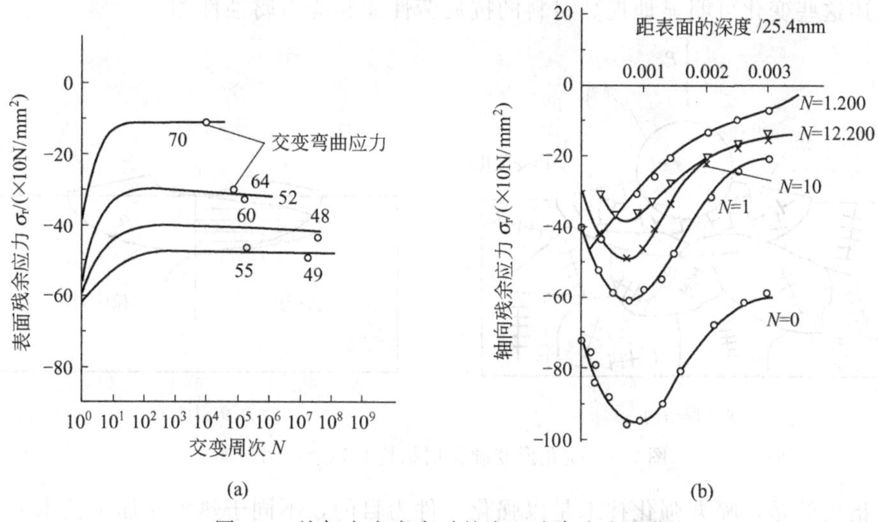

图 7-8　施加交变应力时的表面残余应力变化

(a) Cr-Mo 钢 ϕ7.52mm 圆棒，$\sigma_b=900$MPa 旋转弯曲疲劳极限 $\sigma_a=490$MPa；

(b) SAE4343 (40CrNiMoA) 钢板厚 6.3mm，淬火回火，HRC20，脉动应力 620MPa

变载荷的作用，会发生松弛。交变载荷越大，残余压应力的松弛将越快。图 7-8 为对喷丸强化后圆棒试样施加交变弯曲应力时，表面残余应力的变化。当应力振幅在疲劳极限以上时，应力振幅越大，表面残余应力松弛地越快。材料的硬度越低，则易产生塑性变形，其表面残余压应力降低越显著，硬度高则稳定。当交变应力低于材料的疲劳极限时，残余应力的松弛则趋于稳定。

不同交变应力下循环周数对表面残余应力松弛的影响是：第一，应力松弛的最大速率发生于试验初期，即发生于最初的一周至十几周的循环内；第二，随循环周数的增加，应力松弛急剧变缓并趋于稳定；第三，交变应力水平愈高，应力松弛愈大，交变应力降低到低于材料的疲劳极限时，应力松弛则趋于稳定。

第三节　喷丸强化技术

喷丸强化技术是利用高速弹丸强烈冲击金属材料表层，使表层材料产生循环塑性变形，从而产生形变硬化层及残余压应力的过程。与滚压强化、内孔挤压强化等形变强化工艺相比，喷丸强化工艺不受零件几何形状的限制，对表面粗糙度几乎没有要求，具有强化效果好、成本低廉、生产效率高等优点，是国内外最具代表性的表面形变强化方法之一。

一、喷丸强化原理

喷丸强化就是将大量高速运动的弹丸连续喷射到零件表面上，如同无数的小锤连续不断地锤击金属表面，使金属表面产生极为强烈的塑性变形，形成一定厚度的形变硬化层，称为表面强化层，如图 7-9 所示。在硬化层内产生两种变化：一是在组织结构上，硬化层内形成了密度很高的位错，这些位错在随后的交变应力及温度或者二者的共同作用下逐渐排列规则，呈多边形状，在硬化层内逐渐形成了更小的亚晶粒；二是形成了高的宏观残余压应力。零件的疲劳破坏通常是由其承受的反复或循环作用的拉应力引起的，而且在任何给定的应力范围内，拉应力越大，破坏的可能性越大。因此，喷丸在表面产生的残余压应力能够大大推迟其疲劳破坏。此外，由于弹丸的冲击使表面粗糙度略有增大，但却使切削加工的尖锐刀痕圆滑。上述这些变化可明显地提高材料的抗疲劳性能和应力腐蚀性能。

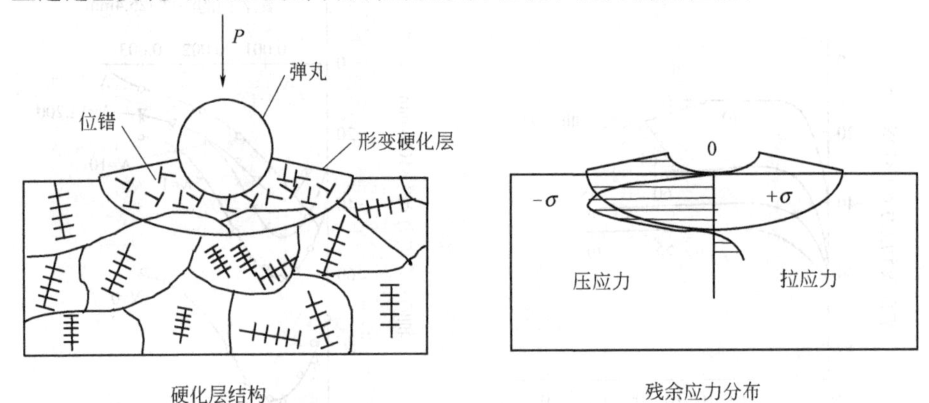

图 7-9　喷丸形变硬化层结构和残余应力分布

需要指出的是，喷丸强化技术是以强化工件为目的，不同于热喷涂加工技术一章中所述的清理喷丸或喷砂技术。将强化用弹丸换成带有菱角的砂粒时，喷丸强化设备可用于喷丸（喷砂）清理技术。但喷丸强化和喷丸（喷砂）清理的目的不同。喷丸强化是用具有一定冲击韧性和硬度的圆球形弹丸或砂粒撞击金属零件表面，使表层金属组织结构细化并在表层中产生残余压缩应力；而喷丸（喷砂）清理是用有棱角的砂粒对被清理表面进行高速撞击和磨削，从而达到清理的目的。喷砂清理属于前处理工艺，主要用于除锈、清砂、去垢等；喷丸强化属于后处理工艺，用于提高材料疲劳强度，延长使用寿命。

二、喷丸强化设备及弹丸材料

1. 喷丸强化设备

喷丸强化设备一般称为喷丸机。根据弹丸获得动能的方式，喷丸设备主要有两种结构形式：气动式和机械离心式。两种喷丸设备具有以下主要功能：弹丸加速与速度控制机构，弹丸提升机构，弹丸筛选机构，零件移动机构，通风除尘机构，强化时间控制装置。此外，不同的强化设备还需具备其他一些辅助机构。

（1）气动式喷丸机　气动式喷丸机是依靠压缩空气将弹丸从喷嘴高速喷出，并冲击工件的表面设备。按弹丸的运动方式，气动式喷丸机可分为吸入式、重力式、直接加压式三种类型。气动式喷丸机可以通过调节压缩空气的压力来控制喷丸强度，操作比较灵活，适用于要求喷丸强度较低、品种多、批量小、形状复杂、尺寸较小的零件。缺点是功耗大，生成效率低。

① 吸入式喷丸机　吸入式气动喷丸机的结构如图 7-10 所示。将零件放置在工作台上，打开压缩空气阀门，空气经由过滤器进入喷嘴。压缩空气从喷嘴射出时，在喷嘴内腔的导丸管口处形成负压，将下部贮丸箱里的弹丸吸入喷嘴内腔，并随压缩空气由喷嘴射出，喷向被强化零件表面。与零件表面碰撞后，失速的弹丸落入贮丸箱，弹丸完成一次运动循环。零件在不断地重复冲击下获得强化。喷丸室内产生的金属和非金属粉尘，通过排尘管道由除尘器排出室外。

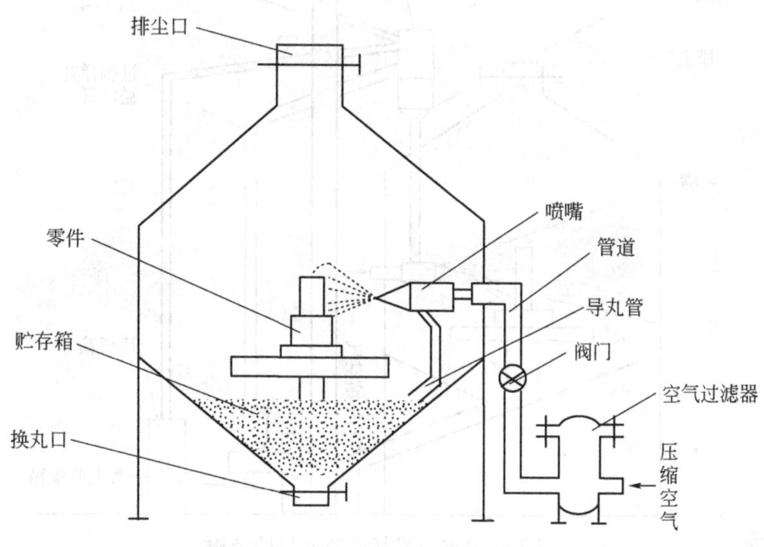

图 7-10　吸入式气动喷丸机的结构

吸入式喷嘴是喷丸机的关键部件，也是易损部件，其设计原理是根据流体力学中的柏努力方程式进行计算的，即通过能量转换计算，在弹丸吸入口的流体速率最快，压强最低，使压缩空气流过吸入口时，弹丸能自动吸入喷枪内，其结构见图 7-11。设计喷嘴时，根据能量转换定律，进气管直径 d_1、导丸管直径 d_2 与喷嘴出口直径 d_3 三者之间以及导丸管中心至气管端部之间的距离 d_4 与导丸管直径 d_2 之间分别如下关系：$d_1<d_2<d_3$，$d_4 \geqslant 1.5d_2$。这类喷丸机所使用的压缩空气压力通常为 0.2～0.7MPa。所使用的弹丸一般为密度较小的

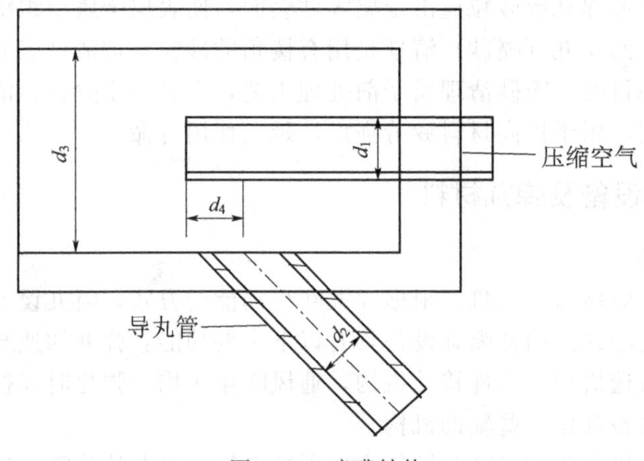

图 7-11 喷嘴结构

玻璃碗或陶瓷丸，其直径不超过 0.4mm，但不适用于密度和尺寸较大的金属丸。

② 重力式喷丸机 重力式气动喷丸机的结构如图 7-12 所示。将零件放置在工作台上，打开阀门使经由过滤器的压缩空气进入喷嘴，将弹丸提升到一定高度，借助弹丸自重经导丸管流入筛分选器中，将小于和大于规定尺寸的弹丸和破碎弹丸与合格弹丸进行分离，合格弹丸通过导丸管直接流入喷嘴，再随压缩空气从喷嘴射出，冲击工件失速的弹丸落到底部的弹丸收集箱，零件在不断重复冲击下得到强化。

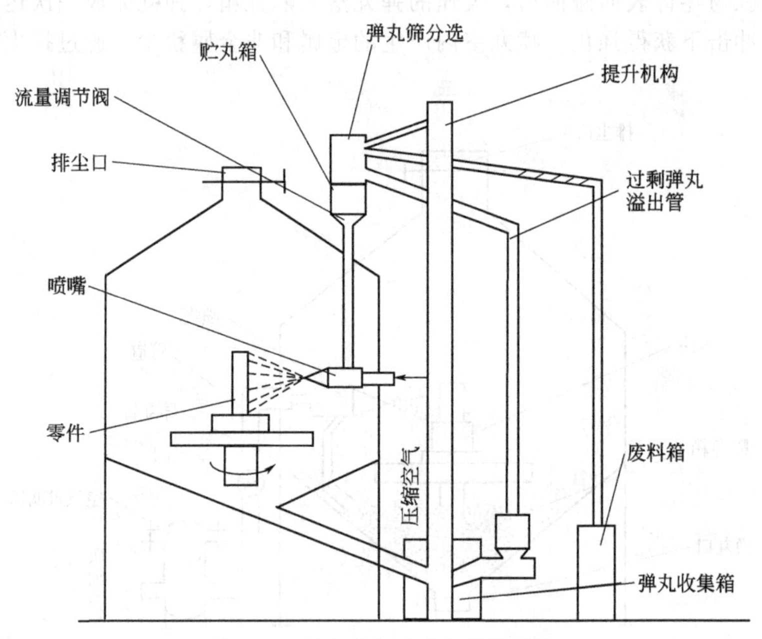

图 7-12 重力式气动喷丸机的结构

重力式气动喷丸机的结构比吸入式气动喷丸机复杂，适用于密度较大的金属弹丸，其直径通常大于 0.3mm。这类喷丸机的压缩空气压力一般处于 0.2～0.7MPa，喷嘴结构同吸入式喷丸机相同。

弹丸筛分选器由弹丸尺寸筛选器和破碎弹丸分离器两部分构成。弹丸筛选通常利用往复振动的平筛网或旋转运动的圆锥筛网来剔除尺寸和形状不合格的弹丸。图 7-13 是一种常用的破碎弹丸分离器的结构。弹丸进入分离器后，圆形或椭圆形弹丸在倾斜一定角度的传送带

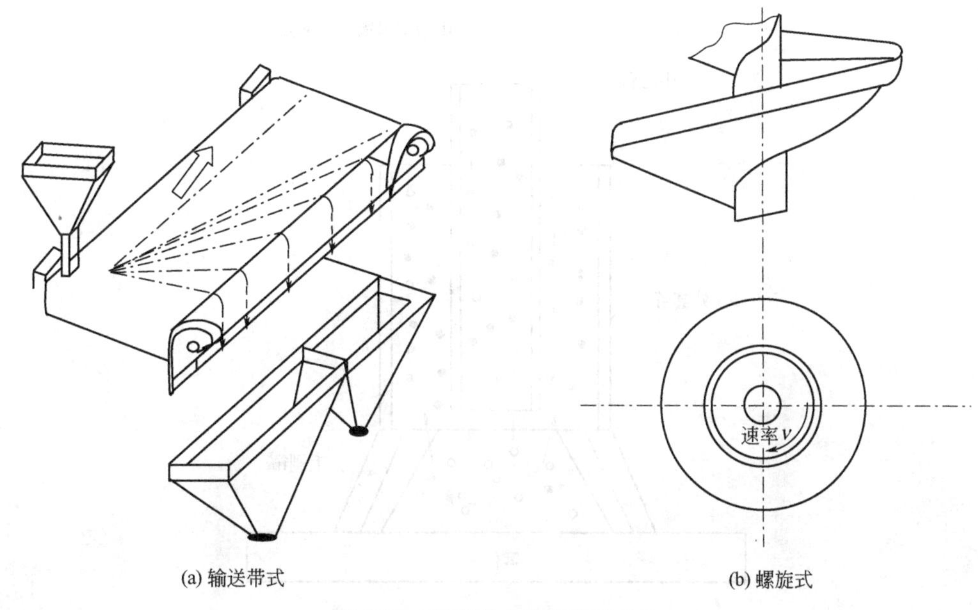

图 7-13 破碎弹丸分离器的结构

或滑道上滚动落入弹丸收集管道，而破碎的弹丸则停留在传送带上被送到端头落入废料箱内。

③ 直接加压式喷丸机 直接加压式气动喷丸机的结构如图 7-14 所示。将零件放置在工作台上，将弹丸提升到一定高度，弹丸靠自重落入贮丸箱，通过流量调节阀进入增压箱，再进入含有高压空气的混合室内混合，再经过导丸管共同进入喷嘴，由喷嘴射出，喷向被强化的零件。

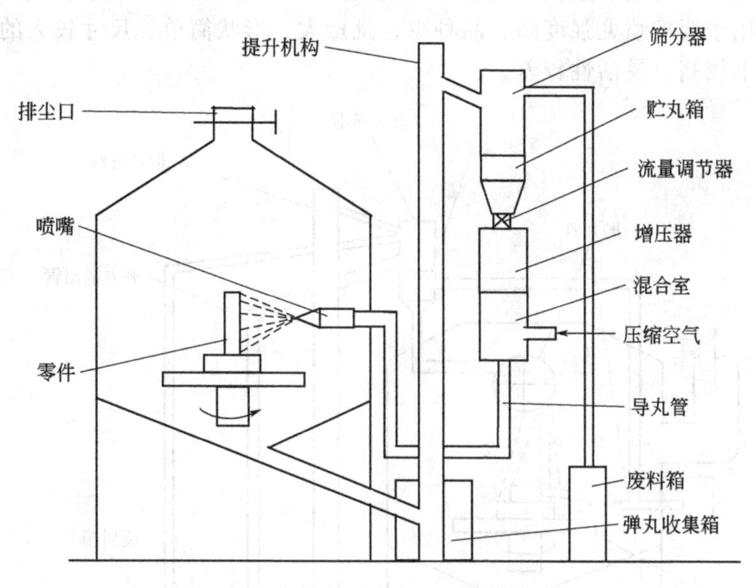

图 7-14 直接加压式气动喷丸机的结构

在直接加压气动式喷丸机上安装特殊喷嘴组成手提式气动喷丸机，可用来对大型零件的局部表面（主要是平面）进行强化处理。特殊喷嘴的结构见图 7-15。它是内外双层管道，由混合空气带出的弹丸，与高压空气的混合流通过中心管进入喷嘴，喷射到工件表面进行强

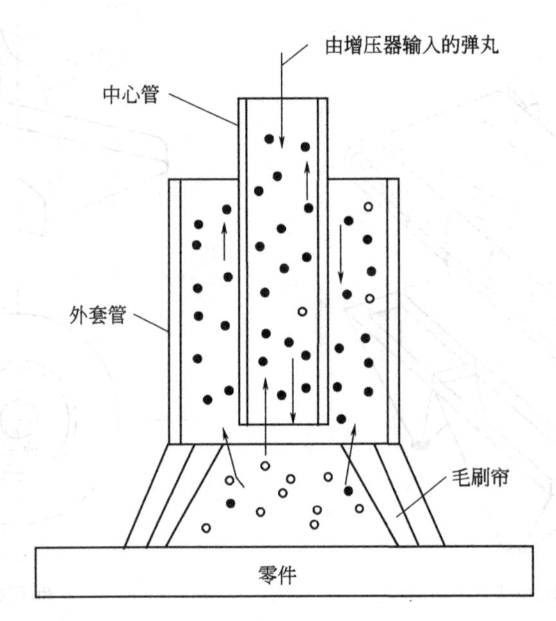

图 7-15　特殊喷嘴的结构

化。零件表面弹回的弹丸，由喷嘴四周的毛帘挡住返回，被吸入具有负压的外层管道，回到上部的贮丸箱。喷嘴端部四周毛帘具有两方面作用，一方面挡住弹丸回弹后的四溅，另一方面便于喷嘴在零件表面上移动。

（2）机械离心式抛丸机　机械离心式抛丸机的结构如图 7-16 所示，其弹丸是依靠高速旋转的机械离心轮而获得动力。抛丸机的工作原理与重力式喷丸机基本相同，不同之处在于用抛丸器代替喷嘴。与气动式抛丸机相比，机械离心式抛丸机的功率小、生产效率高、喷丸质量稳定，适用于要求喷丸强度高、品种少、批量大、形状简单、尺寸较大的零件；缺点是设备的制造成本较高、灵活性较差。

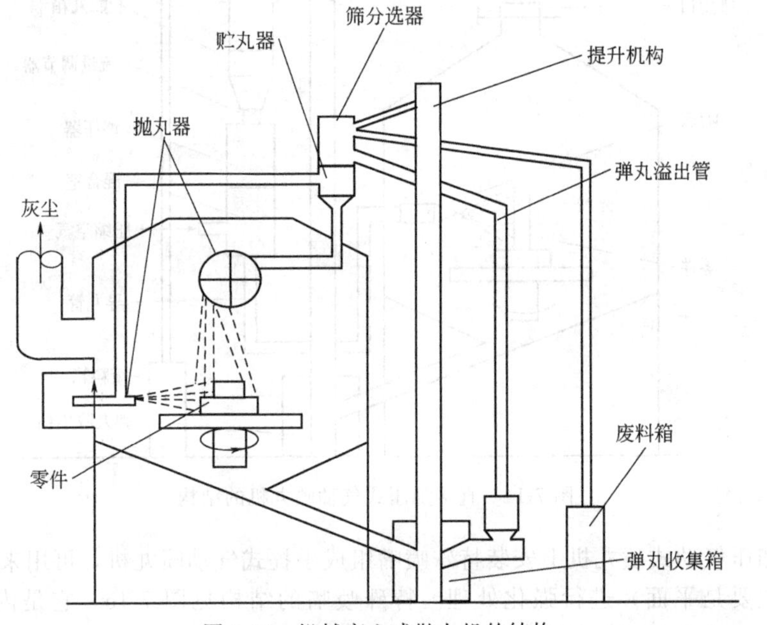

图 7-16　机械离心式抛丸机的结构

抛丸器的结构如图 7-17 所示。通常，离心轮的直径为 300～500mm，转速可在 600～4000r/min 范围内调节，使弹丸离开离心轮的线速度处于 45～95m/s。

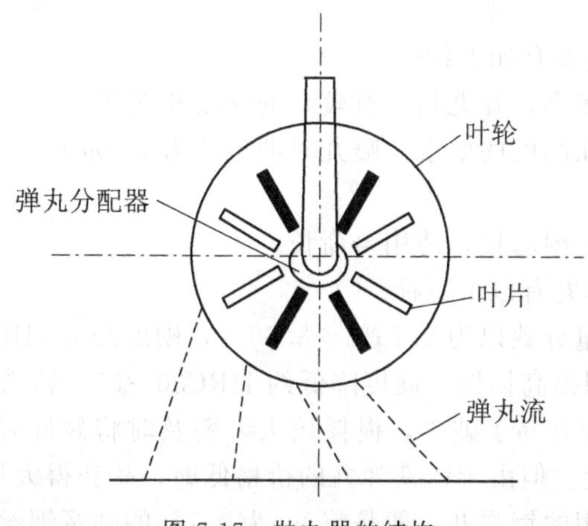

图 7-17　抛丸器的结构

（3）旋片喷丸器　旋片喷丸技术是喷丸工艺的一个分支和新发展。旋片喷丸器主要由旋片和旋转动力设备两部分组成，其结构见图 7-18。旋片主要由弹丸、胶黏剂和骨架材料三部分组成，其作用是把弹丸用特种胶黏剂粘在尼龙平纹网上。旋转动力设备一般采用风动工具作为旋片喷丸的动力源，并要求压缩空气的流量可调，从而达到控制转速的目的。当旋片高速旋转时，粘有大量弹丸的旋片反复撞击工件表面，使之产生形变强化。旋片喷丸器的喷丸强度取决于风动工具的转速。对于一定尺寸规格的旋片，风动工具的转速越高，产生的喷丸强度越高，喷丸强度与转速之间呈线性关系。

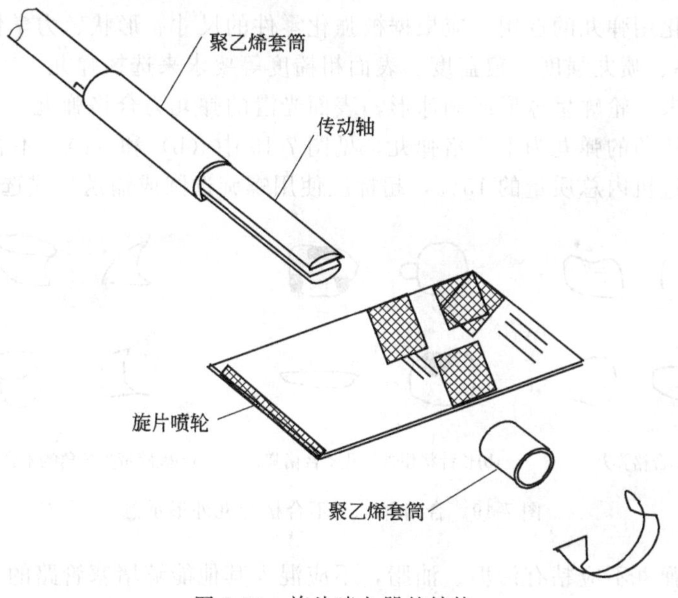

图 7-18　旋片喷丸器的结构

旋片喷丸技术适用于大型构件、不可拆卸零部件和内孔的现场原位施工，由于具有成本低、设备简单、易操作及效率高的突出特点，在机械维修中将有更广阔的发展前景。

2. 喷丸强化用弹丸

（1）弹丸材料　根据材质不同，喷丸强化用弹丸主要有铸铁丸、铸钢丸、不锈钢丸、弹簧钢丸、玻璃丸、陶瓷丸等。其中不锈钢丸和弹簧钢丸多由钢丝切割制成，又称为钢丝切丸。弹丸的种类、硬度、韧性、显微组织、颗粒形状、粒度分级、宏观、微观组织及密度等亦对零件的强化质量有一定影响。

喷丸强化用弹丸需具备有如下特性。

① 比强化零件硬度较高，弹丸须具有较高的硬度和强度。

② 按喷丸强度，即弧高度的要求，喷丸时冲击功为 $1/2mv^2$，应考虑弹丸质量、密度及规格大小之间的关系。

③ 要求弹丸不破碎，耐磨损，使用寿命长。

常用的喷丸强化用弹丸有以下三种。

① 铸铁弹丸　碳质量分数以为 2.75%～3.60%，硬度约为 HRC58～65。为提高弹丸的韧性，往往采用退火处理提高韧性，硬度降低约 HRC30～57。铸铁弹丸的尺寸为 $d=0.2$～1.5mm。使用中，铸铁弹丸易于破碎，损耗较大，要及时将破碎弹丸分离排除，否则将会影响零件的喷丸强化质量。但由于铸铁弹丸的价格低廉，故获得大量应用。

② 钢弹丸　当前使用的钢弹丸一般是将 ω_c 为 0.7%的弹簧钢丝（或不锈钢丝），切制成段，经磨圆加工制成，直径为 0.4～1.2mm。硬度 HRC45～50 为最适宜。钢弹丸的组织最好为回火马氏体或贝氏体。

③ 玻璃弹丸　玻璃弹丸的应用是在近十几年发展起来的，已在国防工业中获得应用。玻璃弹丸的直径在 0.05～0.40mm 范围，硬度 HRC46～50。

强化用的弹丸与清理、成型、校形用的弹丸不同，必须是圆球形，切忌有棱角，以免损伤零件表面。

一般来说，黑色金属制件可以用铸铁丸、钢丸和玻璃丸。有色金属和不锈钢制件则需采用不锈钢丸或玻璃丸。

（2）喷丸强化用弹丸的选用　应根据被强化零件的尺寸、形状、力学性能（抗拉强度或硬度）、抛丸速率、喷丸强度、覆盖度、表面粗糙度等要求来选择弹丸。

弹丸外形要求：轮廓呈球形或椭球形，表面光滑的弹丸为合格弹丸，见图 7-19 中（a）；轮廓呈长针状或棱角的弹丸为不合格弹丸，见图 7-19 中（b）和（c）。不合格弹丸在喷丸机内的含量不应超过机内总质量的 15%，超标应使用螺旋选圆或输送带式选圆机进行选圆。

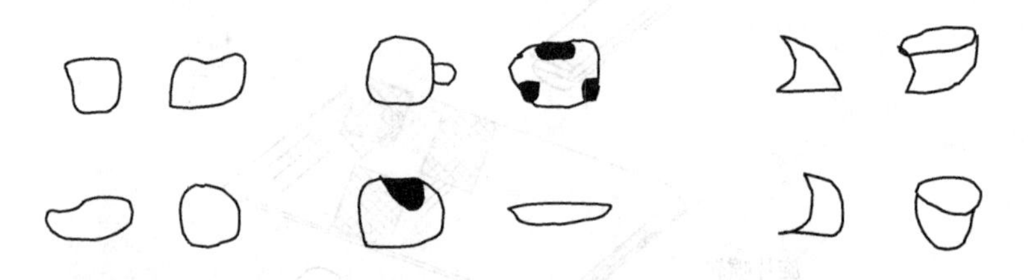

(a)合格弹丸　(b)长针状和含气孔不合格弹丸　(c)破碎带尖棱角的不合格弹丸

图 7-19　合格弹丸与不合格弹丸外形示意

装入机内的弹丸不应粘有污垢、油脂，不应混入其他能够堵塞管路的杂物。向机内装入新弹丸或在生产过程中往机内补充新弹丸的量，不应超过机内总量的 5%～10%，应保持机内弹丸总质量基本不变。

弹丸规格的要求是：在弹丸使用过程中，弹丸因磨损直径不断减小，不断添加新的弹丸，使用一段时间达平衡后，弹丸粒度分布基本保持不变。

在保证弹丸不破碎的前提下，弹丸硬度越高越好。喷丸用金属弹丸中，钢丝切丸硬度大于铸钢丸，且不破碎，是首选弹丸。当对零件上的圆角、沟槽等应力集中部位及弹簧喷丸时，所选用弹丸的尺寸应满足以下要求。

① 弹丸尺寸应小于喷丸区最小圆角半径的 1/2。

② 弹丸尺寸应小于键槽宽度的 1/4。

③ 弹丸必须通过间隙强化下方的表面时，弹丸尺寸应小于间隙缝宽度的 1/4。

④ 弹簧喷丸时，弹丸尺寸必须小于弹簧钢丝直径的 20%；还要考虑弹丸必须能够有效地喷射到弹簧内圈表面上，此时弹丸尺寸必须小于弹簧间距的 25%。

⑤ 对表面无粗糙度要求的大型零件可采用大直径、高硬度的钢弹丸以获得高喷丸强度。

⑥ 对表面粗糙度有严格要求的零件，如配合表面或薄壁零件，应采用直径较小的弹丸，在获得一定喷丸强度的同时，不使表面粗糙度和几何形状的变化超过规定要求。

⑦ 黑色金属零件可选用任何种类的弹丸进行喷丸。

⑧ 不锈钢、镍基合金、有色金属等宜选用玻璃弹丸、不锈钢丸或陶瓷丸，若采用铸钢丸或钢丝切丸，强化后应立即采用清洗剂清洗表面，以防由于铁粉沾污而引起电化学腐蚀。

⑨ 对弹丸硬度及破碎率的要求是应选用破碎率较低的弹丸，如磨圆钢丝切丸，以防带棱角的破碎弹丸划伤工件表面，降低其疲劳寿命。在保证不破碎的前提下，硬度越高越好，硬度越高，喷丸强度越高，粗糙度也相对提高。

三、喷丸工艺及其质量控制

经过抛丸处理的零件，其形状、尺寸和质量等基本上不发生明显变化，只是材料表层组织结构、残余应力、表面粗糙度发生变化。目前各国均采用喷丸强度和表面覆盖率来检验和控制喷丸强化的质量。

1. 喷丸表面质量及影响因素

喷丸过程中影响和决定强化效果的各种因素叫做喷丸强化工艺参数，包括弹丸材质、弹丸尺寸、弹丸硬度、弹丸密度、弹丸速率、弹丸流量、喷射角度、喷射时间、喷嘴至零件表面的距离等。上述诸参数中任何一个发生变化，都会影响零件的强化效果。

① 金属喷丸表层的塑性变形和组织变化　金属的塑性变形来源于晶面滑移、孪生、晶界滑动、扩散性蠕变等晶体运动，其中晶面间滑移最为重要。晶面间滑移是通过晶体内位错运动而实现的。金属表面经喷丸后，表面产生大量凹坑形式的塑性变形，表层位错密度大大增加。而且还会出现亚晶界和晶粒细化现象。喷丸后的零件如果受到交变载荷或温度的影响，表层组织结构将产生变化，由喷丸引起的不稳定结构向稳定态转变。例如，渗碳钢表层存在大量残留奥氏体，喷丸时这些残留奥氏体可能转变成马氏体而提高零件的疲劳强度。

② 弹丸粒度对喷丸表面粗糙度的影响　表 7-3 为四种粒度的钢丸喷射（速率均为 83m/s）热轧钢板的实测表面粗糙度 R_a。由表 7-3 可见，表面粗糙度随弹丸粒度的增加而增加。但在实际生产中，往往不采用全新粒度规范的球形弹丸，而是采用含有大量细碎粒的弹丸工作混合弹丸，这对受喷表面质量也有影响。表 7-4 列出了新弹丸和工作混合弹丸对低碳热轧钢板喷丸后表面粗糙度的实测值 R_t，从中可见，工作混合弹丸喷射所得表面的粗糙深度较小。

③ 弹丸硬度对喷丸表面形貌的影响　弹丸硬度提高时塑性往往下降，弹丸工作时容易保持原有锐边或破碎而产生的新锐边。反之，硬度低而塑性好的弹丸，则能保持圆边或很快重新变圆。因此，不同硬度的弹丸工作时将形成具有各自特征的工作混合弹丸，直接影响受喷工件的表面结构。具有硬锐边的弹丸容易使受喷表面刮削起毛，锐边变圆后起毛程度变轻，起毛点分布也不均匀。

表 7-3 弹丸直径对表面粗糙度的影响

弹丸粒度	弹丸名义直径/mm	弹丸类型	表面粗糙度 R_a/μm
S-70	0.2	工作混合弹丸	4.4～5.5～4.5
S-110	0.3	工作混合弹丸	6.5～7.0～6.0
S-230	0.6	新钢丸	7.0～7.0～8.5
S-330	0.8	新钢丸	8.0～10.0～8.5

表 7-4 新弹丸和工作混合弹丸对低碳热轧钢板喷丸后表面粗糙深度的影响

弹丸粒度	表面粗糙深度 R_t/μm	
	新弹丸	工作混合弹丸
S-70	20～25	19～22
S-110	35～38	28～32
S-170	44～48	40～46

④ 弹丸形状对喷丸表面形貌的影响　球形弹丸高速喷射工件表面后，将留下直径小于弹丸直径的半球形凹坑，被喷面的理想外形应是大量球坑的包络面。这种表面形貌能消除前道工序残留的痕迹，使外表美观。同时，凹坑起储油作用，可减少摩擦，提高耐磨性。但实际上，弹丸撞击表面时，凹坑周边材料被挤压隆起，凹坑不再是理想半球形。另一方面，部分弹丸撞击工件后破碎（玻璃丸、铸铁丸甚至铸钢丸均可能破碎），弹丸混合物包含大量碎粒，使被喷表面的实际外形比理想情况复杂得多。

经锐边弹丸喷丸后的表面与球形弹丸喷射的表面有很大差别，肉眼感觉比用球形弹丸喷射的表面光亮。细小颗粒的锐边弹丸更容易使受喷表面出现所谓的“天鹅绒”式外观。另外，细小颗粒的锐边弹丸对工件表面有均匀轻微的刮削作用，经刮削的表面起毛使光线散射，微微出现银色的闪光。

⑤ 受喷材料性能、弹丸对喷丸表层残余应力的影响　工件喷丸后，表层塑性变形量和由此导致的残余压应力与受喷材料的强度、硬度关系密切。材料强度高，表层最大残余压应力就相应增大。但在相同喷丸条件下，强度和硬度高的材料，压应力层深度较浅，硬度低的材料产生的表面压应力层较深。

在相同喷丸压力下，采用大直径弹丸喷丸后的表面压应力较低，但压应力层较深；采用小直径弹丸喷丸后的表面压应力较高，但压应力层较浅，而且压应力值随深度下降很快。对于表面有凹坑、凸台、划痕等缺陷或表面脱碳工件，通常选用较大的弹丸以获得较深的压应力表面层，使表面缺陷造成的应力集中减小到最低程度。

喷丸速率对表层残余应力有明显影响。当弹丸粒度和硬度不变，提高压缩空气的压力和喷射速率，不仅增大了受喷表面压应力，而且有利于增加变形层的深度。

2. 喷丸强化的效果检验

检验喷丸强化的工艺质量就是检验表面强化层深度和层内残余压应力的大小和分布。喷丸强度和表面覆盖率是反映喷丸强化工艺参数共同作用综合强化效果的两个参数。在实际生产中是通过弹丸（尺寸、硬度、破碎率等）、喷丸强度、表面覆盖率、表面粗糙度这四个参数来检验、控制和评定喷丸强化质量。弧高度试片给出的喷丸强度，表明金属材料的表面强化层深度和残余应力分布的综合值。若要了解表面强化层的深度和组织结构，以及残余应力分布情况，还需要进行组织结构分析和应力测定等一系列检验。

(1) 喷丸强度 喷丸强度是采用弧高度试片来测量的。将一薄板试片紧固在夹具上，进行单面喷丸时，由于喷丸面在弹丸冲击下产生塑性伸长变形，因而喷丸后取下的试片发生凸向喷丸面的球面弯曲变形，如图 7-20 所示。在试样上取一直径为 36mm 平面 ABCD 为基准面，喷完后变成薄板球体面，见图 7-20，球面的最高点与此平面间的垂直距离作为弧高度。弧高度试片可看作是圆形薄板上的一条窄板，喷丸后试片的变形就是球体的一部分。实际测量是在直径为 36mm 的圆上取四个点，如图 7-21 所示，用百分表测量弧高度，见图 7-20。

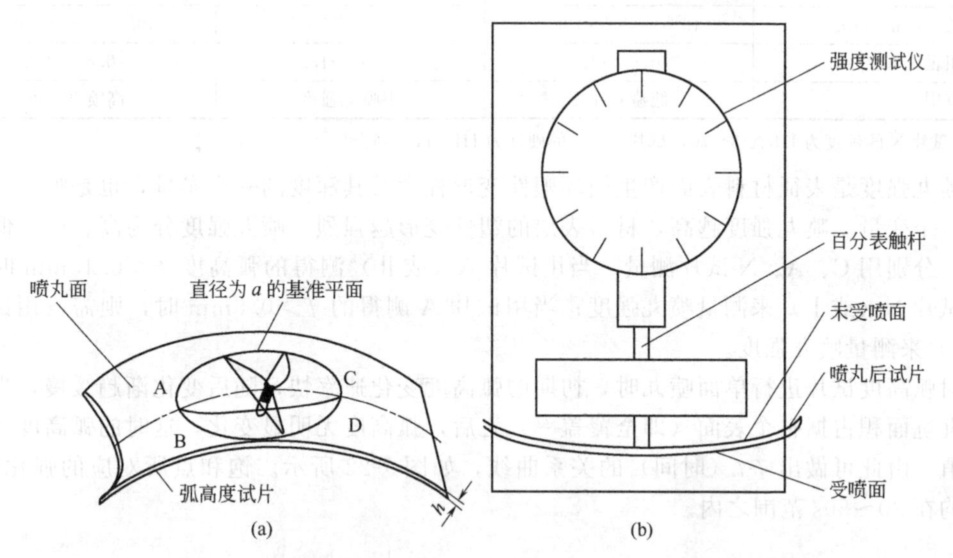

图 7-20 薄板单面受喷后所形成的球面及其与基准面的弧高度

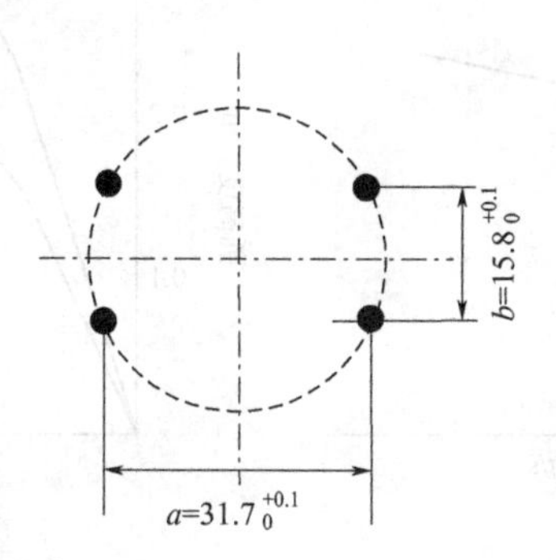

图 7-21 直径为 36mm 基准面上 4 点之间的距离

在固定试片厚度 h 和测量弧高度的基准圆直径 a 的条件下，变形后弧高度值 f、试片厚度 h、残余压应力深度 δ_r 和强化层内的平均残余应力 σ_{mr} 之间有如下关系：

$$f=\frac{3}{4}\times\frac{a^2(1-\gamma)}{Eh^2}\sigma_{mr}\delta_r \tag{7-16}$$

式中，E 为弹性模数；γ 为泊松比；a 为测量弧高度的基准圆直径。

在其他参数不变的条件下，试片厚度 h 愈大，弧高 f 愈小。当试片厚度一定时，弧高 f 仅决定于 σ_{mr}。因此，可用弧高 f 来度量零件的喷丸强度。弧高度试验不仅是确定喷丸强度的试验方法，同时又是控制和检验零件喷丸质量的方法。在生产过程中，将弧高度试片与零件一起进行喷丸，然后测量试片的弧高度 f，如 f 值符合生产工艺中规定的范围，则表明零件的喷丸强度合格。这是控制和检验喷丸强化质量的基本方法。

弧高度试片的材料通常用具有较高的弹性极限的 70 号弹簧铜，常用的试片有三种，根据要求的喷丸强度，选用不同厚度的试片，如表 7-5 所示。

表 7-5　三种弧高度试片的规格

规　格	试片代号①		
	N(或Ⅰ)	A(或Ⅱ)	C(或Ⅲ)
厚度/mm	0.79±0.025	1.3±0.025	2.4±0.025
平直度/mm	±0.025	±0.025	±0.025
宽×长/(mm×mm)	$19^{19-0.1}$×76±0.2	$19^{19-0.1}$×76±0.2	$19^{19-0.1}$×76±0.2
表面粗糙度 R_a/μm	>0.63～1.25	>0.63～1.25	>0.63～1.25
使用范围	低喷丸强度	中喷丸强度	高喷丸强度

① 试片 N 的硬度为 HRA73～76，试片 A、C 的硬度为 HRC44～55。

喷丸强度是表征材料表面产生循环塑性变形程度及其深度的一个参量，也是喷丸强化程度的一个变量。喷丸强度越高，材料表层的塑性变形越强烈。喷丸强度分为高、中、低 3 个级别，分别用 C、A、N 试片测量。当用试片 A（或Ⅱ）测得的弧高度 $f<0.15$mm 时，应改用试片 N（或Ⅰ）来测量喷丸强度；当用试片 A 测得的 $f>0.6$mm 时，则需改用试片 C（或Ⅲ）来测量喷丸强度。

对弧高度试片进行单面喷丸时，初期的弧高度变化速率快，随后变化渐趋缓慢，当表面的弹丸坑面积占据整个表面（即全覆盖率）之后，弧高度无明显变化，这时的弧高度达到了饱和值。由此可做出 f-t（时间）的关系曲线，如图 7-22 所示。饱和点所对应的强化时间，一般均在 20～50s 范围之内。

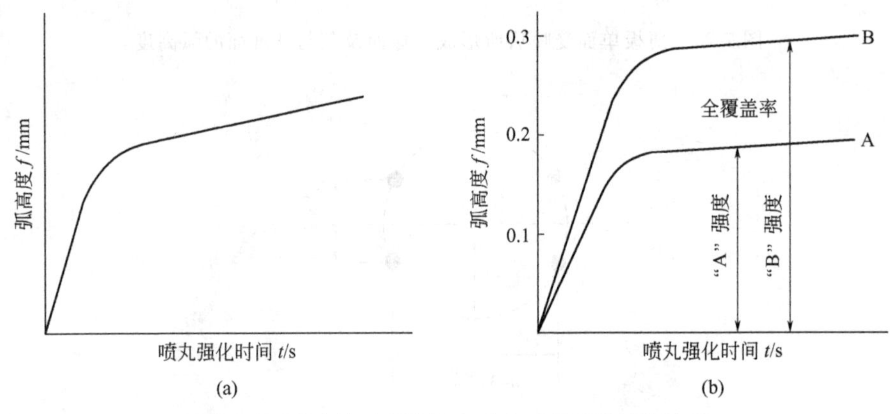

图 7-22　试片的弧高度 f 与喷丸时间 t 之间的关系

当弧高度达到饱和值，试片表面达到全覆盖率时，以此弧高度 f 定义为喷丸强度。喷丸强度的表示方法是：

$$0.25\text{C 或 } f_c=0.25mm \tag{7-17}$$

前面的数字（或等式右边的数字）为弧高度值；字母（或脚码）表示试片的种类。

（2）表面覆盖率　受喷零件表面上弹痕占据的面积与受喷表面总面积之比称作表面覆盖率，简称覆盖率，以百分数表示。一般认为，喷丸强化零件表面覆盖率要求达到表面积的 100％时，才能有效地改善疲劳性能和抗应力腐蚀的性能。但在生产上应尽量缩短不必要的过长的喷丸时间。

由于覆盖率是根据弹坑所占面积数据计算而得，当覆盖率很高时，弹痕不易分辨，很难准确测量面积，因此常以 98％定为 100％的覆盖率或称全覆盖率，而达到 200％覆盖率所需时间应为达到 100％所需时间的 2 倍。

但零件表面达到100%覆盖率所需的时间并不等于达到50%所需时间的2倍。若在1min内达到50%，则下一个1min只能使剩下的50%面积再获得它的50%的覆盖率，达到的总覆盖率为50%+25%=75%。n次喷丸后的覆盖率为：

$$C_n=1-(1-C_1)^n \tag{7-18}$$

式中，C_1为第一次喷丸覆盖率。覆盖率C_n随喷丸次数n增加而上升，并以100%为极限值。

在其他喷丸条件固定的情况下，覆盖率取决于喷丸时间。因此，覆盖率和喷丸强度之间存在内在联系，覆盖率和喷丸强度共同影响喷丸强化效果，即影响疲劳强度和抗应力腐蚀能力。试验证实，当喷丸达到30%覆盖率时，疲劳强度出现明显变化，随着覆盖率增大，疲劳强度增加，当覆盖率超过80%之后，疲劳强度增加缓慢。

3. 最佳喷丸工艺参数的选择

金属材料的疲劳强度和抗应力腐蚀性能并不是随喷丸强度的增加而直线增加，存在一个最佳的喷丸强度，只有选择最佳的喷丸强度，零件才能获得最好的性能。

最佳的喷丸强度是通过试验确定的。图7-23分别为钢［图(a)］、铝合金和钛合金［图(b)］的喷丸强度与零件壁厚和材料抗拉强度关系。

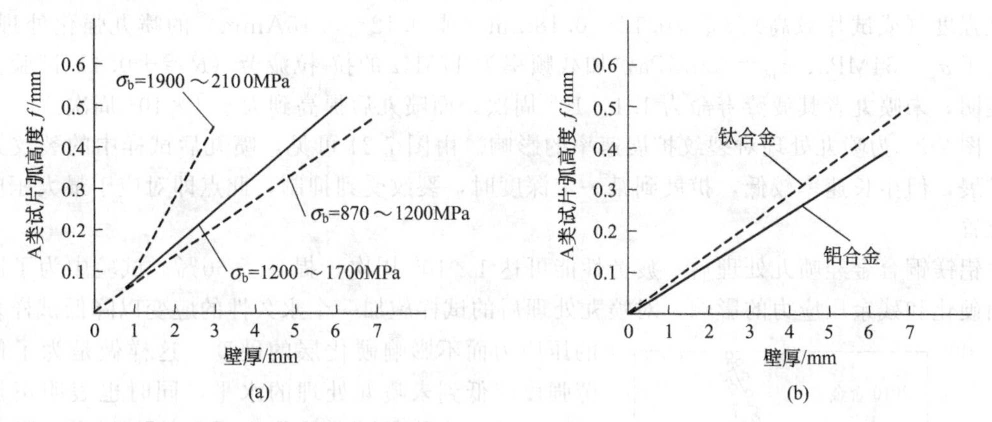

图7-23　钢［图(a)］、铝合金和钛合金［图(b)］三种材料的喷丸强度与壁厚和抗拉强度的关系

四、喷丸强化技术的应用

1. 喷丸强化在提高疲劳寿命的应用

(1) 表面镀零件的喷丸强化　钢制零件表面镀非铁金属，如镀铬、镀镍、镀铜、镀锌、镀锡和镀镉等工艺都会影响疲劳强度，其中尤以镀铬、镀镍等影响最大。钢表面镀铬、镀镍后表层即出现拉应力，使钢的疲劳强度降低。例如，45钢镀铬后镀层残余拉应力可高达300MPa，使疲劳极限σ_{-1}比未镀铬前下降40%。

镀铬或镀镍零件的疲劳寿命可用喷丸、氮化或表面淬火等表面强化工艺来改善。这些表面强化方法使零件表层产生残余压应力，抵消一部分由电镀引起的残余拉应力，甚至能使表层残余应力由拉应力转变为压应力。

表7-6为喷丸对镀铬和镀镍钢试样疲劳强度的影响。在电镀前或电镀后进行喷丸都可提高疲劳强度。镀镍试样在电镀后再喷丸效果更显著，其疲劳强度比未经电镀试样的高。

(2) 钢制零件的喷丸　钢制零件构件喷丸强化的效果与多种因素有关，其中主要受材料的成分和热处理状态的影响。此外，零件设计中是否存在缺口，例如退刀槽、销钉孔或其他V形缺口等，喷丸强化的效果也不同。

表 7-6 喷丸对镀铬或镀镍试样的影响

处理工艺	镀铬		镀镍	
	疲劳极限 σ_{-1}/MPa	疲劳极限变化/%	疲劳极限 σ_{-1}/MPa	疲劳极限变化/%
未经处理	330	100	330	100
电镀	274	83	140	42.5
喷丸后电镀	360	109	288	87
电镀后喷丸			387	117
喷丸(未电镀)	373	113	373	113

材料硬度、强度越高，喷丸强化对疲劳强度的提高越大。此外，未经磨削的试样喷丸后的强化效果均高于磨削试样，这是由于磨削过的试样表面粗糙度好，将喷丸提高疲劳强度的效果抵消掉一部分。机械零件构件上的沟槽和形状变化引起的应力集中会降低零构件的疲劳强度。对缺口试样进行喷丸强化其效果明显高于光滑试样。

（3）铝合金零件的喷丸强化　铸造或变形高强度铝合金都可以用喷丸强化处理来改善其疲劳性能。例如 LD2-CZ 铝合金板材（厚度为 10mm），采用玻璃弹丸 $d=0.05\sim0.15$mm、喷丸强度（或试片弧高）$f_A=0.12\sim0.18$mm（或 0.12～0.18Amm）的喷丸强化处理后，进行了 $\sigma_a=54$MPa、$\sigma_m=120$MPa，加载频率为 175Hz 的拉-拉疲劳（$R=+0.4$）试验。结果表明，未喷丸者其疲劳寿命为 1.1×10^6 周次，而喷丸后提高到大于 1×10^8 周次。

图 7-24 为喷丸处理对裂纹扩展速率的影响。由图 7-24 可见，喷丸后试样中的裂纹开始时扩展，但生长速率较低，扩展到某一定深度时，裂纹受到抑制，此点即对应于最大压应力的位置。

铝镁铜合金经喷丸处理后，疲劳性能可达 1×10^8 周次，提高了 60%。试验中为了区分表面硬化和残余压应力的影响，对喷丸处理后的试样施加一个永久性的应变以降低试样表面的压应力而不影响硬化层的硬度。这样做是为了使疲劳强度降低到未喷丸处理的水平，同时也表明正是由于压应力而改善了疲劳性能。喷丸处理可能引起表面伤痕或裂纹，这种表面伤痕或裂纹的产生与否取决于喷丸的强度。尽管如此，由于喷丸处理会阻止表面裂纹的扩展，它还是能有效地提高疲劳寿命。通过对三种不同程度的喷丸处理研究，发现最低程度的喷丸处理对高周疲劳影响最明显，而最高程度的喷丸处理对低周疲劳最有效。

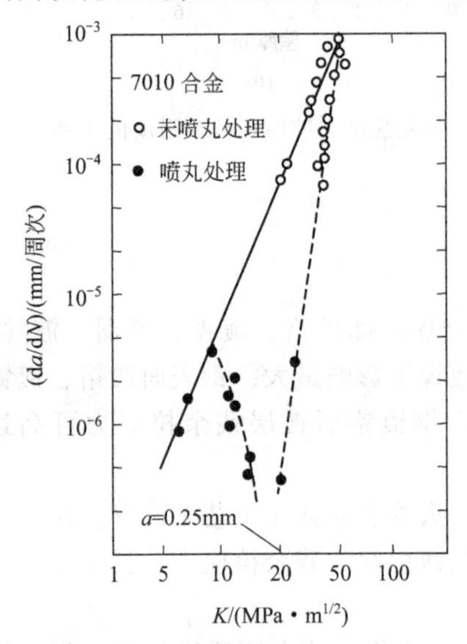

图 7-24　喷丸处理与未喷丸处理的高强度铝合金的开口试样四点弯曲时裂纹长大与 ΔK 之间的关系
a—裂纹长度；N—周次；da/dN—裂纹扩展速率

2. 喷丸强化提高金属材料抗应力疲劳腐蚀

应力腐蚀是指金属零件在应力作用下，在各自特定的腐蚀环境中发生的腐蚀破坏。应力腐蚀的范围很广，不仅发生于钢材，也发生于黄铜等有色金属，甚至发生于不锈钢。

在相应的腐蚀环境中，如果不存在应力，腐蚀进展极为缓慢；当存在一定量的拉应力，腐蚀很快发展，直至构件开裂而失效。应力腐蚀都是从金属表面开始，表面呈拉应力状态时，腐蚀进程加快，反之，表面压应力能抑制腐蚀发展。金属的表层应力性质极大地影响应力腐蚀。金属材料或零构件中出现的应力可能是外加的工作应力，但更需要注意的是冷、热加工后的残余应力。

喷丸强化工艺在改善材料抗应力腐蚀疲劳性能中的应用虽尚未像在改善疲劳性能那样普遍和广泛，但喷丸强化可使金属表层残余应力从拉应力改变成压应力，阻止腐蚀进展，从而显著提高金属材料抗应力腐蚀破坏的能力。

例如，对ω_{Zn}为6.0%、ω_{Mg}为2.4%、ω_{Cu}为0.74%、ω_{Cr}为0.1%的铝合金试样（悬臂梁式，危险断面尺寸7.6×5.1mm^2）在喷丸前作以下三种处理。

A型：挤压后铣削加工，不进行任何热处理。

B型：挤压后在465.5℃（1.5h）水淬，135℃（16h）时效处理。

C型：挤压后冷弯成半径为203mm的弧形，然后按B型进行热处理，处理后校直。

经过上述三种方法处理后试样的表面残余应力状态及其应力腐蚀界限应力见表7-7。

表7-7　铝合金悬臂梁试样喷丸前后的应力腐蚀界限应力

试样型号	表面状态	表面σ_r/MPa	应力腐蚀界限应力/MPa
A	未喷丸	−4.8～+4.8	357
	喷丸	−189	420
B	未喷丸	−120～−77	238
	喷丸	−217	350
C	未喷丸	+95～+147	203
	喷丸	−203	329

试样的喷丸工艺：铸铁弹丸d=0.56mm，喷丸强度0.2Amm，喷丸强化层的残余压应力深度约0.2mm。

应力腐蚀试验是将悬臂梁试样浸入NaCl（0.5mol）与$NaHCO_3$（0.005mol）混合水溶液中，加载后测定试样的断裂时间。从表7-7可以看到喷丸强化对改善抗应力腐蚀性能的效果，即当材料表面存在残余拉应力时，材料的抗应力腐蚀性能降低；反之，表面残余压应力则能提高材料的抗应力腐蚀能力。

在中温下使用的不锈钢零件，常因应力腐蚀产生腐蚀坑，故往往采用喷丸强化处理来改善不锈钢的抗应力腐蚀性能。

Cr17Ni2A马氏体不锈钢（σ_s=850～900MPa，σ_b=1100～1400MPa）加工成板形试样，尺寸为2mm×5mm×100mm，加载后成弯曲弓形。表面最大拉应力按材料力学挠度公式计算应达到0.8σ_s，喷丸后试样表面残余压应力σ_r=−700～−600MPa，加载后表面应力σ_r=−300～−150Mpa。试样间断地浸入3%NaCl水溶液中（每小时浸入10min），试验温度为35℃，试验结果见图7-25。对于任何一种冷、热加工的试样来说，喷丸强化形成的表面残余压应力都在不同程度上提高材料的抗应力腐蚀性能。

淬火和退火状态的AISl410（相当我国1Cr13）不锈钢（硬度约为HRC36～42），在约为150℃的高纯度水中易产生应力腐蚀开裂。采用喷丸强化处理后，将试样加载，使之产生420MPa的拉应力，放入150℃的饱和水蒸气中作应力腐蚀试验。结果是未喷丸试样在一周之内发生断裂，而喷丸后的试样经过八周之后才发生断裂。喷丸工艺为：钢丸直径d=0.71mm，喷丸强度0.18～0.27Amm。

喷丸强化技术也成功地用于防止Inconel系列合金、铜、硅和镁合金等其他材料制品的应力腐蚀破裂。如氨球罐、泵体、蒸发器等大型容器，以及压缩机、转化器、塔器结构件、

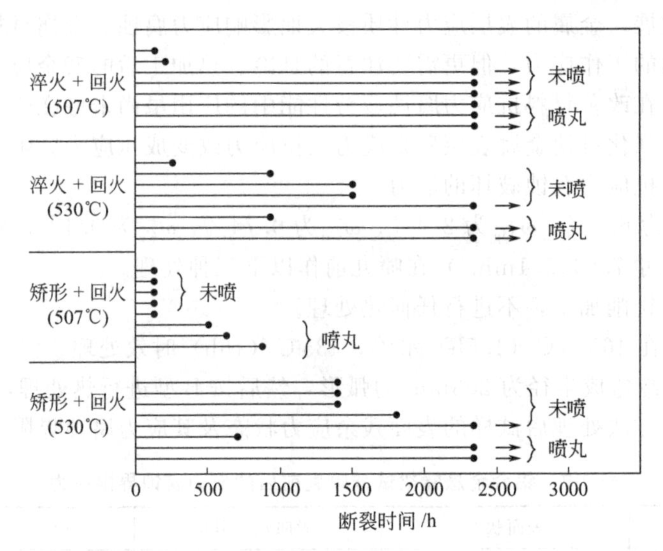

图 7-25　Cr17Ni2A 马氏体不锈钢不同加工处理的弓形试样前后的应力腐蚀断裂时间（3%NaCl 水溶液）

热交换器管道和其他热交换器表面、普通碳钢、合金钢以及有色金属铸件都可以进行喷丸强化处理。机械构件如卷簧、齿轮、泵的轴、隔板、联轴节和压力开关隔板，在采用控制喷丸强化后，对于解决腐蚀裂纹问题起了重要作用。

第四节　滚压和孔挤压强化技术

滚压强化工艺是一种无切削加工工艺，利用金属表面塑性变形产生的加工硬化来强化零件，可以改善材料表面性能，显著提高零件的疲劳强度和表面耐磨性，并且降低缺口敏感性，延长其使用寿命。用滚压法制造的螺丝的疲劳极限比切削加工高得多。表面滚压特别适用于形状简单的大零件，尤其是尺寸突然变化的结构应力集中处，如火车轴的轴颈、齿轮的齿根、曲轴轴颈的圆倒角处，经表面滚压处理后，其疲劳寿命都得到明显提高。图 7-26 为滚压处理示意，其特点是滚压后硬度和残余内应力的最大值均在工作表面，往里逐渐减小，有利于提高零件的疲劳强度。

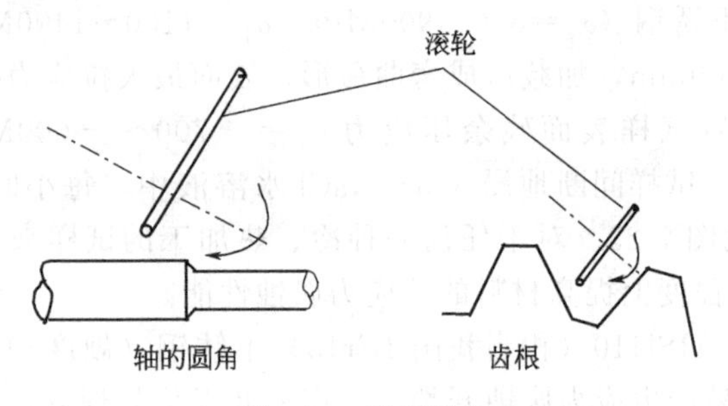

图 7-26　滚压示意

孔挤压是一种使孔的内表面获得形变强化的工艺措施，强化效果明显。由于孔挤压强化效率高、效果好、方法简单，可用于高强度钢、合金结构钢、铝合金、钛合金以及高温合金等零件的强化。被挤压的孔主要有圆孔、椭圆孔、长圆孔、台阶孔、埋头窝孔和开口孔等。

一、滚压和孔挤压强化原理

1. 滚压强化原理

滚压强化是利用硬质、光滑的滚轮、滚柱或滚珠在零件表面滚动的同时向零件表面施加一定压力的过程。经过滚压，材料弹性恢复并留下塑性变形，从而降低表面粗糙度和提高表面硬度，同时产生残余压缩应力，其微观过程见图 7-27。滚轮滚压可用于加工圆柱形或锥形的外表面和内表面曲线旋转体的外表面、平面、端面、凹槽、台阶轴的过渡圆角。滚压用的滚轮数目可以是一个、两个或三个。单一滚轮滚压只能用于具有较大刚度的工件；若工件刚度较小，则需要用两个或三个滚轮在相对的方向上同时进行滚压，以免工件弯曲变形，见图 7-28。

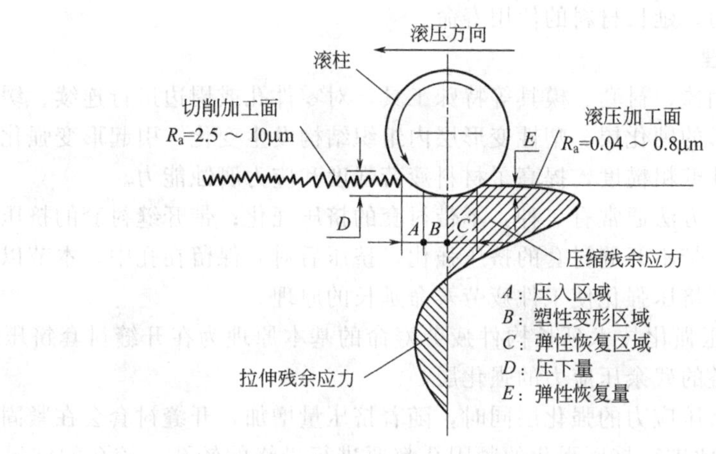

图 7-27 表面滚压微观过程

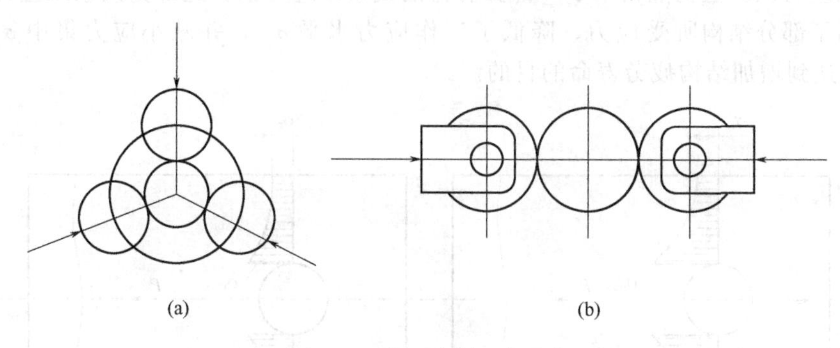

图 7-28 表面滚压工艺示意

(1) 微观组织机理 在滚压过程中，金属材料的表层及亚表层发生剧烈的塑性形变，使金属材料晶格畸变，位错密度增加，形成位错塞积，阻碍位错的继续移动，使滑移难以进行，即金属变形抗力增大，出现加工硬化现象，由此提高了金属材料的屈服强度。

滚压具有细化晶粒和亚晶粒的作用。晶粒越细小，一定体积内的晶粒数量就越多，晶界面积就越大，不同取向的晶粒也越多，每个晶粒周围对位错移动的阻力也越大，故金属强度越高。此外，晶粒越细小，则变形分散在更多晶粒内进行，因而不易产生局部应力集中，使滚压后金属材料的强度和韧性同时得到提高。此外，某些金属材料的滚压变形会引起金相组织转变，例如，由于应变诱发作用，可使 Mn13 钢、Cr12 钢中的部分韧性奥氏体相转化为较硬的马氏体相，从而使材料得到强化。

(2) 表面质量机理　表面粗糙是造成应力集中的主要因素之一，表面越粗糙，微观缺口的底部越尖锐，则应力集中越严重。在交变应力的作用下，应力集中促使疲劳裂纹形成和扩展，最终使零件发生疲劳断裂。

通过用光滑滚轮进行滚压，可以减小零件表面粗糙度，消除微小刀痕，减少应力集中，因而有利于提高零件的疲劳寿命。

(3) 残余压应力机理　零件经过车削、磨削加工后，表面通常会产生残余拉应力。此外，零件工作时受到载荷作用，内部也会出现拉应力。拉应力容易导致零件表面产生裂纹，尤其是交变拉应力更易使零件出现疲劳裂纹，拉应力还会降低零件的耐应力腐蚀能力。通过表面滚压，一方面可压合表面微观裂纹；另一方面可产生残余压应力，消除拉应力，并在零件表层产生有益的压应力。工件内部残留的压应力能平衡零件工作时产生的表面拉应力，降低零件表面的平均应力，延长材料的使用寿命。

2. 孔挤压强化原理

孔挤压强化是利用棒、衬套、模具等特殊工具，对零件孔或周边进行连续、缓慢、均匀地挤压，形成塑性变形的硬化层。塑性变形层内组织结构发生变化，引起形变强化，并产生残余压应力，降低了孔壁粗糙度，提高了材料疲劳强度和应力腐蚀能力。

孔挤压强化的加工方法通常有三种：不带衬套的挤压强化；带开缝衬套的挤压强化，挤压后将开缝衬套去掉；带不开缝衬套的挤压强化，挤压后衬套保留在孔中。本节以开缝衬套的挤压强化为例，说明挤压强化使工件疲劳寿命延长的原理。

开缝衬套钉孔挤压强化技术延长构件疲劳寿命的基本原理为在开缝衬套挤压结构孔壁时，使孔周围产生有益的残余压应力的强化层。

在产生有益的残余压应力的强化层同时，随着挤压量增加，开缝衬套会在紧固孔壁上形成一个小“台阶”，因此进行挤压强化的紧固孔都要进行最终的铰孔，铰孔的结果是损失了部分残余压应力区，但仍然留下了一部分有益的残余压应力区，这部分残余压应力在结构受载时，抵消了部分结构所受应力，降低了工作应力水平 σ_{co}，并减小应力集中 σ_{max}，见图7-29，使其达到增加结构疲劳寿命的目的。

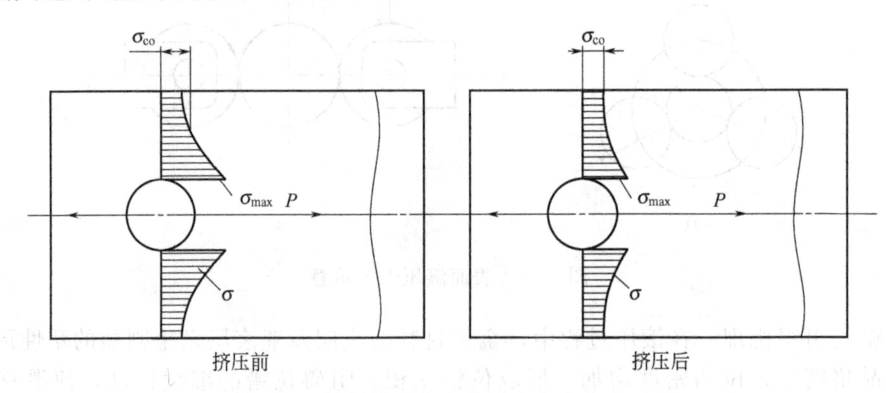

图 7-29　挤压前后应力水平和应力集中对比

开缝衬套挤压技术并不是对所有的材料都有明显的疲劳强度增强，仅对钛合金、部分高强度铝合金强化效果比较明显。而疲劳强度增加的多少主要取决于挤压量的选取，所以开缝衬套钉孔挤压强化关键技术就是确定挤压量与疲劳增益的关系。

二、滚压和孔挤压强化设备

滚压和孔挤压强化设备是利用现有冷加工设备如车床、钻床或镗床等，再配备用作滚压和孔挤压强化工艺所必须的装置。

① 车床作为滚压设备需要配备相应的滚轮和滚轮架，以对圆柱面或圆锥面进行滚压。

② 车床或镗床作为滚压设备还可用镶嵌金刚石刀头的镗刀或车刀对圆柱面或圆锥面进行滚压。

③ 钻床作为孔挤压强化用设备需配备相应的孔挤压棒，以对孔的圆柱形内表面进行挤压。

1. 滚压强化用装置

滚压的主要运动是轴的回转运动，辅助运动是滚子沿轴的回转中心线进行转动。目前主要的滚压加工工具有硬质合金滚轮式滚压工具、圆锥滚柱深孔滚压工具、滚珠式滚压工具。通过滚压可以提高表面粗糙度 2～4 级，耐磨性比磨削后提高 1.5～3 倍。滚压强化适用于圆周内零件的强化，其主要结构如图 7-30 所示。

2. 孔挤压强化用装置

孔挤压强化装置主要有四种类型，分别为孔挤压棒强化装置、衬套挤压强化装置、压印模挤压强化装置和旋压挤压强化装置。

挤压棒强化装置主要结构如图 7-31 所示，孔壁涂干膜润滑剂，施力方式为挤压或推挤。该装置适用于大型零部件的装配及维修。

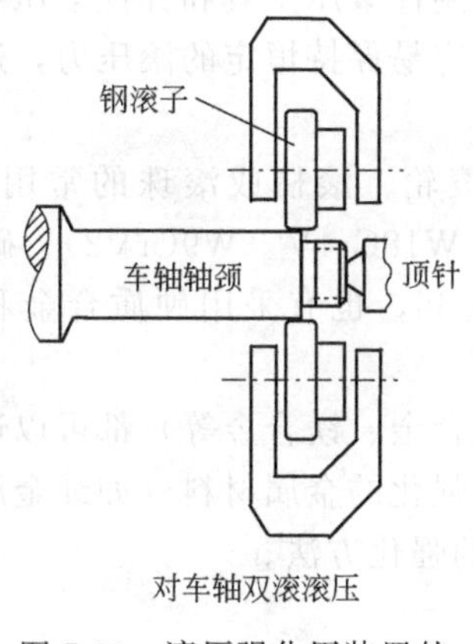

图 7-30　滚压强化用装置的结构

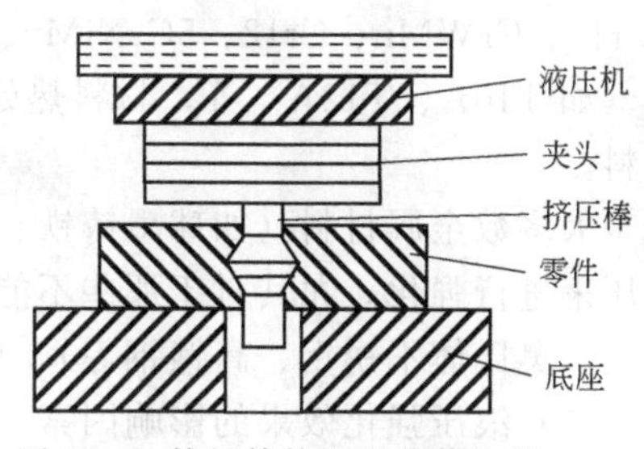

图 7-31　挤压棒挤压强化装置的结构

衬套挤压装置的结构如图 7-32 所示，零件内装衬套，挤压棒用拉挤或推挤方式通过衬套孔。该装置适用于各类零部件的装配和修理。

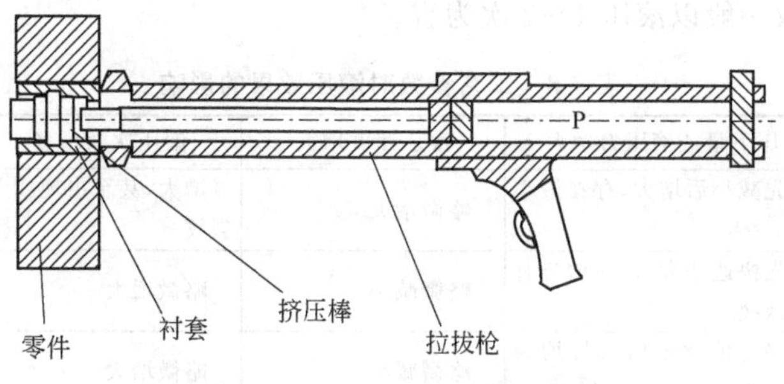

图 7-32　衬套挤压强化装置的结构

压印模挤压装置的结构如图 7-33 所示，在圆孔或长圆孔周围，用压印模挤压出同心沟槽。该装置适用于大型零部件及飞机蒙皮关键受力部位的孔压印。

旋压挤压装置的结构如图 7-34 所示，使用一定过盈量、径向镶有圆柱体的挤压头，旋转通过被挤压的孔。该装置适用于飞机起落架大直径管件和孔的强化。

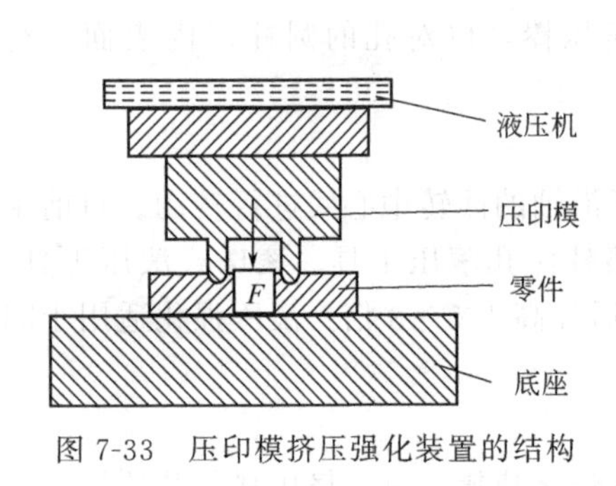

图 7-33 压印模挤压强化装置的结构

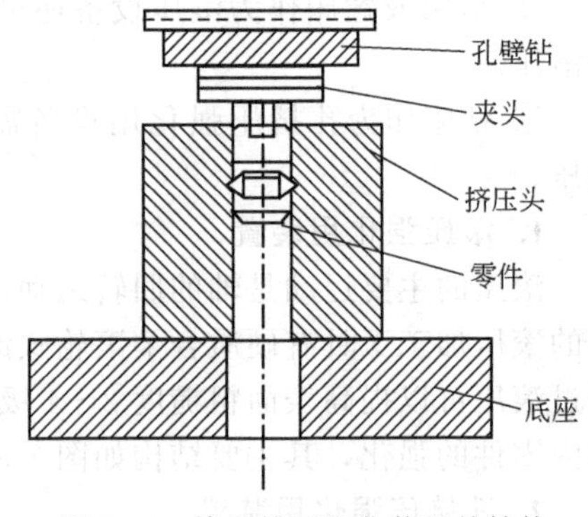

图 7-34 旋压挤压强化装置的结构

三、滚压和孔挤压强化的影响因素

1. 滚压强化的影响因素

(1) 滚压工具 按施加载荷的特点，滚压工具可分为刚性滚压工具和弹性滚压工具。刚性滚压工具滚压时的压下量容易精确控制；弹性滚压工具容易保持恒定的滚压力，适合滚压曲面。

(2) 滚压强化的适用范围 滚压工具的关键零件-滚轮、滚柱或滚珠的常用材料有：GCr15、CrWMn、Cr12、5CrNiMo、9SiCr、高速钢（如 W18Cr4V、W9CrV2)、碳素工具钢（如 T10A、T12A）等，材料热处理硬度范围 HRC58-66，也有采用硬质合金和红宝石材料。

大多数金属材料（如球墨铸铁、低碳钢、合金钢、铜合金、镁合金等）都可以通过表面滚压来进行强化，尤其对于那些不能采用热处理方法进行强化的金属材料（如纯金属、铬镍合金、奥氏体不锈钢、高锰钢等)，形变硬化是唯一有效的强化方法。

(3) 滚压强化效果的影响因素

① 工艺参数的影响 滚压强化效果的评价指标主要有 3 项：表面粗糙度、表面硬度和表面残余压应力。滚压工艺参数的变化对滚压效果的影响见表 7-8。由表 7-8 可知，压下量或滚压力存在一个最佳值，是决定滚压效果最重要的工艺参数。确定滚压力的大小时，以滚压力撤除后残余压应力能够抵消最大工作拉应力为宜，同时还要兼顾机床、工具、夹具的强度和刚度。滚压次数一般以滚压 1～2 次为宜。

表 7-8 工艺参数对滚压效果的影响

工艺参数	压下量或滚压力增大	滚压速度增大	滚压次数增多	进给量增大
表面粗糙度	先减小后增大，存在最小值	略微增大	增大，甚至出现疲劳裂纹	略微增大
表面硬度	先快速增大，而后增势有所减缓	略微减小	略微增大	略微减小
表层残余压应力	绝对值逐渐增大且均为压应力	略微减小	略微增大	略微减小

② 材料初始表面状态的影响 被滚压材料初始表面的粗糙度越低，滚压出的表面就越光滑。此外，滚压效果还与初始表面的波峰和波谷形状有关。用尖刀及小圆弧刀尖加工出的

零件表面［如图 7-35 中（a）和（b）所示］不适合进行滚压加工；而大圆弧或大尖角刀具加工出的表面［如图 7-35 中（c）和（d）所示］比较适合滚压加工，因为这种波峰易于压碎和变形。

图 7-35　刀痕形状

③ 滚压时润滑的影响　滚压加工时，稀薄的润滑液有利于减少热量生成，降低摩擦阻力，防止滚轮过快磨损。增大润滑液的黏度，则表面粗糙度也会随之增大。

2. 孔挤压强化的影响及加工过程注意的问题

凡是承受高交变载荷与应力腐蚀的连接孔、螺栓孔、铆钉孔等飞机构件一般均可进行挤压强化。当超强度钢、结构钢、钛合金过盈量为孔直径的 3%～4%，塑性变形是过盈量的 60%～70%时，其疲劳强度最高。铝合金、奥氏体不锈钢、高温合金过盈量是孔直径的 4%～5%，其疲劳强度最高。挤压最好一次完成，最多不要超过 4 次。一次完成挤压时，其进给量即是过盈量。多次挤压时，第一次挤压时进给量最大，以后依次减小。挤压速率一般不超过 75mm/min，挤压时要均匀、缓慢、连续地挤压过孔，不允许有冲击、暂停现象。旋转速度以 25～50r/min 最佳。压印模端部圆角半径一般为 1.00mm，相同孔径材料越厚，压印深度越深；压力越大，压印深度越深。压印宽度随压印力和材料厚度的增大而增大。对于压印槽到孔边的距离，一般圆形孔压印选（2.38±0.8）mm，长圆形孔压印选（2.80±0.8）mm。

四、滚压和孔挤压强化技术的应用

1. 滚压强化的应用

外形较简单的零件，例如轴类和螺纹连接件等，常采用滚压强化表面，提高疲劳强度。表面滚压能使表面形成一定深度的硬化层，图 7-36 给出了表面滚压后表面硬度的增加情况，图 7-37 为表面残余应力分布。材料的强度增高、滚压力增大、滚压次数增多都会增加强化效果。

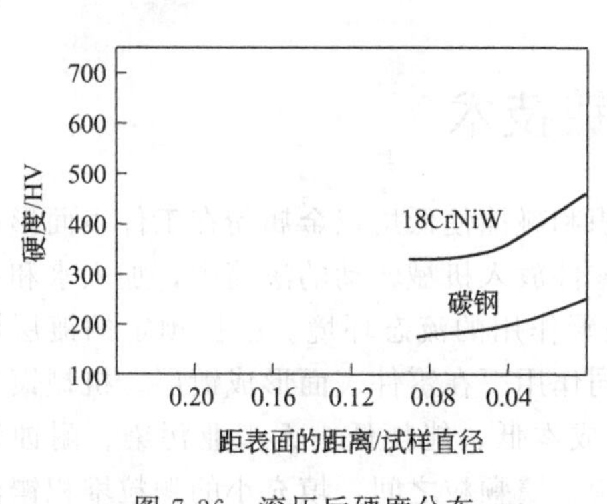

图 7-36　滚压后硬度分布

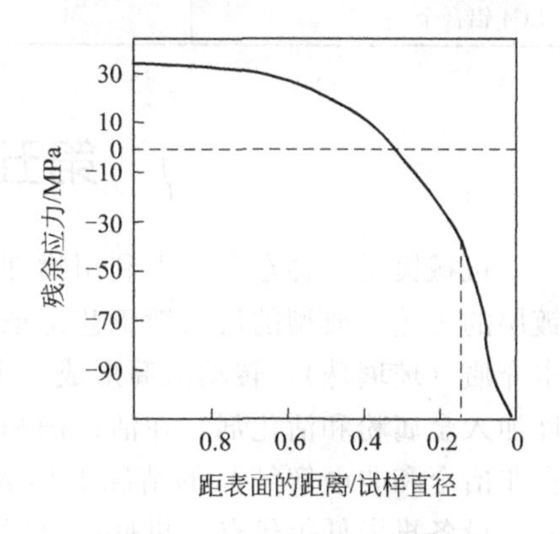

图 7-37　滚压后残余应力分布

热处理与滚压相结合复合处理对提高疲劳极限的效果更加显著，感应加热淬火加滚压、渗氮加滚压、氮碳共渗加滚压都具有良好的强化效果。例如，球磨铸铁曲轴经热处理后，再滚压轴颈与曲柄臂过渡圆角，使该处形成 0.5mm 深的表面形变硬化层，产生残余压应力，可以提高疲劳强度，延长曲轴的使用寿命，见表7-9。

表7-9　球墨铸铁曲轴不同处理方法的强化效果比较

工艺方法	疲劳强度/MPa	增长率/%
正火	55.6	0
正火+滚压	96.1	72.7
正火	65.7	0
软氮化	90.6	38.5
软氮化+滚压	116.3	76.9
正火	65	0
等温淬火	84.3	23.0
等温淬火+滚压	111.2	69.2

2. 孔挤压强化的应用

常见几种材料孔挤压的强化效果见表7-10，孔挤压可大幅度提高疲劳极限。

表7-10　挤压对材料疲劳极限的影响

材　料	孔直径/mm	应力循环次数/次	疲劳极限/MPa	
			未挤压	挤压
300M钢	30	1×10^6	280	320
AF410钢	20	1×10^6	430	610
30CrMnSiNiZA钢	6	1×10^6	523	680
40CrNiMoA钢	6	1×10^6	320	470
30CrNiMoV钢	6	1×10^6	260	300
3H961不锈钢	12	1×10^6	437	529
Ti6Al4V钛合金	20	1×10^6	157	206
LC9铝合金	6	1×10^6	60	110
LC4铝合金	6	1×10^6	75	121

第五节　机械镀技术

机械镀是一种在常温下利用物理、化学吸附沉积和碰撞使低熔点金属粉在工件表面形成镀层的工艺。典型的机械镀工艺是把经过预处理的零件放入机械转动的滚筒中，加入水和冲击介质（玻璃珠），转动滚筒形成一个具有碰撞和搓碾作用的流态环境。根据预定的镀层厚度加入金属粉和活化剂，在活化剂和机械碰撞的共同作用下在零件表面形成镀层。机械镀是在非冶金和非电解结晶的情况下形成的镀层，具有成本低、能耗低、无工业污染、耐蚀性好、设备投资低等优点。机械镀镀层由均匀的扁平状金属颗粒之间，填充小的颗粒堆积镶嵌体组成。目前，机械镀可使镀件的长度达到6～8mm。随着活化剂的改进，镀层的范围，从最初只能镀锌，镀镉和镀锡逐渐发展到镀锌锡、镀锡镉和镀锌镉等合金，也能镀铜、银、铅、铋和铟。被镀零件也由碳钢、不锈钢、锌压铸件与渗碳钢扩大到粉末冶金的零件，如螺钉、螺帽、螺栓、回形针、弹簧、冲压件、弹簧支架、锁紧垫圈等。

一、机械镀技术的分类及特点

1. 机械镀技术的分类

机械镀从工艺过程上可分为干法和湿法两种。干法机械镀工艺所用设备类似于喷丸设备，将金属粉末高速喷打到工件表面上，使机械能在瞬间转化为结合能而形成镀层，具有防腐、不产生氢脆、无污染、无废水处理等优点，但镀层厚度和均匀性不易控制、喷涂物料的制备方法较复杂，在大批量生产中存在诸多限制。湿法机械镀的工艺方法是将活化剂、金属粉末、冲击物质和一定量的水混合为浆料放在滚筒中，借助于滚筒转动产生的机械能作用，在活化剂及冲击物质的共同作用下在基体表面形成镀层。按照金属活化、沉积成层的活化原理还可将机械镀工艺分为锡盐沉积工艺和少锡盐沉积工艺两种。按照镀层的厚度机械镀可分为两类：一类厚度在 25.4～88.9μm，称为 MG，可代替热镀产品；另一类厚度小于 25.4μm，称为 MP，可代替电镀产品。

2. 机械镀技术的特点

机械镀技术具有如下特点。

① 机械镀是通过滚筒内介质碰撞产生的能量把金属粉沉积到零件上，唯一需要使用到的电能是用来翻转滚筒，所消耗的电能仅为传统电镀的5%，可以节约能源和费用。

② 消除了氢脆。

③ 有介质的机械清洗作用，清洗周期短。

④ 槽液的化学药品一次用光，不用维护槽液。

⑤ 在同一设备中从上一槽到下一槽，只需冲洗镀槽，就能改镀另一种镀层。

⑥ 零件镀层的内部与外部表面具有相等的附着力。

⑦ 简化了废水废液的处理。

⑧ 目前的设备不能镀比较大的零件，不能提供精加工的装饰性处理，不能沉积低延展性的金属，目前只能滚镀。

二、机械镀层形成原理

机械镀层形成原理既不同于热镀，也不同于电镀，没有高温下的冶金反应，也没有电镀的外电场作用下的电解沉积效应，全过程在室温下进行。机械镀镀层的形成过程是由比欲镀金属惰性更大的金属离子的还原沉积，导引欲镀金属粉的沉积，随后在冲击物质的碰撞作用下，"冷焊"到工件的表面，使已沉积的各种金属微粒挤压变形进而形成镀层。形成过程经历了金属粉在工件附近富集成小团，进而吸附和沉积到工件表面上，在机械碰撞的作用下紧实变形最终镶嵌成层。组成镀层的金属微粉只发生了微粒单元的弹性、塑性变形，以及微粒相互位置的重构，不发生结构的原子重组，是以无结晶方式形成金属镀层主体。

1. 基层建立过程

机械镀锌基层的建立在工艺上有两种方式：一种是在铁基工件上预镀一层铜，然后加入含锡离子的无机金属盐，利用氧化还原反应在铁基上形成一层锡层，再以锡层为基加入锌粉和沉积剂建立锌层并逐渐加厚；另一种是采用锌粉和含锡离子的无机盐，在铁基上直接沉积出以锌为主的合金层，以此为基再加入锌粉和沉积型活化剂建立锌层并逐渐加厚。

基层的建立是在pH为1.5的 H_2SO_4 水溶液中，Zn在 H_2SO_4 水溶液中发生氧化反应，产生的 Zn^{2+} 在滚筒转动过程中，在玻璃球与工件碰撞作用下，在溶液中形成锌粉蓬松状聚集体。在电荷作用力、起泡团聚力、温度、介质碰撞、"先导金属"共同作用下，锌粉蓬松状聚集体在工件表面沉积，其中电荷作用力和"先导金属"是促进沉积的主要因素。工件和玻璃球的碰撞和搓碾加速锌粉蓬松聚集体的沉积，使树枝状锡折断，使锌粉蓬松状聚集体压扁并连片形成镀层。

2. 镀层增厚阶段的吸附

在增厚阶段，浆液中加入的非离子表面活性剂与阴离子表面活性剂吸附于固体表面，减小了表面张力，有利于控制锌粉蓬松状聚集体的尺寸，然后循环加入含 M^{2+} 的非金属盐与无机酸式铵盐复合沉积性活性剂。浆液中发生的主导反应是金属 Zn 和 M^{2+} 之间的反应，先导金属 M 析出羽毛状晶体并拖着锌粉蓬松状聚集体向工件表面移动。由于电化学反应使得工件表面和锌粉蓬松状聚集体表面呈相反电性，从而使锌粉吸附到工件表面。另一方面，具有两亲结构的表面活性剂分别在工件表面和锌粉聚集体表面形成单分子吸附膜，外表面为亲水基富集区，由于表面活性剂在水溶液中具有相互吸附的特性，也使得锌粉聚集体被吸附在工件表面，其吸附过程见图 7-38。

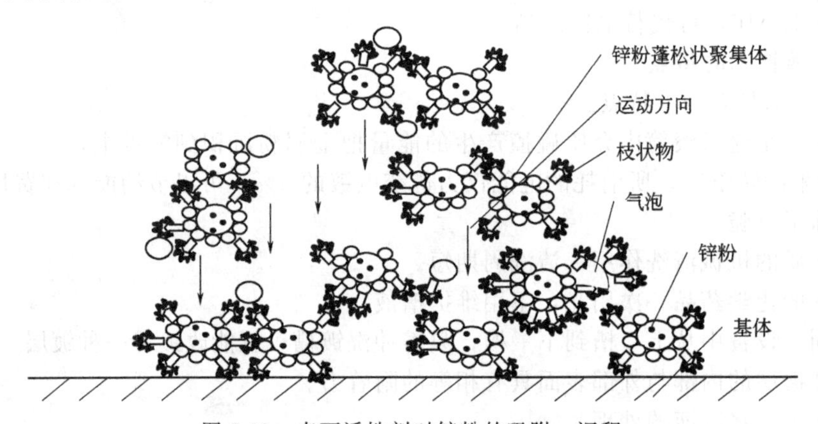

图 7-38　表面活性剂对锌粉的吸附、沉积

3. 金属锌粉的变形机制

玻璃珠作为冲击物质与处于运动状态的工件同时对锌粉产生撞击和搓碾作用，在锌粉被吸附到工件表面之前，冲击物质的撞击使锌粉发生三种变化：一是紧实形成的镀层，在此过程中，聚集体内部的锌粉只发生平动或转动，使其位置重排并相互填充空隙；二是产生变形，锌粉颗粒的位置相对固定后，镀层可以视为一种球粒堆积的密集体，在撞击和搓碾力的作用下，锌粉大颗粒发生扁化，使镀层结构进一步紧密；三是致密化及镶嵌，镀层中锌粉小颗粒在撞击中镶嵌到扁化的大锌粒之间。在颗粒变形过程中，相邻颗粒间对变形起阻碍作用，在间隙位置形状发生扁化，小尺寸颗粒粉末移动并填补在大颗粒之间，起到协调变形的作用，从而使镀层致密化。此外，在机械镀锌过程中，机械力的冲击和摩擦作用使得锌粉颗粒表面处于亚稳高能活性状态，内部能量的增高促使颗粒聚合，并为其结合成层提高能量。在镀筒内酸性浆液中的锌粉表面一致保持新鲜表面，暴露着新鲜原子面，当两个新鲜原子面相接触时，原子间发生键合，如果此时键合力满足如下条件：

$$F_w^2 > N_e^2 + T_b^2 \tag{7-19}$$

式中，F_W 为键合力；N_e 为弹性恢复力；T_b 为剪切力。则两颗粒发生焊合，构成新的金属键，即发生冷焊作用。

4. 机械镀镀层特性

机械镀镀层厚度取决于机械镀的时间和每次装载的金属粉末量。镀层厚度的均匀性一般在 10%以内。在机械镀的工件上，边缘和凸出部的镀层较薄，孔眼、深凹处、凹槽处一般都有足够的厚度。机械镀工件不能呈现镜面光亮的外观，可能达不到电镀的镜面光亮，但比热浸镀更光亮和光滑。在同一个设备中仅按合适顺序添加不同的金属粉末就能产生不同金属的“夹心”镀层。此外，使用2或3种金属的混合粉末就可形成混合镀层，由于上述特别的工艺步骤，镀层能更好地符合特殊的需要，如提高基体金属的耐腐蚀防护、外观质量和防变色、表面的润滑性等。

以机械镀锌为例，镀层结构可以分为两层：基层和增厚层。基层与工件的表面结合，厚度约1～2μm左右。增厚层是随后形成的镀层本身，成分随加入的金属粉和沉积剂变化。在透射电镜下观察，镀层断口是由金属锌粉颗粒经受力变形后密集堆砌或镶嵌成层，与电镀和热浸镀锌的结构完全不同。

三、机械镀用设备

机械镀用设备主要由滚筒、电动机、液压装置、控制系统、输送带、分离器、介质处理系统、钝化槽、干燥器等组成，有的还配备加热设施，以增加沉积速率，其设备示意见图7-39。

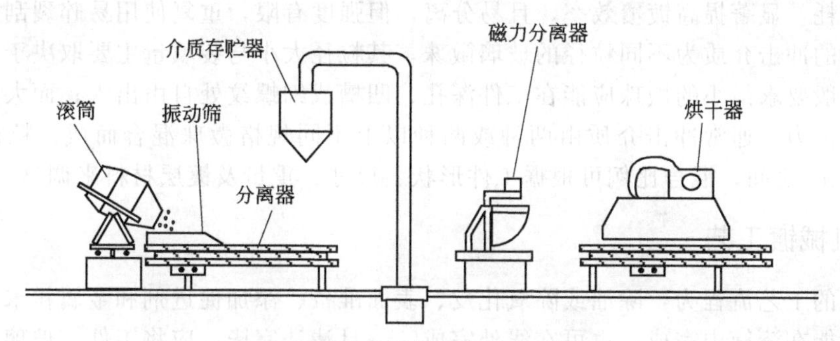

图7-39　机械镀成套设备示意

机械镀滚筒是完成机械镀工艺的功能性设备，是一个可盛放被镀工件、玻璃珠、镀液和原料的容器，提供机械碰撞力和使混合的浆液形成合理的流态运动，使金属粉末、活化剂与滚筒中的水能迅速形成均匀的混合浆料，保证镀件可在滚筒内翻滚，自旋，在冲击介质作用下，镀覆上所需镀层。图7-40是机械传动的滚筒式设备，滚筒多为三段八棱形，纵截面呈橄榄球形，用碳钢板或不锈钢板焊接而成。滚筒内壁衬有橡胶或其他耐磨塑料，滚筒的转动保证了混合浆液的流动状态。浆料的运动状态与滚筒的几何形状、倾角和转速有关，运动形成的流线为图中虚线表示的类螺旋状。图7-41为简易机械镀设备的原理，该设备可以实现镀筒的转动和一定角度的倾倒卸料。

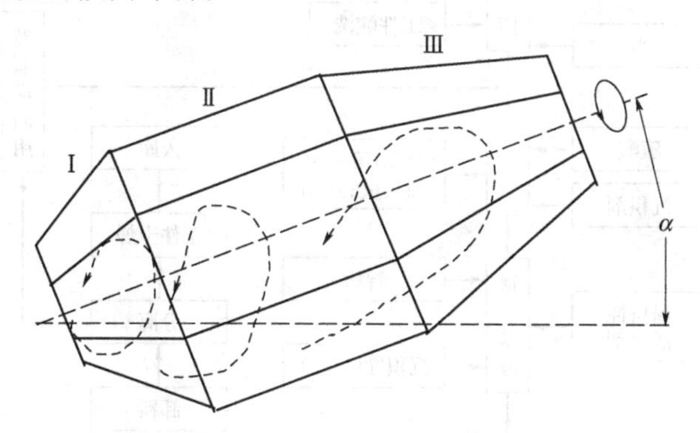

图7-40　镀筒形状与浆液的流动状态示意

机械镀所用冲击介质应表面光滑，具有一定强度，耐磨性好。早期采用的冲击介质为粒径不同的钢丸，但因在镀覆过程中，介质也随工件同时被镀上金属层，造成镀层材料浪费，

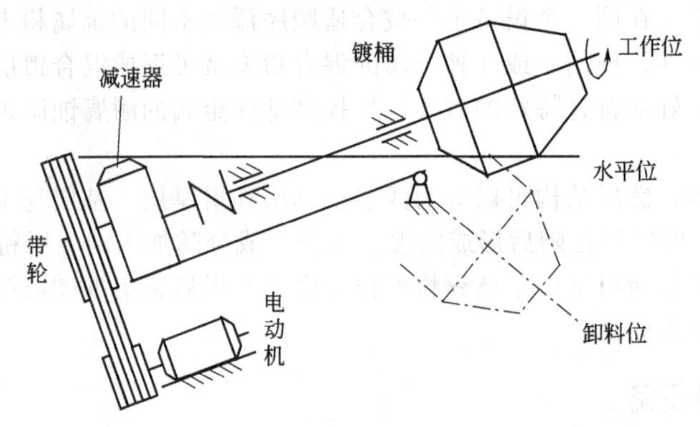

图 7-41 简易机械镀设备原理

且镀后分离困难，不再使用。后来又采用陶瓷、花岗岩与氧化铝颗粒作为冲击介质，减少了镀层材料损耗，显著提高镀覆效率，且易分离，但强度有限，重复使用易碎裂刮伤镀层。现在广泛应用的冲击介质为不同粒径的玻璃微珠，其粒径大小与装填量主要取决于工件的大小与形状。一般要求最小的微珠应能在工件深孔、凹槽或细螺纹处自由出入；而大的则应能提供足够的冲击力。通常冲击介质由两种或两种以上不同规格微珠混合而成，粒径范围介于0.15～6.4mm之间，混合比例可根据工件形状、尺寸、重量及镀层材料来调整。

四、机械镀工艺

机械镀的工艺流程为：除油或除氧化皮、表面准备、添加促进剂和金属粉末。除氧化皮和除油污既能在滚筒中完成，也可在线外完成。一旦清洁完毕，应将工件、玻璃珠、软化水和表面调节剂加入滚筒内。表面调节剂能除去金属氧化皮和氧化物的残痕，而且在工件上产生薄铜层。玻璃珠起擦光作用，促进表面准备期间氧化物的去除，且在镀筒中的工件之间起缓冲作用，使边缘和边角的损坏减至最小。此外，它被用来分离由于表面张力而黏在一起的扁平工件。最后，玻璃珠使机械镀材料和机械能进入盲孔和深凹处。添加化学促进剂可为机械镀提供合适的化学环境。在这个环境下，加入的金属粉末和金属颗粒通过许多紧密接触的

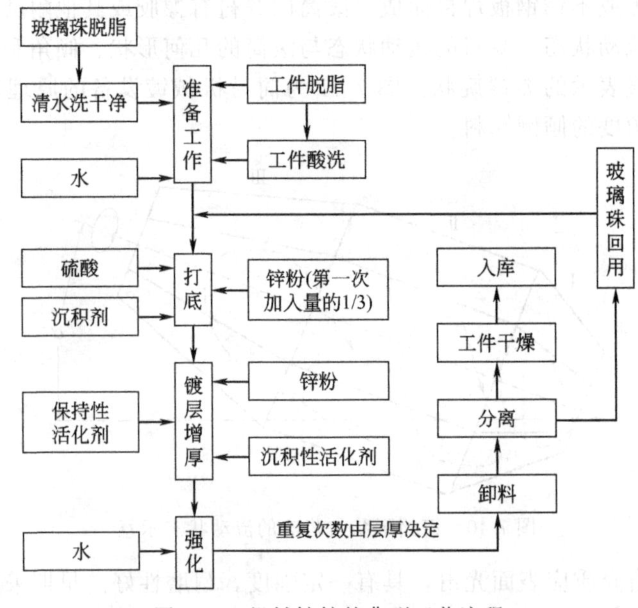

图 7-42 机械镀锌的典型工艺流程

玻璃珠介质被“冷焊”在工件上。典型机械镀工艺流程见图 7-42。目前，国内多采用少锡盐沉积工艺，无预镀铜处理和利用无机酸及无机酸盐控制镀液的 pH，这种工艺不出现大量泡沫，因此不需加入消泡剂。

五、机械镀加工常见的问题及处理方法

机械镀可避免电镀锌镀后产生的氢脆问题以及热浸镀带来的镀层厚度不均匀、工件之间容易黏着、镀后螺纹淤塞等缺点，可用于汽车和航空制造业的高强度钢铁紧固件上，以及电力、船舶、交通设施构件中的紧固件和其他一些较小零件上。工件能否使用机械镀进行表面处理要根据其尺寸和形状而定。一般长度小于 300mm，质量小于 0.5kg 的工件适合于机械镀。再大一些的工件虽然也可以加工，但会因装载量少而影响生产成本。带有盲孔和深凹槽的工件不适合于机械镀。镀锌层的厚度可依零件的防腐蚀要求而定，能较好实现防腐蚀使用功能和生成成本的合理控制。

机械镀锌工艺中常见的问题和处理方法见表 7-11。

表 7-11 机械镀锌工艺常见的问题和处理方法

问题或故障	可能的原因	处理措施
大面积脱镀	工作油、蜡未除尽	提高碱洗温度;使氧化法温度均匀或升高
镀锌层点状脱落	玻璃珠中有残留锌片;锌粉粒径偏大	用酸浸泡玻璃珠去除残锌;更换锌粉
镀锌层脆性大,撞击后片状剥落	锌粉品质差;氧化锌和杂质多,玻璃珠中杂质多;镀锌时酸量偏多	更换锌粉;用酸浸泡玻璃珠,清水漂洗;降低酸量
镀层表面有划痕	镀筒转速偏高;玻璃珠偏少	降低镀筒转速;调整玻璃珠与工件的比例
螺纹根部有锈蚀	前处理螺纹脱脂不尽;缺直径 0.1～0.3mm 的细珠	脱脂、除蜡;添加细珠
镀层厚薄不均匀	加料分布不均;镀筒内物料运动有区域性	提高转速;调整锌粉与活化剂比例;调整酸量
镀层粗糙	基层粗糙;锌粉偏粗;加料不足	调整基层建立时间的料量,提高转速;更换锌粉;注意加料次序,镀筒摇摆
镀层平整性差	加料强度过高	降低加料强度
镀层亮度差	锌粉中金属锌含量低;镀筒转速偏低	更换锌粉;加料后期和强化期略提高转速
镀层出白霜	镀后未立即干燥	镀后立即干燥
镀层疏松,镀层偏薄,镀液灰黑	镀筒转速偏低;锌粉吸附差,活性剂比例不当,pH 不当	提高转速;调整锌粉与活化剂比例;调整酸量
镀筒壁和玻璃珠粘锌粉	镀筒内吸附极性反向,玻璃珠表面粗糙	前处理使用的表面活性剂与增厚时的活化剂极性相反;加去极性剂;更换玻璃珠

参 考 文 献

[1] 孙希泰. 材料表面强化技术 [M]. 北京：化学工业出版社，2005.
[2] 刘江南. 金属表面工程学 [M]. 北京：兵器工业出版社，1995.
[3] 姚寿山，李戈扬，胡文彬. 表面科学与技术 [M]. 北京：机械工业出版社，2010.
[4] 李慕勤，李俊刚，吕迎等. 材料表面工程技术 [M]. 北京：化学工业出版社，2010.
[5] 周永权，赵洋，王璞. 表面强化技术的研究及其应用 [J]. 机械管理开发，2010，25 (5)：104-105.
[6] 孙振宇. 表面强化技术在机械零件中的应用 [J]. 煤矿机械，2008，29 (10)：85-86.
[7] 韩金华，鲁华宾. 表面强化技术与应用 [J]. 科技情报开发与经济，2009，19 (18)：212.
[8] 栾伟玲，涂善东. 喷丸表面改性技术的研究进展 [J]. 中国机械工程，2005，16 (15)：1405-1408.
[9] 许正功，陈宗帖，黄龙发. 表面形变强化技术的研究现状 [J]. 装备制造技术，2007，(4)：69-71.
[10] 张兴权，戴亚春，杜为民等. 金属零件表面改性的喷丸强化技术 [J]. 电加工与模具，2005，(2)：30-32.

[11] 曾元松，黄遐，李志强. 先进喷丸成形技术及其应用与发展 [J]. 塑性工程学报，2006，13 (3)：23-28.
[12] 杨梅，郭智兴，熊计等. 硬质合金后处理过程中残余应力的研究 [J]. 硬质合金，2010，27 (5)：274-279.
[13] 胡永会，吴运新，郭俊康. 7075 铝合金喷砂表面残余应力在疲劳过程中的松弛规律 [J]. 材料热处理技术，2010，39 (18)：24-27.
[14] 刘毅. 轴向聚焦喷砂技术在表面工程中的应用 [J]. 机械工人热加工，2005，(4)：51-53.
[15] 李成贤. 喷砂在零件表面处理中的应用 [J]. 材料保护，1994，27 (8)：33.
[16] 李钦奉. 喷砂技术及其表面清理效率的研究 [J]. 中国修船，2000，(3)：13-15.
[17] 周晓华. 机械镀 [J]. 电镀与环保，1999，19 (3)：26-28.
[18] 徐勇. 国内外机械镀及机械镀锌概述 [J]. 表面技术，1995，24 (3)：4-5.
[19] 主沉浮，孙瑛. 金属制品的机械镀 [J]. 金属制品，20 (3)：5-9.
[20] 周航，周旭东，周宛. 金属零件表面滚压强化技术的现状与展望 [J]. 工具技术，2009，43 (12)：18-21.
[21] 李海国，李满良. 曲轴圆角滚压强化工艺综述 [J]. 山东农机，2002，(2)：16-19.
[22] 苑改红. 球铁曲轴应用及发展现状 [J]. 四川兵工学报，2010，31 (4)：69-71.
[23] 张洪双，段晓飞. 孔挤压强化和工艺参数研究 [J]. 机械设计与制造，2011，(11)：111-113.
[24] 王智，李京珊. 影响冷挤压强化效果的因素 [J]. 机械强度，2002，24 (2)：302-304.
[25] 黄金昌，于雷. 开缝衬套钉孔挤压强化技术研究 [J]. 飞机设计，2010，30 (5)：23-26.